中国国家标准汇编

377

GB 21671～21713

（2008 年制定）

中国标准出版社　编

中国标准出版社

北　京

图书在版编目（CIP）数据

中国国家标准汇编：2008 年制定．377：GB 21671～21713/中国标准出版社编．—北京：中国标准出版社，2009

ISBN 978-7-5066-5302-2

Ⅰ．中…　Ⅱ．中…　Ⅲ．国家标准-汇编-中国-2008　Ⅳ．T-652.1

中国版本图书馆 CIP 数据核字（2009）第 079175 号

中国标准出版社出版发行
北京复兴门外三里河北街 16 号
邮政编码：100045
网址 www.spc.net.cn
电话：68523946　68517548
中国标准出版社秦皇岛印刷厂印刷
各地新华书店经销

*

开本 880×1230　1/16　印张 39　字数 1 135 千字
2009 年 6 月第一版　2009 年 6 月第一次印刷

*

定价 200.00 元

出 版 说 明

1.《中国国家标准汇编》是一部大型综合性国家标准全集。自1983年起，按国家标准顺序号以精装本、平装本两种装帧形式陆续分册汇编出版。它在一定程度上反映了我国建国以来标准化事业发展的基本情况和主要成就，是各级标准化管理机构，工矿企事业单位，农林牧副渔系统，科研、设计、教学等部门必不可少的工具书。

2.《中国国家标准汇编》收入我国每年正式发布的全部国家标准，分为"制定"卷和"修订"卷两种编辑版本。

"制定"卷收入上一年度我国发布的、新制定的国家标准，顺延前年度标准编号分成若干分册，封面和书脊上注明"20××年制定"字样及分册号，分册号一直连续。各分册中的标准是按照标准编号顺序连续排列的，如有标准顺序号缺号的，除特殊情况注明外，暂为空号。

"修订"卷收入上一年度我国发布的、被修订的国家标准，视篇幅分设若干分册，但与"制定"卷分册号无关联，仅在封面和书脊上注明"20××年修订-1,-2,-3,……"字样。"修订"卷各分册中的标准，仍按标准编号顺序排列(但不连续)；如有遗漏的，均在当年最后一分册中补齐。需提请读者注意的是，个别非顺延前年度标准编号的新制定的国家标准没有收入在"制定"卷中，而是收入在"修订"卷中。

读者配套购买《中国国家标准汇编》"制定"卷和"修订"卷则可收齐上一年度我国制定和修订的全部国家标准。

3. 由于读者需求的变化，自1996年起，《中国国家标准汇编》仅出版精装本。

4. 2008年我国制修订国家标准共5946项。本分册为"2008年制定"卷第377分册，收入国家标准GB 21671～21713的最新版本。

中国标准出版社

2009年5月

目　　录

ICS 35.110
M 11

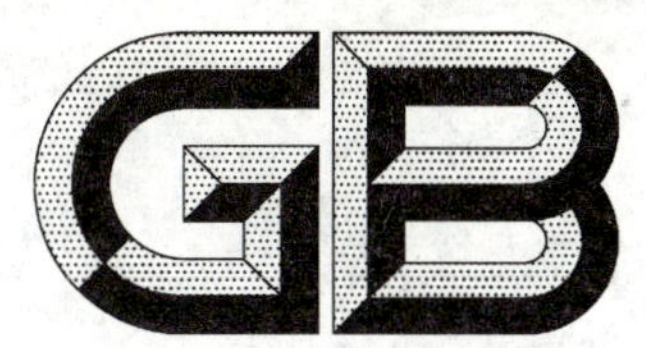

中华人民共和国国家标准

GB/T 21671—2008

基于以太网技术的局域网系统验收测评规范

Acceptance test specification for local area network (LAN) systems based on ethernet technology

2008-04-11 发布　　2008-09-01 实施

中华人民共和国国家质量监督检验检疫总局
中国国家标准化管理委员会　发布

前　言

本标准的附录A和附录B为资料性附录。

本标准由上海市质量技术监督局提出。

本标准由全国信息技术标准化技术委员会归口。

本标准起草单位:上海市计量测试技术研究院、深圳市计量质量检测研究院、武汉烽火网络有限责任公司、中国电子技术标准化研究所、江苏省计量测试技术研究所、华为三康技术有限公司、上海电信住宅宽频网络有限公司、上海华东电脑股份有限公司、安捷伦科技(中国)有限公司、福禄克测试仪器(上海)有限公司、美国西蒙公司、美国康普国际控股有限公司、思博伦通信科技(北京)有限公司。

本标准主要起草人:戚玉箐、胡西虹、周箴、朱崇全、吴雪波、水利民、蔡昌信、王铮、黄家英、徐冬梅、史计达、吴杰、孔利加、魏元雷、陈宇通、许向红、程汝刚。

引　　言

随着计算机网络技术的发展和普及，网络在人们工作生活中的重要性和关键性越来越突出。对于有些部门，如银行、证券、交通管理等，甚至可以说没有网络就等于没有工作。即使是一般的公司和机关，由于逐步转向无纸化办公和办公自动化而大量采用计算机网络，这样一旦网络出了故障将会直接影响到整个公司或机关的工作。由于网络问题而导致数据丢失、工作中断的教训越来越多。但目前无论是国家、国际、行业或地方都没有一个系统的、有针对性的、具有量化评估指标的可操作性标准，以供验收、测评、设计使用，造成了建成后的局域网的质量、服务多数达不到用户要求，但用户又无法寻求保护的状况。因此，制定一个基于以太网技术的局域网系统的验收测评规范是非常紧迫和重要的。

本标准主要根据 GB/T 5271.25—2000、ISO/IEC 8802.3:2000、YD/T 1141—2001 等现行国家标准、国际标准和行业标准，并参考 RFC2544、RFC2889 的方法论，针对我国局域网系统验收的具体要求而制定。本标准把局域网作为一个系统，提出了基于传输媒体、网络设备、局域网系统性能、网络应用性能、网络管理功能、运行环境要求等方面的验收测评整体解决方案，重点描述了网络系统和网络应用、网络管理功能的技术要求及测试方法，具有工程可操作性。

本标准在实际工程中既可以为网络集成商的集成工作提供技术指导，也可以为广大用户的网络规划、验收测评及日常维护工作提供技术依据，可达到规范局域网建设市场，提高局域网质量，保护消费者利益的目的。

基于以太网技术的局域网系统验收测评规范

1 范围

本标准从功能、传输媒体、设备、性能、网络管理功能、供电和环境等各个方面规定了局域网系统验收测评的技术要求和测试方法，提出了综合验收的测试规则。

本标准主要适用于基于以太网技术的局域网(以下简称以太网)系统的验收测试、评估测试以及日常维护中的相关测试；在某些情况下，也可用于设计、施工中的相关测试。其他类型局域网可参照执行。

2 规范性引用文件

下列文件中的条款通过本标准的引用而成为本标准的条款。凡是注日期的引用文件，其随后所有的修改单(不包括勘误的内容)或修订版均不适用于本标准，然而，鼓励根据本标准达成协议的各方研究是否可使用这些文件的最新版本。凡是不注日期的引用文件，其最新版本适用于本标准。

GB/T 2421—1999 电工电子产品环境试验 第1部分：总则(idt IEC 60068-1：1988)

GB/T 2887—2000 电子计算机场地通用规范

GB/T 3482—1983 电子设备雷击试验方法

GB 4943—2001 信息技术设备的安全(idt IEC 60950-1：1999)

GB 9254—1998 信息技术设备的无线电骚扰限值和测量方法(idt CISPR 22：1997)

GB/T 17618—1998 信息技术设备抗扰度限值和测量方法(idt CISPR 24：1997)

GB/T 17626.5—1999 电磁兼容 试验和测量技术 浪涌(冲击)抗扰度试验(idt IEC 61000-4-5：1995)

GB/T 18019—1999 信息技术 包过滤防火墙安全技术要求

GB/T 18020—1999 信息技术 应用级防火墙安全技术要求

GB 50174—1993 电子计算机机房设计规范

GB 50343—2004 建筑物电子信息系统防雷技术规范

GB 50311—2007 综合布线系统工程设计规范

GB 50312—2007 综合布线系统工程验收规范

GA 372—2001 防火墙产品的安全功能检测

YD/T 1082—2000 接入网设备过电压过电流防护及基本环境适应性技术条件

YD/T 1096—2001 路由器设备技术规范 低端路由器

YD/T 1097—2001 路由器设备技术规范 高端路由器

YD/T 1098—2001 路由器测试规范 低端路由器

YD/T 1099—2005 以太网交换机技术要求

YD/T 1132—2001 防火墙设备技术要求

YD/T 1141—2001 千兆比以太网交换机测试方法

YD/T 1156—2001 路由器测试规范 高端路由器

YD/T 1255—2003 具有路由功能的以太网交换机技术要求

YD/T 1260—2003 基于端口的虚拟局域网(VLAN)技术要求和测试方法

YD/T 1287—2003 具有路由功能的以太网交换机测试方法

IEC 61280-4-1:2003 光纤通信子系统试验程序 第4-1部分:光缆设施及链接 多模光缆设施的衰减测量

IEC 61280-4-2:1999 光纤通信子系统试验程序 第4-2部分:光缆设施 单模光缆设施的衰减测量

IEC 61935-1:2005 按照ISO/IEC 11801的平衡通信布缆测试 第1部分:已安装布缆

ISO/IEC 11801:2002 信息技术 用户建筑群的通用布缆

RFC1112 主机扩展用于IP多点传送

RFC1157 简单网络管理协议

RFC1493 对网桥管理对象的定义

RFC1631 IP网络地址转换

RFC1643 对以太网接口类型管理对象的定义

RFC1724 路由信息协议(版本2)管理信息库(MIB)扩展

RFC1850 OSPF v2管理信息库

RFC1902 SNMP v2管理信息结构

RFC2236 Internet组管理协议(版本2)

RFC2544 网络互联设备基准测试方法

RFC2571 描述SNMP管理框架的体系结构

RFC2663 IP网络地址转换的术语和事项

RFC2889 局域网交换设备的基准测试方法

RFC3442 DHCP(版本4)无级静态路由选择

RFC3376 Internet组管理协议(版本3)

3 术语和定义

下列术语和定义适用于本标准。

3.1

局域网系统 LAN System

局域网系统是一种承载了网络应用服务,并受网络管理系统监控的、有业务支撑的管理网络。

局域网系统一般由网络设备(如交换机、路由器)、传输媒体(如双绞线、光缆)、网络管理系统、提供基本网络服务的设备四部分组成。

网络设备是局域网系统的核心部分,目前主要设备类型有:集线器、交换机、路由器、防火墙等。传输媒体主要有双绞线、光缆等。网络管理系统对整个局域网系统进行管理。提供基本网络服务的设备是保证局域网正常工作和丰富局域网功能的各种服务器,包括网络管理服务器、DHCP服务器、DNS服务器、E-mail服务器、Web服务器等。

根据局域网系统实际部署情况,一般都可以将其划分为核心层、汇聚层和接入层。局域网系统的通用结构如图1所示,如果有的局域网系统结构简单,可以只有一层或两层。

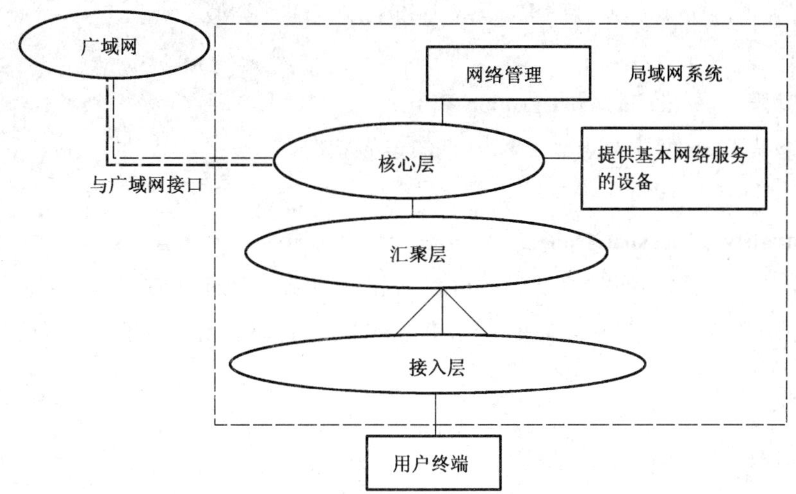

图 1 局域网系统通用结构示意图

3.2

广播帧 broadcast frame

目的 MAC 地址是 0xFF-FF-FF-FF-FF-FF 的数据帧。

3.3

组播帧 multicast frame

目的 MAC 地址的第一个字节是奇数的数据帧。

3.4

长帧 long frame

携带有效 FCS 但长度大于 1 518 Byte 的数据帧。

3.5

短帧 short frame

携带有效 FCS 但长度小于 64 Byte 的数据帧。

3.6

有 FCS 错误的帧 FCS error frame

携带无效 FCS,长度介于 64 Byte 和 1 518 Byte 之间的数据帧。

3.7

超长错误帧 jabber frame

任何长度大于 1 518 Byte,并携带无效 FCS 的数据帧。

3.8

欠长帧 runt frame

长度小于 64 Byte 的无效数据帧,包括本地或远端冲突碎片、含有无效 FCS 的短帧。

3.9

帧对齐差错帧 alignment error frame

任何长度不是 8 bit 整数倍的以太网数据帧。

3.10

共享式以太网 shared ethernet

所有的网络主机通过同轴电缆或集线器连接在同一总线上,并且相互竞争带宽资源。

3.11

交换式以太网 switched ethernet

使用交换机来连接网络主机或网段,在每一对通信的主机(或网段)之间存在直接的、点到点的连接，它们之间具有独占的带宽资源，可分为全双工和半双工两种类型。

3.12

因特网包探索器　packet internet groper(Ping)

用于测试网络从 Ping 发送节点到目标节点的连接状况。

3.13

服务质量　quality of service;QoS

可以为不同的网络应用和网络流量提供可控的和可预见的服务。通过 QoS，以太网系统能够对网络上传输的视频流等对实时性要求较高的数据提供优先服务，从而保证较低的时延。

4　缩略语

下列缩略语适用于本标准。

AAA　认证、授权与计费

CPU　中央处理器

CRC　循环冗余校验

DHCP　动态主机配置协议

DNS　域名解析系统

E-mail　电子邮件

FCS　帧校验序列

HTTP　超文本传送协议

ICMP　网际控制消息协议

IEEE　电气电子工程师学会

IGMP　互联网组管理协议

IP　互联网协议

IPX　互联网包交换

ISP　互联网服务提供商

MAC　媒体访问控制

MIB　管理信息库

NAT　网络地址转换器

OSPF　开放最短路径优先

POP3　邮局协议版本 3

QoS　服务质量

RAM　随机存取存储器

RIP　路由选择信息协议

RMON　远程监控

SMTP　简单邮件传送协议

SNMP　简单网络管理协议

STP　生成树协议

TCP　传输控制协议

UDP　用户数据包协议

VLAN　虚拟局域网

5 总体要求

5.1 开放性

局域网系统设计应保证整个系统采用标准的通信协议,保证系统中所有设备具有开放的接口,支持统一的维护和管理。

5.2 可靠性

局域网系统应从系统结构、技术措施、设备性能、系统管理、厂商技术支持及维修能力等方面采取措施,确保运行的可靠性和稳定性,达到最大的平均无故障时间。

5.3 可扩展性

为适应环境变化、投资长期效应以及网络应用不断扩展的需求,局域网系统应具有可扩展性,以满足所选用的技术和设备的协同运行能力。

5.4 可管理性

局域网系统应该提供本地管理、远程管理等多种管理方式,以保证系统是可管理的;并且还应具备安全管理功能。

6 局域网系统的技术要求

6.1 传输媒体要求

6.1.1 双绞线布线系统

局域网系统的传输媒体一般采用五类、超五类或六类等非屏蔽(屏蔽)双绞线布线系统。双绞线布线系统的传输指标、传输性能和测试方法应符合 GB 50311—2007、GB 50312—2007、ISO/IEC 11801:2002、IEC 61935-1:2005 等标准的规定。

6.1.2 多模、单模光缆布线系统

根据传输距离的长短,局域网系统可采用多模或单模光缆布线系统。光缆布线系统的传输指标和测试方法应符合 GB 50311—2007、GB 50312—2007、IEC 61280-4-1:2003、IEC 61280-4-2:1999 等标准的规定。

6.2 网络设备要求

6.2.1 集线器

局域网系统中使用的集线器的端口密度、数据帧转发功能应达到产品的明示要求。相应的测试方法应符合 RFC2544 的规定。

6.2.2 交换机

局域网系统中使用的交换机的端口密度、数据帧转发功能、数据帧过滤功能、数据帧转发及过滤的信息维护功能、运行维护功能、网络管理功能及性能指标应符合 YD/T 1099—2005、YD/T 1255—2003 的规定和产品明示要求。相应的测试方法应符合 YD/T 1141—2001、YD/T 1287—2003 的规定。

6.2.3 路由器

局域网系统中使用的路由器设备的接口功能、通信协议功能、数据包转发功能、路由信息维护、管理控制功能、安全功能及性能指标应符合 YD/T 1096—2001、YD/T 1097—2001 的规定及产品明示要求。相应的测试方法应符合 YD/T 1098—2001、YD/T 1156—2001 的规定。

6.2.4 防火墙

局域网系统中若使用防火墙设备,则设备的用户数据保护功能、识别和鉴别功能、密码功能、安全审计功能及性能指标应符合 GB/T 18019—1999、GB/T 18020—1999、YD/T 1132—2001 的规定及产品明示要求。相应的测试方法应符合 GA 372—2001 的规定。

6.3 局域网系统性能要求

6.3.1 系统连通性

所有联网的终端都应按使用要求全部连通。

6.3.2 链路传输速率

链路传输速率是指设备间通过网络传输数字信息的速率。对于10 M以太网,单向最大传输速率应达到10 Mbit/s;对于100 M以太网,单向最大传输速率应能达到100 Mbit/s;对于1 000 M以太网,单向最大传输速率应能达到1 000 Mbit/s。发送端口和接收端口的利用率关系应符合表1的规定。

表1 发送端口和接收端口的利用率对应关系

网络类型	全双工交换式以太网		共享式以太网/半双工交换式以太网	
	发送端口利用率	接收端口利用率	发送端口利用率	接收端口利用率
10 M以太网	100%	≥99%	50%	≥45%
100 M以太网	100%	≥99%	50%	≥45%
1 000 M以太网	100%	≥99%	50%	≥45%
注:链路传输速率=以太网标称速率×接收端利用率				

6.3.3 吞吐率

吞吐率是指空载网络在没有丢包的情况下,被测网络链路所能达到的最大数据包转发速率。

吞吐率测试需按照不同的帧长度(包括64、128、256、512、1 024、1 280、1 518 Byte)分别进行测量。系统在不同帧大小情况下,从两个方向测得的最低吞吐率应符合表2规定。

表2 局域网系统的吞吐率要求

测试帧长(Byte)	10 M以太网		100 M以太网		1 000 M以太网	
	帧/s	吞吐率	帧/s	吞吐率	帧/s	吞吐率
64	≥14 731	99%	≥104 166	70%	≥1 041 667	70%
128	≥8 361	99%	≥67 567	80%	≥633 446	75%
256	≥4 483	99%	≥40 760	90%	≥362 318	80%
512	≥2 326	99%	≥23 261	99%	≥199 718	85%
1 024	≥1 185	99%	≥11 853	99%	≥107 758	90%
1 280	≥951	99%	≥9 519	99%	≥91 345	95%
1 518	≥ 804	99%	≥8 046	99%	≥80 461	99%

6.3.4 传输时延

传输时延是指数据包从发送端口(地址)到目的端口(地址)所需经历的时间。通常传输时延与传输距离、经过的设备和带宽的利用率有关。在网络正常情况下,传输时延应不影响各种业务(如视频点播、基于IP的语音/VoIP、高速上网等)的使用。

考虑到发送端测试工具和接收端测试工具实现精确时钟同步的复杂性,传输时延一般通过环回方式进行测量,单向传输时延为往返时延除以2。局域网系统在1 518 Byte帧长情况下,从两个方向测得的最大传输时延应不超过1 ms。

6.3.5 丢包率

丢包率是由于网络性能问题造成部分数据包无法被转发的比例。在进行丢包率测试时,需按照不同的帧长度(包括64、128、256、512、1 024、1 280、1 518 Byte)分别进行测量,测得的丢包率应符合表3的规定。

表 3 丢包率要求

测试帧长(Byte)	10 M 以太网		100 M 以太网		1 000 M 以太网	
	流量负荷	丢包率	流量负荷	丢包率	流量负荷	丢包率
64	70%	≤0.1%	70%	≤0.1%	70%	≤0.1%
128	70%	≤0.1%	70%	≤0.1%	70%	≤0.1%
256	70%	≤0.1%	70%	≤0.1%	70%	≤0.1%
512	70%	≤0.1%	70%	≤0.1%	70%	≤0.1%
1 024	70%	≤0.1%	70%	≤0.1%	70%	≤0.1%
1 280	70%	≤0.1%	70%	≤0.1%	70%	≤0.1%
1 518	70%	≤0.1%	70%	≤0.1%	70%	≤0.1%

6.3.6 以太网链路层健康状况指标

6.3.6.1 链路利用率

指网络链路上实际传送的数据吞吐率与该链路所能支持的最大物理带宽之比。

链路的利用率包括最大利用率和平均利用率。最大利用率的值同测试统计采样间隔有一定的关系,采样间隔越短,则越能反映出网络流量的突发特性,因此最大利用率的值就越大。对于共享式以太网和交换式以太网,链路的持续平均利用率应符合表 4 的规定。

6.3.6.2 错误率及各类错误

错误率指网络中所产生的各类错误帧占总数据帧的比率。

常见的以太网错误类型包括长帧、短帧、有 FCS 错误的帧、超长错误帧、欠长帧和帧对齐差错帧,网络的错误率(不包括冲突)应符合表 4 的规定。

6.3.6.3 广播帧和组播帧

在以太网中,广播帧和组播帧数量应符合表 4 的要求。

6.3.6.4 冲突(碰撞)率

处于同一网段的两个站点如果同时发送以太网数据帧,就会产生冲突。冲突帧指在数据帧到达目的站点之前与其他数据帧相碰撞,而造成其内容被破坏的帧。共享式以太网和半双工交换式以太网传输模式下,冲突现象是极为普遍的。过多的冲突会造成网络传输效率的严重下降。

冲突帧同发送的总帧数之比,称为冲突(或碰撞)率。一般情况下,局域网系统的碰撞率应符合表 4 的规定。

表 4 链路的健康状况指标要求

测试指标	技术要求	
	共享式以太网/半双工交换式以太网	全双工交换式以太网
链路平均利用率(带宽百分数)	≤40%	≤70%
广播率/(帧/s)	≤50	≤50
组播率/(帧/s)	≤40	≤40
错误率(占总帧数百分数)	≤1%	≤1%
冲突(碰撞)率(占总帧数百分数)	≤5%	0%

6.4 局域网系统应用性能要求

6.4.1 DHCP 服务性能指标

DHCP 服务响应时间应不大于 0.5 s。

6.4.2 **DNS 服务性能指标**

DNS 服务响应时间应不大于 0.5 s。

6.4.3 **Web 访问服务性能指标**

Web 访问服务性能测试包括：

a) HTTP 第一响应时间(测试工具发送 HTTP GET 请求数据包至收到 Web 服务器的 HTTP 响应包头的时间)：内部网站点访问时间应不大于 1 s；

b) HTTP 接收速率：内部网站点访问速率应不小于 10 000 Byte/s。

6.4.4 **E-mail 服务性能指标**

E-mail 服务器主要指 SMTP 服务器和 POP3 服务器，E-mail 服务性能测试包括：

a) 邮件写入时间：1 K Byte 邮件写入服务器时间应不大于 1 s；

b) 邮件读取时间：从服务器读取 1 K Byte 邮件的时间应不大于 1 s。

6.4.5 **文件服务性能指标**

文件服务性能指标应符合表 5 的规定。

表 5 文件服务性能指标要求

测试指标	指标要求(文件大小为 100 K Byte)
服务器连接时间/s	≤0.5
写入速率/(Byte/s)	>10 000
读取速率/(Byte/s)	>10 000
删除时间/s	≤0.5
断开时间/s	≤0.5

6.5 **局域网系统功能要求**

6.5.1 **IP 子网划分**

局域网系统中如果采用了路由器和/或三层交换机设备，应支持 IP 子网划分。

通过 IP 子网划分，局域网系统能够分为多个 IP 子网，各个子网之间能够通过静态路由或者动态路由协议进行通信。

子网划分的网络地址可以是所有合法的网络地址；一个给定的网络地址块可能被划分成不同大小的子块，不同子块的网络地址前缀可能长度不同，局域网系统应支持不同长度的网络前缀。

6.5.2 **VLAN 划分**

局域网系统中如果采用了二、三层交换机设备，应支持 VLAN 划分。

通过 VLAN 划分，局域网系统的各个 VLAN 子网之间能够进行隔离或按照需求通过静态路由或者动态路由协议进行通信。从而实现广播隔离和提高网络安全性。

局域网系统中一个子网内支持的 VLAN 数目应不小于终端用户数。

6.5.3 **QoS 功能**

QoS 可以为不同的网络应用和网络流量提供可控的和可预见的服务。通过 QoS，局域网系统能够对网络上传输的视频流等对实时性要求较高的数据提供优先服务，从而保证较低的时延。

局域网系统支持根据 IP 地址、网络设备物理端口号等规则之一而进行的数据流分类。

局域网系统也可支持根据协议类型、协议端口号等规则而进行的数据流分类。

局域网系统应该支持基于物理接口的限速功能，可以直接限制一个物理端口上总的带宽。

6.5.4 **用户接入多 ISP**

局域网系统若需要接入 ISP，宜支持用户接入多个 ISP。

用户接入多 ISP 应支持局域网用户能够选择接入不同 ISP。至少支持接入 2 个 ISP。

局域网系统宜支持将对外的流量分配到多个 ISP，并且能够在某个 ISP 中断时，将接入该 ISP 的流量通过其他ISP传输。

用户接入多ISP的认证、授权和计费过程，可以由局域网系统中的服务器作为ISP的认证客户端来实现；也可以不需要核心层设备支持，而只由终端直接发起，由ISP完成。

6.5.5 NAT功能

局域网系统应支持NAT功能，应该能够通过管理进行配置。

NAT功能应符合RFC1631、RFC2663的要求。

6.5.6 AAA功能

局域网系统宜具备认证、授权和计费功能(即AAA功能)。

启动AAA功能后，对于局域网用户，需要采用帐号的方式对用户进行认证、授权和计费。

AAA功能可以采用专用软件实现，用户需要在终端安装相应的软件，就可以通过指定的服务器进行认证。用户在使用各种网络业务之前必需运行该软件进行认证，认证成功后才能够使用各种业务。

AAA也可以通过Web页面实现，用户无需安装软件，输入用户名和口令进行认证，认证成功后能够使用各种业务。

6.5.7 DHCP功能

局域网系统中宜配置DHCP服务器，为用户提供动态地址分配的功能。

DHCP的功能应符合RFC3442的要求。

6.5.8 设备和线路备份功能

局域网系统中的核心层网络设备及主干线路宜有冗余备份。

在核心层网络设备发生故障时，业务流量应能够自动切换到备份设备上，切换时间应不影响业务的正常通信。

在主干线路发生故障时，主干线路上的业务流量应能够自动切换到备份线路上，切换时间应不影响主要业务的正常通信。

6.5.9 组播功能

局域网系统宜支持组播功能。相关协议符合RFC1112、RFC2236、RFC3376规定。

6.6 网络管理功能要求

6.6.1 配置管理

6.6.1.1 网络设备系统配置

通过网络设备系统配置，用户应能够对网络设备的系统配置信息进行查询和修改：包括设备生产厂商、设备软件版本、设备编号(ID)、设备IP地址、设备名称、设备网络标识、设备运行时间等。

6.6.1.2 物理端口配置

在局域网系统中的网络设备，一般都有多个物理端口，用户应能够查询和修改网络设备物理接口的配置情况，包括端口标识符、端口类型、端口速率、端口管理状态、端口工作状态等。

6.6.1.3 协议功能配置

局域网系统中的网络设备上都应支持常用的TCP/IP协议，包括IP、TCP、UDP、ICMP、SNMP等。在一个比较复杂的局域网系统中，各个网络设备还要支持VLAN、IGMP、STP、NAT、DHCP以及路由协议等更多的协议；用户应能够查询和修改各个协议的配置情况、以及这些协议的运行状态和运行结果。

6.6.2 告警管理

6.6.2.1 告警信息的配置

用户能够打开和关闭告警信息，配置告警级别和告警的门限值。

6.6.2.2 告警信息的读取

通过网络管理系统能够显示出告警信息的详细内容，主要包括告警源、告警类型、告警级别、告警位置、告警发生时间、告警结束时间、告警信息描述等。

6.6.2.3 告警信息的管理

对告警信息能够进行保存和备份；对保存的告警信息应该能够进行多种条件的查询，包括基于告警源、基于告警时间、基于告警级别、并能够提供以表格和图形的方式，将告警查询的结果显示给用户。对保存的告警信息应该能够进行删除。

6.6.3 性能管理

6.6.3.1 性能数据实时监视

局域网系统中网络设备宜能够对传输的各种性能数据进行实时显示，包括：

a) 各个物理端口收发的以太网帧数；
b) 各个物理端口收到的 CRC 错误的帧数；
c) 各个物理端口收到的超长的帧数；
d) 各个物理端口收到的碎包的数目；
e) 各个物理端口收发的字节数。

6.6.3.2 性能数据的采集

局域网系统中网络设备宜能够对传输性能数据进行采集，主要包括选定性能数据、设定任务采集的开始时间和结束时间、添加和删除采集任务。

6.6.3.3 性能数据的管理

网络管理系统应能将收集到的性能数据保存，并以文本、报表和图形等直观的形式进行显示；还能对各种性能数据进行查询和分析，从而确定系统的性能。

6.6.4 安全管理

6.6.4.1 访问控制

对网络管理系统和网络设备的访问需要正确的用户名和口令，否则无法进入网络管理系统，或无法对网络设备进行管理。

6.6.4.2 用户管理

这里的用户指的是网管系统管理网络设备的用户。管理的功能主要有用户添加、用户删除、用户信息的查询和修改。

6.6.4.3 日志管理

日志是指对网络管理系统登录情况、各种操作命令下达情况、设备出错信息等的记录。日志管理包括对日志的保存、查询和删除。

6.6.5 管理信息库

在局域网系统中支持管理功能的网络设备应支持 RFC1157、RFC1902、RFC2571 等规定的 SNMP v1、SNMP v2 或 SNMP v3。

a) 支持 SNMP 的网络设备应支持相应的管理信息库(MIB)；
b) 支持 SNMP 的网络设备都应支持标准 MIB II 中的系统、接口、IP、ICMP 组；
c) 支持 SNMP 的网络设备宜支持 RMON MIB 的 1、2、3、9 组；
d) 根据网络设备支持功能的不同，还应支持相应的标准 MIB；
e) 如果支持网桥功能，应支持 RFC1493；
f) 如果支持千兆以太网，应支持 RFC1643；
g) 如果支持 RIP V2，应支持 RFC1724；
h) 如果支持 OSPF V2，应支持 RFC1850；

对于互联网标准中没有定义 MIB 对象的，网络设备厂商可以通过私有 MIB 进行扩展；对于厂商私有 MIB，如果要测试，应由设备厂商提供对这些统计、配置和控制信息进行操作的方法。

6.7 环境适应性要求

6.7.1 环境温度、湿度的要求

网络设备在以下温度、湿度环境中应能正常工作，相应的测试方法应符合 GB/T 2421—1999 的规定：

a) 核心层和汇聚层设备长期工作条件：温度保持在 15℃～30℃之间、相对湿度保持在 40%～65%之间。

b) 接入层设备长期工作条件：温度保持在 0℃～45℃之间、相对湿度保持在 20%～90%之间。

6.7.2 大气压力要求

网络相关设备在 86 kPa～106 kPa 大气压力条件环境中应能正常工作，相应的测试方法应符合 GB/T 2421—1999 的规定。

6.7.3 过压、过流保护

网络设备应提供过压、过流保护功能，安装过压、过流保护器，过压、过流保护器在外接电源异常时保护设备的核心部分，相应的技术要求和测试方法应符合 GB 4943—2001、YD/T 1082—2000 的规定。

6.7.4 防电涌保护

网络设备应带有防电涌功能，有效防止电涌对设备的损坏，相应的技术要求和测试方法应符合 GB/T 17618—1998、GB/T 17626.5—1999 的规定。

6.7.5 供电要求

网络设备应采用本地供电方式或远端供电方式。

电源稳态电压偏移范围为 220(1±10%)V，稳态频率偏移范围为 50(1±1%)Hz，电压波形畸变率为 7%。设备应在该波动范围内正常工作，测试方法应符合 GB/T 2887—2000 的规定。

6.7.6 电磁兼容性要求

6.7.6.1 电磁骚扰的要求

网络中各类设备产生的电磁骚扰的限值及测试方法应符合 GB 9254—1998 标准的有关规定。

网络机房中的电磁干扰的限值在频率范围 0.15 MHz～1 000 MHz 时不大于 126 dB，测试方法应符合 GB/T 2887—2000 标准的有关规定。

6.7.6.2 电磁抗扰度的要求

网络设备的抗电磁干扰能力及测试方法应符合 GB/T 17618—1998 标准的有关规定。

6.7.7 接地与防雷要求

局域网系统的交流工作接地、安全接地、屏蔽接地、静电接地要求及测试方法应符合 GB 50174—1993、GB/T 2887—2000 的规定，对雷电电磁脉冲的综合防护要求及测试方法应符合 GB 50343—2004 和 GB/T 3482—1983 的规定。

6.8 局域网系统文档要求

6.8.1 项目概况及建设需求

主要包括项目建设单位、设计单位、实施单位、项目规模、项目功能要求、项目技术指标要求。

6.8.2 设计方案

主要包括用户需求分析、组网方案、设备选型、网络拓扑图、配置功能说明、设计变更记录。

6.8.3 线路接线表和设备布置图

主要包括综合布线系统、局域网系统的设备布置图、线路端接及配线架描述文件、线路端点对应表。

6.8.4 系统参数设定表

主要包括 IP 地址分配表、子网划分表、VLAN 划分表、路由表。

6.8.5 用户操作和维护手册

主要包括系统操作说明，系统安装、恢复和数据备份说明。

6.8.6　自测报告

主要包括综合布线系统的自测报告、局域网系统的自测报告。

6.8.7　第三方测试报告

综合布线系统的第三方验收测试报告、网络设备的第三方抽查测试报告。

6.8.8　试运行报告

主要包括局域网系统试运行期间的运行记录、故障处理情况、硬件和软件系统调整情况。

6.8.9　用户报告

用户方针对局域网系统使用情况而出具的报告。

7　测试方法

7.1　局域网系统性能测试

7.1.1　局域网系统连通性测试方法

7.1.1.1　测试方法

局域网系统连通性测试结构示意图如图 2 所示。局域网系统性能测试工具要求见附录 A。

a)　将测试工具连接到选定的接入层设备的端口，即测试点。

b)　用测试工具对网络的关键服务器、核心层和汇聚层的关键网络设备(如交换机和路由器)，进行 10 次 Ping 测试，每次间隔 1 s，以测试网络连通性。测试路径要覆盖所有的子网和 VLAN。

c)　移动测试工具到其他位置测试点，重复步骤 b)，直到遍历所有测试抽样设备。

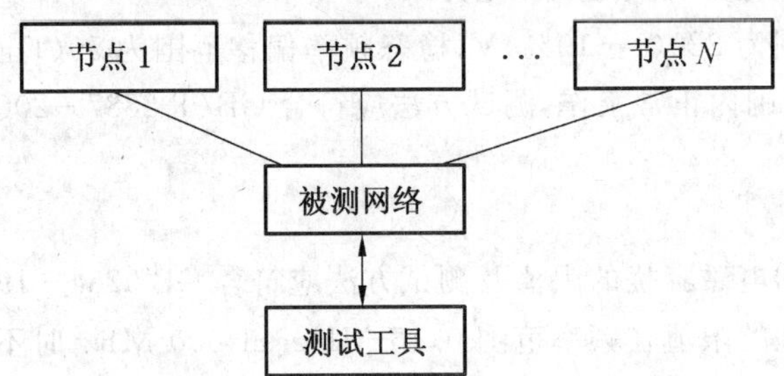

图 2　局域网系统连通性测试结构示意图

7.1.1.2　抽样规则

以不低于接入层设备总数的 10% 的比例进行抽样测试，抽样数不少于 10 台；接入层设备数小于 10 台的，全部测试；每台抽样设备中至少选择一个端口，即测试点，测试点应能够覆盖不同的子网和 VLAN。

7.1.1.3　合格判据

a)　单项合格判据：测试点到关键服务器的 Ping 测试连通性达到 100% 时，则判定该测试点符合 6.3.1 的要求。

b)　综合合格判据：所有测试点的连通性都达到 100% 时，则判定局域网系统的连通性符合 6.3.1 的要求；否则判定局域网系统的连通性不符合 6.3.1 的要求。

7.1.2　链路传输速率测试方法

7.1.2.1　测试方法

测试结构示意图如图 3，测试工具 1 产生流量，测试工具 2 接收流量。若发送端口和接收端口位于同一机房，也可用一台具备双端口测试能力的测试工具实现。测试应在空载网络中进行。

a)　将用于发送和接收的测试工具分别连接到被测网络链路的源和目的交换机端口或末端集线器端口上；

b)　对于交换机，测试工具 1 在发送端口产生 100% 满线速流量；对于集线器，测试工具 1 发送端口产生 50% 线速流量(建议将帧长度设置为 1 518 Byte)；

c) 测试工具 2 在接收端口对收到的流量进行统计，计算其端口利用率。

图 3 链路传输速率测试结构示意图

7.1.2.2 抽样规则

对核心层的骨干链路，应进行全部测试。对汇聚层到核心层的上联链路，应进行全部测试。对接入层到汇聚层的上联链路，以不低于 10% 的比例进行抽样测试，抽样数不少于 10 条；当上联链路数不足 10 条时，全部测试。

7.1.2.3 合格判据

发送端口和接收端口的利用率若符合表 1 要求，则判定局域网系统的传输速率符合 6.3.2 的要求，否则判定局域网系统的传输速率不符合 6.3.2 的要求。

7.1.3 网络吞吐率测试方法

7.1.3.1 测试方法

测试结构示意图如图 4，测试工具 1 产生流量，测试工具 2 接收流量。若发送端口和接收端口位于同一机房，也可用一台具备双端口测试能力的测试工具实现。测试应在空载网络下分段进行，包括接入层到汇聚层链路、汇聚层到核心层链路、核心层间骨干链路及经过接入层、汇聚层和核心层的用户到用户链路。

a) 将两台测试工具分别连接到被测网络链路的源和目的交换机端口上；

b) 先从测试工具 1 向测试工具 2 发送数据包；

c) 用测试工具 1 按照一定的帧速率，均匀地向被测网络发送一定数量的数据包；

d) 如果所有的数据包都被测试工具 2 正确接收到，则增加发送的帧速率；否则减少发送的帧速率；

e) 重复步骤 c)，直到测出被测网络/设备在未丢包的情况下，能够处理的最大帧速率；

f) 分别按照不同的帧大小(包括：64、128、256、512、1 024、1 280、1 518 Byte)重复步骤 b)～d)；

g) 从测试工具 2 向测试工具 1 发送数据包，重复步骤 c)～f)。

图 4 网络吞吐率测试结构示意图

7.1.3.2 抽样规则

对核心层的骨干链路，应进行全部测试。对汇聚层到核心层的上联链路，应进行全部测试。对接入层到汇聚层的上联链路，以不低于 10% 的比例进行抽样测试，抽样数不少于 10 条；上联链路数不足 10 条时，全部测试。对于端到端的链路(即经过接入层、汇聚层和核心层的用户到用户的网络路径)，以不低于终端用户数量 5% 比例进行抽测，抽样数不少于 10 条，抽样需要覆盖所有 VLAN 到 VLAN、网段到网段间可能用到的连接；端到端的链路不足 10 条时，全部测试。

7.1.3.3 合格判据

若局域网系统在不同帧大小情况下，从两个方向测得的最低吞吐率值都符合表 2 要求时，则判定局域网系统的吞吐率符合 6.3.3 的要求，否则判定局域网系统的吞吐率不符合 6.3.3 的要求。如果所选择的两点间测试通过，那么该两点间所包含的接入层、汇聚层和骨干层部分中间链路可不必测试。

7.1.4 传输时延测试方法

7.1.4.1 测试方法

当被测网络的收发端口位于不同的地理位置，测试结构示意图如图 5a)，需要由两台测试工具来完成测试，测试工具 1 产生流量，测试工具 2 接收流量，并将测试数据流环回。当被测网络的收发端口位于同一机房，测试结构示意图如图 5b)，可由一台具有双端口测试能力测试工具完成，测试工具的一个端口用于产生流量，另一个端口用于接收流量。测试应在空载网络下分段进行，包括接入层到汇聚层链路、汇聚层到核心层链路、核心层间骨干链路及经过接入层、汇聚层和核心层的用户到用户链路。

a) 将测试工具(端口)分别连接到被测网络链路的源和目的交换机端口上；
b) 先从测试工具1(发送端口)向测试工具2(接口端口)均匀地发送数据包；
c) 向被测网络发送一定数目的1 518 Byte的数据帧，使网络达到7.1.3中所测得的最大吞吐率；
d) 在图5a)中，由测试工具1向被测网络发送特定的测试帧，在数据帧的发送和接收时刻都打上相应的时间标记(Timestamp)；在图5b)中，测试工具通过发送端口发出带有时间标记的测试帧，在接收端口接收测试帧；
e) 测试工具1计算发送和接收的时间标记之差，便可得一次结果；
f) 重复步骤c)～d)20次，传输时延是对20次测试结果的平均值；
g) 在图5a)中，从测试工具2向测试工具1发送数据包，重复步骤c)～f)，所得到时延是双向往返时延，单向时延可通过除2计算获得；在图5b)中，交换收发端口，重复步骤c)～f)，所得到时延是单向时延。

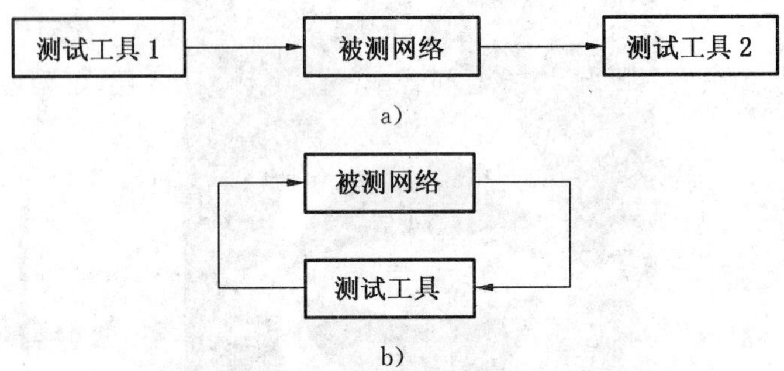

图5 网络传输时延测试结构示意图

7.1.4.2 抽样规则

对核心层的骨干链路，应进行全部测试；对汇聚层到核心层的上联链路，应进行全部测试；对接入层到汇聚层的上联链路，以不低于10%的比例进行抽样测试，抽样链路不少于10条；上联链路不足10条时，全部测试。对于端到端的链路(即经过接入层、汇聚层和骨干层的用户到用户的网络路径)，以不低于终端用户数量5%比例进行抽测，抽样链路不少于10条；端到端的链路不足10条时，全部测试。

7.1.4.3 合格判据

若局域网系统在1 518 Byte帧长情况下，从两个方向测得的最大传输时延都≤1 ms时，则判定局域网系统的传输时延符合6.3.4的要求，否则判定局域网系统的传输时延不符合6.3.4的要求。

7.1.5 丢包率测试方法

7.1.5.1 测试方法

测试结构示意图如图6，测试工具1产生流量，测试工具2接收流量。若发送端口和接收端口位于同一机房，也可用一台具备双端口测试能力的测试工具实现。测试链路应分段进行，包括接入层到汇聚层链路、汇聚层到核心层链路、核心层间骨干链路及经过接入层、汇聚层和核心层的用户到用户链路。

a) 将两台测试工具分别连接到被测网络链路的源和目的交换机端口上；
b) 测试工具1向被测网络加载70%的流量负荷，测试工具2接收负荷，测试数据帧丢失的比例；
c) 分别需按照不同的帧大小(包括：64、128、256、512、1 024、1 280、1 518 Byte)重复步骤b)。

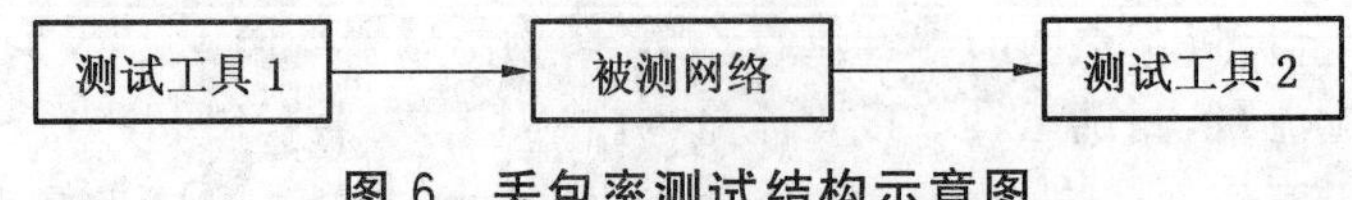

图6 丢包率测试结构示意图

7.1.5.2 抽样规则

对核心层的骨干链路,应进行全部测试。对汇聚层到核心层的上联链路,应进行全部测试。对接入层到汇聚层的上联链路,以不低于10%的比例进行抽样测试,抽样链路不少于10条;上联链路不足10条时,全部测试。对于端到端的链路(即经过接入层、汇聚层和骨干层的用户到用户的网络路径),以不低于终端用户数量5%比例进行抽测,抽样链路不少于10条,抽样需要覆盖所有VLAN到VLAN、网段到网段间可能用到的连接;端到端的链路不足10条时,全部测试。

7.1.5.3 合格判据

若局域网系统在不同帧大小情况下测得的丢包率都符合表3要求时,则判定局域网系统丢包率符合6.3.5的要求,否则判定局域网系统丢包率不符合6.3.5的要求,如果所选择的两点间测试通过,那么该两点间所包含的接入层、汇聚层和骨干层部分中间链路可不必测试。

7.1.6 以太网链路层健康状况测试方法

7.1.6.1 测试方法

以太网健康状况示意图如图7,对于共享式以太网,可将测试工具直接连接在空闲端口上;对于交换式以太网,可将测试工具串接在被监测的以太网链路上(如交换机和主机之间、交换机和路由器之间、交换机和交换机之间)。如果被测网络链路的设备端口具备SNMP流量监测功能,也可以通过直接提取SNMP端口来替代测试仪。

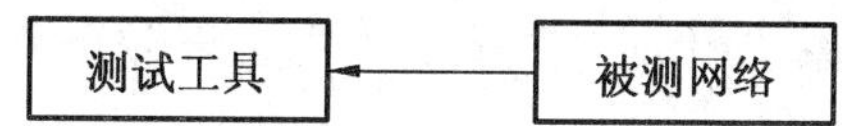

图7 以太网链路层健康状况测试结构示意图

测试链路应分段进行,包括接入层到汇聚层链路、汇聚层到核心层链路、核心层间骨干链路及经过接入层、汇聚层和核心层的用户到用户链路。

在进行以太网碰撞和出错率测试时,应保证在至少有30%的流量下进行。若没有达到该流量,则应人为加载一定的背景流量。

a) 根据不同的网络类型,将测试工具连接到网络中的某一网段;
b) 用测试工具或通过SNMP流量监测功能,对被监测的网段进行流量统计(至少测试5 min以上),测试广播率和组播率、错误率、线路利用率、碰撞率等指标;
c) 移动测试工具到其他网段,重复步骤b),直到遍历完所有需要测试的网段。

7.1.6.2 抽样规则

对核心层的骨干链路,应进行全部测试。对汇聚层到核心层的上联链路,应进行全部测试。对接入层到汇聚层的上联链路,以不低于30%的比例进行抽样测试,抽样链路数不少于10条;上联链路不足10条时,全部测试。对于接入层的网段,以10%的比例进行抽测,抽样网段数量不少于10个;接入网段数量不足10个时,全部测试。

7.1.6.3 合格判据

所有链路的健康状况指标都符合表4要求时,则判定局域网系统的健康状况符合6.3.6的要求,否则判定局域网系统的健康状况不符合6.3.6的要求。

7.2 局域网系统应用性能测试

7.2.1 DHCP服务性能测试方法

7.2.1.1 测试方法

测试结构示意图如图8,测试时间应选择在网络忙时进行,以确保有足够数量的用户在访问被测DHCP服务器。

a) 将测试工具连接到被测网络的某一用户接入端口(网段);

b) 用测试工具仿真一个终端用户,该用户访问 DHCP 服务器,对访问过程中 DHCP 服务器响应时间进行测试;如果测试工具未收到 DHCP 服务器的响应,则认为一次测试失败;

c) 按照一定的时间间隔(如 1 min),重复以上第 b)步骤,共进行 10 次测试,记录 10 次测试结果的平均值,如果在测试过程中存在 DHCP 服务器无响应的情况,则认为测试失败;

d) 移动测试工具到其他网段,重复步骤 b)~c),从而测试网络不同接入位置访问 DHCP 服务器的性能水平。

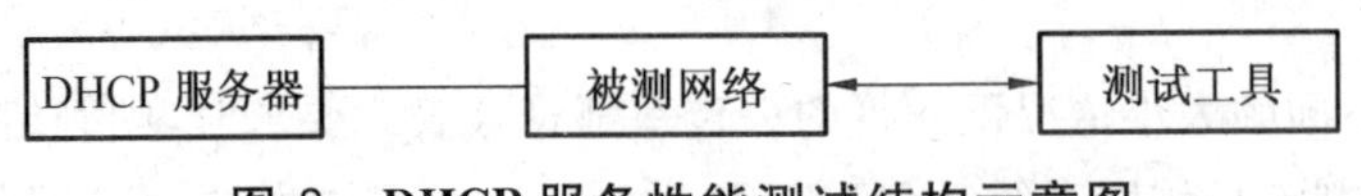

图 8 DHCP 服务性能测试结构示意图

7.2.1.2 抽样规则

对局域网内部的所有 DHCP 服务器进行性能测试。测试工具的位置选择,以不低于接入层网段数量 30%的比例进行抽样,抽样网段数量不少于 10 个;接入层网段数量不足 10 个时,全部测试。

7.2.1.3 合格判据

a) 单项合格判据:抽样测试点的 DHCP 服务器响应时间≤0.5 s 时,则判定该点的 DHCP 服务性能符合 6.4.1 的要求,否则判定该点的 DHCP 服务性能不符合 6.4.1 的要求。

b) 综合合格判据:所有测试点都符合要求时,则判定局域网系统的 DHCP 服务性能符合 6.4.1 的要求,否则判定局域网系统的 DHCP 服务性能不符合 6.4.1 的要求。

7.2.2 DNS 服务性能测试方法

7.2.2.1 测试方法

测试结构示意图如图 9,测试时间应选择在网络忙时进行,以确保有足够数量的用户在访问被测 DNS 服务器。

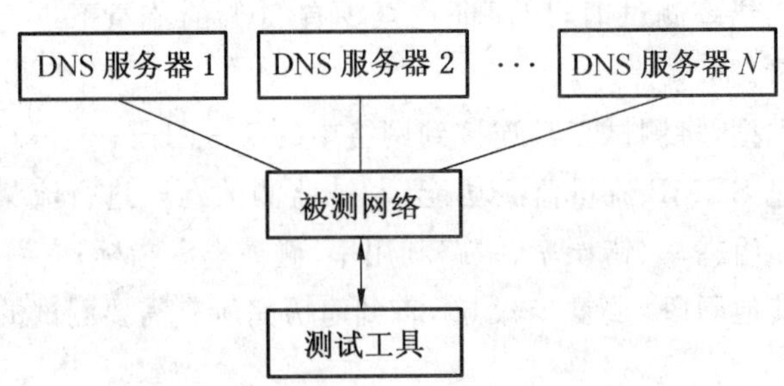

图 9 DNS 服务性能测试结构示意图

a) 将测试工具连接到被测网络的某一用户接入端口(网段);

b) 用测试工具仿真一个终端用户,该用户访问 DNS 服务器,对 DNS 服务器响应时间进行测试,如果测试工具未收到 DNS 服务器的响应,则认为一次测试失败;

c) 重复步骤 b),对下一个 DNS 服务器进行测试,直到测完所有的为局域网提供服务的 DNS 服务器;

d) 按照一定的时间间隔(如 1 min),重复步骤 b)~c),共进行 10 次测试,记录 10 次测试结果的平均值,如果在测试过程中存在 DNS 服务器无响应的情况,则认为测试失败;

e) 移动测试工具到其他网段,重复步骤 b)~d),从而测试网络不同接入位置访问 DNS 服务器的性能水平。

7.2.2.2 抽样规则

应对局域网内部的所有 DNS 服务器进行性能测试。测试工具的位置选择,以不低于接入层网段数量 30%的比例进行抽样,抽样网段数量不少于 10 个;接入层网段数量不足 10 个时,全部测试。

7.2.2.3 合格判据

a) 单项合格判据：抽样测试点的 DNS 服务器响应时间≤0.5 s 时，则判定该点的 DNS 服务性能符合 6.4.2 的要求，否则判定该点的 DNS 服务性能不符合 6.4.2 的要求。

b) 综合合格判据：所有测试点都符合要求时，则判定局域网系统的 DNS 服务性能符合 6.4.2 的要求，否则判定局域网系统的 DNS 服务性能不符合 6.4.2 的要求。

7.2.3 Web 应用服务性能测试方法

7.2.3.1 测试方法

测试结构示意图如图 10，测试时间应选择在网络忙时进行，以确保有足够数量的用户在访问被测 Web 服务器。这里讨论的 Web 服务性能测试，不考虑有防火墙的情况。

a) 将测试工具连接到被测网络的某一用户接入端口(网段)；

b) 用测试工具仿真 Web 一个终端用户，该用户访问被测 Web 服务器所提供的网页服务，对访问过程中各阶段性能指标进行测试，包括：HTTP 第一响应时间、HTTP 接收速率；

c) 重复步骤 b)，对下一个 Web 服务器进行测试，直到测完所有的 Web 服务器；

d) 按照一定的时间间隔(如 1 min)，重复步骤 b)～c)，共进行 10 次测试，记录 10 次测试结果的平均值；

e) 移动测试工具到其他网段，重复步骤 b)～c)，从而测试网络不同接入位置访问 Web 服务的性能水平。

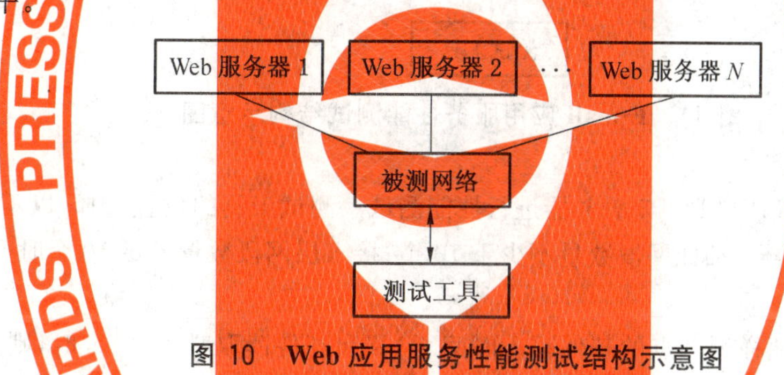

图 10 Web 应用服务性能测试结构示意图

7.2.3.2 抽样规则

对于局域网内部的所有 Web 服务器进行性能测试；还可挑选 3～5 个国内、国际的知名 Web 网站进行对比测试，以了解用户访问这些外部网站的感受。测试工具接入位置的选择，以不低于接入层网段数量 30% 的比例进行抽样，抽样网段数量不少于 10 个；接入层网段数量不足 10 个时，全部测试。

7.2.3.3 合格判据

a) 单项合格判据：抽样测试点对内部网站的 HTTP 第一响应时间≤1 s；HTTP 接收速率≥10 000 Byte/s时，则判定该点的 Web 应用服务性能符合 6.4.3 的要求，否则判定该点的 Web 应用服务性能不符合 6.4.3 的要求。

b) 综合合格判据：所有测试点的 Web 应用服务性能都符合 6.4.3 的要求时，则判定局域网系统的 Web 应用服务性能符合 6.4.3 的要求，否则判定局域网系统的 Web 应用服务性能不符合 6.4.3 的要求。

注：内部网站是指位于局域网内部的 Web 服务器所提供的网页服务；外部网站是指位于局域网以外的 Internet 上的 Web 服务器所提供的网页服务。由于外部网站的性能会受到 Internet 网络性能和该外部 Web 服务器性能的影响，因此，其测试结果仅供参考和对比使用，而不作为判断局域网评测通过与否的项目。

7.2.4 E-mail 应用服务性能测试方法

7.2.4.1 测试方法

测试结构示意图如图 11，测试时间应选择在网络忙时进行，以确保有足够数量的用户在访问被测

E-mail 服务器。这里所讨论的 E-mail 服务性能测试,不考虑有防火墙的情况。

a) 将测试工具连接到被测网络的某一典型用户接入端口(网段);

b) 用测试工具仿真 E-mail 的一个终端用户,并发送 1 KB 大小的邮件,整个过程包括以下阶段:

1) 测试工具向 SMTP 服务器发送一个邮件;

2) SMTP 服务器将邮件转发给 POP3 服务器;

3) 测试工具从 POP3 服务器下载该邮件;

测试工具会对以上各阶段的邮件写入时间和邮件读取时间进行测试;

c) 重复步骤 b),对下一个 E-mail 服务器进行测试,直到测完所有的 E-mail 服务器;

d) 按照一定的时间间隔(如 1 min),重复步骤 b)~c),共进行 10 次测试,记录 10 次测试结果的平均值;

e) 移动测试工具到其他网段,重复以上步骤 b)~d),从而测试网络不同接入位置访问 E-mail 服务的性能水平。

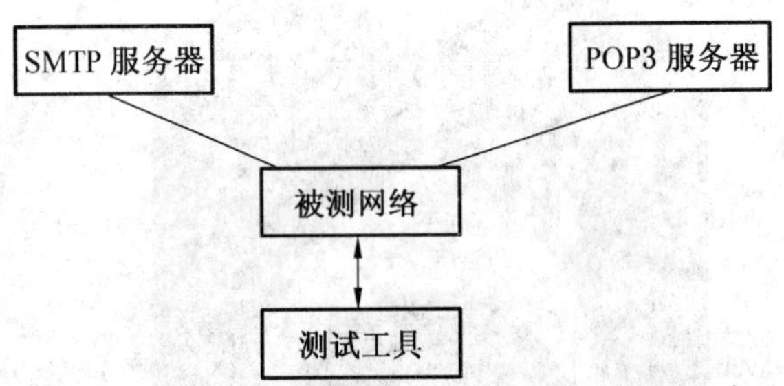

图 11 E-mail 应用服务性能测试结构示意图

7.2.4.2 抽样规则

对局域网内部的 SMTP 和 POP3 服务器进行性能测试。测试工具的位置选择,以不低于接入层网段数量 30% 的比例进行抽样,抽样网段数量不少于 10 个;接入层网段数量不足 10 个时,全部测试。

7.2.4.3 合格判据

a) 单项合格判据:抽样测试点的邮件写入时间≤1 s 和邮件读取时间≤1 s 时,则判定该点的 E-mail 应用服务性能符合 6.4.4 的要求,否则判定该点的 E-mail 应用服务性能不符合 6.4.4 的要求。

b) 综合合格判据:所有测试点的 E-mail 应用服务性能都符合 6.4.4 的要求时,则判定局域网系统的 E-mail 应用服务性能符合 6.4.4 的要求,否则判定局域网系统的 E-mail 应用服务性能不符合 6.4.4 的要求。

7.2.5 文件服务性能测试方法

7.2.5.1 测试方法

测试结构示意图如图 12,测试时间应选择在网络忙时进行,以确保有足够数量的用户在访问被测文件服务器。

a) 将测试工具连接到被测网络的某一用户接入端口(网段);

b) 用测试工具仿真文件服务器的终端用户,模拟一个用户访问被测文件服务器的全过程,包括:同文件服务器建立连接－＞向文件服务器指定目录写入一个 100KB 的文件－＞从服务器读取该文件－＞在服务器中删除该文件－＞断开同文件服务器的连接;对访问过程中各阶段性能指标进行测试,包括:服务器连接时间、写入速率、读取速率、删除时间、断开时间;

c) 重复步骤 b),对下一个文件服务器进行测试,直到测完所有的文件服务器;

d) 按照一定的时间间隔(如 1 min),重复步骤 b)~c),共进行 10 次测试,记录 10 次测试结果的平均值;

e） 移动测试工具到其他网段，重复步骤 b)～c)，从而测试网络不同接入位置访问文件服务的性能水平。

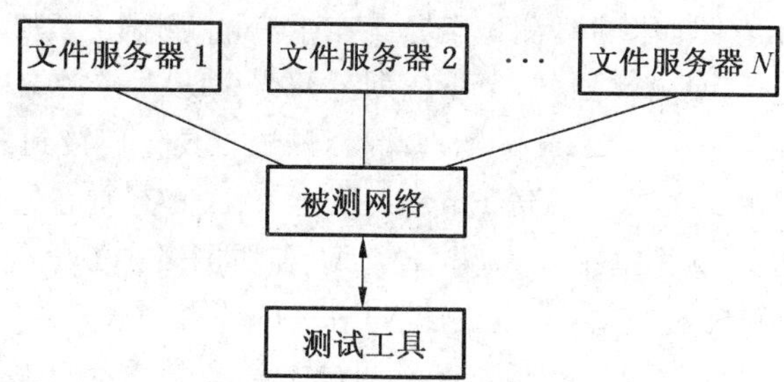

图 12 文件服务性能测试结构示意图

7.2.5.2 抽样规则

对局域网内部的所有文件服务器进行性能测试。测试工具的位置选择，以不低于接入层网段数量 30％的比例进行抽样，抽样网段数量不少于 10 个；接入层网段数量不足 10 个时，全部测试。

7.2.5.3 合格判据

a） 单项合格判据：抽样测试点的服务器连接时间、写入速率、读取速率、删除时间和断开时间都符合表 5 要求时，则判定该点文件服务性能符合 6.4.5 的要求，否则判定该点文件服务性能不符合 6.4.5 的要求。

b） 综合合格判据：所有测试点都符合表 5 要求时，则判定局域网系统文件服务性能符合 6.4.5 的要求，否则判定局域网系统文件服务性能不符合 6.4.5 的要求。

7.3 局域网系统功能测试

7.3.1 IP 子网划分测试

7.3.1.1 测试方法

子网划分测试结构示意图如图 13。

a） 在局域网系统中的路由器或三层交换机上进行子网测试；局域网系统至少存在两个子网；

b） 将测试计算机 1 连接到一个子网的物理端口，测试计算机 2 连接到另一个子网的物理端口；

c） 通过测试计算机 1 向测试计算机 2 发送 Ping(共发送 10 次)，查看它们之间的连通性；

d） 将测试工具连接在被测子网的某一物理端口上，测试工具通过发送 Ping 广播报文、SNMP 查询、监听网络中数据包等方式，自动检测出在该子网上所连接的所有设备和终端，并生成该子网的节点列表。

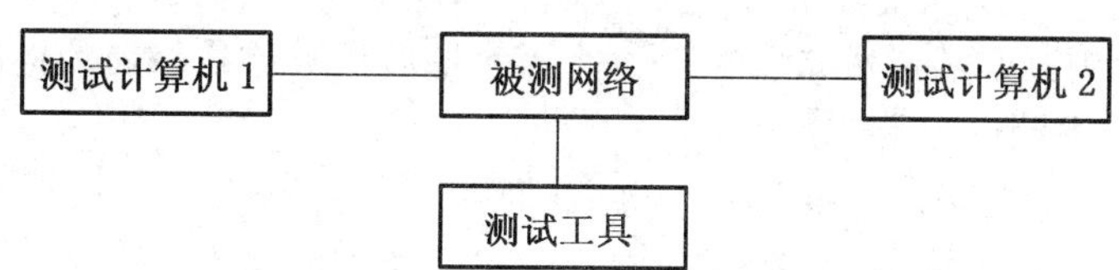

图 13 子网划分测试结构示意图

7.3.1.2 抽样规则

对于被测子网，以不低于接入层子网数量 10％的比例进行抽样，抽样子网数不少于 10 个；被测子网不足 10 个时，全部测试。

7.3.1.3 合格判据

当测试结果满足以下所有条件时，则判定局域网系统的子网划分功能符合 6.5.1 的要求，否则判定局域网系统的子网划分功能不符合 6.5.1 的要求。

a） 在 7.3.1.1c)中，测试计算机之间的 Ping 连通性应与子网设计要求相一致；

b） 在 7.3.1.1d)中，测试工具自动检测所得到的子网节点列表应同子网设计要求相一致。

7.3.2 **VLAN 划分测试**

7.3.2.1 **测试方法**

VLAN 划分测试结构示意图如图 14,测试工具 1 产生流量,测试工具 2 接收流量。

a) 在局域网系统中进行 VLAN 划分,至少应划分两个 VLAN;

b) 将测试工具 1 连接到一个 VLAN 的物理端口,测试工具 2 连接到另一个 VLAN 的物理端口;

c) 通过测试工具 1 向测试工具 2 发送 Ping(共发送 10 次),查看它们之间的连通性;

d) 测试工具通过发送 Ping 广播报文、SNMP 查询、监听网络中数据包等方式,自动检测出在该子网上所连接的所有设备和终端,并生成该 VLAN 的节点列表;

e) 通过测试工具 1 发送以太网广播包,查看测试工具 2 是否能够接收到测试工具 1 发出的广播包;

f) 将测试工具 2 连接到与测试工具 1 所在的同一个 VLAN 的任一端口;

g) 通过测试工具 1 发送以太网广播包,查看测试工具 2 是否能够正确接收到测试工具 1 发出的广播包。

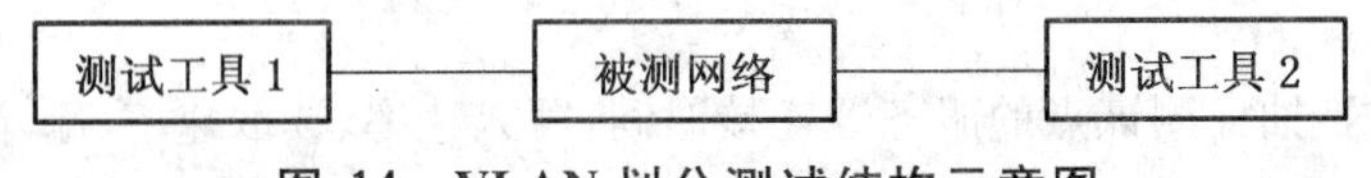

图 14 VLAN 划分测试结构示意图

7.3.2.2 **抽样规则**

对于被测 VLAN 的选择,以不低于接入层 VLAN 数量 10%的比例进行抽样,抽样 VLAN 数不少于 10 个;被测 VLAN 不足 10 个时,需全部测试。

7.3.2.3 **合格判据**

当测试结果满足以下所有条件时,则判定局域网系统的 VLAN 划分符合 6.5.2 的要求,否则判定局域网系统的 VLAN 划分不符合 6.5.2 的要求。

a) 在 7.3.2.1c)中,测试工具之间的 Ping 连通性应与 VLAN 划分相一致;

b) 在 7.3.2.1d)中,测试工具自动检测所得到的 VLAN 节点列表应同设计要求相一致;

c) 在 7.3.2.1e)中,测试工具 2 应该不能够接收到测试工具 1 发出的广播包;

d) 在 7.3.2.1g)中,测试工具 2 应该能够接收到测试工具 1 发出的广播包。

7.3.3 **QoS 功能测试**

7.3.3.1 **测试方法**

QoS 功能测试示意图如图 15,测试工具 1 产生流量,测试工具 2 接收流量,测试工具 3 统计丢弃包的情况。

a) 在局域网系统中基于端口优先级配置一条具有 QoS 服务质量保证的链路,在一端接上测试工具 1,另一端接上测试工具 2;

b) 测试工具 1 向测试工具 2 发送端口号为 80 的 UDP 数据包;

c) 用测试工具 2 捕获网络中的数据包,检查测试工具 1 发出的数据包是否被打上优先级的标记;

d) 逐渐加大被测网络内的负载流量,直至网络拥塞,统计测试工具 2 收到测试工具 1 发出的数据包的情况;

e) 用测试工具 3 统计被测网络数据包丢弃的状况;

f) 删除基于端口划分的优先级,再分别基于 IP 地址划分不同优先级;重复步骤 b)~e)。

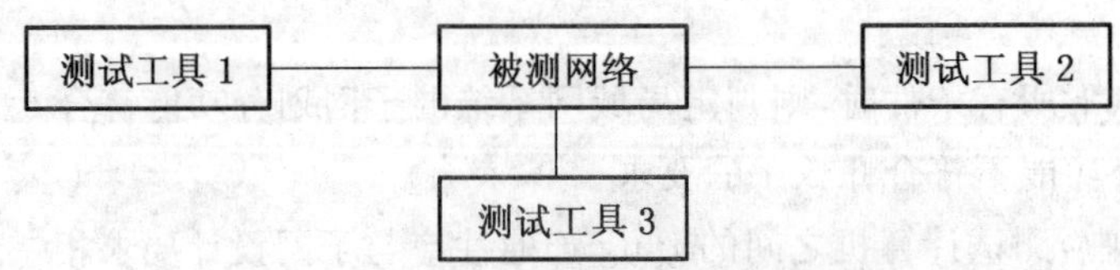

图 15 QoS 功能测试结构示意图

7.3.3.2 合格判据

当测试结果满足以下所有条件时，则判定局域网系统的 QoS 功能符合 6.5.3 的要求，否则判定局域网系统的 QoS 功能不符合 6.5.3 的要求。

a) 在 7.3.3.1c)中，应能看到测试工具 1 发出的数据包被打上优先级标记；

b) 在 7.3.3.1d)中，测试工具 2 仍应接收到测试工具 1 发出的数据包；

c) 在 7.3.3.1e)中，测试工具 3 统计丢弃的数据包里没有测试工具 1 发出的数据包。

7.3.4 用户接入多 ISP 测试

7.3.4.1 测试方法

用户接入多 ISP 功能测试示意图如图 16，测试工具 1、2 模拟用户，测试工具 3、4 模拟 2 个不同的 ISP。

a) 测试工具 1 通过被测网络分别访问测试工具 3 和测试工具 4。

b) 测试工具 2 通过被测网络分别访问测试工具 3 和测试工具 4。

c) 断开测试工具 3 和被测网络的链接，测试工具 1 通过被测网络访问测试工具 4。

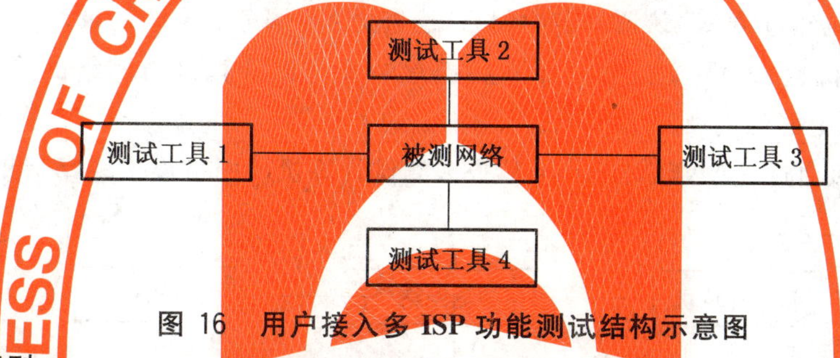

图 16 用户接入多 ISP 功能测试结构示意图

7.3.4.2 抽样规则

对于测试计算机所连接用户端口的选择，以不低于接入层用户端口数量 5%的比例进行抽样，抽样端口数不少于 10 个；用户端口数少于 10 个时，全部测试。

7.3.4.3 合格判据

当测试结果满足以下所有条件时，则判定局域网系统的用户接入多 ISP 功能符合 6.5.4 的要求，否则判定局域网系统的用户接入多 ISP 功能不符合 6.5.4 的要求。

a) 在 7.3.4.1a)中，测试工具 1 能访问测试工具 3 而不能访问测试工具 4。

b) 在 7.3.4.1b)中，测试工具 2 能同时访问测试工具 4 和测试工具 3。

c) 在 7.3.4.1c)中，测试工具 1 能访问测试工具 4。

7.3.5 NAT 功能测试

7.3.5.1 测试方法

NAT 功能测试示意图如图 17，对于公网 IP 地址缺乏的局域网系统，应能够支持 NAT 功能，来实现局域网系统内部用户对 Internet 公网上的资源访问。

a) 在局域网系统中，将网络设备上的 NAT 功能打开；

b) 将测试计算机 1 和测试计算机 2 连接到局域网上的接入用户端口，并分别配置不同的内部网络 IP 地址；

c) 使用测试计算机 1 和测试计算机 2 同时访问 Internet 上某个公网 IP 地址，查看计算机 1 和计算机 2 是否能同时连接到该公网 IP 地址。

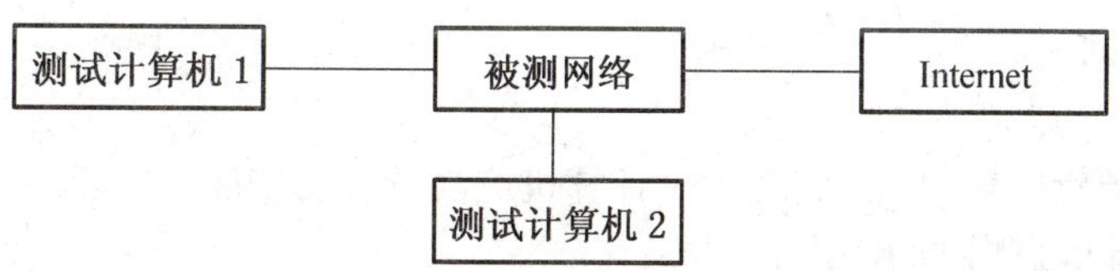

图 17 NAT 功能测试结构示意图

7.3.5.2 抽样规则

对于测试计算机所连接用户端口的选择，以不低于接入层用户端口数量5%的比例进行抽样，抽样端口数不少于10个；用户端口数不足10个时，全部测试。

7.3.5.3 合格判据

当测试计算机1和计算机2能同时连接到该公网IP地址上时，则判定局域网系统的NAT功能符合6.5.5的要求，否则判定局域网系统的NAT功能不符合6.5.5的要求。

7.3.6 AAA功能测试

7.3.6.1 测试方法

AAA功能测试示意图如图18。

a) 在局域网系统中启用AAA功能；AAA服务器正常运行；

b) 测试计算机不经AAA认证，直接访问局域网外的地址；

c) 测试计算机经过AAA认证(输入正确的用户名和口令)后，再访问局域网外的地址；

d) 在测试计算机通过AAA认证一定时间后，检查AAA服务器上的记录；

e) 在测试计算机通过AAA认证3 min后正常断开测试计算机与网络的连接，2 min后检查AAA服务器上面的记录；

f) 在测试计算机通过AAA认证3 min后拔去测试计算机的网络连接线，5 min后检查AAA服务器上面的记录。

图18 AAA功能测试结构示意图

7.3.6.2 抽样规则

对于测试计算机所连接用户端口的选择，以不低于接入层用户端口数量5%的比例进行抽样，抽样端口数不少于10个；用户端口数不足10个时，全部测试。

7.3.6.3 合格判据

当测试结果满足以下所有条件时，则判定局域网系统的AAA功能符合6.5.6的要求，否则判定局域网系统的AAA功能不符合6.5.6的要求。

a) 在7.3.6.1b)中，测试计算机应该无法访问局域网外的地址；

b) 在7.3.6.1c)中，测试计算机应该能够访问局域网外的地址；

c) 在7.3.6.1d)中，AAA服务器应记录了测试计算机通过认证、取得授权的信息、测试计算机通过认证的时间和访问局域网外的数据流量，也可以根据不同计费方法得出的最终费用；

d) 在7.3.6.1e)中，在AAA服务器上有测试计算机离线的时间记录，并且离线的时间记录与测试计算机离线时间符合局域网系统设置要求；

e) 在7.3.6.1f)中，在AAA服务器上有测试计算机离线的时间记录，并且离线的时间记录与测试计算机离线时间符合局域网系统设置要求。

7.3.7 DHCP功能测试

7.3.7.1 测试方法

DHCP功能测试示意图如图19，此时测试计算机应支持自动获取IP地址功能。

a) 在局域网系统中启用DHCP功能；

b) 将测试计算机设置成自动获取IP地址模式；

c) 重新启动测试计算机，查看它是否自动获得了 IP 地址及其他网络配置信息(如子网掩码、缺省网关地址、DNS 服务器等)。

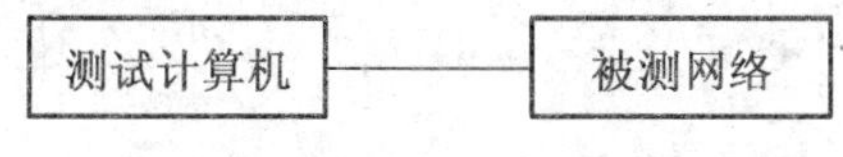

图 19 DHCP 功能测试结构示意图

7.3.7.2 抽样规则

对于测试计算机所连接用户端口的选择，以不低于接入层用户端口数量 5%的比例进行抽样，抽样端口数不少于 10 个；用户端口数不足 10 个时，全部测试。

7.3.7.3 合格判据

当测试计算机能够自动从 DHCP 服务器中获取到 IP 地址、子网掩码和缺省网关地址等网络配置信息时，则判定局域网系统的 DHCP 功能符合 6.5.7 的要求，否则判断局域网系统的 DHCP 功能不符合 6.5.7 的要求。

7.3.8 设备和线路备份功能测试

7.3.8.1 测试方法

设备和线路备份功能测试示意图如图 20，测试计算机和测试目标节点之间的数据流应经过网络的主用设备和线路；

a) 用测试计算机向测试目标节点发送持续的 Ping 包，查看它们之间的连通性；

b) 人为关闭核心层网络主设备电源，查看备份设备是否启用，及测试计算机和测试目标节点之间 Ping 的连通性；

c) 人为断开主干线路，查看备份线路是否启用，及测试计算机和测试目标节点之间 Ping 的连通性。

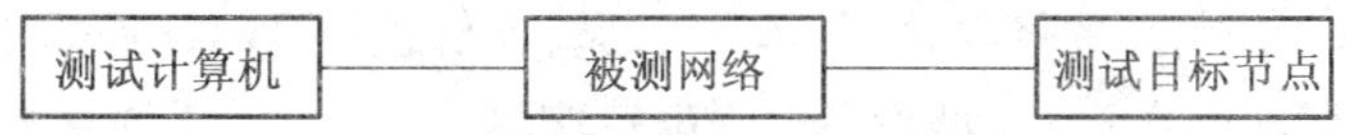

图 20 设备和线路备份功能测试结构示意图

7.3.8.2 抽样规则

应对所有核心网络设备和主干线路的备份方案进行全面的测试。

7.3.8.3 合格判据

当测试结果满足以下所有条件时，则判定局域网系统的设备和线路备份功能符合 6.5.8 的要求，否则判定局域网系统的设备和线路备份功能不符合 6.5.8 的要求。

a) 在 7.3.8.1b)中，Ping 测试应在设计规定的切换时间内，能恢复其连通性；

b) 在 7.3.8.1c)中，Ping 测试应在设计规定的切换时间内，能恢复其连通性。

7.3.9 组播功能测试

7.3.9.1 测试方法

组播功能测试示意图如图 21，组播服务器用于提供各种组播业务。

a) 在被测链路中开启两组不同的组播业务；

b) 在测试计算机 1 和测试计算机 2 上同时点播第一组组播业务，分析被测网络与组播服务器间的数据流；

c) 在测试计算机 1 点播第一组组播业务，在测试计算机 2 上点播第二组组播业务；分析被测网络与组播服务器间的数据流。

图 21 组播功能测试结构示意图

7.3.9.2 抽样规则

对于测试计算机所连接用户端口的选择，以不低于接入层用户端口数量5%的比例进行抽样；抽样端口数不少于10个；用户端口数不足10个时，全部测试。

7.3.9.3 合格判据

当测试结果满足以下所有条件时，则判定局域网系统的组播功能符合6.5.9的要求，否则判定局域网系统的组播功能不符合6.5.9的要求。

a) 在7.3.9.1b)中，被测网络和组播服务器间只有一个数据流，且测试计算机1和2应接收到同一个组播业务。

b) 在7.3.9.1c)中，被测网络和组播服务器间应有两个数据流，且测试计算机只会分别接收到各自点播的组播业务。

7.4 网络管理功能测试

7.4.1 配置管理测试

7.4.1.1 网络设备信息配置功能测试

7.4.1.1.1 测试方法

a) 在局域网网络管理系统中选定一个网络设备；

b) 配置设备ID、IP地址、设备名称、网络标识、密码等信息；

c) 查看设备信息；

d) 选择另外的网络设备，重复步骤b)～c)操作。

7.4.1.1.2 合格判据

若能够实现对设备相应信息的修改、读取修改后的设备信息和显示设备的生产厂商、软件版本、系统运行时间等信息，则判定局域网系统的设备信息配置功能符合6.6.1.1的要求，否则判定局域网系统的设备信息配置功能不符合6.6.1.1的要求。

7.4.1.2 物理端口配置功能测试

7.4.1.2.1 测试方法

a) 在局域网网络管理系统中选定一个网络设备；

b) 选择设备中的一个端口，对该端口进行设置，如端口速率、端口管理状态、端口工作状态；

c) 查看该端口的端口信息；

d) 选择另外的设备和端口，重复步骤b)～c)的操作。

7.4.1.2.2 合格判据

若能够实现对设备物理端口配置的修改、读取修改后的端口配置和显示端口的标识符、端口类型等信息，则判定局域网系统的物理端口配置功能符合6.6.1.2的要求，否则判定局域网系统的物理端口配置功能不符合6.6.1.2的要求。

7.4.1.3 协议配置功能测试

7.4.1.3.1 测试方法

相应的测试方法参考YD/T 1098—2001、YD/T 1141—2001、YD/T 1156—2001、YD/T 1260—2003、YD/T 1287—2003等网络设备(交换机、路由器)对协议配置的测试方法。

7.4.1.3.2 合格判据

如果能够实现对各个协议的配置情况的查询和修改，以及这些协议的运行状态和运行结果的查询，则判定局域网系统的协议配置功能符合6.6.1.3的要求，否则判定局域网系统的协议配置功能不符合6.6.1.3的要求。

7.4.2 告警管理测试

7.4.2.1 告警信息配置功能的测试

7.4.2.1.1 测试方法

a) 在局域网网络管理系统中选定一个网络设备；

b) 设置设备可产生告警信息的告警ID、告警级别、告警上报；

c) 设置设备中能够设置告警的限值；

d) 选择另外的网络设备，重复步骤b)～c)。

7.4.2.1.2 合格判据

如果能够实现对告警信息的配置和告警限值的设置，则判定局域网系统的告警信息配置功能符合6.6.2.1的要求，否则判定局域网系统的告警信息配置功能不符合6.6.2.1的要求。

7.4.2.2 告警信息读取功能的测试

7.4.2.2.1 测试方法

a) 在局域网系统中选定一个网络设备；

b) 人为制造设备故障，查看网络管理上的告警信息；

c) 选择另外的网络设备，重复步骤b)。

7.4.2.2.2 合格判据

如果能够读取告警信息中告警源、告警类型、告警级别、告警位置、告警发生时间等信息，则判定局域网系统的告警信息读取功能符合6.6.2.2的要求，否则判定局域网系统的告警信息读取功能不符合6.6.2.2的要求。

7.4.2.3 告警信息管理功能的测试

7.4.2.3.1 测试方法

a) 在局域网系统中选定一个网络设备；

b) 人为制造设备故障，在一段时间内多次制造不同类型的故障；

c) 在网络管理系统上对告警信息进行保存和备份；

d) 对告警信息进行查询；

e) 删除选定的告警信息；

f) 选择另外的网络设备，重复步骤b)～e)。

7.4.2.3.2 合格判据

若能够对告警信息进行保存和备份，能够基于告警源、告警时间、告警级别进行查询，并能够以图形和表格方式显示查询结果和删除选定的告警信息，则判定局域网系统的告警信息管理功能符合6.6.2.3的要求，否则判定局域网系统的告警信息管理功能不符合6.6.2.3的要求。

7.4.3 性能管理测试

7.4.3.1 性能数据实时监视功能的测试

7.4.3.1.1 测试方法

a) 在局域网网络管理系统中选定一个网络设备；

b) 选择需要实时监视的端口；

c) 显示端口的性能统计数据；

d) 选择另外的网络设备，重复步骤b)～c)。

7.4.3.1.2 合格判据

如果能够显示出各种性能数据，并能够实时刷新，则判定局域网系统的性能数据实时监视功能符合6.6.3.1的要求，否则判定局域网系统的性能数据实时监视功能不符合6.6.3.1的要求。

7.4.3.2 性能数据采集功能的测试

7.4.3.2.1 测试方法

a) 在局域网网络管理系统中选定一个网络设备；

b) 选择需要采集的性能参数；

c) 设定采集任务的开始时间和结束时间；进行数据采集；

d) 查看采集结果，删除采集任务；

e) 选择另外的网络设备，重复步骤 b)～d)。

7.4.3.2.2 合格判据

如果能够查看到根据采集任务的设置得到的采集结果，并能够删除采集任务，则判定局域网系统的性能数据采集功能符合 6.6.3.2 的要求，否则判定局域网系统的性能数据采集功能不符合 6.6.3.2 的要求。

7.4.3.3 性能数据管理功能的测试

7.4.3.3.1 测试方法

a) 在局域网网络管理系统中选定一个网络设备；

b) 对性能数据进行保存；

c) 对保存的性能数据进行查询；以表格和图形的方式显示查询结果；

d) 选择另外的网络设备，重复步骤 b)～c)。

7.4.3.3.2 合格判据

如果能够保存性能数据、查询性能数据，并能够以表格和图形方式显示，则判定局域网系统的性能数据管理功能符合 6.6.3.3 的要求，否则判定局域网系统的性能数据管理功能不符合 6.6.3.3 的要求。

7.4.4 安全管理测试

7.4.4.1 访问控制测试

7.4.4.1.1 测试方法

a) 启动网络管理系统；

b) 输入用户名和口令；

c) 在局域网系统中选择一个网络设备；

d) 直接通过串口连接进入设备命令行管理方式，输入用户名和口令。

7.4.4.1.2 合格判据

如果用户名和口令正确，能正常登陆网络管理系统和进行设备命令行管理，则判定局域网系统的访问控制符合 6.6.4.1 的要求，否则判定局域网系统的访问控制不符合 6.6.4.1 的要求。

7.4.4.2 用户管理功能的测试

7.4.4.2.1 测试方法

a) 进入局域网网络管理系统；

b) 进行添加、删除用户操作；

c) 对已有用户信息进行查看和修改；

d) 在局域网系统中选择一个网络设备，重复步骤 b)～c)。

7.4.4.2.2 合格判据

如果能够正确添加和删除网络管理系统的用户、显示和修改用户信息(包括用户名、口令、权限等)，并能实现对网络设备的用户管理，则判定局域网系统的用户管理功能符合 6.6.4.2 的要求，否则判定局域网系统的用户管理功能不符合 6.6.4.2 的要求。

7.4.4.3 日志管理功能的测试

7.4.4.3.1 测试方法

a) 进入局域网网络管理系统；

b) 进行各种操作；

c) 查看日志信息；

d) 对日志信息进行保存、查询和删除操作。

7.4.4.3.2 合格判据

如果能够正确实现日志信息的保存、查询和删除，则判定系统的日志管理功能符合 6.6.4.3 的要求，否则判定局域网系统的日志管理功能不符合 6.6.4.3 的要求。

7.4.5 管理信息库测试

7.4.5.1 测试方法

a) 在局域网系统中选定一个网络设备；

b) 配置网络设备 SNMP 参数；

c) 通过网络管理接口向网络设备发送 SNMP 协议报文，观察网络设备响应情况；

d) 通过网络管理接口查询网络设备 MIB II 定义的所有管理对象，观察网络设备响应情况；

e) 选择另外的网络设备，重复步骤 b)～d)。

7.4.5.2 合格判据

如果能够配置设备的 SNMP 参数和设备能够正确响应协议报文，同时能够实现管理对象的查询，则判定局域网系统的管理信息库符合 6.6.5 的要求，否则判定局域网系统的管理信息库不符合 6.6.5 的要求。

8 测试规则

8.1 测试分类

本标准规定的测试分为两类，即验收测试、评估或日常维护测试。

两类测试项目的测试结果应符合表 6 的规定。若用户有补充的测试项目时，则应将其插入表 6 的相应位置。

表 6 测试项目

项　　目	技术要求	测试方法	验收测评	日常维护测试
网络传输媒体	6.1	6.1	●	*
网络设备	6.2	6.2	●	—
局域网系统性能	6.3	7.1	○	○(仅限于 6.3.6)
局域网系统应用服务	6.4	7.2	○	○
局域网系统功能	6.5	7.3	○	○
网络管理功能	6.6	7.4	○	○
环境适应性	6.7	6.7	●	*
局域网系统文档	6.8	人工审查	○	—

注：“○”表示应进行的测试项目；“*”表示可选择测试项目；“—”表示不测试的项目；“●”表示应测试但可提供第三方测试报告的项目。

8.2 验收测评

a) 局域网系统建成或改造后，需采用验收测评方式，以验证其总体性能；

b) 验收测评工作流程如图 22 所示；

c) 各项测试指标全部合格时，则判定局域网系统为合格系统；否则判定局域网系统为不合格系统；

d) 测试完毕后，提交验收测评报告，报告格式参见附录 B。

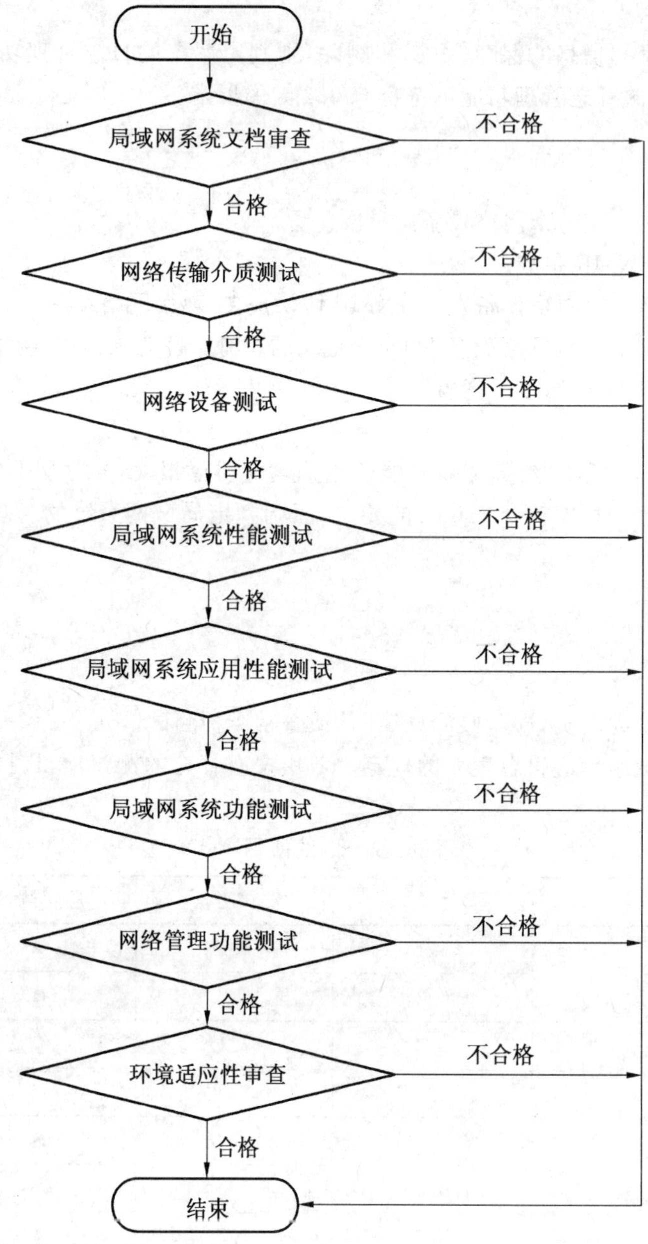

图 22　验收测评工作流程

8.3　日常维护测试

a）对局域网系统进行维护或故障诊断时，需定期对网络进行维护测试，以便跟踪网络的主要性能指标或指导排除故障；

b）日常维护测试工作流程如图 23 所示；

c）各项测试指标全部合格时，判定局域网系统运行状况良好；否则判定局域网系统运行状况较差；

d）测试完毕后，提交日常维护测试报告，报告格式可参照验收测评报告格式。

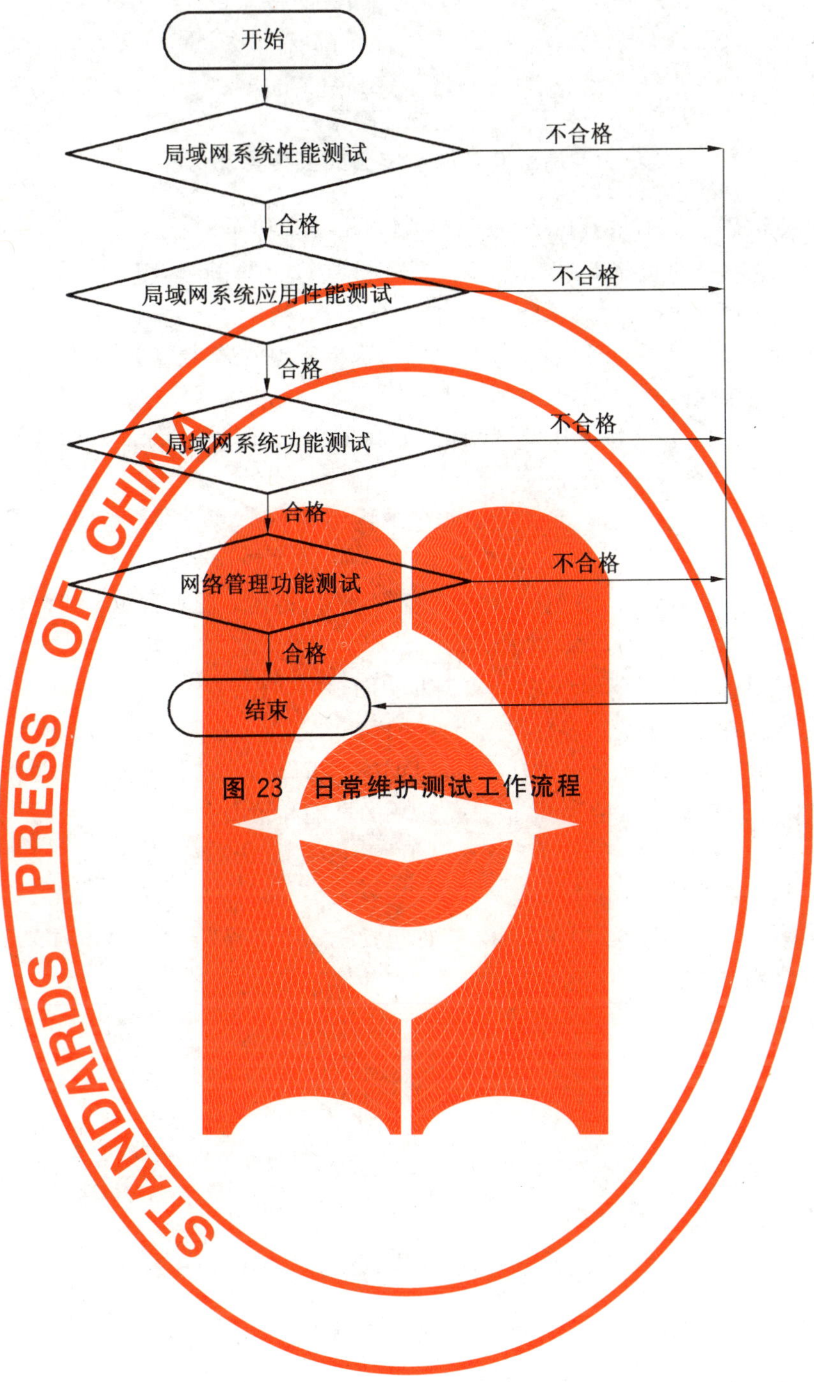

图 23 日常维护测试工作流程

附 录 A
（规范性附录）
局域网系统性能测试工具要求

A.1 用于局域网系统性能测试的测试工具，宜具备以下基本功能：

a) 应具备直接网络流量监听功能，能够对网络利用率、单播帧、广播帧、多播帧、碰撞、各种类型的出错帧进行统计；

b) 应能统计网络中产生业务量最多的节点、出错最多的节点、产生广播帧和多播帧最多的节点；

c) 应具备网络协议分析功能，能对网络中的协议进行解码和流量分布统计；

d) 应具备自动网络节点和拓扑发现功能，能自动生成网络节点列表，包括节点的 MAC 地址、IP/IPX 地址和名称的对应；

e) 应具备网络流量仿真功能，可指定数据包的内容（如 MAC 地址、IP 地址）和数据包长度，并可指定所产生流量的大小；

f) 应具备 RFC2544 网络性能测试功能，包括吞吐率、传输时延和丢包率测试；

g) 应具备 Ping 和 TraceRoute 测试功能；

h) 应具备从网络设备上获取 SNMP 数据的功能；

i) 应具备测试结果分析及图表打印输出的功能；

j) 宜具备基本网络业务仿真测试功能（如：DHCP、DNS、Web、E-mail、文件服务等）。

A.2 用于局域网系统性能测试的工具，应具备以下的性能和精度要求：

a) 应支持在 10/100/1 000 M 以太网接口上的 100%满线速流量产生功能（包括所有的帧大小，如：64、128、256、512、1 024、1 280、1 518 Byte）；

b) 应支持在 10/100/1 000 M 以太网接口（包括全双工链路）上的 100%满线速流量统计功能；

c) 时间标签精度应优于 10 μs。

附 录 B
(规范性附录)
局域网系统验收测评报告格式

表 B.1 验收测评报告封面

报告编号:×××××××

(验收测评机构名称)

局域网系统验收测评报告

委托单位:______________________

承建单位:______________________

网络名称:______________________

验收测评地址:___________________

验收测评项目:___________________

验收测评日期______年______月______日

报告批准人__________ 核 验 员________ 测 试 员__________

表 B.2　局域网系统验收测评报告首页

报告编号：××××××××　　　　　　第　页共　页

(验收测评机构资质说明)

检验依据：

本次验收测评所使用的主要测试手段及测试工具：

名　称	型　号	编　号	校准证书有效期

验收测评环境条件：

温度：		℃	湿度：		%RH	其他：	

验收测评结论：

备注：

本报告提供的结果仅对本次验收测评网络有效。

表 B.3 局域网系统验收测评报告续页

报告编号:××××××××　　　　　　　　　　第　页 共　页

一、被测网络概况

1. 局域网系统简介

2. 局域网系统网络拓扑结构图

3. 局域网系统网络 IP 地址、VLAN 及路由设置

二、网络系统性能测试

1. 测试链路概述

编号	测试链路名称	测试源端口/位置	测试目标端口/位置	链路速率/(Mbit/s)	源 IP 地址	目的 IP 地址

2. 系统连通性测试　　　　测试时间:________

目标 IP 地址 / 源 IP 地址				
结论				

3. 以太网传输速率测试　　　　测试时间:________

编号	测试链路名称	链路速率/(Mbit/s)	发送端利用率	接收端利用率	标准要求	结论

4. 网络吞吐率测试　　　　测试时间:________

编号	测试链路名称	链路速率/Mbit/s	64 Byte	128 Byte	256 Byte	512 Byte	1 024 Byte	1 280 Byte	1 518 Byte	标准要求	结论
			(单位:帧/s,使用效率%=实际吞吐率/理想吞吐率)								

表 B.3（续）

报告编号：×××××××　　　　　　　　　　　　第　页　共　页

5. 网络传输时延测试　　　　　　　　　　　　　　测试时间：________

编号	测试链路名称	链路速率/Mbit/s	64 Byte	128 Byte	256 Byte	512 Byte	1 024 Byte	1 280 Byte	1 518 Byte	标准要求	结论	备注
			（单位：μs）									

6. 网络丢包率测试　　　　　　　　　　　　　　测试时间：________

编号	测试链路名称	链路速率/Mbit/s	64 Byte	128 Byte	256 Byte	512 Byte	1 024 Byte	1 280 Byte	1 518 Byte	标准要求	结论	备注
			在70%网络负荷情况下的丢包率									

7. 网络链路健康状况测试　　　　　　　　　　　　测试时间：________

编号	测试链路名称	链路属性	链路速率/Mbit/s	测试项目	测试结果	标准要求	结论	备注
				线路平均利用率(%)				
				广播率(帧/s)				
				组播率(帧/s)				
				错误率(%)				
				碰撞率(%)				

三、局域网系统应用性能测试

1. DHCP服务性能测试　　　　　　　　　　　　测试时间：________

编号	测试所在位置	文件服务器地址	DHCP服务器响应时间/ms	标准要求	结论	备注

表 B.3（续）

报告编号：××××××××　　　　第　页共　页

2. DNS 服务性能测试　　　　测试时间：________

编号	测试所在位置	文件服务器地址	DNS 服务器响应时间/ms	标准要求	结论	备注

3. Web 应用服务性能测试　　　　测试时间：________

编号	测试所在位置	Web 服务器 URL 地址	测试项目	测试结果	标准要求	结论	备注
			HTTP 第一响应时间/ms				
			HTTP 接收速率/(Byte/s)				

4. E-mail 应用服务性能测试　　　　测试时间：________

编号	测试所在位置	电子邮件服务器地址	测试项目	测试结果	标准要求	结论	备注
			邮件写入时间/ms				
			邮件读取时间/ms				

5. 文件服务性能测试　　　　测试时间：________

编号	测试所在位置	文件服务器地址	测试项目	测试结果	标准要求	结论	备注
			服务器连接时间/ms				
			写入速率(Byte/s)				
			读取速率(Byte/s)				
			删除时间/ms				
			断开时间/ms				

表 B.3(续)

报告编号:×××××××　　　　　　　　　　　　　　　　第　页共　页

四、局域网系统功能测试

测试时间:________

项　　目		标 准 要 求	测试结果	结论	备注
子网划分		子网划分和连通功能与子网设计的使用要求相一致			
VLAN 划分		VLAN 划分和连通功能与 VLAN 设计的使用要求相一致			
QoS 功能	数据流分类	局域网系统可根据使用要求,选择地实现数据流分类功能			
	限速	局域网系统可根据使用要求,选择地实现限速功能			
用户接入多 ISP		局域网系统可根据使用要求,选择地实现多 ISP 接入功能			
NAT 功能		公网 IP 地址缺乏的局域网系统,应能够支持 NAT 功能			
AAA 功能		局域网系统可根据使用要求,选择地实现 AAA 功能			
DHCP 功能		局域网系统可根据使用要求,选择地实现 DHCP 功能			
设备和线路备份		局域网系统可根据网络可靠性对业务的关键程度,选择地实现设备和线路备份功能			
子网划分		子网划分和连通功能与子网设计的使用要求相一致			

表 B.3（续）

报告编号：××××××××　　　　　　　　　　　　　　　　　　第　页共　页

五、网络管理功能测试　　　　　　　　　　　　　　　　　　测试时间：________

项　目	标准要求	测试结果	结论	备注
配置管理	局域网系统应能够实现对设备信息的读取和修改			
	局域网系统应能够实现对设备物理端口配置的读取和修改			
	局域网系统应能实现查询并修改设备支持的各种协议功能			
告警管理	局域网系统应能够实现对告警信息的配置			
	局域网系统应能够正确读取告警消息			
	局域网系统应能够正确保存和查询告警消息			
性能管理	局域网系统应能够实现对性能数据的采集			
	局域网系统应能够实现对性能数据的保存和查询			
安全管理	局域网系统应能够实现访问控制			
	局域网系统应能够实现用户管理			
	局域网系统应能够实现日志管理			
管理信息库	支持管理的网络设备，应能够支持 SNMP 协议			
	支持管理的网络设备，应能够支持 MIB II			

表 B.3（续）

报告编号：××××××××　　　　　　　　　　　　第　页共　页

六、局域网系统文档要求

标准要求	审查结果	备　注
局域网系统设计方案		
线路工程竣工报告		
系统线路端接接线表和设备布置图		
局域网系统参数设定表		
系统软、硬件及各类接口描述文件		
用户操作和维护手册		
系统自测报告(包括综合布线、局域网系统等)		
第三方测试报告		
局域网系统的试运行记录		

测试结果内容结束！

参 考 文 献

[1] GB/T 5271.25—2000 信息技术 词汇 第25部分:局域网(eqv ISO/IEC 2382-25:1992)

[2] ISO/IEC 8802.3:2000 信息技术 系统间远程通信和信息交换 局域网和城域网 特殊要求 第3部分:带碰撞检测的载波侦听多址访问(CSMA/CD)的访问方法和物理层规范

[3] RFC2544 网络互联设备基准测试方法

[4] RFC2889 局域网交换设备的基准测试方法

ICS 67.120.30
X 20

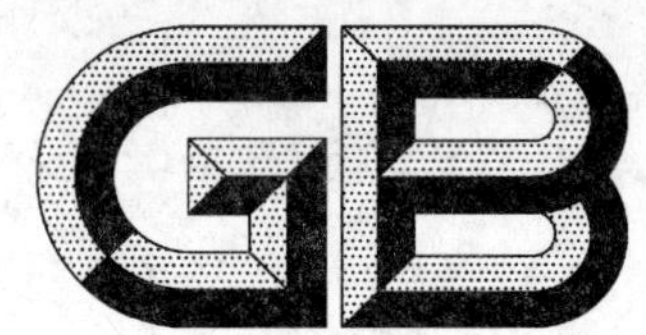

中华人民共和国国家标准

GB/T 21672—2008

冻裹面包屑虾

Frozen breaded shrimp or prawn

2008-04-09 发布　　2008-06-01 实施

中华人民共和国国家质量监督检验检疫总局
中国国家标准化管理委员会　发布

前　言

本标准的附录B、附录C为规范性附录,附录A为资料性附录。

本标准由中华人民共和国农业部提出。

本标准由全国水产标准化技术委员会水产品加工分技术委员会归口。

本标准起草单位:国家水产品质量监督检验中心。

本标准主要起草人:王联珠、翟毓秀、孙建华、李晓川、江艳华。

本标准首次发布。

冻裹面包屑虾

1 范围

本标准规定了速冻裹面包屑虾的定义、要求、试验方法、检验规则、标签、包装、贮存和运输。

本标准适用于将新鲜或速冻的虾仁、凤尾虾、蝴蝶虾、虾球等裹面包屑或挂浆的速冻产品或预炸品。

2 规范性引用文件

下列文件中的条款通过本标准的引用而成为本标准的条款。凡是注日期的引用文件，其随后所有的修改单(不包括勘误的内容)或修订版均不适用于本标准，然而，鼓励根据本标准达成协议的各方研究是否可使用这些文件的最新版本。凡是不注日期的引用文件，其最新版本适用于本标准。

GB 2716 食用植物油卫生标准

GB 2733 鲜、冻动物性水产品卫生标准

GB 2760 食品添加剂使用卫生标准

GB/T 4789.4 食品卫生微生物学检验 沙门氏菌检验

GB/T 4789.7 食品卫生微生物学检验 副溶血性弧菌检验

GB/T 4789.10 食品卫生微生物学检验 金黄色葡萄球菌检验

GB/T 5009.11 食品中总砷及无机砷的测定

GB/T 5009.12 食品中铅的测定

GB/T 5009.15 食品中镉的测定

GB/T 5009.17 食品中总汞及有机汞的测定

GB/T 5009.34 食品中亚硫酸盐的测定

GB 5749 生活饮用水卫生标准

GB/T 6682 分析实验室用水规格和试验方法(GB/T 6682—1992,neq ISO 3696:1987)

GB 7099 糕点、面包卫生标准

GB 7718 预包装食品标签通则

GB 10146 食用动物油脂卫生标准

SC/T 3015 水产品中土霉素、四环素、金霉素残留量的测定

SC/T 3016—2004 水产品抽样方法

3 术语和定义

下列术语和定义适用于本标准。

3.1

虾仁 round shrimp or prawn

将虾去头、全去皮，去肠腺或未去肠腺处理的产品。

3.2

凤尾虾 peeled & tail-on shrimp or prawn

将虾去头、去皮和挑去肠腺处理后，保留最后一节虾壳和尾扇的产品。

3.3

蝴蝶虾 butterfly shrimp or prawn

将虾去头、去皮、剖切和去除肠腺处理后，保留最后一节虾壳和尾扇的产品。

3.4

虾球 shrimp or prawn balls

经去头、去皮处理，仅保留两节以上虾体的不完整虾。

3.5

裹衣 coating

产品外裹的面包屑或挂浆。

4 要求

4.1 原料要求

4.1.1 虾

用于速冻裹面包屑虾的原料应为鲜虾或冻虾，品质应符合 GB 2733 的规定。

4.1.2 裹衣

裹衣及使用的其他配料均应为食品级，面包粉应符合 GB 7099 的规定。挂浆的制备和使用过程中的温度应控制在 10℃以下。

4.1.3 油炸用油

应为可供人类消费的食用油，并应符合 GB 2716、GB 10146 的规定。

4.1.4 水

加工用水应符合 GB 5749 的规定。

4.2 加工要求

4.2.1 产品原料经过适当预处理后，应在合适的设备中进行冻结加工，并使产品迅速通过最大冰晶生成带。当产品的中心温度达到并稳定在－18℃或更低的温度，速冻加工完成。

4.2.2 在保证质量的条件下，允许按规定要求对速冻产品再次进行速冻加工，并按照被认可的操作进行再包装。

4.2.3 产品原料验收及加工操作过程应符合良好操作规范(GMP)及危害分析与关键控制点(HACCP)计划的要求。

4.3 食品添加剂

加工生产中所用的食品添加剂的品种及用量应符合 GB 2760 的规定。推荐使用的食品添加剂品种及限量规定参见附录 A。

4.4 感官要求

产品感官要求见表 1。

表 1 感官要求

项 目	指 标
色泽	呈淡黄色或面包屑的固有色泽，同批产品色泽基本一致
滋味与气味	具有该产品应有的气味，无异味，油炸后外酥里嫩，咸淡适宜，香鲜可口
形态	产品平整，形状基本完好，面包屑应蓬松，颗粒大小较一致，附着较均匀
组织	肉质疏松，软硬适度
杂质	无外来杂质

4.5 理化指标

产品理化指标的规定见表 2。

表 2 理化指标

项 目	指 标
冻品中心温度/℃	≤−18
裹衣与虾肉的比例/%	符合标识规定
多聚磷酸盐(以 P_2O_5 计)/(g/kg)	≤10(虾肉中,包括天然磷酸盐) ≤1(裹衣中)
亚硫酸盐(以 SO_2 计)/(mg/kg)	≤100(生虾肉中)
净含量偏差/%	≤±4(≤1 000 g) ≤±3(>1 000 g~2 500 g) ≤±2(>2 500 g~5 000 g) ≤±1(>5 000 g)

4.6 安全指标

产品安全指标的规定见表 3。

表 3 安全指标

项 目	指 标
甲基汞(以 Hg 计)/(mg/kg)	≤0.5(虾肉中)
无机砷(以 As 计)/(mg/kg)	≤0.5(虾肉中)
土霉素/(mg/kg)	≤0.1(养殖虾肉中)
金黄色葡萄球菌/(CFU/g)	≤100
沙门氏菌	不得检出
副溶血性弧菌	不得检出(海水虾)

5 试验方法

5.1 感官检验

在光线充足、无异味的环境中,将试样倒在白色搪瓷盘或不锈钢工作台上,按本标准 4.4 的规定逐项进行感官检验。

a) 解冻并逐个检查样品的色泽、形态、组织、滋气味、杂质等;

b) 对解冻后在未蒸煮状态下无法判定其滋气味的样品,则应取约 100 g 样品,按本标准 5.2 的规定进行蒸煮试验。

5.2 蒸煮试验

5.2.1 冷冻样品应根据包装上的烹煮说明进行。

5.2.2 对没有说明的产品,取约 100 g 冷冻试样。将适量的油倒入锅中,加热至 180℃~200℃时,放入样品,将一面炸至金黄色时,翻炸另一面也呈金黄色,此时产品内部温度达到 65℃~70℃。即可品尝滋味。

5.3 净含量的测定

每批样品单位的净含量(不包括包装材料)应在冷冻状态下测定,净含量偏差按式(1)计算:

$$A = \frac{m_1 - m_0}{m_0} \times 100 \quad \cdots\cdots(1)$$

式中:

A——净含量偏差,%;

m_1——样本实际质量,单位为克(g);

m_0——样本标示含量,单位为克(g)。

5.4 冻品中心温度

将温度计插入最小包装的中心位置,至温度计指示的温度不再下降时,读数。

5.5 裹衣与虾肉的比例

按本标准中附录B的规定执行。

5.6 样品制备

5.6.1 解冻

将样品装入不透水的袋中,密封后浸入水温约20℃水浴中,轻微搅动进行解冻,注意水温不能超过35℃。

5.6.2 样品处理

解冻后,分离裹衣与虾肉,并将虾肉绞碎混合均匀后备检验用。

5.7 多聚磷酸盐的测定

取按5.6制备的虾肉及裹衣样品,按本标准中附录C的规定测其总磷含量,结果以P_2O_5计。

5.8 亚硫酸盐的测定

取按5.6制备的虾肉样品,按GB/T 5009.34的规定执行,结果以SO_2计。

5.9 甲基汞的测定

取按5.6制备的虾肉样品,按GB/T 5009.17的规定执行。

5.10 铅的测定

取按5.6制备的虾肉样品,按GB/T 5009.12的规定执行。

5.11 镉的测定

取按5.6制备的虾肉样品,按GB/T 5009.15的规定执行。

5.12 无机砷的测定

取按5.6制备的试样,按GB/T 5009.11的规定执行。

5.13 土霉素的测定

取按5.6制备的虾肉样品,按SC/T 3015中的规定执行。

5.14 金黄色葡萄球菌检验

按GB/T 4789.10中的规定执行。

5.15 沙门氏菌检验

按GB/T 4789.4中的规定执行。

5.16 副溶血性弧菌检验

按GB/T 4789.7中的规定执行。

6 检验规则

6.1 组批规则与抽样方法

6.1.1 组批规则

在原料及生产条件基本相同下同一天或同一班组生产的产品为一批。按批号抽样。

6.1.2 抽样方法

a) 产品批次检验用样品的抽样方法应按SC/T 3016—2004的规定执行。样品单位是初级包装。

b) 对需检测净重的样品批次的抽样,抽样计划应按SC/T 3016—2004中附录A的规定执行。

6.2 检验分类

产品分为出厂检验和型式检验。

6.2.1 出厂检验

每批产品应进行出厂检验。出厂检验由生产单位质量检验部门执行,检验项目为感官、净含量偏差、冻品中心温度、微生物指标，检验合格签发检验合格证，产品凭检验合格证入库或出厂。

6.2.2 **型式检验**

有下列情况之一时应进行型式检验。检验项目为本标准中规定的全部项目。

a) 长期停产，恢复生产时；

b) 原料变化或改变主要生产工艺，可能影响产品质量时；

c) 加工原料来源或生长环境发生变化时；

d) 国家质量监督机构提出进行型式检验要求时；

e) 出厂检验与上次型式检验有大差异时；

f) 正常生产时，每年至少一次的周期性检验。

6.3 **判定规则**

6.3.1 裹面包屑虾感官检验所检项目全部符合4.4规定，合格样本数符合SC/T 3016—2004表A.1规定，则判为批合格。

6.3.2 所有样品单位平均净含量不少于标示量，任何一个包装单位中净含量应符合表2的规定。

6.3.3 其他指标检验结果全部合格者，则判为批合格。

6.3.4 检验结果中有一项指标不合格，允许加倍抽样将此项指标复验一次，按复验结果判定本批产品是否合格。

6.3.5 检验结果中有两项及两项以上指标不合格，则判本批产品不合格。

6.3.6 微生物检验结果不得复验。

7 标签、包装、运输、贮存

7.1 标签

食品标签应符合GB 7718的规定，还应遵守7.1.1～7.1.3规定。

7.1.1 **食品名称**

a) 标签上产品名称应为“裹面包屑”或“挂浆”，以及“虾”、“凤尾虾”“蝴蝶虾”、“虾球”，或按实际情况使用其他不会引起混淆和误导消费者的名称。

b) 标签上应注明虾和裹衣的百分比。

c) 标签上还应注明虾的种类。

d) 标签应注明产品运输、贮藏、分销过程中保持的条件，以保证其质量。

7.1.2 **贮藏说明**

标签应注明产品需－18℃或更低的温度下贮藏。

7.1.3 **非零售包装的标签**

上述要求应既在包装上又在辅助文件中出现，除食品名称、批号、制造或分装厂名、地址外，还应包括贮藏条件。但批号、制造或分装厂名、地址也可用同一证明标志代替，只要证明标志能在辅助文件中说明清楚。

7.2 包装

7.2.1 **包装材料**

所用塑料袋、纸盒、瓦楞纸箱等包装材料应洁净、无毒、无异味、坚固。

7.2.2 **包装要求**

一定数量的小袋装入大袋(或盒)，再装入纸箱中。箱中产品应排列整齐，大袋或箱中附加产品合格证。纸箱底部用粘合剂粘牢，上下用封箱带粘牢或用打包带捆扎。

7.3 运输

7.3.1 应用冷藏或保温车船运输，保持虾体温度低于－15℃。

7.3.2 运输工具应清洁卫生、无异味，运输中防止日晒、虫害、有害物质的污染，不得靠近或接触有腐蚀性的物质,不得与气味浓郁物品混运。

7.4 贮存

7.4.1 贮藏库温度低于－18℃,库温波动应保持在±3℃内。

7.4.2 不同品种,不同规格,不同等级、批次的冻虾应分别堆垛,并用木板垫起,与地面距离不少于10 cm,与墙壁距离不少于30 cm,堆放高度以纸箱受压不变形为宜。

7.4.3 产品贮藏于清洁、卫生、无异味、有防鼠防虫设备的库内。

附 录 A
（资料性附录）
允许使用的食品添加剂品种及限量

A.1 虾肉中允许使用的添加剂及其限量

虾肉中允许使用的添加剂及其限量规定见表 A.1。

表 A.1 虾肉中允许使用的添加剂及其限量

类 别	添加剂	检测指标	成品中的最高含量
调酸剂	柠檬酸	—	GMP[a]
	焦磷酸钠 焦磷酸钾 三聚磷酸钠 三聚磷酸钾	P_2O_5（包括天然磷酸盐，单用或混用）	≤10g/kg
抗氧化剂	L-抗坏血酸	—	GMP
色素	胭脂红	胭脂红	≤30 mg/kg(熟虾肉中)
保鲜剂	亚硫酸钠 偏亚硫酸氢钠(焦亚硫酸钠) 偏亚硫酸氢钾(焦亚硫酸钾) 亚硫酸钾	SO_2（单用或混用）	≤100 mg/kg(生虾肉中) ≤30 mg/kg(熟虾肉中)

[a] GMP 为在生产过程中按良好加工操作规范规定，适量加入食品添加剂，但产品中无限量规定。

A.2 面包屑和挂浆允许使用的添加剂及其限量

面包屑和挂浆中允许使用的添加剂及其限量规定见表 A.2。

表 A.2 面包屑和挂浆中允许使用的添加剂及其限量

类 别	添加剂	成品中的最高含量
发酵剂	磷酸一氢钙 磷酸二钙 磷酸钠铝，碱性及酸性	≤1 g/kg(以 P_2O_5 计，单用或混用)
	碳酸钠 碳酸钾 碳酸铵	GMP[a]
增味剂	谷氨酸钠(味精) 谷氨酸钾	GMP
色素	胭脂树籽红(萃取物)	20 mg/kg(以类胡萝卜素计)
	焦糖色 I(纯)	GMP
	β-胡萝卜素(合成) β-阿朴-8'-胡萝卜醛	100 mg/kg(单用或混用)

表 A.2(续)

类　别	添加剂	成品中的最高含量
增稠剂	瓜尔豆胶 角豆胶(刺槐豆胶) 果胶 羧甲基纤维素钠 黄原胶 卡拉胶及其 Na、K、NH_4 盐(包括红藻胶) 经热加工处理的麒麟菜(PES) 甲基纤维素 褐藻酸钠 羟基丙基纤维素 羟基丙基甲基纤维素 甲基乙基纤维素	GMP
乳化剂	甘油-脂肪酸酯 卵磷脂	GMP
改性淀粉	酸处理淀粉 碱处理淀粉 氧化淀粉 磷酸单淀粉 磷酸二淀粉酯化三偏磷酸钠 磷酸二淀粉酯化氢氧化磷 磷酸乙酰化二淀粉 磷酸化磷酸二淀粉 乙酸淀粉酯化乙酸酐 乙酸淀粉酯化乙烯基乙酸酯 乙酰化二淀粉己二酸酯 羧丙基淀粉 磷酸羧丙基淀粉	GMP
[a] GMP 为在生产过程中按良好加工操作规范规定，适量加入食品添加剂，但产品中无限量规定。		

附　录　B
（规范性附录）
虾肉含量的测定

B.1　原理

以加热的水溶解产品的外层裹衣（挂浆或面包屑），直至去除冷冻虾肉表面上的全部裹衣层。

B.2　仪器

B.2.1　水浴：控温 17℃～49℃。

B.2.2　温度计：2 支，浸没型，精确度±1℃。

B.2.3　天平：感量 0.1 g。

B.2.4　秒表：读到秒。

B.2.5　纸巾。

B.2.6　刮铲。

B.3　测试样品的准备

待测样品应放入冰箱中保持样品的完整性。检验前从冰箱中取出，称重（m_1）。

B.4　测试

a）　将水浴的初温调到 17℃～49℃；第二次的水浴温度调为 17℃～30℃。

b）　将样品浸入 17℃～49℃的水浴中浸泡至裹衣层变软，易于从仍冻结的虾肉上刮除。

c）　将样品从水浴中取出，迅速用纸巾吸掉多余的水分，从虾肉上刮下裹衣层。

d）　若裹衣层很难去除，则再浸入水温为 17℃～30℃的水浴中，至裹衣层变软，易于刮除。

e）　将样品从水浴中取出，迅速用纸巾吸掉多余的水分，从虾肉上刮下裹衣层。必要时，重复浸泡，直至去除全部裹衣层。

f）　称重并记录去除裹衣层后样品的质量（m_2）。

B.5　计算

虾肉含量的计算见式（B.1）：

$$A = \frac{m_2}{m_1} \times 100 \qquad \text{（B.1）}$$

式中：

A——虾肉的含量，%；

m_2——去除裹衣后样品质量，单位为克（g）；

m_1——去除裹衣前样品质量，单位为克（g）。

附 录 C
（规范性附录）
总磷的测定 分光光度法

C.1 原理

将试样中的有机物破坏，使磷元素游离出来，在酸性溶液中，用钒钼酸铵处理，生成黄色的[$(NH_4)_3PO_4NH_4VO_3 \cdot 16MoO_3$]络合物，在波长400 nm下进行比色测定。

C.2 试剂

C.2.1 实验室用水

应符合GB/T 6682中三级水的规格，本方法中所用试剂，除特殊说明外，均为分析纯。

C.2.2 盐酸溶液(1+1)。

C.2.3 硝酸。

C.2.4 高氯酸。

C.2.5 钒钼酸铵显色剂

称取偏钒酸铵1.25 g，加水200 mL加热溶解，冷却后再加入250 mL硝酸(C.2.3)。另称取钼酸铵25 g，加水400 mL加热溶解。在冷却条件下，将两种溶液混合，用水定容至1 000 mL，避光保存。若生成沉淀，则不能继续使用。

C.2.6 磷标准液

将磷酸二氢钾在105℃干燥1 h，在干燥器中冷却后称取0.219 5 g溶解于水，定量转入1 000 mL容量瓶中，加硝酸3 mL，用水稀释至刻度，摇匀，即为50 μg/mL的磷标准液。

C.3 仪器及设备

C.3.1 分析天平：感量0.000 1 g。

C.3.2 分光光度计：可在400 nm下测定吸光度。

C.3.3 比色皿：1 cm。

C.3.4 高温炉：可控温度在550℃±20℃。

C.3.5 瓷坩埚：50 mL。

C.3.6 容量瓶：50、100、1 000 mL。

C.3.7 移液管：1.0、2.0、5.0、10.0 mL。

C.3.8 三角瓶：250 mL。

C.3.9 凯氏烧瓶：125、250 mL。

C.3.10 可调温电炉：1 000 W。

C.4 测定步骤

C.4.1 试样的消化

称取试样约5 g(精确至0.000 2 g)于凯氏烧瓶中，加入硝酸(C.2.3)30 mL，小心加热煮沸至黄烟逸尽。稍冷，加入高氯酸(C.2.4)10 mL，继续加热至高氯酸冒白烟(不得蒸干)，溶液基本无色，冷却。加水30 mL，加热煮沸，冷却后，用水转移入100 mL容量瓶中并稀释至刻度，摇匀，为试样消化液。

C.4.2 工作曲线的绘制

准确移取磷标准溶液(C.2.6)0.0、1.0、2.0、4.0、8.0、16.0 mL于50 mL容量瓶中，各加钒钼酸铵显色剂(C.2.5)10 mL。用水稀释至刻度,摇匀,常温下放置 10 min 以上。以 0.0 mL 溶液为参比,用 1 cm比色皿,在 400 nm 波长下用分光光度计测各溶液的吸光度。以磷含量为横坐标,吸光度为纵坐标,绘制工作曲线。

C.4.3 试样的测定

准确移取试样分解液 1.0 mL~10.0 mL(含磷量 50 μg~750 μg)于 50 mL 容量瓶中,加入钒钼酸铵显色剂(C.2.5)10 mL。用水稀释到刻度,摇匀,常温下放置 10 min 以上。用 1 cm 比色皿在 400 nm 波长下测定试样消化液的吸光度,在工作曲线上查得试样消化液的磷含量。

C.5 测定结果的计算及表示

C.5.1 结果计算

测定结果按式(C.1)进行计算:

$$X = \frac{m_1 \times V \times 2.290\,3}{m \times V_1 \times 10^3} \qquad \cdots\cdots (C.1)$$

式中:

X——试样中磷酸盐的含量(以 P_2O_5 计),单位为克每千克(g/kg);

m_1——由工作曲线查得试样消化液磷含量,单位为微克(μg);

V——试样消化液的总体积,单位为毫升(mL);

2.290 3——五氧化二磷对磷的换算系数;

m——试样的质量,单位为克(g);

V_1——试样测定时移取试样消化液的体积,单位为毫升(mL)。

C.5.2 结果表示

每个试样称取两个平行样进行测定,以其算术平均值为测定结果,所得结果应表示至小数点后两位。

C.6 允许差

含磷量 0.5%以下,允许相对偏差 10%;含磷量 0.5%以上,允许相对偏差 3%。

ICS 13.060
Z 51

中华人民共和国国家标准

GB/T 21673—2008

海水虾类育苗水质要求

Water quality requirement for marine shrimp breeding

2008-04-09 发布 2008-06-01 实施

中华人民共和国国家质量监督检验检疫总局
中国国家标准化管理委员会 发布

前　言

本标准由中华人民共和国农业部提出。

本标准由全国水产标准化技术委员会海水养殖分技术委员会归口。

本标准起草单位：中国水产科学研究院黄海水产研究所、山东省渔业技术推广站。

本标准主要起草人：于东祥、陈四清、张岩、麻次松、李鲁晶、王春生。

本标准首次发布。

海水虾类育苗水质要求

1 范围

本标准规定了海水虾类育苗用水的主要水质指标和检验方法。

本标准主要适用于海水对虾类人工育苗水质，也适用于其他海水虾类人工育苗水质。

2 规范性引用文件

下列文件中的条款通过本标准的引用而成为本标准的条款。凡是注日期的引用文件，其随后所有的修改单(不包括勘误的内容)或修订版均不适用于本标准，然而，鼓励根据本标准达成协议的各方研究是否可使用这些文件的最新版本。凡是不注日期的引用文件，其最新版本适用于本标准。

GB 11607 渔业水质标准

3 水质技术要求

虾类育苗水质除应符合 GB 11607 的规定外，下列指标还应符合表 1 的要求。

表 1 虾类育苗水质要求

序号	项 目	要 求
1	色、臭、味	水色正常，不呈红色、白色、蓝色，无异臭味，水面不得出现油膜和其他杂质
2	酸碱度(pH)	7.8～8.5
3	盐度	23～35
4	汞/(mg/L)	≤0.000 05
5	镉/(mg/L)	≤0.001
6	铅/(mg/L)	≤0.005
7	铜/(mg/L)	≤0.005
8	锌/(mg/L)	≤0.005
9	硒/(mg/L)	≤0.01
10	砷/(mg/L)	≤0.02
11	马拉硫磷/(mg/L)	≤0.000 5
12	六六六/(mg/L)	≤0.000 4
13	石油类/(mg/L)	≤0.005
14	氰化物/(mg/L)	≤0.002

4 检验方法

4.1 虾类育苗水质检验按 GB 11607 规定的方法执行。

4.2 盐度测定的最后结果按式(1)、式(2)进行计算。

当水温高于 17.5℃时：

$$S = 1\,305 \times (R-1) + (T-17.5) \times 0.3 \quad \cdots\cdots(1)$$

当水温低于17.5℃时：

$$S = 1\,305 \times (R-1) - (17.5 - T) \times 0.2 \quad \cdots\cdots (2)$$

式中：

S——盐度；

R——海水密度；

T——海水温度，单位为摄氏度（℃）。

ICS 11.220
B 41

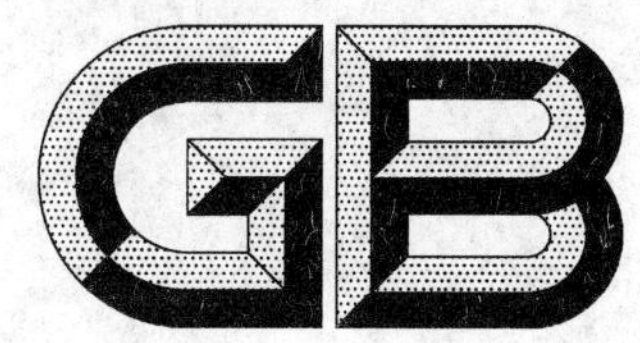

中华人民共和国国家标准

GB/T 21674—2008

猪圆环病毒聚合酶链反应试验方法

Detecting porcine circovirus with polymerase chain reaction

2008-04-09 发布　　　　2008-06-01 实施

中华人民共和国国家质量监督检验检疫总局
中国国家标准化管理委员会　发布

前　　言

本标准附录 A 为规范性附录。

本标准由中华人民共和国农业部提出。

本标准由全国动物防疫标准化技术委员会归口。

本标准起草单位:农业部兽医诊断中心。

本标准主要起草人:田克恭、王宏伟、孙明、王传彬、陈西钊。

引　言

猪圆环病毒依据其致病性和基因组差异分为无致病性的猪圆环病毒Ⅰ型(porcine circovirus typel，PCV-1)和有致病性的猪圆环病毒Ⅱ型(porcine circovirus type2,PCV-2)。PCV-2是引发仔猪断奶后多系统衰弱综合征(post-weaning multisystem wasting syndrome,PMWS)的主要病原。该病主要以患畜生长迟缓、进行性消瘦和多系统病理损伤为特征,给世界各国主要养猪地区的规模化养猪业造成了一定的经济损失。

猪圆环病毒聚合酶链反应试验方法

1 范围

本标准规定了猪圆环病毒(PCV)聚合酶链反应(PCR) 检测方法的技术要求。

本标准适用于猪血清和组织中的猪圆环病毒检测,以及其Ⅰ型(PCV-1)和Ⅱ型(PCV-2)的鉴别。

2 实验室生物安全要求

试验操作应在生物安全Ⅱ级(BSL-2 级)以上的实验室进行。

3 实验材料、仪器设备和试剂

3.1 实验材料

眼科剪、眼科镊、称量纸、10 mL 一次性注射器、1.5 mL 灭菌离心管、0.2 mL 薄壁 PCR 管、琼脂糖、500 mL 量筒、500 mL 锥形瓶、吸头(10 μL、200 μL、1 000 μL)、灭菌双蒸水。

3.2 仪器设备

分析天平、高速离心机、真空干燥器、PCR 扩增仪、电泳仪、电泳槽、紫外凝胶成像仪(或紫外分析仪)、液氮罐或－70℃冰箱、微波炉、组织研磨器、－20℃冰箱、水浴锅、可调移液器(最大量程为 2 μL 、20 μL、200 μL、1 000 μL)。

3.3 试剂

本标准所用试剂,除特殊标注外,均为分析纯。

3.3.1 消化液(见第 A.1 章)。

3.3.2 2%蛋白酶 K 溶液(见第 A.2 章)。

3.3.3 酚-三氯甲烷-异戊醇混合液(见第 A.3 章)。

3.3.4 2.5 mmol/L dNTP(见第 A.4 章)。

3.3.5 10 pmol/μL PCV 引物(见第 A.5 章)。

3.3.6 0.5 U/μL Taq DNA 聚合酶(见第 A.6 章)。

3.3.7 10 倍 PCR 缓冲液(见第 A.7 章)。

3.3.8 溴化乙锭(EB)溶液(见第 A.8 章)。

3.3.9 电泳缓冲液(50 倍)(见第 A.9 章)。

3.3.10 1%琼脂糖凝胶(见第 A.10 章)。

3.3.11 上样缓冲液(见第 A.11 章)。

3.3.12 异丙醇。

3.3.13 75%乙醇(见第 A.12 章)。

3.3.14 15 mmoL/L 氯化镁(见第 A.13 章)。

3.3.15 灭菌双蒸水(见第 A.14 章)。

3.3.16 电泳缓冲液(1 倍)(见第 A.15 章)。

4 操作程序

4.1 样品的采集与处理

4.1.1 样品的采集:濒死猪、扑杀的成年猪和流产胎儿取肺脏和淋巴结;幼龄猪取心脏;待检活猪,用注射器取血 2 mL～4 mL,立即送往实验室。

4.1.2 样品的处理:每份样品分别处理

4.1.2.1 组织样品处理:取待检病料约 0.2 g 置研磨器中剪碎并研磨,加入 2 mL 消化液(3.3.1)继续研磨。取已研磨好的待检病料上清 100 μL,置 1.5 mL 灭菌离心管中,再加入 500 μL 消化液(3.3.1)和 10 μL2%蛋白酶 K 溶液(3.3.2),混匀后,置 55℃水浴中 4 h~16 h。

4.1.2.2 血清样品处理:待血液凝固后,取上清放于离心管中,4℃ 8 000 g 离心 5 min,取上清 100 μL,置 1.5 mL 灭菌离心管中,加入 500 μL 消化液(3.3.1)和 10 μL2%蛋白酶 K 溶液(3.3.2),混匀,置 55℃水浴中 4 h~16 h。

4.1.2.3 阳性对照处理:分别取 PCV-1 和 PCV-2 细胞培养液各 100 μL,置 1.5 mL 灭菌离心管中,每管加入 500 μL 消化液(3.3.1)和 10 μL2%蛋白酶 K 溶液(3.3.2),混匀,置 55℃水浴中 4 h~16 h。

4.1.2.4 阴性对照处理:取灭菌双蒸水 100 μL,置 1.5 mL 灭菌离心管中,加入 500 μL 消化液(3.3.1) 10 μL2%蛋白酶 K 溶液(3.3.2),混匀,置 55℃水浴中 4 h~16 h。

4.2 DNA 模板的提取

4.2.1 取出已处理的待检样品及阴性、阳性对照样品,每管加入 600 μL 酚-三氯甲烷-异戊醇混合液(3.3.3),用力颠倒 10 次混匀,13 000 g 离心 10 min。

4.2.2 取上清 500 μL 置 1.5 mL 灭菌离心管中,加入等体积异丙醇(3.3.12),混匀,置液氮中 3 min 或 -70℃冰箱中 30 min。取出离心管,室温融化,4℃ 20 000 g 离心 15 min。

4.2.3 弃上清,沿离心管开口方向管壁缓缓滴入 1 mL -20℃预冷的 75%乙醇(3.3.13)溶液,轻轻旋转洗一次后倒掉,将离心管倒扣于吸水纸上 1 min,真空抽干 15 min。

4.2.4 取出离心管,用 50 μL 灭菌双蒸水溶解沉淀,作为模板备用。

4.3 PCR 扩增

每管取灭菌双蒸水 8 μL,2.5 mmol/L dNTP(3.3.4)、10 pmol/μL PCV 引物(3.3.5)、15 mmol/L 氯化镁(3.3.14)、10 倍 PCR 缓冲液(3.3.7)、0.5 U/μL Taq DNA 聚合酶(3.3.6)各 2 μL,DNA 模板 2 μL,混匀,作好标记,加入矿物油约 20 μL,覆盖(有热盖的自动 DNA 热循环仪不用加矿物油)。扩增条件为 94℃ 30 s、62℃ 45 s、72℃ 45 s,35 个循环后,72℃延伸 10 min。

4.4 电泳

将 PCR 扩增产物 15 μL 与 3 μL 上样缓冲液(3.3.11)混合,点样于 1%琼脂糖凝胶(3.3.10)孔中,琼脂糖凝胶板一侧点样孔加入 100 bp Ladder Marker(分子质量标准物),以 5 V/cm 电压电泳40 min,紫外凝胶成像仪下观察结果。

5 结果判定

当 PCV-1 阳性对照出现 652 bp 扩增带,PCV-2 阳性对照出现 1 154 bp 扩增带,阴性对照未出现目的带时,实验结果成立。被检样品出现 652 bp 扩增带为 PCV-1 阳性,出现 1 154 bp 扩增带为 PCV-2 阳性,未出现相应扩增带的样品判为阴性。

附　录　A
（规范性附录）
试剂的配制

A.1　消化液

A.1.1　1 mol/L 三羟甲基氨基甲烷-盐酸(Tris-HCL)(pH8.0)

三羟基甲基氨基甲烷	12.11 g
灭菌双蒸水	80 mL
浓盐酸	调 pH 至 8.0
灭菌双蒸水	加至 100 mL

A.1.2　0.5 mol/L 乙二铵四乙酸二钠(EDTA)溶液(pH8.0)

二水乙二铵四乙酸二钠	18.61 g
灭菌双蒸水	80 mL
氢氧化钠	调 pH 至 8.0
灭菌双蒸水	加至 100 mL

A.1.3　20%十二烷基硫酸钠(SDS)溶液(pH7.2)

十二烷基硫酸钠	20 g
灭菌双蒸水	80 mL
浓盐酸	调 pH 至 7.2
灭菌双蒸水	加至 100 mL

A.1.4　消化液

1 mol/L 三羟甲基氨基甲烷-盐酸(Tris-HCL)(pH8.0)	2 mL
0.5 mol/L 乙二铵四乙酸二钠溶液(pH8.0)	0.4 mL
20%十二烷基硫酸钠溶液(pH7.2)	5 mL
5 mol/L 氯化钠	4 mL
灭菌双蒸水	加至 200 mL

A.2　2%蛋白酶 K 溶液

蛋白酶 K(分析纯)	5 g
灭菌双蒸水	加至 250 mL

A.3　酚-三氯甲烷-异戊醇混合液

碱性酚	25 mL
三氯甲烷	24 mL
异戊醇	1 mL

A.4　2.5 mmol/L dNTP

dATP(100 mmol/L)	20 μL
dTTP(100 mmol/L)	20 μL
dGTP(100 mmol/L)	20 μL
dCTP(100 mmol/L)	20 μL
灭菌双蒸水	加至 800 μL

A.5 10 pmol/μL PCV 引物

引物序列：

P_1：5'-CCGCGGGCTGGCTGAACTT-3'

P_2：5'-CTCGGCTATGCGCTCCAAAATG-3'

P_3：5'-ACCCCCGCCACCGCTACC-3'

上游引物 P_1(2 OD_{260})加入 375.4 μL 灭菌双蒸水溶解，下游引物 P_2(2 OD_{260})加入 326.6 μL 灭菌双蒸水溶解，下游引物 P_3(2 OD_{260})加入 401.9 μL 灭菌双蒸水溶解，分别取 P_1、P_2、P_3 溶液各300 μL，混匀即为 10 pmol/μL PCV 引物。

A.6 0.5 U/μL Taq DNA 聚合酶

5 U Taq DNA 聚合酶	1 μL
灭菌双蒸水	加至 10 μL

现用现配。

A.7 10 倍 PCR 缓冲液

A.7.1 1 mol/L 三羟甲基氨基甲烷-盐酸(Tris-HCL)(pH9.0)

羟基甲基氨基甲烷(分析纯)	15.8 g
灭菌双蒸水	80 mL
浓盐酸(分析纯)	调 pH 至 9.0
灭菌双蒸水	加至 100 mL

A.7.2 10 倍 PCR 缓冲液

1 mol/L 三羟甲基氨基甲烷-盐酸(Tris-HCL)(pH9.0)	1 mL
氯化钾(分析纯)	0.373 g
曲拉通 X-100(分析纯)	0.1 mL
灭菌双蒸水	加至 100 mL

A.8 溴化乙锭(EB)溶液

溴化乙锭	0.2 g
双菌双蒸水	加至 20 mL

A.9 电泳缓冲液(50 倍)

A.9.1 0.5 mol/L 乙二铵四乙酸二钠(EDTA)溶液(pH8.0)

二水乙二铵四乙酸二钠(分析纯)	18.61 g
灭菌双蒸水	80 mL
氢氧化钠	调 pH 至 8.0
灭菌双蒸水	加至 100 mL

A.9.2 TAE(三羟甲基氨基甲烷-乙酸)电泳缓冲液(50 倍)

羟基甲基氨基甲烷(Tris)(分析纯)	242 g
冰乙酸	57.1 mL
0.5 mol/L 乙二铵四乙酸二钠溶液(pH8.0)	100 mL
灭菌双蒸水	加至 1 000 mL

用时用灭菌双蒸水稀释使用。

A.10 1%琼脂糖凝胶

琼脂糖(电泳级)	2 g
TAE电泳缓冲液(50倍)	4 mL
灭菌双蒸水	196 mL

微波炉中完全融化,加溴化乙锭(EB)溶液 20 μL。

A.11 上样缓冲液

溴酚蓝 0.2 g,加双蒸水 10 mL 过夜溶解。50 g 蔗糖加入 50 mL 水溶解后,移入已溶解的溴酚蓝溶液中,摇匀定容至 100 mL。

A.12 75%乙醇

无水乙醇(100%)(分析纯)	750 mL
灭菌双蒸水	250 mL

A.13 15 mmol/L 氯化镁

氯化镁(分析纯)	0.143 g
灭菌双蒸水	100 mL

A.14 灭菌双蒸水

1 000 mL 双蒸水(电阻≥18.2 Ω),放于高压锅中,121℃高压 20 min 后取出备用。

A.15 电泳缓冲液(1倍)

电泳缓冲液(50倍)	10 mL
灭菌双蒸水	490 mL

ICS 11.220
B 41

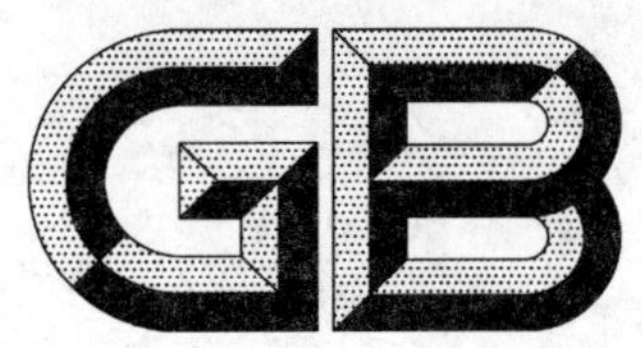

中华人民共和国国家标准

GB/T 21675—2008

非洲马瘟诊断技术

Diagnostic techniques for African horse sickness

2008-04-09 发布　　2008-06-01 实施

中华人民共和国国家质量监督检验检疫总局
中国国家标准化管理委员会　发布

前　言

本标准的附录 A、附录 B 为规范性附录。

本标准由中华人民共和国农业部提出。

本标准由全国动物防疫标准化技术委员会归口。

本标准起草单位：中国动物卫生与流行病学中心。

本标准主要起草人：包静月、王淑娟、吴镒三、王志亮、宋翠平、封启民。

引　言

非洲马瘟(African horse sickness，AHS)是马科动物的一种非接触性传染的病毒性传染病。由呼肠孤病毒科环状病毒属的非洲马瘟病毒(AHSV)引起，以呼吸系统和循环系统变化为特征，常使马、骡致死。至少有两种库蠓属节肢动物传播本病。该病有9个血清型。《中华人民共和国动物防疫法》将本病列为一类动物疫病，世界动物卫生组织(OIE)列为A类传染病。

本标准诊断技术内容包括临床症状、病理变化、病原鉴定和血清学试验。

本标准主要参考OIE《哺乳动物、禽、蜂A和B类疾病诊断试验和疫苗标准手册》(2000年版)，并结合我国的研究成果制定的。

非洲马瘟诊断技术

1 范围

本标准规定了非洲马瘟(AHS)的临床诊断、病原鉴定和血清学试验技术的要求。

本标准适用于马、骡和其他马科动物非洲马瘟的检疫。

2 临床症状

2.1 最急性型或肺型

症状急性发作,潜伏期3 d～5 d,特征为严重的渐进性呼吸道症状,初期仅显发热反应,最高体温可达40℃～41℃,持续1 d～2 d就降至常温,之后出现不同程度的呼吸困难,可见前腿分开,头前伸,鼻孔扩大。通常出汗较多,最后可见痉挛性咳嗽,同时从鼻孔流出泡沫样黄色液体。以其自身的浆液性液体而溺死。这种病型康复率不到5%。

2.2 亚急性型或水肿型、心型

病初有发热反应(39℃～41℃)。潜伏期7 d～14 d。发热持续3 d～6 d,发热后期,出现特征性水肿。水肿首先出现于颈部、眶上窝和眼睑,以后可扩展至嘴唇、面颊、舌部、下颌骨间、咽喉区,有时皮下水肿从颈部至胸部不等,严重时胸部和肩部也出现水肿。晚期可见结膜和舌腹侧、皮下出血点。最后变得烦躁不安,死于心力衰竭。一般在发热反应后4 d～8 d内死亡,死亡率约50%。康复动物于3 d～8 d内水肿逐渐消失。

2.3 急性或混合型

肺型和心型混合存在,临床不多见。潜伏期5 d～7 d。病初肺部有轻微症状,然后头部和颈部出现明显水肿,最后死于心力衰竭。或先出现亚急性型症状,然后突发最急性型典型呼吸困难和其他临床表现。通常发热后3 d～6 d死亡,死亡率超过80%。

2.4 最温和型

潜伏期5 d～14 d,后期表现弛张热(39℃～40℃),持续5 d～8 d。可能出现结膜轻度出血、脉搏加快、轻微厌食和精神抑郁。其他临床症状不明显。

3 病理学诊断

最特征及最常见的病变是皮下和肌肉组织间胶样浸润,并以眶上窝和喉头尤为显著。胃底黏膜肿胀一直延伸到小肠前部。咽、气管、支气管充满黄色浆液和泡沫,肺泡、胸膜下和肺间质水肿,约有2/3病例有急性水肿。亚急性病例,头部、颈部和肩部水肿严重。心内膜和心包膜有血点和出血瘀斑、心肌变性。有些病例胸腔和心包积存大量黄白色-红色液体,淋巴结肿大、肝和胃出血。

4 实验室诊断

4.1 病原分离和鉴定

4.1.1 试剂

4.1.1.1 磷酸盐缓冲液(PBS)(见B.1.2)。

4.1.1.2 含有青霉素链霉素的磷酸盐缓冲液(PBS)(见B.1.4)。

4.1.1.3 50%甘油-磷酸盐缓冲液(见B.1.3)。

4.1.1.4 MEM(最低限度必需氨基酸营养液)完全营养液(见B.2.2)。

4.1.1.5 MEM维持液(见B.2.3)。

4.1.2 **样品采集**

发热动物取抗凝血,死亡动物取 2 g~4 g 小块脾、肺和淋巴结,保存于 4℃或放入 50%甘油-磷酸盐缓冲液中,4℃运送和保存。用含有青霉素链霉素的磷酸盐缓冲液(PBS)将组织块配成 10%悬液后,供分离。

4.1.3 **病毒分离**

非洲马瘟病毒(AHSV)可直接以仓鼠肾细胞(BHK-21)、猴稳定细胞(MS)和绿猴肾细胞(VERO)细胞系进行分离。肝素抗凝血液样品勿需稀释就可使用,将样品接种上述细胞,吸附 60 min 后,加入 MEM 维持液。若用脾、肺等组织病料,则需磨碎,以含青霉素链霉素的磷酸盐缓冲液(PBS)或 MEM 完全营养液制成 10%的组织悬浮液。接种后 12 d~18 d 可出现细胞病变效应(CPE),如盲传三代仍无 CPE,则判为阴性。

4.1.4 **乳鼠分离**

AHSV 可用 2 窝 1 日龄~3 日龄乳鼠通过脑内接种进行分离。阳性病料接种 3 d~15 d 后,乳鼠可出现神经症状。取发病鼠脑,匀浆后,再脑内接种 6 只以上乳鼠。第二次传代的潜伏期应缩短为 2 d~5 d,感染率为 100%。

4.1.5 **反转录-聚合酶链反应(RT-PCR)**

以 RT-PCR 法检测 AHSV 的 RNA。

4.1.5.1 **器材**

PCR 扩增仪,研钵和研杵,无 RNA 酶污染的 1.5 mL 离心管和枪头。

4.1.5.2 **试剂**

4.1.5.2.1 引物:正向引物 S7P1(5′-GTT AAA ATT CGG TTA GGA TG-3′),反向引物 S7P2(5′-GTA AGT GTA TTC GGT ATT G-3′)。

4.1.5.2.2 Trizol。

4.1.5.2.3 75%乙醇(见第 B.4 章)。

4.1.5.2.4 二乙基焦磷酰胺(DEPC)处理过的水(见第 B.5 章)。

4.1.5.2.5 一步法 RT-PCR 试剂盒。

4.1.5.2.6 1%的琼脂糖凝胶(见第 B.7 章)

4.1.5.2.7 0.5×Tris 碱-硼酸-乙二胺四乙酸(EDTA)(TBE)缓冲液(见第 B.6 章)。

4.1.5.2.8 2 倍反应混合液。

4.1.5.2.9 反转录酶和 Taq 酶混合物。

4.1.5.2.10 去上清其他试剂:三氯甲烷(分析纯)、异丙醇(分析纯)。

4.1.5.3 **操作方法**

4.1.5.3.1 在−70℃预冷的灭菌研钵中加入 1 mLTrizol。

4.1.5.3.2 取 100 mg 病料,用灭菌的剪刀剪碎。用灭菌的镊子夹到加有 Trizol 的研钵中,充分研磨。

4.1.5.3.3 将研磨好的组织匀浆转移到新的离心管中,离心 12 000 r/min,10 min,4℃。

4.1.5.3.4 取上清,静置 5 min。加入 200 μL 三氯甲烷,振荡混匀 15 s,静置 2 min~3 min。离心 12 000 r/min,15 min,4℃。

4.1.5.3.5 取上清到新的离心管中,加等体积的异丙醇,混匀,静置 10 min。离心 12 000 r/min,10 min,4℃。

4.1.5.3.6 去上清,加入 1 mL 75%乙醇,离心 12 000 r/min,5 min,4℃。

4.1.5.3.7 按步骤 4.1.5.3.6 重复离心一次。

4.1.5.3.8 去上清,室温干燥 RNA 5 min。

4.1.5.3.9 加入 100 μL DEPC 处理过的水溶解 RNA。

4.1.5.3.10 每管 RT-PCR 扩增混合液体系的总体积为 25 μL,其中含有 12.5 μL 2 倍反应混合液、1 μL正向引物 S7P1(10 μmol/L)、1 μL 反向引物 S7P2(10 μmol/L)、1 μL 反转录酶和 Taq 酶混合物、

3 μL从被检样品中提取的RNA和6.5μL DEPC处理过的水。每份被检样品检测2次。每次检测设置标准阳性对照和标准阴性对照。标准阳性对照用阳性对照RNA作为模板，而标准阴性对照用DEPC处理过的水作为模板。

4.1.5.3.11 置于PCR扩增仪上进行RT-PCR扩增反应。RT-PCR扩增反应的条件如下：50℃，30 min进行反转录；94℃，2 min进行Taq酶的激活；40个循环的PCR（94℃，1 min，55℃，1.5 min，72℃，2.5 min）；72℃，7 min延伸。

4.1.5.3.12 扩增反应后，用1%的琼脂糖凝胶进行核酸电泳，观察扩增片断大小。

4.1.5.3.13 结果判定：如果阳性对照出现1 179 bp大小的特异的扩增条带，阴性对照无任何扩增条带，说明检测结果成立。当该检测样品出现1 179 bp大小的特异的扩增条带，检测结果为RT-PCR检测阳性。

4.1.5.3.14 序列测定和分析。RT-PCR检测阳性的扩增产物交付有关公司进行序列测定，序列测定的结果进行序列分析，如在GenBank（网址：http://www.ncbi.nlm.nih.gov/blast/）中进行最相似序列搜寻（BLAST），如果样品序列为特异的非洲马瘟病毒VP7基因序列，则说明受检样品检测结果为非洲马瘟病毒病原核酸阳性。

4.2 血清学试验

4.2.1 间接酶联免疫吸附试验（IELISA）

以重组VP7蛋白为抗原，检测AHSV抗体。

4.2.1.1 器材

ELISA反应板，酶联免疫吸附检测仪，加样器等。

4.2.1.2 试剂

4.2.1.2.1 重组AHSV抗原。

4.2.1.2.2 包被液：0.05 mol/L pH9.6碳酸盐缓冲液（见第B.11章）。

4.2.1.2.3 洗涤液：含0.05%吐温-20的pH7.4的PBS（见第B.13章）。

4.2.1.2.4 封闭液及抗体稀释液：含3%牛血清白蛋白（BSA）的pH7.4的PBS（见第B.14章）。

4.2.1.2.5 辣根过氧化物酶-抗马γ球蛋白结合物。

4.2.1.2.6 底物：A液、B液（见第B.15章）。

4.2.1.2.7 终止液：1 mol/L H_2SO_4（见第B.16章）或10%洗洁精（见第B.17章）。

4.2.1.3 操作方法

4.2.1.3.1 抗原包被：将重组AHSV-4VP7以0.05 mol/L pH9.6碳酸盐缓冲液（包被液）稀释，包被酶标板，4℃孵育过夜。

4.2.1.3.2 洗板：以0.05%吐温-20溶液（洗涤液）洗酶标板5次，将酶标板在吸附材料上轻拍，除去剩余冲洗液。

4.2.1.3.3 封闭：以含3%BSA的pH7.4 PBS封闭酶标板，200 μL/孔，于37℃放置1 h。

4.2.1.3.4 弃去封闭液，将酶标板在吸附材料上轻拍。

4.2.1.3.5 加待检血清和对照血清：将待检血清、阳性和阴性对照血清，以含3%BSA的pH7.4的PBS（抗体稀释液）按1∶40稀释，每孔加入100 μL，37℃培养1 h。如测量抗体效价，将待检血清自1∶40稀释开始，进行2倍连续稀释后，加入酶标板（100 μL/孔），每排孔加一份血清，阳性和阴性对照做法相同。37℃放置1 h。

4.2.1.3.6 按步骤4.2.1.4.2冲洗酶标板。

4.2.1.3.7 加酶标结合物：将辣根过氧化物酶-抗马γ球蛋白结合物以含3%BSA pH7.4的PBS（抗体稀释液）稀释，加入各孔（100 μL/孔），37℃放置1 h。

4.2.1.3.8 按步骤4.2.1.4.2洗酶标板。

4.2.1.3.9 加底物溶液：按100 μL/孔加入新配制的底物溶液。

4.2.1.3.10 终止反应：约 5 min～10 min 后，加入 100 μL 1 mol/L H_2SO_4 或 10%洗洁精终止显色反应(阴性对照开始显色之前)。

4.2.1.3.11 读数及结果判定：如果用 1 mol/L H_2SO_4 终止，于 450 nm 判读结果；如果用 10%洗洁精终止，于 620 nm 判读结果。临界值的计算为阴性对照吸收值加 0.6(0.6 为用一组 30 份阴性血清获得的标准差)，如待检血清的光吸收值低于临界值判为阴性，如高于临界值+0.15 判为阳性，如吸收值介于临界值和临界值+0.15 之间则判为可疑，需采用另一种方法以证实这一结果。

4.2.2 微量补体结合反应(MCF)

微量补体结合反应(MCF)检测 AHSV 抗体。

4.2.2.1 材料

4.2.2.1.1 含 1%明胶的巴比妥缓冲盐液(见第 B.9 章)。

4.2.2.1.2 血清样品，无红细胞，必须加热灭活：马血清 56℃，斑马血清 60℃，驴血清 62℃，灭活 30 min。

4.2.2.1.3 抗原是 AHSV 感染鼠脑的蔗糖丙酮提取物，对照抗原是用同样方法提取的未感染鼠脑(制备方法见附录 A)。在缺乏国际标准血清时，抗原应用本地制备的阳性对照血清进行滴定，在试验中，使用 4 个～8 个单位。

4.2.2.1.4 补体(C′)是正常的豚鼠血清。

4.2.2.1.5 溶血素是用绵羊红细胞(SRBCs)高免的兔血清。

4.2.2.1.6 SRBCs 由无菌静脉采血获得，并保存在阿氏液中。

4.2.2.1.7 溶血素系统(HS)是将溶血素稀释成含 2 个溶血素剂量并用其来致敏洗过的 SRBCs 制备而成，SRBCs 被标化成 3%浓度。

4.2.2.1.8 对照血清：阳性对照血清由当地获取并得到证实。来自健康的抗体阴性马的血清用作阴性对照血清。

4.2.2.1.9 “U”形底 96 孔微量滴定板，微量可调移液器及配套枪头，转头可插入微量滴定板的离心机，光电比色计。

4.2.2.2 操作方法

4.2.2.2.1 血清、补体和抗原在 96 孔圆底微量板中进行反应，于 4℃反应 18 h。设以下对照：

a) 血清和补体；
b) 血清和 SRBCs；
c) 分别加有 $4CH_{50}$(50%补体溶血单位)、$2CH_{50}$ 和 $1CH_{50}$ 补体的 CF 抗原和对照抗原；
d) CF 抗原和 SRBCs；
e) 对照抗原和 SRBCs；
f) $4CH_{50}$、$2CH_{50}$ 稀释的补体；
g) SRBCs。

4.2.2.2.2 在微量板各孔中加入致敏的 SRBCs(3%)。

4.2.2.2.3 试验板置于 37℃放置 30 min。

4.2.2.2.4 将微量板以 1 000 r/min 离心 5 min。

4.2.2.2.5 记录所有孔的溶血情况。以 50%溶血作为终点读取结果。

4.2.2.2.6 结果判定

试验成立的条件：

——当空白对照孔 g)完全不溶血(++++)；
——补体对照孔 f)完全溶血(−)；
——其他各项组合对照孔 a)、b)、c)、d)、e)完全溶血(−)，说明试验结果成立；
——与 CF 抗特异性结合补体的血清最高稀释度的倒数即为其效价。效价 1/10 或更高为阳性，低于 1/10 为阴性。

附 录 A
(规范性附录)
非洲马瘟 MCF 抗原的制备方法

抗原制备采用蔗糖-丙酮抗原,其方法是:

将感染鼠脑加入 4 倍量 8.5%蔗糖(冷)溶液,置玻璃研磨器中充分研磨后,徐徐滴加到 20 倍(冷)丙酮内,边加边搅拌,静置 15 min 后,弃去上清(丙酮),留下粉红色胶状沉淀物,再加入 20 倍(冷)丙酮,充分搅拌,冰浴 1 h 以上,去上清(丙酮),将沉淀物置于干燥器内,用真空泵抽干呈均匀粉末,加入相当于匀浆总量的 0.4 倍的巴比妥缓冲液(BBS)(见附录 B.8),置 4℃冰箱中过夜,置玻璃研磨器中充分研磨后,经3 000 r/min～3 500 r/min 离心 1 h,取上清液,置 4℃冰箱保存备用。

用作抗原对照的健康鼠脑(HMB)亦同样按蔗糖-丙酮法处理。

附 录 B
（规范性附录）
试剂的配制

B.1 磷酸盐缓冲液(PBS)

B.1.1 0.1 mol/L PBS

氯化钠(NaCl)	80.0 g
氯化钾(KCl)	2.0 g
磷酸二氢钾(KH_2PO_4)	30.0 g
磷酸氢二钠(Na_2HPO_4)	2.0 g
双蒸馏水(ddH_2O)	1 000 mL

103 kPa 高压蒸汽灭菌 30 min。室温或 4℃冰箱保存。

B.1.2 0.04 mol/L PBS(pH7.2～7.4)

0.1 mol/L PBS	400 mL
双蒸馏水(ddH_2O)	600 mL

103 kPa 高压蒸汽灭菌 30 min。室温或 4℃冰箱保存。

B.1.3 50%甘油-磷酸盐缓冲液(PBS,pH7.4)

0.04 mol/L PBS 与纯甘油(分析纯)等量混和,调整 pH 至 7.4 分装为小瓶,经 103 kPa 高压蒸汽灭菌 30 min,室温或 4℃冰箱保存。

B.1.4 加青霉素链霉素的磷酸盐缓冲液(PBS,pH7.2～7.4)

加入终浓度 100 IU/mL 青霉素和 100 μg/mL 链霉素的 0.04 mol/L PBS(pH7.2～7.4)。

B.2 MEM 完全营养液和维持液

B.2.1 MEM(最底限度必需氨基酸营养液)基础营养液

MEM 干粉	9.5 g
碳酸氢钠	2.2 g
蒸馏水(dH_2O)	加至 1 000 mL

溶解后过滤除菌,4℃保存。

B.2.2 MEM 完全营养液(pH7.2)

MEM 基础营养液中加下列成分使达到最终浓度:

10%灭活犊牛血清;

100 IU/mL 青霉素及 100 μg/mL 链霉素;

2 mmol 谷氨酰氨。

B.2.3 MEM 维持液(pH7.2)

MEM 基础营养液中加下列成分使达到最终浓度:

10%灭活犊牛血清;

100 IU/mL 青霉素及 100 μg/mL 链霉素;

2 mmol 谷氨酰氨。

B.3 200 mmol/L L-glutanin(谷氨酰氨)溶液(母液)

谷氨酰氨(L-glutamine)	2.923 g
双蒸馏水(ddH_2O)	100 mL

B.4　75%乙醇

无水乙醇	75 mL
DEPC 处理过的水	加至 100 mL

B.5　DEPC 处理过的水

DEPC	1 mL
去离子水	1 000 mL

充分混匀，将瓶盖拧松后置于 37℃放置过夜，高压灭菌。

B.6　0.5×Tris 碱-硼酸-乙二胺四乙酸(EDTA)(TBE)缓冲液

B.6.1　5×Tris 碱-硼酸-乙二胺四乙酸(EDTA)(TBE)缓冲液

Tris 碱	54 g
硼酸	27.5 g
0.5 mol/L pH8.0 乙二胺四乙酸(EDTA)	20 mL

B.6.2　0.5×Tris 碱-硼酸-乙二胺四乙酸(EDTA)(TBE)缓冲液

5×0.5 mol/L pH8.0 乙二胺四乙酸(EDTA)	1 mL
蒸馏水	加至 10 mL

B.7　1%的琼脂糖凝胶

B.7.1　配方

琼脂糖	0.5 g
0.5×TBE 缓冲液	50 mL
溴化乙锭溶液(10 mg/mL)	2.5 μL

B.7.2　配法

称取 0.5 g 琼脂糖，置于 200 mL 锥形瓶中，加入 50 mL 1×TBE 缓冲液，加热溶解，冷却至 50℃～60℃时加入 2.5 μL 溴化乙锭溶液，倒入胶槽内自然凝固。

B.8　巴比妥缓冲液(BBS)

B.8.1　配方

氯化钠 NaCl(分析纯)	85.0 g
氯化镁($MgCl_2 \cdot 6H_2O$)(分析纯)	1.68 g
氯化钙 $CaCl_2$(分析纯)	0.28 g
巴比妥(化学纯)	5.75 g
巴比妥钠(化学纯)	2.00 g
无离子水	2 000 mL

B.8.2　配法

将巴比妥加入 500 mL 无离子水内，加热溶解后再加入其他成分和适量无离子水溶解后，无离子水加至 2 000 mL，分装，103 kPa 高压灭菌 20 min，冷却后置冰箱内保存备用。临用时稀释 5 倍。

B.9　1%明胶巴比妥缓冲液

B.9.1　配方

明胶	5.0 g

BBS 500 mL

B.9.2 配法

将明胶溶于 30 mL 35℃BBS 中，然后将其余 BBS 加入，混匀备用。

B.10 阿氏液

B.10.1 配方

葡萄糖	24.60 g
氯化钠	5.04 g
柠檬酸钠	9.60 g
无离子水	1 200 mL

B.10.2 配法

将试剂溶化后，过滤，分装成 6 瓶，用 70 kPa 灭菌 20 min，置 4℃冰箱保存备用。

B.11 包被液——0.05 mol/L pH9.6 碳酸盐缓冲液

碳酸钠	0.318 g
碳酸氢钠	0.588 g
去离子水	200 mL

用 0.22 μm 膜过滤除菌，室温保存备用。

B.12 pH7.4 PBS

氯化钠	8.00 g
氯化钾	0.20 g
磷酸氢二钠（$Na_2HPO_4 \cdot 12H_2O$）	2.9 g
磷酸二氢钾（KH_2PO_4）	0.20 g

加去离子水 900 mL，用盐酸调 pH 至 7.4，然后定容至 1 000 mL。

B.13 洗涤液——含 0.05%吐温-20 的 pH7.4 的 PBS

吐温-20	0.5 mL
pH7.4 PBS	1 000 mL

B.14 封闭液及抗体稀释液——含 3%BSA 的 pH7.4 PBS

牛血清白蛋白(BSA)	3 g
pH7.4 PBS	100 mL

封闭液应现用现配。

B.15 底物

B.15.1 A 液

磷酸氢二钠（Na_2HPO_4）	3.682 g
柠檬酸	1.021 g
过氧化氢尿素	0.06 g
去离子水	100 mL

避光4℃～8℃保存，尽量现用现配。

B.15.2　B液

柠檬酸	1.05 g
EDTA(乙二胺四乙酸)	14.6 mg
TMB(3,3′-二氨基联苯胺)	25.0 mg
去离子水	100 mL

用0.45 μm滤膜过滤，避光4℃～8℃保存，尽量现用现配。

B.15.3　用法

使用时，将A液、B液按1∶1的比例混合。

B.16　1 mol/L H_2SO_4

浓硫酸	5.5 mL
去离子水	94.5 mL

将浓硫酸缓缓加到蒸馏水中，混匀。

B.17　10%洗洁精

洗洁精	10 mL
去离子水	90 mL

混匀备用。

ICS 67.100.01
C 53

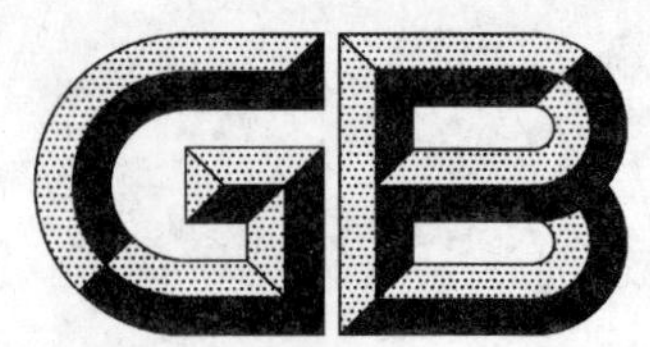

中华人民共和国国家标准

GB/T 21676—2008

乳与乳制品 脂肪酸的测定 气相色谱法

Milk and dairy products—Determination of fatty acid content—Gas-liquid chromatography

(ISO 15885:2002/IDF 184:2002,Milk fat—Determination of the fatty acid composition by gas-liquid chromatography,NEQ)

2008-04-09 发布 2008-06-01 实施

中华人民共和国国家质量监督检验检疫总局
中国国家标准化管理委员会 发布

前　　言

本标准非等效采用 ISO 15885：2002/IDF 184：2002《气相色谱法检测乳脂肪中脂肪酸组成》（英文版）。

本标准附录 A 为资料性附录。

本标准由中华人民共和国农业部提出。

本标准由全国畜牧业标准化技术委员会归口。

本标准起草单位：农业部食品质量监督检验测试中心（上海）。

本标准主要起草人：孟瑾、郑冠树、韩奕奕、吴榕、陈美莲、张辉。

乳与乳制品 脂肪酸的测定 气相色谱法

1 范围

本标准规定了乳与乳制品中脂肪酸的气相色谱测定方法。

本标准适用于乳与乳制品中脂肪酸的测定。

2 规范性引用文件

下列文件中的条款通过本标准的引用而成为本标准的条款。凡是注日期的引用文件，其随后所有的修改单(不包括勘误的内容)或修订版均不适用于本标准，然而，鼓励根据本标准达成协议的各方研究是否可使用这些文件的最新版本。凡是不注日期的引用文件，其最新版本适用于本标准。

GB/T 5413.27—1997 婴幼儿配方食品和乳粉 DHA、EPA 的测定

GB/T 6682 分析实验室用水规格和试验方法(GB/T 6682—1992,neq ISO 3696:1987)

3 原理

乳脂肪经皂化处理后生成游离脂肪酸，在三氟化硼催化下，经甲酯化后的脂肪酸通过气相色谱柱分离，以氢火焰离子化检测器检测，外标定量。

4 试剂

除非另有规定，仅使用分析纯试剂。

4.1 水：GB/T 6682 规定的一级水。

4.2 无水硫酸钠(Na_2SO_4)。

4.3 庚烷[$CH_3(CH_2)_5CH_3$]：色谱纯。

4.4 三氟化硼甲醇溶液：质量分数为 10%。

注：对于每批新的试剂或溶剂，特别是三氟化硼甲醇溶液，应通过制备纯油酸甲酯并进行色谱分析，若在 20～22 碳脂肪酸区域内产生干扰峰，则不可用。

4.5 饱和氯化钠溶液：溶解 360 g 氯化钠(NaCl)于 1 L 水中，搅拌溶解，澄清备用。

4.6 硫酸溶液(体积分数为 20%)：稀释 20 mL 的硫酸(H_2SO_4)至 100 mL，混匀。

4.7 氢氧化钾甲醇溶液[c(KOH)=2 mol/L]：称取 11.2 g 氢氧化钾(KOH)，用无水甲醇(CH_3OH)溶解，并稀释定容至 100 mL，混匀。

4.8 脂肪酸甲酯标准贮备液：每毫升含脂肪酸甲酯 10.0 mg。

准确称取脂肪酸甲酯标准物质 0.50 g 于 50 mL 棕色容量瓶中，用庚烷(4.3)溶解定容，此溶液每毫升含脂肪酸甲酯 10.0 mg。摇匀，贮存于−18℃冰箱中，有效期 360 d。

4.9 混合脂肪酸甲酯标准工作液：每毫升含各脂肪酸甲酯 0.02 mg。

准确移取 1.0 mL 各脂肪酸甲酯标准液(4.8)于 50 mL 棕色容量瓶中，用庚烷(4.3)稀释定容；再准确移取 1.0 mL 于 10 mL 棕色容量瓶中，用庚烷(4.3)稀释定容，此溶液每毫升含各脂肪酸甲酯 0.02 mg。摇匀，贮存于−18℃冰箱中，有效期 90 d。

4.10 其余试剂同 GB/T 5413.27—1997 中试剂。

5 仪器设备

常用实验室仪器及以下各项。

5.1 分析天平:感量 0.000 1 g。

5.2 气相色谱仪:带 FID 检测器。

5.3 旋转蒸发仪。

6 分析步骤

6.1 试样制备

贮藏在冰箱中的乳与乳制品,应在试验前预先取出,并达室温。

6.1.1 液态试样

准确称取 10 g 样品于毛氏抽脂瓶中,待测。

6.1.2 固态试样

准确称取 1 g 样品于毛氏抽脂瓶中,待测。

6.2 抽提脂肪

取试样(6.1),按 GB/T 5413.27—1997 中 5.1～5.2.2 规定执行。

6.3 皂化酯化

合并抽提后的醚液于磨口圆底烧瓶中,经旋转蒸发仪(5.3)浓缩,用 10 mL 庚烷(4.3)溶解残留物,加 2 mL 氢氧化钾甲醇溶液(4.7)回流 5 min～10 min。从球形冷凝管顶部加入 10 mL 三氟化硼甲醇溶液(4.4),继续回流 2 min。

停止加热,冷却至室温后取下球形冷凝管,用硫酸溶液(4.6)调节 pH＜1.5。加 15 mL 饱和氯化钠溶液(4.5),振摇 15 s,静置分层。移取上层有机相,用无水硫酸钠(4.2)脱水后,清液作为试液,用气相色谱仪(5.2)测定。

注:甲酯化后的试样应尽快进行气相色谱分析。如需保存,应用惰性气体保护其庚烷溶液,密封并冷藏于冰箱中,或加入 0.005%的 2,6-二叔丁基-4-甲基酚(BHT)溶液以防止氧化。

6.4 色谱参考条件

色谱柱:DB-23,30 m×0.25 mm,0.25 μm。

载气:氮气。

进样器温度:250℃。

检测器温度:300℃。

柱温箱温度:初始温度 140℃,以 80℃/min 升温至 250℃。

载气流速:1.0 mL/min。

6.5 测定

准确吸取各不少于 2 份的 2 μL 混合脂肪酸甲酯标准工作液(4.9)及试液(6.3)进样,以色谱峰面积积分定量。典型色谱图参见图 A.1。

7 结果计算

试样中各脂肪酸的含量按式(1)计算:

$$X = \frac{A_1 \times c \times V \times M_1}{A_2 \times M_2 \times m} \times 100 \qquad (1)$$

式中:

X——试样中各脂肪酸的含量,单位为毫克每 100 克(mg/100 g);

A_1——试样溶液中各脂肪酸甲酯的峰面积;

c——混合脂肪酸甲酯标准工作液中各脂肪酸甲酯的浓度,单位为毫克每毫升(mg/mL);

V——溶解试样浓缩后残余物所定容的体积,单位为毫升(mL);

M_1——各脂肪酸的分子质量;

A_2——混合脂肪酸甲酯标准工作液中各脂肪酸甲酯的峰面积；

M_2——各脂肪酸甲酯的分子质量；

m——试样的称样量，单位为克(g)。

测定结果用平行测定的算术平均值表示，保留三位有效数字。

8 精密度

在重复性条件下获得的两次独立测定结果的绝对差值不应超过算术平均值的15%。

9 检出限

本方法最低检出量见表1。

表1 各脂肪酸的最低检出量

脂肪酸名称	最低检出量/ng
肉豆蔻酸(C14:0)	0.15
棕榈酸(C16:0)	0.20
硬脂酸(C18:0)	0.30
反式亚油酸(C18:2n6t)	0.25
亚油酸(C18: 2n6c)	0.20
γ-亚麻酸(C18:3n6)	0.25
α-亚麻酸(C18:3n3)	0.20
花生酸(C20:0)	0.30
花生四烯酸(C20:4n6)	0.25
二十碳五烯酸(C20:5n3)	0.30
二十二碳六烯酸(C22:6n3)	0.75

附 录 A
（资料性附录）
气相色谱法测定各脂肪酸甲酯的典型图谱

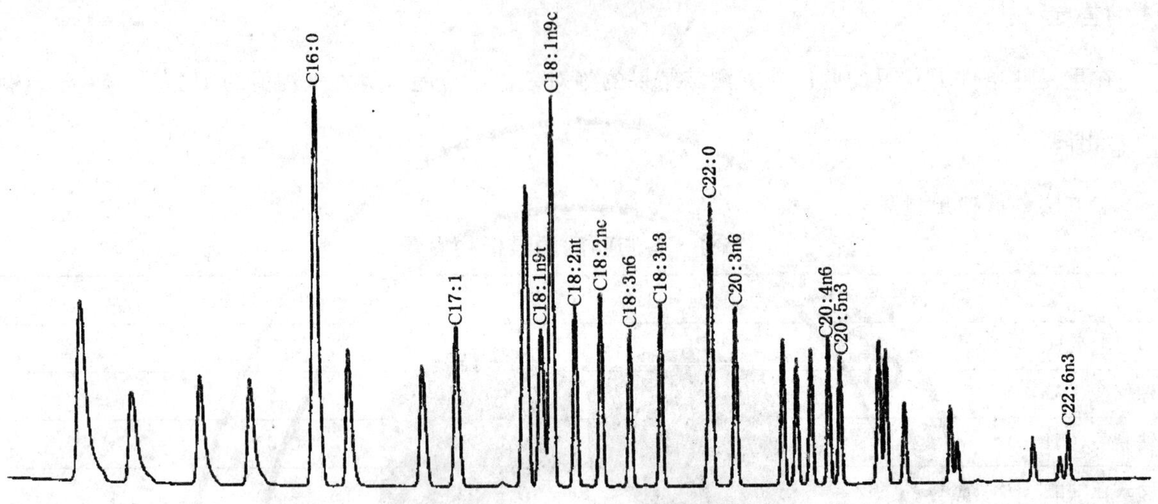

图 A.1 气相色谱法测定各脂肪酸甲酯的典型图谱

ICS 65.020.30
B 43

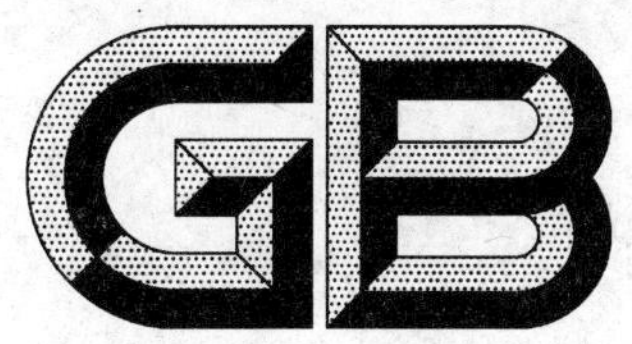

中华人民共和国国家标准

GB/T 21677—2008

豁　　眼　　鹅

Huoyan geese

2008-04-09 发布　　2008-06-01 实施

中华人民共和国国家质量监督检验检疫总局
中国国家标准化管理委员会　发布

前　言

本标准由中华人民共和国农业部提出。

本标准由全国畜牧业标准化技术委员会归口。

本标准起草单位：辽宁省畜牧技术推广站。

本标准主要起草人：郝洪章、王彪、宋丽萍、张晓鹰、单慧、赵丽新、李密林、何永涛、朱国兴、武长胜、刘海。

豁　眼　鹅

1　范围

本标准规定了豁眼鹅的品种特征、特性和主要生产性能。

本标准适用于豁眼鹅品种鉴定。

2　品种特征、特性

2.1　体形外貌特征

豁眼鹅属小型鹅种，全身羽毛洁白。喙、胫、蹼均为橘黄色，成年鹅有橘黄色肉瘤，公鹅肉瘤较发达。眼呈三角形，眼睑淡黄色，虹彩蓝灰色，两上眼睑后缘1/3处有明显豁口，为其独有的品种特征。头较小，颈细稍长。

成年公鹅体形较短，呈椭圆形，头高昂雄伟，咽袋突出，性情好斗，叫声宏亮，腹褶浅。

成年母鹅体形呈长方形，性情温顺，叫声清脆，有较突出腹褶。

2.2　体重、体尺

成年鹅体重、体尺见表1。

表1　成年鹅体重、体尺

性别	体重/kg	体斜长/cm	龙骨长/cm	胸深/cm	胸宽/cm	髋骨宽/cm	胫长/cm	半潜水长/cm
公	4.3～4.7	30.4～32.0	16.9～17.3	9.5～10.5	12.9～14.1	8.2～8.8	9.2～9.8	66.5～70.5
母	3.6～4.0	28.0～29.6	15.7～16.5	8.6～10.0	10.1～11.9	7.7～8.5	8.4～9.0	63.4～66.2

3　生产性能

3.1　产肉性能

3.1.1　生长速度

豁眼鹅因饲养条件不同，其生长速度差异较大，在完全舍饲，饲喂配合饲料的条件下，推荐的营养标准见表2，其生长速度见表3。

表2　营养标准

日龄	代谢能/(MJ/kg)	粗蛋白(CP)/%	钙(Ca)/%	磷(P)/%	食盐(NaCl)/%
1～30	11.51	19	0.8	0.6	0.3
31～90	11.72	17.5	1.2	0.8	0.3
91～180	12.34	14	1.2	0.7	0.3
成鹅	11.29	16	2.25	0.6	0.35

表3　生长速度

单位为克

性别	初生重	30 d	70 d	100 d
公	75.6	1 480	3 750	4 200
母	74.4	1 300	3 110	3 400

3.1.2 **屠宰率**

豁眼鹅100 d屠宰率见表4。

表4 豁眼鹅100 d屠宰率

性别	体重/kg	屠宰率/%	半净膛率/%	全净膛率/%	腿比率/%	胸肌率/%	腿肌率/%	翅膀率/%	骨肉比
公	4.2	86	81	75	20.5	13.2	13.0	12.7	0.3
母	3.4	88.5	82.6	76.8	22.3	14.2	13.9	13.4	0.3

3.1.3 **饲料转化比**

饲料转化比见表5。

表5 饲料转化比

日龄	70 d	100 d
转化比	3.6∶1	4.5∶1

3.2 **繁殖性能**

3.2.1 母鹅见蛋日龄:150 d～180 d。

3.2.2 开产日龄:190 d～210 d。

3.2.3 产蛋量:66周龄在半放牧条件下产蛋100枚以上。

3.2.4 蛋重:120 g～130 g。

3.2.5 蛋壳颜色:白色。

3.2.6 蛋形指数:1.41～1.48。

3.2.7 公母比例:自然交配的情况下,公母比例1∶5～1∶7。

3.2.8 种鹅利用年限:2年～3年。

3.2.9 受精率:80%～90%。

3.2.10 受精蛋孵化率:80%～90%。

3.2.11 健雏率:90%～95%。

3.2.12 成活率:育雏期成活率90%～96%,育成期成活率90%～95%。

3.3 **产羽绒性能**

活体拔羽毛产量见表6。

表6 活体拔羽毛产量

日龄	性别	拔羽毛期	拔羽毛次数	羽毛产量/g	含绒率/%
成年	公	7月份	1	200～236	22～28
	母	7月份	1	152～189	18～27

ICS 13.020.99
B 50

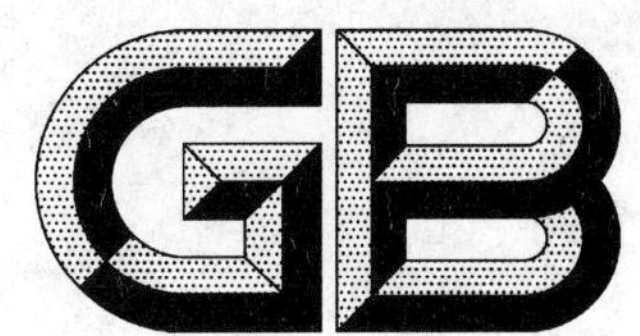

中华人民共和国国家标准

GB/T 21678—2008

渔业污染事故经济损失计算方法

Calculating methods on the economic loss of fishery pollution accidents

2008-04-09 发布　　　　2008-06-01 实施

中华人民共和国国家质量监督检验检疫总局
中国国家标准化管理委员会　发布

前言

本标准的附录A为规范性附录，附录B为资料性附录。

本标准由中华人民共和国农业部提出。

本标准由全国水产标准化技术委员会归口。

本标准起草单位：中国水产科学研究院黄海水产研究所。

本标准主要起草人：陈碧鹃、马绍赛、崔毅、陈聚法、孙慧玲、赵俊、过锋。

本标准首次发布。

渔业污染事故经济损失计算方法

1 范围

本标准规定了渔业污染事故经济损失计算方法。

本标准适用于渔业水域受外源污染导致天然渔业资源、渔业养殖生物和渔业生产受损害造成的经济损失评估。

2 规范性引用文件

下列文件中的条款通过本标准的引用而成为本标准的条款。凡是注日期的引用文件，其随后所有的修改单(不包括勘误的内容)或修订版均不适用于本标准，然而，鼓励根据本标准达成协议的各方研究是否可使用这些文件的最新版本。凡是不注日期的引用文件，其最新版本适用于本标准。

GB 3097 海水水质标准

GB 3838 地表水环境质量标准

GB 11607 渔业水质标准

GB 18668 海洋沉积物质量

3 术语和定义

下列术语和定义适用于本标准。

3.1

渔业污染事故 fishery pollution accidents

单位和个人将某种物质和能量引入渔业水域，损坏渔业水体使用功能，影响渔业水域内的水生生物繁殖、生长或造成该生物死亡、数量减少，以及造成该生物有毒有害物质积累、质量下降等，对渔业资源和渔业生产造成损害的事实。

3.2

污染面积 contaminated area

由于污染造成渔业水域某种环境因子指标超过 GB 11607、GB 3097、GB 3838、GB 18668 的规定或造成污染损害事实的水域面积。

4 渔业资源损失量评估方法

渔业损失量计算方法包括直接计算法、比较法、定点采捕法、围捕统计法、统计推算法、调查统计法、模拟实验法、生产效应法、生产统计法、专家评估法和鱼卵、仔稚鱼评估法 11 种方法。在应用中可根据水域类型、污染情况、历史资料、本底资料和受损生物等综合情况，选择适用的计算方法。

4.1 直接计算法

4.1.1 适用范围

本方法适用于天然渔业水域渔业资源损失量的评估(不包括 4.3 的评估范围)，并且：

——拥有事故发生前近 5 年内同期渔业资源调查历史资料；

——拥有事故发生后渔业资源现场调查资料。

4.1.2 计算

4.1.2.1 资源损失率

资源损失率按式(1)计算：

$$R = \frac{\overline{D} - D_{\mathrm{p}}}{\overline{D}} \times 100\% - E \qquad \cdots\cdots (1)$$

式中：

R——资源损失率，%；

$\overline{D}$——近年内同期渔业资源密度，单位为千克每平方千米（kg/km^2）或尾每平方千米（尾/km^2）；

D_{p}——污染后资源密度，单位为千克每平方千米（kg/km^2）或尾每平方千米（尾/km^2）；

E——回避逃逸率，%。

4.1.2.2 渔业资源损失量

渔业资源损失量按式(2)计算：

$$Y_1 = \sum_{i=1}^{n} \overline{D}_i \cdot R_i \cdot A_{\mathrm{p}} \qquad \cdots\cdots (2)$$

式中：

Y_1——渔业资源损失量，单位为千克(kg)或尾；

$\overline{D}_i$——近年内同期第 i 种渔业资源密度，单位为千克每平方千米（kg/km^2）或尾每平方千米（尾/km^2）；

R_i——第 i 种渔业资源损失率，%；

A_{p}——污染面积，单位为平方千米（km^2）。

4.2 比较法

4.2.1 适用范围

本方法适用于天然渔业水域渔业资源损失量的评估。并且：

——无事故发生前近5年内同期渔业资源调查历史资料；

——拥有事故发生后，污染区和非污染区渔业资源现场调查资料，非污染区为污染区的临近区域。

4.2.2 计算

渔业资源损失量按式(3)计算：

$$Y_1 = \sum_{i=1}^{n} (\overline{D}_{\mathrm{u}i} - \overline{D}_{\mathrm{p}i}) \cdot A_{\mathrm{p}} \qquad \cdots\cdots (3)$$

式中：

Y_1——渔业资源损失量，单位为千克(kg)；

$\overline{D}_{\mathrm{u}i}$——对照区第 i 种渔业资源平均密度，单位为千克每平方千米（kg/km^2）或尾每平方千米（尾/km^2）；

$\overline{D}_{\mathrm{p}i}$——污染区第 i 种渔业资源平均密度，单位为千克每平方千米（kg/km^2）或尾每平方千米（尾/km^2）；

A_{p}——污染面积，单位为平方千米（km^2）。

4.3 定点采捕法

4.3.1 适用范围

本方法适用于天然水域底栖渔业生物和底播养殖区等无法拖网采样、但可进行定点采捕区域渔业生物资源损失量的评估。

4.3.2 计算

渔业生物损失率按式(4)计算：

$$R = \frac{N_1}{N_{\mathrm{t}}} \times 100\% \qquad \cdots\cdots (4)$$

式中：

R——生物损失率，%；

N_l——采集到的损失生物数量，单位为只；

N_t——采集到的总生物数量，单位为只。

渔业生物损失量按式(5)计算：

$$Y_1 = \sum_{i=1}^{n} S_i \cdot \overline{D}_{fi} \cdot A_p \cdot R_i \qquad (5)$$

式中：

Y_1——渔业生物损失量，单位为千克(kg)；

S_i——第 i 种渔业生物商品规格，单位为千克每只(kg/只)；

$\overline{D}_{fi}$——第 i 种渔业生物栖息密度，单位为只每平方米(只/m^2)；

A_p——污染面积，单位为平方米(m^2)；

R_i——第 i 种渔业生物损失率，%。

4.4 围捕统计法

4.4.1 适用范围

本方法适用于能进行围捕操作的湖泊、外荡以及浅型水库等渔业资源量的损失评估。

4.4.2 计算

渔业资源损失量按式(6)计算：

$$Y_1 = \frac{\sum_{i=1}^{n} Y_i}{n} \times A_p \qquad (6)$$

式中：

Y_1——渔业资源损失量，单位为千克(kg)；

Y_i——第 i 围捕点单位面积渔业资源损失量，单位为千克每平方千米(kg/km^2)；

n——围捕点数；

A_p——污染面积，单位为平方千米(km^2)。

4.5 统计推算法

4.5.1 适用范围

本方法适用于增养殖水域渔业生物损失量的评估，并且：

——能提供确切的投苗数量；

——现场调查能获得损失率数据。

4.5.2 计算

渔业生物损失量按式(7)计算：

$$Y_1 = \sum_{i=1}^{n} S_i \cdot D_{sti} \cdot R_i \cdot A_p \qquad (7)$$

式中：

Y_1——渔业生物损失量，单位为千克(kg)；

S_i——第 i 种渔业生物的商品规格，单位为千克每个(kg/个)；

D_{sti}——第 i 种渔业生物放养密度，单位为尾每平方千米(尾/km^2)或只每平方千米(只/km^2)或个每平方千米(个/km^2)；

R_i——渔业生物损失率，%；

A_p——污染面积，单位为平方千米(km^2)。

4.6 调查统计法

4.6.1 适用范围

本方法适用于增养殖水域渔业生物损失量的评估，现场调查能获取单位水体的生物量和损失率。

4.6.2 计算

渔业生物损失量按式(8)计算：

$$Y_1 = \sum_{i=1}^{n} S_i \cdot B_{ti} \cdot R_i \cdot A_p \quad \cdots\cdots (8)$$

式中：

Y_1——渔业生物损失量，单位为千克(kg)；

S_i——第 i 种生物商品规格，单位为千克每只(kg/只)；

B_{ti}——单位面积第 i 种生物数量，单位为尾每平方千米(尾/km^2)或只每平方千米(只/km^2)或个每平方千米(个/km^2)；

R_i——第 i 种生物损失率，%；

A_p——污染面积，单位为平方千米(km^2)。

4.7 模拟实验法

4.7.1 适用范围

本方法是通过一定的实验手段评估外源污染物对养殖生物造成的危害。适用于污染物不是单一物质，或为渔业水质标准、海水水质标准和地表水环境质量标准中没有列出的物质，或污染物不明确但造成生物大量急性死亡的事故，主要用于苗种生产或封闭式养殖受外源污染造成生物损失的评估。

4.7.2 评估方法

按以下步骤进行评估：

——选派2名～3名具有渔业污染事故调查鉴定资格，熟悉生态模拟试验工作程序的专家；

——根据实际情况设计受控模拟实验方案，实验设置1个对照组和至少3个平行组，受试生物的选择和数量、实验系列组的设置应按实验设计要求，并达到数理统计要求；

——将受试生物暴露于实验液中，观察不同实验组中受试生物的反应；

——根据实验结果，确定"物质-受试生物"的毒性效应，并计算出损失率；

——根据实验结果和生产中生物放养密度，按式(9)计算生物损失量：

$$Y_1 = \sum_{i=1}^{n} S_i \cdot B_{ti} \cdot R_i \cdot V_p \quad \cdots\cdots (9)$$

式中：

Y_1——渔业生物损失量，单位为个；

S_i——第 i 种生物商品规格，单位为千克每个(kg/个)；

B_{ti}——单位水体第 i 种生物数量，单位为个每平方米(个/m^2)或个每立方米(个/m^3)；

R_i——第 i 种渔业生物损失率，%；

V_p——受损水体，单位为平方米(m^2)或立方米(m^3)。

4.8 生产效应法

4.8.1 适用范围

适用于增养殖水域渔业生物量的损失评估，也可用于天然渔业水域渔业生产的损失评估。并且：

——由于环境条件所限，无法获得放苗数量等资料；

——现场调查无法进行单位面积生物数量的定量调查；

——现场调查可获得污染前后评估生物生产情况资料。

4.8.2 计算

4.8.2.1 渔业生物损失量

渔业生物损失量按式(10)计算：

$$Y_1 = \sum_{i=1}^{n} \Delta Y_{ui} \cdot A_p \qquad (10)$$

式中：

Y_1——渔业生物损失量，单位为千克(kg)；

ΔY_{ui}——污染前后第 i 种养殖生物单产量的变化，单位为千克每平方千米(kg/km²)；

A_p——污染面积，单位为平方千米(km²)。

4.8.2.2 污染前后第 i 种养殖生物单产量的变化

污染前后第 i 种养殖生物单产量的变化按式(11)计算：

$$\Delta Y_{ui} = \bar{Y}_{uiq} - Y_{uih} \qquad (11)$$

式中：

$\bar{Y}_{uiq}$——污染前 2 年～3 年第 i 种养殖生物平均单产量，单位为千克每平方千米(kg/km²)；

Y_{uih}——污染后第 i 种养殖生物单产量，单位为千克每平方千米(kg/km²)。

4.9 生产统计法

4.9.1 适用范围

适用于增养殖水域渔业生物损失量的评估。并且：

——由于环境条件所限，无法获得放苗数量等资料；

——现场调查无法进行单位面积生物数量的定量调查；

——现场调研、调查无法获得污染后评估生物生产情况资料。

4.9.2 计算

渔业资源损失量按式(12)计算：

$$Y_1 = \sum_{i=1}^{n} \bar{Y}_{ui} \cdot A_p \cdot R_i \qquad (12)$$

式中：

Y_1——渔业生物损失量，单位为千克(kg)；

$\bar{Y}_{ui}$——第 i 种渔业生物平均单产，为事故前 3 年平均值，单位为千克每平方千米(kg/km²)；

A_p——污染面积，单位为平方千米(km²)；

R_i——第 i 种渔业生物损失率，%。

4.10 专家评估法

4.10.1 适用范围

当天然渔业水域环境比较复杂，难以进行现场定量调查，又无法获取满足上述几种方法所需资料时，可由有经验的专家组成评估组对渔业资源损失量进行评估。

4.10.2 评估方法

评估程序如下：

——选择 3 名～5 名具有渔业污染事故调查鉴定资格，了解本地区环境质量状况和渔业资源状况的专家，组成评估专家组；

——评估专家组制定详细的调查工作方案；

——现场调查，广泛收集近些年本区域的生产、渔业资源动态变化等资料。如果本区域参数不全，可选用邻近地区相同生态类型区的参数；

——对获得的资料进行筛选、统计、分析、整理；

——确定具体评估方案；

——编写评估报告,并由评估专家亲笔签名。

4.11 鱼卵、仔稚鱼评估法

4.11.1 适用范围

适用于天然渔业水域鱼卵、仔稚鱼的损失评估,苗种场中鱼卵、仔稚鱼的损失可以参照本方法。

4.11.2 计算

鱼卵、仔稚鱼损失量按式(13)计算:

$$Y_z = \sum_{i=1}^{n} D_i \cdot V_p \qquad \cdots\cdots(13)$$

式中:

Y_z——鱼卵、仔稚鱼损失量,单位为万粒(尾);

D_i——第 i 种鱼卵、仔稚鱼单位损失数量,单位为万粒(尾)每平方千米[万粒(尾)/km^2]或万粒(尾)每立方米[万粒(尾)/m^3];

V_p——污染水体,单位为平方千米(km^2)或立方米(m^3)。

4.12 几点说明

4.12.1 公式中参数的确定

a) 回避逃逸率,指渔业生物对污染物的回避能力,由评估单位根据生物种类和当时当地的具体情况确定,不同生物的回避逃逸率见附录 B;

b) 放养密度,由受损单位或个人出具购苗证明或采用当地的平均密度,评估单位根据生物种类、养殖模式和养殖技术确定;

c) 商品规格,在损失的渔业生物中,未达到商品规格的,在计算损失量时换算为商品规格,换算比由评估单位根据生物种类和当地当时的具体情况确定。一般按平均商品规格评估;

d) 平均单产,指评价区域评估生物前 3 年的单位面积平均产量,由当地渔业主管部门提供;

e) 资源密度,计算方法见附录 A。

4.12.2 评估中,将未达到商品规格的渔业生物换算为商品规格时,应考虑渔业生物的自然死亡率,自然死亡率指苗种或半成品生长至商品规格的死亡率,由评估单位根据生物种类、养殖技术和当地养殖的平均情况确定。

5 渔业污染事故经济损失评估

5.1 直接经济损失计算方法

直接经济损失按式(14)计算:

$$L_e = \sum_{i=1}^{n} (Y_{li} \cdot P_{di} - F_i) \qquad \cdots\cdots(14)$$

式中:

L_e——渔业资源损失金额,单位为元或万元;

Y_{li}——第 i 种渔业资源渔业生物损失量,单位为千克(kg)或尾或个;

P_{di}——第 i 种水产品当地的平均价格,单位为元每千克(元/kg)或元每尾(元/尾)或元每个(元/个);

F_i——第 i 种养殖生物的后期投资,单位为元或万元。

5.2 鱼卵、仔稚鱼经济损失计算方法

鱼卵、仔稚鱼的经济损失应折算成商品苗种规格,按式(15)计算:

$$L_z = Y_z \cdot P_d \cdot K_h - F \qquad \cdots\cdots(15)$$

式中:

L_z——鱼卵、仔稚鱼损失金额,单位为元或万元;

Y_z——鱼卵、仔稚鱼损失量，单位为万粒或万尾；

P_d——当地鱼类苗种的平均价格，单位为元每万尾(元/万尾)；

K_h——由鱼卵、仔稚鱼折算为商品苗种规格的换算比例；

F——苗种生产后期投资，单位为元或万元。

5.3 天然渔业资源损失恢复费用的估算

由于渔业水域环境污染、破坏造成天然渔业资源损害，在计算经济损失时，应考虑天然渔业资源的恢复费用，原则上不低于直接经济损失额的3倍。

5.4 公式中参数的确定

a) 水产品价格按照当时当地价格认证部门或市场管理部门提供的主要市场水产品平均零售价格计算；

b) 原良种场、保护区内作为原种生物的渔业资源价格不能按一般商品的价格计算，应按渔业主管部门提供的原种的价格计算；

c) 评估的养殖生物未达到商品规格时，在计算经济损失时应扣除后期投资。后期投资为污染事故发生时至生长到商品规格后需投入、但尚未投入的资金，包括饵料费、人员工资费、管理费、起捕费、用船看护费等。后期费用应按当地当时的平均费用计算，由评估单位调研取得并由当地渔业主管部门确定。

6 其他规定

6.1 渔业污染事故经济损失包括直接经济损失和天然渔业资源恢复费用。

6.2 由于渔业污染事故对养殖生物造成损害，在计算经济损失时只计算直接经济损失。

6.3 由于渔业污染事故对国家天然渔业资源造成损失，在计算经济损失时应将直接经济损失与天然渔业资源恢复费用相加。

6.4 由于各种类水产品价格差异很大，因此在计算经济损失时应按种类分别计算。

6.5 鱼卵、仔稚鱼的经济损失，应折算为商品苗种的平均价格进行计算，折算比例由评估单位确定。

6.6 凡造成国家和地方重点水生野生保护动物损失，资源量的损失可参照本标准的方法进行评估，其价值由省级以上渔业行政主管部门组织专家评估确定。

6.7 渔业生产设施损失、渔具损失以及清除污染费用按实际投入计算。

6.8 渔业污染事故调查、鉴定、评估等费用，应加入实际赔偿费用中。

附 录 A
（规范性附录）
天然渔业资源计算方法

A.1 依据扫海面积法估算资源密度

资源密度的计算见式(A.1)：

$$D = \frac{\overline{C}}{a \cdot q} \qquad \cdots\cdots\cdots\cdots (A.1)$$

式中：

D——资源密度，单位为千克每平方千米(kg/km^2)；

$\overline{C}$——平均每小时拖网渔获量，单位为千克每网每时[kg/(网·h)]；

a——每小时拖网面积，单位为平方千米每网每时[km^2/(网·h)]；

q——可捕系数。

A.2 不同生物种类的可捕系数

不同生物种类的可捕系数见表A.1。

表A.1 不同生物种类的可捕系数

种　类	可捕系数	种　类	可捕系数
鳀鱼、棱鳀类	0.2～0.3	头足类	0.5～0.8
其他中上层鱼类	0.3～0.5	对虾类、长臂虾科	0.5～0.8
鲆鲽类、鳐类	0.8～1.0	其他无脊椎动物	0.8～1.0
其他底层鱼类	0.5～0.8	—	—
注：本表中未涉及的水域或水生生物可捕系数由评估单位根据其生活习性、调查网具确定。			

附 录 B
（资料性附录）
不同生物种类的回避逃逸率

表 B.1 不同生物种类的回避逃逸率

%

种　　类	回避逃逸率	种　　类	回避逃逸率
鱼类	0～30	甲壳类	0～10
鲆鲽类、鳐类	0～10	软体动物、棘皮动物等	0～10
头足类	0～10	—	—
注：本表中未涉及的生物种类的逃逸率由评估单位根据其生活习性、运动能力等确定。			

ICS 13.310
A 92

中华人民共和国国家标准

GB/T 21679—2008

法庭科学DNA数据库建设规范

Criterion for forensic DNA database

2008-04-24 发布　　　　2008-08-01 实施

中华人民共和国国家质量监督检验检疫总局
中国国家标准化管理委员会　发布

前　言

本标准由全国刑事技术标准化技术委员会(SAC/TC 179)提出并归口。

本标准起草单位:公安部物证鉴定中心。

本标准起草人:叶健、赵兴春、王林生、姜成涛、刘冰、陈松、胡兰。

法庭科学 DNA 数据库建设规范

1 范围

本标准规定了法庭科学 DNA 数据库功能、结构与职责、建库对象样本采集、建库要求、建库程序、基因座。

本标准适用于所有承担法庭科学 DNA 数据库建设的实验室。

2 术语和定义

下列术语和定义适用于本标准。

2.1

DNA 数据库 DNA database

为实现 DNA 分型数据和相关信息的计算机网络化管理和信息交流，及时、准确地为刑事侦查和其他相关工作服务，运用 DNA 分型技术、计算机数据库技术和网络信息技术而建立起来的数据库系统。

2.2

基础 DNA 数据库 basic DNA database

收集、存储用于解释 DNA 检验和 DNA 数据库比对结果的人类各亚群无关个体的 DNA 分型数据和相关统计学参数的数据库。包括 DNA 检验和建库中采用的各基因座的染色体定位、有关群体的基因频率资料和基因型资料、有关法医学应用参数(H、Dp、PE、PIC)等。

2.3

人员样本库 DNA database from individual samples

存储违法犯罪人员、从事容易发生人身伤亡职业人员及其他相关人员的 DNA 分型数据和相关信息的数据库。

2.4

现场物证库 DNA database from biology evidence samples

存储刑事案件现场生物物证的 DNA 分型数据和相关信息的数据库。

2.5

亲缘样本库 DNA database from samples of relative

存储未知名尸体、失踪人员 DNA 分型数据和相关信息；存储失踪人员、违法犯罪人员的生身父母、配偶、亲生子女的 DNA 分型数据和相关信息的数据库。

2.6

大型灾难事故样本数据库 DNA database from samples of DVI

存储大型灾难事故中遇难者的 DNA 分型数据和相关信息的数据库。

2.7

DNA 数据库建库对象分类 object of DNA database

通过自身或其生物学意义上的直系血亲或关联样品的 DNA 分型数据及其相关信息进行标定的 DNA 数据库建库目标。前科人员和失踪人口为已知对象；刑事案件现场物证和身份不明个体因事实或身份未明确为未知对象；符合遗传多态性统计要求的随机群体为基础 DNA 数据库的统计对象。

2.8

DNA 数据库建库样品的关系属性 relational attribute of samples

样品与其所属的建库对象间的生物学意义上的关系，可分为同一个体、生物学父、生物学母、生物学子女、女性配偶、男性配偶、生物学兄弟姐妹、母系亲属和父系亲属等。

2.9

DNA 数据库系统管理员 DNA database manager

负责 DNA 数据库的数据维护、信息发布及日常运行管理的人员。

3 功能、结构与职责

3.1 功能

法庭科学 DNA 数据库是为刑事侦查和其他相关工作服务的工具，当通过数据库检索获得相关信息后，应进行复核。

3.2 结构

法庭科学 DNA 数据库采用三级结构，分别为国家库、省级库、市级库。

3.3 职责

3.3.1 国家 DNA 数据库

3.3.1.1 复核、接纳、存储、管理省级 DNA 数据库和承担建库任务的国家级实验室上报的 DNA 分型数据及相关信息。

3.3.1.2 统计、分析群体资料，下发标准基础 DNA 数据。

3.3.1.3 接受各省级公安机关人工或自动查询比对，市级公安机关人工查询比对。

3.3.2 省级 DNA 数据库

3.3.2.1 复核、接纳、存储、管理市级 DNA 数据库和承担建库任务的省级实验室上报的 DNA 分型数据及相关信息。

3.3.2.2 定期将本省 DNA 数据库的 DNA 分型数据及相关信息传送给国家 DNA 数据库。

3.3.2.3 接受全国各地公安机关的查询比对。

3.3.3 市级 DNA 数据库

3.3.3.1 存储、管理承担建库任务的市级实验室输入的 DNA 分型数据和相关信息。

3.3.3.2 定期将市级库的 DNA 分型数据及相关信息传送给省级 DNA 数据库。

3.3.3.3 接受查询比对。

4 建库对象样本采集

4.1 案件物证

案(事)件现场相关的生物样品经 DNA 实验室检验、筛选并确认可能为该案物证的 DNA 样本。

4.2 违法犯罪前科人员

有违法犯罪前科的人员自身的 DNA 样本。

4.3 犯罪嫌疑人员

侦查工作中审查的违法犯罪嫌疑人员自身的 DNA 样本。

4.4 身份不明个体

未知名尸体、灾难死者、被拐儿童以及其他身份不明个体经 DNA 实验室检验、筛选确认为其自身样品的 DNA 样本；强奸致孕所生子女或引产胎儿的生物学父作为身份不明个体，取被害人及其子女或引产胎儿的 DNA 样本。

4.5 失踪人员

可能为失踪人员本人的 DNA 样本。

4.6 失踪人员亲属

失踪人员直系血亲的样品作为失踪人口的关联 DNA 样本。

4.7 基础 DNA 数据库统计对象

以统计分析为目的的地域、种族等相同的无关个体 DNA 样本。

4.8 其他

a) 从事容易发生人身伤亡职业人员自身的 DNA 样本；

b) 公安机关认为其他在办案中有必要采集的物证样本。

5 建库标准

5.1 管理

5.1.1 承担法庭科学 DNA 数据库建设的实验室应由主管部门认可。

5.1.2 承担法庭科学 DNA 数据库建设的实验室应建立文件程序，以确保每个所调查的案件和检验的样品都具备相应的记录。

5.1.3 实验室应具备查询案件记录及检测报告的检索方法和程序。

5.2 人员

5.2.1 岗位职责

5.2.1.1 实验室主任

管理实验室的技术操作，解决检验中出现的技术问题以及负责数据质量；组织检验和复核；负责对检案人员、技术辅助人员的技术培训及考核。

5.2.1.2 DNA 数据库系统管理员

负责检索系统的正常运行，包括 DNA 数据的安全、计算机知识的培训以及数据质量的确认。

5.2.1.3 检案人员

主要进行样品检验和检验结果的分析，协助技术主管完成实验室其他工作。

5.2.1.4 技术辅助人员

协助检验员进行案件检验，配制日常用试剂和准备实验所需用品。技术辅助人员不得参与检验结果的分析。

5.2.2 人员配置和素质要求

5.2.2.1 实验室主任

应具备学士以上学位或具有副主任法医师以上专业技术职务资格，专业为生物学、法医学或相关学科，五年以上法庭科学 DNA 检案经验，了解 DNA 分型的进展。

5.2.2.2 DNA 数据库系统管理员

应具备生命科学学士以上学位，有 DNA 分析技术和 DNA 数据分型方面的专业知识，同时有计算机、计算机网络和计算机数据库管理方面的经验。

5.2.2.3 检案人员

应具备学士以上学位，具有专业技术职务资格及鉴定资格，专业为生物学、法医学或相关学科，三个月以上在省级 DNA 实验室接受 DNA 检验技术培训的经历，一年以上在法庭科学 DNA 实验室工作经历，通过资格测试。

5.2.2.4 技术辅助人员

应具备大专以上学历，半年以上接受检验员在职培训的经历。

5.3 仪器和试剂

5.3.1 试剂

实验室应配备其应用的实验方法所必需的材料和试剂。

商品试剂盒应标明到货日期和有效期，实验室的试剂应在容器上表明名称、浓度、配制时间、保存条件、失效日期、配置人等。

实验室应确定关键试剂,并在使用前对其进行评估。关键试剂包括:基因分析试剂盒、阳性对照DNA样品和Taq DNA多聚酶。

5.3.2 **仪器**

实验室应配置其应用的实验方法所必需的仪器设备。

仪器设备应定期进行检修、维护、校正。

新购置的仪器设备或原有仪器设备维修保养后,在使用前应校准。

5.4 **设施与环境条件**

5.4.1 DNA实验室至少设置提取、PCR反应、检测三个区域。对大量样本和微量样本的检测工作应分开进行。

5.4.2 应对实验室操作区的进入加以严格的控制和限制。无关人员不能随意进入实验室的操作区。

5.4.3 物证或样品的保存条件应以防丢失、防变质、防污染及保持物证完整性和其特性为原则。物证或样品存放区应具有防盗、防外界干扰等安全措施;而且能够对进入物证或样品存放区加以控制。

5.5 **资料**

5.5.1 **操作手册**

5.5.1.1 实验方法类:各种DNA提取方法、DNA定量方法和DNA分型方法。

5.5.1.2 仪器操作类:各种仪器的操作使用方法。

5.5.1.3 试剂配制类:各种试剂的配置方法、保存方法及剂量。

5.5.2 **说明书**

5.5.2.1 商品试剂盒说明书。

5.5.2.2 主要仪器设备使用说明书。

5.5.3 **记录**

5.5.3.1 案件登记类:包括接案记录、检材保管或返回记录、检验中交接记录、鉴定文书发放记录等。

5.5.3.2 人员信息记录类:包括个人培训记录、资格考核记录等。

5.5.3.3 检验记录类:包括DNA提取记录、PCR反应记录、电泳检测记录等。

5.5.3.4 鉴定文书类:包括鉴定书或检验报告、检验结果图谱、数据分析等。

5.5.3.5 仪器类:包括仪器的使用记录、维修记录、校准记录。

5.5.4 **其他资料**

5.5.4.1 频率调查数据及计算方法包括频率调查的数目、来源及民族、各种概率的计算方法等。

5.5.4.2 各种实验室测试记录。

5.5.4.3 方法认可记录。

5.5.4.4 质量控制守则及核查记录。

5.5.4.5 安全守则。

5.5.4.6 主要仪器设备的保修记录、储存试剂的清单、试剂配制的方法等。

5.6 **实验室核查**

实验室核查是由专门委员会的专家成员实施的,目的是对实验室的质量控制水平加以评估,核查包括前文所规定的各项内容,至少每两年进行一次。核查后应出具报告,内容包括:核查日期、核查项目、核查者、发现的问题及建议改进措施、下次核查计划等。

5.7 **实验室安全**

DNA实验室应遵守政府的一切安全规定,同时需制定特殊的安全操作守则并使每个成员熟知这些规定。有关化学药品的存放及弃置应有专门程序和记录。

6 建库程序

6.1 样本的提取、保存、送检

6.1.1 人员样本可用滤纸、消毒纱布采集血样或口腔拭子采集口腔粘膜细胞，自然风干后放入相应样品袋保存，统一编号，专人送到指定实验室。

6.1.2 所有检材应该分别提取、标明记号、自然晾干、纸袋包装后常温保存。对于不能常温保存的肌肉、组织、骨骼等，要冰冻保存、冷藏送检。所有案件应根据案件情况，注意提取对照样本。

6.1.3 所有的人员样本应备份。

6.2 检验方法

采用各实验室认可的方法或管理部门推荐的方法进行检验。

6.3 审核

所有的数据信息录入数据库之前应进行审核。

6.4 录入

6.4.1 所有数据信息经复核后方可录入数据库。

6.4.2 各级实验室的录入工作由 DNA 数据库系统管理员安排和管理。

6.4.3 各级数据库应进行数据备份。

7 基因座

7.1 基因座的选择

7.1.1 DNA 数据库选用常染色体基因座应从以下范围选择：D3S1358、D5S818、D7S820、D8S1179、D13S317、D16S539、D18S51、D21S11、CSF1PO、TPOX、TH01、vWA、FGA、D6S1043、D2S1338、PentaE、PentaD 和 D19S433。

7.1.2 上述基因座中的核心基因座是：D21S11、D3S1358、D13S317、D8S1179、D5S818 和 vWA。

7.2 性别位点

所有录入 DNA 数据库的数据应包括性别位点数据信息。

7.3 入库要求

7.3.1 现场生物物证样本信息

对于现场生物物证 DNA 样品，7.1.1 所述 18 个基因座中应有包含核心基因座在内的 9 个以上的基因座检测成功，方能将 DNA 分型数据及相关信息输入 DNA 数据库。

7.3.2 各类人员样本信息

7.3.2.1 违法犯罪前科人员

所述 18 个基因座中应有包含核心基因座在内的 9 个以上的基因座检测成功，方能将 DNA 分型数据及相关信息输入 DNA 数据库。

7.3.2.2 犯罪嫌疑人员

所述 18 个基因座中应有包含核心基因座在内的 9 个以上的基因座检测成功，方能将 DNA 分型数据及相关信息输入 DNA 数据库。

7.3.2.3 身份不明个体

所述 18 个基因座中应有包含核心基因座在内的 13 个以上的基因座检测成功，方能将 DNA 分型数据及相关信息输入 DNA 数据库。

7.3.2.4 失踪人员

所述 18 个基因座中应有包含核心基因座在内的 13 个以上的基因座检测成功，方能将 DNA 分型数据及相关信息输入 DNA 数据库。

7.3.2.5 失踪人员亲属

所述 18 个基因座中应有包含核心基因座在内的 13 个以上的基因座检测成功，方能将 DNA 分型数据及相关信息输入 DNA 数据库。

7.3.2.6 从事容易发生人身伤亡职业的人员

所述 18 个基因座中应有包含核心基因座在内的 13 个以上的基因座检测成功，方能将 DNA 分型数据及相关信息输入 DNA 数据库。

ICS 79.120.10
J 65

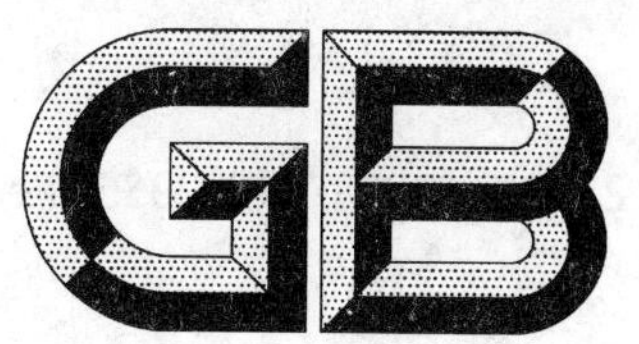

中华人民共和国国家标准

GB/T 21680—2008/ISO 2935:1974

木工圆锯片　尺寸

Circular saw blades for woodworking—Dimensions

(ISO 2935:1974,IDT)

2008-04-22 发布　　2008-10-01 实施

中华人民共和国国家质量监督检验检疫总局
中国国家标准化管理委员会　发布

前　言

本标准等同采用 ISO 2935:1974《木工圆锯片　尺寸》(英文版)。

为便于使用,本标准作了下列编辑性修改:

——“本国际标准”一词改为“本标准”;

——对图进行编辑性修改。

本标准由中国机械工业联合会提出。

本标准由全国木工机床与刀具标准化技术委员会归口。

本标准起草单位:福州木工机床研究所。

本标准主要起草人:郑莉、唐崇淹。

木工圆锯片　尺寸

1　范围

本标准规定了木工圆锯片相对于外径的厚度和中心孔直径。

木工圆锯片厚度分为4列(1～4),各列中锯片的硬度保持基本不变。

2　尺寸

木工圆锯片尺寸见图1、表1和表2。

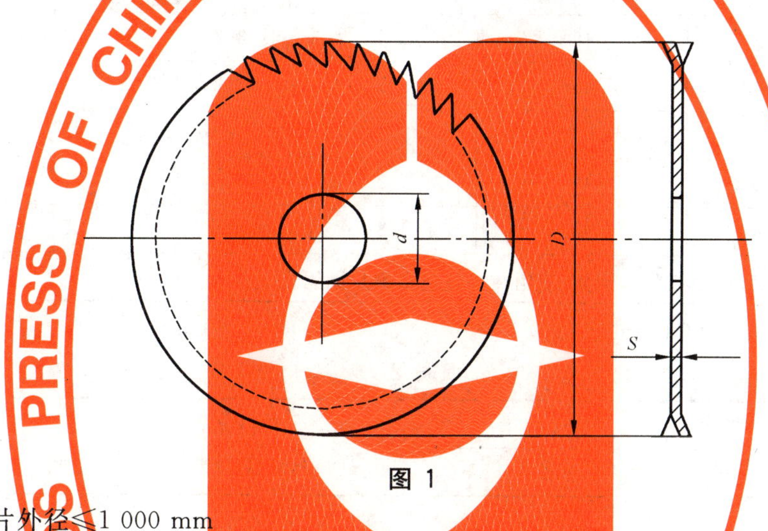

图1

2.1　木工圆锯片外径≤1 000 mm

尽量避免采用括号中的外径尺寸。

表1

单位为毫米

外径 D		孔径 d H9[a] 或 H11	厚度 S			
尺寸	公差		1	2	3	4
40	±1.5	12.5				0.8
50	±1.5	12.5				0.8
63	±1.5	12.5			0.8	
80	±1.5	12.5		0.8	1	
100	±2	20		0.8	1	
125	±2	20	0.8	1	1.2	
(140)	±2	20	0.8	1	1.2	
160	±2	20	1	1.2	1.6	
(180)	±2	30 或 60	1	1.2	1.6	
200	±2	30 或 60	1.2	1.2	1.6	2
(255)	±2	30 或 60	1.2	1.6	2	2.5
250	±2	30 或 60	1.2	1.6	2	2.5

表 1（续） 单位为毫米

外径 D		孔径 d H9[a] 或 H11	厚度 S			
尺寸	公差		1	2	3	4
(280)	±2	30 或 60	1.2	1.6	2	2.5
315	±3	30 或 60	1.6	2	2.5	3.2
(355)	±3	30 或 60	1.6	2	2.5	3.2
400	±3	30 或 60	1.6	2	2.5	3.2
(450)	±3	30 或 85	2	2.5	3.2	4
500	±4	30 或 85	2	2.5	3.2	4
(560)	±4	30 或 85	2	2.5	3.2	4
630	±4	40	2.5	3.2	4	
(710)	±4	40	2.5	3.2	4	
800	±6	40	2.5	3.2	4	
(900)	±6	40	3.2	4	5	
1 000	±6	40	3.2	4	5	

[a] 通常采用内孔精度 H9 的锯片，例如：使用在高转速多锯片圆锯机上。

2.2 木工圆锯片外径＞1 000 mm

表 2 单位为毫米

外径 D		孔径 d H9[a] 或 H11	厚度 S
尺寸	公差		
1 250	±10	60	3.6、4、5
1 600	±10	60	4.5、5、6
2 000	±10	60	5、7

[a] 通常采用内孔精度 H9 的锯片，例如：使用在高转速多锯片圆锯机上。

ICS 25.120.10
J 62

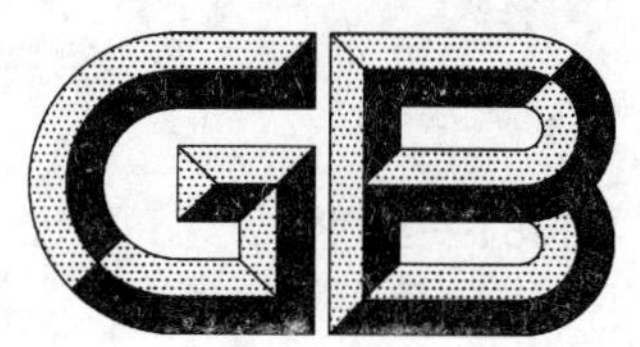

中华人民共和国国家标准

GB/T 21681—2008

数控压力机、液压机用模拟负荷测试系统

Analog load testing system for CNC presses and hydraulic presses

2008-04-22 发布 2008-10-01 实施

中华人民共和国国家质量监督检验检疫总局
中国国家标准化管理委员会 发布

前言

本标准由中国机械工业联合会提出。

本标准由全国锻压机械标准化技术委员会(SAC/TC 220)归口。

本标准主要起草单位:济南铸造锻压机械研究所、济南铸锻所捷迈机械有限公司。

本标准主要起草人:马立强、陈虹。

数控压力机、液压机用模拟负荷测试系统

1 范围

本标准规定了数控压力机、液压机模拟负荷测试系统的技术要求、试验方法、检验规则、标志、包装、贮存和运输。

本标准适用于数控压力机、液压机用模拟负荷测试系统，也适用于机械压力机、摩擦压力机用模拟负荷测试系统(以下简称测试系统)。

2 规范性引用文件

下列文件中的条款通过本标准的引用而成为本标准的条款。凡是注日期的引用文件，其随后所有的修改单(不包括勘误的内容)或修订版均不适用于本标准，然而，鼓励根据本标准达成协议的各方研究是否可使用这些文件的最新版本。凡是不注日期的引用文件，其最新版本适用于本标准。

GB/T 191 包装储运图示标志(GB/T 191—2000，eqv ISO 780:1997)

GB/T 3369 工业自动化仪表用模拟直流电流信号

GB/T 3370 工业自动化仪表用模拟直流电压信号

GB/T 7551—1997 称重传感器

GB 9969.1 工业产品使用说明书

GB/T 13639—1992 工业过程测量和控制系统用模拟数字式指示仪

GB/T 15464 仪器仪表包装通用技术条件

JB/T 1399 工业自动化仪表 接线端子的排列和标志

3 术语和定义

GB/T 7551 和 GB/T 13639 确立的以及下列术语和定义适用于本标准。

3.1

模拟负荷 analog load

通过调整数控压力机的封闭高度打击荷重传感器而使数控压力机产生的打击力，或通过调整液压机的封闭高度以及液压系统压力打击荷重传感器而使液压机产生的打击力。

3.2

荷重传感器 load cell

用于测量打击力的称重传感器。

3.3

最大可测力 max measuring force

可以施加于荷重传感器而不会超出最大允许误差的最大力值。

4 技术要求

4.1 使用要求

4.1.1 测试系统的参比工作条件、正常工作条件和运输条件应符合 GB/T 13639—1992 中 4.3 规定的 A 组仪表的要求。

4.1.2 测试系统的预热时间最低为 15 min。

4.1.3 测试系统的影响量包括主电源变化、共模干扰、串模干扰、接地、外界磁场、环境温度、湿热、安装

位置、机械振动、倾倒和过范围。这些影响量对系统性能影响的技术指标应符合 GB/T 13639—1992 中 5.2 的要求。

4.2 测试功能

测试系统应具有动态和静态测试功能。

4.3 显示方式

测试系统显示方式为 4 位或 4 位以上 LED 数码管显示,测量、溢出、极性和功能信号的显示应准确、可靠。

4.4 分辨力

测试系统的分辨力应根据所配接荷重传感器的最大可测力确定,最低为 0.1 kN。

4.5 基本误差

测试系统的基本误差应不超过基本误差限(K)±0.1 kN。

4.6 重复性误差

测试系统的重复性误差应不超过 0.1 kN。

4.7 开机自检

测试系统应具有开机自检功能,应能自动检查仪表内部主要部件的工作状态,并根据不同的故障给出相应的显示故障信息和灯光信号。

4.8 零点自动校正

测试系统应具有零点自动校正功能,能自动处理系统零点漂移所产生的载荷测试误差。

4.9 显示的频次调节

测试系统的测试结果显示的频次,在动态测试状态下,应能通过预置打击次数间隔来调节。在静态测试状态下,应能通过直接预置显示时间间隔来调节。

4.10 测量范围

测试系统的工作测量范围为配接荷重传感器最大可测力的 30%～100%。

4.11 最大测量值

最大测量值为配接的荷重传感器最大可测力的 120%,最小测量值为配接的荷重传感器最大可测力的 25%。

4.12 外形尺寸

测试系统的外形尺寸应符合技术文件的要求。

4.13 接线端子

接线端子配置应符合 GB/T 13639 和 JB/T 1399 的规定。

4.14 系统准确度

测试系统的系统准确度为满量程的 2%。

4.15 最大允许误差

荷重传感器的最大允许误差应符合 GB/T 7551—1997 中第 5 章的规定,见表 1。

表 1 荷重传感器的最大允许误差

最大允许误差	负荷值
0.35v	$0 \leqslant m \leqslant 50v$
0.70v	$50v \leqslant m \leqslant 200v$
1.05v	$200v \leqslant m \leqslant 1\,000v$

注 1:v 为实际检定分度值。

注 2:最大允许误差可以是正值,也可以是负值,并要同时适用于递增负荷和递减负荷。

注 3:误差确定的有关规则应符合 GB/T 7551—1997 中第 6 章的规定。

注 4:m 为负荷值。

4.16 平面度和平行度

荷重传感器上下两平面的平面度和平行度的精度等级应不低于被测机器工作台板和滑块的相应等级。

4.17 测试系统测量结果的允许变差

测试系统测量结果的允许变差应符合 GB/T 7551—1997 中第 7 章的规定。

4.17.1 蠕变

以测试系统最大可测力的 90%～100%作为恒定负荷施加于荷重传感器，其初次读数和其后 30 min 里所得到的任何一个读数之差，应不超过所施加恒定负荷下荷重传感器最大允许误差绝对值的 0.7 倍。在 20 min 时得到的读数和 30 min 时得到的读数之间的差值则应不超过该最大允许误差绝对值的 0.15 倍。

4.17.2 最小负荷输出恢复值

恢复到最小负荷后，在施加 30 min 负荷为该荷重传感器最大可测力的 90%～100%试验的前后，分别以最小负荷进行测试和读数，在最小负荷下初次读数之差应不超过该荷重传感器检定分度值的一半(0.5 V)。

4.18 重复性误差

对荷重传感器施加 3 次同一负荷，所得测量结果间的最大差值均应不大于该负荷下最大允许误差的绝对值。

4.19 计量环境

荷重传感器的计量环境条件应符合 GB/T 7551—1997 的要求。

4.20 试验程序

荷重传感器的试验程序应按照 GB/T 7551—1997 的规定进行。

4.21 绝缘电阻

测试系统的绝缘电阻试验在一般试验大气条件下进行，在其各端子之间施加 500 V d.c. 时，其各端子之间的绝缘电阻不得低于 20 MΩ。

4.22 绝缘强度

测试系统在一般试验大气条件下进行绝缘强度试验时，其各端子之间应施加表 2 所规定的试验电压，保持 1 min，应不得出现击穿或飞弧。

表 2 绝缘强度试验施加的试验电压

端子电压公称值 U/ V	试验电压/ kV
$U<60$	0.5
$60\leqslant U<130$	1.0
$130\leqslant U<250$	1.5

4.23 抗干扰措施

测试系统应具有电磁、电网、静电的抗干扰措施。

4.24 屏蔽接地

测试系统的屏蔽接地措施应有效。

4.25 响应时间

测试系统的阶跃输入响应时间应不大于 4 s，过载恢复时间不大于 5 s。

4.26 采样时间

测试系统的采样时间应小于 1 ms。

4.27 外观

4.27.1 测试系统的结构件应有良好的表面处理，不应有划伤、沾污等痕迹，不应有明显变形损坏或缺件。

4.27.2 在使用过程中需进行调整或控制的部分，应能保证在不拆机壳的情况下进行调节；各开关、旋钮不应松动、破损或自行改变位置，在规定的状态时应具有相应的功能。

4.27.3 外部接线端子应齐全，内部接线应排列整齐，接头与插座之间应有定位装置，以保证接插时各接插点具有唯一的对应关系，插件应有紧固或锁紧装置。

4.27.4 测试系统的仪表显示读数应清晰、正确。

4.27.5 测试系统面板或铭牌上的标志、文字、图形符号应齐全、清晰。

4.28 测试系统的稳定性技术指标

4.28.1 模糊误差

测试系统只允许按分辨力计数顺序改变示值，而不能间隔跳动，其不同的数字位应精确同步，不应产生模糊误差。

4.28.2 波动

测试系统的零点或示值波动应不大于 0.2 kN。

4.28.3 短期漂移

测试系统零点和示值漂移用与被测量值的输出量值表示，测试系统在 24 h 连续工作时间内的稳定性误差应包括在基本误差内，并应符合 GB/T 13639—1992 中 5.3.3 的规定。

4.29 连接线

荷重传感器和二次仪表的连接线，如是专用线或多通道线应有明显的线号标识。

4.30 电功耗

测试系统最大消耗能量工作时的电功耗应不大于 100 W。

4.31 输入特性

4.31.1 荷重传感器的外阻在规定的范围内变化时，由此产生的示值变化应不大于基本误差限绝对值的一半。

4.31.2 基本误差应不超过 4.5 的规定。

4.31.3 应给出不通电状态下的输入电阻。

4.32 输出信息

4.32.1 测试系统输出的数字信号应采用“8-4-2-1”二十进制编码，并应列出逻辑电平“0-1”状态的电子值及负载能力。

4.32.2 测试系统输出的模拟信号应采用模拟直流电信号，应按荷重传感器的要求列出输入输出特性及负载能力。

4.32.3 给出输出的接口、指令或其他信号的形式。

4.33 标定

测试系统可以用标准模拟信号发生器进行标定，其模拟信号应符合 GB/T 3369 和 GB/T 3370 的要求。在正常使用情况下，测试系统应每年标定一次。

4.34 使用说明书

使用说明书应符合 GB 9969.1 的规定。

5 试验方法

测试系统的试验方法按照 GB/T 13639—1992 中第 6 章的规定进行。

6 检验规则

测试系统应进行型式检验和出厂检验。

6.1 **型式检验**

6.1.1 测试系统在下列情况时应进行型式检验：

——新产品开发试制完成时的试制定型鉴定；

——国家产品质量监督部门提出型式检验要求时；

——当产品的设计(结构、电路原理)、工艺或所用材料有较大改变可能影响性能时；

——停产 6 个月以上的产品，再次恢复生产时；

——批量生产的产品，连续正常生产每满 3 年时；

——本标准发生重大修改时。

6.1.2 型式检验的内容包括第 4 章的全部要求。其试验方法按照第 5 章的规定。所有检验的项目应符合标准要求。

6.1.3 检验样品不应少于 5 台，随机抽取一台进行型式检验。

6.2 **出厂检验**

6.2.1 测试系统出厂前，应对每台进行检验，检验合格后签发合格证方可出厂。

6.2.2 所有出厂检验项目应符合表 3 的规定。

表 3 出厂检验项目表

项　　目	技术要求条号	试验方法
基本误差	4.5	GB/T 13639—1992 的 6.9
模糊误差	4.28.1	GB/T 13639—1992 的 6.4.1
波动	4.28.2	GB/T 13639—1992 的 6.4.2
短期漂移	4.28.3	GB/T 13639—1992 的 6.4.3
响应时间	4.25	GB/T 13639—1992 的 6.6
输入特性	4.31	GB/T 13639—1992 的 6.7.2
输出信息	4.32	GB/T 13639—1992 的 6.7.3
绝缘电阻	4.21	GB/T 13639—1992 的 6.5.1
绝缘强度	4.22	GB/T 13639—1992 的 6.5.2

7 标志、包装、贮存和运输

7.1 **标志**

测试系统应在显示面板或铭牌上标有清晰耐久的标志，标志内容至少应包括：

——制造者的名称和地址；

——型号与基本参数；

——测量单位名称；

——配用的荷重传感器的型号；

——测量范围；

——产品合格标志；

——出厂年份和编号；

——测量单位名称；

——标有连接外部线路的接线端子标志。

7.2 **包装**

7.2.1 二次仪表部分用塑料袋封装，连同附件、备件、使用说明书和产品合格证等装在防尘、防震和防潮的坚固盒中;荷重传感器一般用木箱包装,装箱包装应符合 GB/T 15464 的规定;包装箱的储运标志应符合 GB/T 191 的有关规定。

7.2.2 每套测试系统均应附带下列技术文件:

——合格证明书;

——使用说明书;

——装箱单。

7.3 贮存

测试系统应贮存在环境温度为 5℃～40℃和相对湿度不大于 85%的通风室内,空气中不应含有腐蚀仪器的有害杂质。

7.4 运输

测试系统的运输应符合 GB/T 13639—1992 中 5.7 的规定。

ICS 91.220
P 97

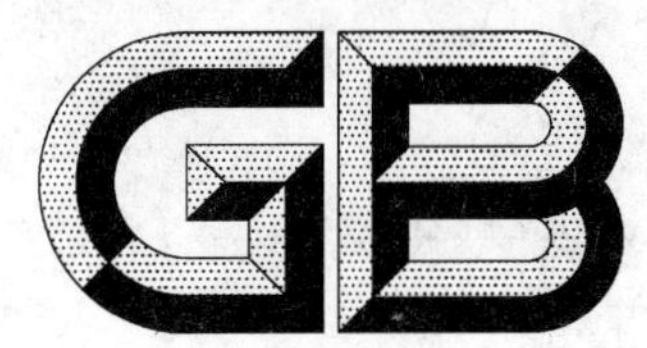

中华人民共和国国家标准

GB/T 21682—2008

旋　挖　钻　机

Rotary drilling rig

2008-04-22 发布　　2008-10-01 实施

中华人民共和国国家质量监督检验检疫总局
中国国家标准化管理委员会　发布

前言

本标准的附录A、附录B是资料性附录。

本标准由中国机械工业联合会提出。

本标准由全国建筑施工机械与设备标准化技术委员会归口。

本标准负责起草单位:北京建筑机械化研究院、北京建研机械科技有限公司。

本标准参加起草单位:北京市三一重机有限公司、大庆石油学院、徐州徐工筑路机械有限公司、湖南山河智能机械股份有限公司、山东福田重工股份有限公司、徐州东明机械制造有限公司。

本标准主要起草人:郭传新、黄志明、姜国平、赵伟民、杨满江、朱建新、吴岳、林东明。

旋　挖　钻　机

1　范围

本标准规定了旋挖钻机的分类、技术要求、试验方法、检验规则、标志、包装、运输、贮存等。

本标准适用于电或内燃机驱动的履带式、轮式、步履式旋挖钻机。

2　规范性引用文件

下列文件中的条款通过本标准的引用而成为本标准的条款。凡是注日期的引用文件，其随后所有的修改单(不包括勘误的内容)或修订版均不适用于本标准，然而，鼓励根据本标准达成协议的各方研究是否可使用这些文件的最新版本。凡是不注日期的引用文件，其最新版本适用于本标准。

GB/T 1147　内燃机　通用技术条件

GB/T 3766　液压系统　通用技术条件(GB/T 3766—2001,eqv ISO 4413:1998)

GB/T 3811　起重机设计规范

GB/T 7920.6　建筑施工机械与设备　打桩设备　术语和商业规格(GB/T 7920.6—2005,ISO 1886:2002,MOD)

GB/T 8593.1　土方机械　司机操纵和其他符号显示符号　第1部分:通用符号(GB/T 8593.1—1998,eqv ISO 6405-1:1991)

GB/T 8593.2　土方机械　司机操纵和其他显示符号　第2部分:机器、工作装置和附件的特殊符号(GB/T 8593.2—1998,eqv ISO 6405-2:1993)

GB/T 8923—1988　涂装前钢材表面锈蚀等级和除锈等级(eqv ISO 8501-1:1988)

GB/T 9286—1998　色漆和清漆　漆膜的划格试验(eqv ISO 2409:1992)

GB 14048.1　低压开关设备和控制设备　第1部分:总则(GB 14048.1—2006,IEC 60947-1:2001,MOD)

GB/T 16937.1　土方机械　司机视野准则(GB/T 16937.1—1997,eqv ISO 5006-3:1993)

GB/T 17299　土方机械　最小入口尺寸(GB/T 17299—1998,idt ISO 2860:1992)

GB/T 17300　土方机械　通道装置(GB/T 17300—1998,idt ISO 2867:1994)

GB/T 17771　土方机械　落物保护结构　实验室试验和性能要求(GB/T 17771—1999,eqv ISO 3449:1992)

GB/T 17921　土方机械　座椅安全带及其固定器(GB/T 17921—1999,idt ISO 6683:1981)

JB/T 3873　土方机械　重心位置测定方法(JB/T 3873—1999,idt ISO 5005:1977)

JB 6028　工程机械　安全标志和危险图示通则(JB 6028—1998,eqv ISO 9244:1995)

JB/T 7690　工程机械　尺寸和性能的单位与测量精度(JB/T 7690—1995,eqv ISO 9248:1992)

JG/T 81　土方机械　舒适的操纵区域和操纵装置的可及范围(JG/T 81—1999,idt ISO 6682:1986)

JG/T 5006　桩架技术条件

JG/T 5006.2—1993　桩架性能试验方法

JG/T 5011.11　建筑机械与设备　装配通用技术条件

JG/T 5011.12　建筑机械与设备　涂漆通用技术条件

JG/T 5011.13　建筑机械与设备　除锈通用技术条件

JG/T 5035—1993　建筑机械与设备用油液固体污染清洁度分级

JG/T 5079.2 建筑机械与设备 噪声测量方法

JG/T 5082.1 建筑机械与设备 焊接件通用技术条件

3 术语和定义

GB/T 7920.6 确立的以及下列术语和定义适用于本标准。

3.1

旋挖钻机 rotary drilling rig

用回转斗、短螺旋钻头或其他作业装置进行干、湿钻进,逐次取土、反复循环作业成孔为基本功能的机械设备。该钻机也可配置长螺旋钻具、套管及其驱动装置、扩底钻斗及其附属装置、地下连续墙抓斗、预制桩桩锤等作业装置。

3.2

底盘 base machine

除动力头及其支承导向装置(钻桅或臂架及其附属装置)、钻杆、钻具等装置以外,其他的主体部分。

3.3

运输状态 shipping position

旋挖钻机满足铁路、公路的行驶或运输要求的状态。

3.4

工作状态 operating position

旋挖钻机的钻杆、钻具以及各种装置装配齐全,并处于可作业的状态。

3.5

工作半径 operating radius

旋挖钻机处于工作状态时,钻杆中心到转台回转中心的距离。

3.6

工作质量 operating mass

整机质量(含标准钻杆、钻具等)、按规定加注的燃油、液压油、润滑油、冷却液和水的质量、以及一名驾驶员质量(75 kg)的总和。

3.7

运输质量 shipping mass

运输状态时的质量、按规定加注的燃油、液压油、润滑油、冷却液和水的质量的总和。轮式旋挖钻机在公路行驶状态时,应包括一名驾驶员质量(75 kg)。

3.8

转台回转角度 slewing angle of rotating platform

当钻桅中心与行走轴线重合时规定转台回转角度为0°,转台向左或向右回转一定角度时,该角度为转台回转角度。

4 分类

4.1 型式

各制造商的产品可以是下述分类中的一种,也可以是下述分类中的不同组合。

4.1.1 按动力驱动方式可分为:

——电动式旋挖钻机;

——内燃式旋挖钻机。

4.1.2 按行走方式可分为:

——履带式旋挖钻机;

——轮式旋挖钻机；

——步履式旋挖钻机。

4.2 型号

4.2.1 型号编制方法

型号的编制可以由各制造商根据以下推荐的标定方式及公司标准自行确定，但主参数应以动力头额定输出扭矩的数值(10^{-1} kN·m)进行标定。

推荐的旋挖钻机型号由产品型号、性能代号、主参数、变型代号组成，编制方法如下：

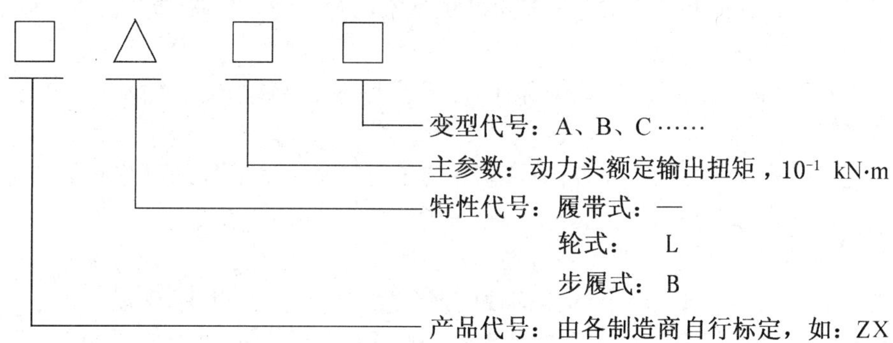

4.2.2 标注示例

示例：动力头额定输出扭矩为 200 kN·m，第二次变型改进设计的履带式旋挖钻机标注为：ZX20B。

4.3 基本参数

4.3.1 基本性能参数及几何尺寸应包括以下内容：

——动力头额定输出扭矩(单动力输出时、双动力输出时)，单位为千牛米(kN·m)；

——最大成孔直径（带套管时、不带套管时、扩底斗时），单位为毫米(mm)；

——最大成孔深度，单位为米(m)；

——动力头输出转速(钻杆、套管)，单位为转每分(r/min)；

——动力头最大甩土回转速度，单位为转每分(r/min)；

——加压装置(加压油缸)加压力，单位为千牛(kN)；

——加压装置(加压油缸)提升力，单位为千牛(kN)；

——加压装置(加压油缸)行程，单位为毫米(mm)；

——主卷扬最大单绳拉力，单位为千牛(kN)；

——主卷扬最大升、降速度，单位为米每分(m/min)；

——副卷扬最大单绳拉力，单位为千牛(kN)；

——副卷扬最大升、降速度，单位为米每分(m/min)；

——转台最大回转速度，单位为转每分(r/min)；

——钻桅侧倾角度，单位为度(°)；

——钻桅前倾角度，单位为度(°)；

——钻桅后倾角度，单位为度(°)；

——发动机(电动机)额定功率，单位为千瓦(kW)；

——发动机(电动机)额定转速，单位为转每分(r/min)；

——整机最高行走速度，单位为千米每小时(km/h)；

——最大爬坡能力(注明机器所处状态)，%；

——运输状态时的整机外形尺寸(长 ×宽 ×高)，单位为毫米(mm)；

——工作状态时的整机外形尺寸(长 ×宽 ×高),单位为毫米(mm);

——整机质量,单位为千克(kg);

——平均接地比压,单位为千帕(kPa)。

4.3.2 基本性能参数及几何尺寸应在产品的样本、使用说明书等文件中注明。

5 技术要求

5.1 一般要求

5.1.1 旋挖钻机产品应符合本标准的要求,并按照经规定程序批准的图样及技术文件制造。

5.1.2 所用原材料的机械性能和化学成分应符合有关标准的规定,材料应有标记及质量保证书,必要时应作抽样检查,确认合格后方可使用。

5.1.3 外购件、外协件须有合格证。所有零、部件(包括外购件、外协件、自制件)须经制造商的检验部门验收合格后,方可投入装配。

5.1.4 结构布局应保证装配或更换钻具方便,并能在施工现场进行一般性的维修和易损件的更换,其最小入口尺寸应符合 GB/T 17299 的规定。

5.1.5 踏脚、把手及通道出入口的尺寸及要求应符合 GB/T 17300 的规定。

5.1.6 装配应符合 JG/T 5011.11 的要求,紧固件应符合规定的拧紧力矩,不得有松动现象。

5.1.7 焊接结构件的技术要求应符合 JG/T 5082.1 的规定。

5.1.8 所有管路和电缆应排列整齐,固定可靠,不得有磨损、干涉现象。

5.1.9 润滑装置各润滑点应有明确标识,并按规定加注润滑油(脂)。

5.1.10 整机重量 50 t 以上的旋挖钻机其燃油箱的容量应保证整机能连续工作 10 h 以上。

5.1.11 工作环境温度为－15℃～＋40℃,如有特殊要求,可由供需双方商定。

5.1.12 作业地面应坚实平整,作业过程中地面不得下陷,工作坡度不得大于 2°。当工作地面不能满足旋挖钻机接地比压要求时,应采取相应措施满足施工要求。

5.1.13 照明设备对孔口和卸土地点的照度应满足施工和 GB/T 16937.1 的要求。

5.2 整机性能要求

5.2.1 稳定性要求

5.2.1.1 处于工作状态时,在 2°的倾斜地面上应能正常行走和移位,并保证在 2°的倾斜地面工作的稳定性。

5.2.1.2 使用说明书中应说明旋挖钻机稳定使用的工作条件,制造商或供应商在交货前应验证其稳定性。

5.2.2 工作装置的支承导向装置(钻桅、臂架)自行起落时应满足整体稳定性的要求。当支承导向装置较长时,其起落作业可以依靠辅助设备进行。

5.2.3 最大爬坡能力应符合表 1 的规定。

表 1 爬坡能力

产品类型和规格		最大爬坡能力
履带式旋挖钻机	整机质量 ≤50 t	≥40%
	整机质量 >50 t	≥30%
轮式旋挖钻机		≥20%

5.2.4 履带式旋挖钻机的直线行驶跑偏量不得大于测量距离的 7%。

5.2.5 主卷扬应具有随动性能,加压时使钻杆实现与动力头进给同步运动。

5.2.6 配置的各种钻具与钻杆的接头应具有互换性,钻杆方头的尺寸应符合表 2 的规定。

表 2 钻杆方头的尺寸

动力头额定输出扭矩/(kN·m)	≤150	150～220	≥220
钻杆方头尺寸(截面边长)/mm	150×150	200×200	≥200×200

5.2.7 钻孔对正复位的误差应不大于±0.5°。

5.2.8 旋挖钻机的性能应保证其钻孔深度误差不大于±0.5%，钻孔垂直度误差不大于1/400。

5.2.9 旋挖钻机的性能应保证其成孔超径率符合表3的规定。

表 3 成孔超径率

地质条件	超径率
黏土	≤5%
砂土 砾石土 混合型	≤8%

5.2.10 工作时的平均接地比压应不大于150 kPa。

5.2.11 密封性能要求如下：

a) 液压系统、润滑系统及减速机等部位不得有渗漏油现象。

注：10 min超过一滴者为漏油，不足一滴者为渗油。

b) 冷却系统的散热器开关、冷却液及水管接头等不得有漏水现象。散热器、缸体、缸盖、缸垫和水管表面等不得有渗水现象。

5.2.12 噪声要求如下：

a) 司机室内司机耳边噪声应不大于85 dB(A)。

b) 辐射噪声声功率级应符合表4规定。

表 4 辐射噪声声功率级

发动机功率/kW	>65～80	>80～100	>100～130	>130～160	>160
声功率级/dB(A)	112	114	116	118	120

5.3 主要零部件技术要求

5.3.1 底盘

5.3.1.1 底盘的底架、履带架、转台等结构件的强度和刚度应满足相应的规定。

5.3.1.2 履带式底盘

a) 履带板：履带板的材料机械性能应不低于40 SiMn2；

b) 托链轮：托链轮的材料机械性能应不低于40 Mn2。托链轮应使履带中间部分下垂量不大于(8～10)mm；

c) 支重轮：制造支重轮的材料机械性能应不低于ZG55 SiMn。当以锻件对焊支重轮体时，其焊缝强度应不低于母体强度。

5.3.1.3 步履式底盘

步履式底盘的技术要求应符合JG/T 5006中的相关的规定。

5.3.2 内燃机

5.3.2.1 内燃机应符合GB/T 1147的规定。尾气排放应符合有关强制性标准的规定。

5.3.2.2 所选用的内燃机标定工况的燃油消耗率应不高于279 g/(kw·h)。

5.3.3 液压系统

5.3.3.1 液压系统的设计、制造、安装和配管应符合 GB/T 3766 的规定。

5.3.3.2 各平衡阀与被控元件之间必须采用刚性连接，且间距应尽量短。

5.3.3.3 在空载条件下，液压泵以额定转速（流量）运转时，各液压回路的压力损失值不得大于 3.0 MPa，各操纵阀杆位于中位时，压力损失值不得大于 2.0 MPa。

5.3.3.4 使用的液压油宜使用 L-HM46 号或 L-HM68 号抗磨液压油，性能应不低于 L-HM32 号。不应使用混合油。

5.3.3.5 液压油工作温度不得超过 80℃。

5.3.3.6 液压系统中液压油的固体颗粒污染等级按 JG/T 5035—1993 的分级规定，液压油固体颗粒清洁度等级不得高于 17/14。

5.3.4 电气系统

5.3.4.1 各低压电器应符合 GB 14048.1 的规定。

5.3.4.2 电气系统电缆应采用阻燃多芯电缆。

5.3.4.3 电气系统应有确保安全的过载保护装置。

5.3.4.4 电气系统线路应联接良好，各种仪表、开关、按钮应布置合理，便于操作，工作正常。

5.3.4.5 安装在司机室外的电器设备应有防雨水保护装置。

5.3.4.6 蓄电池应保证供给启动发动机、照明及其他电气装置所需电流。

5.3.5 作业装置的支承导向装置

5.3.5.1 钻桅

a) 钻桅材料的机械性能应不低于 Q345B。

b) 钻桅导轨的直线度应不大于 1/1 000。

c) 钻桅通过标准节组合不同长度的场合，其标准节应保证具有互换性。

5.3.5.2 臂架

a) 用于制造臂架的材料的机械性能应不低于 Q420A。

b) 臂架通过中间节组合不同长度的场合，其中间节应保证具有互换性。

c) 臂架臂节的直线度：臂节长度不大于 6m 时，直线度为全长的 1/1 000；臂节长度大于 6 m 时，直线度为全长的 0.5/1 000。

d) 各臂节两端的扭转不大于 3 mm。

e) 各臂节端面两对角线的长度误差，不大于公称尺寸的 1.5/1 000。

f) 臂架根部轴孔的轴线对臂架纵轴线的垂直度，为臂架全长的 1.5/1 000。

5.3.6 钢丝绳

5.3.6.1 各卷扬机构钢丝绳的最低安全系数，应符合表 5 规定的数值。

5.3.6.2 主卷扬钢丝绳应选用非旋转钢丝绳。

表 5 各卷扬机构钢丝绳的最低安全系数

卷扬机构类别	钢丝绳的安全系数	
主卷扬用钢丝绳	工作状态	3.0
	异常状态	2.0
副卷扬用钢丝绳	工作状态	3.0
	异常状态	2.0
变幅卷扬用钢丝绳	工作状态	2.5
	异常状态	2.0
注：异常状态是指旋挖钻机处于安装、故障等非正常工作时的状态。		

5.3.7 **滑轮及卷筒**

5.3.7.1 滑轮及卷筒的节圆直径应满足以下的最小要求：

a) 卷扬机卷筒的节圆直径 16 d；

b) 滑轮的节圆直径 18 d；

c) 辅助滑轮的节圆直径 14 d。

其中，d 为钢丝绳的直径。

5.3.7.2 钢丝绳在卷筒上应排列整齐，不得乱绳。钢丝绳绕进或绕出卷筒时，钢丝绳的偏摆角应不大于 2°。如果配有排绳器，则偏摆角应不大于 4°。

5.3.7.3 卷筒应具有足够的容绳量，钢丝绳在放出最大工作长度后，保留在卷筒上的钢丝绳应不少于3圈。

5.3.7.4 卷筒两端应有挡板，工作时挡板边缘至最外层钢丝绳的距离，应不小于钢丝绳公称直径的2倍。

5.3.8 **制动器**

制动器应符合 GB/T 3811 的有关规定。由动力控制的制动器必须是常闭式的。对于具有自由下放功能的卷扬机，应安装可控制自由下放速度的常开式离合器和制动器。

5.3.9 **司机室**

5.3.9.1 司机室应为独立构造，具有防寒和通风散热设施，并应保证司机免受噪声、尘埃和不利气候条件的影响。

5.3.9.2 司机室应能满足各种工况的视野要求。

5.3.9.3 司机室应装有反光镜和遮阳板，应开设天窗。前窗应装有刮水器。门窗应采用安全玻璃或相当的材料制成。

5.3.9.4 司机座椅应能调整，并有良好的减振性能。

5.3.9.5 司机室工作台面或相当于工作台面高度处的光照度，应不小于 30 lx。

5.3.10 **操纵系统**

5.3.10.1 各操作手柄、踏板和按钮应安装在便于操纵的位置，操纵装置的舒适区域与可及范围应符合 JG/T 81 的规定。各操作手柄应动作灵活，不互相干扰。排列在一起的操作手柄，其外缘间隙应不小于 65 mm。各操作手柄和踏板在中位时，不得因振动等原因而离位。

5.3.10.2 各种仪表、标牌、标记等应醒目、清晰，便于观察。操纵符号应符合 GB/T 8593.1、GB/T 8593.2的规定。

5.3.10.3 操作力的要求如下：

a) 手动操作力 不大于 30 N；

b) 踏板操作力 不大于 100 N。

5.3.10.4 各操作手柄的动作方向应符合表 6 的规定。

表 6 操作手柄的动作方向

机构动作		操作手柄的动作方向
起升		向后或向右
下降		向前或向左
变幅	起臂	向后
	落臂	向前
回转	左转	向左或向前
	右转	向右或向后
行走	前进	向前
	后退	向后

5.3.11 安全装置

5.3.11.1 在可能引起危险的部位应有符合 JB 6028 规定的安全标志。

5.3.11.2 各卷扬机构应具备起升高度或变幅极限位置的限位功能。

5.3.11.3 钻桅及变幅机构应具有角度限位功能。钻桅具有左右、前后倾斜调整功能时,应具备相应的倾斜角显示装置及越位报警装置。

5.3.11.4 动力头应具有扭矩超载限制功能,臂架式旋挖钻机应具有力矩超载限制功能。

5.3.11.5 应配有钻孔深度、垂直度等显示装置。

5.3.11.6 液压系统应具备防止过载及冲击的功能。

5.3.11.7 应配有运输状态时的回转锁定装置。

5.3.11.8 应配有回转和行走时的警告鸣笛装置。

5.3.11.9 操纵系统应具备防止误操纵的功能。

5.3.11.10 司机室的前窗及顶部应配有落物防护结构(FOPS),该 FOPS 应符合 GB/T 17771 中的验收基准Ⅱ的规定。

5.3.11.11 司机室内应配置供司机逃逸时能击碎门窗玻璃的锤子,并应将其放置于司机容易拿取的位置。

5.3.11.12 司机座椅应安装安全带,并符合 GB/T 17921 中的规定。

5.3.11.13 灭火器的要求如下:

a) 额定功率不超过 50 kW 的旋挖钻机,应该配备至少一台灭火器,其药剂的质量不得少于 2 kg;

b) 额定功率超过 50 kW 但在 200 kW 以下的旋挖钻机,应该配备至少一台灭火器,其药剂的质量不得少于 6 kg;

c) 对于额定功率超过 200 kW 的旋挖钻机,应该至少配备两台灭火器,每台灭火器药剂的质量不得少于 6 kg。应放置在旋挖钻机的不同侧面;

d) 灭火器应适合扑灭油产生的火焰和电器产生的火焰;

e) 如果设备中已装有固定的灭火系统,也应配备至少一台便携式灭火器;

f) 灭火器应放置在司机可见和易取的位置;

g) 灭火器不能靠近火灾高发区(如动力部分、燃油箱)。

5.4 可靠性要求

可靠性试验时间不得少于 250 h,其可靠度不得少于 85%,平均无故障工作时间不得少于 100 h,首次故障前工作时间不得少于 120 h。

5.5 外观要求

5.5.1 转台、底座、履带(履靴),表面预处理应达到 GB/T 8923—1988 中 Sa2 级的要求。钻桅、司机室和机罩等,表面预处理应达到 GB/T 8923—1988 中 St2 级的要求。其余有关除锈要求按 JG/T 5011.13 的规定。

5.5.2 产品漆膜附着力应不低于 GB/T 9286—1998 中 2 级的要求。其余有关涂漆要求按 JG/T 5011.12的规定。

6 空载试验

6.1 启动内燃机(电动机),观察内燃机(电动机)的运行机各仪表的指示值,并调整液压系统的压力到正常值。

6.2 模拟作业情况,使动力头、回转机构和工作装置的各个油缸反复运行。液压系统和内燃机(电动机)运行应正常,各控制阀的工作应可靠,回转驱动齿轮与回转支承齿圈的啮合应正常。

6.3 分别用千斤顶支起两边的行走机构,使悬空的行走机构运行,观察行走马达、行走减速机以及四轮一带(驱动轮、引导轮、支重轮、托链轮、履带)的运行应正常,各控制阀应工作可靠。

6.4 照明灯、报警灯机及信号装置应正常工作。

6.5 驾驶室内的各操作手柄应准确可靠。

7 试验方法

7.1 试验准备

7.1.1 试验样机应具备下列技术文件：

a) 产品使用说明书；

b) 产品标准；

c) 试验大纲。

7.1.2 试验样机应装备齐全，无污泥、油污、碰伤，显示仪、警告标牌等应字迹清楚。

7.1.3 应按使用说明书中的要求，选择旋挖钻机能够匹配的最大钻具(头)进行试验。

7.1.4 试验样机的燃油、液压油、冷却液、润滑油等应按使用说明书的要求加注至规定的容量。

7.1.5 在试验期间，试验样机应根据使用说明书的规定进行保养，不得任意调整或更换主要零部件。

7.1.6 试验场地应坚实平整，保证试验样机不下陷。试验场地的坡度不得大于2°。

7.1.7 试验场地应空旷、无障碍物，并应远离高压线，其最小面积应大于试验样机起架状态所需场地，并应满足试验样机回转的需要。

7.1.8 行走试验场地应为干燥、平整、坚实的直线跑道。轮胎式旋挖钻机应选用水泥或沥青铺设的路面，跑道长度不得小于200 m；履带式旋挖钻机应用碎石土路面，跑道长度不得小于50 m；宽度应大于试验样机最大外形的宽度，其纵向坡度不大于1°，横向坡度不大于1.5°。

7.1.9 测量样机工作噪声时，以样机为中心，在25 m半径范围内不应有大的反射物，背景噪声应低于试验样机。

7.1.10 试验应在无雨雪天气进行，试验时的风速不得超过5 m/s，气温在0℃～35℃之间。

7.1.11 性能参数及几何尺寸的测量准确度按JB/T 7690的规定执行。

7.1.12 当试验样机为电动式旋挖钻机时，试验电压允差不得超过额定电压的±5%。供电电源到试验样机控制箱的距离，应在150 m以内，电源容量与导线截面必须符合试验样机使用说明书中的规定。

7.2 试验仪器、器具

试验仪器、器具在试验前应进行检查和校准，并在有效周期内。

7.3 主要几何参数和质量的测定

7.3.1 主要几何参数测量

7.3.1.1 样机测量工况如下：

a) 测量运输状态主要几何参数时，样机处于运输状态，履带或支腿处于全缩位置，转台回转角度为0°，钻桅折叠收回。

b) 测量工作状态主要几何参数时，样机处于最大工作半径状态，应配备最大钻孔直径的钻头或钻具，履带或支腿应调至最大外扩位置，钻桅垂直地面。

7.3.1.2 测量方法：

a) 测量旋挖钻机的高度：可用专用测量架进行测量，或在钻桅组装后准备起架前，用长度量具在地面上进行测量。

b) 测量钻桅的倾斜角度：将转台校平后，调整钻桅至最大倾斜角度(前、后、左、右方向)，用测角仪分别测出角度，并记录钻桅角度显示器的显示值。每个倾斜角度重复测量3次，测得作业可倾角。按公式(1)计算显示器的显示精度：

$$\theta = \frac{\sum\theta_1 - \sum\theta_2}{\sum\theta_2} \times 100\% \qquad (1)$$

式中：

θ ——显示精度；

θ_1——实测值；

θ_2——显示值。

c) 测量工作半径的范围：在与地面垂直的方向找出旋挖钻机的回转中心点，然后使钻桅垂直地面，分别调整变幅机构至最大和最小、限幅开关起作用时的两种位置，测量钻杆中心至回转中心的水平距离，即为旋挖钻机的最大、最小工作半径。

d) 测量尾部回转半径：在与地面垂直的方向找出旋挖钻机的回转中心点，在旋挖钻机尾部测出距回转中心的最远点的水平距离，即为尾部回转半径。

e) 其余尺寸除用钢卷尺直接测量外，水平尺寸可用线坠将尺寸投影到地面上测量。

7.3.1.3 将测量结果记入表 A.1。

7.3.2 质量的测量

7.3.2.1 样机测量工况如下：

a) 测量运输状态质量时，应加注规定量的燃油、液压油、润滑油、冷却液和水等。测量轮式旋挖钻机行驶状态质量时，应再加上一名驾驶员的质量(75 kg)。

b) 测量工作状态质量时，应加注规定量的燃油、液压油、润滑油、冷却液和水等，配备最大钻孔直径的钻头或钻具，再加上一名驾驶员的质量(75 kg)。

7.3.2.2 测量方法：

a) 用负荷传感器或地磅直接测出钻孔机的运输状态质量及最大工作状态质量。测量时应分别符合 7.3.2.1 中的 a)、b)状态，发动机熄火(电动机关闭)，制动器制动，平台回转角度为 0°；

b) 允许采用解体方法，用地磅、吊磅、杠杆秤等分别称出试验样机各部分质量及所加注的燃油、润滑油、液压油、冷却水的质量，将其质量相加，得出旋挖钻机的相应质量；

c) 重心位置的测量：按照 JB/T 3873 的规定测出运输状态和最大工作状态的重心位置。也可用测试加计算的方法求出重心位置。

7.3.2.3 将测量结果分别记入表 A.1。

7.4 接地比压的测量

7.4.1 样机测量工况如下：

a) 测试场地应符合 7.1.6 和 7.1.7 的规定。

b) 试验样机分别处于最大工作质量状态及运输状态，转台回转角度为 0°，钻桅倾斜角度为 0°。

7.4.2 履带式(步履式)旋挖钻机的平均接地比压测量方法如下：

可根据 7.3.2 测量的最大工作质量及运输状态质量值及实测的履带板宽(履靴宽)和接地长度(履靴接地长度)，按公式(2)、公式(3)计算：

$$P_1 = G_1 / 2bs \qquad \cdots\cdots(2)$$

$$P_2 = G_2 / 2bs \qquad \cdots\cdots(3)$$

式中：

P_1——最大工作质量状态下的平均接地比压计算值，单位为千帕(kPa)；

P_2——运输状态下的平均接地比压计算值，单位为千帕(kPa)；

G_1——旋挖钻机最大工作状态质量，单位为公斤(kg)；

G_2——旋挖钻机运输状态质量，单位为公斤(kg)；

b ——实测履带板宽(履靴宽)，单位为厘米(cm)；

s ——实测履带接地长(履靴接地长度)，单位为厘米(cm)。

7.4.3 轮式旋挖钻机的平均接地比压测量方法如下：

a) 利用支腿油缸将钻机车身及轮胎抬离地面，在轮胎下半部涂上油墨，并在轮胎下落的地面上铺上坐标纸。收起支腿，使车身缓缓下落至坐标纸上；

b) 在坐标纸上测出轮胎的接地面积，根据7.3.2测量的最大工作质量及运输状态质量值，按照JG/T 5006.2—1993中9.1.4的公式(4)～公式(7)计算。

7.4.4 将测量结果记入表A.2。

7.5 最大爬坡能力试验

7.5.1 样机工况如下：

试验样机呈运输状态，转台回转角度0°。

7.5.2 坡道要求：

a) 具有防滑措施的水泥铺筑坡道，根据试验样机分别选择坡度为40%、30%或20%(轮式旋挖钻机时)，坡长不小于20 m，坡度一致；

b) 允许用表面平整、坚实、具有防滑措施、坡度均匀的其他坡道代替，或测试牵引力代替。

7.5.3 测试方法如下：

a) 发动机启动后，预热行驶15 min，停于接近坡底的平路上，并将钻孔机重心移于上坡方向；

b) 变速器挂最低档起步后，油门全开；

c) 记录试验样机通过20 m坡道的时间。

7.5.4 将测试结果记入表A.3。

7.6 最小转向半径及最小转向通过半径测试

7.6.1 试验条件如下：

a) 试验样机处于运输状态；

b) 试验场地符合7.1.6、7.1.7及7.1.8的规定，测试时应能使履带(轮胎)压痕清晰地显现出来。

7.6.2 测试方法如下：

a) 最小转向半径：旋挖钻机以最低速度在试验场上转弯行走，转向机构保持转向极限位置不变，当样机的履带(轮胎)压痕在试验场地上形成一圆形封闭轨迹后停车。测量履带(轮胎)最外侧压痕的轨迹直径，取其半径，即为该机的最小转向半径。前进、后退的左转、右转各测三次；

b) 找出机身外侧的最远点，将该点投影到地面，量出该投影点到最小转向半径的法向水平距离，该距离加最小转向半径即为该机的最小转向通过半径。

7.6.3 将测试结果记入表A.4。

7.7 行驶速度试验

7.7.1 样机工况如下：

试验样机呈运输状态。测试场地符合7.1.8的规定。

7.7.2 试验方法如下：

a) 发动机油门开到最大；

b) 划定20 m测试区，两端各设辅助路段，其长度应能保证试验样机进入测试区前达到速度稳定；

c) 试验样机在辅助路段上起步行驶，待速度稳定后进入测试区，用五轮仪(或其他仪器)测定试验样机前进、后退的行走速度，往、返各测二次，取平均值。

7.7.3 将测试结果记入表A.5。

7.8 回转速度测试

7.8.1 样机工况如下：

a) 试验样机处于工作状态，钻桅中心呈最大工作半径位置，转台回转角度0°；

b) 测验场地符合7.1.6和7.1.7的规定。

7.8.2 试验方法如下：

发动机油门开到最大，操纵转台向左、右方向回转，当转台回转速度出现匀速时测量转台回转的角度(圈数),记录相应的回转时间,计算出转台回转速度。左转、右转各测三次,取平均值。

7.8.3 将测试结果记入表 A.6。

7.9 主、副卷扬升、降速度测试

7.9.1 样机工况如下:

a) 试验样机处于工作状态,转台回转角度为任意位置;

b) 钻桅中心呈最大工作半径位置,倾斜角度为 0°。

7.9.2 试验方法

a) 发动机油门开到最大;

b) 在卷扬机空载状态下,分别操纵主、副卷扬控制手柄使主、副卷扬以最高速度升降运转,分别测量主、副卷扬的转速;

c) 测量卷筒上最外层钢丝绳的缠绕直径;

d) 根据测量的卷筒转速和钢丝绳缠绕直径计算出主、副卷扬的升降速度,主、副卷扬升降各测三次,取平均值。

7.9.3 将测试结果记入表 A.7。

7.10 主、副卷扬提升能力的测试

7.10.1 样机工况如下:

a) 试验样机处于工作状态,卸掉钻斗;

b) 钻桅中心呈最小工作半径位置,倾斜角度 0°;

c) 转台回转角度 0°;

d) 钻杆下部连接主、副卷扬最大拉力所对应的配重块。

7.10.2 主卷扬最大单绳拉力试验方法如下:

a) 准备好配重块,其质量分别为:主卷扬最大单绳拉力减去钻杆自重;主卷扬最大单绳拉力乘以 125%,再减去钻杆自重;

b) 将主卷扬用钢丝绳换成试验专用绳,以仅缠绕卷筒第一层确定其长度;

c) 将试验样机的钻杆下端与放置于地面的配重块连接好;

d) 起动主卷扬机,匀速拉起配重块,使其离地约 100 mm 后停留 5 min;

e) 分别测量配重块的位移量及履带抬起量;

f) 主卷扬最大单绳拉力、主卷扬最大单绳拉力乘以 125%工况分别重复三次,取其平均值。

7.10.3 副卷扬最大单绳拉力试验方法如下:

试验方法同主卷扬相同,但配重块的质量分别为:副卷扬最大单绳拉力;副卷扬最大单绳拉力乘以 125%。

7.10.4 将试验结果记入表 A.8 中。

7.11 动力头额定输出扭矩的测试

7.11.1 样机工况如下:

a) 试验样机处于工作状态;

b) 钻桅中心呈最小工作半径位置,倾斜角度 0°;

c) 转台回转角度 0°。

7.11.2 试验方法如下:

起动发动机,操纵控制动力头工作手柄使动力头处于工作状态,观察驾驶室内的动力头压力表、流量计和转速计,记录下此时压力表、流量计和转速计的显示值,然后根据公式(4)计算出动力头的输出扭矩;

$$T = \frac{pQ\eta}{6.28n_0} \qquad \cdots\cdots(4)$$

式中：

T——动力头的输出扭矩，单位为千牛米(kN·m)；

p——压力表的实测压力，单位为帕(Pa)；

η——动力头总效率；

n_0——钻杆的实测转速，单位为转每分(r/min)；

Q——流量计的实测流量，单位为立方米每分(m^3/min)。

7.11.3 连续调整作业状态(必要时，可用加压油缸加压)，测试 3～5 次，将试验结果绘到压力—流量—转速—扭矩诺模图(诺模图是根据数学原理，将方程式各变量的函数关系画成相互间有一定几何位置并用刻有分度标值的直线或曲线图，利用这种图，在已知几个变量的情况下，利用极简单的几何图线，就能快速求得满足方程的未知量的数值)，将额定扭矩时所需的各参数一并绘入图中，当所测的各参数曲线通过额定参数曲线时，即认为达到设计要求，将所测结果记入表 A.9。

7.12 加压油缸加压力、提升力的测试

7.12.1 样机工况如下：

a) 试验样机处于工作状态，将钻杆与动力头脱开；

b) 钻桅中心呈最小工作半径位置，倾斜角度 0°；

c) 转台回转角度 0°。

7.12.2 试验方法

将压力表接至加压油缸的进、出油口，将油缸伸缩到两极限位置进行憋压，测定有杆腔与无杆腔的压力，然后根据公式(5)、公式(6)得出额定加压力、提升力：

$$F_1 = \frac{\pi}{4} D^2 \cdot p_1 \cdot 10^{-3} \quad \cdots\cdots (5)$$

$$F_2 = \frac{\pi}{4} (D^2 - d^2) \cdot p_2 \cdot 10^{-3} \quad \cdots\cdots (6)$$

式中：

F_1——加压缸的加压力，单位为千牛(kN)；

F_2——加压缸的提升力，单位为千牛(kN)；

D^2——加压缸的缸径，单位为毫米(mm)；

p_1——无杆腔压力，单位为兆帕(MPa)；

p_2——有杆腔压力，单位为兆帕(MPa)；

d^2——活塞杆直径，单位为毫米(mm)。

7.12.3 将试验结果记入表 A.10。

7.13 噪声测试

7.13.1 测点位置如下：

a) 机外噪声的测点位置(声级计放置位置)为距基准表面水平距离 7 m，离地面高 1.5 m 处，见图 1；

b) 司机耳边噪声测点如图 2 所示。

7.13.2 样机工况如下：

钻具离地面 0.5 m，以最高转速空载模拟钻孔作业。

7.13.3 测量方法及数据处理按 JG/T 5079.2 中的规定执行。

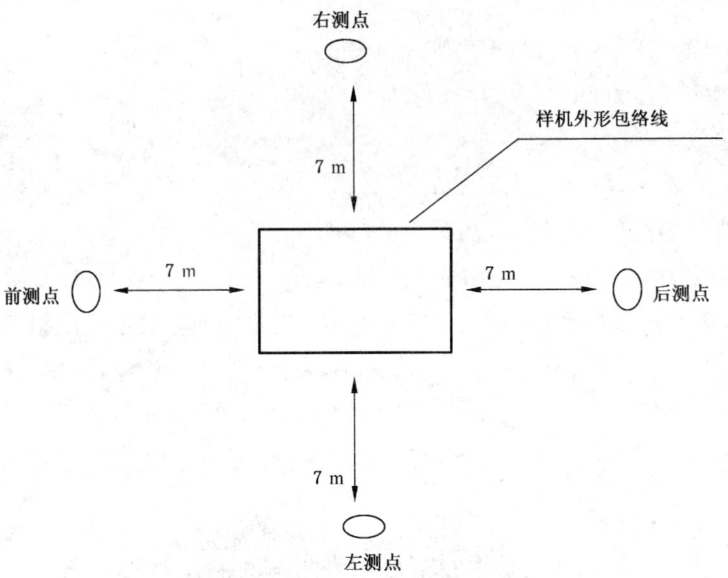

图 1 机外噪声测点位置

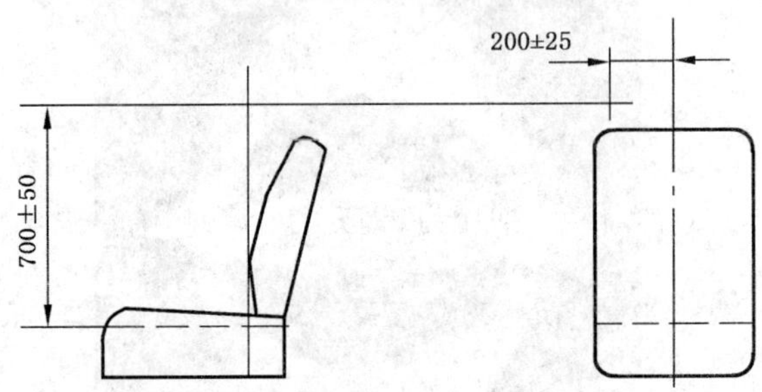

图 2 司机耳边噪声测点

7.14 回转制动性能试验

7.14.1 样机工况如下：

a) 试验样机处于工作状态，空载；

b) 试验场地坡度应≤2°。

7.14.2 试验方法

发动机油门开到最大，操纵转台左转和右转，当转台达到匀速转动后进行制动，记录从制动开始到转台停止时所用的时间及转过的角度，重复做三次。回转时钻具应固定好。

7.14.3 测试结果记入表 A.11。

7.15 行车制动性能试验

7.15.1 样机工况如下：

a) 试验样机处于工作状态，空载；

b) 试验场地符合 7.1.8 的规定。

7.15.2 试验方法

a) 轮胎式旋挖钻机以最高速度行驶，测定完全踩下制动踏板的瞬间到旋挖钻机完全停车之间的制动距离和时间。观察轮胎对地面的附着情况，测出轮胎滑移量。

轮胎式旋挖钻机按公式(7)修正制动距离。

$$L_s = L_s'\left(\frac{v_1}{v_2}\right)^2 \quad \cdots\cdots(7)$$

式中：

L_s——修正后的制动距离，单位为米(m)；

L_s'——实测制动距离，单位为米(m)；

v_1——规定起始制动车速，单位为千米每小时(km/h)；

v_2——实测起始制动车速，单位为千米每小时(km/h)。

b) 履带式旋挖钻机以最高速度行驶，测定制动操纵开始到完全停车之间的制动距离和时间。

7.15.3 测试结果记入表 A.12。

7.16 停车制动性能试验

7.16.1 样机工况如下：

试验样机处于运输状态，转台回转角度为 0°。

7.16.2 试验方法

a) 轮胎式旋挖钻机在干燥、清洁、坡度为 15% 的混凝土跑道上手制动停车，保持稳定的制动状态。30 min 后将旋挖钻机调头 180°重复上述实验。

b) 履带式旋挖钻机在与其等级对应的坚实坡道上(参照表 1)制动停车，记录停车 5 min、10 min、15 min 旋挖钻机的下滑距离。

7.16.3 将测试结果记入表 A.13。

7.17 履带式旋挖钻机行走直线性的试验

7.17.1 样机工况如下：

a) 试验样机处于运输状态，转台回转角度为 0°。

b) 试验场地符合 7.1.8 的规定。

7.17.2 试验方法

在试验跑道上，量取 50 m 试验区间，并划出两端线和跑道中心线，使旋挖钻机在端线外停好，旋挖钻机中心线与跑道中心线重合。然后在不调整操纵手柄的情况下往返通过试验区间。以初始履带轨迹切线延长线为基准，测量 50 m 距离内履带跑偏量 e(图 3)。

7.17.3 测试结果记入表 A.14。

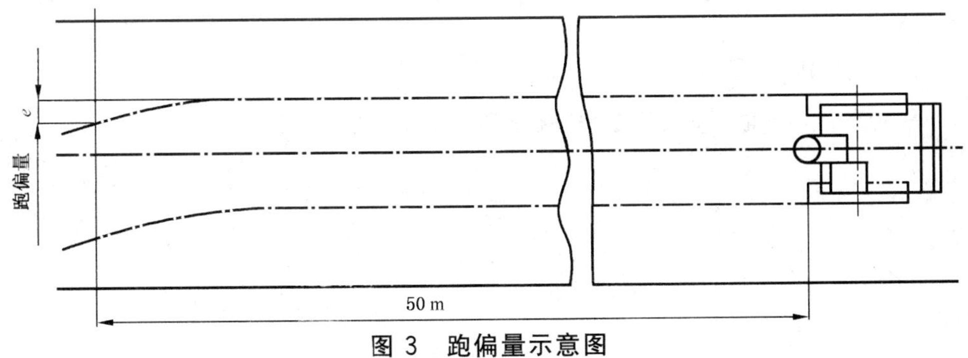

图 3 跑偏量示意图

7.18 液压系统液压油温及密封性测试

7.18.1 样机工况如下：

试验样机处于工作状态。

7.18.2 试验方法

a) 在试验样机周围距地面 1.5 m，无阳光直射、通风处，用温度计测量环境温度；

b) 在发动机额定转速下工作 2 h 后停机，用温度计测量液压油箱中油液温度，并计算温升。测量时间不允许超过停机后 7 min；

c) 在发动机额定转速下工作 1 h 后停机，检查并测量各密封处的渗油处数及 10 min 内漏油滴数。

将试验结果记入表 A.15、表 A.16。

7.19 **成孔垂直度测量**

7.19.1 样机工况如下：

试验样机处于工作状态。

7.19.2 测量仪器如下：

超声波测量仪、直尺、钢卷尺等。

7.19.3 测量方法

在试验场地或施工工地试钻一孔，孔深不低于 30 m。用超声波测量仪测取所成孔的垂直度。

将结果记入表 A.17。

8 可靠性试验

可靠性试验可在施工现场进行，其试验时间不得少于 250 h，并将其试验日期、故障、维修保养、修复等情况记入表 B.1。

8.1 可靠度

可靠度按公式(8)计算：

$$R = \frac{t_0}{t_0 + t_1} \times 100\% \qquad \cdots\cdots(8)$$

式中：

R——可靠度；

t_0——累计工作时间，单位为小时(h)；

t_1——修复故障的时间总和，单位为小时(h)。

注：t_0、t_1 均不含规定的保养时间。

8.2 平均无故障工作时间

平均无故障工作时间按公式(9)计算：

$$\mathrm{MTBF} = \frac{t_0}{r_b} \qquad \cdots\cdots(9)$$

式中：

MTBF——平均无故障工作时间，单位为小时(h)；

r_b——试验中出现的当量故障数，其值按公式(10)计算：

$$r_b = \sum_{i=1}^{4} n_i \varepsilon_i \qquad \cdots\cdots(10)$$

式中：

ε_i——第 i 类故障的危害度系数，见表 7；

n_i——出现 i 类故障的次数。

当 $r_b < 1$ 时，令 $r_b = 1$。

8.3 首次故障前工作时间

首次故障前工作时间(MTTFF)按公式(11)计算：

$$\mathrm{MTTFF} = t \qquad \cdots\cdots(11)$$

式中：

t——首次故障(当量故障次数 $r_b = 1$ 时)发生前的累计工作时间，单位为小时(h)；

MTTFF——首次故障前工作时间，单位为小时(h)。

8.4 故障及其危害度系数

可靠性试验中出现的故障及其危害度系数见表 7。

表 7 故障及其危害度系数

故障分类	故障名称	故障特征	故障举例	危害度系数 ε
1	致命故障	严重危及或导致人身伤亡。重要机构严重损坏，不能修复，造成重大经济损失	发动机或液压主泵损坏；回转平台严重变形；钻桅或臂架断裂；主、副卷扬机构钢绳断裂或钻杆折断等导致人身伤亡事故等	∞
2	严重故障	严重影响产品功能，使性能下降，需更换外部主要零件或拆开机体更换内部零件，修理时间长（超过 8 h），维修费用高	液压泵或液压马达损坏；动力头变速箱齿轮打坏；受力构件焊缝开裂；钻桅或臂架严重变形不能工作等	3.0
3	一般故障	明显影响功能，必须停机检修。用随机工具更换一般外部零件，维修时间不超过 4 h，维修费用中等	回转机构有卡滞现象；电器开关烧坏；减速器或液压系统漏油；重要受力紧固件松动等	1.0
4	轻度故障	轻度影响功能，更换或修理零件，用随机工具可以在 1 h 内排除	轻度渗油、渗水；一般紧固件松动；指示灯损坏等	0.1

9 检验规则

旋挖钻机的检验分为出厂检验和型式检验。

9.1 出厂检验

每台旋挖钻机在出厂前均应进行出厂检验，检验合格后附有产品合格证明书方可出厂。出厂检验项目见表 8。

9.2 型式检验

9.2.1 有下列情况之一者，应进行型式检验：

a) 新产品或老产品转厂生产的试制定型鉴定时；

b) 产品停产两年后，恢复生产时；

c) 产品正式生产后，如结构、材料、工艺有较大改变而影响产品性能时；

d) 国家质量监督机构按法制监督提出进行型式检验的要求时。

9.2.2 型式检验项目应符合表 8 的规定。

9.2.3 抽取样本：

从试制样机中随机抽取一台进行，被抽样产品应是最近一年内生产的、并经生产厂检验部门验收合格的产品。

9.2.4 判定规则

a) 型式检验中，可靠性试验不合格者，则判定该批产品为不合格产品。

b) 经型式检验，对于可靠性试验合格的产品，旋挖钻机应全部达到表 8 中带“*”项目主要性能指标的要求，若有一项不合格则判定为不合格品；已达到上述带“*”项目主要性能指标的要求，但其他项目有 3 项以上未达到本标准要求时，可由生产厂返修，返修后检验仍达不到要求，亦判定为不合格品。

表 8 检验项目

序号	检验项目	检验内容及要求	出厂检验	型式检验
1	标志与成套性	旋挖钻机的各项安全、警告、操作指示等标志应齐全。标牌应符合 11.1 的规定，附属设备、随机工具及技术文件应与装箱清单相符合	△	△
2	外观质量	旋挖钻机外表面焊缝应饱满、无氧化皮等。铸、锻件非加工表面应无缺陷。漆膜表面应无脱皮、无皱皮、无漏涂	△	△
3	渗漏与操纵性	启动旋挖钻机各运动部件，检查各操纵手柄是否准确可靠，动作方向是否与操作指示相符，并应符合 5.3.10 的规定。检查液压系统接头处等充油部件是否有渗漏现象，并应符合 5.2.11 的规定	△	△
4	制造质量	按相关规定检查钻杆、钻桅、平台、底架等主要部件的几何形状尺寸	△	△
5	静态参数值测定	整机外形尺寸、质量参数	—	△
6*	基本参数	额定扭矩、作业装置转速等基本参数应符合 4.3 的规定和设计图纸的要求	—	△
7*	性能	按 5.2 规定的内容及要求	—	△
8*	稳定性	按 5.2.1 规定的内容及要求	—	△
9*	可靠性	整机可靠性按 5.4 规定的内容及要求	—	△
注：出厂检验、型式检验栏内“△”表示应检验项目。				

10 使用说明书

10.1 每台旋挖钻机的使用说明书应包含以下内容：

——应说明何处有可能出现危险，能采取什么类型的预防措施，应提供相关说明；

——人员保护的说明；

——靠近旋挖钻机的危险区域范围 ：

1) 机器的后半部；

2) 在机器的前半部；

3) 非工作人员应离开的危险区；

——稳定性数据；

——在超过规定风力时，应该由负责施工作业的人员停止作业，并且采取必要的措施保持旋挖钻机处于稳定的状态。

10.2 应提供详细的安装和拆卸步骤及程序。

10.3 应提供旋挖钻机内所有安全保护装置、紧急停机和灭火器的使用说明。

10.4 应提供所有使用条件下，即运输、安装、起动、工作、收尾作业、拆卸和存放的全部必要资料。

10.5 应提供钢丝绳的使用维护、检查及更换的各项要求。

11 标志、包装、运输和贮存

11.1 标志

应在明显处固定一金属标牌，标牌外形尺寸不小于 150 mm×150 mm，标牌应标明下列内容：

a) 制造厂名称、注册商标；

b) 产品名称、型号；

c) 工作状态整机外形尺寸(长×宽×高)；

d) 运输状态整机外形尺寸(长×宽×高)；

e) 动力头额定输出扭矩；

f) 最大成孔直径；

g) 最大成孔深度；

h) 发动机(电动机)额定功率；

i) 产品执行标准编号；

j) 制造厂出厂编号、出厂年月。

11.2 包装

11.2.1 包装采用裸装与木箱包装相结合。

a) 底盘裸装，或参照 JG/T 5006 进行包装；

b) 钻杆、钻具采用裸装；

c) 裸装的部件或旋挖钻机采用整体运输时，需要防护的部位应有局部包扎；

d) 随机工具及备件应单独妥善装入包装箱；

e) 装箱的零部件、工具及备件应在箱中作好垫护。

f) 包装箱应能防雨、防潮。

11.2.2 包装箱外部应标明：

a) 制造厂名称；

b) 产品型号及名称；

c) 包装箱体积(长×宽×高)；

d) 装箱后的包装箱毛重；

e) 收货单位名称及地址；

f) 运输中起吊点的位置及置放方向的字样或标记；

g) 标明共几件、第几件。

11.2.3 出厂时，制造厂应提供下列技术文件：

a) 产品使用说明书两份；

b) 产品合格证明书；

c) 装箱清单；

d) 主要零部件、易损件、备用件明细表。

11.2.4 制造厂提供的全部技术文件，应用防潮物品封妥放置在包装箱内适当处。

11.3 运输

运输状态应符合铁路或公路交通部门的规定。

11.4 贮存

11.4.1 木箱包装后的部件，不得露天存放，并应置于干燥处。

11.4.2 在正常运输与贮存的情况下，应保证产品防锈有效期自出厂之日起不少于 6 个月。

附　录　A
（资料性附录）
测试记录表

表 A.1　主要结构尺寸、质量参数测量记录表

试验样机型号________________　　制造厂名称________________

出 厂 编 号 ________________　　出厂日期_____年___月___日

试 验 日 期_____年___月___日　　试验人员：________________

<table>
<tr><th rowspan="2">序号</th><th rowspan="2" colspan="3">测量项目及代号</th><th rowspan="2">单位</th><th colspan="4">测　量　值</th><th rowspan="2">备　注</th></tr>
<tr><th>1</th><th>2</th><th>3</th><th>平均</th></tr>
<tr><td rowspan="6">1</td><td rowspan="6">外形尺寸</td><td rowspan="3">运输状态</td><td>长</td><td rowspan="6">mm</td><td></td><td></td><td></td><td></td><td></td></tr>
<tr><td>宽</td><td></td><td></td><td></td><td></td><td></td></tr>
<tr><td>高</td><td></td><td></td><td></td><td></td><td></td></tr>
<tr><td rowspan="3">工作状态</td><td>长</td><td></td><td></td><td></td><td></td><td></td></tr>
<tr><td>宽</td><td></td><td></td><td></td><td></td><td></td></tr>
<tr><td>高</td><td></td><td></td><td></td><td></td><td></td></tr>
<tr><td rowspan="5">2</td><td rowspan="5">钻桅</td><td colspan="2">全　长</td><td>mm</td><td></td><td></td><td></td><td></td><td></td></tr>
<tr><td rowspan="4">作业可倾斜度</td><td>前</td><td rowspan="4">(°)</td><td></td><td></td><td></td><td></td><td></td></tr>
<tr><td>后</td><td></td><td></td><td></td><td></td><td></td></tr>
<tr><td>左</td><td></td><td></td><td></td><td></td><td></td></tr>
<tr><td>右</td><td></td><td></td><td></td><td></td><td></td></tr>
<tr><td>3</td><td colspan="3">动力头底面离地最大高度</td><td rowspan="14">mm</td><td></td><td></td><td></td><td></td><td></td></tr>
<tr><td>4</td><td colspan="3">动力头底面离地最小高度</td><td></td><td></td><td></td><td></td><td></td></tr>
<tr><td>5</td><td colspan="3">转台离地高度</td><td></td><td></td><td></td><td></td><td></td></tr>
<tr><td>6</td><td colspan="3">轴距</td><td></td><td></td><td></td><td></td><td></td></tr>
<tr><td>7</td><td colspan="3">履带(靴)总长度</td><td></td><td></td><td></td><td></td><td></td></tr>
<tr><td></td><td colspan="3">履带(靴)宽度</td><td></td><td></td><td></td><td></td><td></td></tr>
<tr><td>8</td><td colspan="3">履带高度</td><td></td><td></td><td></td><td></td><td></td></tr>
<tr><td rowspan="2">9
10</td><td colspan="2" rowspan="2">轨(轮)距</td><td>运输状态</td><td></td><td></td><td></td><td></td><td></td></tr>
<tr><td>工作状态</td><td></td><td></td><td></td><td></td><td></td></tr>
<tr><td></td><td colspan="3">支腿前后中心距</td><td></td><td></td><td></td><td></td><td></td></tr>
<tr><td>11</td><td colspan="3">支腿左右中心距</td><td></td><td></td><td></td><td></td><td></td></tr>
<tr><td rowspan="2">12</td><td colspan="2" rowspan="2">工作半径</td><td>最　大</td><td></td><td></td><td></td><td></td><td></td></tr>
<tr><td>最　小</td><td></td><td></td><td></td><td></td><td></td></tr>
<tr><td>13</td><td colspan="3">尾部回转半径</td><td></td><td></td><td></td><td></td><td></td></tr>
<tr><td rowspan="2">14</td><td rowspan="2">质　量</td><td colspan="2">运输状态</td><td rowspan="2">kg</td><td></td><td></td><td></td><td></td><td></td></tr>
<tr><td colspan="2">工作状态</td><td></td><td></td><td></td><td></td><td></td></tr>
</table>

表 A.2　接地比压测试记录表

试验样机型号________________　出厂编号______________　制造厂名称________________

出厂日期______年____月____日　试验日期______年____月____日　试验人员：__________

轮胎压力　左________　(前)________　(后)________　kPa

轮胎压力　右________　(前)________　(后)________　kPa

表 A.2-1　履带式、步履式旋挖钻机

工　况	质　量 kg	履带(履靴)接地长 cm	履带(履靴)宽 cm	接地比压计算值 kPa	备　注
工作状态					
运输状态					

表 A.2-2　轮式旋挖钻机

测量项目	单位	运输状态				工作状态				备注
		前轮		后轮		前轮		后轮		
		左	右	左	右	左	右	左	右	
轮胎承受载荷	N									
轮胎接地面积	cm^2									
轮胎印痕面积	cm^2									
接地比压	kPa									
印痕比压	kPa									

表 A.3　爬坡能力试验记录表

试验样机型号________________　发动机型号______________　出厂编号____________

试验日期______年____月____日　测试场地风速__________m/s　平均气温__________℃

试验人员：________________

爬坡次数	坡　度	测定距离/m	时间/s	样机质量/kg	备　注
1	%				
2	%				
3	%				

表 A.4　最小转向半径及最小转向通过半径测试记录表

试验样机型号________________　测试场地风速__________m/s　出厂编号________________

试验日期______年____月____日　平均气温______________℃　试验人员：______________

行走方向	转弯方向	压痕轨迹直径 m				最小转向半径 m				最小转向通过半径 m				备　注
		1	2	3	平均	1	2	3	平均	1	2	3	平均	
前进	左转													
	右转													
后退	左转													
	右转													

表 A.5 行走速度测试记录表

试验样机型号＿＿＿＿＿ 测试场地风速＿＿＿m/s 出厂编号＿＿＿＿＿

试验日期＿＿＿年＿＿月＿＿日 平均气温＿＿＿℃ 试验人员：＿＿＿＿＿

行走方向	测定时间 min	测定距离 m	速度 km/h			备 注
			1	2	平均	
前 进						
后 退						

表 A.6 回转速度试验记录

试验样机型号＿＿＿＿＿ 出厂编号＿＿＿＿＿ 测试场地风速＿＿＿m/s

平均气温＿＿＿℃ 试验日期＿＿年＿＿月＿＿日 试验人员：＿＿＿＿＿

回转角度 (°)	转向	回转时间 s				回转速度 r/min	备 注
		1次	2次	3次	平均		
	左						
	右						

表 A.7 主、副卷最大升、降速度测试

试验样机型号＿＿＿＿＿ 出厂编号＿＿＿＿＿ 测试场地风速＿＿＿m/s

平均气温＿＿＿℃ 试验日期＿＿年＿＿月＿＿日 试验人员：＿＿＿＿＿

测 试 项 目		卷筒转速 r/min	最外层钢丝绳缠绕直径 m	速度 m/min				备 注
				1	2	3	平均	
主卷扬机 构	起升速度							
	下降速度							
副卷扬机 构	起升速度							
	下降速度							

表 A.8 主、副卷扬提升能力测试记录表

试验样机型号＿＿＿＿＿ 出厂编号＿＿＿＿＿ 测试场地风速＿＿＿m/s

平均气温＿＿＿℃ 试验日期＿＿年＿＿月＿＿日 试验人员：＿＿＿＿＿

测试项目		载荷(配重) kg				试验时间 s				履带抬起量 mm			
		1	2	3	平均	1	2	3	平均	1	2	3	平均
主卷扬机	额定												
	最大												
副卷扬机	额定												
	最大												

表 A.9 动力头额定输出扭矩测试记录表

试验样机型号______________ 出厂编号______________ 测试场地风速______m/s

平均气温________℃ 试验日期______年____月____日 试验人员:______________

测试项目	压力表压力 p Pa	流量计流量 L m^3/min	输出轴转速 r/min	动力头输出扭矩计算值 T kN·m
1				
2				
3				
4				
5				
额定扭矩				

表 A.10 加压油缸加压力、提升力测试记录表

试验样机型号______________ 出厂编号______________ 测试场地风速______m/s

平均气温________℃ 试验日期______年____月____日 试验人员:______________

测试项目	加压油缸缸径 D mm	活塞杆直径 d mm	无杆腔压力 p_1 MPa	有杆腔压力 p_2 MPa	加压(提升)力计算值 kN
加压力					
提升力					

表 A.11 回转制动试验记录表

试验样机型号______________ 出厂编号______________ 测试场地风速______m/s

试验日期______年____月____日 试验地点______________ 试验人员:______________

测试项目	转 向	制停时间 s				制停角度 (°)				备 注
		1	2	3	平均	1	2	3	平均	
回转机构	左									
	右									

表 A.12 行车制动试验记录表

样机型号______________ 整机质量______________

出厂编号______________ 路面状况______________

试验日期______________ 轮胎气压 左(前)________Pa (后)________Pa

试验地点______________ 右(前)________Pa (后)________Pa

试验人员______________

序号	行驶方向	规定起始制动车速 km/h	实际起始制动车速 km/h	制动距离 m		车轮附着情况
				实测	修正	
1						
2						
3						
4						
5						
6						

表 A.13 停车制动试验记录表

样机型号________ 试验日期________
出厂编号________ 试验地点________
整机质量________ 路面状况________
轮胎气压 左(前)____Pa 试验人员________
(后)____Pa
右(前)____Pa
(后)____Pa

制动器	停车状态	停车坡度 (°)	停车时间 s	滑移距离 m	备 注
停车制动器	上坡停车				
	下坡停车				
行车制动器	上坡停车				
	下坡停车				

表 A.14 行驶直线性能试验记录表

样机型号________ 试验日期________
出厂编号________ 试验地点________
履带挠度________ 试验人员________

序号	行驶方向	行驶速度 km/h	测定距离 m	跑偏量 m	备 注
1					
2					
3					
4					
5					

表 A.15 液压油温升测量记录表

试验样机型号________ 出厂编号________ 测试场地风速____m/s
试验日期____年____月____日 环境温度____℃ 试验人员:________

项 目	润 滑 油	液 压 油	备 注
油 温 ℃			
油温升 K			

表 A.16 液压系统密封性能测试记录表

试验样机型号________ 出厂编号________ 测试场地风速____m/s
试验日期____年____月____日 环境温度____℃ 试验人员:________

10 min 之内漏油滴数	总渗油处数	备 注

表 A.17 成孔垂直度测量记录表

试验样机型号________ 出厂编号________ 测试地点________

测量场地土质________ 测量日期____年___月___日 试验人员：________

项目	测量值			备注
	1	2	平均值	
显示垂直度				垂直度显示误差率＝（测量垂直度－显示垂直度）/显示垂直度×100％
测量垂直度				
误差率				

附 录 B
（资料性附录）
可靠性试验记录表

表 B.1 可靠性试验记录表

产品型号________________ 试验地点________________ 出厂编号________________

制造厂名________________ 制造日期________________ 试验人员________________

试验日期			运输时间 h	修复时间 h	维护保养时间 h	修复			维修保养事项	备注
月	日	气温				修复事项	故障性质	危害度系数		

ICS 79.120.10
J 65

中华人民共和国国家标准

GB/T 21683—2008/ISO 9266:1988

木工机床　万能磨刀机　术语

Woodworking machines—Universal tool and cutter sharpeners—Nomenclature

(ISO 9266:1988,IDT)

2008-04-22 发布　　2008-10-01 实施

中华人民共和国国家质量监督检验检疫总局
中国国家标准化管理委员会　发布

前　言

本标准等同采用 ISO 9266:1988:《木工机床　万能磨刀机　术语》(英文版)。

为便于使用,本标准作了下列编辑性修改:

——“本国际标准”一词改为“本标准”;

——用小数点“.”代替作为小数点的逗号“,”;

——删除法文术语和附录 A;

——增加了规范性引用文件的导语;

——删除了国际标准的前言。

本标准由中国机械工业联合会提出。

本标准由全国木工机床与刀具标准化技术委员会归口。

本标准由福州木工机床研究所、安吉响铃竹木机械有限公司负责起草。

本标准起草人:肖晓晖、项林。

木工机床　万能磨刀机　术语

1　范围

为帮助制造商和使用者识别机床的各零部件，本标准规定了适合于万能磨刀机零部件的相应术语。

本标准适用于 ISO 7984 中第 55.7 指示的那些机床。

2　规范性引用文件

下列文件中的条款通过本标准的引用而成为本标准的条款。凡是注日期的引用文件，其随后所有的修改单(不包括勘误的内容)或修订版均不适用于本标准，然而，鼓励根据本标准达成协议的各方研究是否可使用这些文件的最新版本。凡是不注日期的引用文件，其最新版本适用于本标准。

ISO 7984:1988　木工机床　木工机床及木工辅机的技术分类

3　术语

术语见图 1 和表 1。

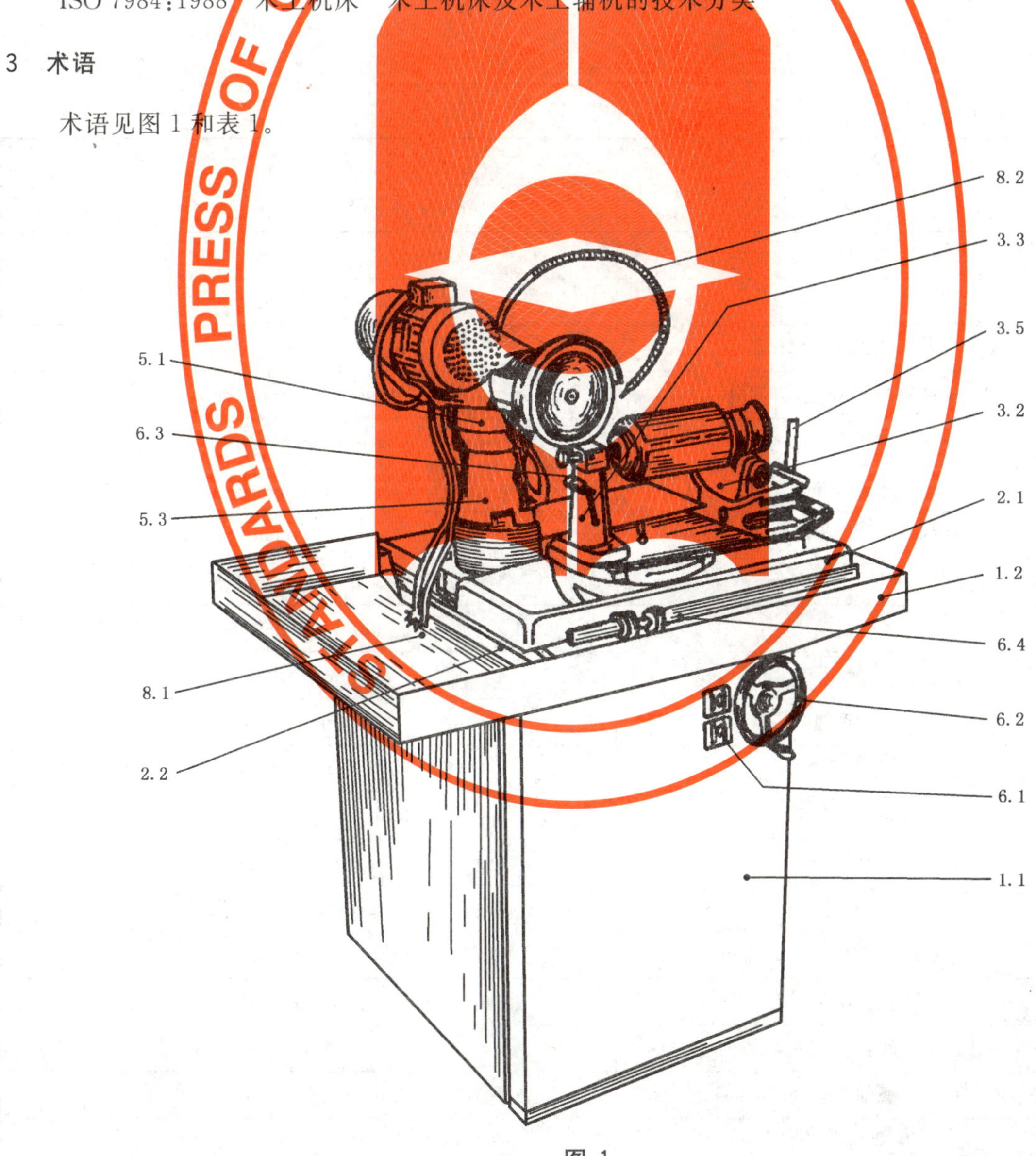

图 1

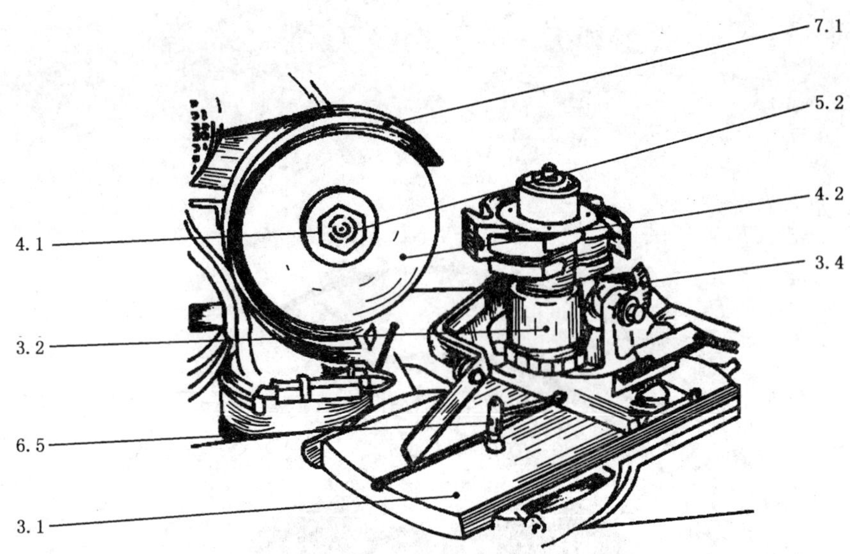

图 1(续)

表 1

序号	中　文	英　文
	万能磨刀机	universal tool and cutter sharpeners
1	床身部分	framework
1.1	床身	main frame
1.2	冷却液回收盘	coolant recovery tray
2	工件和/或刀具进给部分	feed of workpiece and/or tools
2.1	磨削座	grinding carriage
2.2	磨削座导轨	carriage slideway
3	工件的支承、夹紧和导向部分	workpiece support, clamp and guide
3.1	回转工作台	swivelling table
3.2	分度头	dividing head
3.3	尾架	tailstock
3.4	刻度盘	graduated scale
3.5	分度手柄	indexing lever
4	刀夹和刀具部分	tool-holders and tools
4.1	砂轮主轴	grinding wheel spindle
4.2	砂轮	grinding wheel
5	加工头和刀具的传动部分	workhead and tool drives
5.1	磨削头	grinding head
5.2	砂轮轴螺母	grinding wheel spindle nut
5.3	磨削头立柱	grinding head pillar
6	操纵部分	controls

表 1（续）

序号	中　文	英　文
	万能磨刀机	universal tool and cutter sharpeners
6.1	起动/停止按钮	start/stop switch
6.2	磨削头横向移动手轮	handwheel for carriage traverse
6.3	磨削头上下调节装置	vertical adjustment of grinding head
6.4	磨削座移动限位块	carriage travel stop
6.5	回转工作台的锁紧装置	swiveling table lock
7	安全装置(实例)	safety devices(examples)
7.1	砂轮防护罩	grinding wheel guard
8	其他部分	miscellaneous
8.1	电机泵(冷却泵)	pump motor
8.2	冷却液管	coolant pipe
9	预留条款	(clause free)
10	加工实例	example of work
10.1	切入式磨削	plunge grinding
10.2	直线磨削	straight grinding

ICS 79.120.10
J 65

中华人民共和国国家标准

GB/T 21684—2008/ISO 7947:1985

木工机床 二、三、四面铣床 术语和精度

Woodworking machines—Two-, three- and four-side moulding machines—Nomenclature and acceptance conditions

(ISO 7947:1985,IDT)

2008-04-22 发布 2008-10-01 实施

中华人民共和国国家质量监督检验检疫总局
中国国家标准化管理委员会 发布

前　言

本标准等同采用 ISO 7947:1985《木工机床　二、三、四面铣床　术语和验收条件》(英文版)。

为便于使用,本标准作了下列编辑性修改:

——"本国际标准"一词改为"本标准";

——用小数点"."代替作为小数点的逗号",";

——删除了法文术语和附录 A;

——删除了国际标准的前言;

——增加了规范性引用文件的导语;

——对 ISO 7947 引用的其他国际标准,用已被采用为我国的标准代替对应的国际标准。

本标准由中国机械工业联合会提出。

本标准由全国木工机床与刀具标准化技术委员会归口。

本标准起草单位:福州木工机床研究所、福建邵武振达机械制造有限公司、广东省佛山市顺德区锐亚机械有限公司。

本标准起草人:肖晓晖、杨华、周华标。

木工机床　二、三、四面铣床
术语和精度

1　范围

本标准规定了二、三、四面铣床(以下简称机床)各部分的术语,同时参照 GB/T 17421.1—1998,规定了机床的几何精度检验和工作精度检验,并给定了相应的允差,适用于一般用途、普通精度的机床。

本标准只规定机床的精度检验,不适用于机床的运转试验(如振动、异常噪声、零部件的爬行等检验),也不适用于机床的特性检验(如速度、进给量等),这些检验一般宜在机床精度检验前进行。

2　规范性引用文件

下列文件中的条款通过本标准的引用而成为本标准的条款。凡是注日期的引用文件,其随后所有的修改单(不包括勘误的内容)或修订版均不适用于本标准,然而,鼓励根据本标准达成协议的各方研究是否可使用这些文件的最新版本。凡是不注日期的引用文件,其最新版本适用于本标准。

GB/T 17421.1—1998　机床检验通则　第1部分:在无负荷或精加工条件下机床的几何精度(eqv ISO 230-1:1996)

3　简要说明

3.1　本标准中的所有尺寸和允差的单位均为毫米。

3.2　使用本标准时应参照 GB/T 17421.1—1998,尤其是检验前机床的安装,主轴和其他运动部件的温升,以及检验方法。检具误差不得超过被检项目公差的1/3。

3.3　本标准中几何精度检验的顺序是按机床装配顺序给定的,其不限制实际检验时的顺序。为了便于检具的安装和检验的进行,可按任意顺序检验。

3.4　检验机床时本标准给定的检验项目未必总能或必须逐项检验。

3.5　检验项目的选择由用户决定,并与制造商达成一致意见,于机床定货时明确规定。被选择检验的项目往往是与用户感兴趣的机床性能有关。

3.6　在工件加工方向上的运动称为纵向运动。

3.7　当确定测量范围不同于本标准规定的测量范围上的公差时,应考虑公差的最小折算值为0.01 mm(见 GB/T 17421.1—1998 2.3.1.1)。

4　术语

机床术语见图1、图2和表1。

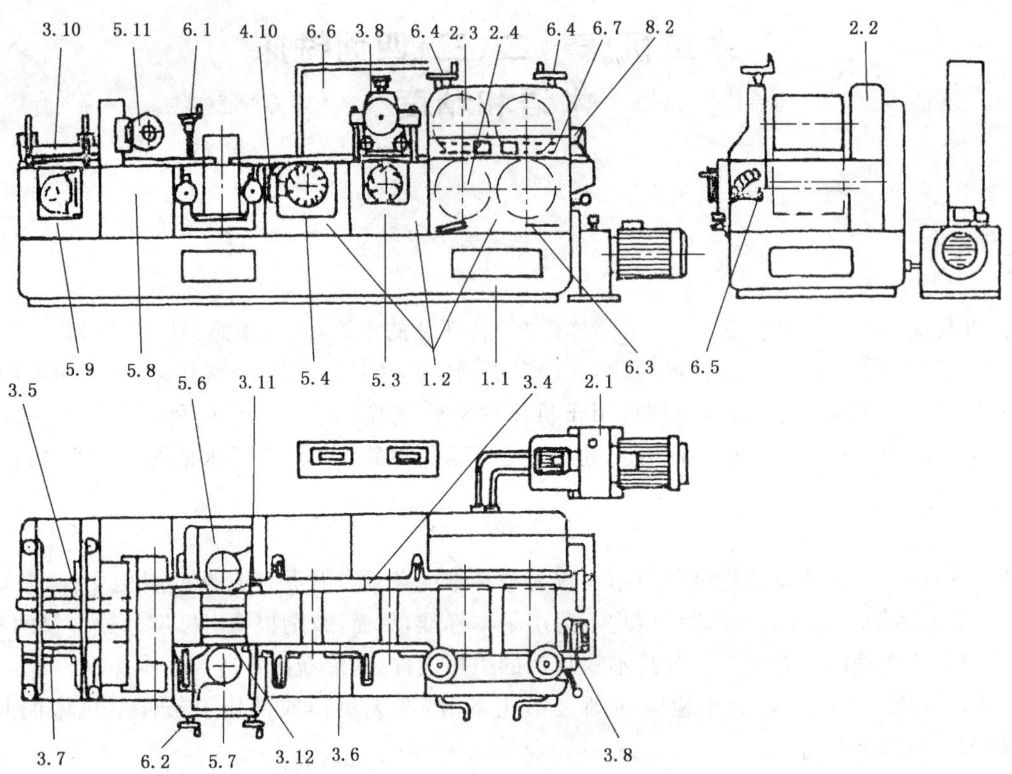
3.10
5.11
6.1
4.10
6.6
3.8
6.4
2.3
2.4
6.4
6.7
8.2
2.2
5.9
5.8
5.4
5.3
1.2
1.1
6.3
6.5
3.5
5.6
3.11
3.4
2.1
3.7
6.2
5.7
3.12
3.6
3.8

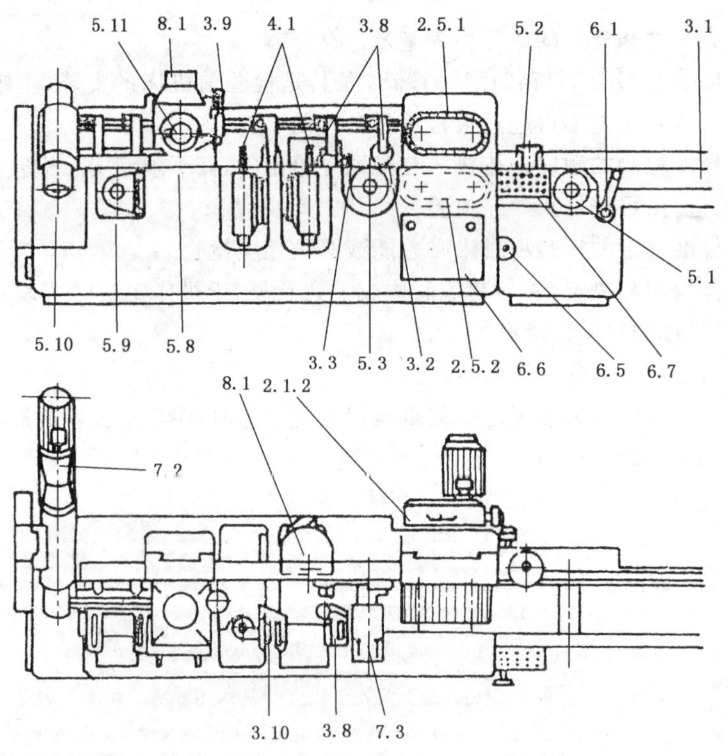
5.11
8.1
3.9
4.1
3.8
2.5.1
5.2
6.1
3.1
5.1
5.10
5.9
5.8
3.3
5.3
3.2
2.5.2
6.6
6.5
6.7
8.1
2.1.2
7.2
3.10
3.8
7.3

图 1

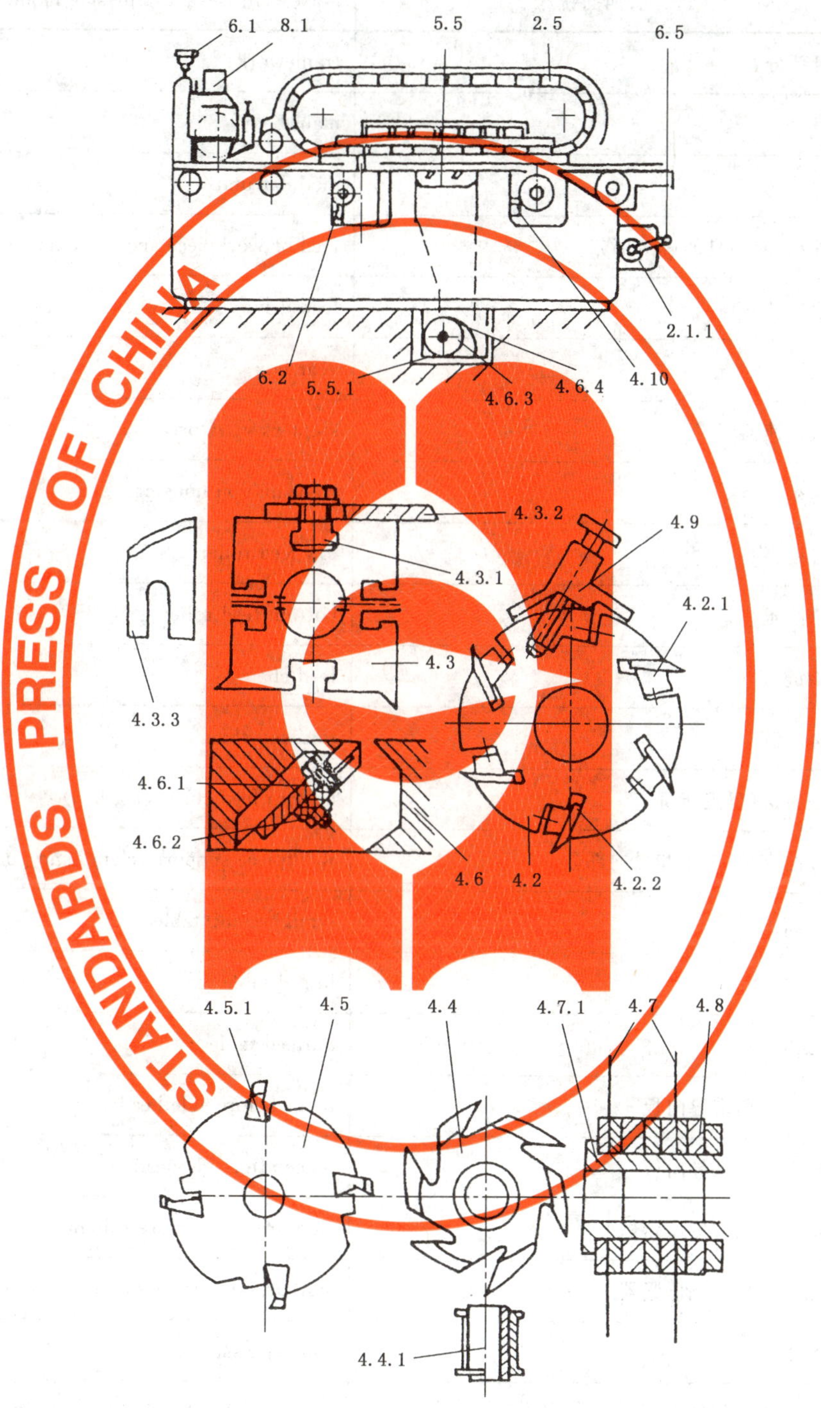
6.1
8.1
5.5
2.5
6.5
2.1.1
6.2
5.5.1
4.6.3
4.6.4
4.10
4.3.2
4.9
4.3.1
4.2.1
4.3
4.3.3
4.6.1
4.6.2
4.6
4.2
4.2.2
4.5.1
4.5
4.4
4.7.1
4.7
4.8
4.4.1

图 2

表 1 机床术语一览表

序号	中文术语	英文术语
	二、三、四面铣床	two-,three- and four-side moulding machines
1	机身部分	framework
1.1	床身	main body
1.2	部件单元	modular unit
2	工件和/或刀具的进给部分	feed of workpiece and/or tools
2.1	进给传动	feed drive
2.1.1	齿轮箱	gear box
2.1.2	无级变速器	stepless variator
2.2	变速箱	transmission housing
2.3	上进给辊	top feed roller
2.4	下进给辊	bottom feed roller
2.5	进给链	feed chain
2.5.1	上进给链	top feed chain
2.5.2	下进给链(延迟床身)	bottom feed chain (lag bed)
3	工件的支承、夹紧和导向部分	workpiece support ,clamp and guide
3.1	直线加工工作台	straightening table
3.2	前工作台	infeed table
3.3	后工作台	outfeed table
3.4	边加工头前端导向板	fence before side head
3.5	边加工头后端导向板	fence after side head
3.6	边加工头前端侧压紧器	side pressure before side head
3.7	边加工头后端侧压紧器	side pressure after side head
3.8	压紧辊	roller pressure
3.9	上加工头断屑器	top head chip breaker
3.10	近边加工头断屑器	near side head chip breaker
3.11	导向板边加工头前导向片	fence nose piece before fence side head
3.12	近边加工头前压紧片	pressure nose piece before near side head

表 1（续）

序号	中文术语	英文术语
	二、三、四面铣床	two-,three- and four-side moulding machines
4	刀夹和刀具部分	toolholders and tools
4.1	切削主轴	cutter spindle
4.2	圆形刀盘	circular cutter block
4.2.1	楔块	wedge
4.2.2	刀具(薄刀片)	cutter (thin knife)
4.3	方刀头(带或不带唇部)	square cutter block (with or without lips)
4.3.1	刀具螺栓	cutter bolt
4.3.2	刀具(厚刀片)	cutter(thick knife)
4.3.3	成形刀	profile knife
4.4	整体成形刀	solid profile cutter
4.4.1	整体成形刀安装轴套	mounting sleeve for solid profile cutter
4.5	嵌入式成形刀盘	inserted profile cutter block
4.5.1	成形刀头	profile bit
4.6	精光刨刀体	fixed knife cutter block
4.6.1	精光刨刀片	fixed knife cutter
4.6.2	精光刨刀断屑器	fixed knife chip breaker
4.6.3	拱形刀体	hogging cutter block
4.6.4	拱形刀片	hogging cutter knife
4.7	纵剖锯	splitting saw
4.7.1	纵剖锯轴套(或衬套)	splitting saw sleeve (or bush)
4.8	垫圈	spacers
4.9	刀片调节装置	knife setting device
4.10	连接装置	jointing device
5	加工头和传动部分	workhead and drives
5.1	下(直线加工)加工头	bottom(straightening) head
5.2	导向板边(直线加工)加工头	fence side(straightening) head
5.3	下加工头	bottom head

表 1（续）

序号	中文术语	英文术语
	二、三、四面铣床	two-,three- and four-side moulding machines
5.4	多刀片精加工头	multiknife finishing head
5.5	精光刨刀盒	fixed knife box
5.5.1	拱形容屑器	chip hogger
5.6	导向板边加工头	fence side head
5.7	近边加工头	near side head
5.8	上加工头	top head
5.9	导角加工头	beading head
5.10	万向加工头	universal head
5.11	轴承外伸部分	outboard bearing
6	操纵和调节部分	controls and adjustments
6.1	刀轴或工作台垂直调节装置	vertical adjustment of cutter spindle or table
6.2	刀轴或导向板水平调节装置	horizontal adjustment of cutter spindle or fence
6.3	下进给辊调节装置	adjustment of bottom feed rollers
6.4	上进给辊升降调节装置	rise and fall adjustment of top feed rollers
6.5	进给速度调节装置	adjustment of feed speed
6.6	电器控制箱	electrical control cabinet
6.7	控制面板	control panel
7	安全装置(实例)	safety devices(examples)
7.1	制动器	brake
7.2	传动装置的防护	transmission guards
7.3	刀体的防护	cutter block guards
8	其他	miscellaneous
8.1	吸尘口	exhaust hood
8.2	双进给防护门	double feed protection gate
9	预留部分	free
10	加工实例	examples of work

5 验收条件和允差

5.1 机床几何精度检验按表 2 的规定。

表 2 几何精度检验

序号	简图	检验项目	允差	检具	参照 GB/T 17421.1—1998 的有关条文
G1		各个工作台面的平面度 a) 纵向直线度； b) 横向直线度	a)和 b)： 前工作台：0.10 在 1 000 长度上：0.20	平尺 塞尺	5.3.2.2
G2		床身各部分的重合度	0.10	平尺 塞尺	
G3		工作台各部分横向的重合度	0.03 不包括前工作台 进给方向应偏低	指示器	5.4.1.2.2
G4		导向板间的直线度	在 1 000 测量长度上为：0.10	平尺 塞尺	5.2.1.2

表 2（续）

序号	简　　图	检验项目	允　　差	检具	参照 GB/T 17421.1—1998 的有关条文
G5	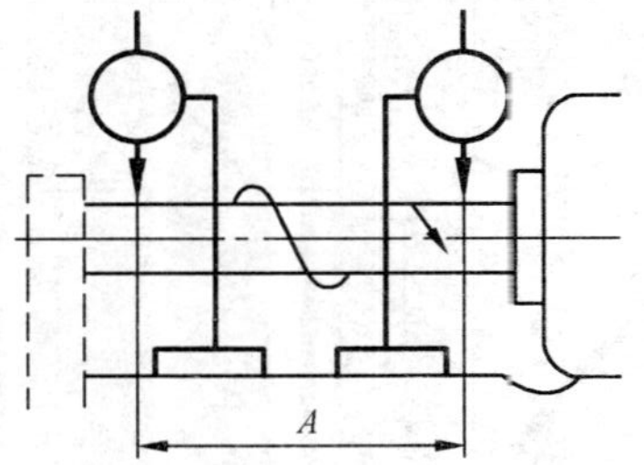 A	水平刀轴的径向圆跳动	$A \leqslant 150$:0.02 $150 < A \leqslant 250$:0.03	指示器	5.6.1.2.2 如果可行，在止动的轴承外伸部分检查
G6	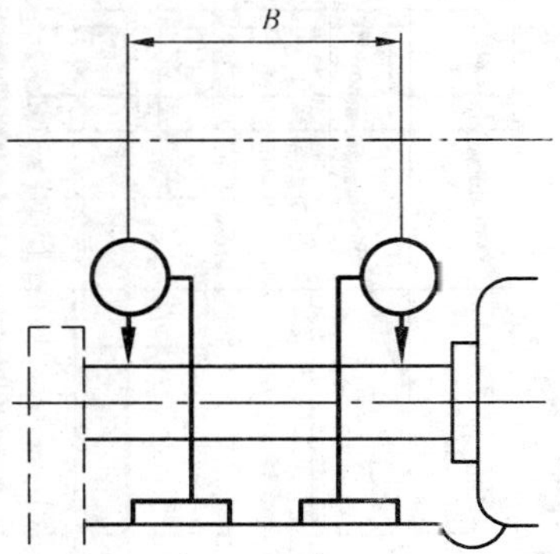 B	水平刀轴对其后工作台部分的平行度	$B = 250$:0.05	指示器 检验棒	5.4.1.2.4 如果可行，在止动的轴承外伸部分检查
G7	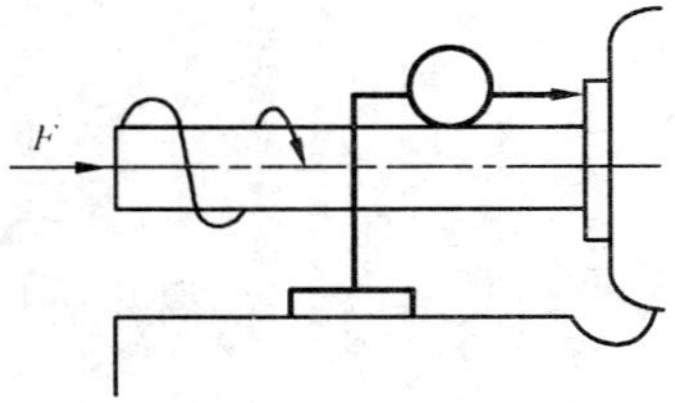 F	水平刀轴轴肩的端面圆跳动	0.01	指示器	5.6.3.2 沿锯轴轴线方向施加由制造者规定的力 F

表 2（续）

序号	简　　图	检验项目	允　　差	检具	参照 GB/T 17421.1—1998 的有关条文
G8	C	水平刀轴对导向板的垂直度	0.05/100[a]	指示器	5.5.1.2.4 在导向销缩入和完全伸出这两个位置上检验
G9		垂直刀轴的径向圆跳动	刀轴长度为 150:0.02	指示器	5.6.1.2.2
G10		垂直刀轴轴肩的端面圆跳动	0.01	指示器	5.6.3.2

表 2（续）

序号	简图	检验项目	允差	检具	参照 GB/T 17421.1—1998 的有关条文
G11	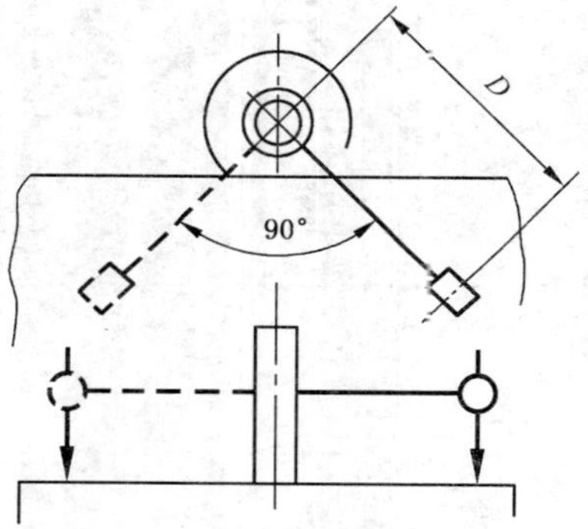 90° D	垂直刀轴对工作台的垂直度	0.05/100[b]	指示器	5.6.1.2.2
G12	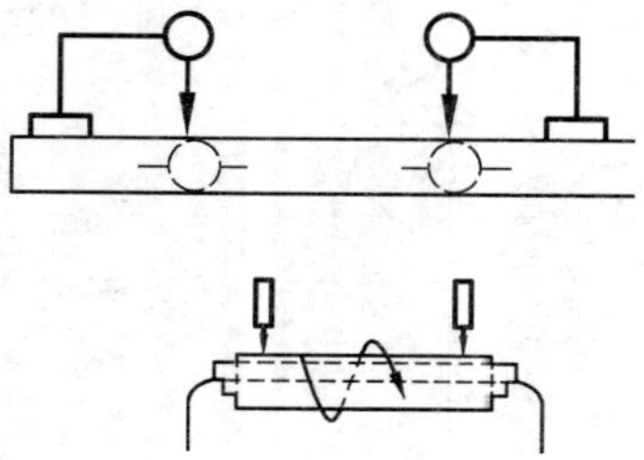	刨刀头后部工作台托辊的径向圆跳动	0.10	指示器	5.6.1.2.2
G13	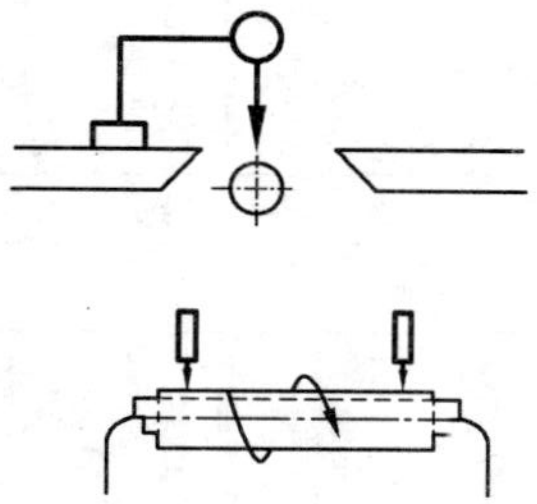	刨刀头后部工作台托辊对工作台唇部的平行度	0.05	指示器	5.4.1.2.4

表 2（续）

序号	简　　图	检验项目	允　　差	检具	参照 GB/T 17421.1—1998 的有关条文
G14	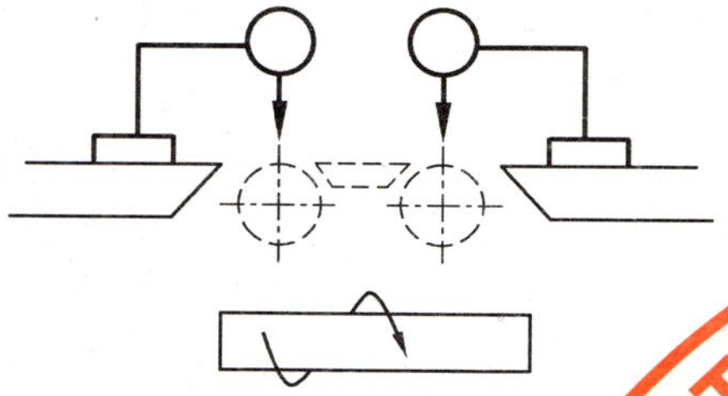	刨刀头前部下端前进给辊的径向圆跳动	0.15	指示器	5.6.1.2.2
G15	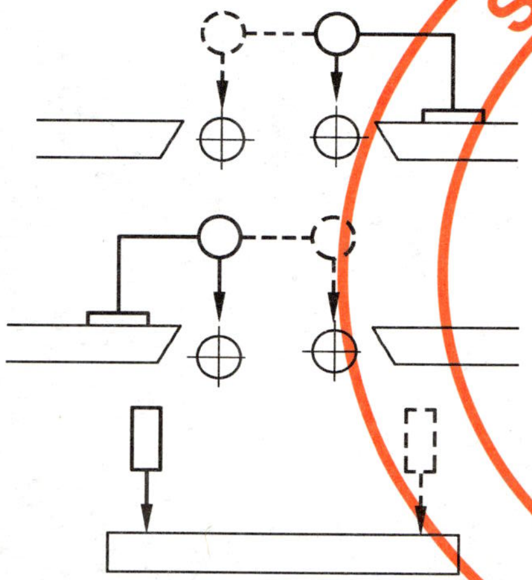	刨刀头前部床身托辊对工作台唇部的平行度	0.20	指示器 检验棒	5.4.1.2.4
G16	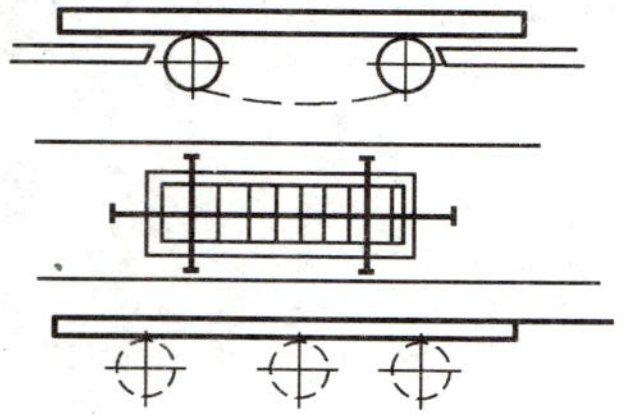	托辊上进给链对其工作台在纵向和横向的平行度	0.20	平尺 塞尺	

a 为距离 C。

b 为垂直刀轴至指示器的最小距离 D。

5.2 工作精度检验

工作精度检验按表3的规定。

表3 工作精度检验

序号	简 图	检验项目和加工条件	允差	检具	参照GB/T 17421.1—1998的有关条文
P1		刨削面在纵向的直线度	0.20	平尺 塞尺	5.2.1.2 检验木材为无硬节，干燥硬木 55×55×500

ICS 79.120.10
J 65

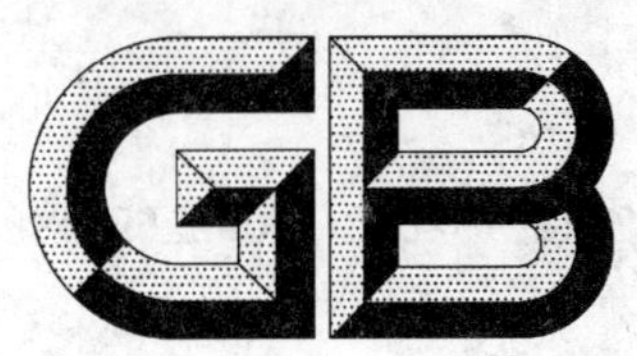

中华人民共和国国家标准

GB/T 21685—2008/ISO 9265:1988

木工机床　多轴钻床　术语

Woodworking machines—Multi-spindle boring machines—Nomenclature

(ISO 9265:1988,IDT)

2008-04-22 发布　　2008-10-01 实施

中华人民共和国国家质量监督检验检疫总局
中国国家标准化管理委员会　发布

前　言

本标准等同采用ISO 9265:1988《木工机床　多轴钻床　术语》(英文版)。

为便于使用,本标准作了下列编辑性修改:

——“本国际标准”一词改为“本标准”;

——用小数点“.”代替作为小数点的逗号“,”;

——删除法语术语和附录A;

——删除了国际标准的前言;

——增加了规范性引用文件的导语。

本标准由中国机械工业联合会提出。

本标准由全国木工机床与刀具标准化技术委员会归口。

本标准起草单位:福州木工机床研究所、安吉吉泰机械有限公司。

本标准主要起草人:肖晓晖、张震、刘占明。

木工机床　多轴钻床　术语

1　范围

为帮助制造商和使用者识别机床的各零部件，本标准规定了适合于多轴钻床零部件的相应术语。

本标准适用于 ISO 7984:1988 中第 12.42 指示的那些机床。

2　规范性引用文件

下列文件中的条款通过本标准的引用而成为本标准的条款。凡是注日期的引用文件，其随后所有的修改单(不包括勘误的内容)或修订版均不适用于本标准，然而，鼓励根据本标准达成协议的各方研究是否可使用这些文件的最新版本。凡是不注日期的引用文件，其最新版本适用于本标准。

ISO 7984:1988　木工机床　木工机床及木工辅机的技术分类

3　术语

术语见图 1 和表 1。

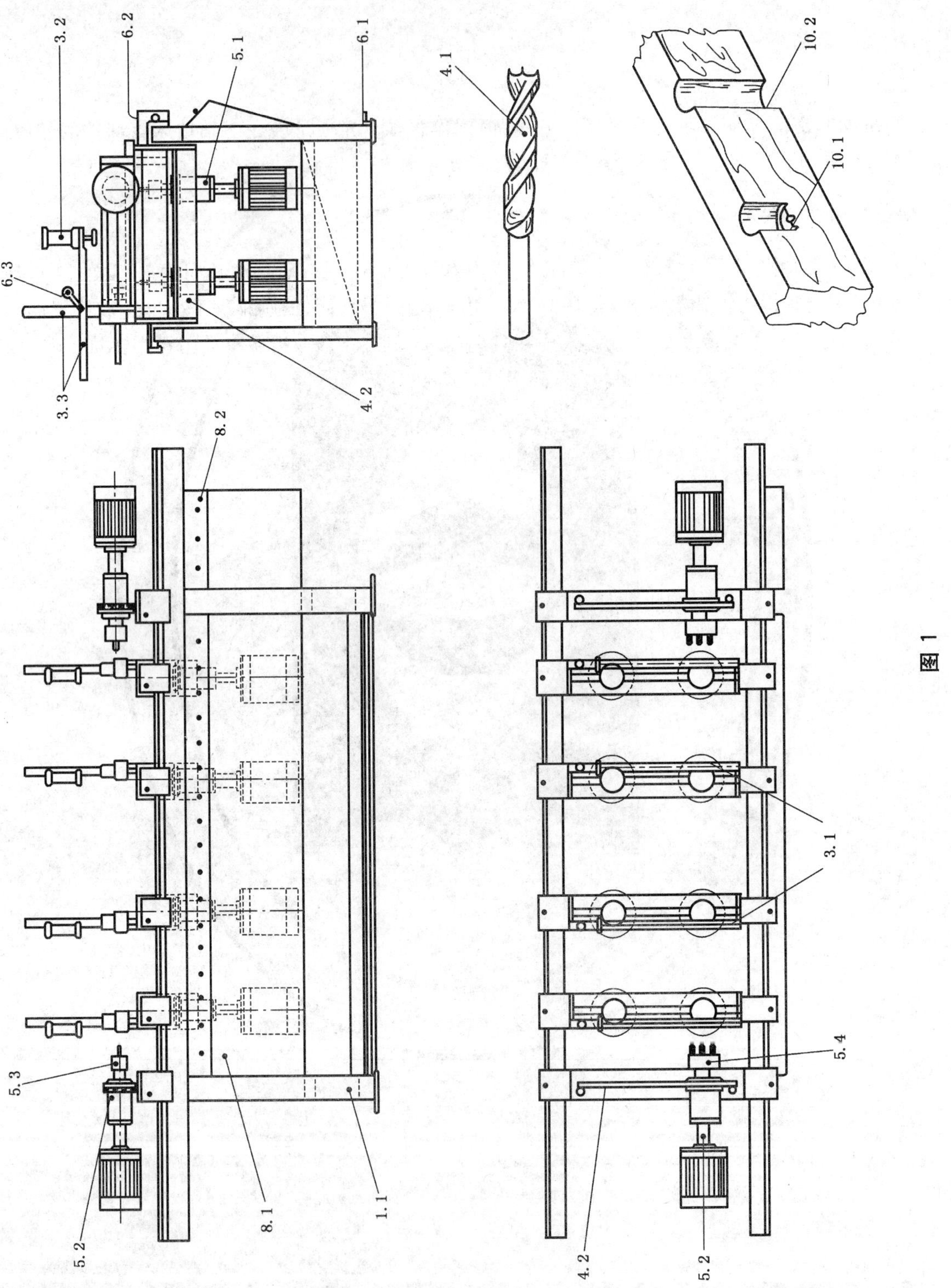

图 1

表 1

序号	中 文	英 文
	多轴钻床	multi-spindle boring machines
1	床身部分	framework
1.1	床身	main frame
2	工件和/或刀具进给部分	feed of workpiece and/or tools
3	工件支承、夹紧和导向部分	workpiece support,clamp and guide
3.1	工件支承架	workpiece support bridge
3.2	压紧器	clamp
3.3	压紧器支承架	clamp support column
4	刀夹和刀具部分	tool-holders and tools
4.1	钻头	boring bit
4.2	钻盒支座	boring unit support
5	加工头和刀具的传动部分	workhead and tool drives
5.1	垂直钻盒	vertical boring unit
5.2	水平钻盒	horizontal boring unit
5.3	单轴钻夹	single spindle boring head
5.4	多轴钻夹	multi-spindle boring head
6	操纵部分	controls
6.1	操作踏板	operating pedal
6.2	移动架的锁紧装置	bridge traverse lock
6.3	压紧器调整装置的锁紧装置	clamp adjustment lock
7	安全装置(实例)	safety devices(examples)
8	其他部分	miscellaneous
8.1	电气箱	electrical control enclosure
8.2	气动箱	pneumatic control enclosure
9	预留条款	(clause free)
10	加工实例	examples of work
10.1	盲孔	blind hole
10.2	通孔	through hole

ICS 79.120.10
J 65

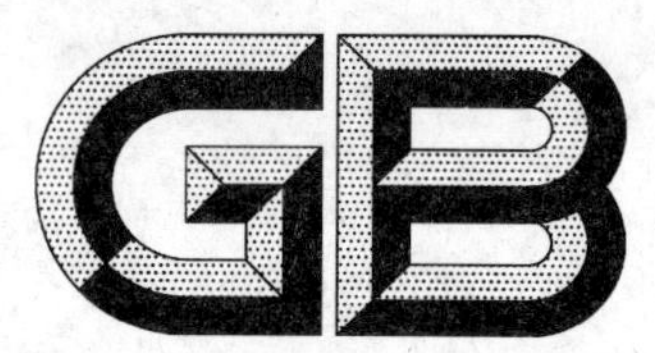

中华人民共和国国家标准

GB/T 21686—2008/ISO 7946:1985

木工机床　卧式榫槽机　术语和精度

Woodworking machines—Slot mortising machines—Nomenclature and acceptance conditions

(ISO 7946:1985,IDT)

2008-04-22 发布　　2008-10-01 实施

中华人民共和国国家质量监督检验检疫总局
中国国家标准化管理委员会　发布

前　　言

本标准等同采用 ISO 7946:1985《木工机床　榫槽机　术语和验收条件》(英文版)。

为便于使用，本标准作了下列编辑性修改：

——标准名称改为“卧式榫槽机”；

——“本国际标准”一词改为“本标准”；

——用小数点“.”代替作为小数点的逗号“,”；

——删除法文术语和附录 A；

——删除了国际标准的前言；

——增加了规范性引用文件的导语；

——对 ISO 7946 引用的国际标准，用已被采用为我国的标准代替。

本标准由中国机械工业联合会提出。

本标准由全国木工机床与刀具标准化技术委员会归口。

本标准起草单位：福州木工机床研究所、福建省闽侯县联翔木工机械厂。

本标准主要起草人：郑莉、肖晓晖、林文信。

木工机床　卧式榫槽机　术语和精度

1　范围

本标准规定了卧式榫槽机(以下简称机床)各部分的术语,同时参照 GB/T 17421.1—1998,规定了机床的几何精度检验,并给定了相应的允差,适用于一般用途、普通精度的机床。

本标准只规定机床的精度检验,不适用于机床的运转试验(如振动、异常噪声、零部件的爬行等检验),也不适用于机床的特性检验(如速度、进给量等),这些检验一般宜在机床精度检验前进行。

本标准对机床的工作精度检验不作硬性规定。其应在用户与制造商之间预先的协议中另行规定。

2　规范性引用文件

下列文件中的条款通过本标准的引用而成为本标准的条款。凡是注日期的引用文件,其随后所有的修改单(不包括勘误的内容)或修订版均不适用于本标准,然而,鼓励根据本标准达成协议的各方研究是否可使用这些文件的最新版本。凡是不注日期的引用文件,其最新版本适用于本标准。

GB/T 17421.1—1998　机床检验通则　第 1 部分:在无负荷或精加工条件下机床的几何精度(eqv ISO 230-1:1996)

3　简要说明

3.1　本标准中的所有尺寸和允差的单位均为毫米。

3.2　使用本标准时应参照 GB/T 17421.1—1998,尤其是检验前机床的安装,主轴和其他运动部件的温升,以及检验方法。检具误差不得超过被检项目允差的 1/3。

3.3　本标准中几何精度检验的顺序是按机床装配顺序给定的,其不限制实际检验时的顺序。为了便于检具的安装和检验的进行,可按任意顺序检验。

3.4　检验机床时本标准给定的检验项目未必总能或必需逐项检验。

3.5　检验项目的选择由用户决定,并与制造商达成一致意见,于机床定货时明确规定。被选择检验的项目往往是与用户感兴趣的机床性能有关。

3.6　在工件加工方向上的运动称为纵向运动。

3.7　当确定测量范围不同于本标准规定的测量范围上的允差时,应考虑允差的最小折算值为0.01 mm(见 GB/T 17421.1—1998 的 2.3.1.1)。

4　术语

机床术语见图 1 和表 1。

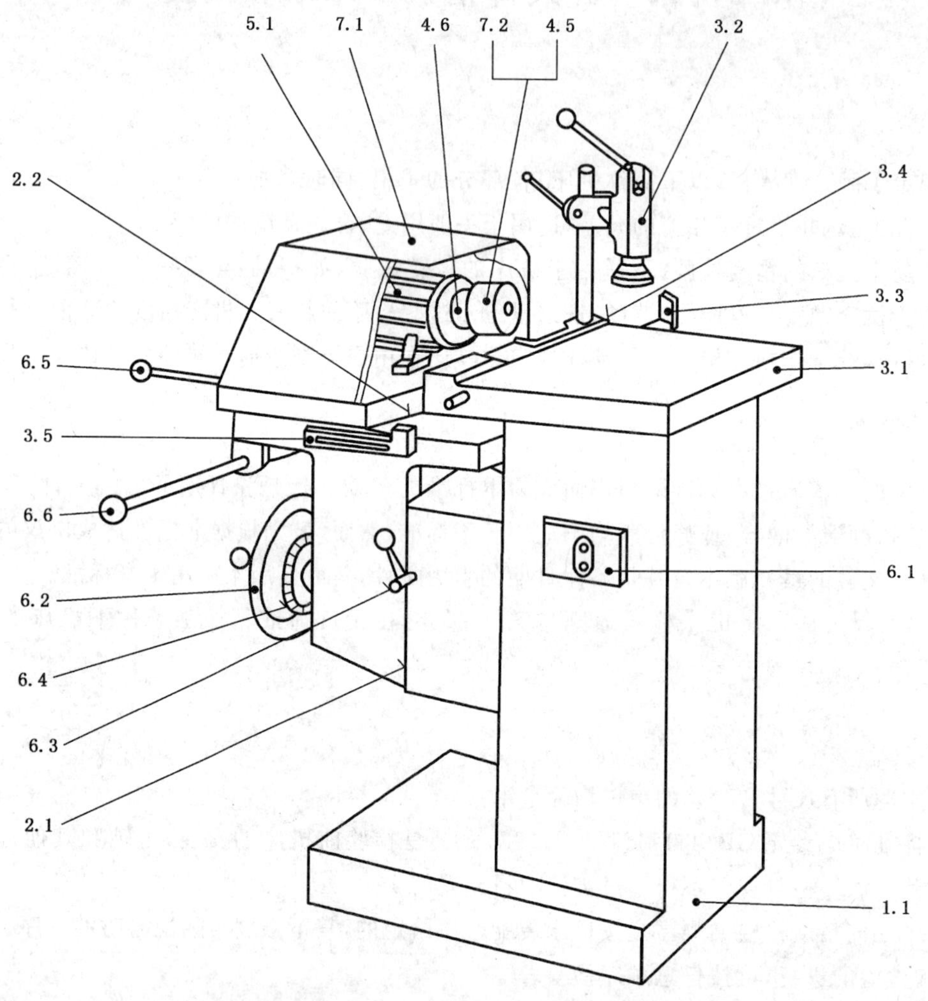
5.1
7.1
4.6
7.2
4.5
3.2
2.2
3.4
3.3
6.5
3.1
3.5
6.6
6.1
6.2
6.4
6.3
2.1
1.1

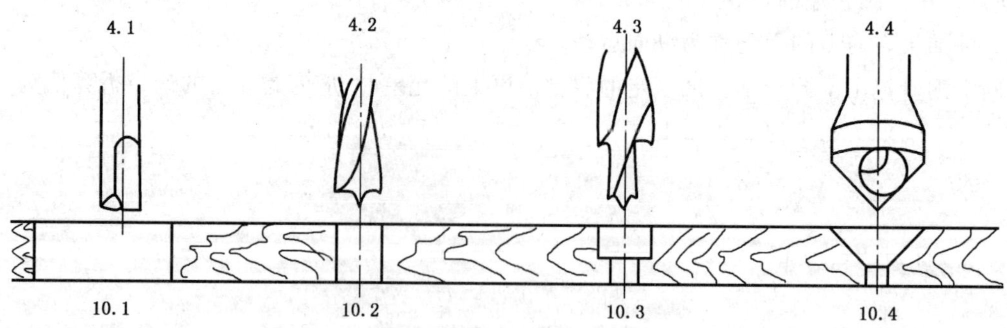
4.1
4.2
4.3
4.4
10.1
10.2
10.3
10.4

图 1

表 1 机床术语一览表

序号	中文术语	英文术语
	卧式榫槽机	slot mortising machine
1	机身部分	framework
1.1	床身	main frame
2	工件和/或刀具的进给部分	feed of workpiece and/or tools
2.1	垂直调节导轨	vertical adjustment slide
2.2	进给导轨	infeed slide
3	工件的支承、夹紧和导向部分	workpiece support, clamp and guide
3.1	工作台	table
3.2	工件压紧器	workpiece clamp
3.3	端部限位块	end stop
3.4	前导向板	front fence
3.5	深部限位块	depth stop
4	刀夹和刀具部分	tool holders and tools
4.1	榫槽刀	mortise bit
4.2	钻头	boring bit
4.3	阶梯孔刀	counterbore
4.4	锥形孔刀	countersink
4.5	卡盘	chuck
4.6	主轴	spindle
5	加工头和刀具的传动部分	workheads and tool drives
5.1	刀头电机	cutterhead motor
6	操纵部分	controls
6.1	停止/起动开关	stop/start switch
6.2	垂直调节手轮	handwheel for vertical adjustment
6.3	垂直调节锁紧装置	vertical adjustment lock
6.4	垂直调节刻度盘	vertical adjustment scale
6.5	横向调节手柄	cross traverse lever
6.6	进给手柄	infeed lever
7	安全防护装置(实例)	safety devices(examples)
7.1	刀头防护罩	cutterhead guard
7.2	卡盘防护罩	chuck guard
8	其他	miscellaneous
9	预留部分	(free)
10	加工实例	examples of work
10.1	榫槽	slot mortising
10.2	钻孔	boring
10.3	阶梯孔	counter boring
10.4	锥形孔	counter sinking

5 验收条件和允差——几何精度检验

机床几何精度检验按表2的规定。

表2 几何精度检验

序号	简图	检验项目	允差	检具	参照 GB/T 17421.1—1998
G1	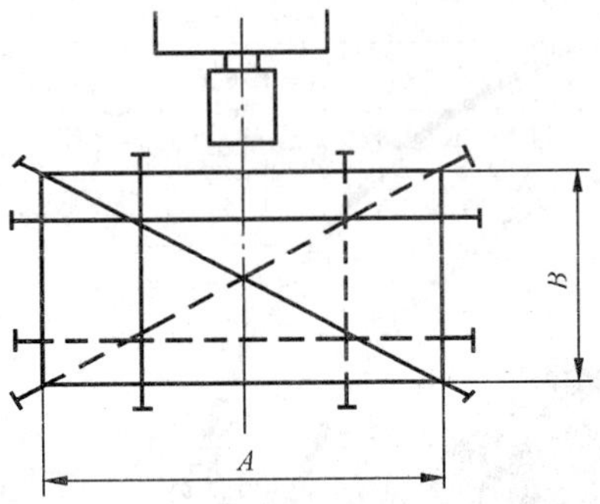	工作台面的平面度： a) 纵向直线度； b) 横向直线度； c) 对角线方向直线度	a)和c)： $A^{a}\leqslant 630$ 0.20 $A>630$ 0.40 b)： $B^{b}\leqslant 200$ 0.10 $B>200$ 0.15	平尺 塞尺	5.3.2.2
G2	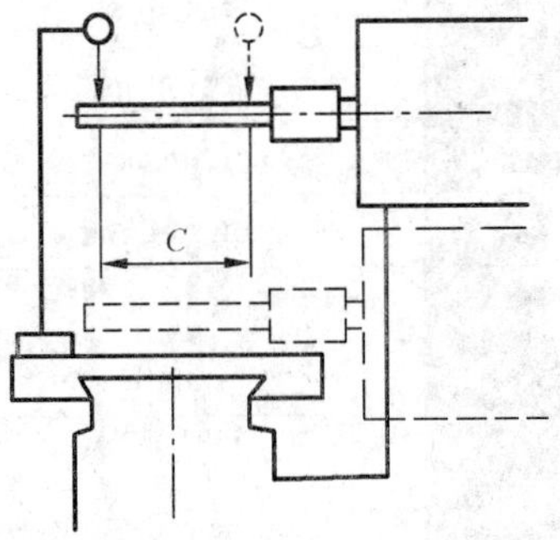	主轴轴线(在上下位置)对工作台面的平行度	$C=150$ 0.20	指示器 检验棒	5.4.1.2.4
G3	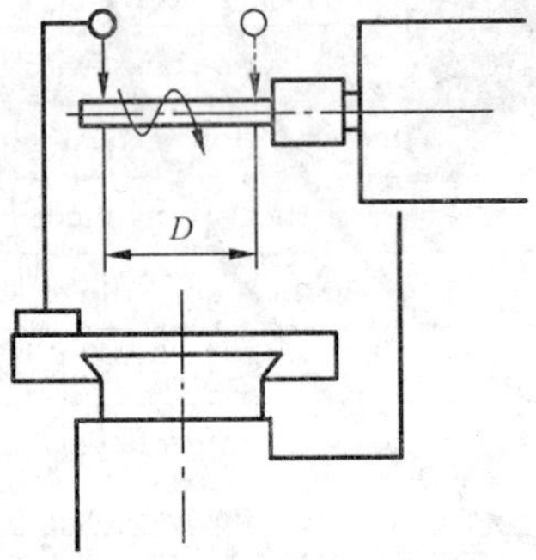	主轴的径向圆跳动	$D=150$ 0.30	指示器 检验棒	5.6.1.1.3
G4	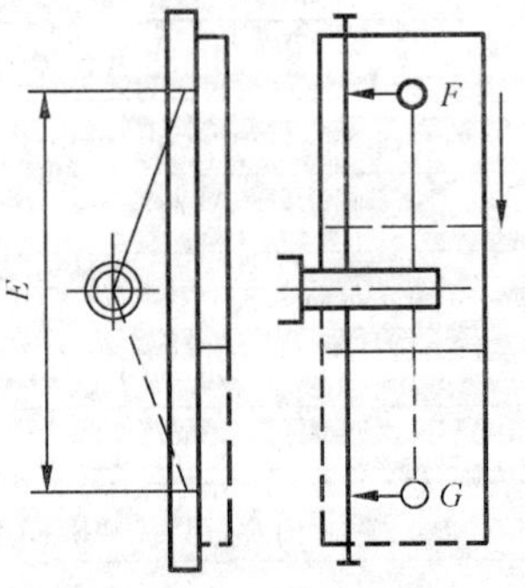	主轴轴线对工作台纵向移动的垂直度	0.30/400[c]	指示器 角尺 平尺 检验棒	5.5.2.2.3 平尺放在工作台与主轴相对运动平行的位置，指示器固定在主轴上，指针指在平尺上，读出数据。旋转180°再作一次

表 2（续）

序号	简　　图	检验项目	允差	检具	参照 GB/T 17421.1—1998
G5	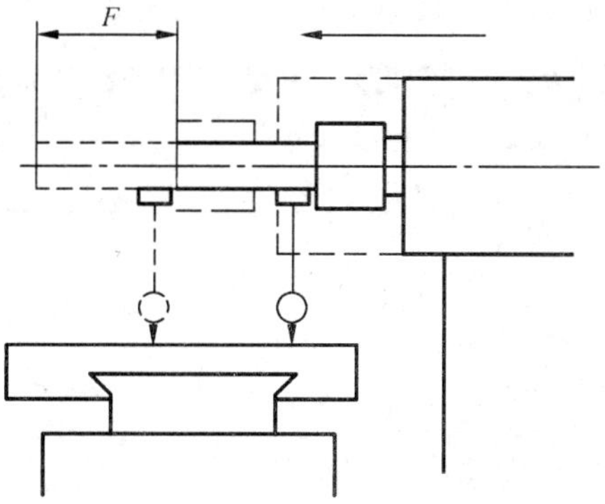	主轴运动对工作台面的平行度	F=150 0.30	指示器 检验棒	5.4.2.2.2
G6	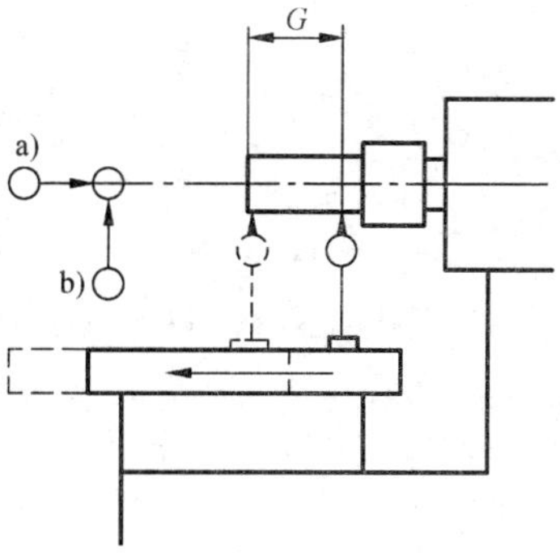	工作台横向移动对主轴轴线在 a)、b)两方向上的平行度	a)，b) G=150 0.30	指示器 检验棒	5.4.2.2.3

[a] 工作台长度。

[b] 工作台宽度。

[c] 距离 E。

ICS 79.120.10
J 65

中华人民共和国国家标准

GB/T 21687—2008/ISO 9566:1989

木工机床　单头多轴开榫机　术语

Woodworking Machines—Single-end tenoning machines with several spindles—Nomenclature

(ISO 9566:1989,IDT)

2008-04-22 发布　　2008-10-01 实施

中华人民共和国国家质量监督检验检疫总局
中国国家标准化管理委员会　发布

前　言

本标准等同采用 ISO 9566:1989:《木工机床　单头多轴开榫机　术语》(英文版)。

为便于使用,本标准作了下列编辑性修改:

——“本国际标准”一词改为“本标准”;

——用小数点“.”代替作为小数点的逗号“,”;

——删除法文术语和附录 A;

——增加了规范性引用文件的导语;

——删除了国际标准的前言。

本标准由中国机械工业联合会提出。

本标准由全国木工机床与刀具标准化技术委员会归口。

本标准起草单位:福州木工机床研究所。

本标准主要起草人:郑莉、肖晓晖。

木工机床　单头多轴开榫机　术语

1　范围

为帮助制造商和使用者识别机床的各零部件，本标准规定了适合于单头多轴开榫机零部件的相应术语。

本标准适用于 ISO 7984 中第 82.1 指示的那些机床。

2　规范性引用文件

下列文件中的条款通过本标准的引用而成为本标准的条款。凡是注日期的引用文件，其随后所有的修改单（不包括勘误的内容）或修订版均不适用于本标准，然而，鼓励根据本标准达成协议的各方研究是否可使用这些文件的最新版本。凡是不注日期的引用文件，其最新版本适用于本标准。

ISO 7984:1988　木工机床　木工机床及木工辅机的技术分类

3　术语

术语见图 1、图 2、图 3 和表 1。

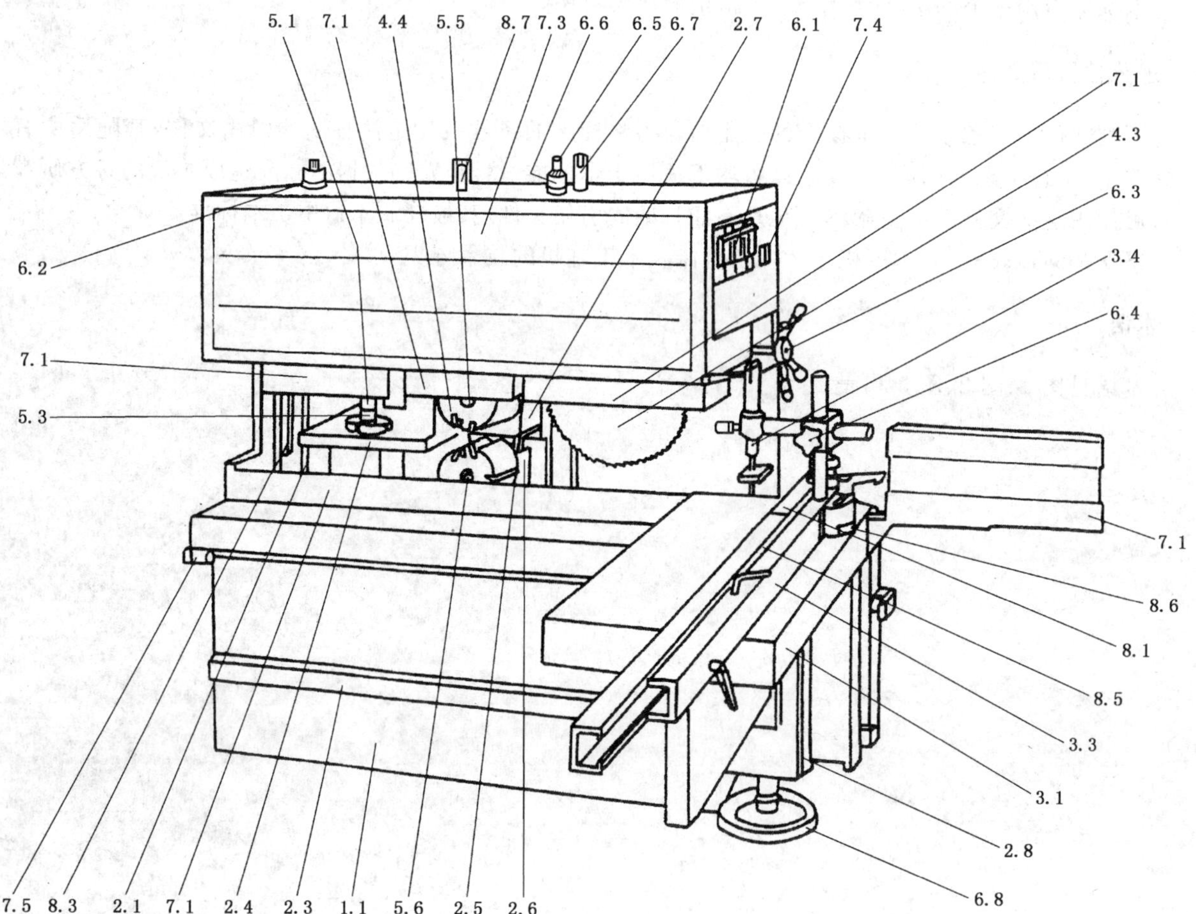
5.1 7.1 4.4 5.5 8.7 7.3 6.6 6.5 6.7 2.7 6.1 7.4
7.1
4.3
6.3
3.4
6.4
6.2
7.1
5.3
7.1
8.6
8.1
8.5
3.3
3.1
2.8
6.8
7.5 8.3 2.1 7.1 2.4 2.3 1.1 5.6 2.5 2.6

图 1

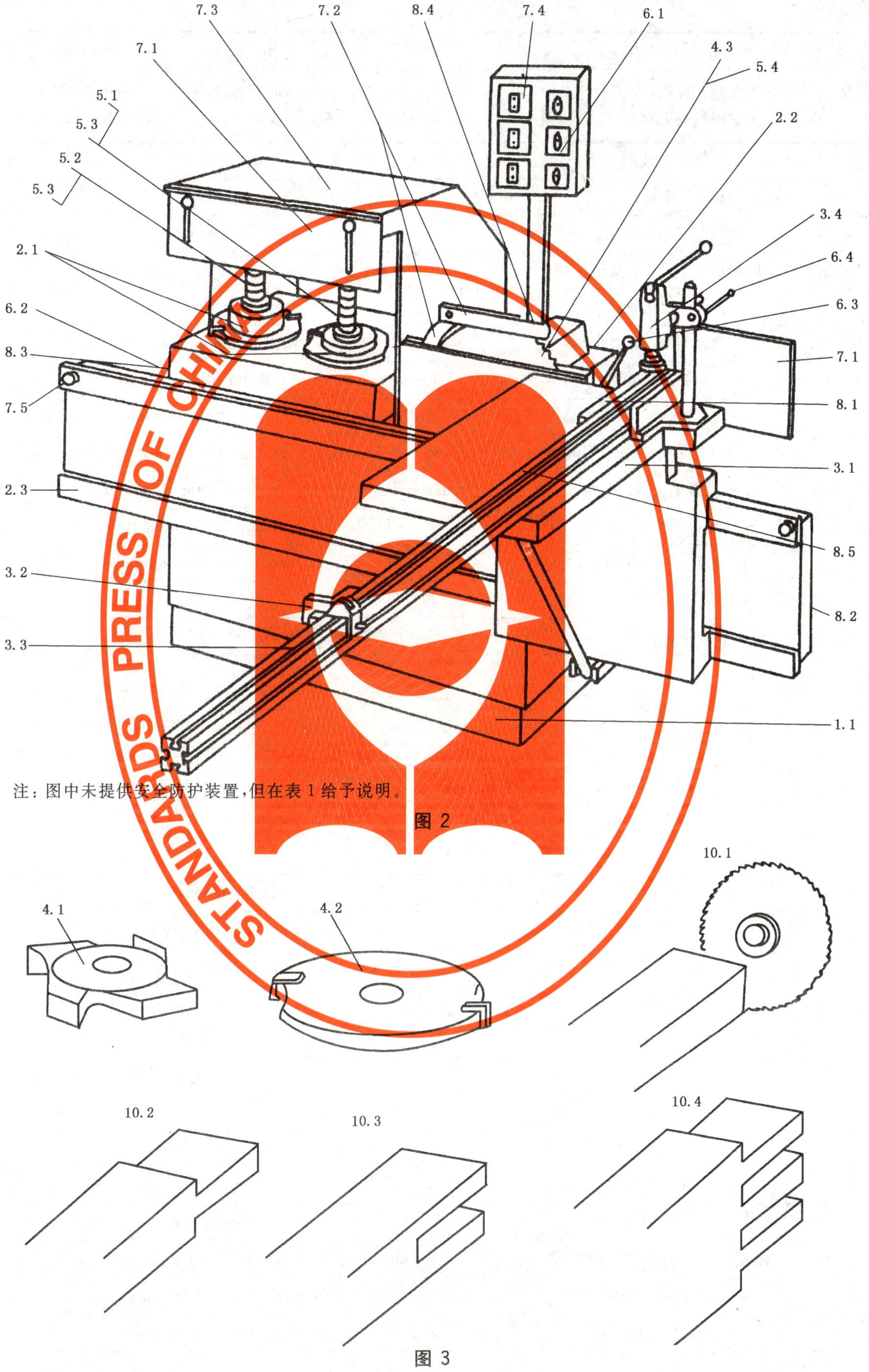

注：图中未提供安全防护装置，但在表 1 给予说明。

图 2

图 3

表 1

序号	中　文	英　文
	单头多轴开榫机(带多个开榫轴或带划线轴和多个开榫轴)	single-end tenoning machines with several spindles, with tenoning spindles or with scribing and tenoning spindles
1	床身部分	framework
1.1	床身	main frame
2	工件和/或刀具进给部分	feed of workpiece and/or tools
2.1	开榫轴垂直调节装置的套筒	sleeve for vertical adjustment of tenoning spindle(s)
2.2	锯片运动导轨	slideway for saw motion
2.3	工作台运动导轨	slideway for table motion
2.4	开榫轴水平调节装置的套筒	sleeve for horizontal adjustment of tenoning spindle(s)
2.5	上划线刀轴水平调节导轨	slideway for horizontal adjustment of the upper scribing spindle
2.6	下划线刀轴水平调节导轨	slideway for horizontal adjustment of the lower scribing spindle
2.7	上划线刀轴垂直调节导轨	slideway for vertical adjustment of the upper scribing spindle
2.8	工作台垂直调节导轨	slideway for vertical adjustment of the table
3	工件支承、夹紧和导向部分	workpiece support, clamp and guide
3.1	工作台	table
3.2	工件挡块	workpiece stop
3.3	开榫导向板	tenoning fence
3.4	压紧器	clamp
4	刀夹和刀具部分	tool-holders and tools
4.1	开榫刀	tenoning cutter
4.2	开榫刀盘	tenoning disc
4.3	锯片	saw blade
4.4	划线刀	scribing cutter
5	加工头和刀具的传动部分	workhead and tool drives
5.1	第一开榫轴	first tenoning spindle
5.2	第二开榫轴	second tenoning spindle
5.3	隔套	spacing collar
5.4	锯轴	saw spindle
5.5	上划线刀轴	upper scribing spindle
5.6	下划线刀轴	lower scribing spindle
6	操纵部分	controls
6.1	按钮	switch
6.2	开榫头垂直调节装置的操纵器	control for vertical adjustment of tenoning head
6.3	锯水平调节装置的操纵器	control for horizontal adjustment of saw
6.4	锁紧力的控制器	control for locking pressure

表 1 (续)

序号	中　文	英　文
	单头多轴开榫机(带多个开榫轴或带划线轴和多个开榫轴)	single-end tenoning machines with several spindles, with tenoning spindles or with scribing and tenoning spindles
6.5	划线刀轴水平调节操纵器	control for horizontal adjustment of the scribing spindle
6.6	水平轴锁紧控制器	control for locking horizontal spindle
6.7	锯片调节控制器	control for adjustment of the saw
6.8	工作台高度调节控制器	control for adjustment of the height of the table
7	安全装置(实例)	safety devices(examples)
7.1	防护罩	guards
7.2	分料刀和防护罩	riving knife and guard
7.3	防护罩	guard
7.4	急停按钮	emergency stop
7.5	工作台限位挡块	table stop
8	其他部分	miscellaneous
8.1	断屑器	chip breaker
8.2	工具箱	tool cabinet
8.3	开榫头刻度尺	scale for tenoning head
8.4	锯切头刻度尺	scale for sawing head
8.5	工件尺寸刻度尺	scale for workpiece sizing
8.6	导向板倾斜刻度尺	scale for inclination of the fence
8.7	上划线锯定位刻度尺	scale for positioning the upper scribing cutter
9	预留条款	(clause free)
10	加工实例	examples of work
10.1	锯断	cutting off
10.2	开榫	tenoning
10.3	开槽	slotting
10.4	开燕尾槽	dovetailing

ICS 79.120.10
J 65

中华人民共和国国家标准

GB/T 21688—2008/ISO 9537:1989

木工机床 单面直线封边机 术语

Woodworking machines—Single-end edge bonding machines—Nomenclature

(ISO 9537:1989,IDT)

2008-04-22 发布 2008-10-01 实施

中华人民共和国国家质量监督检验检疫总局
中国国家标准化管理委员会 发布

前　　言

本标准等同采用ISO 9537:1989《木工机床　单头封边机　术语》(英文版)。

为便于使用,本标准作了下列编辑性修改:

——标准名称改为“木工机床　单面直线封边机　术语”;

——“本国际标准”一词改为“本标准”;

——用小数点“.”代替作为小数点的逗号“,”;

——删除法语术语和附录A;

——删除了国际标准的前言;

——增加了规范性引用文件的导语。

本标准由中国机械工业联合会提出。

本标准由全国木工机床与刀具标准化技术委员会归口。

本标准起草单位:福州木工机床研究所、台州市意利欧机械有限公司。

本标准主要起草人:肖晓晖、程楠。

木工机床　单面直线封边机　术语

1　范围

为帮助制造商和使用者识别机床的各零部件，本标准规定了适合于单面直线封边机零部件的相应术语。

本标准适用于ISO 7984中第83.151指示的那些机床。

2　规范性引用文件

下列文件中的条款通过本标准的引用而成为本标准的条款。凡是注日期的引用文件，其随后所有的修改单(不包括勘误的内容)或修订版均不适用于本标准，然而，鼓励根据本标准达成协议的各方研究是否可使用这些文件的最新版本。凡是不注日期的引用文件，其最新版本适用于本标准。

ISO 7984:1988　木工机床　木工机床及木工辅机的技术分类

3　术语

术语见图1、图2和表1。

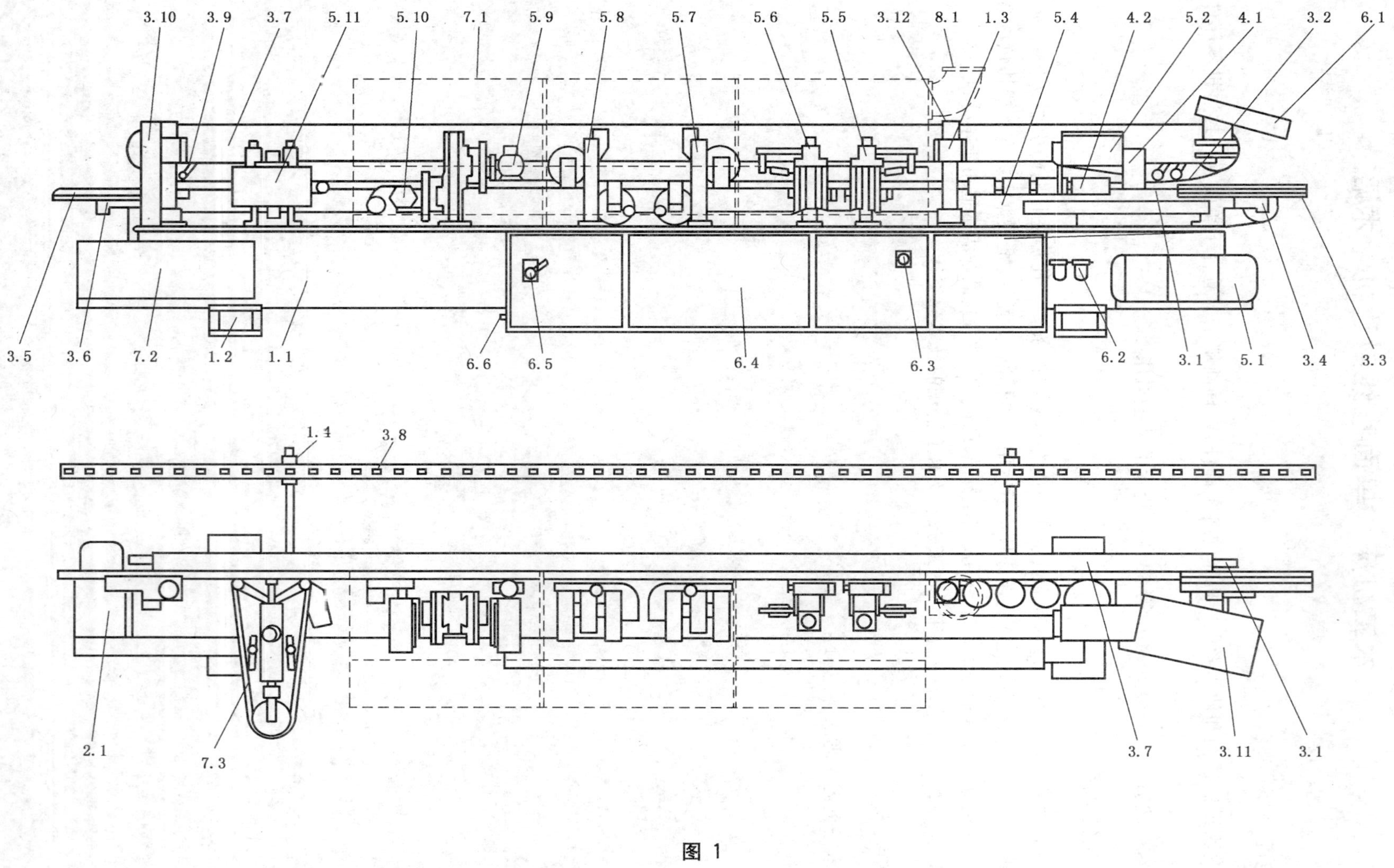
3.10
3.9
3.7
5.11
5.10
7.1
5.9
5.8
5.7
5.6
5.5
3.12
8.1
1.3
5.4
4.2
5.2
4.1
3.2
6.1
3.5
3.6
7.2
1.2
1.1
6.6
6.5
6.4
6.3
6.2
3.1
5.1
3.4
3.3
1.4
3.8
2.1
7.3
3.7
3.11
3.1

图 1

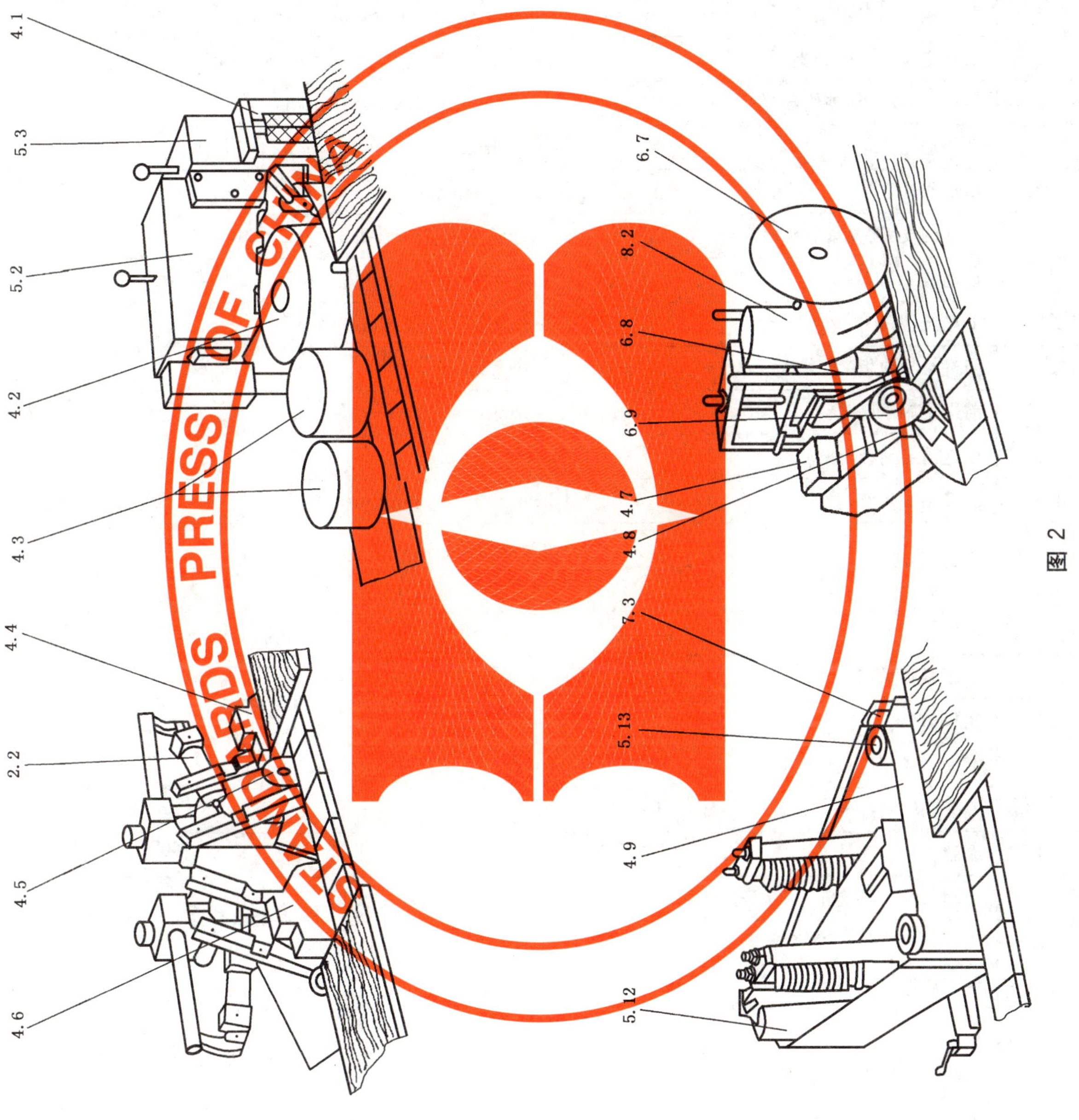

图 2

表 1

序号	中　文	英　文
	单面直线封边机	single-end edge bonding machines
1	床身部分	framework
1.1	床身	main frame
1.2	底座	base
1.3	上压紧带的支承架	support frame for top pressure belt
1.4	工件定位的导向和支承	guide and support for workpiece location
2	工件和/或刀具进给部分	feed of workpiece and/or tools
2.1	主传动	main drive
2.2	锯动作气缸	saw actuating cylinder
3	工件的支承、夹紧和导向部分	workpiece Support, clamp and guide
3.1	传动链	transport chain
3.2	上压板V型带	v-belt for top pressure beam
3.3	前进给导向板	in-feed fence
3.4	前进给轴承座	bearing bracket in-feed
3.5	后进给导向板	out-feed fence
3.6	后进给轴承座	bearing bracket out-feed
3.7	上压板	top pressure beam
3.8	工件的支承	workpiece support
3.9	导轮	jockey roller
3.10	上压紧传动带	top pressure drive belt
3.11	储料器	magazine
3.12	上夹紧带高度调节装置	top pressure belt height adjustment
4	刀夹和刀具部分	tool-holders and tools
4.1	涂胶辊	gluing roller
4.2	传动式前压紧滚轮	driven pre-pressure roller
4.3	无传动式后压紧滚轮	non-driven post-pressure rollers
4.4	前端修边电机	front end trimming motor
4.5	锯片	saw blade
4.6	后端修边电机	rear end trimming motor
4.7	下刀具电机	cutter motor, lower
4.8	刀具	cutter
4.9	砂带	sanding belt
5	加工头和刀具的传动部分	workhead and tool drives
5.1	变频器	frequency changer
5.2	胶盒	glue reservoir

表 1（续）

序号	中　文	英　文
	单面直线封边机	single-end edge bonding machines
5.3	胶盒前端	front edge of glue reservoir
5.4	加压区	pressure zone
5.5	前端修边锯	front end trimming saw
5.6	后端修边锯	rear end trimming saw
5.7	进给方向旋转刀具	cutter rotating in feed direction
5.8	反进给方向旋转刀具	cutter rotating in contra-feed direction
5.9	万向上刀头	upper universal cutter head
5.10	万向下刀头	bottom universal cutter head
5.11	砂光部分	sanding unit
5.12	砂光电机	sanding motor
5.13	导轮	guide roller
6	操纵部分	controls
6.1	操纵杆	console
6.2	压缩空气管接头	compressed air connection
6.3	转换开关	transformer switch
6.4	电气箱	cabinet
6.5	主开关	master switch
6.6	电线连接头	electrical connection
6.7	切削头上从动轮	cutterhead-follower roll, top
6.8	切削头下从动轮	cutterhead-follower roll, bottom
6.9	切削头边从动轮	cutterhead-follower roll, side
7	安全装置(实例)	safety devices(examples)
7.1	机床防护罩	machine guard
7.2	链条和主传动的防护罩	chain guard, main drive
7.3	砂带防护罩	sanding belt guard
8	其他部分	miscellaneous
8.1	吸尘管接头，中心吸尘管接口	extraction connection, central extraction
8.2	吸尘管接头，切断刀头外罩	extraction connection, hood for cutterhead
9	预留条款	(clause free)
10	加工实例	examples of work
10.1	木块唇边的涂胶和修边	gluing and trimming of edges of wood lippings
10.2	单板边的涂胶和修边	gluing and trimming of veneer edges
10.3	人造板的涂胶和修边	gluing and trimming of edges of synthetics

ICS 79.120.10
J 65

中华人民共和国国家标准

GB/T 21689—2008/ISO 9264:1988

木工机床　窄带磨光机　术语

Woodworking machines—Narrow belt sanding machines with sliding table or frame—Nomenclature

(ISO 9264:1988,IDT)

2008-04-22 发布　　2008-10-01 实施

中华人民共和国国家质量监督检验检疫总局
中国国家标准化管理委员会　发布

前　言

本标准等同采用 ISO 9264:1988:《木工机床　窄带磨光机　术语》(英文版)。

为便于使用,本标准作了下列编辑性修改:

——“本国际标准”一词改为“本标准”;

——用小数点“.”代替作为小数点的逗号“,”;

——删除法语术语和附录 A;

——删除了国际标准的前言;

——增加了规范性引用文件的导语。

本标准由中国机械工业联合会提出。

本标准由全国木工机床与刀具标准化技术委员会归口。

本标准起草单位:福州木工机床研究所。

本标准主要起草人:肖晓晖、张震。

木工机床 窄带磨光机 术语

1 范围

为帮助制造商和使用者识别机床的各零部件，本标准规定了适合于窄带磨光机零部件的相应术语。

本标准适用于 ISO 7984 中第 12.721.2 指示的那些机床。

2 规范性引用文件

下列文件中的条款通过本标准的引用而成为本标准的条款。凡是注日期的引用文件，其随后所有的修改单(不包括勘误的内容)或修订版均不适用于本标准，然而，鼓励根据本标准达成协议的各方研究是否可使用这些文件的最新版本。凡是不注日期的引用文件，其最新版本适用于本标准。

ISO 7984:1988 木工机床 木工机床及木工辅机的技术分类

3 术语

术语见图 1 和表 1。

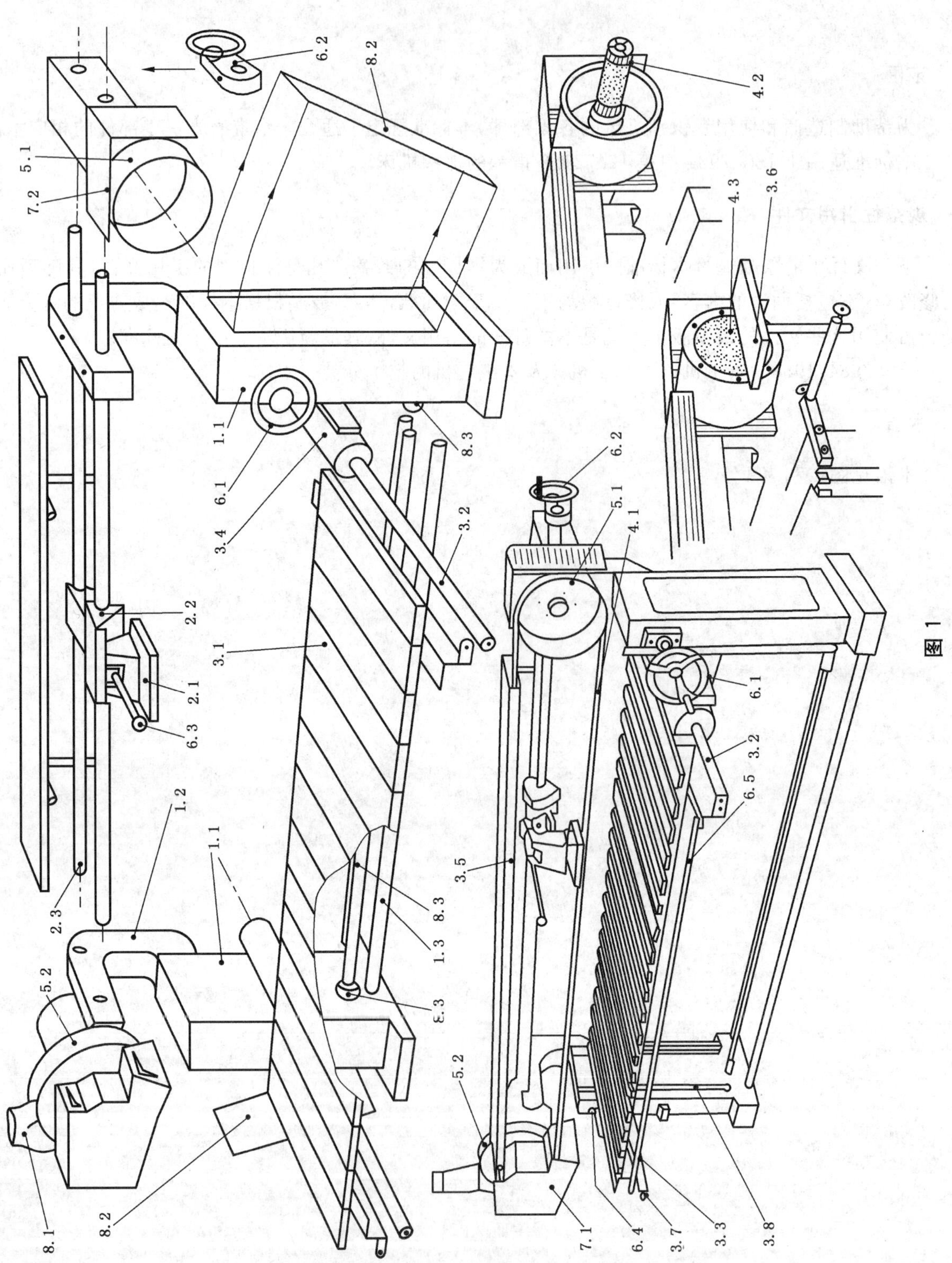
6.2
8.2
5.1
7.2
1.1
6.1
3.4
8.3
3.2
2.2
3.1
2.1
6.3
1.2
1.1
2.3
8.3
1.3
8.3
5.2
8.1
8.2
4.2
4.3
3.6
6.2
5.1
4.1
3.5
6.1
3.2
6.5
5.2
7.1
6.4
3.7
3.3
3.8

图 1

表 1

序号	中文	英文
	窄带磨光机	narrow belt sanding machines with sliding table or frame
1	床身部分	framework
1.1	立柱	column
1.2	弯颈	swan neck
1.3	延伸架	stretcher
2	工件和/或刀具进给部分	feed of workpiece and/or tools
2.1	滑动垫	traveling pad
2.2	滑动座	pad carriage
2.3	滑杆	pad slide bars
3	工件的支承、夹紧和导向部分	workpiece support, clamp and guide
3.1	工作台	table
3.2	工作台滑杆	table slide bars
3.3	工作台滑轮	table slide rollers
3.4	滑杆安装器	slide bar mountings
3.5	延伸工作台	overtable
3.6	砂盘工作台	disc sanding table
3.7	尾端限位块	end stop
3.8	移动工作台升降器	slide table rise and fall
4	刀夹和刀具部分	tool-holders and tools
4.1	砂带	sanding belt
4.2	砂带轴	sanding spindle
4.3	砂盘	sanding disc
5	加工头和刀具的传动部分	workhead and tool drives

表 1（续）

序号	中文	英文
	窄带磨光机	narrow belt sanding machines with sliding table or frame
5.1	从动轮	idle pulley
5.2	驱动轮	driven pulley
6	操纵部分	controls
6.1	工作台高度调节器	table height adjustment
6.2	砂带张紧器	belt tensioner
6.3	移动片操纵杆	pad operating lever
6.4	起动/停止按钮	start/stop switch
6.5	工作台护栏	table handrail
7	安全装置(实例)	safety devices(examples)
7.1	防护和吸尘罩	guard and dust hood
7.2	从动轮防护罩	idle pulley guard
8	其他部分	miscellaneous
8.1	吸尘口	exhaust outlet
8.2	检修门	access door
8.3	工作台高度调节丝杆	cross-shaft for table height adjustment
9	预留条款	(clause free)
10	加工实例	example of work

ICS 79.120.10
J 65

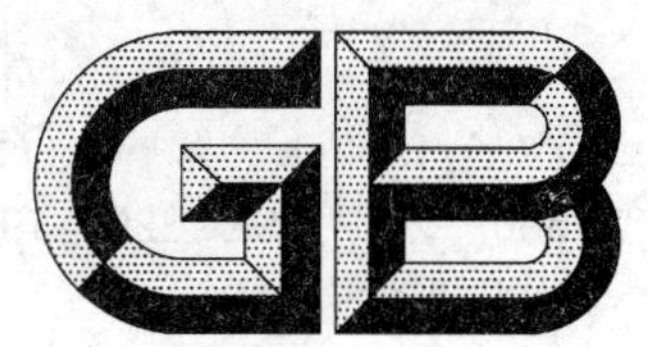

中华人民共和国国家标准

GB/T 21690—2008/ISO 3295:1975

细木工带锯条　尺寸

Narrow bandsaw blades for woodworking—Dimensions

(ISO 3295:1975,IDT)

2008-04-22 发布　　2008-10-01 实施

中华人民共和国国家质量监督检验检疫总局
中国国家标准化管理委员会　发布

前　言

本标准等同采用 ISO 3295:1974《细木工带锯条　尺寸》(英文版)。

为便于使用,本标准作了下列编辑性修改:

——“本国际标准”一词改为“本标准”;

——用小数点“.”代替作为小数点的逗号“,”;

——删除了国际标准的前言。

本标准由中国机械工业联合会提出。

本标准由全国木工机床与刀具标准化技术委员会归口。

本标准起草单位:福州木工机床研究所。

本标准主要起草人:郑莉、唐崇淹。

细木工带锯条　尺寸

1　范围

本标准规定了细木工带锯条的宽度、厚度和相应的齿距。

2　尺寸

细木工带锯条的尺寸见图 1 和表 1。

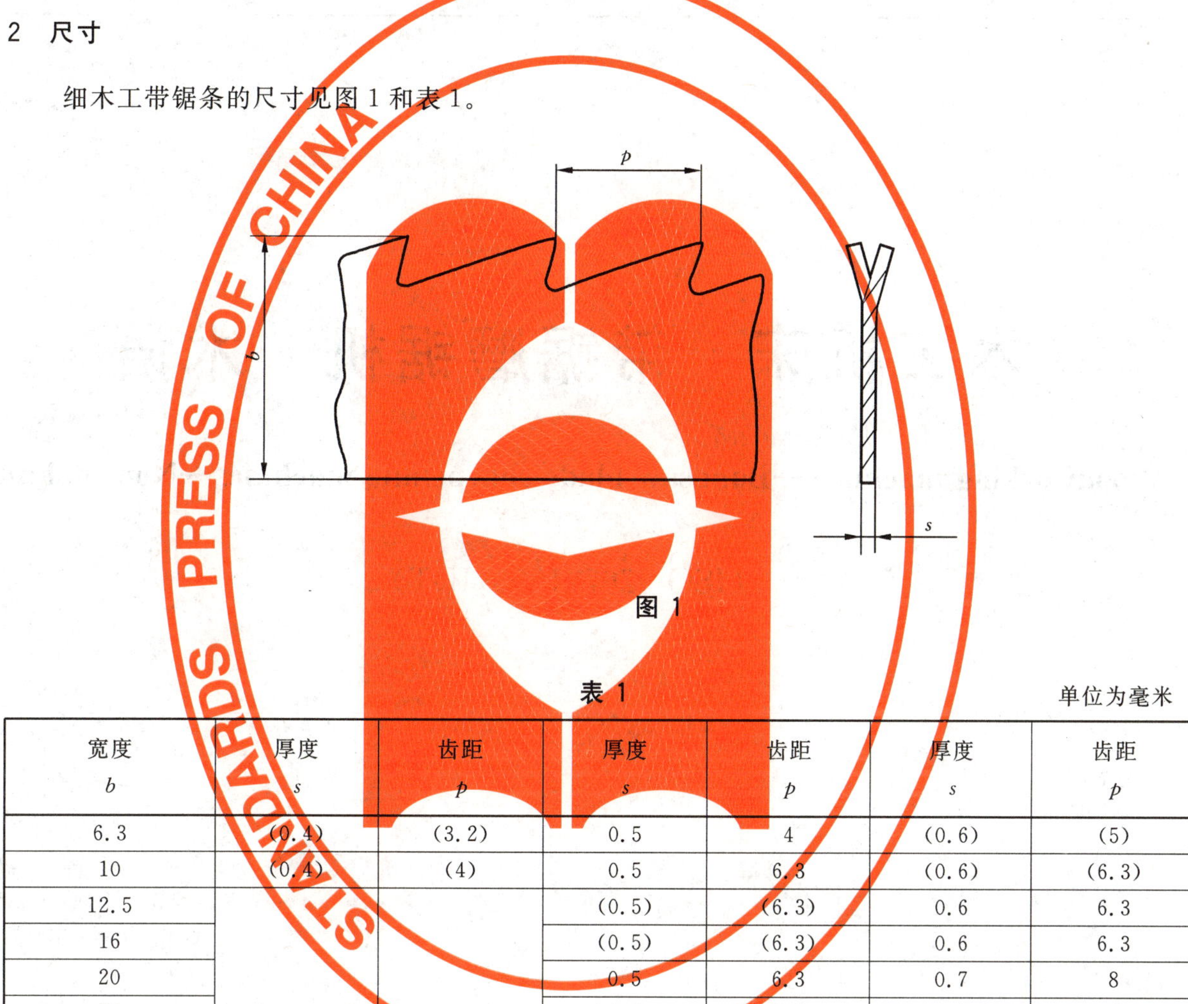

图 1

表 1

单位为毫米

宽度 b	厚度 s	齿距 p	厚度 s	齿距 p	厚度 s	齿距 p
6.3	(0.4)	(3.2)	0.5	4	(0.6)	(5)
10	(0.4)	(4)	0.5	6.3	(0.6)	(6.3)
12.5			(0.5)	(6.3)	0.6	6.3
16			(0.5)	(6.3)	0.6	6.3
20			0.5	6.3	0.7	8
25			0.5	6.3	0.7	8
(30)					0.7	10
32					0.7	10
(35)					0.7	10
40					0.8	10
(45)					0.8	10
50					0.9	12.5
63					0.9	12.5

尽可能选择括号内尺寸。

注：表格中规定的齿距仅仅适用于图中的齿形。

ICS 79.120.20
J 65

中华人民共和国国家标准

GB/T 21691—2008/ISO 9267:1988

木工机床　带锯磨锯机　术语

Woodworking machines—Bandsaw blade sharpening machines—Nomenclature

(ISO 9267:1988,IDT)

2008-04-22 发布　　2008-10-01 实施

中华人民共和国国家质量监督检验检疫总局
中国国家标准化管理委员会　发布

前　　言

本标准等同采用 ISO 9267:1988《木工机床　带锯磨锯机　术语》(英文版)。

为便于使用,本标准作了下列编辑性修改:

——“本国际标准”一词改为“本标准”;

——用小数点“.”代替作为小数点的逗号“,”;

——删除法文术语和附录 A;

——增加了规范性引用文件的导语;

——删除了国际标准的前言。

本标准由中国机械工业联合会提出。

本标准由全国木工机床与刀具标准化技术委员会归口。

本标准起草单位:福州木工机床研究所、东台市巨轮木工机械有限责任公司、东台市唐洋带锯机械有限责任公司。

本标准主要起草人:郑莉、钱晓陆、王灿宽。

木工机床　带锯磨锯机　术语

1　范围

为帮助制造商和使用者识别机床的各零部件，本标准规定了适合于带锯磨锯机零部件的相应术语。

本标准适用于 ISO 7984 中 55.11 指示的那些机床。

2　规范性引用文件

下列文件中的条款通过本标准的引用而成为本标准的条款。凡是注日期的引用文件，其随后所有的修改单(不包括勘误的内容)或修订版均不适用于本标准，然而，鼓励根据本标准达成协议的各方研究是否可使用这些文件的最新版本。凡是不注日期的引用文件，其最新版本适用于本标准。

ISO 7984:1988　木工机床　木工机床及木工辅机的技术分类

3　术语

术语见图 1 和表 1。

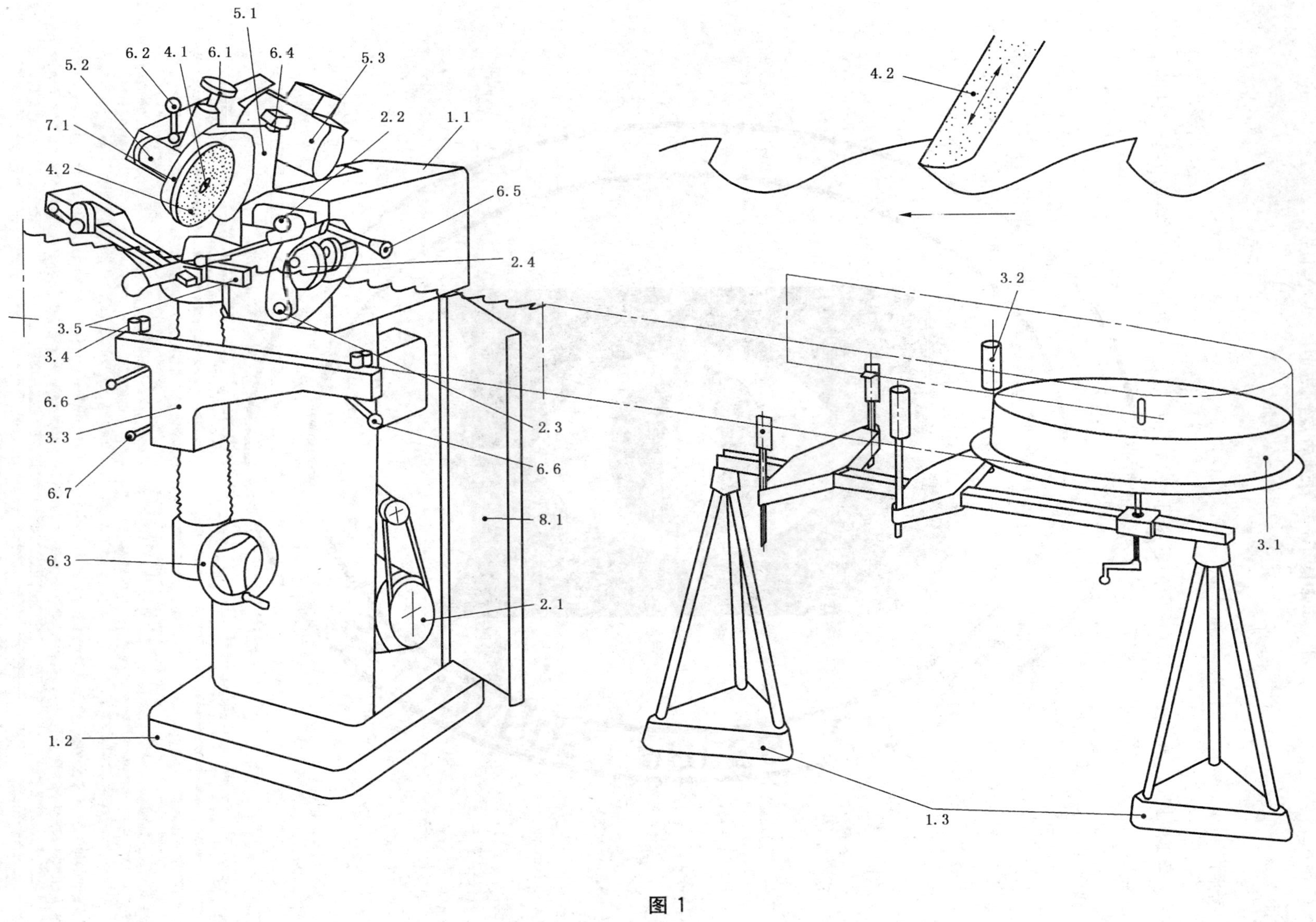
5.1
5.2
6.2
4.1
6.1
6.4
5.3
2.2
1.1
7.1
4.2
6.5
2.4
3.5
3.4
6.6
3.3
6.7
6.3
1.2
2.3
6.6
8.1
2.1
4.2
3.2
3.1
1.3

图 1

表 1

序　号	中文	英文
	带锯磨锯机	bandsaw blade sharpening machines
1	床身部分	framework
1.1	床身	main frame
1.2	底座	base
1.3	导轮支架	guide pulley support stand
2	工件和/或刀具进给部分	feed of workpiece and/or tools
2.1	电机	motor
2.2	进给棘轮	feed pawl
2.3	进给棘轮心轴	feed pawl pivot
2.4	凸轮轴	cam shaft
3	工件的支承、夹紧和导向部分	workpiece support,clamp and guide
3.1	传动轮	guide pulley
3.2	托架及托辊	brackets and rollers
3.3	锯条托架	blade carrier
3.4	锯条导向轮	blade guide rollers
3.5	锯条校正棒	blade check bar
4	刀夹和刀具部分	tool-holders and tools
4.1	砂轮轴	grinding wheel spindle
4.2	砂轮	grinding wheel
5	加工头和刀具的传动部分	workhead and tool drives
5.1	磨削头	grinding head
5.2	磨削头传动	grinding head drive
5.3	磨削头电机	grinding head motor
6	操纵部分	controls
6.1	磨削头上下调节手轮	grinding head vertical adjustment hand wheel
6.2	磨削头锁紧手柄	grinding head locking lever
6.3	锯条上下调节手轮	handwheel for vertical adjustment of the blade
6.4	配重手轮	balance gear handwheel
6.5	进给棘轮手柄	feed pawl locking lever
6.6	锯条导向锁紧手柄	blade guide locking lever
6.7	锯条托架锁紧手柄	blade carrier locking lever
7	安全装置(实例)	safety devices(examples)
7.1	砂轮防护罩	grinding wheel guard
8	其他部分	miscellaneous
8.1	主传动防护门	main drive enclosure door
9	预留条款	(clause free)

ICS 67.020
C 53

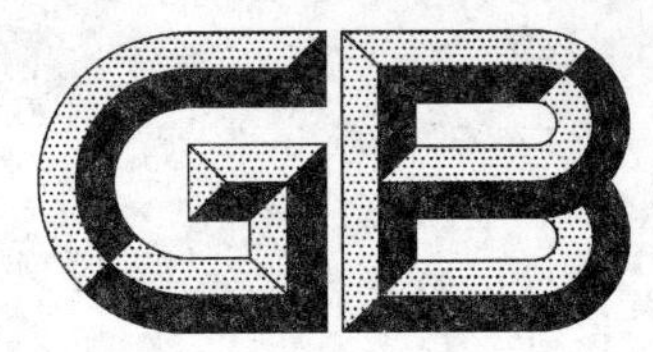

中华人民共和国国家标准

GB/T 21692—2008

乳粉卫生操作规范

Hygienic practice for dried milk

［CAC/RCP 31—1983(Amd. 1989),IDT］

2008-04-10 发布　　2008-11-01 实施

中华人民共和国国家质量监督检验检疫总局
中国国家标准化管理委员会　发布

前　言

本标准等同采用食品法典委员会(CAC)发布的CAC/RCP 31—1983 (Amd. 1989)《乳粉卫生操作规范》。在技术内容上完全相同，仅作如下编辑性修改：

——按GB/T 1.1—2000的要求增加前言和规范性引用文件；

——对范围进行精简，保留核心内容；

——对乳粉的定义进行编辑性修改，有关内容用注的方法加以说明；

——将“乳粉”的定义的脚注内容改编为附录A(资料性附录)；

——将“推荐性标准食品卫生总则”、“官方机构规定的标准”改为“我国相关国家标准和行业标准”；

——“饮用水国际标准”改为“GB 5749”。

本标准的附录A为资料性附录。

本标准由中国标准化研究院提出。

本标准由全国食品工业标准化技术委员会归口。

本标准起草单位：中国标准化研究院、天津商学院、湖南亚华乳业有限公司。

本标准主要起草人：许建军、刘文、刘俊华、刘建福、任国谱。

乳粉卫生操作规范

1 范围

本标准规定了乳粉生产及销售过程中(包括乳粉厂设计、原料乳的标准、乳粉加工、包装及储运等过程中建筑、设施、设备、人员的卫生要求及产品的微生物指标)基本的卫生及技术操作规范。

本标准适用于乳粉生产企业。

2 规范性引用文件

下列文件中的条款通过本标准的引用而成为本标准的条款。凡是注日期的引用文件,其随后所有的修改单(不包括勘误的内容)或修订版均不适用于本标准,然而,鼓励根据本标准达成协议的各方研究是否可使用这些文件的最新版本。凡是不注日期的引用文件,其最新版本适用于本标准。

GB 5749 生活饮用水卫生标准

CODEX STAN 206—1999 法典乳制品通用标准

ISO 6785:2001 乳和乳制品 沙门氏菌的检验

3 术语和定义

下列术语和定义适用于本标准。

3.1

适当的 adequate

充分达到本标准的预期目的所需要满足的程度。

3.2

清洗 cleaning

去除残留的乳、油脂、泥土、灰尘和其他有害物质的过程。

3.3

污染 contamination

乳粉中出现任何有损于乳粉安全的物质。

3.4

消毒 disinfection

采用卫生效果满意、对产品无不良影响的化学试剂或物理方法使设备、工器具表面以及加工环境中微生物数量降低到不会导致产品受到有害污染的操作。

3.5

乳粉 dried milk

滚筒干燥、喷雾干燥得到的乳制品或配方乳制品。

注1:本定义中的乳制品、配方乳制品见《乳与乳制品法典导则》(CAC/MI—1973,第7版)的如下条款:

2 乳制品

2.1 所定义的乳制品的术语应仅用于乳的衍生产品。

2.2 除2.1外,乳制品生产过程中添加了某些物质,若不是预期用于部分或全部取代乳中任何成分时,该产品仍可命名为乳制品。

2.3 乳制品的术语也可以与规定该乳品类型、等级、产地、预期用途,或者用于描述乳品物理处理或成分改性的术语联用。

3 配方乳制品

如果没有预期替代乳中任何成分的外来物质，配方产品符合乳制品定义要求，从数量上或特征上均以乳或乳制品为主要成分，则该配方乳制品可以用"乳"、"乳制品"字样和术语命名。若这类配方乳制品作为乳、乳制品或乳品工业的推荐术语，其产品标签应像标明其他主要成分一样，标明乳和乳制品。

注2：有关乳制品、配方乳制品的术语、名称的使用、命名规定在《法典乳制品通用标准》(CODEX STAN 206—1999)进行了规定，详见附录A。

3.6

设施 establishment

用于原料乳处理、乳粉加工、包装、贮藏，或与原料乳处理、乳粉加工、包装、贮藏等有关的建筑物或场地以及周围的环境。

3.7

食品处理 food handling

食品生产、预处理、加工、包装、贮存、运输、流通及销售过程的任一操作。

3.8

半成品乳 liquid milk products

原料乳经过预加工后生成的半成品，包括经过蒸发或浓缩得到的浓缩乳，但不包括生鲜原料乳。

3.9

巴氏杀菌 pasteurization

应用于乳品加工中的热处理过程，目的是防止乳中的病原微生物引起公众健康危害。巴氏杀菌作为一种热处理过程，只引起最小限度的物理、化学及感官变化。

注1：巴氏杀菌只是在这种意义上避免健康危害。尽管巴氏杀菌不能杀死可能出现的所有病原微生物，但它可以把有害微生物的数量降低到一定水平，使其不能形成一个显著的健康危害。巴氏杀菌也可以通过减少产品中腐败微生物的数量来延长一些产品的保存性。巴氏杀菌所需的温度与时间受产品的性质、固形物含量以及黏度等的影响。一些乳制品巴氏杀菌时所需要的最低限度的温度与时间组合如下：

巴氏杀菌乳和脱脂乳：63℃/30 min，72℃/15 s。

巴氏杀菌奶油：75℃/15 s(脂肪含量18%)，80℃/15 s(脂肪含量大于35%)。

巴氏杀菌浓缩乳：80℃/25 s。

注2：很多巴氏杀菌的温度与时间组合的参数具有相同的巴氏杀菌所要求的最低的微生物杀灭效果，以上给出的巴氏杀菌温度(时间)参数是典型参数。巴氏杀菌的温度与时间参数受乳制品的性质、固形物含量以及黏度等的影响，一些种类乳制品的巴氏杀菌的温度(时间)参数可以参考下列文献：

恩莱特 J.B.，W.W. 沙尔德，R.C. 托马斯. 巴氏杀菌乳中蒲纳氏克斯氏菌的热钝化. Pub Hlth Monograph No. 47. Pub. Hlth Service Pub. No. 517，Us Supt Doc.，华盛顿. 1957；

恩莱特 J.B.. 含有Q热有机体的奶油、巧克力奶以及冰激凌的巴氏灭菌. 牛奶与食品工艺杂志. Vol. 24，No. 11，Nov. 1961. 2. 10.

3.10

害虫 pests

能够直接或间接引起食品污染的任何昆虫。

4 乳生产场所的卫生要求

本标准不包括原料乳生产的卫生操作规范。

有关原料乳的卫生要求，见第7章。

5 厂房的设计与设施

5.1 厂址

乳粉厂应建在地势干燥、水源充足、远离有害气体、粉尘及其他扩散性污染源的地方。

5.2 道路与厂区

乳粉厂的厂区内及周边的道路为适合于机动车行驶的硬化路面。厂区应有排水设施以保持清洁。

5.3 建筑物与设施

5.3.1 建筑物、设备布局合理,设施维护良好。满足良好食品卫生操作的要求。

5.3.2 提供充足的生产区域、满足所有的加工操作。

5.3.3 建筑物与设施应易于清洗,并便于视觉检查卫生状况。

5.3.4 建筑物和设施应能够防止害虫进入与孳生以及烟尘、粉尘等环境污染物进入。

5.3.5 根据生产工艺流程和生产操作区域清洁度的要求通过隔离物、区域划分或其他有效方法对建筑物内的生产区域进行隔离,以防止交叉污染。

5.3.6 建筑物的建造和设备的布置应确保从原料进入到产品产出全过程的卫生操作,乳粉加工场所应根据生产工艺的单元操作流程和卫生要求合理布局、车间应按乳粉生产操作区域清洁度的要求进行隔离,以防止交叉污染。乳粉加工车间保持适宜的温度。

5.3.7 乳粉生产区域:

地面:地面用不渗水、无吸附性、可清洗、防滑、无毒的材料建造,地面无裂缝,容易清洗和消毒,并有一定的排水坡度。

墙面:墙面用不透水、无吸收性、可用水清洗、无毒的浅色建筑材料建造,墙面应光滑、无裂痕,易于清洗和消毒。

天花板:天花板的设计、建造应能够防止灰尘积聚、防止霉菌生长及表面涂层脱落,防止结露、并易于清洗消毒。

窗户:窗户和其他能够开启的地方应尽量减少灰尘积聚,并安装防蚊蝇和其他害虫进入的纱窗。纱窗应易于拆卸和清洗,并处于维修良好的状态。如果窗子里边有窗台,窗台应有一定倾斜度以防止被当作存放物品的架子使用。

门:门的表面应光滑、无吸附性、并且在需要的情况下门能够自动关闭紧密。

楼梯:电梯间和平台、楼梯、坡道等辅助设施应位于不会造成乳粉污染的地方。坡道应修建为可以监测并有清洁口。

5.3.8 乳粉加工车间内位于操作人员头顶以上高度的管道等设施应设计成避免灰尘积聚、结露、长霉,并便于清洁,以防止由于水分结露滴下及灰尘、异物等落下污染原料和产品。

5.3.9 生活区、卫生间和动物饲养间应完全与乳粉生产车间隔离,并且不能直接敞向乳粉生产车间。

5.3.10 如果可能,生产区域的设计应实现工厂的出入口可控制。

5.3.11 避免使用不易清洗消毒的建筑材料,例如木头。除非确定使用该材料不会造成污染。

5.4 卫生设施

5.4.1 供水

5.4.1.1 乳粉厂应供给充足的加工用水,水压和水温满足生产需要,水质不应低于 GB 5749 的规定。必要时有适当的贮水和水的输送设施、并防止贮存水受到污染。

5.4.1.2 乳粉厂使用的不与乳或乳制品接触的冷却用水、制冷用水、消防用水、蒸汽用水等非饮用水应用具有明显颜色标识的单独管道输送。输送非饮用水的管道不可以与乳粉加工用水系统的任何乳品加工设备、清洗消毒设施等相连通,防止非饮用水倒吸于加工用水系统中。非饮用水设施应得到官方管理机构的许可。

5.4.2 蒸汽

5.4.2.1 乳粉厂应供给适当的压力蒸汽和其他加热介质,确保乳粉生产过程中所有的热处理、蒸发及干燥设备的用热,同时为清洗消毒和其他操作提供必要的热源或蒸汽。

5.4.2.2 直接与乳或乳表面接触的热蒸汽不能含有任何杂质,包括锅炉水产生的可能污染乳粉产品或危害人体健康的挥发性化合物。

5.4.3　制冷

有足够的制冷能力用以冷却、并在低温条件下贮存原料乳、巴氏杀菌乳及液体乳制品(见8.4.3)。

5.4.4　供风

乳粉厂应有适当的供风设备,以保证乳粉生产过程中的干燥、气流输送、冷却、吹扫等工序的用风。应采取措施滤除关键工序使用的压缩空气中的油、水分、灰尘、微生物、昆虫、异味和其他有害物质。与乳品或乳粉表面接触的压缩空气也应该符合此要求。

5.4.5　污水和废弃物处理

乳粉厂应建立有效的污水和废弃物处理设施,并始终保持该系统处于良好的使用与维护状态。污水管道(包括下水管道)的设计满足最大的输送负荷,污水管理不得污染加工用水供给系统。

5.4.6　更衣室与卫生间

在生产区域内合适的位置设置与工人数量和性别比例相适应的卫生间、更衣室。这些场所应有良好的照明、通风、供暖设施。卫生间的设计应易于人排泄废物的排放,大小便池易于清洗消毒。卫生间的门及排风口不能朝向乳品加工区域。卫生间的出口处应有供应冷水、温水或热水的洗手设施,最好采用非手动式水龙头,并配有适宜的洗手清洁剂和干手设施,如用纸巾干手,在洗手池旁边要提供足够的一次性干手纸和废纸篓。在卫生间醒目的位置设立标示牌以特别提示人员使用完卫生间后洗手。

5.4.7　加工区域的洗手设施

乳粉加工区域的入口处应为员工提供适当的洗手、干手和手消毒设施,还应提供冷水、热水、温水和洗手液等手清洗用品。供应冷热水的地方提供混合型水龙头。对洗干净的手进行干燥,如用纸巾干手,需在每个洗手池旁边提供足够的纸巾和废纸篓。洗手水龙头最好使用全自动感应式水龙头。

5.4.8　消毒设施

应提供方便的用于工器具和设备清洁消毒的设施,这些设施应由抗腐蚀材料制成、容易清洗,并配备必要的装置以供给足够的温水和冷水。

5.4.9　照明

乳粉生产场所应提供充足的自然光照或人工照明,人工照明不应改变原料乳、半成品乳、乳粉的颜色。车间采光系数不应低于标准Ⅳ级,质量检验场所的混合照度不应低于540 lx,加工场所不应低于220 lx,其他场所不应低于110 lx。

悬挂在食品材料上方的灯泡等照明设施应使用安全型的产品,并装有防护罩以防止破碎后污染原料、半成品或成品。

5.4.10　通风

生产区域提供适当的通风设施以及时排走乳粉加工时产生的大量热、水蒸气、冷凝水或灰尘、污浊的空气。排气时空气流动的方向应从高清洁区到低清洁区。通风气窗装有可拆卸、易于清洗的空气过滤网。

5.4.11　贮存废弃物和非食用物料的容器

废弃物和非食用物料运出工厂前应暂时存放于容器内,这些容器应设计成防止害虫进入,并且避免废弃物污染原料、半成品、饮用水、设备、建筑物、道路等。

5.5　设备与工器具

5.5.1　材料

在乳粉生产区域内使用的、可能与原料乳、半成品乳及乳粉接触的所有设备、工器具均用无毒、无异味、无吸收性、抗腐蚀、能够反复清洗消毒的材料制成。设备及工器具的表面应光滑、无凹坑、无裂纹。避免使用木质或其他不能充分清洗消毒的材料制造乳粉加工设备和工器具,除非材料本身明显地不会造成污染。

5.5.2　设备的卫生设计、制造和安装要求

5.5.2.1　所有的乳粉生产设备、工器具均设计、制造成易于清洗消毒、便于视觉检查卫生。固定设备安

装在操作方便、易于清洗消毒的地方。选用能够使乳粉中水分含量降低到最低限度的喷雾干燥设备、包装设备。

5.5.2.2 存放废料和废弃物的容器应防渗漏，由金属材料或其他的防渗漏材料制成。容器应能够密闭，并便于清洗消毒或者使用一次性容器。

5.5.2.3 用于原料乳、半成品乳的巴氏杀菌设备应安装温度计、温度自动记录仪、液流转向阀、断流泵、正排量泵和计时装置，以确保维持杀菌时合适的温度与时间。

5.5.2.4 温度测量装置的传感器位于杀菌设备的合适位置，以确保巴氏杀菌过程中测量的是乳和乳制品的温度。

5.5.2.5 必要的情况下，加工设备带有取样装置以检验巴氏杀菌的效果或热处理的强度。

5.5.2.6 所有的冷藏设施应安装温度测量和记录装置。

5.5.3 温度计和温度记录仪

5.5.3.1 避免使用玻璃温度计测量乳和乳制品的温度，防止温度计破碎产生的玻璃碎屑进入加工原料和乳粉成品。

5.5.3.2 温度计、温度记录仪和类似装置在安装时进行校准，并在使用过程中定期校准以保证记录结果准确。

5.5.4 喷雾干燥设备

5.5.4.1 必要时，喷雾干燥设备中安装空气过滤器，确保进入喷雾干燥器的热空气符合5.4.4的要求。对于直接燃气式进行空气加热的喷雾干燥设备，应采取措施确保燃料完全燃烧以防止污染产品。

5.5.4.2 回收从喷雾干燥室排出的废气中带有的较细乳粉，将废气中乳粉的含量降低到不会污染工厂建筑物和周围环境的水平才可排放。

5.5.5 设备标识

用于处理非食用物料和废弃物的设备及工器具应带有明显的标识，其不能在乳粉加工中使用。

6 厂房的卫生要求

6.1 维护

6.1.1 乳粉厂内的建筑物、设备、工器具和包括排水管道在内的其他设施都应处于良好的维护和使用状态。生产区域内无水蒸气、积水、灰尘。贮藏间应该保持干燥。

6.1.2 特别注意喷雾干燥设备废气排出口附近的屋顶、水槽和排水沟的清洁以防止该区域受到粉尘污染。

6.1.3 经常检查喷雾干燥设备和其他设备是否完好。

6.2 清洗与消毒

6.2.1 清洗和消毒符合本标准的要求，详细的清洗和消毒程序见我国相关国家标准和行业标准。

6.2.2 为了防止乳粉污染，所有的加工设备和工器具应经常清洗，必要时对其消毒。所有与湿的物料接触的工器具使用完后立即清洗，与干燥产品接触过的工器具使用完后立即用合适的方法干洗。加工设备在需要的情况下可拆卸清洗。

6.2.3 避免使用金属材料制成的清洗用具(如钢丝球)来清洗乳制品的设备和工器具。如应使用，则应在操作中非常小心以防止产生的金属碎屑污染产品。

6.2.4 原地清洗的设备和管道首先用清水冲洗。需要使用温水清洗时，建议水温不超过45℃。应定期对喷雾干燥设备的喷嘴清洗消毒以保证喷嘴清洁。应定期检查和清洗喷雾干燥设备的空气过滤装置以保证其过滤效果。

6.2.5 清洗过的设备和工器具在使用前应采用物理方法或化学试剂进行消毒，对于干燥产品设备则不必每次使用前都进行消毒。在使用化学试剂消毒时，清洗用水应符合8.3的要求。

6.2.6 进入喷雾干燥室内进行清洁和维修的任何人员应穿特殊的、干净的保护服和使用鞋套。

6.2.7 采取适当的保护措施防止对生产区域、设备与工器具清洗消毒时,清洗消毒(剂)液或清洗用水污染原料、半成品和成品。清洗消毒剂应具有良好的清洗杀菌效果,其质量符合我国国家标准或相关行业标准。清洗消毒后的生产区域以及直接与乳品接触的设备、工器具表面上残留的清洗剂和消毒剂彻底用水质符合8.3的清水冲洗干净。

6.2.8 每天或适当生产间歇时,应彻底清洗乳粉生产区域的地板、排水沟、辅助设施及墙壁等。

6.2.9 更衣室和卫生间始终保持清洁。

6.2.10 乳粉厂内及附近的道路应保持清洁。

6.3 卫生控制计划

为了保证整个生产场所,特别是关键的生产区域、设备和材料的清洁,每个工厂都应制定长期的清洗消毒计划。应指派能够充分认识乳粉污染来源及其危害严重性的人员专门负责乳粉加工的清洁卫生。所有从事乳粉加工厂卫生清洁的员工都应受到过良好的清洁技术培训。

6.4 废弃物的储存和处理

防止废弃物污染原料、半成品和饮用水。采取有效措施防止害虫进入废弃物,废弃物应及时清除出生产区域,至少每天一次。废弃物清除后,应对存放区、存放容器和任何与废弃物直接接触过的工器具都应进行清洗消毒。

6.5 家畜控制

厂区应有防范外来有害动物侵入的设施,厂区内不得饲养动物。

6.6 害虫控制

6.6.1 制定长期、有效的害虫防治计划,应定期检查周围环境,有效防止害虫孳生。

6.6.2 生产区域的出入口处使用物理方法、化学或生物制剂等控制措施防止害虫进入。使用化学和生物制剂时应在专职人员监督下进行,该专职人员应能够充分认识到所使用的制剂残留乳粉中可能导致的潜在人体健康危害。以上控制措施应符合有关官方机构的规定。

6.6.3 只有在其他措施无效的情况下才能使用杀虫剂。使用杀虫剂前保护好所有的原材料、半成品、设备和工器具以防止其被污染,设备、工器具一旦被污染应对其彻底清洗、去除残存的杀虫剂后才可再次使用。

6.7 有害物质的贮存

6.7.1 存放杀虫剂和其他危害人体健康的有害物质的包装容器上应具有说明其毒性和用途的标识。有害物质应贮存在带锁的仓库或试剂柜内,需要使用时,经过乳粉厂有关部门审批,由经过正确培训的人员,或在受过正确培训人员严格监督下的其他人员发放和使用有害物质。并且采取有效措施防止有毒物质污染食品。

6.7.2 不得在乳粉生产区域使用和贮存能够污染乳品的物质,除非其用于清洗消毒。

6.8 个人物品和衣服

不得在加工区域内存放个人物品和衣服。

7 人员卫生与健康要求

7.1 卫生知识培训

乳粉厂管理者应为每个加工人员安排合适的、持续的乳粉卫生知识和个人卫生知识的培训,使他们了解防止乳粉污染的必要措施。具体要求包含在本标准的相关部分。

7.2 健康检查

直接从事乳粉加工的人员进厂前应到医疗机构进行健康检查。无论是从乳粉生产的特殊卫生要求、还是从了解预期从业人员是否患有流行性疾病及其既往病史的角度来看,健康检查都是必不可少的。

如果乳粉加工人员出现临床性或流行性疾病症状,也应及时进行医疗检查。

7.3 传染性疾病

被查明患有或怀疑患有可能通过食品进行传播疾病的人员或病原携带者以及患有伤口感染、皮肤感染、腹泻等人员不得在任何乳粉生产区域工作。

任何上述人员都应立即向管理部门报告其病情或病症。

7.4 伤口

任何带有开放性伤口的人员不允许继续从事乳粉生产，直到使用带有明显颜色的、确保安全的防水绷带对伤口进行的彻底保护。

7.5 洗手

在工作期间，乳粉加工人员应用适当的清洗用品在水质符合8.3的流动温水下经常、彻底地清洗双手。开始工作前、使用完卫生间后、用手处理污染物后以及任何需要的情况下都应洗手。处理完任何可能传染疾病的物质后，应立即洗手消毒。卫生间应张贴洗手注意事项说明，并应具备有适当的监督措施确保本规定的执行。

7.6 个人卫生

从事乳粉生产的人员进入生产区域应做到工作服整齐、干净，衣帽穿戴齐全，工作期间保持个人的整洁卫生。员工不得留胡须，蓄长发，保持指甲短净，女员工不得涂化妆品。在进行乳粉加工操作时，加工人员不得佩戴珠宝、首饰等，以防止异物进入原料及乳粉成品。

7.7 个人行为

乳粉生产厂区内不得吃东西(包括嚼口香糖、槟榔子)、吸烟、随地吐痰等不卫生的行为。

7.8 手套

用于处理乳品的手套应保持清洁、卫生状态，带手套不能免除加工人员彻底洗手。

7.9 参观者

参观者进入乳粉生产区域应穿工作服，并遵守本标准的有关规定。

7.10 监督

指定专门的、合适的负责人监督6.8～7.9中的各项规定得到执行。

8 厂房的生产卫生要求

8.1 原料要求

8.1.1 用于加工乳粉的原料乳的生产条件(包括乳牛饲养、挤乳操作、原料乳的运输等)都应符合国家制定的卫生标准。

8.1.2 被污染或含有对消费者健康有害物质的牛乳不能用于加工乳粉。

8.1.3 只有来自健康奶牛产生的牛乳才能用于加工乳粉。为了确保原料乳不被药物污染，正在接受抗生素或其他药物治疗的奶牛产生的牛乳不能用于加工乳粉。奶牛停药一段时间后、且其产生的原料乳经抗生素残留检验合格后才可用于加工乳粉。

8.1.4 检查进厂原料乳或半成品乳，确保其满足加工的要求。

8.1.5 加工前在实验室对原料乳的成分进行分析。

8.1.6 厂区内贮存的原材料或其他配料应在防止被污染、损伤和败坏的环境下贮存。存放原材料和其他配料的仓库应进行适当的轮转。

8.2 防止交叉污染

8.2.1 在加工的早期阶段，应采取有效的措施防止通过直接或间接接触原料污染巴氏杀菌乳。

8.2.2 在低清洁区从事原料乳预处理和半成品加工等工作的人员，其工作服上可能受到原料乳和半成品的污染，这些工作人员不得进入乳粉灌装等高清洁区接触乳粉，要进入高清洁区应更换干净的工作服。由于在工作期间存在原料乳和半成品污染从事原料乳、其他配料和半成品操作人员的工作服的可能性，这些人员更换洁净的工作服之前不得进入乳品成品生产车间。

8.2.3 若存在污染产品的可能性，不同工段间的操作人员应洗手消毒后才可进行下一步操作。

8.2.4 所有接触过原料乳或污染物的设备及用具与巴氏杀菌乳接触前应经过彻底地清洗消毒。

8.2.5 乳粉预处理、加工及贮存的每一个车间应专用，或者若与生产其他乳制品的车间共用时，应当与其产品生产的卫生要求相同。

8.3 用水

8.3.1 基本原则是水质符合 GB 5749 要求的饮用水才能作为乳粉加工用水。

8.3.2 经相关官方检验机构允许后非饮用水可以用于蒸汽生产、冷却用水、消防用水以及其他不与乳品接触的用水。在确保不会对人体健康产生危害的前提下，非饮用水也可以用于乳粉生产的某些区域。

8.3.3 乳粉厂回收的废水应经过处理、并确保使用后不会对人体健康造成危害时才能再利用，废水处理过程始终处于监控之下。如果没有经过处理的回收水不会引起公众健康危害和污染原料乳及产品也可以作为非饮用水使用。回收水应用有明显标识的输水系统输送。回收水用于乳粉生产的任何工序均要求经过官方允许。

8.4 加工

8.4.1 乳粉加工应在有资质的技术人员监督下进行。

8.4.2 包括包装在内的乳粉生产过程中的所有工序应在防止原材料、半成品及产品可能受到污染、变质、病原菌和腐败菌生长繁殖的条件下进行，整个生产过程中各工序间不应出现不必要的拖延。

8.4.3 进厂的原料乳或液体乳制品检验后及时加工，如不能及时加工，应将其冷却到能够阻止微生物显著生长的温度(2℃～4℃)，进厂的桶装原料乳应及时转移到大型储奶罐中并迅速冷却。

8.4.4 乳粉厂应具备适当的热处理设备。所有的原料乳或半成品乳浓缩前应经过巴氏杀菌。

8.4.5 浓缩后的半成品乳应直接进入喷雾干燥设备进行喷雾干燥。如果由于特殊原因不能直接喷雾干燥，在能够防止微生物生长和毒素生成的低温度条件下(2℃～4℃)贮存浓缩乳，贮存时间不超过12 h。如果需要使用两个进料平衡罐，两个罐应交替使用。根据使用情况，对进料平衡罐定时清洗消毒。

8.4.6 原料乳浓缩后可以运送到乳粉厂进行干燥。必要的情况下，喷雾干燥前需要对其巴氏杀菌。应注意的是巴氏杀菌可以减少乳中活的微生物数量，但不能破坏已经产生的某些种类的微生物毒素。

8.4.7 应以连续的图表形式记录巴氏杀菌过程每一步骤，这些图表应标明日期，并妥善保存至超过产品的保质期。如非特殊需要，这些图表的保存一般不超过两年。

8.4.8 如果乳粉生产过程中发生中断或工序间不连续，该批次的产品不能作为成品，除非经过特别的检验证明符合成品乳粉的卫生标准。有时需要经过重新加工、转为非食品原料或额外的检验。

8.4.9 从设备回收的、而不是连续生产过程得到的乳粉不能直接混入乳粉产品。除非回收的乳粉产品经过检验符合卫生要求。

8.4.10 干燥的乳粉产品不能接触潮湿的表面和设备。

8.5 包装

8.5.1 所有的乳粉包装材料应在干净、卫生的条件下储存。包装材料应适宜包装乳粉、符合乳粉储藏条件的要求、不能向乳粉中传播任何超过官方标准规定的有害物质。包装材料应完好且能够保护乳粉免受污染。

8.5.2 成品容器不能是使用过的、可能导致乳粉污染的包装材料及容器。使用前应对容器进行检查以确保其处于良好的使用状态，必要时，应对容器进行清洗和(或)消毒，清洗的容器需充分干燥后才能进行灌装。包装材料只有在生产要求立刻使用时才存放在包装或灌装区域。

8.5.3 乳粉灌装时采取有效措施最大程度地减少产品粉尘和外溢。在灌装或充气后立即密封包装袋(容器)，必要时去除附着在包装外表面的产品粉尘，保持包装容器的表面清洁。

8.5.4 应在防止外来污染物进入产品的环境条件下进行乳粉包装。

8.5.5 批次标注：每个乳粉外包装上都应用代码或明码永久性地标明生产厂家和生产批次。生产批次表示相同条件下生产的用具体编号标记的产品的数量。在某一特定的时间段，通常是从某一特定的生产线或其他关键的加工设备上生产出来的乳粉在产品包装上的批次应该相同。

8.5.6 加工和生产记录:每一批次产品所对应的相关生产记录都应清晰、标明具体日期、能够永久性地识别,并妥善保存。这些记录的保存时间应超过该批产品的保质期,但保存时间一般不超过两年,除非特殊需要。还应保存根据批次分销产品的记录。

8.6 乳粉的运输与贮存

8.6.1 在防止产品受到污染、微生物生长繁殖、败坏和包装容器受损的条件下贮存与运输乳粉。

8.6.2 乳粉的包装容器及贮存条件应能够防止乳粉在贮存期间吸收水分。乳粉贮存期间定期检查产品以确保销售适合消费者食用、符合产品标准的乳粉。按照生产批次顺序销售产品。

8.7 取样和实验室控制程序

8.7.1 工厂应有足够的用于乳粉加工常规检验的实验室设备以连续控制所有的生产操作。

8.7.2 选择有代表性的乳粉样品来进行产品的安全性和质量检验。

8.7.3 实验室检测的内容:

a) 进厂的原料乳和液态乳半成品;

b) 其他配料、食品添加剂;

c) 加工和生产阶段,包括巴氏杀菌过程中检验原料乳中磷酸酶残存活力[1)];

d) 工厂的清洁消毒情况;

e) 成品;

f) 加工用水的水质;

g) 校正仪器设备,如温度计、量器;

h) 包装材料;

i) 空气质量;

j) 蒸汽质量;

k) 乳粉车间和厂区周围环境的微生物指标检测。

8.7.4 为了易于解释实验结果,应首选公认的或标准的方法用于实验室分析。多数情况下,可选用法典中的分析方法。

8.7.5 限定在乳粉厂的特定区域内对致病菌进行检测,并采取适当的措施确保产品污染不是来源于实验室。

8.7.6 对检测结果进行评价,如果检测结果显著偏离正常指标,则应立即采取适当措施,包括进行更为详细的调查。

8.7.7 检测结果在乳粉厂的保存时间应超过产品的保质期,除非特殊的需要,保存时间不超过两年,还应该保存不同生产工艺的记录,所有的记录妥善保存备查。提供样品批次的识别方法。

8.7.8 负责乳粉卫生的人员应充分认识乳粉污染危害的重要性,并拥有计划、检查、整改乳粉厂卫生的权利。

9 产品规格

采用标准方法进行取样和检测应符合下列说明。

9.1 尽最大可能实施良好生产规范,产品不出现有害物质。乳粉不应含有任何超过标准的危害人体健康的物质。

9.2 采用适当的取样和检测方法时,产品中的微生物数量不足以引起人体健康危害。产品中不应含

1) 方法:a) IDF-63《乳中磷酸酶活力检测的方法》;ISO 3356:1975《原料乳、乳粉、酪乳、酪乳粉——测定磷酸酶的活力(指示法)》;b) AOAC 分析方法(1983),第 14 版,牛乳中残存的磷酸酶,方法Ⅱ,16.112-16.114;c) 我国检测方法可参照 NY/T 801《生鲜牛乳及其制品中碱性磷酸酶活度的测定》。

有微生物的有害代谢产物，特别是黄曲霉毒素不得超过国家规定的标准和耐受剂量。

9.3 微生物指标：乳粉应符合第10章的微生物指标。

10 乳粉的微生物指标

乳粉产品的微生物指标包括如下两部分：

a) 成品乳粉的微生物属性；

b) 微生物指南。

注：不适用于特定高危人群(如婴幼儿和儿童等)专用的乳粉。

10.1 成品乳粉的微生物指标

成品乳粉的微生物指标可作为官方机构制定相关标准的依据，目的是确保满足标准中重要的卫生指标，它可能包括对公众健康没有直接危害的微生物。

10.1.1 取样方法和微生物指标[2)]

10.1.1.1 沙门氏菌：随机抽取15个样品，每个样品25 g，所有样品不得检出沙门氏菌(n=15，c=0，m=0)。

10.1.1.2 嗜温需氧菌：随机抽取5个样品，每个样品25 g。所有样品嗜温需氧菌均不得超过200 000 CFU/g；五个样品中不得有2个样品嗜温需氧菌超过5 000 CFU/g(n=5，c=2，m=50.000，M=200.000)。

10.1.1.3 大肠菌群：随机抽取5个样品，每个样品25 g，所有样品大肠菌群不得超过100 CFU/g；五个样品中不得有1个样品大肠杆菌超过10 CFU/g(n=5，c=1，m=10，M=100)。

10.1.2 单批次中的实地采样数量

随机实地采样15份，首先全部检测沙门氏菌，再从15份样品中随机抽取5个样品用于检测嗜温厌氧菌和大肠菌群。

10.1.3 取样方法

所有乳粉样品实地采样至少200 g。

无菌取样用具：能够深入到乳粉容器的底部取样的无菌取样用具，带有密封盖子的无菌存样容器，还需具备无菌匙，酒精灯或其他火、棉花、干净纱布或毛巾及水桶等。取样前清洗取样容器。

方法：对于小包装乳粉，根据实地采样要求随机抽取未开包装的样品。如果净重不足200 g，随机抽取多袋产品使样品质量不少于200 g。对于大包装容器，如箱子、袋子，用无菌匙或其他无菌用具除开表层乳粉，然后用无菌的取样设备从外围开始，至少从3个地方(外围、中心、中间部分)依次取样。将所取样品转移至无菌容器中，在环境温度下密封容器，并应尽快进行分析。

10.1.4 参考方法

10.1.4.1 **沙门氏菌的检测**[3)]

适用于全脂乳粉、脱脂乳粉、乳清粉和类似产品，检测方法为ISO 6785:2001。

10.1.4.2 **嗜温厌氧菌计数**[4)]

适用于全脂乳粉、脱脂乳粉、乳清粉和类似产品，计数方法为国际乳品联合会的参考方法，参见FIL-IDF 49:1970。

10.1.4.3 **大肠菌群计数**[5)]

适用于全脂乳粉、脱脂乳粉、乳清粉和类似产品，计数方法为国际乳品联合会的参考方法，参见FIL-IDF 64:1971。

---

2) 微生物取样检测中n、c、m、M含义如下：n指批产品采样个数；c指该批产品中超过限量的最大允许数；m指合格菌数限量；M指合格的菌数限量。

3) 可参照GB/T 4789.4《食品卫生微生物学检验 沙门氏菌检验》。

4) 可参照SN 0178《出口食品嗜热菌芽孢(需氧芽孢总数、平酸芽孢和厌氧芽孢) 计数方法》。

5) 可参照GB/T 4789.3《食品卫生微生物学检验 大肠菌群测定》。

10.2 **微生物指南**

微生物指南用于监测乳粉厂中某一特定生产区域加工中或加工后的卫生状况。其目的是指导生产，而不是用于官方检测。它可能包括微生物指标和成品规格之外的微生物种类。

10.2.1 **取样方法和微生物指标**

乳粉厂应制定企业的微生物取样方法和微生物指标，以确保成品的微生物指标符合制定的最低标准。

乳粉厂应特别注意检测原料乳及半成品乳中的沙门氏菌(*Salmonella* spp.)和加工中间环节中容易增殖的金黄色葡萄球菌(*Staphylococcus aureus*)。

后者既可以通过直接检测金黄色葡萄球菌也可通过检测耐热核酸酶的活力进行检测。

附　录　A
(资料性附录)
《法典乳制品通用标准》(CODEX STAN 206—1999)中术语、名称的使用和命名规定

A.1　乳制品

乳制品是指以乳为主要原料经加工制成的各种食品,食品中可能含有食品添加剂和乳品加工应添加的其他成分。

A.2　配方乳制品

配方乳制品是指原料乳、乳制品、乳成分在终产品中为必需组成部分的产品,添加非乳成分的目的不能用于替代部分或全部乳的成分。

A.3　商品法典标准中乳制品名称的使用

A.3.1　只有符合《法典乳制品通用标准》(CODEX STAN 206—1999)的产品才可以命名为法典标准中特定的乳制品。

A.3.2　尽管《法典乳制品通用标准》(CODEX STAN 206—1999)的4.3.1和《预包装食品标签的通用标准》(CODEX STAN 1—1985,Rev. 1—1991)中4.3.2规定了乳制品的命名,以乳为原料,乳中脂肪和(或)蛋白质的含量被调整的乳制品如果产品的成分符合相关的标准,其可以命名为法典标准中的特定乳制品。

A.3.3　通过添加和(或)去除乳成分的乳制品仍保持乳制品的基本特性,且乳成分的改变符合相关标准的要求,其可以用相关的乳制品术语和清晰描述乳制品改性的术语共同来命名。

A.4　配方乳制品的命名

符合A.2描述的乳制品可以用以乳为主体来命名或命名为特定的乳制品,准确描述乳品中其他特征性成分(特殊风味、香辛料、中草药、食用香精)的术语紧邻乳的术语。用来命名乳制品的术语可以与用来命名产品类型、级别、来源、用途、物理处理方法或成分改性的术语联合使用来命名某种乳制品。

ICS 65.120
B 46

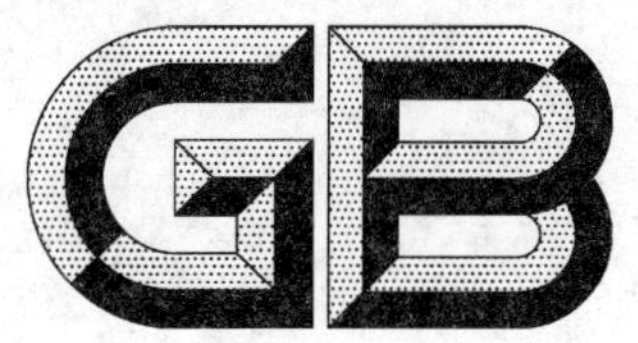

中华人民共和国国家标准

GB 21693—2008

配合饲料中 T-2 毒素的允许量

Tolerance limits for T-2 toxin in formula feed

2008-04-09 发布　　2008-07-01 实施

中华人民共和国国家质量监督检验检疫总局
中国国家标准化管理委员会　发布

前 言

本标准参考了联合国粮食及农业组织 1997 年 64 号食品和营养文件推荐的加拿大食品和饲料中 T-2 毒素的限量标准和我国目前饲料质量状况,确定了我国部分饲料中 T-2 毒素的允许量。

本标准由中华人民共和国农业部提出。

本标准由全国饲料工业标准化技术委员会归口。

本标准由农业部饲料质量监督检验测试中心(沈阳)负责起草。

本标准主要起草人:陈莹莹、曹东、董永亮、刘再胜、张明、吴萍。

本标准首次发布。

配合饲料中 T-2 毒素的允许量

1 范围

本标准规定了配合饲料中 T-2 毒素的允许量。

本标准适用于猪配合饲料、禽配合饲料。

2 规范性引用文件

下列文件中的条款通过本标准的引用而成为本标准的条款。凡是注日期的引用文件，其随后所有的修改单(不包括勘误的内容)或修订版均不适用于本标准，然而，鼓励根据本标准达成协议的各方研究是否可使用这些文件的最新版本。凡是不注日期的引用文件，其最新版本适用于本标准。

GB/T 8381.4—2005 配合饲料中 T-2 毒素的测定 薄层色谱法

3 允许量

T-2 毒素的允许量见表 1。

表 1

序号	适用范围	允许量/(mg/kg)	检验方法
1	猪配合饲料	≤1	按 GB/T 8381.4—2005 执行
2	禽配合饲料	≤1	

ICS 65.120
B 46

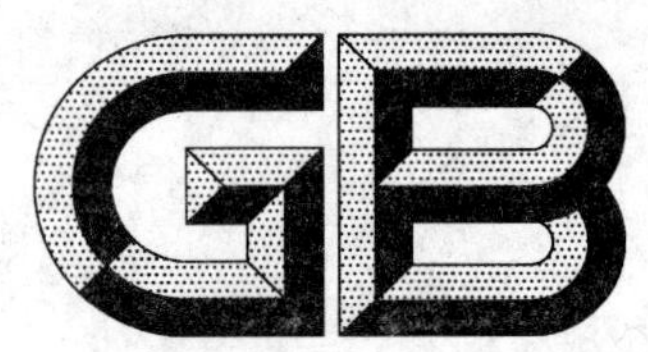

中华人民共和国国家标准

GB/T 21694—2008

饲料添加剂　蛋氨酸锌

Feed additive—Zinc methionine

2008-04-09 发布　　2008-07-01 实施

中华人民共和国国家质量监督检验检疫总局
中国国家标准化管理委员会　发布

前　言

本标准由全国饲料工业标准化技术委员会提出并归口。

本标准主要起草单位:国家饲料质量监督检验中心(武汉)、广州天科科技有限公司、广州康瑞德生物技术有限公司。

本标准主要起草人:杨林、滕冰、杨海鹏、刘贤荣、黄婷、何凤琴。

本标准首次发布。

饲料添加剂　蛋氨酸锌

1　范围

本标准规定了饲料添加剂蛋氨酸锌的要求、试验方法、检验规则及标签、包装、运输、贮存等。

本标准适用于由可溶性锌盐及蛋氨酸(2-氨基-4-甲硫基-丁酸)合成的蛋氨酸-锌摩尔比为 2∶1 或 1∶1的蛋氨酸锌产品。

蛋氨酸-锌摩尔比为 2∶1 的蛋氨酸锌产品:分子式为 $C_{10}H_{20}N_2O_4S_2Zn$,相对分子质量为 361.8。

蛋氨酸-锌摩尔比为 1∶1 的蛋氨酸锌产品:分子式为 $(C_5H_{10}NO_2SZn)HSO_4$,相对分子质量为 311.6。

2　规范性引用文件

下列文件中的条款通过本标准的引用而成为本标准的条款。凡是注日期的引用文件,其随后所有的修改单(不包括勘误的内容)或修订版均不适用于本标准,然而,鼓励根据本标准达成协议的各方研究是否可使用这些文件的最新版本。凡是不注日期的引用文件,其最新版本适用于本标准。

GB/T 5917　配合饲料粉碎粒度测定法

GB/T 6435　饲料中水分和其他挥发性物质含量的测定(GB/T 6435—2006,ISO 6496:1999,IDT)

GB 10648　饲料标签

GB/T 13079　饲料中总砷的测定

GB/T 13080　饲料中铅的测定　原子吸收光谱法

GB/T 13080.2　饲料添加剂　蛋氨酸铁(铜、锰、锌)螯合率的测定　凝胶过滤色谱法

GB/T 13082　饲料中镉的测定方法

GB/T 14699.1　饲料　采样(GB/T 14699.1—2005,ISO 6497:2002,IDT)

GB/T 17810　饲料级 DL-蛋氨酸

HG 2934　饲料级　硫酸锌

3　要求

3.1　感官性状

蛋氨酸锌(2∶1)为白色或类白色粉末,极微溶于水,质轻、略有蛋氨酸特有气味。无结块、发霉现象。

蛋氨酸锌(1∶1)为白色或类白色粉末,易溶于水,略有蛋氨酸特有气味。无结块、发霉现象。

3.2　鉴别

甲醇提取物与相应试剂反应符合要求。

3.3　粉碎粒度

过 0.25 mm 孔径分析筛,筛上物不得大于 2%。

3.4　技术指标

技术指标应符合表 1 要求。

表 1 技术指标

项目		指标	
		摩尔比为 2∶1 的产品	摩尔比为 1∶1 的产品
锌/%	≥	17.2	19.0
蛋氨酸/%	≥	78.0	42.0
螯合率/%	≥	95	—
水分/%	≤	5	
总砷/(mg/kg)	≤	8	
铅/(mg/kg)	≤	10	
镉 /(mg/kg)	≤	10	

4 试验方法

4.1 感官性状的检验

采用目测及嗅觉检验。

4.2 鉴别

4.2.1 试剂及溶液

除非另有规定，所用试剂均为分析纯。

4.2.1.1 甲醇。

4.2.1.2 三氯甲烷。

4.2.1.3 邻菲罗啉三氯甲烷溶液(0.1 g/L)。

4.2.1.4 曙红甲醇溶液(0.1%)。

4.2.1.5 氢氧化钾甲醇溶液(0.5 mol/L)。

4.2.2 鉴别

称取 1.0 g 试样，用 25 mL 甲醇(4.2.1.1)提取，过滤，取滤液 0.1 mL，按顺序分别加入邻菲罗啉三氯甲烷溶液(4.2.1.3)2 mL，曙红试剂(4.2.1.4)3 滴，氢氧化钾甲醇溶液(4.2.1.5)1 mL，不得出现浑浊。

4.3 水分

按 GB/T 6435 中规定的方法测定。

4.4 粉碎粒度

按 GB/T 5917 中规定的方法测定。

4.5 总砷的测定

按 GB/T 13079 中规定的方法测定。

4.6 铅的测定

按 GB/T 13080 中规定的方法测定。

4.7 镉的测定

按 GB/T 13082 中规定的方法测定。

4.8 螯合率的测定

按 GB/T 13080.2 中规定的方法测定。

4.9 锌含量的测定

按 HG 2934 中规定的方法测定。

4.10 蛋氨酸含量的测定

按 GB/T 17810 中规定的方法测定。

5 检验规则

5.1 采样方法

按 GB/T 14699.1 进行。

5.2 出厂检验

5.2.1 批

以同班、同原料、同配方的产品为一批，每批产品进行出厂检验。

5.2.2 出厂检验项目

感官性状、水分、粒度、锌含量。

5.2.3 判定方法

以本标准的有关试验方法和要求为依据，对抽取样品按出厂检验项目进行检验。检验结果如有一项指标不符合本标准要求时，应重新加倍抽样进行复检，复检结果如仍有任何一项不符合标准要求，则判定该批产品为不合格产品，不能出厂。

5.3 型式检验

5.3.1 有下列情况之一时，应进行型式检验：

a) 改变配方或生产工艺；

b) 正常生产每半年或停产半年后恢复生产；

c) 国家技术监督部门提出要求时。

5.3.2 型式检验项目

为本标准第 3 章的全部项目。

5.3.3 判定方法

以本标准的有关试验方法和要求为依据，对抽取样品按型式检验项目进行检验。检验结果如有一项指标不符合本标准要求时，应重新加倍抽样进行复检，复检结果如仍有任何一项不符合本标准要求，则判型式检验不合格。

6 标签、包装、运输、贮存

6.1 标签

应符合 GB 10648 中的规定。

6.2 包装

本产品内包装采用食品级聚乙烯薄膜，外包装采用纸箱、纸桶或聚丙烯塑料桶包装。

6.3 运输

运输过程中，不得与有毒、有害、有污染和有放射性的物质混放混载，防止日晒雨淋。

6.4 贮存

本品应贮存在清洁、干燥、阴凉、通风、无污染的仓库中。

在符合上述运输、贮存条件下，本产品自生产之日起保质期为 24 个月。

ICS 65.120
B 46

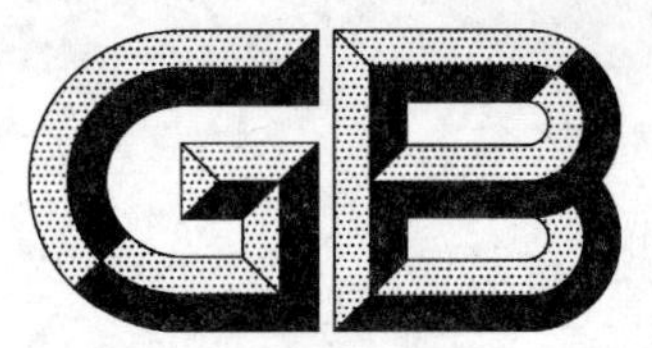

中华人民共和国国家标准

GB/T 21695—2008

饲料级　沸石粉

Feed grade—Zeolite meal

2008-04-09 发布　　2008-07-01 实施

中华人民共和国国家质量监督检验检疫总局
中国国家标准化管理委员会　发布

前言

本标准由全国饲料工业标准化技术委员会提出并归口。

本标准主要起草单位:国家饲料质量监督检验中心(武汉)、华中科技大学。

本标准主要起草人:何一帆、徐锦萍、刘小敏、杨林、杨先奎。

本标准为首次发布。

引　　言

鉴于天然沸石含量变化大，用化学方法无法准确测定。但其吸氨量与沸石的含量呈线性关系，所以本标准在鉴别确定沸石的基础上，用测定吸氨量来判定产品中沸石含量的多少。

饲料级　沸石粉

1　范围

本标准规定了饲料级沸石粉的质量要求、试验方法、检验规则及标签、包装、运输、贮存。

本标准适用于饲料级沸石粉。

2　规范性引用文件

下列文件中的条款通过本标准的引用而成为本标准的条款。凡是注日期的引用文件，其随后所有的修改单(不包括勘误的内容)或修订版均不适用于本标准，然而，鼓励根据本标准达成协议的各方研究是否可使用这些文件的最新版本。凡是不注日期的引用文件，其最新版本适用于本标准。

GB/T 601　化学试剂　标准滴定溶液的制备

GB/T 6003.1　金属丝编织网试验筛(GB/T 6003.1—1997，eqv ISO 3310-1:1990)

GB/T 6435　饲料中水分和其他挥发性物质含量的测定(GB/T 6435—2006，ISO 6496:1999，IDT)

GB/T 6682　分析实验室用水规格和试验方法(GB/T 6682—1992，neq ISO 3696:1987)

GB 10648　饲料标签

GB/T 13079—2006　饲料中总砷的测定

GB/T 13080　饲料中铅的测定　原子吸收光谱法

GB/T 13081　饲料中汞的测定

GB/T 13082　饲料中镉的测定方法

GB/T 14699.1　饲料　采样(GB/T 14699.1—2005，ISO 6497:2002，IDT)

3　要求

3.1　感官性状

本品为无臭无味，具有矿物本身自然色泽的粉末或颗粒。

3.2　理化指标

饲料级沸石粉的理化指标应符合表1要求。

表1　理化指标

项　目		指　标	
		一级	二级
吸氨量/(mmol/100 g)	≥	100.0	90.0
干燥失重(质量分数)/%	≤	6.0	10.0
砷(As)(质量分数)/%	≤	0.002	
汞(Hg)(质量分数)/%	≤	0.000 1	
铅(Pb)(质量分数)/%	≤	0.002	
镉(Cd)(质量分数)/%	≤	0.001	
细度(通过孔径为0.9 mm试验筛)/%	≥	95.0	

4　试验方法

4.1　试剂

以下试剂除特别注明外，均为分析纯，水应符合GB/T 6682中规定的二级水。

4.1.1 硝酸银。

4.1.2 乙酸溶液:1+9。

4.1.3 硝酸代十六烷基吡啶($C_{21}H_{38}NO_2N \cdot H_2O$)溶液:称取5.24 g溴代十六烷基吡啶($C_{21}H_{38}BrN \cdot H_2O$),用50 mL乙醇溶解。另取2.35 g硝酸银(4.1.1),用少量水溶解,将硝酸银溶液倒入溴代十六烷基吡啶溶液中,边倒边搅拌,静止10 min,过滤于100 mL容量瓶中,用乙醇洗涤,并稀释至刻度,摇匀。

4.1.4 硫化钠溶液:称取1 g硫化钠和2 g氢氧化钠加水溶解后,稀释至100 mL。

4.1.5 苦味酸溶液:称取1 g苦味酸用热水溶解,稀释至100 mL。

4.1.6 混合交换剂:称取1 g硝酸银(4.1.1)加入10 mL乙酸溶液(4.1.2),加入10 mL硝酸代十六烷基吡啶(4.1.3)溶液混合后,加水稀释至100 mL(用时摇匀)。

4.1.7 氯化铵溶液(1.0 mol/L):称取53.49 g氯化铵溶液于400 mL水中,用水稀释至1 L。

4.1.8 氯化钾溶液(1.0 mol/L):称取74.55 g氯化钾溶液于400 mL水中,用水稀释至1 L。

4.1.9 甲醛溶液(2+1)(体积比):使用前用0.1 mol/L氢氧化钠溶液中和至酚酞指示剂呈粉红色。

4.1.10 氨-氯化铵缓冲溶液(pH=10):称取20.0 g氯化铵溶液于200 mL水中,加80 mL氨水,用水稀释至1 L。

4.1.11 硝酸银溶液(1 g/L):称取0.1 g硝酸银(4.1.1)加水溶解并稀释至100 mL。

4.1.12 氢氧化钠标准溶液:$c(NaOH)=0.1$ mol/L,按GB/T 601配制。

4.2 仪器

4.2.1 分光光度计。

4.2.2 原子吸收分光光度计。

4.3 鉴别试验

取试样约1 g,用水洗净表面杂质,放入10 mL小烧杯中,加入2 mL~3 mL混合交换剂(4.1.6),在酒精灯上加热煮沸1 min~2 min。取出样品用水洗2次~3次,再加1 mL~2 mL硫化钠溶液(4.1.4)和1滴~2滴苦味酸溶液(4.1.5),煮沸生成表面变黑者即为沸石。

4.4 感官性状的检验

采用目测及嗅觉检验。

4.5 吸氨量的测定

4.5.1 原理

试样用氯化铵煮沸改型,经水洗涤后,再加氯化钾溶液作用,将交换的铵离子置换出来,然后加入甲醛,被置换出的铵离子和甲醛作用生成盐酸,用标准氢氧化钠溶液滴定,计算其吸氨量。

4.5.2 分析步骤

称取1.000 g(准确至0.001 g)试样置于250 mL烧杯中,加入1.0 mol/L氯化铵溶液(4.1.7) 50 mL和少许纸浆,在电热板上煮沸并保温30 min。取下,用慢速滤纸过滤,用煮沸的1.0 mol/L氯化铵溶液(4.1.7)洗涤,直至流出的溶液中无钙、镁离子为止(检查方法:在小烧杯中加几毫升氨-氯化铵缓冲溶液(4.1.10)和1滴酸性铬蓝K指示剂,承接一些滤液,如溶液不变红色,说明已洗净)。再改用温水洗涤至无氯离子(硝酸银溶液(4.1.11)检查),用水将漏斗尾部冲洗一下,防止少量氯化铵沾污。

漏斗改用清洁的250 mL烧杯承接,分三次加入煮沸的1.0 mol/L氯化钾溶液(4.1.8)80 mL。待漏斗中溶液流完后,在烧杯中加入甲醛溶液(4.1.9)15 mL,以酚酞为指示剂,用0.1 mol/L氢氧化钠标准溶液(4.1.12)滴定至红色。再在烧杯中接取一次1.0 mol/L氯化钾溶液(4.1.8),如溶液红色30 s不褪色,表示终点已到,如红色褪去,则应重复滴定至稳定的红色为止。以三次滴定所消耗的氢氧化钠标准溶液的总体积计算结果。

4.5.3 分析结果的表述

吸氨量X(以质量分数计,数值以mmol/100 g表示)按式(1)计算:

$$X = \frac{c \times V}{m} \times 100 \qquad \cdots\cdots (1)$$

式中：

c——氢氧化钠标准溶液浓度，单位为毫摩尔每升(mmol/L)；

V——消耗氢氧化钠标准溶液的体积，单位为毫升(mL)；

m——试样质量，单位为克(g)。

计算结果表示至小数点后两位。

4.5.4 允许差

取平行测定结果的算术平均值为测定结果，平行测定结果的绝对差值不大于 15 mmol/100 g。

4.6 砷含量

称取试样约 2.000 g(准确至 0.001 g)，以下按 GB/T 13079—2006 银盐法执行。

4.7 汞含量

称取试样约 1.000 g(准确至 0.001 g)，以下按 GB/T 13081 执行。

4.8 铅含量

称取试样约 2.000 g(准确至 0.001 g)，以下按 GB/T 13080 执行。

4.9 镉含量

称取试样约 2.000 g(准确至 0.001 g)，以下按 GB/T 13082 执行。

4.10 干燥失重

称取试样约 1.000 g(准确至 0.000 2 g)，以下按 GB/T 6435 执行。

4.11 细度

4.11.1 方法提要

用筛分法测定筛下物含量。

4.11.2 仪器、设备

试验筛：符合 GB/T 6003.1 中 R40/3 系列的要求，ϕ200 mm×500 mm/900 μm。

4.11.3 分析步骤

称取 50 g 试样(准确至 0.1 g)。置于试验筛中进行筛分，将筛下物称量(称准至 0.1 g)。

4.11.4 分析结果的表述

细度 w (以质量分数计，数值以%表示)按式(2)计算：

$$w = \frac{m_1}{m} \times 100 \qquad \cdots\cdots (2)$$

式中：

m_1——筛下物的质量，单位为克(g)；

m——试样质量，单位为克(g)。

计算结果表示至小数点后一位。

4.11.5 允许差

取平行测定结果的算术平均值为测定结果，平行测定结果的绝对差值不大于 0.5%。

5 检验规则

5.1 采样方法

按 GB/T 14699.1 进行。

5.2 出厂检验

5.2.1 批

以同班、同原料的产品为一批，每批产品进行出厂检验。

5.2.2 出厂检验项目

感官性状、水分、细度、吸氨量。

5.2.3 判定方法

以本标准的有关试验方法和要求为依据，对抽取样品按出厂检验项目进行检验。检验结果如有一项指标不符合本标准要求时，应重新加倍抽样进行复检，复检结果如仍有任何一项不符合标准要求，则判定该批产品为不合格产品，不能出厂。

5.3 型式检验

5.3.1 有下列情况之一时，应进行型式检验：

a) 改变配方或生产工艺；

b) 正常生产每半年或停产半年后恢复生产；

c) 国家技术监督部门提出要求时。

5.3.2 型式检验项目

为本标准第3章规定的全部项目。

5.3.3 判定方法

以本标准的有关试验方法和要求为依据。检验结果如有一项不符合本标准要求时，应加倍抽样复检，复检结果如仍有一项不符合本标准要求时，则判型式检验不合格。

6 标签、包装、运输、贮存

6.1 标签

饲料级沸石粉包装袋上应有牢固清晰的标志，内容按 GB 10648 的规定执行。

6.2 包装

饲料级沸石粉采用双层包装。内包装采用两层食品级聚乙烯塑料薄膜袋，厚度不小于 0.06 mm。外包装采用聚丙烯塑料编织袋。

6.3 运输

饲料级沸石粉在运输过程中应有遮盖物，防止雨淋、受潮，不得与有毒有害物品混运。

6.4 贮存

饲料级沸石粉应贮存在阴凉、干燥处，防止雨淋、受潮。不得与有毒有害物品混存。

饲料级沸石粉在符合本标准包装、运输和贮存的条件下，该产品从生产之日起保质期为24个月。

ICS 65.120
B 46

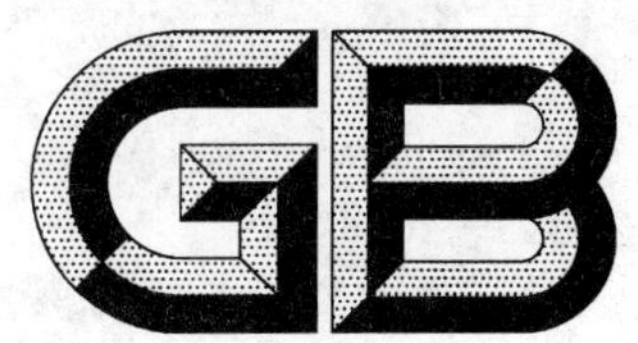

中华人民共和国国家标准

GB/T 21696—2008

饲料添加剂 碱式氯化铜

Feed additive—Copper chloride hydroxide

2008-04-09 发布　　2008-07-01 实施

中华人民共和国国家质量监督检验检疫总局
中国国家标准化管理委员会　发布

前　言

本标准由全国饲料工业标准化技术委员会提出并归口。

本标准主要起草单位:国家饲料质量监督检验中心(武汉)、长沙兴嘉生物工程有限公司。

本标准主要起草人:何一帆、黄逸强、徐锦萍、周长虹、周泽辉、杨林。

本标准首次发布。

饲料添加剂　碱式氯化铜

1　范围

本标准规定了饲料添加剂碱式氯化铜的质量要求、试验方法、检验规则、标签、包装、运输、贮存、保质期。

本标准适用于饲料添加剂碱式氯化铜。

分子式：$Cu_2(OH)_3Cl$

相对分子质量：213.57(按 2001 年国际相对原子质量)

2　规范性引用文件

下列文件中的条款通过本标准的引用而成为本标准的条款。凡是注日期的引用文件，其随后所有的修改单(不包括勘误的内容)或修订版均不适用于本标准，然而，鼓励根据本标准达成协议的各方研究是否可使用这些文件的最新版本。凡是不注日期的引用文件，其最新版本适用于本标准。

GB/T 601　化学试剂　标准滴定溶液的制备

GB/T 602　化学试剂　杂质测定用标准溶液的制备(GB/T 602—2002，ISO 6353-1:1982，NEQ)

GB/T 6682　分析实验室用水规格和试验方法(GB/T 6682—1992，neq ISO 3696:1987)

GB 10648　饲料标签

GB/T 13080　饲料中铅的测定　原子吸收光谱法

GB/T 13082　饲料中镉的测定方法

GB/T 14699.1　饲料　采样(GB/T 14699.1—2005，ISO 6497:2002，IDT)

3　要求

3.1　感官性状

墨绿色和浅绿色粉末或颗粒，不溶于水，溶于酸和氨水，空气中稳定。

3.2　理化指标

饲料添加剂碱式氯化铜的理化指标应符合表 1 要求。

表 1　理化指标

项　　目		指　　标
碱式氯化铜[$Cu_2(OH)_3Cl$](质量分数)/%	≥	98.0
铜(以 Cu 计)(质量分数)/%	≥	58.12
砷(As)(质量分数)/%	≤	0.002
铅(Pb)(质量分数)/%	≤	0.001
镉(Cd)(质量分数)/%	≤	0.000 3
酸不溶物(质量分数)/%	≤	0.2
细度(通过孔径为 250 μm 试验筛)/%	≥	95.0

4　试验方法

4.1　试剂和溶液

以下试剂除特别注明外，均为分析纯，水应符合 GB/T 6682 中规定的二级水。

4.1.1 乙二胺四乙酸二钠溶液:150 g/L。

4.1.2 氢氧化钠溶液:0.1 mol/L 溶液。称取 1.0 g 氢氧化钠,溶于水中,定容至 250 mL。

4.1.3 硫酸钠溶液:0.2 g/L。

4.1.4 乙酸乙酯溶液。

4.1.5 硝酸银溶液:10 g/L。

4.1.6 碘化钾。

4.1.7 冰乙酸。

4.1.8 盐酸。

4.1.9 盐酸溶液:$c(HCl)=3$ mol/L。量取 250.0 mL 盐酸(4.1.8),溶于水中,定容至 1 L。

4.1.10 盐酸溶液:$c(HCl)=6$ mol/L。量取 500.0 mL 盐酸(4.1.8),溶于水中,定容至 1 L。

4.1.11 硫代硫酸钠标准溶液:$c(Na_2S_2O_3)=0.1$ mol/L,按 GB/T 601 配制。

4.1.12 淀粉指示液:5 g/L。

4.1.13 乙酸铅棉花。

4.1.14 L-抗坏血酸。

4.1.15 无砷锌粒。

4.1.16 碘化钾溶液:150 g/L。称取 75 g 碘化钾(4.1.6)溶于水中,定容至 500 mL,贮存于棕色瓶中。

4.1.17 酸性氯化亚锡溶液:400 g/L。称取 40 g($SnCl_2 \cdot 2H_2O$) 溶于 50 mL 盐酸(4.1.8)中,定容至 100 mL。

4.1.18 二乙氨基二硫代甲酸银(Ag-DDTC)吸收溶液:2.5 g/L。称取 2.5 g(精确到 0.002 g) Ag-DDTC 于干燥的烧杯中,加入 20 mL 三乙胺,加适量的三氯甲烷待完全溶解后,转入 1 L 容量瓶中,用三氯甲烷定容,于棕色瓶中存放在冷暗处。若有沉淀应过滤后使用。

4.1.19 砷标准工作溶液:1 mL 溶液含有 1.00 μg 砷,按 GB/T 602 配制。

4.1.20 硝酸溶液:1+1(体积比)。

4.1.21 氨水:1+1(体积比)。

4.2 仪器和设备

4.2.1 分光光度计。

4.2.2 砷化氢发生吸收装置。

4.2.3 玻璃砂坩埚:孔径 5 μm~15 μm。

4.2.4 电烘箱:温度能控制在 105℃~110℃。

4.3 鉴别试验

4.3.1 铜离子的鉴别

称取 0.5 g 试样,加 20 mL 盐酸(4.1.9)溶解。取 1.0 mL 此溶液,加 0.5 mL 乙二胺四乙酸二钠溶液(4.1.1),加 0.5 mL 氢氧化钠溶液(4.1.2),加 1.0 mL 硫酸钠溶液(4.1.3),再加入 1.0 mL 乙酸乙酯溶液(4.1.4),振摇,有机相生成黄棕色。

4.3.2 氯离子的鉴别

取上述 5 mL 试验溶液,置于白色瓷板上,加硝酸银溶液(4.1.5),即有白色沉淀生成,在硝酸中不溶。

4.4 感官性状的检验

采用目测及嗅觉检验。

4.5 碱式氯化铜含量的测定

4.5.1 原理

试样用酸溶解,在微酸性条件下,加入适量的碘化钾与二价铜作用,析出等摩尔碘,以淀粉为指示剂,用硫代硫酸钠标准滴定溶液滴定析出的碘。从消耗硫代硫酸钠标准滴定溶液的体积,计算出试样中碱式氯化铜含量。

4.5.2 分析步骤

称取约 0.2 g 试样(准确至 0.000 1 g),置于 250 mL 碘量瓶中,加入 5.0 mL 盐酸(4.1.9)溶解,加入 4 mL 冰乙酸(4.1.7),加 2 g 碘化钾(4.1.6),摇匀后,于暗处放置 10 min。用硫代硫酸钠标准溶液(4.1.11)滴定,直至溶液呈现淡黄色,加 3 mL 淀粉指示液(4.1.12)后呈蓝色,继续滴定至蓝色消失,即为终点。

4.5.3 分析结果的计算和表述

碱式氯化铜[$Cu_2(OH)_3Cl$]含量 ω_1(以质量分数计,数值以%表示)按式(1)计算:

$$\omega_1 = \frac{c \times V \times 0.106\ 8}{m} \times 100 = \frac{10.68 \times V \times c}{m} \qquad \cdots\cdots(1)$$

式中:

c——硫代硫酸钠标准滴定溶液的浓度,单位为摩尔每升(mol/L);

V——滴定时消耗硫代硫酸钠标准溶液的体积,单位为毫升(mL);

m——试样的质量,单位为克(g)。

碱式氯化铜(以 Cu 计)含量 ω_2(以质量分数计,数值以%表示)按式(2)计算:

$$\omega_2 = \frac{c \times V \times 0.063\ 55}{m} \times 100 = \frac{6.355 \times V \times c}{m} \qquad \cdots\cdots(2)$$

计算结果表示至小数点后两位。

4.5.4 允许差

取平行测定结果的算术平均值为测定结果,平行测定结果的绝对差值不大于 0.20%。

4.6 砷含量的测定

4.6.1 原理

样品经酸消解,使砷以离子状态存在,经氯化亚锡将高价砷还原为三价砷,然后被锌粒和酸产生的新生态氢还原为砷化氢。在密闭装置中,被二乙氨基二硫代甲酸银(Ag-DDTC)的三氯甲烷溶液吸收,形成黄色或棕红色银溶胶,其颜色深浅与砷含量成正比,用分光光度计比色测定。形成胶体银的反应如下:

$$AsH_3 + 6Ag(DDTC) = 6Ag + 3H(DDTC) + As(DDTC)_3$$

4.6.2 分析步骤

称取 0.500 g(准确至 0.001 g)试样,置于 100 mL 烧杯中,加 5 mL 盐酸(4.1.9)溶解,加水 20 mL,1.5 g 碘化钾(4.1.6),盖上表面皿;放置 5 min 后,加 0.2 g L-抗坏血酸(4.1.14)使之溶解,移入 50 mL 容量瓶中作为检测液,摇匀。分取 25 mL 检测液,置于砷化氢发生装置(4.2.2)中,加水 10 mL,加 10 mL盐酸(4.1.10),摇匀。加入 1 mL 碘化钾溶液(4.1.16),放置 10 min,加入 1 mL 氯化亚锡溶液(4.1.17)至溶液无色,摇匀,放置 15 min。准确吸取 5.00 mL Ag-DDTC 吸收液(4.1.18)于吸收瓶中,连接好砷化氢发生吸收装置[勿漏气,导管塞有膨松的乙酸铅(4.1.13)棉花]。从发生装置(4.2.2)侧管迅速加入 2.5 g 无砷锌粒(4.1.15),反应 30 min,当室温低于 15℃时,反应延长至 45 min。反应中轻摇发生瓶 2 次,反应结束后,取下吸收瓶,用吸收溶液(4.1.18)定容至 5 mL,摇匀(避光时溶液颜色稳定 2 h)。以吸收溶液(4.1.18)为参比,在 520 nm 处,用 1 cm 比色池测定。同时于相同条件下,做试剂空白试验。

注:Ag-DDTC 吸收液系有机溶液,凡与之接触器皿务必干燥。

4.6.3 标准曲线绘制

准确吸收砷标准工作溶液(1.0 μg/mL)0.00,1.00,2.00,5.00,10.00 mL 于发生瓶中,加 10 mL 盐酸(4.1.10),加水稀释至 45 mL,加入 1 mL 碘化钾溶液(4.1.16),以下按 4.6.2 规定步骤操作,测其吸光度,求出回归方程各参数或绘制出标准曲线。

4.6.4 分析结果的计算和表述

砷(As)含量 ω_3(以质量分数计，数值以%表示)按式(3)计算：

$$\omega_3 = \frac{m_1 \times V_1}{m \times V_2 \times 1\,000} \times 100 \qquad \cdots\cdots(3)$$

式中：

m_1——测试液中含砷量，单位为毫克(mg)；

V_1——试剂消解液总体积，单位为毫升(mL)；

m——试样质量，单位为克(g)；

V_2——分取试液体积，单位为毫升(mL)。

计算结果表示至小数点后四位。

4.6.5 允许差

取平行测定结果的算术平均值为测定结果，平行测定结果的相对偏差值≤15%。

4.7 铅含量的测定(原子吸收分光光度法)

称取约 10 g 试样(准确至 0.01 g)，加入 10 mL 水和 25 mL 硝酸溶液(4.1.20)，使试样溶解。移入 100 mL 容量瓶中，用水稀释至刻度，摇匀。以下按 GB/T 13080 执行。

4.8 镉含量的测定(原子吸收分光光度法)

称取约 10 g 试样(准确至 0.01 g)，加入 10 mL 水和 25 mL 硝酸溶液(4.1.20)，使试样溶解。移入 100 mL 容量瓶中，用水稀释至刻度，摇匀。以下按 GB/T 13082 执行。

4.9 酸不溶物含量的测定

4.9.1 方法提要

将试样溶于酸后，经过滤、洗涤、干燥、称量。

4.9.2 测定步骤

称取约 10 g 试样(准确至 0.000 2 g)，置于 400 mL 烧杯中，加 200 mL 盐酸(4.1.10)至试样溶解，用预先在 105℃～110℃下烘干至质量恒定的玻璃砂坩埚抽滤，用热水洗涤滤渣至洗液无色，并以氨水(4.1.21)检查无铜离子反应时为止。将玻璃砂坩埚置于烘箱内在 105℃～110℃下烘干至质量恒定，取出置于干燥器中冷却后称量。

4.9.3 分析结果的计算和表述

酸不溶物含量 ω_4(以质量分数计，数值以%表示)按式(4)计算：

$$\omega_4 = \frac{m_1}{m} \times 100 \qquad \cdots\cdots(4)$$

式中：

m_1——干燥后残渣的质量，单位为克(g)；

m——试样的质量，单位为克(g)。

计算结果表示至小数点后一位。

4.9.4 允许差

取平行测定结果的算术平均值为测定结果，平行测定结果的绝对差值不大于 0.05%。

4.10 细度的测定

4.10.1 方法提要

用筛分法测定筛下物含量。

4.10.2 分析步骤

称取 50 g 试样(准确至 0.1 g)。置于试验筛中进行筛分，将筛下物称量(称准至 0.1 g)。

4.10.3 分析结果的计算和表述

细度 ω_5(以质量分数计，数值以%表示)按式(5)计算：

$$\omega_5 = \frac{m_1}{m} \times 100 \qquad \cdots\cdots(5)$$

式中：

m_1——筛下物的质量，单位为克(g)；

m——试样的质量，单位为克(g)。

计算结果表示至小数点后一位。

4.10.4 允许差

取平行测定结果的算术平均值为测定结果，平行测定结果的绝对差值不大于0.1%。

5 检验规则

5.1 采样方法

按GB/T 14699.1进行。

5.2 出厂检验

5.2.1 批

以同班、同原料产品为一批，每批产品进行出厂检验。

5.2.2 出厂检验项目

感官性状、细度、铜含量。

5.2.3 判定方法

以本标准的有关试验方法和要求为依据，对抽取样品按出厂检验项目进行检验。检验结果如有一项指标不符合本标准要求时，应重新加倍抽样进行复检，复检结果如仍有任何一项不符合标准要求，则判定该批产品为不合格产品，不能出厂。

5.3 型式检验

5.3.1 有下列情况之一时，应进行型式检验：

a) 改变配方或生产工艺；

b) 正常生产每半年或停产半年后恢复生产；

c) 国家技术监督部门提出要求时。

5.3.2 型式检验项目

为本标准第3章规定的全部项目。

5.3.3 判定方法

以本标准的有关试验方法和要求为依据。检验结果如有一项不符合本标准要求时，应加倍抽样复检，复检结果如仍有一项不符合本标准要求时，则判型式检验不合格。

6 标签、包装、运输、贮存

6.1 标签

饲料添加剂碱式氯化铜包装袋上应有牢固清晰的标志，内容按GB 10648的规定执行。

6.2 包装

饲料添加剂碱式氯化铜采用多层复合纸袋包装。

6.3 运输

饲料添加剂碱式氯化铜在运输过程中应有遮盖物，防止雨淋、受潮，不得与有毒有害物品混运。

6.4 贮存

饲料添加剂碱式氯化铜应贮存在阴凉、干燥处，防止雨淋、受潮。不得与有毒有害物品混存。

饲料添加剂碱式氯化铜在符合本标准包装、运输和贮存的条件下，该产品从生产之日起保质期为24个月。

ICS 13.260
K 09

中华人民共和国国家标准

GB/T 21697—2008

低压电力线路和电子设备系统的雷电过电压绝缘配合

Insulation coordination of low voltage power line and electronic system

2008-04-24 发布 2008-12-01 实施

中华人民共和国国家质量监督检验检疫总局
中国国家标准化管理委员会 发布

前　　言

本标准由全国雷电防护标准化委员会提出并归口。

本标准负责起草单位：中国电力企业联合会、武汉高压研究所。

本标准主要起草人：陆宠惠、杨迎建、邬雄、张苹。

低压电力线路和电子设备系统的雷电过电压绝缘配合

1 范围

本标准规定了低压电力线路和电子设备的雷电冲击耐受电压和雷电过电压保护装置(如SPD)及过电压限制措施,提出了它们之间的配合原则。

本标准适用于交流额定电压不大于1 000 V,额定频率不高于30 kHz或直流额定电压不大于1 500 V的低压电力线路和电子设备系统。

2 规范性引用文件

下列文件中的条款通过本标准的引用而成为本标准的条款。凡是注日期的引用文件,其随后所有的修改单(不包括勘误的内容)或修订版均不适用于本标准,然而,鼓励根据本标准达成协议的各方研究是否可使用这些文件的最新版本。凡是不注日期的引用文件,其最新版本适用于本标准。

GB/T 11032—2000 交流无间隙金属氧化物避雷器(eqv IEC 60099-4:1991)

GB/T 16935.1—1997 低压系统内设备的绝缘配合第一部分:原理、要求和试验(idt IEC 664-1:1992)

GB/T 17626.5—1999 电磁兼容 试验和测量技术 浪涌(冲击)抗扰度试验(idt IEC 61000-4-5:1995)

GB/T 17627.1—1998 低压电气设备的高电压试验技术 第一部分:定义和试验要求(eqv IEC 1180-1:1992)

GB/T 18802.1—2002 低压配电系统的电涌保护器(SPD) 第1部分:性能要求和试验方法(idt IEC 61643-1:1998)

GB/T 18802.21—2004 低压电涌保护器 第21部分:电信和信号网络的电涌保护器(SPD)——性能要求和试验方法(idt IEC 61643-21:2000)

3 术语和定义

本标准确立的下列术语和定义适用于本标准。

3.1

绝缘配合 insulation co-ordination

考虑所采用的过电压保护措施后,根据可能作用的过电压、设备绝缘特性及可能影响绝缘特性的因数,合理地确定过电压保护措施和设备绝缘水平的过程。

3.2

电气间隙 clearance

两导电部分在空气中的最短距离。

3.3

过电压 overvoltage

峰值大于在正常运行下稳态电压的相应峰值的任何电压。

3.4

瞬态过电压　transient overvoltage

振荡和非振荡的(通常未高阻尼的),持续时间只有几毫秒或更短时间的过电压。

3.5

雷电过电压　lightning overvoltage

由于雷击在系统中任何位置上出现的瞬态过电压。

3.6

雷电冲击耐受电压　lightning impulse withstand voltage

在规定的条件下,不造成设备击穿、具有一定波形和极性的最高雷电冲击电压峰值。

3.7

工作电压　working voltage

在额定电源电压下,可能产生在设备的任何绝缘两端的最高交流电压有效值或最高直流电压值。

3.8

外绝缘　external insulation

空气间隙及设备固体绝缘的外露表面,它承受电压并受大气、污秽、潮湿和异物等外界条件的影响。

3.9

内绝缘　internal insulation

设备内部绝缘的固体、液体或气体部分,它基本不受大气、污秽、潮湿和异物等外界条件的影响。

3.10

绝缘配合因数　insulation coordination factor

设备的标准耐受电压和保护装置相应的保护水平之比。

3.11

期望雷电过电压　expected lightning overvotag

通过重复测量设备上可能出现的雷电过电压所得到的平均值。期望和方差或标准差是描述雷电过电压分布的重要特征。

3.12

耐受电压　withstand voltage

在规定条件下的耐压试验中所施加的试验电压值,期间允许发生规定次数的破坏性放电。

注:在低电压技术中,一般采用惯用法:允许发生破坏性放电的次数为零。

3.13

绝缘水平　insulation level

由一个或几个绝缘耐受电压值所表征的设备特性。设备的绝缘水平也称为设备的标准耐受电压。

3.14

保护装置　protective device

用于保护设备免受高的瞬态过电压并能限制工频续流持续时间和幅值的装置(对于电子设备系统应该保证其正常工作,例如对传输特性只能有可以接受的影响)。

3.15

保护装置的雷电冲击保护水平　lightning impulse protective level of protective device

在规定的条件下,雷电冲击保护装置端子间的最大允许峰值电压。

3.16

端口 port

低压电子设备与外部电磁环境的特定界面接口(见图 1),包括外壳端口、电源端口(直流电源和交流电源)、信号端口和功能接地端口。

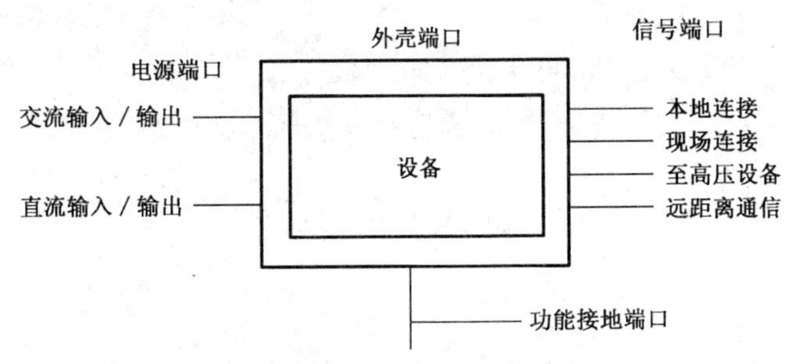

图 1 设备的端口示意图

4 使用条件

4.1 标准参考大气条件

温度 $t=20℃$

气压 $P=101.3$ kPa

绝对湿度 $h=11$ g/m^3

4.2 正常使用条件

适用于下列使用条件下运行的设备:

a) 周围环境最高温度不超过 40℃;

b) 安装地点海拔不超过 1 000 m;

c) 空气相对湿度不超过 85%。

5 绝缘配合的基本原则

5.1 绝缘配合

根据设备的耐雷电冲击特性及可能影响绝缘特性的因数,考虑采用的雷电冲击保护措施,从安全运行和技术经济性两方面确定设备的绝缘水平。

5.2 设备上的作用电压

本标准所考虑的设备上的作用电压为雷电过电压。

5.3 绝缘试验

本标准考虑雷电冲击电压绝缘试验。

5.4 绝缘配合的方法选择

绝缘配合采用惯用法,即雷电过电压与设备耐受电压之间,按照其各自特性和运行经验,选取适宜的配合因数。

5.5 雷电过电压下的绝缘配合

5.5.1 有保护装置保护的设备

对受避雷器或 SPD 保护的设备,其额定雷电冲击耐受电压由避雷器或 SPD 的雷电冲击保护水平乘以配合因数 K 计算选定。

5.5.2 无保护装置保护的设备

对未安装避雷器或 SPD 进行保护的设备,其额定雷电冲击耐受电压由期望雷电过电压水平乘以配合因数 K 计算选定。

5.5.3 绝缘配合因数 K 的选取

选取配合因数 K 时应考虑下列因素：

a) 绝缘类型及特性；

b) 被保护设备的重要性；

c) 被保护设备的进线方式；

d) 保护设备和被保护设备之间的电气距离；

e) 避雷器或 SPD 的雷电冲击保护特性、幅值及分散性；

f) 过电压幅值及分布特性；

g) 大气条件、设备生产、装配中的分散性及安装质量；

h) 绝缘在预期寿命期间的老化；

i) 试验方法及其他因素。

一般情况下，对于电力线路，配合因数 $K \geqslant 1.3$；对于电子设备和/或系统，配合因数 $K \geqslant 1.5$。

6 绝缘水平

6.1 绝缘水平选择

6.1.1 直接由低压电网供电的设备

使用在配电装置电源端的设备，对应于三相电源的电压 220 V/380 V、400 V/690 V、1 000 V，其冲击耐受电压分别为 6 kV、8 kV、12 kV。

一般的耗能设备，包括器具、可移动式工具、家用和类似用途的负载，冲击耐受电压根据其电源系统的额定电压确定，对应于三相电源的电压 220 V/380 V、400 V/690 V、1 000 V 的冲击耐受电压分别为 2.5 kV、4 kV、6 kV。

当低压电网具有很好的限制暂态过电压措施时，如具有过电压保护的电子电路，连接至该电路的设备，冲击耐受电压根据其电源系统的额定电压确定，对应于三相电源的电压 220 V/380 V、400 V/690 V、1 000 V 的冲击耐受电压分别为 1.5 kV、2.5 kV、4 kV。

6.1.2 非直接由低压电网供电的系统和设备

此类设备和系统可以是通信、工业控制系统或载运装置中的独立设备和系统。其冲击耐受电压可采用 6.2 中推荐的优先值。具体选择原则如下：

保护良好的电气环境。所有引入的电缆都有过电压保护，各电子设备单元由设计良好的接地系统连接，且该接地系统不会受到电力设备和雷电的影响，电子设备有专用电源，一般情况下，对于电子设备的冲击耐受电压不低于额定工作电压的 2.5 倍。

有部分保护的电气环境。所有引入的电缆都有过电压保护，各电子设备单元由设计良好的接地系统连接，且没有直接与高压设备相连接的电缆、长度相对较短(例如几十米以下的电缆)、在同一建筑物内与通信有关的电缆，冲击耐受电压不超过 500 V。

电缆隔离良好的电气环境。设备组通过单独的接地线接至电力设备的接地系统上，电子设备的电源主要靠专门的变压器与其他线路隔离，低压控制设备间的连接电缆等，冲击耐受电压不超过 1 kV。

电源电缆与信号电缆平行敷设的电气环境。设备组通过电力设备的公共接地系统接地，与电信网或远方设备相连接，可以达到接地网边缘的通信电缆，冲击耐受电压不超过 2 kV。

互连线作为户外电缆，沿电源电缆敷设，并且这些电缆作为电子和电气线路的电气环境。设备组连接到电力设备的接地系统，该接地系统容易遭受雷电产生的过电压。冲击耐受电压不超过 4 kV。

特殊环境则在电子设备的产品技术要求中规定。

6.2 冲击耐受电压的优选值

绝缘配合采用的额定冲击耐受电压的优选值如下：

10 V、20 V、60 V、80 V、100 V、120 V、150 V、220 V、330 V、500 V、800 V、1 kV、1.5 kV、2.5 kV、

4 kV、6 kV、8 kV、12 kV。

7 避雷器或 SPD 保护水平

避雷器保护水平对应避雷器标称放电电流下的残压，应根据 GB/T 11032—2000 确定。SPD 保护水平对应 SPD 的限制电压，对于低压配电系统的 SPD，应按 GB/T 18802.1—2002 方法进行试验，并取各类试验中的最大值，电压保护水平的优选值应符合 GB/T 18802.1—2002；对于电信和信号网路的 SPD，应按 GB/T 18802.21—2004 的试验方法确定。

8 试验规定

8.1 目的

试验的目的在于验证设备是否符合决定其绝缘水平的额定耐受电压，验证 SPD 的保护水平及分散性，SPD 的保护水平及分散性是决定 SPD 质量的重要指标。

8.2 雷电冲击耐受电压试验

雷电冲击耐受电压试验是对绝缘施加规定次数和规定值的雷电冲击电压试验。参照 GB/T 16935.1 的方法，施加雷电冲击电压次数为 5 次正极性、5 次负极性，波形为 1.2/50 μs。

ICS 13.260
K 09

中华人民共和国国家标准

GB/T 21698—2008

复合接地体技术条件

Technical specifications of composite grounding device

2008-04-24 发布 2008-12-01 实施

中华人民共和国国家质量监督检验检疫总局
中国国家标准化管理委员会 发布

前　言

本标准的制订参考了降阻剂暂行技术条件、使用在防雷接地工程中的部分复合接地体的技术参数以及有关资料。

本标准是首次制定。

本标准由全国雷电防护标准化委员会提出并归口。

本标准负责起草单位:国网武汉高压研究院。

本标准参加起草单位:武汉爱劳高科技有限责任公司、四川中光高科产业发展集团。

本标准主要起草人:杨迎建、董晓辉、余亚桐、刘寿先。

复合接地体技术条件

1 范围

本标准规定了复合接地体(以下简称接地体)的技术条件、试验方法、检验规则和标志、包装、运输及贮存。

本标准适用于电力、广播电视、邮电通讯、石油、化工、建筑、国防工程、气象和地震等用作接地保护的接地体。

本标准不适用于采用金属材料和降阻材料在现场施工形成的接地极。

2 规范性引用文件

下列文件中的条款通过本标准的引用而成为本标准的条款。凡是注日期的引用文件,其随后所有的修改单(不包括勘误的内容)或修订版均不适用于本标准,然而,鼓励根据本标准达成协议的各方研究是否可使用这些文件的最新版本。凡是不注日期的引用文件,其最新版本适用于本标准。

GB/T 528—1992 硫化橡胶和热塑性橡胶拉伸性能的测定(eqv ISO 37:1994)

GB/T 531—1992 硫化橡胶邵尔A硬度试验方法(idt ISO 7619:1986)

GB/T 2439 导电和抗静电橡胶电阻率(系数)的测定方法(GB/T 2439—2001,idt ISO 1853:1998)

GB/T 2900.1 电工名词术语(GB/T 2900.1—1992,neq IEC 50)

GB/T 16927.1 高电压试验技术 第一部分:一般试验要求(GB/T 16927.1—1997,eqv IEC 60-1:1989)

GB/T 16927.2 高电压试验技术 第二部分:测量系统(GB/T 16927.2—1997,eqv IEC 60-2:1994)

3 术语和定义

GB/T 2900.1—1992 中确立的以及下列内容和定义适用于本标准。

3.1

复合接地体 composite grounding device

一种由导电非金属材料、电解质材料、化合填充物组成的,能明显降低工频接地电阻和抵抗土壤中水分、盐、酸、碱等因素侵蚀的新型接地体。

注:非金属材料指以非金属材料为主的材料,而不管其表面是否有铜、镍等合金;金属材料外附导电的非金属材料也视为非金属材料。

3.2

电解质材料(化合填充物) electrolyte material

通过缓解释放将其活性电解离子有效释放到周围土壤中,降低接地体周围一定范围内的土壤电阻率,等效扩大接地体与土壤的接触面,改善散流条件的一种材料。

3.3

降阻效果系数 coefficient of resistance reducing effect

在相同的土壤电阻率和相同的埋设方式下,接地体的工频接地电阻与接地体尺寸相同的金属导体的接地电阻的比值。

3.4

模型系数　model coefficient

在特定的试品结构及尺寸下，试品的电阻与电阻率的比值。

3.5

导电橡胶　conductive rubber

具有导电性能、电阻率小于 0.2 Ω·m 的硫化胶料。

4　产品分类

4.1　型号及含义

接地体的型号编排方式及含义如下：

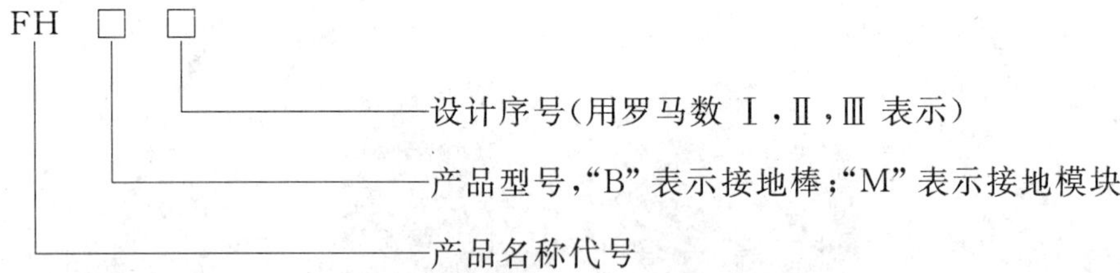

4.2　结构说明

复合接地体一般分为接地棒和接地模块两类：

a)　接地棒一般由棒体和内填充电解质材料(化合填充物)构成，棒体上有渗透孔；

b)　接地模块一般用导电性良好的非金属复合材料，内置合金材料骨架，通过专用设备挤压成型。

5　技术要求

5.1　一般要求

接地体应符合本标准规定，并按规定程序批准的图样和工艺文件进行制造，尺寸应满足相应图样尺寸要求。接地体表面应连续光滑，无明显凸凹不平及划痕。

接地体材料和电解质材料，不应污染土壤、水源、空气和环境，不应含放射性物质材料，不应含对人体有害的重金属。

接地体(含电解质材料)的使用环境温度为－40℃～＋60℃。

5.2　电解质材料

电解质材料(化合填充物)应满足如下要求：

a)　电解质材料的电阻率应不大于 3 Ω·m(室温 25℃)；

b)　电解质材料经失水、冷热循环、水浸泡三项埋化试验后，其电阻率应不大于 6 Ω·m(室温 25℃)；

c)　电解质材料应满足缓解特性试验的要求，即电解质材料按要求埋入规定的土壤中后，在 72 h 时测量的土壤电阻率与在 1 h 内测量的土壤电阻率之比，应在 0.8～0.9 之间；

d)　电解质材料的复合接地体，缓解释放活性电解离子有效释放时间应不低于五年以上。

5.3　电气特性

接地体应满足如下电气特性要求：

a)　接地体的降阻效果系数应小于在 0.7～0.9 之间(168 h 后测量)；

b)　接地体经过冲击电流耐受试验后的电阻变化率不大于 20%；

c)　接地体经过工频电流耐受试验后的电阻变化率不大于 20%；

d)　接地体埋入地中后，其腐蚀率应不大于 0.03 mm/年；

e) 对于外表面附有铜、镍等合金的接地体，或金属管外附导电材料的接地体，棒体与外表层间的电阻应不大于 10 mΩ(室温 25℃)。

5.4 机械强度

接地体应满足跌落试验的要求，跌落试验后接地体不应发生断裂或破损。

5.5 导电橡胶性能

金属材料外附导电橡胶的接地体，其导电橡胶性能应满足下列要求：

a) 拉伸强度不小于 3.5 MPa;

b) 扯断伸长率不小于 150%;

c) 邵尔 A 硬度不小于 50 度;

d) 电阻率不大于 0.2 Ω·m。

6 试验方法

6.1 试验大气条件

接地极试验均应在正常的试验大气条件下进行：

a) 温度:10℃～35℃;

b) 相对湿度:50%～80%;

c) 气压:86 kPa～106 kPa。

6.2 外观及尺寸检查

外观检查通过目测进行。接地体的尺寸使用普通卷尺测量长度，使用游标卡尺测量直径。

6.3 降阻效果系数测量

选择土壤电阻率大于 500 Ω·m 的空地，将相同尺寸的接地体和金属接地体按同样的埋设方式埋入土壤中，如图 1 所示，采用三极法分别测量复合接地体和金属接地体的工频接地电阻，降阻效果系数即为复合接地体与金属接地体的工频接地电阻的比值，该比值应满足 5.3 a)的要求。比值越小，复合接地体降阻效果越好。

注：接地体埋于土壤中需一段时间后方能达到降阻效果，因此，应按生产厂家提供的时间测量。生产厂家未提供时间的，或时间大于 168 h 的接地体，按埋于土壤中 168 h 后进行测量。

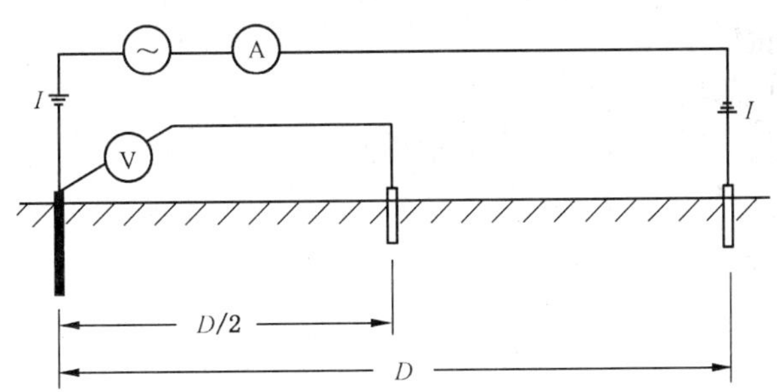

图 1 三极法测量接地体和金属导体的工频接地电阻示意图

6.4 接地体芯棒与外表层间接触电阻测量

用工频电流-电压法测量接地芯棒与外表层间在工频电流 1 A 时的接触电阻。接地体的一极为芯棒(或为其连接件之一)，另一极为外表层，电极采用专用电极；测量时外表层专用电极放在中间部位，并缠紧，芯棒专用电极应紧压芯棒或将外表层除掉(如有必要)后，用与外表层专用电极相同的电极缠紧芯棒。测量示意图见图 2，试品数为 3 根(块)。

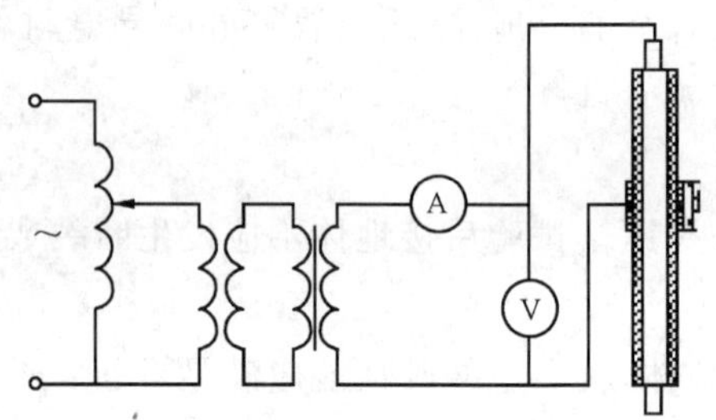

图 2　接触电阻测量示意图

6.5　接地体冲击电流耐受试验

试品布置方式如图 3 所示。将接地体埋入直径为 D、高度为 H 的金属桶内的土壤中，接地体的长度为 h。冲击电流耐受试验前，按图 4 所示的接线图测量工频电流 1 A 时的电阻值 U/I。

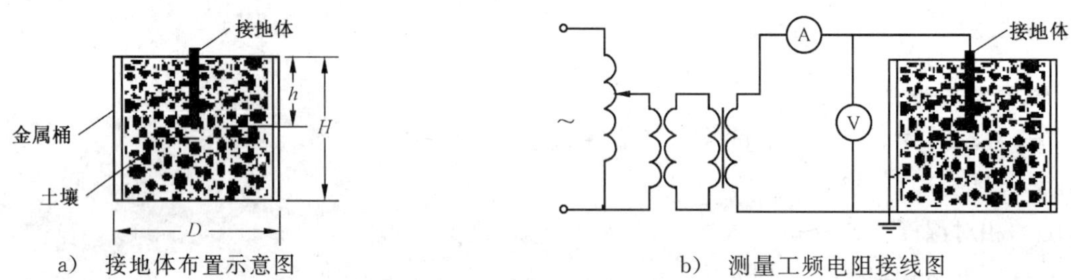

a）　接地体布置示意图　　　b）　测量工频电阻接线图

图 3　接地体布置及测量工频电阻接线图

按图 4 所示的接线图进行试验，试验波形和测量系统应满足 GB/T 16927.1 和 GB/T 16927.2 的要求。对三个试品分别用 8/20 μs、1 kA 冲击电流冲击 20 次，每次间隔 60 s 左右，5 次为 1 组，每两组间隔 30 min，试验后再测量每只试品在工频电流 1 A 时的电阻值。该试验要求在 1 天内完成。

比较冲击电流耐受试验前后的工频电阻值，其变化率应满足 5.3 b）的要求。

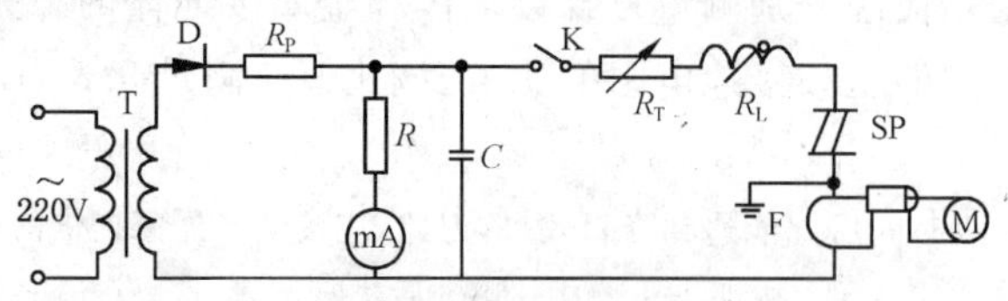

SP—按图 3 布置的试品

图 4　冲击电流耐受试验接线图

6.6　接地体工频电流耐受试验

按 6.5 中的方式准备试品及测量电阻值。

按图 5 所示的接线图进行试验，对三只试品分别施加 10 A 工频电流 5 次，每次持续 10 s，每两次间隔 30 min，该试验要求在 1 天内完成。试验前后测量的电阻值，其变化率应满足 5.3 c）的要求。

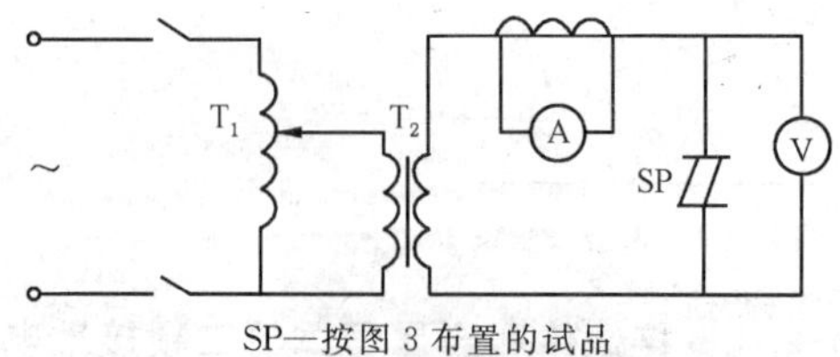

SP—按图 3 布置的试品

图 5　工频电流耐受试验接线图

6.7　电解质材料的电阻率测量

6.7.1　试品准备

按生产厂家在装入接地体时配制电解质材料的工艺，将制备好的电解质材料装入图 6 所示的试品模型内，放置 168 h 后作为试品，试品数为三个。试品模型由内外电极组成，内电极尺寸直径 10 mm，外电极内部直径 100 mm。

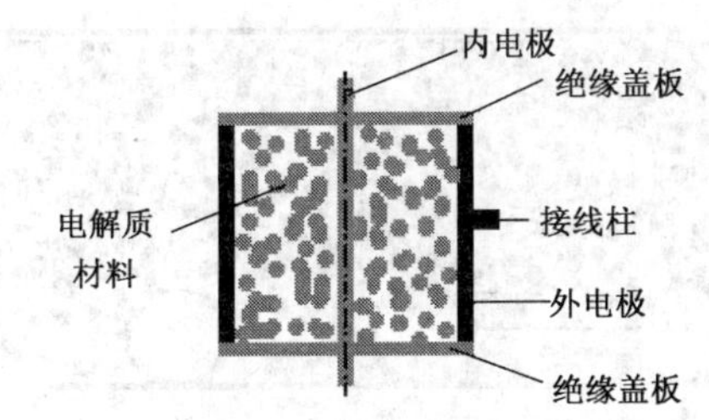

图 6 试品模型剖面图

6.7.2 测量方法

如图 7 所示，用电流、电压法测量工频 10 mA 下的电阻，将其值除以试品模型系数 3.67，得各试品电阻率，取三个试品的电阻率算术平均值作为电解质材料室温电阻率。

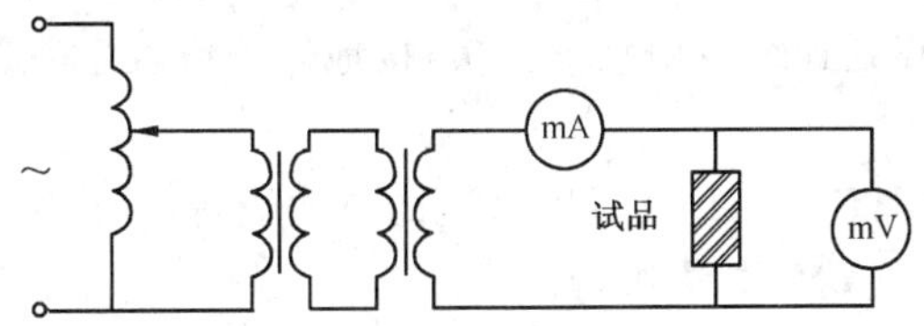

图 7 电阻率测量接线图

6.8 电解质材料缓解特性试验

6.8.1 试验准备

按图 8 所示布置试品。图 8 中的内电极为金属管，其外直径为 60 mm，管上均匀钻有小孔，便于电解质材料释放到土壤中，外电极为内直径为 1 200 mm 的金属圆桶。将电解质材料填入内电极的金属管内，管的上端不封盖，金属桶内填满土，并压实。

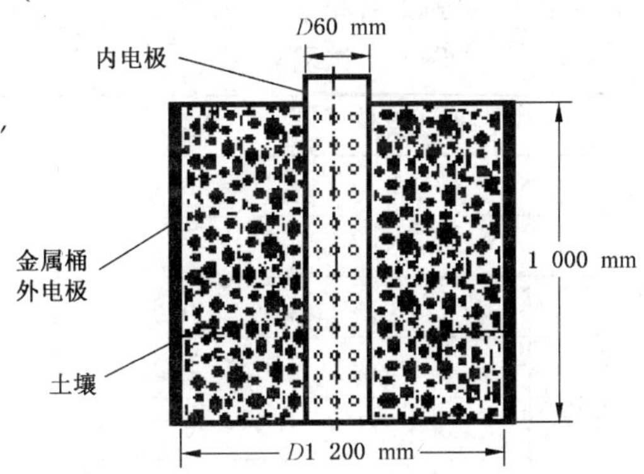

图 8 缓解特性试验试品布置图

6.8.2 试验方法

试品布置好后，内电极加工频电压，金属桶外电极接地，在 1 h 内测量电压和电流(U_1、I_1)，然后在 72 h 时再测量电压和电流(U_2、I_2)，计算 $R_1=U_1/I_1$ 和 $R_2=U_2/I_2$，R_2/R_1 比值应在 0.8～0.9 之间，否则不满足缓解特性试验要求。

试验时，允许采取利于电解质材料有效缓解释放的措施。

6.9 接地体埋地后腐蚀率试验

从按相同的生产工艺制造的接地体(未装电解质材料)上，取长度为 50 mm 的棒体 10 段作为试样，采用 0.1 mg 感量天平称重后，放入 0.6 m 深的地坑中，将内装的电解质材料均匀撒在接地体试样上，以刚好将接地体试样覆盖一半为准，然后回填土，并夯实，如图 9 所示。60 天后取出，将接地体经水、酒精清洗干燥后称重，检查外观，然后计算各试样表面年腐蚀率。

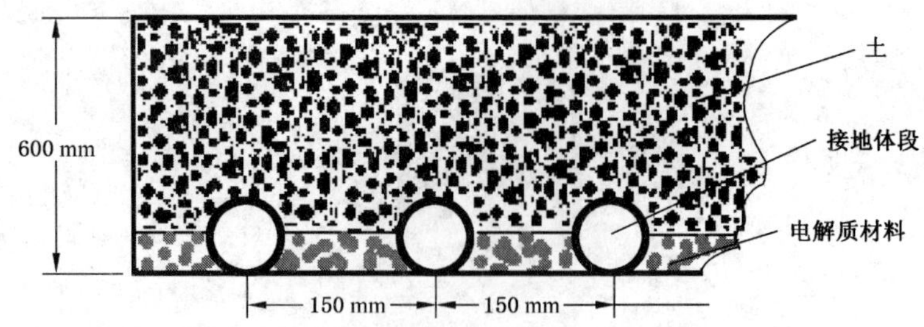

图9 接地体试样埋地方式示意图

取10段试品年腐蚀率的平均值,该平均值应满足5.3 d)的要求。

6.10 机械强度试验

接地体的机械强度采用自由跌落的方式进行验证。试验时,接地体轴线与地面平行,地面为水平光滑的水泥地平,从离地0.5 m高处连续自由跌落三次,接地体不应发生断裂或破损。

6.11 导电胶性能测量试验

拉伸强度和扯断伸长率的测定按GB/T 528规定的方法进行,采用哑铃状2型试样。

邵尔A硬度按GB/T 531规定的方法进行。

电阻率按GB/T 2439规定的方法进行。

7 检验规则

7.1 检验分类

接地体的检验分为出厂检验和型式检验。

7.2 出厂检验

产品应逐套进行出厂检验,经检验合格并附有产品合格证后方可出厂。出厂检验项目按表1要求进行,若有任一项不合格则该产品出厂检验不合格。

表1 试验项目

序号	项 目	性能要求	试验方法	出厂检验	型式试验
1	外观及尺寸检查	5.1	6.1	√	√
2	电解质材料电阻率	5.2 a)	6.7	√	√
3	电解质材料缓解特性试验	5.2 b)	6.8		√
4	降阻效果系数测量	5.3 a)	6.3		√
5	冲击电流耐受试验	5.3 b)	6.5		√
6	工频电流耐受试验	5.3 c)	6.6		√
7	腐蚀性能试验	5.3 d)	6.9		√
8	接触电阻测量	5.3 e)	6.4	√	√
9	机械强度试验	5.4	6.12	√	√
10	导电橡胶性能试验	5.5	6.11		√

7.3 型式试验

型式试验在出厂检验合格的产品中随机抽取3套,并另备制电解质材料,按表1中的型式试验项目进行试验,如任意一项技术要求不合格,则判为不合格。

型式试验在下列情况之一时进行:

a) 新产品投产;

b) 材料或工艺发生重大改变;

c) 停产半年以上恢复生产；

d) 每5年1次。

8 标志、包装、运输与贮存

8.1 标志

在包装箱上应注明：

a) 公司名称；

b) 商标；

c) 地址；

d) 产品名称；

e) 型号；

f) 生产日期。

在合格证上应注明：

a) 产品标准号；

b) 产品编号；

c) 检验号；

d) 生产日期。

8.2 包装

接地体包装箱为木箱，箱内提供装箱单、产品安装使用说明书等技术文件。

8.3 运输和储存

运输和储存时应轻放、防潮，不可与腐蚀性物质混放。

ICS 07.060
N 93

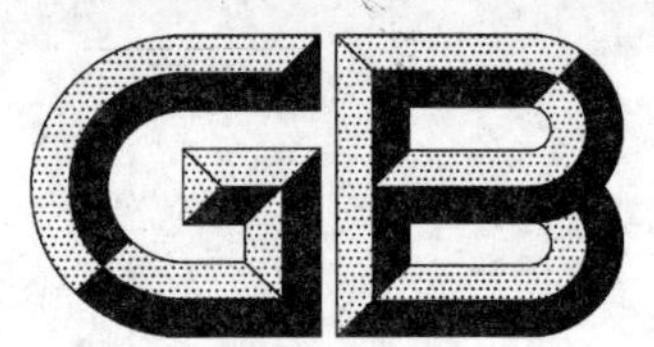

中华人民共和国国家标准

GB/T 21699—2008

直线明槽中的转子式流速仪检定/校准方法

Verification/calibration method of rotating-element current meters in straight open tank

2008-04-09 发布　　2008-07-01 实施

中华人民共和国国家质量监督检验检疫总局
中国国家标准化管理委员会　发布

前　　言

本标准的附录B、附录C为规范性附录，附录A为资料性附录。

本标准由中华人民共和国水利部提出。

本标准由全国水文标准化技术委员会水文仪器分技术委员会归口。

本标准主要起草单位：水利部水文仪器及岩土工程仪器质量监督检验测试中心，南京水利水文自动化研究所、太原理工天成科技股份有限公司、辽宁省防汛仪器检测中心。

本标准主要起草人：姚永熙、李刚、张元义、苏斌、何生荣、王慷、陆旭。

直线明槽中的转子式流速仪检定/校准方法

1 范围

本标准规定了转子式流速仪检定/校准的原理、设备、程序、方法、证书、资料及流速仪检定槽(以下简称“检定槽”)的验收等内容。

本标准适用于转子式流速仪的检定/校准,包括在明渠中测速用的旋桨式、旋杯式流速仪和实验室用的微转子式流速仪。

注:本标准未考虑流速仪在直线静水槽中移动检定/校准与在紊流水体中定点测量流速所存在的差别,以及水温和含沙量等介质的影响所产生的误差。

2 规范性引用文件

下列文件中的条款通过本标准的引用而成为本标准的条款。凡是注日期的引用文件,其随后所有的修改单(不包括勘误的内容)或修订版均不适用于本标准,然而,鼓励根据本标准达成协议的各方研究是否可使用这些文件的最新版本。凡是不注日期的引用文件,其最新版本适用于本标准。

GB/T 11826—2002 转子式流速仪

GB/T 19677—2005 水文仪器术语及符号

GB/T 50095—1998 水文基本术语和符号标准

3 术语和定义

GB/T 19677—2005 和 GB/T 50095—1998 确立的以及下列术语和定义适用于本标准。

3.1

起转速度 starting speed

使转子开始连续稳定转动的最低水流速度,符号为 v_0。

3.2

临界速度 critical speed

流速仪检定曲线图中,低速曲线过渡到直线部分的转折点处的水流速度,符号为 v_k。

3.3

水力螺距 hydraulic screw pitch

转子每转一周,水质点移动的距离,符号为 b。

3.4

仪器常数 instruments constant

与仪器转子结构和摩阻力有关的附加系数,符号为 a。

3.5

标准流速仪 standard current meter

用于检定槽之间、或与其他流速仪进行比测的一种检定过的性能稳定、准确度较高的专用流速仪。

3.6

爱泼尔效应 epper effort

槽中由流速仪及其悬挂设备一起向前运动产生的波峰,可使湿润断面高度增加,减少了相对速度,这种现象称为爱泼尔效应。

注：转子式流速仪检定/校准活动常用的相关符号、代号等参见附录A。

4 检定/校准的原理

在横断面均匀一致的直线静水槽中，在轨道上行驶的检定车以规定的若干稳定速度牵引流速仪，使固定安装在测杆上的流速仪在静水中行进，测定检定车的速度和流速仪转子的转速，对这两组数据用方程式以及图表建立相关关系。

5 检定/校准设备

5.1 检定/校准设备的组成

检定/校准设备由直线静水槽(检定槽)、检定车、轨道、控制系统、通信系统、数据处理系统、安全系统以及供排水系统等组成。

5.2 检定槽槽体尺寸

5.2.1 检定槽槽体大小的确定

槽体的尺寸大小应根据检定流速仪的类型、同时检定的数量和最大检定速度等来确定。

5.2.2 检定槽长度

检定槽长度包括加速段、稳定段、测量段和制动段的长度。

加速段和制动段的长度应由检定车的设计指标和流速仪在检定槽中检定的最大速度来决定，制动段的长度必须满足安全的需要。测量段的长度应能保证流速仪的检定误差在最高速度下检定时不超过允许值，因此所需长度将由流速仪的型式、信号的产生及传输方式和检定方法来决定。

5.2.3 检定槽水深

检定槽体的水深可影响试验的结果，尤其当牵引速度与水面波的传播速度一致时，影响更大。这个临界速度 v_c 取决于槽内水深，由式(1)给出：

$$v_c = \sqrt{gd} \qquad \cdots\cdots(1)$$

式中：

g——重力加速度，单位为米每二次方秒(m/s^2)；

d——水深，单位为米(m)。

检定槽体的水深应按最高检定速度来选定。选择时应保证或是使最高检定速度处于产生干扰的临界流速之前，或是使最高检定速度远远超越这个临界区域。

5.2.4 检定槽宽度

检定槽体的宽度应根据最高检定速度和同时检定的流速仪数量来确定。由于在狭窄的水槽里爱泼尔效应表现得更为明显，当流速在 $0.5v_c$ 至 $1.5v_c$ 范围内，可引起检定误差。

爱泼尔效应的大小决定于流速仪和悬吊设备的形状尺寸，并与水槽横断面面积有关。当使用流线型测杆检定很小的流速仪时，可忽略其影响。

5.3 检定车

5.3.1 检定车型式

检定车可采用拖曳式和自推进式两种驱动方式，推荐使用自推进式检定车。检定车上装有电动驱动设备，经传动系统使检定车沿轨道运行，自动调速系统保证车速稳定。

5.3.2 导向方式

应采用单轨导向轮导向，以保证检定车沿轨道作稳定直线运行。

5.3.3 检定车变速方式和车速变化率

5.3.3.1 为保证车速稳定，检定车应采用先进的车速控制及调速技术。一般采用无级变速方式。

5.3.3.2 检定车速度在测量段运行过程中应保持相对稳定，车速变化率要求分二级，见表1。其置信水平为 99%。

表 1 检定车速变化率 %

等级	速度级/(m/s)		
	≤0.1	0.1～0.5	≥0.5
一	1.0	0.8	0.4
二	2.0	1.0	0.6

检定车速变化率(e)用式(2)计算：

$$e=\frac{|v_t'-v_t|}{v_t}\times 100\% \qquad \cdots\cdots(2)$$

式中：

v_t'——检定车瞬时速度，单位为米每秒(m/s)。当车速小于 0.2 m/s 时，可用 10 s 为测速单位；大于等于 0.2 m/s 时，应用 1 s 为测速单位；

v_t——检定车在测量段内运行的平均速度，单位为米每秒(m/s)。

5.3.3.3 检定车应定期测试速度以验证其稳定性。

5.4 检定车轨道

为使检定车在轨道上平稳地运行，导向基准轨的安装精确度应符合下列要求。副轨的水平面的高度偏差 Δh 应符合表 2 的要求，副轨的距离偏差 ΔS 可放宽 0.5 倍。

轨道沿检定槽长度方向应平直，轨道顶面与水平面保持平行，两轨道顶部任一侧面应互相平行。轨道接头处应保证光滑平直。推荐应用斜口接缝，接缝间距应不大于 2 mm，接缝处不平度应不大于 0.1 mm。

轨道安装精确度要求分为二级，见表 2。

表 2 轨道安装精确度 单位为毫米

等级	项目	
	每测量点 Δh	每测量点 ΔS
一	±0.30	±0.50
二	±0.50	±1.00
注：Δh——各测量点对水平面的高度偏差； ΔS——各测量点对基准线(预设的一条平行于轨道的理想直线)的距离偏差。		

轨道底座应有轨道位置调整装置。两底座相隔的距离应根据车重及采用钢轨型号来确定。轨道安装精确度应定期测量和调整，并有文字记录或绘制测试图作为技术档案保存。

轨道应保持清洁，无锈迹、油污。

5.5 数据测量

检定/校准流速仪时，需同时测定下列三个数据：

a) 检定车行驶距离；

b) 流速仪转数；

c) 相应的时间。

车速是以检定车在测量段内行驶距离和相应历时计算的，流速仪转子的转速是以流速仪在测量段内转子的转数和相应历时计算的。时间、距离和流速仪转子转数应采用自动记录方式。

距离的测量应精确到 0.1% 以内，置信水平为 99%。

时间的测量应精确到 0.1% 以内，置信水平为 99%。

流速仪转数的测量应精确到0.1%以内,置信水平为99%。

5.6 其他设备

5.6.1 为减小安装流速仪的测杆对水体的扰动,应采用流线形截面的测杆。

5.6.2 为提高流速仪检定精确度和工作效率,可配备有关的附属设备:

a) 消波装置;

b) 维持水的洁净和避免藻类生长的设备。

5.6.3 为了行车安全,在检定槽两端应有自动制动停车、防撞缓冲消能等安全装置。

5.6.4 当检定的操作是在车下控制时,应配备用来检查流速仪是否对准运行方向的装置,如声、光信号。

5.6.5 传输动力或信号的滑线应平直光滑,保证电刷与其接触良好,在运行中不得出现掉电或漏信号现象。采用无线传输信号时,应采取有效的抗干扰措施。

5.6.6 车上操作时,应有可靠的保障人身安全的防护设施。

6 检定/校准程序

6.1 检定/校准工作内容

6.1.1 一般应包括流速仪检定/校准速度范围、临界速度、检定/校准公式的 a、b 值、检定/校准公式的使用范围、全线相对均方差或各速度级相对误差。可用检定/校准表格形式代替检定/校准公式,根据不同流速仪的要求也可提供低速关系曲线。

6.1.2 确定检定/校准速度上限的能力,应根据检定槽的实际槽体大小及设备的具体情况由实验确定。

6.2 检定/校准准备工作

6.2.1 对检定/校准设备作必要的例行检查,确保运行安全、测得数据正确可靠。

6.2.2 对被检流速仪应按产品有关技术要求检查装配的正确性和运转摩阻力矩,以及信号质量等。

6.2.3 仪器入水深度应为0.6 m～0.8 m。如检定槽水位降低应及时补充。

6.2.4 流速仪安装在测杆上采用固定方式安装。测杆在支承套、座上的固定都必须牢固可靠。

6.2.5 流速仪信号导线应紧贴测杆,使扰动水流程度为最小。

6.2.6 流速仪入水时应缓慢进行,以免扰动水体。

6.2.7 安装流速仪时,其水平轴向应与检定槽轨道平行,偏差应不大于2.5°。当转动测杆180°时,其偏差应仍在此范围内。

6.2.8 对于垂直轴式流速仪,检定时应保证旋转轴与运行方向的垂直偏差应不大于2.5°。

6.2.9 带有轴承油室的流速仪应使用该产品标明牌号的仪器油,仪器油质量应符合有关标准的规定,轴承油室应装满仪器油。

6.3 检定/校准方式

6.3.1 低速段检定/校准要求

低速段可以编组检定/校准。按检定槽宽度和技术要求,将若干架流速仪编为一组,低速段可以同时安装检定/校准。流速仪之间以及与槽壁间的净距应大于0.5 m。

6.3.2 中、高速段检定/校准架次要求

中、高速段每次检定/校准一架流速仪。

6.3.3 检定/校准速度程序要求

检定车按速度程序级,从低速到高速逐级递增,完成每测点采样后,随即增速,可以连续或往返行车。在调向时,为避免流速仪调向太快而扰动水体,应缓慢进行。

6.3.4 检定/校准速度范围

低速检定/校准应从比该流速仪测速范围的下限值至少低40%的速度开始。

中高速检定/校准应从0.5 m/s～0.8 m/s开始至流速仪的测速范围上限,如上限受检定槽检定/校

准能力限制，可降低 1/3 速度范围，用直线上延的方法确定公式使用范围。

6.3.5 检定/校准测点要求

6.3.5.1 测点取点原则

6.3.5.1.1 低速范围测点速度间隔取 0.02 m/s～0.04 m/s。

6.3.5.1.2 中速范围测点速度间隔取 0.1 m/s～0.25 m/s。

6.3.5.1.3 高速范围测点速度间隔取 0.5 m/s，最大不超过 1 m/s。

6.3.5.2 测点数目

为保证资料的可靠，拟合直线公式的测点数应不少于表 3 的规定。低速曲线的检定测点数目应不少于 5 点。

表 3 检定/校准公式测点数

最高检定/校准速度/(m/s)	测点数目/点
0.5	10
1.5	12
3.5	14
5.0	16

6.3.6 静水时间

在每次检定/校准行车之前，检定槽里的水体应处于相对静止状态。与下次检定/校准速度相比，其扰动状态可以忽略时再行车检定/校准。静水需要的时间取决于槽体尺寸、上次检定/校准的速度、消波装置以及流速仪的体积和测杆的大小截面形状。更与下次检定/校准速度有关。

考虑到流速仪检定/校准有研制试验，以及批量生产的不同要求，一般的生产修理的检定/校准如采用连续加速行车、逐级采样方式，可以不设静水时间。如下次检定/校准速度明显低于上次检定/校准速度，必须有静水时间。表 4 是由上次检定/校准速度决定的静水时间。仅供参考。

表 4 静水时间与上次检定/校准车速关系

上次检定/校准车速/(m/s)	静水时间/min
0.5	10
2.0	15
5.0	25

表 4 适用于下次检定/校准速度明显低于上次检定/校准速度时。如下次检定/校准速度高于上次检定/校准速度，可以不设静水时间。如用户要求，应记录静水时间，供用户参考。

6.3.7 脉冲信号的选取和要求

6.3.7.1 测取时间、转数和距离信号时，应尽可能在同一时段内，以减少误差。

6.3.7.2 用流速仪转数信号控制时间和距离信号时，其转数应根据流速仪性能要求和车速决定。

6.3.7.3 不管应用何种方式测取时间、转数和距离信号，为了能使流速仪处于稳定旋转状态，测量段不能低于 10m，在测量段内接收到的流速仪信号不能低于 5 个。

6.4 数据处理

为便于生产和使用，数据处理可以分为低速和中高速两部分进行，也可能将全部数据统一处理。

6.4.1 统一处理

在全部测速使用范围内，用一个直线方程作为检定/校准结果，见式(3)：

$$v = a + bn \quad \cdots\cdots (3)$$

式中：

v——流速，单位为米每秒(m/s)；

n——转子转率，等于转子总转数 N 与相应的测速历时 T 之比，即 $n=N/T$，单位为负一次方秒（s^{-1}）；

a——仪器常数，单位为米每秒(m/s)；

b——仪器的水力螺距，单位为米(m)。

用检定点(v_i，n_i)拟合检定/校准公式时应采用最小二乘法计算 a、b 值。

最小二乘法计算见式(4)、式(5)：

$$a=\frac{\sum_{i=1}^{N}\frac{n_i}{v_i}\cdot\sum_{i=1}^{N}\frac{1}{v_i^2}-\sum_{i=1}^{N}\frac{1}{v_i}\cdot\sum_{i=1}^{N}\frac{n_i}{v_i^2}}{\sum_{i=1}^{N}\left(\frac{n_i}{v_i}\right)^2\cdot\sum_{i=1}^{N}\frac{1}{v_i^2}-\left(\sum_{i=1}^{N}\frac{n_i}{v_i^2}\right)^2}\qquad\cdots\cdots(4)$$

$$b=\frac{\sum_{i=1}^{N}\left(\frac{n_i}{v_i}\right)^2\cdot\sum_{i=1}^{N}\frac{1}{v_i}-\sum_{i=1}^{N}\frac{n_i}{v_i^2}\cdot\sum_{i=1}^{N}\frac{n_i}{v_i}}{\sum_{i=1}^{N}\left(\frac{n_i}{v_i}\right)^2\cdot\sum_{i=1}^{N}\frac{1}{v_i^2}-\left(\sum_{i=1}^{N}\frac{n_i}{v_i^2}\right)^2}\qquad\cdots\cdots(5)$$

式中：

N——参加计算的点数。

可用查找表表达整个检定/校准结果，根据流速仪信号数和测速时间在查找表上可查到流速值。

6.4.2 分为低速和中高速两部分处理

6.4.2.1 低速部分

流速仪低速表达形式可选用下列一种：

a) 检定/校准曲线图。以速度为纵坐标，以转子转速为横坐标，按实测点绘制曲线。为保证读图的精确度，应采用适当的比例。流速比例尺以 1∶1 或 2∶1 为宜。低速检定/校准曲线与中高速直线应在接近直线的测速应用范围下端处相切。检定/校准曲线图上应标明绘制检定曲线的各检定点的 n_i、v_i 数值；

b) 检定/校准数表。根据流速仪性能，在一定时间范围内，按可能的测速历时系列，将 v、n 数值列成数表，供测速时查找；

c) 数学方程式。低速曲线可处理成某种数学关系的方程式；

d) 直线方程。低速性能好、低速曲线趋近于直线，在不影响使用准确度的情况下，可用直线方程处理，或与中高速用同一直线方程。

6.4.2.2 中高速部分

中高速部分为直线方程。数据处理方法同 6.4.1。

6.4.3 粗大误差的舍点原则

6.4.3.1 由于仪器故障或检定因素等原因导致个别测点误差过大，应查明原因，如系仪器故障，则应调整后重新检定。如是偶然检定因素造成的，则可舍去此粗大误差点。

6.4.3.2 低速曲线和检定/校准公式的舍点率均不大于10%或一个点。

6.4.3.3 误差计算不含舍去点。

6.5 准确度

6.5.1 低速部分

根据流速仪特性，低速部分准确度用实测点流速相对于拟合曲线(或直线方程的低速部分)的误差表示。低速曲线(或直线方程的低速部分)部分各测点的相对误差均不超过±5%。当流速小于0.03 m/s时，也可用绝对误差表示。

6.5.2 直线方程部分

用实测点与其拟合直线之间的偏差作为流速仪的检定准确度，以各速度级相对误差或全线相对均方差表示。推荐使用各速度级相对误差表示。见表5。

a) 相对误差。用各速度级相对误差表示。

测点相对误差 δ 按式(6)计算：

$$\delta = \frac{v - v_t}{v_t} \times 100\% \quad \cdots\cdots(6)$$

速度级相对误差 ε 按式(7)计算：

$$\varepsilon = \frac{1}{N}\sum_{i=1}^{N}\left|\frac{v - v_t}{v_t}\right| \times 100\% \quad \cdots\cdots(7)$$

式中：

ε——速度级相对误差，%；

N——该速度级测点数。

表5 速度级分段及其相对误差 %

等 级	速度级/(m/s)			
	v_k～0.5	0.5～1.5	1.5～3.5	>3.5
一	0.95	0.70	0.50	0.35
二	1.25	0.95	0.70	0.50
三	1.55	1.20	0.90	0.65

表5中的速度级分段是按一般的中速流速仪进行划分的。实际应用中，除了专用的低速流速仪外，应按流速仪的流速使用范围分成不少于四个速度级。各速度级的相对误差应大致均匀分布，不应该有明显的系统误差。

b) 全线相对均方差 m。

全线相对均方差计算见式(8)：

$$m = \pm\sqrt{\frac{\sum_{i=1}^{N}\left|(v_s - v_t)/v_t\right|^2}{N-1}} \times 100\% \quad \cdots\cdots(8)$$

式中：

m——全线相对均方差，%；

v_s——流速仪实测转率 n 代入公式计算的速度，单位为米每秒(m/s)；

v_t——检定车车速，单位为米每秒(m/s)；

N——计算点数。

全线相对均方差应符合GB/T 11826—2002的规定。

6.6 计算的有效位数

检定公式中 b、a 均取小数点后三位。

误差 δ、ε 和 m 均取小数点后两位。

计算过程中取小数点后四位。

7 检定/校准报告

检定/校准报告格式见附录B。

检定/校准报告内容包括：

a) 检定/校准单位名称、地址、邮政编码，检定/校准单位资质说明；

b) 检定/校准日期；

c) 流速仪型号和制造厂家；

d） 流速仪编号；
e） 检定/校准公式和检定/校准结果的误差；
f） 检定/校准速度范围和检定/校准公式使用范围；
g） 低速关系曲线图(如需要)；
h） 检定/校准时的水温；
i） 仪表油牌号及其粘度；
j） 其他说明；
k） 检定/校准、计算、核对人员签字及检定/校准单位盖章。

8 资料整理和保管

8.1 检定/校准记录表

检定/校准记录表应符合要求，包括如下数据、信息：

a） 各检定/校准实测点的 n_i，v_i 数值；
b） 直线部分的计算结果，a、b 值，直线部分点数；
c） 用检定/校准实测点的 n_i，由拟合直线计算流速，再计算各检定/校准实测点对拟合直线、曲线的绝对、相对误差；
d） 舍点情况；
e） 各速度级分段相对误差，包括速度级分段、各分段误差、各段点数。也可能是直线部分的全线相对均方差；
f） 流速仪的型号、编号(包括流速仪出厂编号和检定/校准单位的样品编号)、检定日期、委托单位，检定/校准、计算和校核人员签字。

8.2 资料保管期限

原始记录及计算成果的保管期限应不少于三年。

9 检定槽的验收

9.1 凡从事流速仪检定/校准的检定槽，均应经专业技术机构的检测合格，并取得相应资质后方可开展活动。

9.2 验收检测的流速仪必须使用标准流速仪，其要求见附录C。

9.3 验收的项目有轨道精确度、检定车速变化率、标准流速仪检定、流速仪检定/校准原始记录的真实性和正确性、检定/校准证书或报告的规范性和完整性、检定/校准数据处理和计算公式平台与标准规定的一致性、标准流速仪的自校、溯源或实验室间比对资料的完整性等。

附　录　A
（资料性附录）
标准中的符号、代号

表 A.1　标准中的符号、代号表

序　　号	代　　号	定　　义	单　　位
1	Δh	各测点对水平面的高度偏差	mm
2	Δs	各测点对基准线的距离偏差	mm
3	e	车速变化率	%
4	v	流速	m/s
5	v_t	检定车在全测量段内运行的平均速度	m/s
6	v'_t	检定车瞬时速度	m/s
7	v_b	以标准公式计算出的速度	m/s
8	v_p	以平均公式计算出的速度	m/s
9	v_K	临界速度	m/s
10	b	水力螺距	m
11	b_b	标准流速仪检定/校准各次的 b 值平均	m
12	b_p	检定/校准各次 b 值的平均	m
13	a	仪器常数	m/s
14	a_b	标准流速仪检定/校准各次 a 值平均	m/s
15	a_p	检定/校准各次 a 值的平均	m/s
16	n	转子每秒转数	r/s(s^{-1})
17	m	全线相对均方差	%
18	N	参加计算的点数	点
19	δ	测点相对误差	%
20	ε	速度级平均相对误差	%
21	ε_w	计算检定设备稳定性的速度级相对误差	%
22	ε_j	计算检定设备准确度的速度级相对误差	%

附　录　B
（规范性附录）
流速仪校准/测试报告格式

B.1　流速仪校准/测试报告封面格式见表 B.1。

表 B.1　流速仪校准/测试报告封面格式

（校准/测试单位名称）

(Name of Calibration / Test Enterprise)

校准/测试报告

Calibration / Test Report

报告编号：　　　　　　　　　　　　　　　　第 1 页，共 3 页
Report No.　　　　　　　　　　　　　　　　Page 1 of 3

样品名称
Sample Name ______________________

型号规格
Model/Speafication ______________________

样品编号
Serial No. ______________________

制造单位
Manufacturer ______________________

委托单位
Client ______________________

校准日期：　　年　　月　　日
Calibration Date：

地址：　　　　邮编：　　　　电子邮箱：
Add：　　　　Post code：　　　　Email：
联系电话：　　　　传真：
Tel：　　　　Fax：

B.2 流速仪校准/测试报告扉页格式见表 B.2。

表 B.2 流速仪校准/测试报告扉页格式

说　　明

DIRECTIONS

第 2 页,共 3 页

Page 2 of 3

1. 本中心是国家法定校准/测试机构,计量授权证书号:

This center is an organization with the responsibilities of calibrating and testing in legality with permission of agency at national level. Authorization certificate No. :

2. 本校准/测试报告未加盖检测专用章无效,若复印后未重新加盖校准/测试专用章无效。

It is invalid for the Calibration/Test Report or its copies without authorized seals from the center on it.

3. 本校准/测试报告缺校准、核验、批准人签字(签章)无效。

It is invalid for Calibration/Test Report in missing of signatures by staff conducting the report mainly for examination, check and approval.

4. 本校准/测试报告中内容有涂改者无效,无骑缝章无效。

It is invalid for Calibration /Test Report with a disagreed modification or format of seals inappropriately.

5. 本校准/测试报告中无防伪标志无效。

It is invalid for Calibration /Test Report without marks of resisted fakes.

6. 若对本校准/测试报告有异议时,应在收到报告后十五日内向本中心提出申诉,逾期不予受理。

The clients who disagree with the result of Calibrated/Tested Report should give an appeal to the Center in written not less than fifteen(15)days after receiving it.

7. 本校准/测试报告仅对样品的校准/测试数据负责。

The Calibrated/Tested Report has an only function to present related data as right as possible.

8. 被校准/测试仪器修理或调整后,应重新校准。

Any repairs or adjustments for equipment calibrated or tested by the Center need to be calibrated or tested again.

9. 本中心愿竭诚为用户服务,真诚欢迎多提宝贵意见。本着科学、公正、严谨、高效、满意的质量方针,我们将竭诚地以我们的技术力量为社会提供满意可靠的服务,为促进经济发展和社会进步做出应有的贡献。

It is grateful for the Center to provide high quality services, and welcome suggestions from all clients. The Center will provide high quality services for all clients to contribute to the promotion of economic and social development under the disciplines in science, justification, preciseness, efficiency and high quality.

B.3 流速仪校准/测试报告结果格式见表 B.3。

表 B.3 流速仪校准/测试报告结果格式

校准/测试结果

Calibration/Test Results

第 3 页,共 3 页
Page 3 of 3

1. 本次校准/测试依据:
   This calibration /test is based on the following documents:
   ① 国家标准 GB/T 11826—2002《转子式流速仪》
   "Rotating current meter"in national standard, GB/T 11826—2002
   ② 国家标准 GB/T 21699—2008《直线明槽中的转子式流速仪检定/校准方法》
   "Verification/calibration method of rotating-element current meters in straight open tank"in national Standard, GB/T 21699—2008
2. 本次校准/测试使用的主要仪器设备:
   The main facilities using for this calibration /test:
   流速仪自动校准/测试系统
   Automatic system for calibrated/tested current meter
3. 校准/测试地点、环境条件等:
   Place and surrounding condition :
   地点: 环境:室内 水温: (℃)
   Place: Surrounding condition:Indoors Temperature:
   入水深度: 悬挂方式:
   Diving depth: Suspension mode:
4. 校准/测试结果:
   Calibration/test results:
   速度范围:( )～( ) (m/s)
   Scope of velocity:
   直线公式:v=( )+( )n (m/s)
   Formulation for straight line:
   公式的使用范围:( )～( ) (m/s)
   Range for usage:
   准 确 度:
   Correctness:
   a) 全线相对均方差:m = ±( ) (%)
   Relative mean variance:
   b) 各速度级平均相对误差(%)见下表:
   The mean ralative error of respective velocity is as followings:

各速度级平均相对误差/% Mean relative error of respective velocity			
速度级分段/(m/s) Subsections of velocity			
( )～( )	( )～( )	( )～( )	( )～( )
( )	( )	( )	( )

注:
Notes:
① 流速仪的速度级分段依据具体型号要求填写。准确度 a)项和 b)项只提供一项。
The subsections vary according to corresponding models; We only provide item a) or b).
② 对有两个及其以上直线公式的,应增加本页,分别填写,并标明流速仪转子相应编号。
This page should be added and filled out, and indicate serial numbers of rotors if there exits 2 or more formulations.
③ 对某些流速仪可以以表格形式提供第 4 项检定/校准结果。
We can provide calibration/test results of certain types by tables.

5. 有 效 期: 年 月 日至 年 月 日
   Date in validity: to
   校准: 校核: 批准:
   Calibrated by: Checked by: Approved by:

附 录 C
（规范性附录）
标准流速仪比测检定要求

为了检查各检定槽检定设备的准确度及其稳定性，为了与标准检定槽以及各检定槽之间的相互比对，可以应用标准流速仪定期地进行比测检定。

C.1 标准流速仪的要求

C.1.1 标准流速仪由专业技术检测机构提供，采用 LS25-1 型和 LS20B 型旋桨式流速仪作为标准流速仪，并附有关检定/校准资料。只使用其直线部分。

C.1.2 标准流速仪的数量每个检定/校准单位应不少于 3 架。

C.1.3 标准流速仪的检定/校准必须在一级检定槽中检定。

C.1.4 每架标准流速仪检定/校准 3 次，3 次检定/校准的 b 值允差 1.5%。以 3 次 b、a 值的平均值作为标准公式，见式(C.1)：

$$v_b = a_b + b_b n \tag{C.1}$$

式中：

v_b——以标准公式计算出的速度；

b_b——标准流速仪检定/校准各次的 b 值平均；

a_b——标准流速仪检定/校准各次的 a 值平均。

C.1.5 检定/校准速度范围应从标准流速仪测速范围的下限值到 5 m/s，如受设备性能限制可酌情降低上限的检定/校准范围。

C.1.6 每架次检定/校准的测点不得少于 22 点，直线公式计算时其舍点数目不超过一点。若达不到要求时，应重新检定/校准，不得采取补点方法。

C.2 标准流速仪检测检定槽的要求

C.2.1 用标准流速仪进行比测检定时，每架流速仪检定/校准 3 次，以其平均值作为比测检定的平均公式：

$$v_p = a_p + b_p n \tag{C.2}$$

式中：

v_p——以平均公式计算出的速度；

b_p——检定/校准各次 b 值的平均；

a_p——检定/校准各次 a 值的平均。

b_b 和 b_p 允差 1%。

计算各次检定/校准的分段相对误差。

C.2.2 检定/校准公式稳定性。将各次检定/校准的 n_i 值代入平均公式，计算检定设备的稳定性。用速度级相对误差 ε_w 表示，按式(C.3)计算：

$$\varepsilon_w = (v - v_p)/v_p \tag{C.3}$$

C.2.3 检定/校准精确度。将各次检定的 n_i 值代入标准公式，计算检定设备的准确度。用速度级相对误差 ε_j 表示，按式(C.4)计算：

$$\varepsilon_j = (v - v_b)/v_b \tag{C.4}$$

C.2.4 上述误差主要是反映该检定/校准设备检定的公式重复性，以及与原提供仪器单位检定/校准公式的差异，不得作为准确度等级传递。各相对误差不得超过表 C.1 要求。

表 C.1 标准流速仪比测检定相对误差

%

速度级相关误差	速度级/(m/s)			
	v_k～0.5	0.5～1.5	1.5～3.5	>3.5
ε	0.90	0.65	0.45	0.30
ε_w	1.20	0.90	0.65	0.45
ε_j	1.50	1.15	0.85	0.60
注：v_k 为临界速度。				

如果达到上述要求，可认为设备的稳定性符合要求。否则应检查原因，采取措施，以提高准确度和稳定性。

C.2.5 用统计方法将比测检定资料按要求进行整理，作为技术资料保存。

C.2.6 标准流速仪使用五年后需送原提供单位重新检定。标准流速仪不得用于其他用途。

ICS 67.120.30
X 20

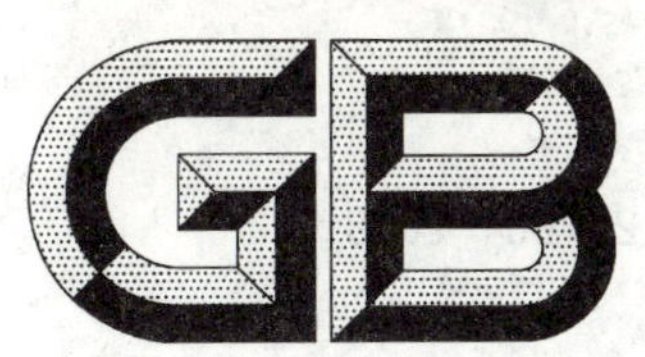

中华人民共和国国家标准化指导性技术文件

GB/Z 21700—2008

出口鳗鱼制品质量安全控制规范

Code on quality and safety control of eel products for export

2008-04-09 发布　　2008-07-01 实施

中华人民共和国国家质量监督检验检疫总局
中国国家标准化管理委员会　发布

前　言

本指导性技术文件的附录 A、附录 C 为规范性附录，附录 B 为资料性附录。

本指导性技术文件由中华人民共和国国家质量监督检验检疫总局提出并归口。

本指导性技术文件起草单位：国家质量监督检验检疫总局进出口食品安全局、中华人民共和国福建出入境检验检疫局。

本指导性技术文件主要起草人：李飞、肖燕茂、杨彬彬、陈长兴、王根芳、廖鲁兴、张晓丽、郑映钦、朱崇德、徐长安、杨方、王以农、杨燕忠、万鸿明、黄新平、钟义勇、郑晓忠、刘国栋、宋志刚、林禹、李耀平、黄建生、林峰、黄莹、王咏梅、彭建华、张蕉南、毕克新、徐丽艳、刘环。

出口鳗鱼制品质量安全控制规范

1 范围

本指导性技术文件规定了出口鳗鱼养殖安全管理、加工过程安全卫生质量控制、运输、检验与监控、检测质量、产品追溯、产品召回及记录等方面的技术要求。

本指导性技术文件适用于供加工出口用鳗鱼养殖企业、生产加工企业及出口企业的质量安全控制。

2 规范性引用文件

下列文件中的条款通过本指导性技术文件的引用而成为本指导性技术文件的条款。凡是注日期的引用文件，其随后的修改单(不包括勘误的内容)或修订版均不适用于本指导性技术文件，然而鼓励根据本指导性技术文件达成协议的各方研究是否使用这些文件的最新版本。凡是不注日期的引用文件，其最新文件适用于本指导性技术文件。

GB 5749 生活饮用水卫生标准

GB 11607 渔业水质标准

GB/T 15481 检测和校准实验室能力的通用要求

GB/T 19000 质量管理体系 基础和术语(GB/T 19000—2000,idt ISO 9000:2000)

GB/T 19538 危害分析与关键控制点(HACCP)体系及其应用指南

SN/T 1347 水产品生产企业卫生注册规范

3 术语和定义

GB/T 19000 确立的以及下列术语和定义适用于本指导性技术文件。

3.1

鳗苗 eel fry

从江、河口捕获的、体色仍呈半透明至尚未完全转黑阶段的鳗鲡。

3.2

鳗种 eel seed

体色已转黑、规格自 500 尾/kg～800 尾/kg(日本鳗鲡)或 300 尾/kg～500 尾/kg(欧洲鳗鲡、美洲鳗鲡)至规格 50 尾/kg 的鳗鲡。

3.3

鳗种饲养 eel breeding

将鳗苗培育至鳗种的过程。

3.4

食用鳗养殖 eel farming

由鳗种投放池(塘)后，通过专用的饲料及养殖技术人员的精密管理，维持合理的养殖密度和良好的养殖环境，培育成一定规格可供出池(塘)的原料鳗的整个生产过程。

3.5

鳗鱼制品 eel products

用烤制、蒸煮、调味、冷冻等方法处理原料鳗及其内脏后的产品。

3.6

原料批　material batch

按同一养殖周期、同一时间收购、同一来源(同一土塘鱼池或以水泥池为养殖方式的同一养殖场)、同一品种的原料鳗为同一个原料批。

3.7

生产批　production batch

同一车间或同一生产线在同一天用同一批原料加工的产品为一个生产批。

4　总则

4.1　供出口加工用鳗鱼饲料生产企业,兽药生产、经营企业,鳗鱼养殖场应符合国家有关规定要求。

4.2　出口鳗鱼制品加工企业应符合 SN/T 1347 的规定条件,供出口加工用鳗鱼养殖使用饲料及饲料添加剂应符合有关规定要求。

5　鳗鱼养殖安全管理

5.1　养殖场

应与外界环境有效隔离,避免受不良环境污染,避免养殖水源和周围大气受污染,养殖水温、气温应符合鳗鱼生长的要求。

5.2　养殖设施设备

养殖池(塘)应符合养鳗要求,布局合理,编号规范,进排水分设。具有配套的遮阴、保温、供热设施(水泥池)及增氧设备、供电设备等,有专用独立饲料房、药房或药柜,及必要的水质、病虫害检测设施设备。

5.3　养殖用水

水源充足,水质应符合 GB 11607 的要求。

5.4　鳗苗、鳗种

5.4.1　来自江、河口海区健康鳗苗直接培育投放养殖的,鳗苗可不经过药残检测。

5.4.2　投放符合鳗苗培育条件和要求的培育场培育的鳗苗、鳗种,并具溯源性,可不检测药残。不符合 5.4.1 和 5.4.2 条件的鳗苗、鳗种应经检验检疫并按药残监测项目检测合格。

5.4.3　进口鳗苗应符合国家出入境检验检疫管理要求,检疫合格后投放养殖。

5.5　饲料

5.5.1　投喂的配合饲料应符合国家有关规定并按规定存放,按规定添加了药物添加剂的饲料应严格按停药期投喂。

5.5.2　以红虫等非配合饲料作为开口饲料时,应经过适当的处理,处理所用药品不应含违禁药物。

5.6　疾病防治

5.6.1　推广生态、健康养殖技术,控制养殖密度,建立养殖全过程水质及鳗鱼体质检测跟踪制度,及时采取预防、改进措施。

5.6.2　使用农用化学品及生态制剂进行水质处理、水质改良和疾病防治时,应按产品规定的使用方法实施。

5.6.3　治疗用药(包括渔药、农药、中药等)应遵守主管部门及进口国相关药物管理规定,执行处方用药制度,并遵守使用方式、用药量和停药期。

5.6.4　选用的药物、农用化学品、生态制剂等应来自符合 4.1 规定的企业,产品标签应有批准文号、国家标准等国家所规定的有关要求。

5.6.5　应建立药物进出仓登记管理制度,进仓药物应及时记录,内容应包括但不限于以下内容:药物批准号、成分、有效期、生产企业。

5.6.6 养殖过程所使用的药物、农用化学品及生态制剂等应及时记录，内容应包括但不限于以下内容：使用原因、剂量、时间、对象及范围。

5.7 化学品

5.7.1 养殖场应建立并执行化学品的储存和使用管理制度。

5.7.2 使用化学品时，使用人员应按照使用说明书的要求操作。

5.8 养殖场管理

5.8.1 供加工出口用鳗鱼养殖场应符合国家有关规定要求(养鳗场备案条件见附录A)，应配备专业技术人员，应建立完善的组织管理机构和养殖管理制度。

5.8.2 重要疫病和重要事项应及时向当地主管部门报告。

5.9 原料鳗鱼出场

5.9.1 活鳗应经检验检疫合格后供给配套的鳗鱼制品加工企业。

5.9.2 应防止活鳗在捕捞、装车、吊水等过程中调包或混装。

5.9.3 每批活鳗应批次清楚，附有供货证明。

5.10 记录

5.10.1 养殖场应建立养殖日志。

5.10.2 养殖日志(记录)应包括但不限于以下内容：水温和水质监测记录；溯源记录(投放的鳗苗、鳗种的种类，投放数量，投放时间，投放的塘号，苗种的来源及选别、分池等记录)；投饵量和投饵时间记录；疫病发生情况、死亡原因和数量，以及使用预防和治疗药物的记录。

5.10.3 养殖日志还应包括国家相关职能部门要求记录的内容。

6 原辅料安全卫生

6.1 原料

6.1.1 企业应建立原料安全卫生控制体系，控制体系应包括但不限于以下内容：养鳗场养殖监管、原料的收购计划、验收等内容，并根据原料收购计划、进口国和官方残留监控计划等要求，制定对配套养鳗场的监测监控计划。

6.1.2 企业应与养殖场建立稳定的供需关系，配备与其生产能力相适应的监管人员(质量监督员条件和职责参见附录B)。监管人员应履行职责，负责对养鳗场实施日常监管并有记录。

6.1.3 应按照技术规范的要求对原料进行感官、药物残留、有毒有害物质等检验，经检验合格后方可收购，并采取措施防止原料在捕捞、吊水、装车等过程中调包或混装，保证原料溯源的有效性。

6.1.4 每批原料应保证用药清楚、用料清楚、批次清楚并附有鳗鱼养殖的供货证明，进厂原料应分批次吊水，并按照批次要求抽样进行感官、药残、有毒有害物质等的检验检疫。

6.1.5 盛装及包装容器、运输工具应符合有关安全卫生要求，无异味、无污染，使用前应清洗消毒，保持清洁卫生。运输时不得与其他可能污染水产品的物品混装。

6.1.6 原料鳗应在其耐受温度下充氧运输；包装运输用水用冰应符合GB 11607要求，包装运输不宜添加药物及有毒有害化合物。

6.2 辅料

6.2.1 加工用水(冰)的水质应符合GB 5749的要求，进口国对加工用水(冰)的水质有特殊要求的，还应符合进口国对水质的特殊要求。

6.2.2 应按国家技术规范卫生要求对生产用调味料、添加剂等进行验收，验收合格的方可用于生产。

6.2.3 进口的辅料应具有出口国的检验合格证明，并经我国官方检测合格后，方可投入生产使用。

7 加工、包装、储运过程安全卫生质量

7.1 加工过程卫生

应建立书面的卫生标准操作程序(SSOP)，明确人员、职责，确定执行频率，实施有效的监控和相应的纠正预防措施，并做好记录。

7.2 关键控制点

应按照GB/T 19538中HACCP原理的要求对生产过程的危害进行分析，确定关键控制点，制定HACCP计划并进行有效监控，做好记录。

7.3 温度和时间

7.3.1 前处理、烤制、蒸煮、预冷、速冻、内包装和储存等工序的时间和温度控制应按照产品工艺及卫生要求进行。

7.3.2 前处理、内包装等工序或场所应安装温度显示装置，其车间的温度不应高于21℃；速冻设施的温度不应高于－28℃。

7.3.3 加工过程中，应控制产品的内部温度和暴露时间。若在加工过程中产品的内部温度在21℃以上，则加工产品的累计暴露时间不应超过2 h；若在加工过程中产品的内部温度在21℃以下、10℃以上，则加工产品的累计暴露时间不应超过6 h；若在加工过程中产品的内部温度在21℃上下波动时，则加工产品超过21℃以上的累计暴露时间不得超过2 h，加工产品超过10℃以上的累计暴露时间不得超过4 h。

7.4 车间及设施设备

7.4.1 车间与设施

7.4.1.1 车间应布局合理，防止交叉污染，符合工艺流程和加工卫生要求。

7.4.1.2 车间内墙壁、屋顶或者天花板应使用无毒、浅色、防水、防霉、不脱落、易于清洁的材料修建，屋顶或者天花板和车间上方的固定物在结构上应能防止灰尘和冷凝水的形成以及杂物的脱落；地面应耐腐蚀、耐磨、防滑并有适当坡度，保持清洁。

7.4.1.3 车间的门、窗应用浅色、平滑、易清洗消毒、不透水、耐腐蚀的坚固材料制作，结构严密。

7.4.1.4 车间出口及与外界相连的排水口、通风处应安装防鼠、防蝇、防虫及防尘等设施。

7.4.1.5 排水系统应有防止固体废弃物进入的装置，排水沟底角应呈弧形，易于清洗，排水管应有防止异味溢出的水封装置以及防鼠网。应避免加工用水直排地面。管道和下水道应保证排水畅通，不积水。禁止由低清洁区向高清洁区排放加工污水。

7.4.1.6 车间应有充足的自然采光或者照明设施，光线不得改变被加工物的本色，位于生产线上方的照明设施应装有防护罩。

7.4.1.7 加工用水的管道应用无毒、无害、防腐蚀的材料制成，应有防止产生回流现象装置，不得与非饮用水的管道相连接，饮用水与非饮用水的管道应有标识加以区分。

7.4.1.8 循环使用的鳗鱼吊水用水应进行水质净化处理；储水设施应采用无毒、无害的材料制成。

7.4.1.9 不同清洁程度要求的区域应设有单独的更衣室，具有相应的清洗、消毒设施，并保持清洁卫生、通风良好，个人衣物与工作服应分开存放。

7.4.1.10 车间内应安装通风设备，其设计和安装应符合维护和清洁的要求。进气口应远离污染源和排气口。烤制、蒸煮等产生大量水蒸气的区域，应设有与之相适应的强制通风设施。废气排放应符合国家有关规定。

7.4.2 设备和工器具

7.4.2.1 设备和工器具应采用无毒、无味、不吸水、耐腐蚀、不生锈、易清洗消毒、坚固的材料制作。

7.4.2.2 设备和工器具的设计和制作应避免明显的内角、凸起、缝隙或裂口。车间内的设备应耐用、易于拆卸清洗。设备的安装应符合工艺卫生要求。

7.4.2.3 专用容器应有明显的标识，废弃物容器和可食产品容器不得混用。废弃物容器应防水、防腐蚀、防渗漏。如使用管道输送废弃物，则管道的建造、安装和维护应避免对产品造成污染。

7.4.2.4 应制定和执行加工设备、设施的维护程序，保证加工设备、设施不对产品造成污染，满足生产加工的需要。

7.5 人员培训

7.5.1 生产、质量管理人员应经过鳗鱼加工过程有关安全卫生质量控制知识的培训，关键工序及工种人员应符合规定要求。

7.5.2 有毒有害化合物的贮存、使用人员应接受有毒有害化合物相关知识的培训。

7.5.3 同 HACCP 管理体系控制有关人员应经过 HACCP 原理相关知识的培训。

7.6 包装与储运

7.6.1 包装

7.6.1.1 包装容器和包装物料应符合卫生标准，不得含有有毒有害物质，不得改变鳗鱼制品的感官特性。标签符合进口国要求，标签上使用的油墨或染料及用于标识产品批号、规格等的油墨应为食品级，标签不得同鳗鱼制品直接接触。

7.6.1.2 包装容器和包装物料应有足够的强度，保证在运输和搬运过程中不破损；包装容器不得重复使用。

7.6.1.3 内、外包装物料应分别存放，包装物料库应干燥、通风并应有相应的消毒设施，保持清洁卫生。

7.6.1.4 包装材料与标签使用前应检查以确保无害或无污染。

7.6.2 储存

7.6.2.1 活鳗暂存设施应清洁卫生，在暂存过程中应按照要求进行吊水，吊水用水应符合 GB 11607 的要求。

7.6.2.2 鳗鱼制品的储存库内应保持清洁、整齐，不得存放有碍卫生的物品，同一库内不得存放可能造成相互污染或者串味的食品。库内物品与墙壁距离不少于 30 cm，与地面距离不少于 10 cm，与天花板保持一定的距离，并分垛存放，标识清楚。

7.6.2.3 冷(冻)藏库应配备自动温度记录装置，并定期校准。冷藏库温度应控制 −18℃ 以下；速冻库温度应控制 −28℃ 以下。

7.6.3 成品运输

7.6.3.1 运输工具应符合有关安全卫生要求，保持清洁卫生，必要时应清洗消毒。运输时不应与其他可能污染水产品的物品混装。

7.6.3.2 运输工具应根据产品特点配备制冷、保温等设施。运输过程温度应保持在 −18℃ 以下，并做好温度记录。

8 检验与监控

8.1 检验

8.1.1 企业检验能力要求

检验设施、人员等的配备与生产能力相适应，能满足检验工作的需要。企业检验机构应具备检验工作所需要的方法、标准资料、检验设施和仪器设备，检验仪器应按规定进行计量检定；应开展水质、微生物等检验并有记录。

8.1.2 实验室要求

企业通过自有实验室对样品进行检测的，其实验室应符合第 9 章的要求；企业使用社会资质实验室承担检测工作的，应签订合同，其约定检测周期、检测依据等应满足企业内部检验的质控要求。

8.1.3 监控抽样要求

企业对原辅料、加工等监控环节进行抽样，保存足量的样品，以满足不同检验要求。

8.1.4 检验批

应按原料批、生产批进行感官、理化、品质等检验，为便于溯源，企业应建立记录每一检验批的所有检测项目检测结果情况档案，并按规定保存。

8.1.5 重点检测项目

企业应根据养鳗场养殖情况、目前可能的用药情况以及进口国要求，结合日常监管和残留监测信息，在风险评估基础上，对重点检测项目进行调整，在原辅料或加工环节进行监控，若检出有害物质残留超标，按8.4要求执行。

8.2 全过程监控

企业应建立一套以预防为主，检测为辅的全过程安全卫生监控体系，并根据进口国及国内有关法规标准要求，对包括但不限于以下信息进行分析，鳗鱼养殖过程消毒、防治病虫害及加工和储运等过程使用或可能污染化学物质的调查结果、对配套养鳗场监督及其他途径收集的有关信息等，对产品可能存在的安全卫生隐患进行规范的风险分析，并在此基础上及时制定防范和监控措施，对全过程安全卫生控制进行验证。

8.3 鳗鱼制品检验

依照以下条款执行：

a) 国家技术规范的强制性要求；

b) 进口国、地区要求；

c) 其他要求。

8.4 不合格品

8.4.1 不合格品管理

企业应制定不合格品控制程序，对不合格品进行识别和控制。防止不合格品的非预期使用或交付，及不合格品的再次发生，并有实施记录。

8.4.2 不合格品标识与隔离

当出现不合格品时应立即做好标识，体现批次号和不合格数量等信息，并进行隔离，防止非预期使用或交付。

8.4.3 不合格品处理

企业应对不合格品采取纠正和预防措施；对因微生物、药残、重金属等超标产生的不合格品时，应调查不合格原因，按规定程序进行后续处理：加严检验、召回等，并及时通报所在地主管部门。

9 检测质量

9.1 从事鳗鱼及鳗鱼产品检测的企业独立实验室应具有完善的管理制度，对人员、设施和环境条件、检测方法、设备、测量溯源性、样品、检测和管理记录等进行有效的管理；同时从事微生物、理化（包括重金属、药物残留量等）项目检测的实验室应建立、实施和维持有效运行的质量管理体系，将其制度、计划、程序和指导书制定成文件，保持相关记录，以确保检测数据的科学性、准确性和可追溯性。

9.2 实验室建立的质量、管理和技术体系应与其从事的检测工作范围和工作目标的实现相适应，其建立和运作方式见附录C的要求。

9.3 如果实验室是企业的一部分，企业应有措施保证其实验室的员工不受任何对检测工作质量有不良影响的、来自内外部的不正当的商业利益、财务和其他方面的压力和影响。

9.4 实验室为满足委托方、法定管理机构等的需求，必要时，可申请相关检测资质的认可或认定。

10 追溯

10.1 标识

鳗鱼养殖场在鳗鱼出场池（塘）时，应按不同场、池（塘）加以标识。

企业应在原料收购、加工过程、储存、运输各环节进行标识，成品外包装应标注企业卫生注册号和生产批号。生产批号可采用以下标识方法：生产日期＋当天生产批次流水号＋鳗鱼养殖场备案号。

10.2 追溯

通过标识及其记录可从成品到原料每一环节逐一进行追溯。

追溯路径：生产批号、卫生注册号—生产加工记录—原料验收记录—养殖场。

11 产品召回

11.1 企业应建立产品召回程序或制度，以保证出厂产品在出现安全卫生质量问题时能够及时召回，并按规定和要求进行妥善处理。

11.2 加工企业有下列情况之一的，应立即启动产品召回程序，及时召回相关产品：

a) 出口鳗鱼产品被进口国或地区官方检查发现不合格的；

b) 产品已出口但存在安全卫生质量隐患的；

c) 因发生突发事件，主管部门要求召回的。

11.3 产品召回的实施

11.3.1 召回演练

为确保产品召回的顺利实施，企业每年应定期进行针对性的产品召回演练，并有演练记录。

11.3.2 召回准备

11.3.2.1 企业应成立召回小组，召回小组一般由管理者、技术人员、仓储人员、营销人员、财务人员、法律人员等组成。

11.3.2.2 管理层应提供资源以设定、完善召回程序并测试程序中的每一环节的可行性。

11.3.2.3 召回小组成员应熟悉同食品有关的法律法规、执法机构的办事程序、清楚企业的安全与质量管理工序和能力。

11.3.3 召回步骤

11.3.3.1 首先应由召回小组进行分析或风险评估，调查研究以确认危害因素。

11.3.3.2 当确定危害因素存在时，企业应及时做好召回安排，明确小组成员任务，按照产品召回程序实施召回。

11.4 召回产品的处理

企业应对召回的产品进行有效隔离和标识，并加以分析、验证，同时将原因分析、验证及产品的处理情况报告所在地出入境检验检疫主管部门。

12 记录

12.1 应建立记录的标记、填写、更改、收集、编目、归档、保管和处理的制度。

12.2 记录应及时、真实、准确、完整和可追溯。

12.3 记录需要更改时，应能识别原记录的内容。

12.4 记录应及时进行审核，其中同关键控制点有关的记录应由经过 HACCP 有关知识培训的人员在一周内进行审核，并注明审核人员和日期。

12.5 记录应专人保管，至少保存两年（同养殖有关的记录至少保存三年），以电子信息保管的记录应备份保管。

附 录 A
（规范性附录）
出口加工用鳗鱼养殖场备案基本条件

A.1 养殖环境

A.1.1 应远离畜禽养殖场、医院、化工厂、垃圾场等污染源，同时还要避免受到植物种植带来的气体和化合物等污染，避免水源受到污染，具有与外界环境隔离的设施，内部环境卫生良好。

A.1.2 养殖场（池塘底、池塘壁、水道等）应经适当整理、更新，符合养殖要求。

A.2 养殖设施设备

A.2.1 养殖池（塘）应布局合理，编号规范，符合卫生防疫要求，进排水分设。

A.2.2 具有配套的遮阴、保温、供热设施（水泥池）及增氧设备、供电设备等，有必要的水质、病虫害检测设施设备。

A.3 水质

水源充足，附近无污染源，水质良好；养殖用水水质符合 GB 11607 要求。

A.4 鳗苗要求

进口鳗苗应按要求进行隔离，并经检验检疫合格后投放养殖。非本场培育的应有溯源证明。

A.5 饲料

A.5.1 投喂的配合饲料应符合国家有关规定。按规定添加了药物添加剂的饲料应严格按停药期投喂。

A.5.2 应设置独立的饲料房，具备防虫、防鼠设施，并保持整洁干燥，通风良好。

A.6 疾病防治

A.6.1 选用的药物、农用化学品、生态制剂等应来自符合规定的企业。应具备批准号、成分、有效期等。

A.6.2 建立药物进出仓登记管理制度，药物进仓记录应包括药物批准号、成分、有效期、生产企业等内容。

A.6.3 治疗用药（包括渔药、农药、中药等）应遵守农业主管部门及进口国相关药物管理规定，按照《兽药管理条例》执行处方用药制度，并遵守使用方式、用药量和停药期。

A.6.4 养殖过程所使用的药物、农用化学品及生态制剂等应有使用记录，包括使用原因、剂量、时间、对象等。

A.7 化学品的控制

A.7.1 养殖场应建立并执行化学品的储存和使用管理制度，以确保所使用的化学品得到有效控制。

A.7.2 养殖场所使用的化学品应有专用储存库，加锁并有专人保管，并标识清楚。

A.8 养殖场管理

A.8.1 应具有一定的养殖规模：土塘养殖的水面积应达 6.67×10^{4} m^2 以上；水泥池养殖水面积应达

1.00×10^4 m^2 以上。

A.8.2 应具有完善的组织管理机构和养殖管理制度。

A.8.3 应配备水生生物病害防治员和质量监督员(质量监督员条件和职责参见附录B),水生生物病害防治员和质量监督员应诚信守法,应由不同人员担任。

A.8.4 重要疫病和重要事项应及时向当地主管部门报告。

A.9 记录

A.9.1 养殖场应建立养殖日志。

A.9.2 养殖日志(记录)应包括但不限于以下内容:水温和水质监测记录;溯源记录(投放的鳗苗、鳗种的种类,投放数量,投放时间,投放的塘号,苗种的来源、分塘或成品去向等记录);投饵量和投饵时间记录;疫病发生情况、死亡原因和数量,以及使用预防和治疗药物的记录。

A.9.3 养殖日志还应包括相关职能部门要求记录的内容。

A.10 其他要求

养殖场还应符合其他法律法规规定的有关要求。

附 录 B
（资料性附录）
质量监督员条件和职责

B.1 质量监督员条件

备案养鳗场质量监督员应具备以下条件：

a） 遵守国家有关法律法规和规定，诚实守信，忠实履行职责；

b） 具备养殖、卫生防疫及安全卫生质量管理知识；

c） 具有初中及以上学历；

d） 从事水产养殖工作两年以上；

e） 掌握和熟悉我国和鳗鱼进口国家或地区的有关规定；

f） 经国务院出入境检验检疫主管部门培训合格并获得相应资质；

g） 无不良诚信记录。

B.2 质量监督员职责

备案养鳗场质量监督员应履行以下职责：

a） 遵守国家有关法律和规定，诚实守信，忠实履行职责；

b） 负责指导养殖场建立和实施生产、卫生防疫、药物、饲料等管理制度；

c） 负责对养殖用渔药、饲料采购的审核；

d） 监督养殖场药物的使用，确保不使用禁用药，并严格遵守停药期；

e） 积极配合国家有关部门实施日常监管和抽样；

f） 监督养鳗场如实填写各项记录，保证各项记录符合基地管理和国务院出入境检验检疫主管部门的要求；

g） 对出场的商品鳗全过程监控，监督养鳗场如实填写《出口加工用鳗鱼供货证明》；

h） 发现重要疫病和重要事项，要及时报告主管部门。

附　录　C
（规范性附录）
鳗鱼制品检测实验室的通用条件

C.1　质量管理体系的建立

C.1.1　实验室应按照或部分采用GB/T 15481，建立与其从事的检测工作范围和工作目标的实现相适应的质量管理体系。

C.1.2　实验室质量管理体系的文件化内容可包括（但不限于）以下内容：

a）质量管理手册：是实验室为实现其检测工作质量目标而编制的纲领性文件，应按照GB/T 15481的要求，结合实验室的工作范围，对实验室基本的管理要求和技术要求进行描述。

b）程序、规范、作业指导书：是以质量管理手册为依据，将实验室开展的主要管理和技术活动的目的、范围、职责和工作流程进行文件化。程序、规范、作业指导书的内容可包括，但不限于：

1）文件控制；

2）服务与供应品的采购和管理；

3）纠正与预防措施；

4）记录控制；

5）内审与管理评审；

6）人员培训；

7）内务（包括环境控制）和安全管理；

8）检测方法；

9）设备管理，设备维护和操作；

10）量值溯源（包括参考标准和标准物质的使用，设备器具的校准或检定）管理；

11）抽样，样品处置；

12）检测结果的质量控制等。

c）各种记录：是用于提供检测是否符合要求和体系有效运行的证据，包括：

1）质量记录，如：

——人员教育培训记录；

——文件控制记录；

——服务与供应品的采购记录；

——纠正和预防措施记录；

——内部审核与管理评审记录等。

2）技术记录，如：

——环境控制记录；

——使用参考标准的控制记录；

——设备使用记录；

——样品的抽取、接收、制备，保留和处置记录；

——原始检测记录；

——检测报告等。

3）各种证书，如：

——设备和器具的校准（检定）证书；

——标准物质合格证书；

——人员技能资格证书等。

4） 各种标识，如：

——设备的唯一性标识；

——样品的唯一性标识；

——标准物质(溶液、试剂、药品等)标签；

——设备校准状态标识；

——试验区标识等。

C.2 实验室设施和环境条件

C.2.1 实验室应确保其设施有利于检测的正确进行；应确保其环境条件不会使结果无效，或不会对所要求的检测质量产生不良影响。

C.2.2 实验室的规划和布局应符合相关专业实验室建设规范的基本要求，应避免外界对其环境造成不良影响，必要时应设置走廊或过道起缓冲作用，应将不相容活动的相邻区域进行有效隔离，采取措施以防止交叉污染。

C.2.3 对影响检测质量的区域的进入和使用，应加以控制。实验室应根据其特定情况确定控制的范围。

C.2.4 当相关的规范、方法和程序有要求，或对结果的质量有影响时，实验室应监测、控制和记录环境条件，如微生物实验室的消毒、精密仪器室的温湿度等。当环境条件危及到检测的结果时，应停止检测。

C.3 实验室设备

C.3.1 实验室应配备进行检测(包括抽样、样品制备、数据处理与分析)所要求的所有抽样、测量和检测设备。

C.3.2 用于检测和抽样的设备及其软件应达到要求的准确度。对结果有重要影响的仪器的关键参数，应制定校准(校定)计划。设备(包括用于抽样的设备)在投入工作前应进行校准或核查，以证实其能够满足实验室的规范要求和相应的标准规范。

C.3.3 重要检测设备应由经过培训、取得上岗资格的人员操作，并留有相关使用记录。

C.4 标准物质的管理

C.4.1 实验室应保证标准品与标准菌株的来源符合量值溯源的有关规定。

C.4.2 实验室应有规范性文件规定标准品与标准菌株的使用及使用期限，指定专人管理，保证标准品与标准菌株的有效性，并留有领取与配制记录。

C.5 检测样品的管理

C.5.1 实验室应有用于检测样品的运送、接收、处理、存储、保留及清理的规范性文件。检测样品应加贴唯一性标识，样品在实验室整个期间均应保留此标识。

C.5.2 实验室应对检测样品进行妥善保管，确保其在贮存、处置和制备过程中不受污染、损坏或遗失。当样品需要在特定条件下存放时，应保持这种环境条件，必要时对之进行监控和记录。

C.5.3 实验室应按批次保留足量的检测样品，检测样品保存时间不少于产品保质期。

C.6 检测方法和检测结果的质量控制

C.6.1 实验室应优先选择已在国际、区域或国家标准、行业标准中颁布的，或由知名的技术组织或有关科学书籍和期刊公布的，或由设备制造商指定的检测方法。实验室应确保使用标准的最新有效版本，必要时，对选定的方法进行确认。

C.6.2 实验室应保持检测过程的原始记录，以利于检测结果质量的追踪监控。

C.6.3 实验室根据所从事的检测工作类型和工作量选择质量监控的方式，可包括(但不限于)以下内容：

a) 定期使用有证标准物质和(或)次级标准物质进行内部质量控制；

b) 参加实验室间比对或能力验证计划；

c) 利用相同或不同方法进行重复检测；

d) 对保留样品进行再检测；

e) 分析某一样品不同特性结果的相关性。

实验室对质量监控的数据进行分析，在发现质量控制数据超出预定的判据时，应采取有计划的措施来纠正出现的问题，并防止报告错误的结果。

C.7 人员

C.7.1 实验室至少应指定一名管理人员，并有足够数量的与工作范围和工作量相适应的检测人员。实验室应制定人员岗位职责。

C.7.2 管理人员和检测人员应具备相应的教育、培训、经验和可证明的技能，实验室应制定培训计划对其持续进行培训，实验室应保留相关人员的资历及培训证明。

C.7.3 实验室应授权专门人员审核和签发检测报告。

ICS 67.120.20
X 18

中华人民共和国国家标准化指导性技术文件

GB/Z 21701—2008

出口禽肉及制品质量安全控制规范

Code on quality and safety control of poultry and poultry products for export

2008-04-09 发布　　2008-07-01 实施

中华人民共和国国家质量监督检验检疫总局
中国国家标准化管理委员会　发布

前　言

本指导性技术文件的附录 A 为规范性附录。

本指导性技术文件由中华人民共和国国家质量监督检验检疫总局提出并归口。

本指导性技术文件起草单位：国家质量监督检验检疫总局进出口食品安全局、中华人民共和国山东出入境检验检疫局。

本指导性技术文件主要起草人：张艺兵、孙明钊、王宁、管恩平、黄从平、周长桥、王宝东、张红梅、王忠宽、李忠平、王树峰、袁涛、毕克新、徐丽艳、刘环。

出口禽肉及制品质量安全控制规范

1 范围

本指导性技术文件规定了出口禽肉及制品加工企业及其供货养殖场的质量安全控制要求。

本指导性技术文件适用于出口禽肉及制品加工企业从饲养管理到加工出口的全过程质量安全控制。

2 规范性引用文件

下列文件中的条款通过本指导性技术文件的引用而成为本指导性技术文件的条款。凡是注日期的引用文件，其随后所有的修改单(不包括勘误的内容)或修订版均不适用于本指导性技术文件，然而，鼓励根据本指导性技术文件达成协议的各方研究是否可使用这些文件的最新版本。凡是不注日期的引用文件，其最新版本适用于本指导性技术文件。

GB 5749 生活饮用水卫生标准

GB/T 19538 危害分析与关键控制点(HACCP)体系及其应用指南

SN/T 0397 出口冻乳鸽检验规程

SN/T 0419 出口冻肉用鸡检验规程

SN/T 0428 出口冻鸭、冻鹅检验规程

3 术语和定义

下列术语和定义适用于本指导性技术文件。

3.1

禽流感 avian influenza

由 H5 或 H7 亚型的任何 A 型流感病毒，或其他的静脉致病指数(IVPI)大于 1.2(或相当于动物死亡率至少 75%)的禽流感病毒感染引起的禽类传染病。禽流感病毒分为高致病性须通报禽流感病毒(HPNAIV)与低致病性须通报禽流感病毒(LPNAIV)。

3.2

高致病性须通报禽流感病毒 highly pathogenic notifiable avian influenza virus;HPNAIV

在 6 周龄鸡静脉致病指数(IVPI)大于 1.2，或对 4 周～8 周龄鸡静脉接种致死率至少为 75%的禽流感病毒。对于 IVPI 不大于 1.2 或静脉接种引起死亡率低于 75%的 H5 或 H7 亚型禽流感病毒应测定序列，如果血凝素 HA 基因裂解位点对应的氨基酸序列与 HPNAI 相似，则该 H5 或 H7 亚型禽流感病毒为 HPNAIV。

3.3

低致病性须通报禽流感病毒 low pathogenic notifiable avian influenza virus;LPNAIV

非 HPNAI 的所有 H5 或 H7 亚型的 A 型禽流感病毒。

3.4

新城疫 Newcastle disease

由禽副粘病毒Ⅰ型引起的禽类感染，其毒株的一日龄脑内接种致病指数(ICPI)大于 0.7。

4 总则

4.1 出口禽肉及制品加工企业应符合相关注册卫生规范的要求并获得卫生注册证书。

4.2 出口禽肉及制品加工企业的出口产品供货养殖场应符合附录A的规定，并获得检验检疫机构备案。

4.3 出口禽肉及制品加工企业应建立健全企业的质量安全控制体系，按照GB/T 19538建立HACCP体系，并有效实施。

5 禽肉及制品加工厂

5.1 环境卫生

5.1.1 出口食品生产企业不得建在有碍食品卫生的区域，厂区内不得兼营、生产、存放有碍食品卫生的其他产品。

5.1.2 厂区路面平整、无积水，厂区无裸露地面。

5.1.3 厂区卫生间应有冲水、洗手、防蝇、防虫、防鼠设施，墙裙以浅色、平滑、不透水、无毒、耐腐蚀的材料修建，并保持清洁。

5.1.4 生产中产生的废水、废料的排放或者处理应符合国家有关规定。

5.1.5 厂区建有与生产能力相适应的符合卫生要求的原料、辅料、化学物品、包装物料储存等辅助设施和废物、垃圾暂存设施。

5.1.6 生产区与生活区隔离。

5.2 加工车间及设施

5.2.1 车间面积与生产能力相适应，布局合理，排水畅通；车间地面用防滑、坚固、不透水、耐腐蚀的无毒材料修建，平坦、无积水并保持清洁；车间出口及与外界相连的排水、通风处应安装防鼠、防蝇、防虫等设施。

5.2.2 车间内墙壁、屋顶或者天花板使用无毒、浅色、防水、防霉、不脱落、易于清洗的材料修建，墙角、地角、顶角具有弧度。

5.2.3 车间窗户有内窗台的，内窗台下斜约45°；车间门窗用浅色、平滑、易清洗、不透水、耐腐蚀的坚固材料制作，结构严密。

5.2.4 车间内位于食品生产线上方的照明设施应装有防护罩，工作场所以及检验台的照度符合生产、检验的要求，光线以不改变被加工物的本色为宜。检验岗位的照明强度应保持540 lx以上，生产车间应在220 lx以上，宰前检验区域应在220 lx以上，预冷间、通道等其他场所应在110 lx以上。

5.2.5 有温度要求的工序和场所应安装温度显示装置，车间温度按照产品工艺要求控制在规定的范围内，并保持良好通风，避免加工区上方产生冷凝水滴落在产品上。

5.2.6 车间供电、供气、供水应满足生产需要。

5.2.7 在适当地点设足够数量的洗手、清洁消毒、烘干手的设备或者用品，洗手水龙头为非手动开关。

5.2.8 根据产品加工需要，车间入口处设有鞋、靴和车轮消毒设施。

5.2.9 设有与车间相连接的更衣室，不同清洁程度要求的区域设有单独的更衣室，视需要设立与更衣室相连接的卫生间和淋浴室，更衣室、卫生间、淋浴室应保持清洁卫生，其设施和布局不得对车间造成潜在的污染风险。

5.2.10 车间内的设备、设施和工器具用无毒、耐腐蚀、不生锈、易清洗消毒、坚固的材料制作，其构造易于清洗消毒。

5.2.11 加工车间的工器具应在专门的房间进行清洗消毒，清洗消毒间应备有冷、热水及清洗消毒设施和良好的排气通风装置。屠宰线的每道工序以及其他生产线的适当位置应配备带有82℃以上热水的刀具等消毒设施。

5.3 生产用水(冰)

水源充足，加工用水(冰)应符合GB 5749的规定，对水质的公共卫生防疫卫生检测每年不得少于两次，自备水源应具备有效的卫生保障设施。车间内可能造成水回流的出水口应安装防回流装置。

5.4 包装间及库房

低温包装间和预冷库、速冻库、冷藏库等仓库的温度、湿度符合产品工艺要求，并配备温度显示装置，必要时配备湿度计。速冻库温度控制在－28℃以下，冷藏库温度控制在－18℃以下；预冷库、速冻库、冷藏库要配备自动温度记录装置并定期校准，库内保持清洁，定期消毒，有防霉、防鼠、防虫设施。

6 加工过程安全卫生控制

6.1 生产设备布局合理，并保持清洁和完好。

6.2 生产设备、工具、容器、场地等严格执行清洗消毒制度，盛放食品的容器不得直接接触地面。

6.3 班前班后进行卫生清洁工作，专人负责检查，并作检查记录。

6.4 原料、辅料、半成品、成品以及生、熟品分别存放在不会受到污染的区域。

6.5 按照生产工艺的先后次序和产品特点，将原料处理、半成品处理和加工、工器具的清洗消毒、成品内包装、成品外包装、成品检验和成品贮存等不同清洁卫生要求的区域分开设置，防止交叉污染。

6.6 对加工过程中产生的不合格品、跌落地面的产品和废弃物，在固定地点用有明显标志的专用容器分别收集盛装，并在检验人员监督下及时处理，其容器和运输工具及时消毒。

6.7 对不合格品产生的原因进行分析，并及时采取纠正措施。

6.8 用于加工的原、辅料应具有相关的合格证明；用于包装食品的物料应符合卫生标准并且保持清洁卫生，不得含有有毒有害物质，不易褪色。

6.9 在加工流程的适当工序设置异物探测设备并保证运转正常，防止产品中残留金属、玻璃等产生安全危害。

6.10 严格执行有毒有害物品的储存和使用管理规定，确保厂区、车间和化验室使用的洗涤剂、消毒剂、杀虫剂、燃油、润滑油和化学试剂等有毒有害物品得到有效控制，避免对食品、食品接触表面和食品包装物料造成污染。

7 屠宰加工

7.1 用于屠宰加工的活禽应来自经检验检疫机构备案的养殖场，具有检疫合格证明、饲养日志和运输车辆消毒证明。

7.2 按照SN/T 0419、SN/T 0428、SN/T 0397进行宰前、宰后检验。目前还没有标准的禽的宰前、宰后检验参照其他相关标准执行。

7.3 预冷后禽体中心温度应为0℃～4℃，分割间温度控制在12℃以下。

8 禽肉制品加工

8.1 禽肉制品原、辅料控制

8.1.1 禽肉原料

出口加工企业的原料禽肉应来自出口卫生注册屠宰厂，出口屠宰用活禽应来自出口检验检疫备案饲养场，严格实行“五统一”(即统一供应禽苗、统一防疫消毒、统一供应饲料、统一供应药物、统一屠宰加工)管理。

辖区内的禽肉原料：随附检验检疫机构卫生注册屠宰加工厂出具的厂检合格单，厂检合格单上应注明养殖场编号、工厂检测情况及该批动物养殖过程中药物使用明细，并且要有该屠宰加工厂驻厂兽医的签字。

辖区外的禽肉原料：具有原料工厂属地检验检疫局出具的检验检疫合格证明。

进口原料：具有检验检疫机构出具的检验检疫合格证明。

8.1.2 辅料

具有辅料的合格证明，不得含有违禁添加剂，在保质期内使用。

8.2 **禽肉制品热加工要求**

8.2.1 按照进口国的要求制定加热温度和加热时间,并严格执行。

8.2.2 加热设备具有合格的热分布检测报告,能正常运转。

8.2.3 正确操作加热设备,使产品加热符合相关的加热条件的规定。

8.2.4 加热结束后,对产品中心温度进行确认,必要时进行产品切割检查,确认加热充分。

8.2.5 及时填写加热记录并保存。

9 储存

9.1 成品储存库温度符合产品保存要求,库内应保持整洁,库内不得存放有碍卫生的物品,同一库内不得存放可能造成相互污染的食品。

9.2 库内产品与墙壁距离不少于 30 cm,与地面距离不少于 10 cm,与天花板保持一定的距离,并分垛存放,标识清楚。

9.3 冰鲜禽肉入库时,中心温度应达到 0℃～4℃;储存设施温度应保持在 0℃～4℃范围内;空气相对湿度在 90%～95%为宜。

9.4 建立完善的出入库记录,指定专人负责。

10 运输

10.1 运输工具应坚固密封、防雨、防尘,内部平整、易于清洁消毒,避免对所装产品造成污染。

10.2 运输工具装载前应清洗干净,并作有效的消毒。运输用集装箱要保证箱号清晰、箱体完整。出口产品的运输工具在装货前应由检验检疫机构做适载性检验。

10.3 装载冷藏或冷冻产品的运输工具,例如冷藏集装箱和冷藏舱等,冷藏设备应能正常运转,运输温度应符合所运输产品的温度要求。

10.4 可能造成交叉污染或串味的不同品种产品或其他物品禁止装在同一容器中运输。

10.5 肉类运输过程中要保持各种封识的完整和清晰,禁止打开运输容器或产品包装。

11 实验室检验

11.1 检验设施、人员等的配备与生产能力相适应,能满足检验工作的需要。

11.2 化验室要制定质量管理体系,有工作计划等程序性文件,具备检验所需的标准、方法。

11.3 能进行微生物、药物残留(屠宰企业)等相关项目的检验。微生物检验包括对成品、半成品、生产用水、表面样品、原辅料等的检验,检测项目包括细菌总数、大肠菌群、大肠杆菌、沙门氏菌等。

11.4 检验人员具备相关的检验技术知识,熟悉使用的标准、方法等,并按工作计划的规定进行工作。操作正确、熟练。

11.5 委托社会实验室承担企业卫生质量检验工作的,该实验室应具有相应的资格,并签订合同。

12 生产、质量管理人员

12.1 与食品生产有接触的人员经体检合格后方可上岗。

12.2 生产、质量管理人员每年进行一次健康检查,必要时做临时健康检查;凡患有影响食品卫生的疾病者,应调离食品生产岗位。

12.3 生产、质量管理人员保持个人清洁,不得将与生产无关的物品带入车间;工作时不得戴首饰、手表,不得化妆;进入车间时洗手、消毒并穿着工作服、帽、鞋,工作服、帽、鞋应定期消毒。

12.4 配备足够数量的、具备相应资格的专业人员从事卫生质量管理工作。

12.5 企业应制定员工培训计划,生产、质量管理人员经过培训并考核合格后方可上岗。

13 追溯与召回

13.1 产品追溯体系应能实现从加工企业成品追溯到原料来源养殖场的饲养批。

13.2 禽肉追溯标识为:生产日期＋养殖场备案号。

13.3 禽肉制品追溯体系要把其加工企业卫生注册号、生产日期和原料禽肉的追溯标识相衔接。每一批禽肉制品都能追溯到其加工企业,同时又能追溯到其原料禽肉,根据原料禽肉追溯标识追溯到原料来源养殖场的饲养批。

13.4 当出口产品出现安全卫生质量事故后,应能及时召回。按照追溯体系查找产品来源,分析事故原因并采取措施避免事故的再次发生。

14 安全卫生质量体系的建立

14.1 出口食品生产企业的卫生质量体系应包括下列基本内容：

a) 卫生质量方针和目标；

b) 组织机构及其职责；

c) 生产、质量管理人员的要求；

d) 环境卫生的要求；

e) 车间及设施卫生的要求；

f) 原料、辅料卫生的要求；

g) 生产、加工卫生的要求；

h) 包装、储存、运输卫生的要求；

i) 有毒有害物品的控制；

j) 检验的要求；

k) 保证卫生质量体系有效运行的要求。

14.2 对反映产品卫生质量情况的有关记录,应制定并执行标记、收集、编目、归档、存储、保管和处理等管理规定。所有质量记录应真实、准确、规范并具有卫生质量的可追溯性,保存期不少于两年。

附 录 A
（规范性附录）
出口肉禽养殖场技术条件及管理

A.1 出口肉禽养殖场技术条件

A.1.1 出口肉禽养殖场应严格实行“五统一”(即统一供应禽苗、统一防疫消毒、统一供应饲料、统一供应药物、统一屠宰加工)管理。

A.1.2 出口肉禽养殖场周圈 1 000 m 范围内不得有种禽、蛋禽养殖场、集贸市场、家禽屠宰场；并有与外界隔离的设施。

A.1.3 场区大门口设有隔离、消毒设施；人员专用通道设有消毒液喷淋装置和鞋底消毒池，饲料、疫苗、兽药、垫料的运输通道应与垃圾处理运输通道、粪污道严格分开。

A.1.4 场区卫生整洁，布局合理；饲养区和办公生活区严格分开。饲养区设有饲养员居住室、饲料存放室和兽医工作室等。

A.1.5 进出饲养区应分别设有车辆消毒液喷淋装置、车轮消毒池和人员更衣、消毒通道；每栋禽舍门口设有消毒池或消毒垫。消毒设施、消毒液应保证其有效性。

A.1.6 设有防鸟防鼠设施，不得同时饲养其他品种禽类及其他动物(护卫犬除外)。

A.1.7 水源充足、卫生，保证肉禽饮用水符合 GB 5749 的规定。

A.1.8 具备与生产能力相适应的粪便、污水集中处理设施。

A.1.9 能按照有关法律法规要求有效实施卫生防疫管理制度(日常卫生管理、消毒程序、免疫程序、人员和车辆进出控制、病死禽处理、粪便垫料处理、疫情报告等)、饲养用药管理制度(饲料、水和药物使用)，同时做好饲料、免疫、用药、消毒、人员及车辆进出、死亡和淘汰等情况的有关记录。

A.1.10 配备至少 1 名兽医专业的技术人员负责肉禽的饲养、卫生防疫管理，并需具备经检验检疫机构有效培训的资格，持证上岗。

A.1.11 与肉禽饲养有关的人员每年应进行一次健康检查，取得健康证后方可上岗工作。

A.2 出口肉禽养殖场管理

A.2.1 养殖场一次饲养量应在 5 000 只以上。符合其他条件而饲养量暂达不到 5 000 只的饲养场，其生产的肉禽原则上只能用于加工熟制禽肉出口；申请用于生产冰鲜、冷冻禽肉出口的，需经进出口检验检疫部门严格考核合格后方准出口。

A.2.2 在过去 6 个月内养殖场及其周围半径 50 km 范围内未发生禽流感，过去 3 个月内周围 10 km 范围内未发生新城疫及其他烈性传染病(进口国或地区另有要求的除外)。

A.2.3 出口禽肉及制品加工企业的每个养殖场应配备专职兽医人员，设立兽医工作室。专职兽医负责养殖场的免疫、防疫、疫病控制和用药管理，监督指导养殖场的各项活动，并有完善的记录。专职兽医有权对饲养期内的异常情况及时提出处理意见，并应在第一时间向所在地的进出口检验检疫部门报告。

A.2.4 每批肉禽进场后应实行封闭式管理，在一个饲养周期内饲养人员不得出场，除检验检疫人员、地方畜牧兽医人员外，其他人员不得进入禽舍。饲养人员要有专用的舍外更衣室及休息间。

A.2.5 建立规范的饲养日志，饲养日志记录的内容包括饲养过程中的疫苗、饲料、饲料添加剂、兽药、药物停药期、病死禽处理等情况。饲养日志应每日如实详细填写，不得补记，专职兽医对饲养日志进行监督检查并签字。

A.2.6 建立健全的卫生防疫制度、饲养管理制度及管理手册，具有完善的专职兽医工作记录(每天的健康状况观察记录、病死禽隔离、剖解、送检记录、处理意见、送检结果报告单和最后诊断结果、处理措施)。

A.2.7 每批禽出栏后，对饲养场内的饲料、兽药、消毒药等应统一登记数量、进行封存并统一消毒；下一批禽进场时应核对有无来源不明的饲料、兽药和消毒液等。

A.2.8 饲养场应有使用药物清单一览表，注明其有效成分，并经当地检验检疫机构审核批准。用药采用兽医处方制度，不使用禁用药物、疫苗、兴奋剂和激素等，宰前14天不得使用任何药物，宰前30天不得使用新城疫活疫苗。如进口国不允许使用禽流感疫苗，凡使用禽流感疫苗的饲养场，其生产的禽只不得用于生产出口上述国家的产品。

A.2.9 肉禽饲养场实行全进全出制。严格空舍时间，每批家禽出栏后空舍时间不得少于15天。出栏后要彻底清洗、消毒棚舍（棚顶、地面、墙壁）及周围环境，整个空舍期间要进行3次以上防疫消毒处理；禽苗进场前要再彻底消毒一次。消毒药品及使用方法应得到所在地检验检疫机构认可。

A.2.10 养殖场应接受检验检疫机构定期进行的家禽疫病监测及残留物质监控。配合检验检疫机构做好出栏前的疫病、用药情况的监测、调查和评估。

ICS 67.120.30
X 20

中华人民共和国国家标准化指导性技术文件

GB/Z 21702—2008

出口水产品质量安全控制规范

Code on quality and safety control of fishery products for export

2008-04-09 发布　　2008-07-01 实施

中华人民共和国国家质量监督检验检疫总局
中国国家标准化管理委员会　发布

前　言

本指导性技术文件的附录 A、附录 B、附录 C、附录 D 和附录 E 为规范性附录。

本指导性技术文件由中华人民共和国国家质量监督检验检疫总局提出并归口。

本指导性技术文件起草单位:国家质量监督检验检疫总局进出口食品安全局、中华人民共和国浙江出入境检验检疫局。

本指导性技术文件主要起草人:许顺华、吴志刚、于文军、虞静军、养文潮、蔡宝亮、刘勇、欧阳康成、李振民、王伟、李飞、张扬、焦阳、李凡、龚海平、毕克新、徐丽艳、刘环。

出口水产品质量安全控制规范

1 范围

本指导性技术文件规定了出口水产品的质量安全控制总则、原辅料、加工企业、生产管理人员、生产加工过程、包装、贮存、运输、产品的追溯和召回,以及主要出口水产品的加工质量安全控制标准等要求。

本指导性技术文件适用于出口水产品(鳗鱼及其制品除外)的质量安全控制。

2 规范性引用文件

下列文件中的条款通过本指导性技术文件的引用而成为本指导性技术文件的条款。凡是注明日期的引用文件,其随后所有的修改单(不包括勘误的内容)或修订版均不适用于本指导性技术文件,然而,鼓励根据本指导性技术文件达成协议的各方研究是否可使用这些文件的最新版本。凡是不注日期的引用文件,其最新版本适用于本指导性技术文件。

GB 2760 食品添加剂使用卫生标准

GB 5749 生活饮用水卫生标准

GB 7718 预包装食品标签通则

GB 11607 渔业水质标准

GB 13078(所有部分) 饲料卫生标准

GB/T 19838 水产品危害分析与关键控制点(HACCP)体系及其应用指南

NY 5071 无公害食品 渔用药物使用准则

NY 5072 无公害食品 渔用配合饲料安全限量

SN/T 1347 水产品生产企业卫生注册规范

CAC/RCP 23—1979(Rev. 2—1993) 国际推荐低酸和酸化罐头食品卫生操作规程

CAC/RCP 38 国际推荐兽药使用管理操作规程

出口食用动物饲用饲料检验检疫管理办法(1999 年第 5 号)

水生动物卫生法典[世界动物卫生组织(OIE)第 3 版]

3 术语和定义

下列术语和定义适用于本指导性技术文件。

3.1

水产品 fishery products

供人类食用的海水或淡水水生动物(不含活水生动物及其繁殖材料,不包括水生哺乳动物、两栖类等水生动物),以及以它们作为主要原料制作的食品。

4 总则

4.1 用于加工出口水产品的原辅料应符合安全卫生要求。

4.2 出口水产品加工企业应按 GB/T 19838、SN/T 1347 的要求建立 HACCP 体系和卫生质量管理体系并有效实施。

4.3 出口水产品应按附录 A 要求建立并实施产品追溯和召回计划,确保原料从捕捞、养殖等环节,至产品加工、销售的可追溯性,保证出口水产品的质量安全。

4.4 出口水产品应符合进口国、国际或(和)我国的相关产品的标准。

5 原辅料

5.1 养殖水产品原料

5.1.1 要求

出口养殖水产品的原料应来自符合供出口加工用原料要求的养殖场，养殖场要求见附录B。养殖水产品应在适当的卫生条件下宰杀或处理，不应被泥土、粘液或粪便污染；如果宰后不能立即加工，应保持冷却；其捕捞和运输应符合相关要求。

5.1.2 场址选择

养殖场场址应符合以下要求：

——养殖场场址的设计和建造应遵从良好养殖规范的原则。

——由于不同的养殖种类有不同的环境要求，养殖场的自然环境应考虑温度、水流、盐分和深度等。封闭的循环系统应适应养殖种类的自然环境要求。

——养殖场应位于化学、物理、生物风险最小的区域，污染源可被控制；建造土塘的泥土中含有的化学品和其他物质的浓度不能导致其在水产品中累积浓度超过限量标准。

——如有必要，养殖场应配备充足的污水处理设施，以允许使用过的水排放到公共水域之前，有足够时间进行沉淀和有机物沉降。

——池塘的进水和排水系统分开，并有过滤设施以避免混入不需要的品种。

——施肥、洒石灰或使用其他化学品和生物物质，应符合良好养殖规范。

——所有对养殖场的操作应以食用了养殖产品后不危害人类健康为原则。

5.1.3 养殖水质

养殖场水质应符合以下要求：

——水质应满足 GB 11607 要求；

——定期监控水质，确保养殖水产品的安全卫生，适合人类安全消费；

——养殖场应不位于有污染风险的水域；

——养殖场应设计合理，建造科学，以确保风险的控制和水污染的预防。

5.1.4 苗种来源

投入养殖场中的苗种应避免携带潜在的风险，符合世界动物卫生组织(OIE)《水生动物卫生法典》的要求，其培苗场应符合有关国家主管机构的相关要求。

5.1.5 养殖生产

5.1.5.1 饲料

养殖过程中使用的饲料应符合 GB 13078、NY 5072 和《出口食用动物饲用饲料检验检疫管理办法》的要求。

潜在危害：化学污染、毒素和微生物污染。

潜在缺陷：饲料变质、真菌生长。

技术指南：

——饲料和新鲜原料应在货架期满之前购买、出库和使用；

——干的鱼饲料应在低温、干燥区域储藏以防止损坏、发霉和污染，湿饲料应根据生产商建议冷藏；

——饲料成分应不含有不安全的杀虫剂、化学污染物、微生物毒素或其他掺杂物质；

——工业生产的复合饲料和饲料成分应标识，成分含量符合标签说明，卫生状况符合接收要求；

——作为饲料的鲜鱼或冷冻鱼应新鲜、不变质；

——如果使用鲜活动物及其产品，应适当蒸熟或处理以消除对人类健康潜在的风险；

——贮存和运输条件应符合标签说明；

——加入药物添加剂的饲料应在包装上清楚标识，单独存放，以避免错发；

——使用加入药物添加剂的饲料的人员应遵守生产商的建议；
——所有饲料成分的产品追溯应通过合理的记录保持以便执行。

5.1.5.2 **兽药**

潜在危害：兽药残留。

潜在的缺陷：不确定。

技术指南：

——养殖场使用的所有兽药应遵守国家有关规范(如 NY 5071)和国际指南(如 CAC/RCP 38)；
——应建立监控系统，确保已用过药物治疗的养殖产品的批次能被确认，以便实施停药期；
——应根据生产商的建议使用兽药或加入药物添加剂的饲料，应注意停药期；
——兽药应经国家主管部门注册；
——兽药应实施处方制，或根据国家规定销售使用；
——储藏和运输条件应符合标签的特殊要求；
——用药物来控制疾病应基于合理的诊断基础之上；
——应保存养殖过程中的药物使用记录；
——对于那些药物残留检测结果超过最高残留限量(MRL)的养殖产品，应延期捕捞直到这些批次符合 MRL 的规定，并根据良好养殖规范，修改药物残留控制系统；
——不符合相关主管部门制定的兽药残留要求的养殖产品不能用于人类消费。

5.1.5.3 **养殖**

潜在危害：致病菌和化学污染。

潜在缺陷：颜色异常、异味、机械损伤。

技术指南：

——应控制后期幼体，苗种来源，以确保健康养殖；
——养殖密度应根据养殖种类与习性、苗种规格、养殖技术、养殖场的容纳能力、预期的存活和预计的捕捞尺寸等情况决定；
——如有需要，生病的个体应被隔离，以卫生的方式立即被销毁以阻止疾病的传播，并对死因展开调查；
——保持良好的养殖水质，投喂饲料量不能超过养殖系统的承受能力；
——养殖场应制定管理计划，包括卫生程序、监控和纠偏行动、明确停养时期、农业化学品的合理使用、养殖操作和记录系统的验证程序；
——设备如笼、网等的设计和制作应尽量减少养殖过程的机械损伤；
——所有设施和设备应易于清洗和消毒，并定期和合理地清洗和消毒。

5.1.5.4 **捕捞**

潜在危害：不确定。

潜在缺陷：机械损伤。

技术指南：

——应实施合理的捕捞技术以尽量减少机械损伤；
——水产品应不能遭受极度地热或冷，或温度和盐分的突然变化；
——产品捕获后，应立即在合适压力下用清洁海水或新鲜水冲洗以清除过多的泥土和杂草；
——如有必要，水产品应被净化以减少内脏包含物，降低后续加工的污染；
——捕捞应快速以使水产品不暴露在高温中；
——所有设施和设备应易于清洗和消毒，并定期和合理的清洗和消毒。

5.1.5.5 **贮存和运输**

潜在危害：致病菌、生物毒素、化学污染(如油、清洁剂、消毒剂)。

潜在缺陷：死亡、机械损伤、异味、应激反应导致的物理生物变化。

技术指南：

——鲜活产品的贮存和运输应选择健康、完整的个体。在贮存和运输期间，容器应定期检查，避免不必要的刺激和机械损伤，发现受伤、生病和死亡的个体应立即剔除。

——容器和运输系统的设计和操作应符合卫生要求，防止水和设备的污染；贮存和运输的容器应由无毒、无害、防腐蚀的材料制作，其表面应光滑易于清洗消毒；对于温度变化敏感的品种，贮存和运输的容器应安装温度控制系统。

——鲜活产品在贮存和运输过程中，应通过持续的水流或根据需要换水维持容器中的氧气；当使用海水时，应经过适当过滤以避免海水中易产生毒素的藻类浓度过高。

——水产品应不和其他易导致污染的产品一起运输以防止被污染。对于在刺激下具有强烈占领性、好斗、活跃的水产种类应装在独立的容器中，或合适保护以防止损害。

——为减小对水产品的刺激，应根据品种、运输和包装条件设定温度，在防止对其生理产生危害的前提下降低其新陈代谢。在运输之前，鲜活产品应禁食 24 h，贮存和运输过程中应不投喂。

——应保持运输记录以确保全部产品可追溯。

5.2 捕捞水产品原料

5.2.1 淡水捕捞水产品原料

5.2.1.1 出口淡水捕捞水产品原料产区和收购点的要求

出口淡水捕捞水产品原料产区和收购点应符合附录 C 规定的要求。

5.2.1.2 淡水捕捞原料收购要求

出口淡水捕捞水产品原料应来自符合附录 C 规定要求的原料产区或收购点。出口加工企业应建立原料普查制度、原料产区和收购点管理制度，确定安全捕捞区域，确定合格供应商为其稳定供货，确保捕捞者、捕捞运输工具的安全卫生。在原料收购前，应对淡水捕捞原料实施质量安全项目的监控，确保原料的微生物、化学污染物及天然毒素等安全性指标达到相关进口国的标准。经检测发现药残超标等异常情况，应立即停止收购该产区的原料。原料贮存和运输参见 5.1.5.5。

5.2.2 海洋捕捞水产品原料

5.2.2.1 基本要求

用于加工出口的海洋捕捞水产品原料应来源于无污染的海域，捕捞后立即加冰保鲜或速冻，如使用添加剂保鲜，应标识说明。企业应从符合附录 D 要求的渔船收购原料，根据附录 A 的要求确定原料批号并正确标识。

5.2.2.2 渔船要求

捕捞类水产品原料的捕捞船、加工船或运输船应符合卫生要求，并获得国家主管机构的许可；活水产品应在适宜的存活条件下运输；冰鲜水产品捕捞后应立即冷却使水产品的温度保持在 0℃～4℃；保鲜用冰(水)应清洁、卫生；捕捞和在船上的前处理、冷却、冷冻处理等操作应符合国家卫生要求。

5.2.2.3 海洋捕捞原料收购要求

出口加工企业进行原料收购前，对原料实施添加剂、重金属、致病菌等有毒有害物质的监控，合格的方能收购加工。经检测发现超标的，应立即停止收购。渔船人员卫生、贮存和运输的具体要求见附录 D。

5.3 来(进)料加工水产品原料

5.3.1 来(进)料加工水产品原料的国家或地区应符合国家法律、法规和检验检疫机构的相关规定要求，进境时应附有输出国家主管机构签发的卫生证书和原产地证书等相关证明文件。来(进)料加工水产品原料应经过检验检疫机构检验合格后方可使用。

5.3.2 来(进)料加工水产品原料应存放在检验检疫机构指定的贮存库。出口加工企业应对来(进)料加工水产品原料的安全卫生项目实施监控，合格的才能进行加工，经检测发现安全卫生项目不合格的，应立即封存该批货，并按有关规定作销毁、退货或无害化处理。

5.3.3 出口加工企业应建立来(进)料加工水产品原料的接收和核销档案。对原料的品名、批号、捕捞海域、原产国、捕捞日期、原料贮存库、贮存温度、卫生质量状况等进行记录,成品出口时进行核销。

5.4 辅(配)料

5.4.1 国产的辅(配)料

国产的辅(配)料应来源于经国家主管部门许可的食品辅(配)料生产厂家,每批辅(配)料应具有厂检合格证。企业在验收时应认真检查其外包装是否完整、标识是否清晰以及其成分说明和保质期是否符合要求。

5.4.2 进口的辅(配)料

进口的辅(配)料应具有输出国主管机构的检验合格证明,并经我国检验检疫机构检验合格后,方可投入使用。企业在验收时应认真核对相关检验合格证明,必要时候进行抽样监控相关安全质量指标。

5.5 其他特殊要求

5.5.1 养殖或捕捞的贝类应来自于官方允许养殖或捕捞的水域,收购企业应定期有针对性地对贝类原料进行贝毒检测,保证原料的安全。

5.5.2 河豚鱼等自身带有生物毒素的水产品原料的处理和验收应由接受过品种鉴别培训的人员进行。

5.5.3 水产品的半成品原料应来自符合 SN/T 1347 的要求并经检验检疫机构卫生注册登记的企业。

6 加工企业

6.1 厂区环境

6.1.1 企业应远离污染源,不得建在有碍水产品卫生的区域;厂区周围应保持清洁卫生,交通便利,水源充足;厂区内不得兼营、生产、存放有碍食品卫生的其他产品。

6.1.2 厂区主要道路应铺设适于车辆通行的坚硬路面(如混凝土或沥青路面等),路面平整、易冲洗,无积水。

6.1.3 厂区布局和设计应合理,应建有与生产能力相适应,并符合卫生要求的原料、辅料、化学物品、包装物料储存设施,以及污水处理、废弃物、垃圾暂存等设施。厂区排水系统畅通。

6.1.4 厂区内不得有卫生死角和蚊蝇孳生地;废弃物、垃圾应用加盖的不漏水、防腐蚀的容器盛放及运输,废弃物和垃圾应及时清理出厂。

6.1.5 生产中产生的废水、废料、烟尘的处理和排放应符合国家有关规定。

6.1.6 厂区卫生间应有冲水、洗手、通风、防鼠、防蝇、防虫设施,易于清洗并保持清洁。

6.1.7 厂区内禁止饲养与生产加工无关的动物,应设有防鼠、防蝇、防虫设施。

6.1.8 生产区与生活区应分开,生活区对生产区不得造成影响。

6.2 车间

6.2.1 车间应布局合理,防止交叉污染,符合所加工的水产品工艺流程和加工卫生要求。加工车间的面积、高度应与生产能力和设备的安置相适应。

6.2.2 车间的地面应耐腐蚀、耐磨、防滑并有适当坡度,易于排水、无积水,易于清洗消毒并保持清洁;地面和墙壁之间的连接部分应采取弧形连接,易于清洁。

6.2.3 车间内墙壁、屋顶或者天花板应使用无毒、浅色、防水、防霉、不脱落、易于清洁的材料修建,屋顶或者天花板和车间上方的固定物在结构上应能防止灰尘和冷凝水的形成以及杂物的脱落。

6.2.4 车间的门、窗应用浅色、平滑、易清洗消毒、不透水、耐腐蚀的坚固材料制作,结构严密。

6.3 车间设施

6.3.1 车间内应安装通风设备,其设计和安装应符合维护和清洁的要求,通风效果良好,可去除多余蒸汽、烟、不适气味,避免由烟雾引起交叉污染。进气口应远离污染源和排气口。车间出口及与外界相连的排水口、通风处应安装防鼠、防蝇、防虫及防尘等设施。

6.3.2 车间应设有能够满足工器具和设备清洗、消毒的区域,其操作对加工过程和产品不会造成污染。

6.3.3 冰的制作、贮存设施应符合卫生要求。

6.3.4 排水系统应有防止固体废弃物进入的装置,排水沟底角应呈弧形,易于清洗,排水管应有防止异味溢出的水封装置以及防鼠网。应避免加工用水直排地面。任何管道和下水道应保证排水畅通,不积水。不应由低清洁区向高清洁区排放加工污水。

6.3.5 车间内应有足够的区域分别存放消毒剂、洗涤剂、包装物料、下脚料等,以避免交叉污染。

6.3.6 车间应有充足的自然采光或者照明,光线不应改变被加工物的本色。照明设施应装有防护罩。

6.3.7 管道和水管数量应能满足生产高峰要求。

6.3.8 应有充足有效的洗手消毒设施,与加工区隔离。

6.3.9 在车间入口处、卫生间及车间内适当的位置应设置与生产能力相适应的、水温适宜的洗手消毒、干手及鞋靴消毒设施。消毒液浓度和消毒时间应能达到有效的消毒效果。洗手水龙头应为非手动开关。洗手设施的排水应直接接入下水管道。

6.3.10 不同清洁程度要求的区域应设有单独的更衣室,面积与车间人数相适应,其设施和布局不应对产品造成潜在的污染。

6.3.11 设有与车间相连接的卫生间,卫生间的门应能自动关闭,门、窗不应直接开向车间。卫生间应设置排气通风设施和防蝇防虫设施,并保持清洁卫生。

6.4 设备和工器具

6.4.1 设备和工器具应采用无毒、无味、不吸水、耐腐蚀、不生锈、易清洗消毒、坚固的材料制作,在正常的操作条件下与水产品、洗涤剂、消毒剂不发生化学反应。不应使用竹木器具。

6.4.2 设备和工器具的设计和制作应避免明显的内角、凸起、缝隙或裂口。车间内的设备应耐用、易于拆卸清洗。设备的安装应符合工艺卫生要求,与地面、屋顶、墙壁保持一定距离,以便进行维护保养、清洁消毒和卫生监控。

6.4.3 专用容器应有明显的标识,废弃物容器和可食产品容器不应混用。废弃物容器应防水、防腐蚀、防渗漏。如使用管道输送废弃物,则管道的建造、安装、使用和维护应避免对产品造成污染。

6.4.4 与水产品接触的设备、工器具的设计和制造应确保能充分排水。

7 生产管理人员

7.1 人员卫生和健康

7.1.1 从事水产品生产加工和管理的人员经体检和卫生培训合格后方可上岗。每年进行一次健康检查,必要时做临时健康检查。凡患有影响食品卫生疾病者,应调离食品生产岗位。

7.1.2 从事水产品生产加工和管理的人员应保持个人清洁,不应将与生产无关的物品带入车间;工作时不应戴首饰、手表,不应化妆;进入车间时应洗手、消毒并穿着工作服、帽、鞋,必要时戴口罩。离开车间时换下工作服、帽、鞋;工厂应设立专用洗衣房,工作服集中管理,统一清洗消毒,统一发放。生产中使用手套作业的,手套应保持完好、清洁并经消毒处理。戴手套前,双手仍应清洗干净,彻底消毒。

7.1.3 清洁区与非清洁区、生区与熟区等不同岗位的人员应穿戴不同颜色或标志的工作服、帽,以便区分。不同加工区域的人员不应串岗。

7.1.4 不应在更衣室、卫生间、车间等场所内吃食品、吸烟、吐痰或面对食品打喷嚏、咳嗽等。

7.1.5 进入车间的其他人员包括参观人员均应遵守本指导性技术文件的相应要求。

7.2 培训

所有生产加工人员应明确自己在控制水产品安全质量方面的作用和职责,具有必需的知识和技能。每个水产品加工企业应安排相关人员定期接受实施 HACCP 体系和加工控制的培训,理解 HACCP 的原理。管理和使用有潜在风险化学品的人员应接受安全操作技术的培训。

8 生产加工过程

8.1 防止污染

8.1.1 生产过程应按照生产工艺的先后次序和产品特点,将原料前处理、加工、成品包装等不同清洁卫生要求的区域有效分开设置，各加工区域的产品应分别存放，防止人流、物流交叉污染。

8.1.2 生产过程中应避免废水、废弃物对原料及产品造成污染；加工过程中不应使用静止水清洗产品和工器具。盛放产品的容器不应直接接触地面。

8.1.3 维修设备时，不应污染原料、辅料、半成品、成品，维修后应对区域进行清洗消毒。

8.1.4 各项工艺操作应能有效地防止产品变质和受到有害微生物及有毒有害物品的污染。

8.1.5 加工过程中产生的不合格品应隔离存放，有明显标志，并在质量管理人员的监督下妥善处理。

8.1.6 加工过程中产生的下脚料及废弃物应及时从车间运出，贮存于下脚料专用容器或污物暂存设施内，及时运出厂区处理，处理结束后，应对运输工具和器具进行清洗和消毒。

8.2 清洗消毒

8.2.1 企业应根据生产的特点制定有效的清洗消毒计划，所使用的清洗剂、消毒剂应符合有关要求，指定专人负责实施。

8.2.2 班前、班后应对生产设备、工具、容器、场地等进行彻底的清洗消毒，班前检查合格后，方可生产。

8.2.3 在生产过程中应保证有足够的频率对食品接触表面进行清洗、消毒。

8.3 厂房、设施、设备和工器具的维护

8.3.1 厂房、设施、设备和工器具应有维护保养计划，并按计划进行维护，以保持良好的工作状态。

8.3.2 应定期对仪器设备进行维护和校准。

8.4 虫害控制

8.4.1 企业应按照虫鼠害控制计划，在厂区内放置捕鼠工具，捕鼠点应逐个编号。

8.4.2 应采用物理方法有效防止虫鼠进入车间；车间内加工区域的上方不应设置诱杀昆虫的设施。

8.4.3 企业应按计划对所有的捕鼠及杀虫设施进行检查和清理。

8.5 水、冰和蒸汽的控制

8.5.1 供水设施应能保证企业各个部位所用水的流量、压力符合要求。加工用水的管道应用无毒、无害、防腐蚀的材料制成，应有防止产生回流的装置，不应与非加工用水的管道相联接，加工用水与非加工用水的管道应有标识并加以区分。

8.5.2 加工用水可以根据当地水质特点和产品的要求增设水质净化设施；贮水设施应采用无毒、无害的材料制成，并建在无污染区域，定期清洗消毒。

8.5.3 供水能力应与生产能力相适应，确保加工水量充足。加工用水(冰)应符合 GB 5749 或者其他相关国家标准的要求。如使用自备水源作为加工用水，应进行有效处理，并实施卫生监控。企业应备有供水网络图。

8.5.4 企业在加工前应对加工用水(冰)的余氯含量进行检测，并定期对加工用水(冰)进行微生物项目检测，以确保加工用水(冰)的卫生质量。每年对水质的公共卫生检测不少于两次。

8.5.5 加工过程中所用冰的制造、破碎、运输、贮存应在卫生条件下进行。

8.5.6 需要使用蒸汽的操作应保证足够的压力和蒸汽供应。

8.6 有毒有害物品的控制

8.6.1 企业应建立并执行有毒有害物品的贮存和使用管理制度，确保厂区、车间和化验室使用的所有有毒有害物品得到有效控制。

8.6.2 企业应建立有毒有害物品的专用贮存库，加锁并有专人保管。有毒有害物品均应有专用容器包装，标识清楚。

8.6.3 使用有毒有害物品时，应由经过专门培训的人员按照规定进行操作，避免对食品、食品接触表面和食品包装物料造成污染。

8.7 时间和温度控制

8.7.1 前处理、蒸煮、油炸、冷却、加工和贮存等工序的温度和时间控制应严格按照产品工艺及卫生要求进行。

8.7.2 有温度要求的工序或场所应安装温度显示装置。加工车间的温度不应高于21℃(加热等工序除外)。速冻库温度应控制在-28℃以下。产品经冷冻后进行包装时,包装间的温度应控制在10℃以内。

8.7.3 应提供充足的冰和冷却水,新鲜的水产品应尽快冷却并保持在0℃~4℃。水产品应薄层存放,碎冰覆盖。冷却的时间、温度和效果应定期监测和控制。

8.7.4 加工过程中,应控制产品的内部温度和暴露时间。若在加工过程中产品的内部温度在21℃以上,则加工产品的累计暴露时间不应超过2 h;若在加工过程中产品的内部温度在21℃以下、10℃以上,则加工产品的累计暴露时间不应超过6 h;若在加工过程中产品的内部温度在21℃上下波动时,则加工产品超过21℃以上的累计暴露时间不应超过2 h,加工产品超过10℃以上的累计暴露时间不应超过4 h。

8.7.5 巴氏杀菌设备应进行热分布测试,以确保加热杀菌的均匀性;杀菌的时间和温度应通过热穿透试验科学地予以确定;杀菌的致死值(*F*值)应符合有关规定;巴氏杀菌的罐装产品,其密封结构应符合罐头密封性能的要求。

8.7.6 对于易产生鲭鱼毒素的鱼种,应根据产品特性加强对从原料接收到成品全过程的时间和温度控制,必要时应进行组胺等指标的检测。

8.8 水产品处理

8.8.1 水产品应小心处理和传送,尤其在运输和挑选期间,以避免刺破、切断等机械损伤。

8.8.2 如水产品原料需暂养或鲜活运输,应考虑到影响健康的因子(如pH、氧气、温度、氮素废弃物等)。

8.8.3 水产品应不被踩踏。

8.8.4 贮存水产品的箱子不能装得过满或太厚,防止受压变形。

8.8.5 当水产品在台面上,应避免受环境不利因素的影响,以防止不必要的脱水。

8.9 金属异物控制

对从捕捞到生产加工过程中可能产生金属碎片危害的产品应设置金属探测器。

8.10 废物管理

8.10.1 废物和其他废料应定期清除。

8.10.2 废物和废料的存放设施应维护良好。

9 包装、贮存和运输

9.1 包装

9.1.1 包装容器和包装物料应符合有关卫生标准,不应含有有毒有害物质,不应改变水产品的感官特性。

9.1.2 包装容器和包装物料应有足够的强度,保证在运输和搬运过程中不破损。

9.1.3 水产品的包装不应重复使用,除非包装是用易清洗的、耐腐蚀的材料制成,并且在使用前经过清洗和消毒。

9.1.4 内、外包装物料应分别专库存放,包装物料库应干燥、防虫、防鼠,保持清洁卫生。

9.1.5 水产品的外包装应标识,并符合进口国和地区相关要求。

9.2 贮存

9.2.1 贮存库内应保持清洁、整齐,不应存放有碍卫生的物品,同一库内不应存放可能造成相互污染或者串味的食品。应设有防霉、防鼠、防虫设施,必要时进行定期消毒。

9.2.2 库内物品与墙壁距离不少于30 cm,与地面距离不少于10 cm,与天花板保持一定的距离,并分垛存放,标识清楚。

9.2.3 预冷库(保鲜库)、冻藏库应配备自动温度记录装置,并定期校准。预冷库(保鲜库)的温度应控制在0℃～4℃；冻藏库温度应控制在－18℃以下；干制品等其他成品库的温度、湿度应满足产品特性要求。

9.3 运输

9.3.1 运输工具应符合有关安全卫生要求，保持清洁卫生，必要时应清洗消毒。运输时不应与其他可能污染水产品的物品混装。

9.3.2 运输工具应根据产品特性配备制冷、保温和温度记录等设施。运输过程中应保持适宜的温度。对于冷藏水产品，运输温度应接近0℃，对于冷冻的水产品，运输温度应低于－18℃（除了用于制作罐头的用盐水冷冻的鱼，可在低于－9℃条件下运输）。

10 检验

10.1 企业应有与生产能力相适应的检验机构和具备相应资格的检验人员。

10.2 企业检验机构应具备检验工作所需要的方法、标准资料、检验设施和仪器设备，检验仪器应按规定进行计量检定；应自行开展水质和微生物等项目的检测；检验、检测应有记录。

10.3 企业委托社会实验室承担检测工作的，该实验室应具有相同的资格，并与其签订合同。

10.4 所有产品应经检验或检测合格后才能出口。

11 产品的追溯和召回

11.1 企业管理者应建立有效的程序以进行完整的追溯和从运输和销售环节召回全部水产品，每个企业应根据本企业的产品特点和附录A要求制定水产品追溯计划。

11.2 加工、生产、销售记录的保存时间应超过产品的保质期。

11.3 用于最终消费或进一步加工的水产品的每个包装应清楚标识生产批次以备有效召回。

11.4 当可能发生对公共健康有危害的风险时，在相同条件生产的产品，应该召回并考虑风险预警。

11.5 召回的产品应在检验检疫机构监督下销毁，不用于人类消费，或以确保安全的方式重新加工。

12 主要出口水产品的加工质量安全控制标准

主要出口水产品的加工质量安全控制标准见附录E，但不限于列出的内容，根据需要可以组织制定其他种类水产品的加工质量安全控制标准。

附 录 A
（规范性附录）
出口水产品追溯规程

A.1 适用范围

适用于出口水产品卫生注册企业加工出口水产品（活的水生动物除外）的追溯。

A.2 追溯要求

A.2.1 批次的确定

A.2.1.1 原料批：同一时间收购，在同一捕捞区域（海区、水域或养殖池等）或者同一批进口原料，同一品种的为1个原料批，并且：

a) 海洋捕捞原料：以收购的每一船次为1个原料批。

b) 养殖原料：以注册登记备案的同一养殖场或同一养殖塘（网箱）为1个原料批。

c) 淡水捕捞原料：以同一水域为1个原料批。

d) 来（进）料加工原料：以进口报检的同一"卫生证书"同一品种为1个原料批。

A.2.1.2 生产批：同一天、同一车间或同一生产线加工的相同原料批加工的产品为1个生产批。

A.2.1.3 报检批：以同一份报检单报检（出证）的同一品种的水产品为1个报检批。

A.2.1.4 并批原则：经检验合格，不同批次代码的同一品种的产品可以并批。

A.2.1.5 同一生产加工企业、同一品种的产品识别代码不得重复。

A.2.2 识别代码的确定

A.2.2.1 原料批识别代码的确定

每1个原料批确定1个原料识别代码，用"数字＋字母"表示：AAAB。

a) AAA：表示原料收购流水号，1年为1个流水周期编号。加工企业可根据本企业的年收购批量确定流水号的位数，一般至少为3位数。

b) B：表示原料的性质，原料的性质分以下4种：

——海洋捕捞原料用"H"表示；

——养殖原料用"Y"表示；

——淡水捕捞原料用"D"表示；

——来（进）料加工原料用"J"表示。

如：某一企业收购的第3批海捕原料表示为003H。

A.2.2.2 生产批识别代码的确定

a) 在原料批识别代码前加生产日期（年月日），如030725003H表示2003年7月25日生产的第3批海捕原料的产品。

b) 如在产品加工过程中有不同批号原料并批的，以批量大的原料批代码前加生产日期表示，其余原料批号在生产加工记录上标明。

A.2.2.3 报检批识别代码的确定

以企业向检验检疫机构报检的批次数流水号表示，一般为3位数，以1年为1个周期。如101，表示当年该企业的第101个报检批。

A.2.3 识别代码管理

A.2.3.1 识别代码记录管理

a) 原料批识别代码：在原料收购记录上应确定原料批识别代码，并记录识别代码、品种、数量、收购来源，海捕的注明捕捞区域、船名及备案登记号；养殖的注明养殖场(塘)及备案号；进口的注明进口报检单编号、输出国卫生证书号；淡水野生的注明收购水域等有关信息。

b) 生产批识别代码：在生产加工记录上确定生产批识别代码，并在记录上显示加工该批产品的原料批代码。如有并批的，同时记录并批的其他原料批代码。

c) 报检批代码：加工企业确定报检批代码后，向检验检疫机构报检时应提供报检批组成情况清单，清单内容包括报检批代码、组成该报检批的各生产批的代码及相应的数重量。

d) 企业的所有生产、检验记录上应标明相应的产品识别代码，并符合 SN/T 1347 的要求。

A.2.3.2 代码标识管理

a) 外包装箱上的批号标识：直接在出口外包装上打印报检批代码、生产批代码以及企业卫生注册号。标识样式为：

卫生注册号	3300/00001
报检批代码	*101*
生产批代码	*030725003H*

以上标识除斜体字部分为产品包装结束后直接打印外，其余部分应与外包装印刷时一同印刷。

b) 加工过程代码标识：在每一批次加工过程中的生产线始末以及各工序的适当位置用标识牌标识批次代码，标识代码应清晰，不易丢失，防止不同批号的产品相混。

c) 贮藏过程批次标识管理：不同批次的原料或产品应分垛堆放，在每一垛上有代码标识(包括数重量)，当不同批次原料或产品需同垛堆放的，应有明显的标志分隔，同时应确保防止交叉污染。

A.2.4 不同批次加工要求

不同批次的产品应分别加工或生产线分开，每批加工结束后，生产线应彻底清洗消毒后才能加工另一批产品。

A.2.5 文件要求

各出口水产加工企业应按照本规程制定适合本企业实际的“产品识别代码计划”。

A.3 出口水产品追溯的实施

A.3.1 如当产品出现不合格时，应通过产品识别代码从成品到原料每一环节逐一进行溯源，溯源途径是：出口卫生证书—报检单—报检批清单—生产加工记录—原料验收记录—原料收购来源，如为海捕原料可溯源到船；如为养殖原料可溯源到养殖场或塘；如为淡水捕捞原料可溯源到捕捞区域；如为进口原料可溯源到进口批的有关信息。

A.3.2 企业应通过建立以原料批为单元的产品流向登记记录，以便从原料溯源到产品，查找到不合格产品的去向，并及时召回不合格产品。

A.3.3 通过追溯，可用查阅该批产品的相关记录等手段分析不合格的原因，采取有效整改措施。

附　录　B
（规范性附录）
供出口加工用原料的养殖场要求

B.1　养殖场应建立保证出口加工用水产养殖原料安全卫生的质量体系和良好农业规范(GAP)。养殖场质量体系文件应包括下列基本内容，但不限于以下内容：

——技术员、质量监督员等职责和要求；

——种苗、饲料、水源、药物管理制度；

——药物使用处方制度；

——环境卫生管理制度；

——养殖日志制度；

——药物、饲料清单(包括药物名称、成分、批准号、休药期等)；

——重要疫病及重要事项及时报告制度。

B.2　具有一定的养殖规模：土池养殖的水面积应达 3.33×10^4 m^2 以上；水泥池养殖水面积应达 6.67×10^3 m^2 以上；滩涂养殖不少于 2.00×10^5 m^2；网箱养殖不少于 3.33×10^3 m^2。养殖区域应有规范的编号。

B.3　水源充足，水质良好，养殖用水水质要求参见 5.1.3。

B.4　养殖场周围环境及进排水要求参见 5.1.2。

B.5　具有独立分设的药物和饲料仓库，仓库保持清洁干燥，通风良好。

B.6　养殖密度适当，并配备与养殖密度相适应的足够数量的增氧设施。

B.7　投喂的饲料要求参见 5.1.5.1。

B.8　遵守国家有关药物管理规定，不存放和使用国家、输入国或地区规定禁止使用的药物和其他有毒有害物质，使用的药物应标明有效成分，有用药记录，并严格遵守停药期，具体参见 5.1.5.2。

B.9　养殖场应建立用药处方制度：配备经过培训合格的养殖技术员和质量监督员，处方由养殖技术员开出，药品由质量监督员保管发放。养殖技术员和质量监督员应具备以下条件：

——遵守检验检疫有关法律法规和规定，诚实守信，忠实履行职责；

——具备养殖、卫生防疫专业知识；

——从事水产养殖工作两年以上；

——掌握和熟悉有关国家、输入国或地区规定的禁用药、限用药和其他有毒有害物质要求，并按规定在休药期停药。

B.10　符合其他法律法规规定的有关要求。

附　录　C
（规范性附录）
出口淡水捕捞水产品原料产区和收购点要求

C.1　原料产区和收购点周围环境卫生良好，周围无污染。

C.2　原料产区和收购点应具有完善的管理制度及原料收购管理制度，并确保达到追溯要求。

C.3　水质应符合 GB 11607 的要求。

C.4　产区的原料应经检验检疫机构监测合格。

C.5　原料产区应在检验检疫机构认定的安全可捕区域内。

C.6　原料产区和收购点负责人和签字人，应具有一定的管理能力，能自觉贯彻执行国家法律法规的规定和要求。

附 录 D
（规范性附录）
渔船卫生要求

D.1 设施卫生要求

D.1.1 存放渔获物的区域应与机房和人员生活区有效隔离并确保不受污染，确保不生锈、不发霉，其设计应确保融冰水不污染渔获物。

D.1.2 存放渔获物的容器或贮槽应由无毒、无害、防腐蚀的材料制作，其表面应光滑易于清洗消毒，存放渔获物的容器不得使用竹木器具。

D.1.3 用冷却海水冷却渔获物的，其装备设施应达到如下要求：

——冷却海水应保证清洁卫生；

——船舱海水注入和排出应满足渔获物处理需要，舱内温度保持一致；

——配备自动温度记录装置，温感器应安装在舱内温度最高的地方；

——冷却系统应确保渔获物和海水混合物在 6 h 内降到 3℃，16 h 后降到 0℃。

D.1.4 如果渔获物在船上冷冻，渔船应具备以下条件：

——冻结设施可使产品中心温度达到－18℃或以下；

——冷藏库温度保持－18℃或以下；

——冷藏库应在易于观察的位置安装自动温度记录装置。

D.1.5 用冰冷却渔获物的，渔船应具备以下条件：

——冷却用冰应清洁卫生，隔离存放以确保不受污染。

——冰块冷却渔获物的中心温度应达到 4℃～10℃，保鲜时间最长不能超过 36 h。

D.1.6 生活设施应保持清洁卫生。卫生间应配备非手动洗手装置，以及一次性纸巾或其他干手设施。

D.1.7 船上所用的包装材料应符合要求，存放包装材料的场所需与处理渔货区域相分隔。

D.2 作业卫生要求

D.2.1 作业应清洁卫生，渔获物作业区域、器具应防止化学品、燃料或污水等的污染。

D.2.2 渔获物的清洗、处理和保存应防止擦伤或伤及鱼的肌肉，处理后应立即进行冷却处理。无冷却设施的，渔获物在船上存放不得超过 8 h。

D.2.3 清洗和冷却用水或冰应来自饮用水或清洁的海水并不受污染。

D.2.4 作业区域、设施以及船舱、贮槽和容器每次使用前后应清洗消毒。

D.2.5 废物排放应不污染船的取水系统或渔获物。

D.2.6 应定期灭虫灭鼠。清洗剂、消毒剂和杀虫剂等化学品应具有标注成分、保存和使用方法等内容的标签，单独存放保管，并做好进出库和使用记录。

D.2.7 应保存必要的作业和温度记录以供主管当局审查。

附 录 E
（规范性附录）
主要出口水产品的加工质量安全控制标准

E.1 冰鲜、冷冻鱼的加工

E.1.1 预处理

E.1.1.1 生、新鲜或冷冻鱼的验收

潜在危害：致病菌、寄生虫、生物毒素、鲭鱼毒素、化学（包括兽药残留）和物理危害。

潜在缺陷：腐败、活寄生虫、物理危害。

技术指南：推荐采用合适的感官评估标准以评估鱼的可接收性，剔除品质不符合标准的鱼。操作工人和相关管理人员应受过品种鉴别的培训，确保收购的鱼品种单一，不混有含有生物毒素如含有鲭鱼毒素的品种；了解有关捕捞水域的信息。需要去内脏的鱼运抵加工厂以后应尽快去脏，以避免污染；如果鱼含有害，腐败或外来物质，如通过正常处理程序不能降低或消除到可接受的水平的应被拒收。

原料的验收标准应包括以下内容：

——感官特性，如外观、气味、品质、规格等；

——腐败和（或）污染的化学指标，如挥发性盐基氮（TVBN）、组胺、重金属、杀虫剂残留、硝酸盐等；

——微生物指标，尤其是半成品原料，防止原料处理产生微生物的污染。

E.1.1.2 冷藏

潜在危害：致病菌、生物毒素和鲭鱼毒素。

潜在缺陷：腐败、机械损伤。

技术指南：

——鱼应尽快冷却至0℃～4℃；如用冰冷却，应层鱼层冰；如冰海水冷却，应将鱼浸没在冰海水中；

——冷藏库应配备校准过的温度计，推荐使用自动温度记录仪；

——冷藏鱼的贮存管理应做到“先进先出”的原则；

——鱼的贮存应避免过度挤压，使鱼体受损。

E.1.1.3 冻藏

潜在危害：致病菌、毒素、活寄生虫。

潜在缺陷：变质、营养品质的降低。

技术指南：

——冻藏设施温度应达到－18℃以下，温度波动小；

——冻藏库应配备校准过的温度计，推荐使用自动温度记录仪；

——应制定冷库管理制度，做到冻藏货物“先进先出”的原则；

——冻藏产品应镀冰衣，并包装后存放，避免脱水；

——为杀灭对人类健康有害的寄生虫，冷冻温度和冷冻时间应达到相关规定的要求。

E.1.1.4 解冻

潜在危害：致病菌、生物毒素、鲭鱼毒素。

潜在缺陷：腐败。

技术指南：

——解冻应在专用的场地内进行；应制定解冻工艺来控制解冻的温度和时间；对于高风险品种如可产生组胺的鱼，应作为关键控制点控制，确定关键限值。

——解冻场地应安装温度计或温度自动记录仪。

——应采取有效的措施防止原料在解冻过程中被污染,防止原料因融解水而成为污染物,防止啮齿动物以及其他昆虫啃食。

——应使用流动水解冻,用于解冻的水应符合 GB 5749 的规定。

——解冻过程中,采用的方法应使产品不暴露于过高的温度中。

E.1.1.5 清洗和去内脏

潜在危害:致病菌、生物毒素和鲭鱼毒素。

潜在缺陷:去脏不彻底、擦伤、异味。

技术指南:

——去脏应彻底;

——在去内脏前应清洗整鱼,去脏过程中,去脏的设备或工具应及时清洗消毒;

——去脏过程中,应控制时间和温度,对于高风险品种如可产生组胺的鱼,应作为关键控制点控制,确定关键限值;

——去脏后的鱼应及时清洗并沥干,立即加冰或在清洁容器中冷却,在合适区域存放;

——内脏(如鱼卵、脾和肝等)若有其他用途,应单独存放。

E.1.1.6 切片,去皮,修整,光检

潜在危害:活寄生虫、致病菌、生物毒素、鲭鱼毒素、骨头。

潜在缺陷:寄生虫、骨头、危害性物质(如皮、鱼鳞等)、腐败。

技术指南:

——切片、去皮、修整、光检流程应连贯,设置合理,减少时间延误;

——切片、去皮、修整后的鱼应及时用饮用水清洗,设备或工具及时清洗消毒;

——对于无骨的鱼片,加工人员应使用合适的检验技术,去除不符合要求的骨头;

——对于可能含有寄生虫的鱼片,在加工过程中应使用光检去除寄生虫;

——操作期间,光检台应经常清洗以去除鱼肉残渣,防止接触面微生物的繁殖;

——切片、去皮、修整过程中,应控制时间和温度,对于高风险品种如可产生组胺的鱼,应作为关键控制点控制,确定关键限值;

——鱼片加工后应及时加冰冷却,并合理贮存避免脱水。

E.1.2 气调包装或真空包装鱼的加工

E.1.2.1 称重

潜在危害:不确定。

潜在缺陷:短重。

技术指南:天平应定期标准化的校准以确保精确。

E.1.2.2 气调包装或真空包装

潜在危害:致病菌、生物毒素、物理危害(如金属)。

潜在缺陷:腐败。

技术指南:通过真空包装或气调包装的产品的保质期长短取决于品种、脂肪含量、初始微生物数量、混合气体、包装材料种类,尤其重要的是贮存的温度。

a) 气调包装应严格控制如下:

——监控气体和产品量的比率;

——使用的混合气体的种类和比率;

——使用薄膜的种类;

——密封的方式和完整性;

——产品贮存的温度控制;

b) 适当的真空度和包装;

c) 清除接缝区域的鱼肉；

d) 使用无害或无污染的包装材料；

e) 有资质的人员应定期检查成品包装的完整性以验证密封的有效性和包装机械运行是否正常，确保获得足够的真空和包装密封的完整。

f) 密封以后，气调包装或真空包装产品应尽快地放入冷藏库。

E.1.2.3 标识

潜在危害：不确定。

潜在缺陷：标识不当。

技术指南：

——应验证标识的所有信息声明以确保符合 GB 7718 的规定；

——对于不合格的标签应进行评估以确定原因，修改后重新标识。

E.1.2.4 金属探测

潜在危害：金属异物。

潜在缺陷：不确定。

技术指南：

——在产品探测过程中，如产品不能通过金属检测，应启动程序调查原因；

——金属探测仪使用过程中，应定期校准。

E.1.3 冻鱼的加工

E.1.3.1 冻结过程

潜在危害：活寄生虫。

潜在缺陷：变质、产生异味。

技术指南：

——预处理后的水产品应尽快冻结，避免产品温度的升高，微生物繁殖，产品变质而缩短保质期；

——冻结过程应考虑设备冷冻能力和产品特性，确定冷冻时间、温度和生产容量以确保最快速度通过最大冰晶生产带；

——进入冻结过程的产品的厚度，形状和温度应尽可能一致；

——应尽快将冻品移入冻藏库；

——冻品的中心温度应定期监测以验证冻结过程是否完成；

——为杀灭对人类健康有害的寄生虫，冻结温度和时间应达到相关规定的要求；

——应保存整个冻结过程的原始记录。

E.1.3.2 镀冰衣

潜在危害：致病菌。

潜在缺陷：脱水、短重。

技术指南：

——如果镀冰衣的水中使用了添加剂，其使用应符合国家有关规定；

——产品镀冰衣的量应与标签上的标识一致；

——如果使用浸泡的方式镀冰衣，应定期更换镀冰衣的溶液。

E.1.4 包装、标签和辅料

E.1.4.1 包装、标签和辅料接收

潜在危害：致病菌、化学和物理危害。

潜在缺陷：标识不符。

技术指南：

——辅料、包装材料和标签应符合国家有关规定；

——直接用于与鱼类接触的标签应由无吸收材料制作，标签上使用的油墨或染料应由主管机构批准。

E.1.4.2 包装、标签和辅料贮存

潜在危害：致病菌、化学和物理危害。

潜在缺陷：包装材料或辅料的品质下降。

技术指南：

——辅料和包装应贮存在合适的温度和湿度环境中；

——应制定系统的库存管理制度，做到包装材料“先进先出”原则，以避免材料的过期；

——辅料和包装应合理保护和单独存放以避免交叉污染；

——应不使用有缺陷的辅料和包装。

E.2 冷冻鱼糜的加工

E.2.1 冷冻鱼糜生产的危害和缺陷

E.2.1.1 危害

冷冻鱼糜是进一步加工成鱼糜系列产品（如鱼糕、模拟蟹肉）的中间产品。后续加工中应控制许多潜在的食品安全危害。例如，在最终加工的蒸煮和巴氏灭菌过程中，应控制致病菌（如单核细胞增生李斯特氏菌）和毒素（如肉毒梭菌）的形成（由于成品的气调包装形成的危害）。应根据基本要求来控制金黄色葡萄球菌产生，避免其产生热稳定性的肠毒素。

由于最终产品将被蒸煮或灭菌，寄生虫将不会是一个危害。如采用会产生鲭鱼毒素的鱼（如金枪鱼或鲭鱼）加工鱼糜，应制定合适的危害控制方法。由于鱼糜加工是高度机械化，成品应控制金属异物（如轴承、螺栓类、垫圈类、螺母类）。

E.2.1.2 缺陷

冷冻鱼糜应不含鱼骨、鱼鳞、黑膜等危害性物质。冷冻鱼糜的某些品质特性（如颜色、水分含量、pH或凝胶强度）对于成功生产符合消费者预期品质的鱼糜系列产品（如鱼糕和模拟蟹肉）非常重要。其中制品弹性是鱼糜制品质量的重要指标。鱼类肌肉中的肌原纤维蛋白质是鱼肉形成弹性凝胶体的主要成分，这种蛋白质含量高则产品弹性好。影响因素有：寄生虫或微生物产生的蛋白分解酶，水溶性物质的含量，温度上升导致蛋白变性等。

E.2.2 鱼的准备

E.2.2.1 新鲜和冷冻原料鱼的接收

潜在危害：原料不确定性。

潜在缺陷：腐败、蛋白变性。

技术指南：

——用于冷冻鱼糜加工的原料鱼应在4℃或更低温度保存，并尽快加工。如未处理的鱼在捕捞后14天以内加工，去皮的鱼应在去皮后24 h内加工。应记录捕捞日期、时间、产地、捕捞者等信息。

——应控制原料鱼的品种、新鲜度和其他影响鱼糜凝胶能力的因素。如阿拉斯加鳕鱼的肉的pH为7.0±0.5。

E.2.2.2 冷藏

潜在危害：不确定。

潜在缺陷：蛋白质降解。

技术指南：应迅速加工以尽量减少冷藏时间，减少蛋白质降解和凝胶能力的损失。原料鱼应在4℃或更低温度下良好贮存，捕捞日期和接收日期应能确定用于加工鱼的批次。

E.2.2.3 **清洗和去鳞**

潜在危害：不确定。

潜在缺陷：蛋白质降解、变色。

技术指南：应在去头和去内脏之前去除表皮(粘液层)、鱼鳞等，避免影响凝胶能力和成品色泽。

E.2.2.4 **清洗**

潜在危害：不确定。

潜在缺陷：杂质、外来物质。

技术指南：去头和去内脏的鱼应冲洗，避免影响凝胶能力和成品色泽。

E.2.3 **鱼肉分离**

潜在危害：金属异物。

潜在缺陷：杂质。

技术指南：

——如果使用机械加工分离鱼肉，应使用金属探测设备检测可能含有能引起人类伤害的金属异物；

——应建立程序以确保产品不产生化学危害；

——分离后的碎肉应立即进行漂洗、脱水，以防止血凝结和引起凝胶能力的降低。

E.2.4 **漂洗和脱水**

潜在危害：致病菌。

潜在缺陷：腐败、蛋白质变性、水溶性蛋白质残留。

技术指南：

——应能控制回旋筛和水中碎鱼肉的温度和水的温度，以防止致病菌繁殖；

——漂洗水的温度应低于10℃以充分分离水溶性蛋白。太平洋无须鳕的漂洗水温度应低于5℃，某些暖水性品种的加工温度不高于15℃；

——产品应快速加工以减少致病菌繁殖；

——碎鱼肉应在水中漂洗以确保水溶性成分的稀释并和肌原纤维蛋白彻底分离；

——漂洗和脱水工序的设计应考虑到生产能力和加工品种等因素；

——应提供充足的饮用水用于漂洗；

——漂洗用水的pH应接近7.0，总硬度不超过100 mg/kg[以碳酸钙($CaCO_3$)转变含量计]；

——可在脱水的最后阶段添加盐(不少于0.3%)和其他有助于脱水的物质，以提高脱水的效率；

——如果使用食品添加剂，应符合国家规定和生产商的建议；

——废水处理应符合相关规定。

E.2.5 **精加工**

潜在危害：致病菌、金属异物。

潜在缺陷：危害性物质、蛋白变性。

技术指南：

——应控制好精加工中碎鱼肉的温度，以防止致病菌繁殖；

——为防止蛋白质分解，精加工中碎鱼肉的温度应不超过10℃；

——产品应快速加工以尽量减少致病菌繁殖；

——金属探测设备应能探测出含有能引起人类伤害的金属异物。

——在最终脱水之前，应剔除危害性物质(如鱼骨、黑膜、鱼鳞、含血的肉和粘连的组织)；

——精加工产品不允许在筛网中长时间堆积。

E.2.6 **最终脱水过程**

潜在危害：致病菌。

潜在缺陷：蛋白质变性。

技术指南：

——应控制好最终脱水过程中精加工鱼肉的温度，以防止致病菌繁殖。

——精加工鱼肉的温度，冷水性鱼类应不超过10℃，如阿拉斯加鳕鱼；而太平洋无须鳕的温度应不超过5℃；某些暖水性品种的加工温度不超过15℃。

——产品应快速加工以尽量减少致病菌繁殖。

——精加工产品的水分含量应用合适的脱水设备控制到特定水平(如离心、水压、旋转)。

——应考虑到鱼龄、不同种类原料鱼的水分含量的差异。某些情况下，应在精加工之前进行脱水。

E.2.7 辅料的混合和添加

潜在危害：致病菌、金属异物。

潜在缺陷：违规使用食品添加剂、蛋白质变性。

技术指南：

——应控制好混合过程中产品的温度，以避免致病菌繁殖。

——混合中脱水鱼肉的温度，冷水鱼应不超过10℃，如阿拉斯加鳕鱼；而太平洋无须鳕的温度应不超过5℃；某些暖水性品种的加工温度应不超过15℃。

——产品的加工应快速以减少致病菌的繁殖。

——金属探测设备应能探测出含有能引起人类伤害的金属异物。

——食品添加剂应符合GB 2760的要求。

——食品添加剂应混合均匀。

——冷冻鱼糜应使用抗冻剂，糖和(或)多羟基醇一般用来防止冷冻阶段蛋白变性。

——高蛋白水解酶活性的品种(如太平洋无须鳕)应使用食品级的酶抑止剂以抑制酶活性，防止凝胶能力降低。蛋白血浆的使用应标识说明。

E.2.8 内包装和称重

潜在危害：致病菌。

潜在缺陷：外来物质(包装)、短重、包装不良、蛋白变性。

技术指南：

——应控制好包装时产品的温度，以避免致病菌繁殖；

——产品应迅速包装以减小致病菌繁殖；

——应建立包装操作程序以防止交叉污染；

——产品应装入清洁的塑料袋或清洁容器并合适贮存；

——包装的产品应密封良好；

——产品重量应符合要求。

E.2.9 冷冻

潜在危害：不确定。

潜在缺陷：蛋白变性、分解。

技术指南：

——包装和称重后，产品应迅速冷冻以保持产品的品质；

——应建立操作程序确定从包装到冷冻的时间。

E.2.10 金属探测

潜在危害：金属异物。

潜在缺陷：不确定。

技术指南：金属探测设备应能探测出含有能引起人类伤害的金属异物。

E.2.11 外包装和标签

潜在危害：不确定。

潜在缺陷:标识错误、包装缺损。

技术指南:

——箱子应清洁,耐用和适于运输;

——外包装时应避免包装材料对产品的污染;

——破损箱中的产品应重新包装以避免污染。

E.2.12 冻藏

参见E.1.1.3。

潜在危害:不确定。

潜在缺陷:蛋白变性、变性。

技术指南:参见9.2。冷冻鱼糜应贮存在-20℃以下以防止蛋白变性。如果贮存在-25℃以下,品质将保持得更好。

E.2.13 包装和辅料接收

参见E.1.4.1。

E.2.14 包装和辅料储藏

参见E.1.4.2。

E.3 速冻裹粉鱼的加工

E.3.1 加工的特殊要求

——用于传送裹粉和未裹粉鱼的传送带的设计和制造应避免对产品造成损害和污染;

——成型及回温工序应保持在适宜的温度下,防止产品品质变化;

——应连续加工,避免生产线中断或分批加工;

——如果不得不中断加工,在后续加工前,半产品应贮存在深度冷冻条件下;

——预炸锅,用于再次冻结的冷冻柜应配备固定的温度控制仪器和传送带速度控制仪器;

——通过使用合适的锯片工具尽量降低锯末;

——用于裹粉产品的鱼块应与锯末彻底分离,在室温下避免长时间停留,在进一步加工成合适产品之前应在适宜的冷冻状态下贮存。

E.3.2 危害和缺陷

E.3.2.1 危害

用于鱼块、鱼片等的面粉的生产和贮存,包括混合的水合面糊或生的辅料,在制备和使用时,应控制金黄色葡萄球菌和大肠杆菌的生长和毒素的产生。

E.3.2.2 缺陷

速冻裹粉鱼的产品形式主要是鱼块、鱼片和鱼肉条等,产品的缺陷主要有成型不规则、裹粉不匀、异味、裹粉比例不符合标签说明、色泽不良等。

E.3.3 加工过程

E.3.3.1 接收

E.3.3.1.1 鱼

潜在危害:化学和生物污染、组胺。

潜在缺陷:受污染、切块不规则、水和气泡、包装材料、外来物质、寄生虫、脱水、分解。

技术指南:

——应记录所有采购的批次的温度;

——应检查冷冻产品的包装材料是否有尘土、破碎,产品是否已解冻;

——应检查冷冻鱼产品的运输工具的清洁性和适宜性;

——推荐使用随货的温度记录设备;

——应抽取代表性样品以进一步检测潜在的危害和风险。

E.3.3.1.2 其他辅料

潜在危害:化学和生物污染。

潜在缺陷:尘土、变色、污物、沙子。

技术指南:

——应检测裹粉和裹浆的包装材料是否破损,有虫害活动的痕迹和其他损害如包装材料上的灰尘和受潮;

——应检查运输食品的运输工具的清洁度和适宜性;

——应抽取代表性样品进一步检测以确保产品无污染,并适合用于最终产品的加工;

——应采用合适的运输工具,不得使用有潜在不安全或危害性材料的运输工具。

E.3.3.1.3 包装材料

潜在危害:外来物质。

潜在缺陷:包装材料不卫生。

技术指南:

——包装材料应清洁、无害、耐用、满足使用需要,达到食品级;

——用于预油炸的食品不能被脂肪和油渗透;

——应检查运输食品包装材料的运输工具的清洁度和适宜性;

——应检查已打印的标签和包装材料的合理性。

E.3.3.2 原材料、其他辅料和包装材料的贮存

E.3.3.2.1 鱼(冷冻贮存)

参见 E.1.1.3。

E.3.3.2.2 鱼(冷却贮存)

非冷冻鱼类的贮存,参见 E.1.1.2。

E.3.3.2.3 其他辅料和包装材料

潜在危害:生物、物理和化学污染。

潜在缺陷:辅料的特性和品质降低、异味。

技术指南:

——所有其他辅料和包装材料应贮存在干燥和清洁的卫生条件下;

——所有其他辅料和包装材料应在适合的温度和湿度下贮存;

——应制定辅料和包装材料库存管理计划,避免辅料和包装材料过期;

——辅料应适当保护,以免受到昆虫、爬虫和其他有害生物的侵袭;

——有缺陷的辅料和包装材料不应使用。

E.3.3.3 冷冻鱼块(鱼片)回温

潜在危害:不确定。

潜在缺陷:由于鱼肉过度软化造成很难锯片出符合要求的鱼块(鱼片)形状(适用于鱼肉棒)。

技术指南:

——冷冻鱼块(鱼片)的回温应取决于产品的用途,在冷冻鱼块(鱼片)的回温的过程中应使产品不解冻;

——冷却贮存的冷冻鱼的块(片)的回温是一个较长的过程,通常至少需要 12 h 或更长时间;

——回温的设备应保持在 0℃~4℃,回温时鱼块(鱼片)单层堆放,可以避免鱼块(鱼片)外层过度软化(锯片时操作困难);

——可选择微波进行回温,但回温的设施应受控以防止鱼块(鱼片)外层软化。

E.3.3.4　打开包装

潜在危害：致病菌。

潜在缺陷：不洁物。

技术指南：

——打开包装时，应注意不污染鱼块（鱼片）；

——应注意鱼块（鱼片）内混入纸板和（或）塑料材料；

——应快速并适当处理所有包装材料；

——当工间休息进行清洁和卫生处理时，或生产加工中断换班时，应用适当的方法保护未开包的和已开包的鱼块。

E.3.3.5　鱼块的生产

E.3.3.5.1　锯片

潜在危害：外来物质（金属或锯片的塑料部分）。

潜在缺陷：成块或条形不规则。

技术指南：

——锯片设备应保持清洁和卫生；

——锯条应定期检查，以避免锯片产品的撕裂和破损；

——锯末不能集中在锯台上，如用于进一步加工，应用专用容器来收集；

——通过机械压力形成不规则形状的鱼块或鱼片，应保持清洁、卫生。

E.3.3.5.2　添加剂和辅料的应用

潜在危害：外来物质、致病菌。

潜在缺陷：添加剂使用不当。

技术指南：应控制好混合过程的产品温度以避免致病菌繁殖。

E.3.3.5.3　成型

潜在危害：外来物质（金属或来自机械的塑料）、致病菌。

潜在缺陷：成型不当、受压过大（糊状，腐臭）。

技术指南：

用于滚粉或裹浆的鱼块的成型应使用高度机械化方法；

——成型设备应保持卫生；

——成型后的鱼块应仔细检查形状、重量和结构。

E.3.3.6　鱼块（片）的分离

潜在危害：不确定。

潜在缺陷：条、块的粘连。

技术指南：

——鱼块或鱼片应彼此很好分离，不粘连；

——通过湿裹步骤的鱼块或鱼片彼此还粘连一起应放到传送带上重新获得均匀的裹粉和裹浆；

——鱼块或鱼片在裹粉之前应监控外来物质和其他危害或缺陷；

——产品的传递应不引起破损，变形或不符合规格。

E.3.3.7　裹粉

E.3.3.7.1　湿裹

潜在危害：致病菌。

潜在缺陷：裹浆不均。

技术指南：

——鱼块或鱼片的外表面都应裹浆良好；

——可重新使用的剩余的裹浆应在清洁和卫生条件下重新传送；

——使用清洁气体风干裹浆后的鱼块或鱼片上过剩的液体；

——应监控和控制裹浆的粘度和温度参数；

——应加强温度和卫生控制，避免裹浆过程引起微生物污染和繁殖。

E.3.3.7.2　干裹

潜在危害：致病菌。

潜在缺陷：裹粉不均。

技术指南：

——裹粉应覆盖整个产品，并很好粘住裹浆；

——过多的裹粉应用清洁的气流和(或)振动的传送带去除，如果拟进一步利用，应采用清洁和卫生的方法；

——从给料斗出来的裹粉流应均匀连续；

——裹粉的比例应符合相关规定。

E.3.3.8　预炸

潜在危害：不确定。

潜在缺陷：油的过度氧化、油炸不充分、裹粉松散、烧焦。

技术指南：

——油的温度大约在160℃～195℃；

——为获得满意的色泽，香味和外观，油炸的时间应充分，但整个过程中鱼块或鱼片的中心应保持冷冻状态；

——不能使用过期或变质的油；

——定期清除油锅底部的裹粉；

——应清除预油炸后的裹粉鱼表面过多的油。

E.3.3.9　最后冻结

潜在危害：外来物质。

潜在缺陷：冷冻不足导致产品粘在一起或粘在冷冻设备的接触面上引起裹粉或裹浆的脱落。

技术指南：

——预油炸后，整个产品应在－18℃以下立即进行冻结；

——产品应在冻结足够时间以确保产品的中心温度低于－18℃；

——冷冻设备的制冷效果良好；

——如果使用风冷，产品应以销售包装进行冻结。

E.3.3.10　包装和标签

潜在危害：致病菌。

潜在缺陷：密封不当、标签不符。

技术指南：

——冷冻后应在卫生条件下尽快包装；

——整个包装过程，产品应处于冻结状态；

——应定期校准称量设备，成品应通过金属探测仪或其他合适的设备进行检测；

——销售包装和海运包装应打上产品正确批次代码以利于追溯和召回。

E.3.3.11　成品的冻藏和运输

潜在危害：不确定。

潜在缺陷：温度波动导致品质变化、冻伤、冷库异味、纸箱异味。

技术指南：参见第9章。

E.4 虾的加工

E.4.1 原料虾的接收

潜在危害：致病菌、抗氧化剂、亚硫酸盐、杀虫剂、燃油。

潜在缺陷：品种混合、黑变、变质、腐败。

技术指南：

——原料虾应冷冻或冰鲜良好，并备有供货证明以确保产品的可追溯性；

——根据原料虾的不同来源及产品的特点有针对性地进行抽样检测。

E.4.2 冻藏（块冻原料虾）

潜在危害：不确定。

潜在缺陷：蛋白质变性、脱水。

技术指南：

——外包装不能破损，否则应重新包装以防止污染和脱水；

——冻藏温度应合适，并避免温度波动；

——冻藏设施应有自动温度记录仪。

E.4.3 解冻（块冻原料虾）

潜在危害：致病菌、包装污染。

潜在缺陷：腐败。

技术指南：

——块冻原料虾的解冻之前应去除内外包装物，特别要注意冻块表面的薄膜碎片等，以避免污染；

——解冻设施的设计应符合要求，用于解冻的水应采用流动水，不鼓励重复使用；

——解冻用的清洁海水或饮用水温度应不高于20℃(68℉)，解冻后的产品温度应低于4℃，以保持品质；

——解冻后产品应用冷却水喷淋；

——在后续加工之前，解冻后的虾应迅速加冰或冷藏以保持品质。

E.4.4 冷藏

潜在危害：致病菌。

潜在缺陷：腐败。

技术指南：

——新鲜原料接收后，应在低于4℃的冷藏库中贮藏；

——冷藏库应配备温度监控设施，做好冷藏温度记录；

——为保持品质，冷藏时间不应过长。

E.4.5 挑选和分规格

潜在危害：致病菌。

潜在缺陷：腐败。

技术指南：

——根据不同的要求，将虾挑选为不同的品质等级；

——虾的分规格可通过机械设备或手工完成。由于虾可能卡在机械设备中，因此应定期清除；

——分规格后的虾应及时加冰或冷藏；

——应尽快挑选和分规格，以避免微生物繁殖和产品腐败。

E.4.6 添加剂和辅料的使用

潜在危害：化学和微生物污染、亚硫酸盐。

潜在缺陷：腐败、添加剂的不合理使用。

技术指南：

——在虾加工过程中，可能使用添加剂或辅料，例如：使用亚硫酸钠可减少黑变，加盐调味等；

——添加剂的使用应符合 GB 2760 的要求。

E.4.7　去壳

潜在危害：微生物。

潜在缺陷：腐败、虾壳、外来物质。

技术指南：

——在去壳过程中，应及时清除虾壳、定时清洗台面，避免虾仁受污染；

——对去壳后的虾肉及时加冰保鲜。

E.4.8　去肠腺

潜在危害：致病菌、金属异物。

潜在缺陷：肠腺、腐败、外来物质。

技术指南：虾背部有黑色的肠腺，通过用刀片开背，去除肠腺，以避免引起微生物繁殖。

E.4.9　清洗

潜在危害：致病菌。

潜在缺陷：腐败、外来物质。

技术指南：

——虾仁和去肠腺的虾应及时清洗，去除虾壳和肠腺残留；

——后续加工前，虾应尽快沥水并冷却。

E.4.10　蒸煮

潜在危害：致病菌残存。

潜在缺陷：过度蒸煮。

技术指南：

——应根据最终产品的要求，建立蒸煮工序的关键控制点(CCP)，确定关键限值(CL 值)，如蒸煮时间和温度；

——应由资质的人员按制定的 HACCP 计划表的要求监控蒸煮关键控制点，是否偏离关键限值；

——应按 HACCP 计划要求及时验证；

——应做好并保持关键控制点的记录；

——确保煮熟后的虾防止交叉污染。

E.4.11　熟虾的去壳

潜在危害：致病菌。

潜在缺陷：虾壳。

技术指南：参见 E.4.7。

E.4.12　冷却

潜在危害：致病菌。

潜在缺陷：不确定。

技术指南：

——熟虾应尽快冷却，防止微生物繁殖；

——冷却进度应符合时间和温度要求，并由培训过的人员操作；

——只有饮用水或清洁水可用于冷却，冷却水不应重复使用；

——生熟应分离；

——冷却和沥水之后，虾应尽快冻结以避免污染。

E.4.13 冻结

潜在危害:致病菌。

潜在缺陷:不确定。

技术指南:

——虾冻结前,单冻机应充分预冷,冻结温度及转速应符合冻结要求,冻结后单冻虾仁无结块;

——冷冻机的清洁和维护应由有资质的人员执行。

E.4.14 镀冰衣

潜在危害:致病菌。

潜在缺陷:包冰不匀、斑点、标识不符。

技术指南:

——块冻镀冰衣:只要把冻虾浸入冷的饮用水中即可;

——单冻虾仁镀冰衣:镀冰衣后应二次冻结后包装;否则,应尽快包装并放入冷库,避免引起虾仁结块。

E.4.15 称重、包装和标签

潜在危害:亚硫酸盐。

潜在缺陷:标识不符、腐败。

技术指南:

——所有包装材料,包括胶水和油墨应是食品级的,不产生对健康有害的风险;

——包装时,产品应合理称重并校准;

——如果产品是包冰的,冰衣比例应符合有关要求并符合标签声明;

——包装和标签上的配料表应符合 GB 7718,标示食品中的辅料、添加剂;

——包装过程中的运输应确保产品保持冻结,避免入冷库前产品回温;

——如果加工过程使用了亚硫酸盐,应准确标识。

E.4.16 金属探测

潜在危害:金属异物。

潜在缺陷:不确定。

技术指南:

——产品在最终包装时应通过高灵敏度仪器的金属探测,并定期对金属探测仪器的灵敏度进行验证;

——大包装产品应在包装之前进行金属探测。而小包装产品,还是优先考虑包装后进行探测,以避免包装前的潜在污染。

E.4.17 成品冻藏

潜在危害:不确定。

潜在缺陷:温度波动导致品质变化、冻伤、冷库异味、纸箱异味。

技术指南:参见第 9 章。

E.5 头足类的加工

E.5.1 头足类的验收

潜在危害:致病菌、化学物质、寄生虫。

潜在缺陷:产品损害、外来物质。

技术指南:应制定原料验收程序,由具有品种鉴别经验且受过合适培训的检验人员进行原料验收,只有合格的产品才能接收用于生产加工。

原料的验收标准应包括以下内容:

——感官特性,如外观、气味、品质、规格等;
——腐败和(或)污染的化学指标,如 TVBN、重金属等;
——微生物指标;
——寄生虫如线虫,外来物质;
——表皮的破损变色,产品腐败。

E.5.2 头足类的贮存

E.5.2.1 冷藏

潜在危害:致病菌。

潜在缺陷:腐败、物理危害。

技术指南:参见 E.1.1.2。

E.5.2.2 冻藏

潜在危害:重金属(从内脏转移,如镉)。

潜在缺陷:冻伤。

技术指南:参见 E.1.1.3。
——应注意如果内脏中镉含量很高,其容易转移到肉中;
——产品应包装和包冰良好以防止脱水。

E.5.3 解冻

潜在危害:致病菌。

潜在缺陷:腐败、变色。

技术指南:参见 E.1.1.4。

E.5.4 分割、去内脏和冲洗

潜在危害:致病菌。

潜在缺陷:内脏内含物、寄生虫、鱿鱼嘴和鞘、墨汁、腐败。

技术指南:
——应去除所有肠内物质和头足类鞘和嘴;
——应及时以卫生的方式处理拟供人类消费的任何加工中的副产品(如触手、外套膜等);
——去内脏后应立即用清洁海水和饮用水冲洗以去除任何残留在腹腔管中的物质,以减少产品中微生物的含量;
——应提供充足的清洁海水和饮用水以冲洗整个头足类及其产品。

E.5.5 去皮、修整

潜在危害:致病菌。

潜在缺陷:危害性物质、机械伤、表皮破损、腐败。

技术指南:
——去皮过程应不污染产品和引起微生物繁殖,如采用酶法或热水去皮技术,应规定时间和温度参数;
——应避免废物污染产品;
——去皮时或去皮后应采用充足的清洁海水或饮用水冲洗产品。

E.5.6 添加剂的使用

潜在危害:物理污染、违规使用添加剂、添加过敏物质。

潜在缺陷:物理污染、添加剂使用不当。

技术指南:
——应由培训合格的操作者使用添加剂;
——添加剂的使用应符合 GB 2760 的要求。

E.5.7 分级、包装和标签

潜在危害:化学或物理污染。

潜在缺陷:标签不符、短重、脱水。

技术指南:

——包装材料应由食品级材料制作;

——应尽快进行分级和包装操作以防止头足类的腐败;

——如果加工中使用亚硫酸盐,应准确标识。

E.5.8 冷冻

潜在危害:寄生虫。

潜在缺陷:冻伤、腐败、冻结过慢引起品质下降。

技术指南:参见 E.1.3.1。

E.5.9 包装、标签和辅料

参见 E.1.4。

E.6 水产品罐头的加工

E.6.1 特殊要求

对于出口水产品罐头生产企业,应符合出口罐头生产企业注册卫生规范的有关要求。加工可参见 CAC/RCP 23—1979(Rev.2—1993)。

E.6.2 危害和缺陷的定义

E.6.2.1 危害

E.6.2.1.1 生物危害

a) 自然发生的海洋生物毒素

如河豚毒素、鱼肉毒素(西加毒素)通常是热稳定性的,因此确定加工用的鱼的品种和来源相当重要。贝类毒素如腹泻性贝毒素(DSP)、麻痹性贝毒素(PSP)也是热稳定性的,因此获取可能存在贝类毒素的双壳贝类或其他加工用品种的有关产地资料也相当重要。

b) 鲭鱼毒素

如组胺。组胺是热稳定性的,因此从捕获到热力杀菌处理过程都应注意避免产生组胺,并符合相关标准中组胺最大限量。

c) 微生物毒素

——肉毒梭菌:杀菌不充分或密封不完整常导致产生肉毒梭菌,其产生的毒素是热敏感的,因此破坏肉毒梭菌孢子,尤其是蛋白分解型的,要求高温杀菌。

——金黄色葡萄球菌:高度污染的原料中可能存在金黄色葡萄球菌产生的毒素,加工中金黄色葡萄球菌大量繁殖也会产生毒素,毒素是热稳定性的。装罐后,如果热、湿的容器处理不卫生,经热力杀菌后还是存在金黄色葡萄球菌污染的风险。

E.6.2.1.2 化学危害

应避免化学危害污染产品,如来自容器的成分(如铅)和化学产品(润滑剂,清洁剂,洗涤剂)。

E.6.2.1.3 物理危害

容器可能含有有害外来物质(如金属或玻璃碎片等)。

E.6.2.2 缺陷

腐败、变质及其他有碍于食品安全卫生的缺陷;不符合国家规定或商业规定。

E.6.3 加工操作

E.6.3.1 原料、罐头容器、包装材料和其他辅料

E.6.3.1.1 鱼和贝类

潜在危害:化学和生物污染(麻痹性贝类毒素、腹泻性贝类毒素、神经毒性贝类毒素、失忆性贝类毒

素、鲭鱼毒素、重金属等)。

潜在缺陷:混入不同品种、腐败、寄生虫。

技术指南:参见 E.1.1.1 和其他相关部分;当接收活的贝类(甲壳类)生产罐头,应检验剔除死的或严重缺损的个体。

E.6.3.1.2 罐头容器和包装材料

潜在危害:致病菌。

潜在缺陷:产品腐败。

技术指南:

a) 生产所使用的罐头容器的材料、内涂料、接缝补涂料及密封胶应符合卫生标准,不得含有有毒有害物质,贮存和运输过程中保持清洁卫生;

b) 制造罐头容器的高分子材料、内涂料、接缝补涂料及密封胶应进行毒理试验,由官方相关机构出具相应的证明;

c) 鱼和贝类罐头容器及罐盖应符合以下要求:

——保护内容物避免微生物或其他物质的污染;

——内表面应不和内容物发生任何反应,避免产生不良影响;

——在任何贮存条件下表面应抗腐蚀;

——经久耐用,在罐装时能承受得起机械和受热压力,在销售时能耐受机械磨损。

E.6.3.1.3 其他辅料

参见 E.1.4。

E.6.3.2 原材料、罐头容器和包装材料的贮存

E.6.3.2.1 鱼和贝类

参见 E.1.1.2 和 E.1.1.3。

E.6.3.2.2 罐头容器和包装

潜在危害:不确定。

潜在缺陷:外来物质。

技术指南:参见 E.1.4.2 以及:

——所有罐头容器或包装材料应贮存在适宜的清洁和卫生条件下;

——贮存期间,应防止空罐和包装积尘,受潮,温度波动,避免容器中凝水,避免锡罐腐蚀;

——在空容器的装卸、运输期间应防止震动和踩踏,避免容器变形(罐体或边缘),危及紧密性(松动接合,边缘变形),损害外观。

E.6.3.2.3 其他辅料

参见 E.1.4.2。

E.6.3.3 开包

潜在危害:不确定。

潜在缺陷:外来物质。

技术指南:在开包操作期间,应避免产品的污染,避免微生物繁殖和外来物质的进入,减少进一步加工的等待时间。

E.6.3.4 解冻

参见 E.1.1.4。

E.6.3.5 水产品的预处理

E.6.3.5.1 鱼的预处理

潜在危害:致病菌,生物毒素的形成(组胺)。

潜在缺陷:危害性物质(内脏、表皮、鱼鳞等)、异味、骨头、寄生虫。

技术指南:参见 E.1.1.5 和 E.1.1.6。

E.6.3.5.2　贝类和甲壳类的预处理

潜在危害:致病菌、贝壳。

潜在缺陷:危害性物质。

技术指南:

——使用活的贝类,应检验以剔除死的或严重缺损的个体;

——尤其应注意确保贝肉中不含带贝壳碎片。

E.6.4　预煮和其他处理

E.6.4.1　预煮

潜在危害:化学污染(被氧化油的不良成分)、微生物繁殖或生物毒素(鲭鱼毒素)的形成。

潜在缺陷:成品中析水(指油浸罐头产品)、异味。

技术指南:

a) 总则

——通常根据所处理原料的特性而选择预煮方法,应在最短的时间和最小的处理下产生最佳的效果;

——油浸罐头产品(如沙丁鱼或金枪鱼)应充分预煮以避免杀菌过程中水的过度析出;

——如果使用去内脏的鱼,应使其腹部向下以排干鱼油和汁液,否则在热处理过程中鱼油和汁液将积累并影响产品的品质;

——应防止易产生鲭鱼毒素的品种在预煮之前的温度变化。

b) 预煮进程

——应明确规定预煮方法,尤其是时间和温度,并检查预煮进程;

——同一批次进行预煮的鱼规格尺寸大小应相似,在进入预煮锅时的温度也应相同;

c) 预煮油和其他流体品质的控制

——只有良好品质的植物油才能用于水产品罐头的预煮;

——预煮用油应经常更换以避免不良成分的产生;

——用于预煮的水应经常更换以避免污染;

——应注意使用的油或其他流体如蒸汽或水对产品产生异味。

d) 冷却

除了带热包装的产品以外,应尽快冷却预煮好的鱼或贝类,以使产品的达到限制微生物繁殖或毒素产生的温度范围,减少产品污染发生的条件。

e) 盐水和其他调味液的使用

——当鱼或贝类装罐前浸入盐水或其他调味、添加剂的液体时,应严格控制溶液浓度和浸泡时间以获得最佳效果;

——溶液应经常更换,浸泡的容器和其他设备应在间隙期经常清洁;

——应符合国家标准和产品消费国家的要求,确保辅料或添加剂是允许使用的。

E.6.4.2　罐头容器的包装

E.6.4.2.1　装罐

潜在危害:致病菌。

潜在缺陷:重量不符、外来物质。

技术指南:

——在运达罐装机器或包装台前,应抽取一定数量的容器和罐盖进行检验,以确保其清洁,无损害和无可见的缺陷。

——如有需要,空罐应清洗。在使用前,将罐的开口朝下以确保其内部不含有外来物质。

——应注意剔除有质量缺陷的空罐，因为其将堵塞罐装或密封设备，或在杀菌时引起问题。

——车间清洁前，空罐应不能留在包装台或传送系统上以避免污水和碎片溅到罐听上而受污染。

——如果需要，为避免微生物繁殖，罐应装入热的鱼和贝类（＞63℃，如鱼汤），或预处理结束后迅速装罐。

——如果鱼和贝类在装罐之前需要长时间保存的，应冷却。

——根据杀菌规程，应及时将鱼和贝类装罐。

——应定期检查机械和人工装罐情况，使装罐量符合杀菌规程的要求。

——正常装罐的重要性不仅在于商业原因，而且因为过度的装罐量影响热穿透和罐的完整性。

——顶部留出的空间部分取决于内容物的性质及容器的大小和种类等一系列因素。通常在装罐时需留出一些顶部空间，以防止容器在热处理时发生变形或损坏。

——应装入符合要求的成品或可接收标准的内容物重量。

——如果手工装罐的，鱼、贝类和最终其他辅料的供应应稳定，应避免鱼、贝类和装罐后的产品在包装台的堆积。

——应特别注意装罐设备的操作，维护，定期检查，校准和调整，遵守机器制造商的使用说明。

——应严格控制其他辅料的质量和添加数量如油、沙司、醋等，以产生最佳效果。

——用盐水冷冻或贮存在冷却的盐水中的鱼，当添加盐进行产品调味时，应确定并考虑被吸收的盐的数量。

——装罐后的产品应被检验，以确保合理装罐和符合可接受的重量标准；在密封之前验证产品质量和重量。

——手工装罐的产品如小的深海鱼，应仔细检查以验证容器边缘和封口表面无任何产品的残留，否则将影响罐头的密封性。自动罐装产品，应执行取样计划。

E.6.4.2.2 密封

潜在危害：密封不良产生的再次污染。

潜在缺陷：不确定。

技术指南：

——应尤其注意封口设备的操作，维护，定期检查和调整。封口设备应根据罐头品种和使用密封方法的不同而调整，认真遵守制造商和设备供应商的使用说明。

——对特定的罐听，接缝缝隙和其他封口指标应在允许的接收范围之内。

——有资质的人员从事这项工作。

——应使用真空包装，以充分防止罐头产品在销售环境中（高温或低压）膨胀，尤其是深度罐或玻璃罐头。软包装的大部分浅罐很难且也不必产生真空。

——高真空度会引起罐头瘪听，尤其是顶部空间较大的产品。如果接缝有轻微缺陷，也可能将污染物吸入容器。

——生产过程应进行检查以检测罐头上的外部缺陷。

——生产线上两个罐头应有足够的间隙，以利于操作者根据规定要求检验封口程度。主管技术人员根据产品密封性能的控制需要确定外观目测检验以及密封性能检验的检验项目。

——生产线的开始和罐头规格的改变、中断、新的调整或密封设备长时间停止后重新开始，应进行检查。

——检验应使用取样计划，所有的检测值应记录。

E.6.4.2.3 编码

潜在的危险：包装破损导致日后污染。

潜在的缺陷：编码不合理导致不能追溯。

技术指南：

——应在加工现场的生产线上对包装容器永久性地标注本企业的卫生注册编号、生产日期或有效期、批号等内容，根据包装容器的特性标注产品代号等内容；

——编码设备应仔细调整，不引起罐头的损害，编码清晰；

——水产品罐头上有时候可在冷却后编码。

E.6.4.3 封口后罐头的处理（热力杀菌之前阶段）

潜在危害：致病菌。

潜在缺陷：不确定。

技术指南：

——封口后的罐头应避免受损引起缺陷，尽快杀菌；

——如果罐装后或密封后的罐头在杀菌之前需长时间保存，产品应保存在避免微生物繁殖的温度下；

——如果必要，装罐和密封了的金属罐头在热处理之前应彻底冲洗以去除润滑油、污垢或外壁上的残余物；

——应采取措施防止未杀菌的水产品罐头混入贮存区域。

E.6.4.4 热力杀菌

潜在危害：肉毒梭菌孢子的存活。

潜在缺陷：腐败微生物的存活。

技术指南：

a) 杀菌工艺规程

——杀菌工艺规程的制定应包括下列基本因素和数据：罐头食品中微生物的种类及其耐热性的有关参数；产品的种类、技术条件和配方；罐型大小和形状；产品的 pH 值、成分或配方；固形物量；储藏温度；最大装罐量（包括液体），装罐方法；罐头在杀菌锅内的排列方式；最低温度，排气方法；杀菌系统的形式和特征，杀菌温度和时间，反压和冷却方法等。

——应定期对杀菌锅的热分布进行检测并向主管机构备案。符合要求的、并在检测有效期内的杀菌锅方可用于罐头食品生产。

——改变杀菌操作之前，主管技术人员应考虑重新评估工艺规程的必要性。

b) 热力杀菌操作

——杀菌操作人员应经主管机构培训考核，持证上岗；杀菌操作应当规范，记录应当真实。

——应执行计划表中的起始温度。罐装后冷藏的罐头在热力杀菌前应考虑罐头的初始温度。

——为有效杀菌和控制处理时间，应按照主管技术人员认为有效的排气程序将空气从杀菌锅中排出。

——应根据罐头的大小和种类，确定杀菌锅的附属设施和杀菌程序。

——达到了最短的安全排气时间，杀菌锅升到规定的热力杀菌温度且整个锅内的温度一致时，热力杀菌时间方可开始计时。

——对于其他种类的杀菌锅（水、蒸汽、火焰等）参见 CAC/RCP 23—1979(Rev. 2—1993)。

——如果水产品罐头的尺寸大小不同，并在同一杀菌锅进行处理时，所使用的杀菌公式应确保能让所有罐头达到商业无菌。

——如果对玻璃罐头进行热力杀菌时，应注意确保杀菌锅中的起始温度低于进料的产品温度。在水温升高之前，应用空气加压。

c) 热力杀菌操作的监控

——在热力杀菌过程中，应确保杀菌过程和因素，如装罐、内部最小压力、杀菌锅负载及产品起始温度等符合灭菌程序。

——杀菌锅温度应通过温度显示仪确定，而不是温度记录仪。

——每批次热力杀菌的时间、温度和其他有关细节应永久保持。

——温度计应定期校准以确保精确,校准记录应保持。记录的温度显示应以不超过温度计的显示为准。

——应定期检查确保每一杀菌锅的装备齐全,运行时能保证所有负载迅速达到热力杀菌温度,并在整个热力杀菌期间维持这一温度。

——在主管技术人员的指导下进行检验。

E.6.4.5 冷却

潜在危害:因密封不好和不清洁水造成的再次污染。

潜在缺陷:形成结晶、罐头变形、腐熟。

技术指南:

——热力杀菌以后,无论什么情况下,水产品罐头的冷却应防止罐头变形,否则影响紧密性。用于冷却的水应氯化(或其他合适方法处理)。应检查冷却水中余氯含量和接触时间以减小再次污染的风险。除了加氯,冷却水其他处理方法的有效性应被监控和验证。

——为了避免感官缺陷(如腐熟、杀菌过度),应尽快降低罐头的内部温度。

——对于玻璃罐头,杀菌锅中冷却介质的温度,在开始时应缓慢降低以减少由于热作用而破裂的风险。

——热力杀菌后,如不用水冷却,其叠放方式应确保它们能够在空气中迅速冷却。

——热力杀菌后,在冷却和彻底干燥之前应避免与手或衣服发生不必要的接触。

——搬运应避免产品表面,尤其是接缝处受污染。

——应快速冷却以避免产生结晶。

——应采取措施防止未杀菌的罐头与已杀菌的罐头混合。

E.6.4.6 热力杀菌和冷却后的监控

——水产品罐头生产完成后,应在贴标签前尽快进行缺陷检查和品质评估;如果由于部分生产工人或罐头生产设备的缺陷而产生问题,这些问题应尽快予以纠正。确保所有不适合于人类消费的有缺陷的罐头或批次应被隔离和合适的方法处理。

——每批应抽样检查以确保罐头没有外部缺陷,产品内容物的重量标准、真空度、工艺和卫生应符合要求。还应评估填充介质的品质、颜色、气味、味道和其状态。

E.6.4.7 标签、成品的外包装和贮存

潜在危害:由于罐头的受损或暴露于极端环境而引发的再次污染。

潜在缺陷:标签不符。

技术指南:参见第9章。

E.6.4.8 成品的运输

潜在危害:由于罐头的受损或暴露于极端环境而引发的再次污染。

潜在缺陷:不确定。

技术指南:参见9.3。容器和纸箱应完全干燥,受潮将影响纸箱的使用性能而产生损害;金属容器应保持干燥以避免腐蚀和生锈。

ICS 67.100.01
C 53

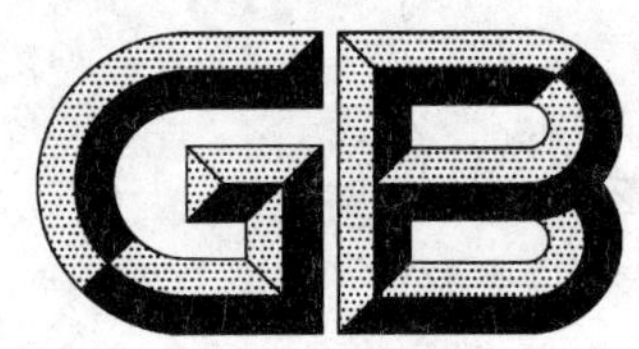

中华人民共和国国家标准

GB/T 21703—2008

乳与乳制品中苯甲酸和山梨酸的测定

Determination of benzoic and sorbic acid in milk and dairy products

(IDF 139:1987, Milk, dried milk, yogurt and other fermented milks—Determination of benzoic and sorbic acid contents, MOD)

2008-04-09 发布　　2008-07-01 实施

中华人民共和国国家质量监督检验检疫总局
中国国家标准化管理委员会　发布

前言

本标准修改采用国际乳业联合会标准 IDF 139:1987《牛乳、乳粉、酸乳及其他发酵乳中苯甲酸和山梨酸的测定》(英文版)。

本标准根据 IDF 139:1987 重新起草,按照 GB/T 20001.4—2001《标准编写规则　第 4 部分:化学分析方法》对原标准的结构进行了修改。

本标准的附录 A 为资料性附录。

本标准由中华人民共和国农业部提出。

本标准由全国畜牧业标准化技术委员会归口。

本标准起草单位:农业部食品质量监督检验测试中心(上海)。

本标准主要起草人:孟瑾、郑冠树、韩奕奕、陈美莲、张辉、吴榕、吴昊、韩惠雯。

乳与乳制品中苯甲酸和山梨酸的测定

1 范围

本标准规定了乳与乳制品中苯甲酸和山梨酸含量的测定方法。

本标准适用于乳与乳制品中苯甲酸和山梨酸含量的测定。

本方法检出限为 1 mg/kg。

2 规范性引用文件

下列文件中的条款通过本标准的引用而成为本标准的条款。凡是注日期的引用文件，其随后所有的修改单(不包括勘误的内容)或修订版均不适用于本标准，然而，鼓励根据本标准达成协议的各方研究是否可使用这些文件的最新版本。凡是不注日期的引用文件，其最新版本适用于本标准。

GB/T 6682 分析实验室用水规格和试验方法(GB/T 6682—1992,neq ISO 3696:1987)

3 原理

沉淀去除试样中的脂肪和蛋白质，甲醇稀释，过滤。采用反相液相色谱法分离测定。

4 试剂和材料

除非另有规定，仅使用分析纯试剂。

4.1 水:GB/T 6682 规定的一级水。

4.2 甲醇(CH_3OH):色谱纯。

4.3 亚铁氰化钾溶液:92 g/L，称取亚铁氰化钾[$K_4Fe(CN)_6 \cdot 3H_2O$]106 g，用水溶解于 1 000 mL 容量瓶中，定容到刻度后混匀。

4.4 乙酸锌溶液:183 g/L，称取乙酸锌[$Zn(CH_3COO)_2 \cdot 2H_2O$]219 g，加入 32 mL 乙酸，用水溶解于 1 000 mL 容量瓶中，定容到刻度后混匀。

4.5 磷酸盐缓冲液:pH=6.7，分别称取 2.5 g 磷酸二氢钾(KH_2PO_4)和 2.5 g 磷酸氢二钾($K_2HPO_4 \cdot 3H_2O$)于 1 000 mL 容量瓶中，用水(4.1)定容到刻度后混匀，用滤膜(4.10)过滤后备用。

4.6 氢氧化钠溶液:0.1 mol/L，称量 4 g 氢氧化钠(NaOH)，用水(4.1)溶解于 1 000 mL 容量瓶中，定容到刻度后混匀。

4.7 硫酸溶液:0.5 mol/L，移取 30 mL 的浓硫酸(H_2SO_4)到 500 mL 水(4.1)中，边搅拌边缓慢加入，冷却到室温后转移到 1 000 mL 容量瓶，定容到刻度后混匀。

4.8 甲醇水溶液:体积分数为 50%。

4.9 标准溶液

4.9.1 苯甲酸和山梨酸标准贮备溶液:每毫升含苯甲酸、山梨酸各 500 μg。

准确称取苯甲酸、山梨酸标准物质各 50.0 mg，分别置于 100 mL 容量瓶中，用甲醇(4.2)溶解，并稀释至刻度。摇匀后，冷藏于冰箱中，有效期 60 d。

4.9.2 苯甲酸和山梨酸的混合标准工作液:每毫升含苯甲酸、山梨酸各 10 μg。

分别吸取苯甲酸和山梨酸的标准贮备溶液(4.9.1)各 5 mL，至 250 mL 的容量瓶中，用甲醇水溶液(4.8)定容至刻度后混匀。冷藏于冰箱中，有效期 5 d。

4.10 滤膜:0.45 μm。

5 仪器

5.1 高效液相色谱仪:配有紫外检测器。

5.2 分析天平:感量 0.000 1 g。

5.3 分析天平:感量 0.01 g。

6 分析步骤

6.1 试样制备

6.1.1 液态试样

贮藏在冰箱中的乳与乳制品,应在试验前预先取出,并达室温,准确称量 20 g 样品于 150 mL 锥形瓶中。

6.1.2 固态试样

准确称量 3 g 样品于 150 mL 锥形瓶中,加 10 mL 水(4.1),用玻璃棒搅拌至完全溶解。

6.2 萃取和净化

上述盛有试样(6.1)的锥形瓶中加入 25 mL 氢氧化钠溶液(4.6),混合后置于超声波水浴或 70℃水浴中处理 15 min。冷却后,用适量甲醇(4.2)转移至 100 mL 容量瓶中。用硫酸溶液(4.7)将 pH 调节到 8,然后加入 2 mL 亚铁氰化钾溶液(4.3)和 2 mL 乙酸锌溶液(4.4)。剧烈振摇,静置 15 min,混合后冷却到室温,再用甲醇(4.2)定容,静置 15 min,上清液经过滤膜(4.10)过滤。收集滤液作为试样溶液,用于高效液相色谱仪(5.1)测定。

6.3 色谱参考条件

6.3.1 色谱柱:C_{18},250 mm×4.6 mm,5 μm。

6.3.2 流动相:甲醇(4.2)+磷酸盐缓冲溶液(4.5)(1+9)。

6.3.3 流速:1.2 mL/min。

6.3.4 进样量:10 μL。

6.3.5 柱温:室温。

6.3.6 检测波长:227 nm。

6.4 测定

准确吸取各不少于 2 份的 10 μL 试样溶液(6.2)和苯甲酸和山梨酸的混合标准工作液(4.9.2),以色谱峰面积定量。在上述色谱条件下,出峰顺序依次为苯甲酸、山梨酸,标准溶液的液相色谱图参见图 A.1。

7 结果计算

试样中苯甲酸、山梨酸的含量,按式(1)进行计算:

$$X = \frac{A \times c_s \times V}{A_s \times m} \qquad \cdots\cdots(1)$$

式中:

X——试样中苯甲酸、山梨酸含量,单位为毫克每千克(mg/kg);

A——试样溶液中苯甲酸、山梨酸的峰面积;

c_s——标准溶液的浓度,单位为微克每毫升(μg/mL);

V——试样定容的体积,单位为毫升(mL);

A_s——标准溶液中苯甲酸、山梨酸的峰面积;

m——试样质量,单位为克(g)。

测定结果用平行测定的算术平均值表示,保留至小数点后 2 位。

8 精密度

在重复性条件下获得的两次独立测定结果的绝对差值不得超过算术平均值的 10%。

附 录 A
（资料性附录）
苯甲酸、山梨酸典型色谱图

高效液相色谱法测定苯甲酸、山梨酸的典型色谱图见图 A.1。

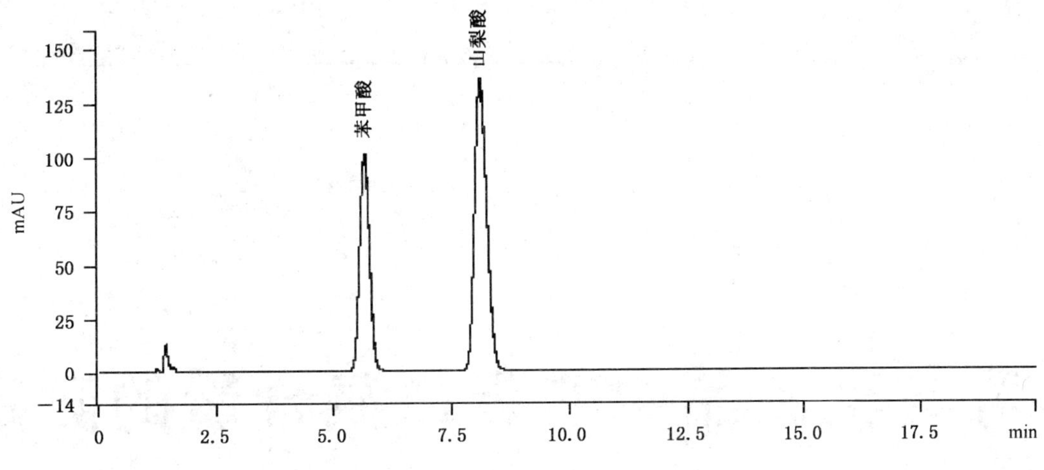

图 A.1 苯甲酸、山梨酸典型色谱图

ICS 67.100.01
C 53

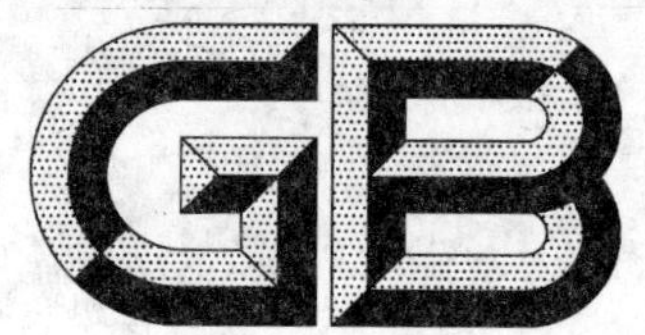

中华人民共和国国家标准

GB/T 21704—2008

乳与乳制品中非蛋白氮含量的测定

Determination of non-protein-nitrogen content in milk and dairy products

(ISO 8968-4:2001/IDF 20-4:2001,Milk—Determination of nitrogen content—Part 4:Determination of non-protein-nitrogen content,MOD)

2008-04-09 发布　　2008-07-01 实施

中华人民共和国国家质量监督检验检疫总局
中国国家标准化管理委员会　发布

前　言

本标准修改采用 ISO 8968-4:2001/IDF 20-4:2001《检测牛乳中氮含量　第 4 部分:检测非蛋白氮含量》(英文版)。

本标准根据 ISO 8968-4:2001/IDF 20-4:2001 重新起草,按照 GB/T 20001.4—2001《标准编写规则　第 4 部分:化学分析方法》对原标准的结构进行了修改。

本标准由中华人民共和国农业部提出。

本标准由全国畜牧业标准化技术委员会归口。

本标准起草单位:农业部食品质量监督检验测试中心(上海)。

本标准主要起草人:孟瑾、郑冠树、韩奕奕、吴榕、朱建新。

乳与乳制品中非蛋白氮含量的测定

1 范围

本标准规定了乳与乳制品中非蛋白氮含量的测定方法。

本标准适用于乳与乳制品中非蛋白氮含量的测定。

本方法检出限为 3.5×10^{-4} g/100 g。

2 规范性引用文件

下列文件中的条款通过本标准的引用而成为本标准的条款。凡是注日期的引用文件，其随后所有的修改单（不包括勘误的内容）或修订版均不适用于本标准，然而，鼓励根据本标准达成协议的各方研究是否可使用这些文件的最新版本。凡是不注日期的引用文件，其最新版本适用于本标准。

GB/T 5009.1—2003 食品卫生检验方法 理化部分 总则

GB/T 5009.5—2003 食品中蛋白质的测定

GB/T 6682 分析实验室用水规格和试验方法(GB/T 6682—1992,neq ISO 3696:1987)

3 术语和定义

下列术语和定义适用于本标准。

3.1

非蛋白氮含量 non-protein-nitrogen content

蛋白质以外氮的含量。

4 原理

用15%的三氯乙酸溶液沉淀蛋白质，滤液经消化、蒸馏后，用0.01 mol/L 盐酸滴定，计算氮含量，即为样品中非蛋白氮的含量。

5 试剂和材料

除非另有规定，仅使用分析纯试剂。

5.1 水：GB/T 6682 规定的一级水。

5.2 蔗糖($C_{12}H_{22}O_{11}$)：含氮量质量分数不大于0.002%，使用之前不能在烘箱中干燥。

5.3 三氯乙酸溶液：150 g/L，称取15.0 g 三氯乙酸(CCl_3COOH)，加水溶解并稀释至100 mL，混匀。

5.4 盐酸标准滴定溶液[c(HCl)=0.01 mol/L]：配制标定按 GB/T 5009.1—2003 附录 B 执行。

5.5 其余试剂同 GB/T 5009.5—2003 中试剂。

5.6 定量滤纸：中速。

6 仪器设备

常用实验室仪器及以下各项。

6.1 分析天平：感量0.000 1 g。

6.2 均质机：转速6 000 r/min～18 000 r/min。

6.3 定氮蒸馏装置，或定氮仪。

7 分析步骤

7.1 试样制备

贮藏在冰箱中的乳与乳制品,应在试验前预先取出,并达室温。

7.1.1 液态试样

准确称取试样 10 g,精确至 0.000 1 g,置于预先已称量的烧杯中,待测。

7.1.2 固态试样

准确称取试样 10 g,精确至 0.000 1 g,置于烧杯中。乳粉加入 90 mL 温水(5.1),搅拌均匀;干酪加入 40 mL 温水(5.1),均质机(6.2)匀浆溶解;黄油温热熔化。吸取 10 mL 于预先已称量的烧杯中,称量,待测。

7.2 沉淀、过滤

量取 40 mL 的三氯乙酸溶液(5.3),加入至上述盛有试样(7.1)的烧杯中,摇匀,准确称量。静置 5 min,中速滤纸(5.6)过滤,收集澄清滤液。

7.3 测定

准确称取滤液 20 g,精确至 0.000 1 g,用 0.01 mol/L 盐酸标准滴定溶液(5.4)代替 0.1 mol/L 盐酸标准滴定溶液,按 GB/T 5009.5—2003 第一法规定执行。

7.4 空白测定

准确称取 0.1 g 蔗糖(5.2)于烧杯中,加入 16 mL 的三氯乙酸溶液(5.3),按 7.2、7.3 操作进行,作为空白值。

8 结果计算

试样中非蛋白氮的含量以质量分数计,数值以%表示,按式(1)计算:

$$X = \frac{1.4007c(V_1 - V_0)(m_2 - 0.065m_1)}{m_3 m_1} \qquad (1)$$

式中:

X——试样中非蛋白氮的含量,%;

c——盐酸标准滴定溶液的浓度,单位为摩尔每升(mol/L);

V_1——试样消耗盐酸标准滴定溶液的体积,单位为毫升(mL);

V_0——空白消耗盐酸标准滴定溶液的体积,单位为毫升(mL);

m_2——加入 40 mL 三氯乙酸溶液后的试样质量,单位为克(g);

0.065——响应因子;

m_1——用于沉淀蛋白的试样质量,单位为克(g);

m_3——用于消化滤液的质量,单位为克(g)。

测定结果用平行测定的算术平均值表示,保留 3 位有效数字。

9 精密度

在重复性条件下获得的两次独立测定结果的绝对差值不得超过算术平均值的 10%。

ICS 29.100.99
K 30

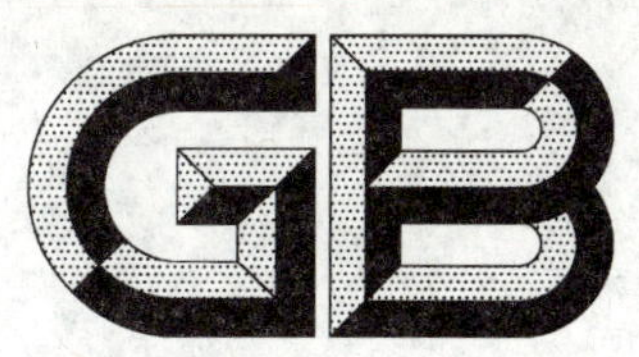

中华人民共和国国家标准

GB/T 21705—2008

低压电器电量监控器

Power monitor for low-voltage electrical apparatus

2008-04-24 发布　　2008-12-01 实施

中华人民共和国国家质量监督检验检疫总局
中国国家标准化管理委员会　发布

前　言

本标准由中国电器工业协会提出。

本标准由全国低压电器标准化技术委员会(SAC/TC 189)归口。

本标准负责起草单位:上海电器科学研究所(集团)有限公司。

本标准参加起草单位:苏州万龙集团有限公司、施耐德电气(中国)投资有限公司、常熟开关制造有限公司。

本标准主要起草人:施惠冬、季慧玉、阮于东、周积刚。

本标准参加起草人:袁俊杰、管瑞良、程玉标、韩光辉。

引　言

本标准是依据 IEC 和国家相关电能质量标准，根据目前低压电器电量监控器市场发展的要求制定的。其目的在于规范低压电器电量监控器的开发、生产和检验。

本标准在制定过程中结合了我国电力系统的特点和低压电器电量监控器的生产现状，参阅了 IEC 及 IEEE 等国际和国外标准化组织的相关标准及文献，参考了法国、德国等国际公司现场总线的行业规范。

本标准有关准确度要求和影响量引起的误差主要参考 GB/T 17215—2002《1 级和 2 级静止式交流有功电能表》(idt IEC 61036:2000)等标准。实际上电子式仪表对于影响量会表现出更好的性能特性。由于 GB/T 17215—2002 未针对电子式仪表作出新的定义，而沿用 GB/T 15283—1994《0.5、1 和 2 级交流有功电能表》(idt IEC 60521:1988)中的规定，同时考虑到修改需要实践数据(经验)的积累，因此本标准沿用目前现行有效的标准，准备在今后的修订中再针对电子仪表的特点作出相应的修改。

低压电器电量监控器

1 范围

本标准适用于一般低压电器电量监控器和基于现场总线的电量监控器(以下简称监控器),本标准规定的监控器适用于参比频率为50 Hz(或60 Hz)的电路,能检测电压、电流、有功功率、无功功率、功率因数、频率、电能等参数,也可附带开关量输入和开关量输出,通过开关量输出实现某种保护或控制功能,并可作为监控模块与低压电器配合使用,使不带智能控制的低压电器具有智能控制和网络控制功能。

本标准不适用于便携式监控器。

本标准规定了监控器的分类、工作条件、结构和性能要求、试验方法和试验规则等。

2 规范性引用文件

下列文件中的条款通过本标准的引用而成为本标准的条款。凡是注日期的引用文件,其随后所有的修改单(不包括勘误的内容)或修订版均不适用于本标准,然而,鼓励根据本标准达成协议的各方研究是否可使用这些文件的最新版本。凡是不注日期的引用文件,其最新版本适用于本标准。

GB/T 2423.1—2001 电工电子产品环境试验 第2部分:试验方法 试验A:低温(idt IEC 60068-2-1:1990)

GB/T 2423.2—2001 电工电子产品环境试验 第2部分:试验方法 试验B:高温(idt IEC 60068-2-2:1974)

GB/T 2423.4—1993 电工电子产品基本环境试验规程 试验Db:交变湿热试验方法(eqv IEC 60068-2-30:1980)

GB/T 2423.5—1995 电工电子产品环境试验 第二部分:试验方法 试验Ea和导则:冲击(idt IEC 60068-2-27:1987)

GB/T 2423.10—1995 电工电子产品环境试验 第二部分:试验方法 试验Fc和导则:振动(正弦)(idt IEC 60068-2-6:1982)

GB/T 2423.17—1993 电工电子产品基本环境试验规程 试验Ka:盐雾试验方法(eqv IEC 60068-2-11:1981)

GB 4208—1993 外壳防护等级(IP代码)(eqv IEC 60529:1989)

GB 9254—1998 信息技术设备的无线电骚扰限值和测量方法(idt CISPR 22:1997)

GB/T 13850—1998 交流电量转换为模拟量或数字信号的电测量变送器(idt IEC 60688:1992)

GB 14048.1—2006 低压开关设备和控制设备 第1部分:总则(IEC 60947-1:2001,MOD)

GB/T 15283—1994 0.5、1和2级交流有功电度表(idt IEC 60521—1988)

GB/T 16935.1—2008 低压系统内设备的绝缘配合 第1部分:原理、要求和试验(idt IEC 60664-1:2007)

GB/T 17215—2002 1级和2级静止式交流有功电能表(idt IEC 61036:2000)

GB/T 17626.2—2006 电磁兼容 试验和测量技术 静电放电抗扰度试验(idt IEC 61000-4-2:1995)

GB/T 17626.3—2006 电磁兼容 试验和测量技术 射频电磁场辐射抗扰度试验(idt IEC 61000-4-3:1995)

GB/T 17626.4—1998 电磁兼容 试验和测量技术 电快速瞬变脉冲群抗扰度试验(idt IEC

61000-4-4:1995)

GB/T 17626.5—1999 电磁兼容 试验和测量技术 浪涌(冲击)抗扰度试验(idt IEC 61000-4-5:1995)

GB/T 17626.6—1998 电磁兼容 试验和测量技术 射频场感应的传导骚扰抗扰度(idt IEC 61000-4-6:1996)

IEC 60050-301:1983 国际电工词汇(IEV)第301章:电测量一般术语

IEC 60050-302:1983 国际电工词汇(IEV)第302章:电测量仪表

IEC 60050-303:1983 国际电工词汇(IEV)第303章:电子测量仪表

IEC 60736:1982 电能表试验设备

3 定义

本标准采用下列定义。

下列定义中的大部分摘自IEC 60050-301:1983、IEC 60050-302:1983、IEC 60050-303:1983的有关章节。为了便于理解,本标准中也增加了一些新的定义和经修改的IEV定义。

3.1

误差 error

被测量实测值与被测量真值的偏差。

3.2

基本误差 intrinsic error

在参比条件下确定的误差。

3.3

绝对误差 absolute error

被测量实测值与被测量真值的差值。

3.4

引用误差 reference error

被测量绝对误差与被测量量程的比值,一般用百分数表示。

3.5

由基准值的百分数表示的误差 error expressed as a percentage of the fiducial value

误差与基准值的比值乘以100%。

3.6

影响量引起的改变量(简称:改变量) variation due to an influence quantity

某一影响量相继取两个不同的规定值时,对同一被测量值产生的两个输出信号之差。

3.7

由基准值的百分数表示的影响量引起的改变量 variation due to an influence quantity expressed as a percentage of the fiducial value

影响量引起的改变量与基准值的比值乘以100%。

3.8

准确度 accuracy

测量结果偏离真值(约定真值)的程度。

3.9

准确度等级 accuracy class

其准确度可用同一数字标定的分级。

3.10

等级指数 class index

表示准确度等级的数字。

注：等级指数既适用于基本误差也适用于改变量。

3.11

许可的最大需量 authorized maximum demand

由用户事先要求并由供电企业按协议条款提供的供电容量可达到的最大值。

3.12

辅助电源 auxiliary supply

在监控器内供给数据处理单元等工作的电源。

3.13

基本绝缘 basic insulation

为防止电击，对带电部件采取的一种基本保护的绝缘。

注：基本绝缘不一定包括仅用于功能目的的绝缘。

3.14

功能绝缘 functional insulation

导体部分之间仅适用于设备特定功能所需要的绝缘。

3.15

加强绝缘 reinforced insulation

设置在带电部分上的一种单独的绝缘结构，主要在有关标准规定的条件下提供与双重绝缘相等的防触电等级的绝缘。

注：一个单独的绝缘结构不意味该绝缘必须是一同质的部件，它可有许多层次组成，而这些层次不能按基本绝缘或附加绝缘单独地进行试验。

3.16

附加绝缘 supplementary insulation

除用于故障保护的基本绝缘外，另外再设置的独立绝缘。

3.17

双重绝缘 double insulation

由基本绝缘和附加绝缘两者组成的绝缘。

3.18

电气间隙 clearance

两导电部分之间在空气中的最短距离。

3.19

爬电距离 creepage distance

两导电部件间沿绝缘材料表面的最短距离。

3.20

数据处理单元 data processing unit

对输入信息进行数据处理的监控器部件。

3.21

需量 demand

以千瓦或千伏安表示的供电功率。

3.22

电磁骚扰 electromagnetic disturbance

破坏性电磁能从一个电子设备通过辐射或传导传到另一个电子设备的过程。

3.23

I/O 报文　I/O message

I/O 连接是在一个生产(产生数据)应用及一个或多个消费应用之间提供的专用的,具有特定用途的通信路径。在这个路径传送特定的应用数据。在 I/O 连接之间传送的数据报称为 I/O 报文。I/O 报文的内容是预先约定的(通过设备描述),一般仅包含约定长度、结构的应用数据。I/O 报文是周期重复传送的,传送周期是在网络配置阶段确定的。

3.24

现场总线　fieldbus

现场总线是指安装在制造或过程区域的现场装置与控制室内的自动装置之间的数字式、串行、多点双向通信的数据总线。

3.25

基本量程　basic range

误差最小的量程。

3.26

谐波(分量)　harmonic(component)

周期量的傅里叶级数中序数大于 1 的分量(即基波以外的频率分量)。

3.27

均匀电场　homogeneous field

电极之间的电压梯度基本恒定的电场(一致电场),例如两个球之间每一球的半径均大于二者间的距离的电场。

3.28

冲击耐受电压　impulse withstand voltage

在规定的条件下,监控器能够耐受而不击穿的具有规定形状和极性的冲击电压峰值。该值与电气间隙有关。

监控器的额定冲击耐受电压应等于或大于该监控器所处的电路中可能产生的瞬态过电压规定值。

3.29

非均匀电场　inhomogeneous field

电极之间的电压梯度基本不恒定的电场(非一致电场)。

3.30

微观环境　macro-environment

特别会影响确定爬电距离尺寸的绝缘附近的环境。

3.31

测量范围　measurement range

输入信号能够被测量的连续值域。

注:双极性仪器应包括正、负两个值域。

3.32

测量单元　measuring unit

产生与被计量的电量成比例输出的监控器部件。

3.33

过电压　overvoltage

峰值大于在正常运行下最大稳态电压的相应峰值的任何电压。

3.34

峰值响应　peak-responding

在规定频率范围内，对于具有各种谐波分量的周期波形，其测量结果等于输入交流信号的峰值。

3.35

电量监控器　power monitor

由测量单元和数据处理单元等组成，除测量电压、电流、功率因数等电参量外，还可具有计量有功(无功)电能量、分析谐波等功能，并能显示、储存和输出数据的仪器。

3.36

量程　range

满足规定误差极限的测量范围。测量范围的最大值或最小值即为量程的上限值或下限值。

3.37

额定值　rated value

制造厂对监控器的一个规定的工作条件所指定的量值。

3.38

真有效值方法　real virtual value method

按有效值定义直接测量方均根值的方法。

3.39

(周期性)再现峰值电压　periodic recurring peak voltage

由于交流电压畸变或交流分量叠加在直流电压上使电压波形发生周期性振幅偏移的最大峰值电压。

注：不规则的过电压(例如，由于偶尔通断操作产生的过电压)不认为是再现峰值电压。

3.40

参比值　reference value

一组参比条件之一的规定值。

3.41

参比频率　reference frequency

确定监控器有关特征的频率值。

3.42

计度器　register

机电或电子的装置。由存储器和显示器组成，用以储存和显示信息。

3.43

相对误差　relative error

被测量绝对误差与被测量真值的比值，一般用百分数表示。

3.44

分辨率　resolution

仪器能够显示出的被测量最小增量。

注：仪器最灵敏量程的分辨率即该仪器的最高分辨率。

3.45

有效值响应　virtual value responding

在测量交流信号时，对于在规定频率范围内和峰值因数下的输入波形，其测量结果等于它的方均根值(RMS)。

3.46

方均根值　root-mean-square value

各瞬时值的平方的平均值的平方根，对于周期量，时间间隔是一个周期。

3.47

温度系数 temperature coefficient

测量示值随温度的变化率。

3.48

暂态过电压 temporary overvoltage

持续相对长时间(对应于瞬态过电压)的工频过电压。

3.49

瞬态过电压 transient overvoltage

振荡的或非振荡的,通常为高阻尼的,持续时间只有几毫秒或更短的短时间过电压。

3.50

型式试验 type test

对按某一设计而制造的一个或多个电器所进行的试验,以表明这一设计符合一定的规范(IEV 151-04-15)。

4 产品分类、分级

4.1 按接入线路的方式分类

按接入线路的方式可分为直接接入式、互感器接入式。

注:通常监控器的电流线路采用互感器接入式,电压线路可采用直接接入式或互感器接入式。

4.2 按适用的电源相数和线数分类

按适用的电源相数可分为单相二线、三相三线和三相四线。

4.3 按测量的准确度等级分类

按测量的准确度等级可分为:0.2、0.5、1、2 级。

以等级指数表示的准确度等级分级,每种功能可以有不同的等级指数,直流和交流应认为是电流和电压测量的两种不同的测量功能,并且功能的某些范围可以有与其他范围不同的等级指数。

注:一般来讲,电能计量的等级指数是在参比条件下测试,在 $0.05I_n \sim I_{max}$ 间的全部电流值上、功率因数为 1(三相监控器为平衡负载)时规定的允许百分数误差(=((记录电能-真值电能)/真值电能)×100%)极限的数字。电压、电流和功率等计量的等级指数是表示准确度等级的数字,用基准值(作为确定准确度参考的值,例如量程、测量范围的上限等)的百分数表示的基本误差(=((测量值-真值)/基准值)×100%)不得超过相应于其准确度等级的限值。

4.4 按结构形式分类

按结构形式可分为分体式监控器和整体式监控器。

5 正常使用、安装条件和参比条件

5.1 正常使用条件

满足本标准规定的监控器应能在如下条件下运行。

非标准使用条件可按制造厂和用户的协议确定。

5.1.1 电源

5.1.1.1 辅助电源

辅助电源为监控器所需的工作电源,也可从被测量电路取得。

——AC:220(230)V、380(400)V;

——DC:24 V、48 V、110 V、220 V。

5.1.1.2 标称工作电压

标称工作电压是监控器输入端的输入工作电压,见表 1。

表1 标称工作电压

监控器	标准值 V	例外值 V
直接接入	120、220、230、277、380、400、480	100、127、200、240、415
经电压互感器接入	57.7、63.5、100、110、115、120、200	173、190、220

5.1.1.3 参比频率

——50 Hz;或

——60 Hz。

5.1.1.4 标称工作电流和最大电流 I_{max}

标称工作电流见表2。

表2 标称工作电流

接入线路方式	基本电流 I_b 推荐值 A	接入线路方式	额定电流 I_n 推荐值 A
直接接入式	5、10、20、30、40	经互感器接入式	1、2、5

最大电流 I_{max} 规定如下:

对直接接入式监控器,最大电流的优先值应为基本电流的整数倍,例如,基本电流的4倍;

对互感器接入式监控器,应注意监控器的电流范围与电流互感器的二次电流范围相匹配。监控器的最大电流为1.2 I_n、1.5 I_n 或2 I_n。

制造厂应规定监控器的最大电流 I_{max}。

5.1.2 周围空气温度

除非制造厂另有规定时,监控器的温度范围如表3所示。

表3 温度范围

正常工作温度范围	0℃～+45℃[a]
极限工作温度范围	−20℃～+60℃
储存和运输极限温度范围	−25℃～+70℃

[a] 符合GB/T 13850—1998中环境条件Ⅱ(用于对极端条件有防护的环境中,介于精心管理的室内与户外之间的环境条件)。

5.1.3 海拔

监控器安装地点的海拔不超过2 000 m。

5.1.4 大气条件

5.1.4.1 湿度

最高温度为+40℃时,空气的相对湿度不超过50%;在较低的温度下可以允许有较高的相对湿度,例如+20℃时达90%。对由于温度变化偶尔产生的凝露应采取特殊的措施。

5.1.4.2 污染等级

监控器的污染等级为3级。

5.1.5 过电压类别(安装类别)

监控器的安装类别为Ⅲ或Ⅳ。

5.2 参比条件

影响量的参比条件和试验允许误差见表4。

表 4　影响量的参比条件和试验允许误差

影响量		参比条件(另有标志除外)	试验时允许误差(适用于一个参比值)
环境温度		+15℃～+30℃	±1℃
输入量频率	非频敏式	标称值	±2%
	频敏式	标称值	±0.1%
输入量波形		正弦	畸变因数×100 不超过等级指数 制造厂另有规定除外
输出负载		按制造厂规定	±1%
辅助电源	交流电压	标称值	±2%
	直流电压	标称值	±1%
	频率	标称值	±1%
	畸变因数	0.05	<0.05
外磁场		零	0.05 mT

5.3　安装

监控器应按制造厂的说明书安装。

6　结构和性能要求

6.1　结构要求

6.1.1　一般机械要求

监控器的设计和结构应能保证在额定工作条件下和正常工作位置使用时不引起任何危险,尤其应保证:

——防电击的人身安全;

——防过高温度的人身安全;

——材料应具有相应的耐非正常热和火;

——防固体异物和灰尘的进入。

在正常工作条件下易受腐蚀的所有部件应予以有效防护。在正常工作条件下,任一保护层不应由于一般的操作而损坏,也不应由于在空气中暴露而损坏。

注:用在腐蚀环境中的监控器应满足订货合同规定的附加要求(例如:盐雾试验按 GB/T 2423.17—1993 要求)。

6.1.2　外壳

监控器外壳的构造和安排应能保证在出现非永久性变形时不妨碍监控器正常工作。

监控器前面板应符合 GB 4208—1993 中规定的防护等级 IP40,外壳应符合防护等级 IP20。

除非另有规定,在参比条件下接入对地电压超过 250 V 电网的监控器,且外壳的全部或部分是金属材料时,应装有保护接地端子。

6.1.3　接线端子

接线端子的结构应保证良好的电接触和预期的载流能力,其所有的接触部件和载流部件都应由导电的金属制成,并应有足够的机械强度。

接线端子的连接应该用螺钉、弹簧或其他等效方法与导体连接以便保证维持必要的接触压力。

接线端子的结构应能在适合的接触面间压紧导体,而不会对导体和接线端子有任何显著的损伤。

接线端子应设计成不允许导体移动或其移动不应有害于监控器的正常运行及不应使绝缘电压值下降至低于额定值。

6.1.4 冲击

监控器在非工作状态、无包装条件下，应能承受半正弦脉冲的加速度试验。试验后不应有破裂、变形及内部各零部件松动、损坏。通电后程序仍应正常，且内存不丢失。

6.1.5 振动

监控器在非工作状态、无包装条件下，应能承受三个互相垂直的轴线上依次进行的振动试验。试验后不应有破裂、变形及内部各零部件松动、损坏。通电后程序仍应正常，且内存不丢失。

6.1.6 电气间隙和爬电距离

监控器的电气间隙和爬电距离根据其额定工作电压、过电压类别、污染等级等有关条件按 GB 14048.1—2006中表13和表15有关规定确定。电子线路板的爬电距离按 GB/T 16935.1—2008 中表 F.4 的污染等级 2 及相应的工作电压的有关规定确定。

6.2 性能要求

6.2.1 功能

6.2.1.1 基本功能

6.2.1.1.1 实时量测量

监控器可具有以下的测量功能：

a) 电压，以真有效值方法测量系统的各相电压和各线电压；
b) 电流，以真有效值方法测量系统的各相电流或各线电流；
c) 有功功率，测量各相有功功率和系统总的有功功率；
d) 无功功率，测量各相无功功率和系统总的无功功率；
e) 视在功率，测量各相视在功率和系统总的视在功率；
f) 功率因数，测量各相功率因数和系统平均功率因数；
g) 频率，以测得的 A 相电压频率作为系统频率；
h) 三相不平衡度，包括电压不平衡度和电流不平衡度。

6.2.1.1.2 电能计量

计量单向或双向有功电能、单向或双向或四象限无功电能，亦可按时段来计量电能，并储存其数据。

6.2.1.1.3 通信接口

监控器可具有电气隔离的数据通信接口电路，采用现场总线技术或基本通信协议实现远程数据信息采集和交换。通信规约及通信方式由制造厂确定，可采用相应的现场总线通信协议，例如：Modbus、DeviceNet、Profibus 等。

6.2.1.2 扩展功能

a) 谐波分析；
b) 事件记录；
c) 日负荷曲线记录，数据保存容量 1 天～36 天；
d) 失压记录和失压计时功能；
e) 负荷监控功能；
f) 需量功能；
g) 开关量输入功能；
h) 电量脉冲输出或开关量输出功能，采用光学电子线路输出、继电器触点输出、电子开关元件输出等方式；
i) 根据实时测量和预置值的比较，驱动输出实现某种保护功能。

6.2.2 电气性能

6.2.2.1 测量回路功率消耗

6.2.2.1.1 电压线路

在参比电压、参比温度和参比频率下，监控器的每一电压线路的视在功率损耗不应超过 0.5 VA。

6.2.2.1.2 电流线路

在参比温度和参比频率下，每一电流线路电流值等于额定电流值时的视在功率不应超过 0.5 VA。

6.2.2.2 电压影响

6.2.2.2.1 电压范围

电能测量的电压范围见表 5，电压和功率测量的电压的范围按制造厂规定的量程。

表 5 电能测量电压范围

规定的工作范围	$0.9\,U_n \sim 1.1\,U_n$
极限工作范围	$0.8\,U_n \sim 1.15\,U_n$

6.2.2.2.2 电压跌落和短时中断对电能测量的影响

电压跌落和短时中断不应使计度器产生大于 x(kW·h) 的改变，测试输出不应产生大于 x(kW·h) 的脉冲信号量。x 值由下式算出

$$x = mU_n I_{max} \times 10^{-6}$$

式中：

m——测量单元数；

U_n——参比电压，单位为伏(V)；

I_{max}——最大电流，单位为安(A)。

当电压恢复后，不应使监控器计量特性降低。试验见 7.5.2。

6.2.2.3 自热影响

在参比条件下，由自热引起的误差改变量不应超过表 6 给出的值。

注：规定的参比条件见 5.2，这里的参比条件是指除了下表规定量值以外的其他参比量均符合 5.2 的参比量值。

表 6 自热引起的改变量

电流、电压、功率和频率等计量	电能计量					
以等级指数的百分数表示的改变量	电流值	功率因数	各等级监控器以百分数误差表示的改变量极限			
			0.2	0.5	1	2
100%	I_{max}	1	0.1	0.2	0.7	1.0
		0.5 感性	0.1	0.2	1.0	1.5

6.2.2.4 温升

监控器在室温 +10℃～+40℃ 的条件下，电流线路通以最大电流 I_{max}，电压线路包括辅助电源线路施加 115% 的参比电压，用电阻法或热电偶法测量各部件的温升，其外壳表面温升应不超过 25 K，线圈温升应不超过 60 K，且各部件不应损坏，工作正常，绝缘性能仍应符合 7.5.5 要求。

6.2.2.5 绝缘性能

监控器应能经受 7.5.5 规定的冲击耐受电压试验和工频耐受电压试验。试验时不应出现电弧放电或击穿，并应保持数据及程序不改变，准确正常工作。

6.2.2.6 接地故障的抑制

对三相四线经互感器工作的，并接入带接地故障抑制器或中性点不接地的星形配电网络上的监控器(在接地故障及线对地产生 10% 过电压情况下，不受接地故障影响的两线的对地电压将会达到 1.9 倍的标称电压)，规定有下述要求。

在三线中的某一线上进行模拟接地故障状态的试验中，各线电压提高至标称电压的 1.1 倍历时 4 h。试验时，监控器的中性端与测量试验设备 (MTE) 的接地端断开，并与 MTE 中模拟接地故障的一端连接，见图 1。这时不受接地故障影响的两电压端的电压为相电压的 1.9 倍。试验时，电流线路设定电流为 $0.5I_n$，功率因数为 1，对称负载。试验后，监控器不应出现损坏，并且应能正常工作。

当监控器恢复到标称工作温度时，在参比条件下(见 6.2.2.3 的注)，误差的变化量不应超过表 7 中规定的极限值。

表 7 接地故障引起的误差变化量

电流、电压、功率和频率等计量	电能计量					
以等级指数的百分数表示的改变量	电流值	功率因数	各等级监控器以百分数误差表示的改变量极限			
			0.2	0.5	1	2
100%	I_n	1	0.3	0.5	0.7	1.0

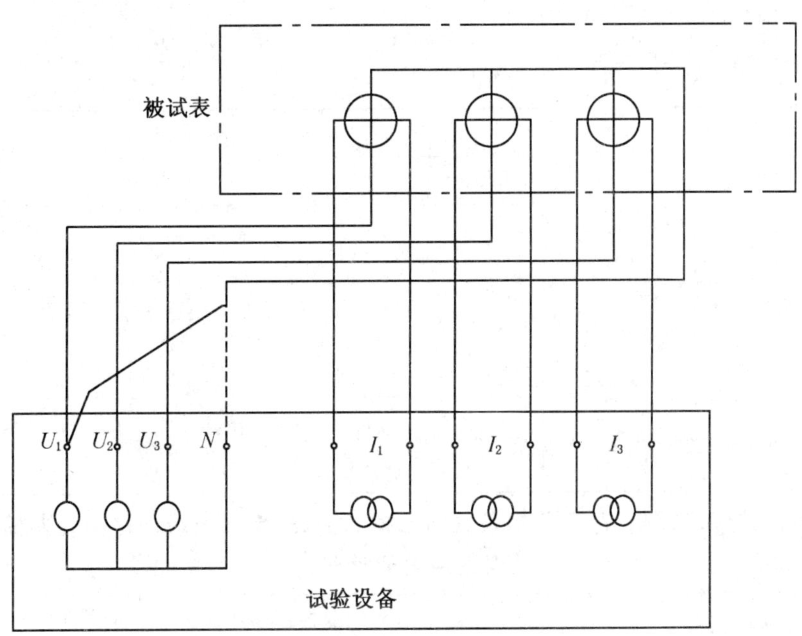

模拟第 1 相接地故障状态线路

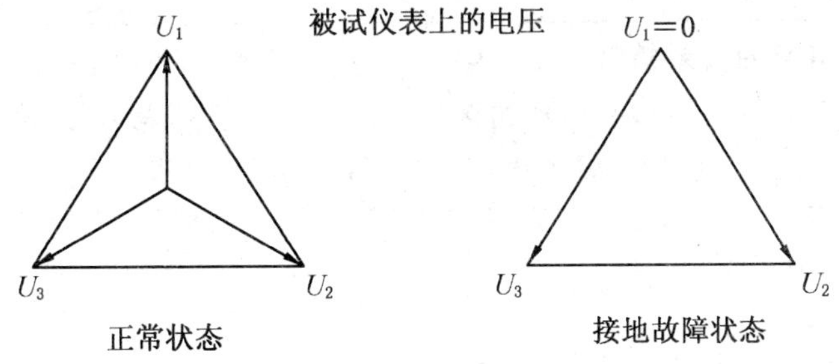

图 1 接地故障抑制试验线路图

6.2.3 电磁兼容(EMC)

6.2.3.1 电磁骚扰的抗扰度

监控器的设计应保证传导和辐射以及静电放电的电磁骚扰不使监控器损坏或不受实质性影响。所考虑的电磁骚扰包括：静电放电、高频电磁场、电快速瞬变脉冲群、浪涌、射频场感应等。

试验见 7.6。

6.2.3.2 无线电干扰抑制

监控器不应产生能干扰其他设备的传导和辐射的噪声。

试验见 7.6。

6.2.4 准确度要求

6.2.4.1 输入电流改变引起的误差极限

在参比条件下(见 6.2.2.3 的注),监控器的百分数误差不应超过表 8 和表 9 的要求。

表 8 百分数误差极限(单相监控器和带平衡负载的三相监控器)

相角和功率因数计量		电能计量					
电流值	以等级指数的百分数表示的改变量	电流值	功率因数	各等级监控器以百分数误差表示的误差极限			
				0.2	0.5	1	2
标称值±20%	100%	$0.02\ I_n \leqslant I < 0.05\ I_n$	1	0.4	1.0	1.5	2.5
		$0.05\ I_n \leqslant I < I_{max}$	1	0.2	0.5	1.0	2.0
		$0.05\ I_n \leqslant I < 0.1\ I_n$	0.5 感性 0.8 容性	0.5	1.0	1.5	2.5
		$0.1\ I_n \leqslant I < I_{max}$	0.5 感性 0.8 容性	0.3	0.6	1.0	2.0
		$0.1\ I_n \leqslant I < I_n$ (用户有特殊要求时)	0.25 感性 0.5 容性	0.5	1.0	3.5	7.0

表 9 百分数误差极限(带有单相负载的三相监控器,电压线路加平衡的多相电压)
(仅适用电能计量)

电流值	功率因数	各等级监控器以百分数误差表示的误差极限			
		0.2	0.5	1	2
$0.05\ I_n \leqslant I < I_{max}$	1	0.3	0.6	2.0	3.0
$0.1\ I_n \leqslant I < I_{max}$	0.5 感性	0.4	1.0	2.0	3.0

6.2.4.2 输入电压改变引起的误差极限

在参比条件下(见 6.2.2.3 的注),监控器的百分数误差不应超过表 10 的要求。

表 10 输入电压改变引起的误差极限

功率、相角和频率等计量		电能计量						
测量电路输入电压	以等级指数的百分数表示的改变量	测量电路输入电压	电流值	功率因数	各等级监控器以百分数误差表示的改变量极限			
					0.2	0.5	1	2
±20%	50%	±10%	$0.02\ I_n \leqslant I \leqslant I_{max}$ $0.05\ I_n \leqslant I \leqslant I_{max}$	1 0.5 感性	0.1 0.2	0.2 0.4	0.7 1.0	1.0 1.5
注:电能计量时,电压范围从−20%~−10%和从+10%~+15%时,以百分数误差表示的改变量极限为表中规定值的 3 倍。低于 $0.8U_n$ 时,监控器误差可在+10%和−100%之间改变。								

6.2.4.3 其他影响量引起的误差极限

在参比条件下(见 6.2.2.3 的注),其他影响量引起的误差极限不应超过表 11 的要求。

表 11　其他影响量改变引起的误差极限

影响量	除电能及下面标注的量以外	电能计量					
	以等级指数的百分数表示的改变量	电流值	功率因数	各等级监控器以百分数误差表示的改变量极限			
				0.2	0.5	1	2
输入量频率改变量±10%	100%(除频率以外)	$0.02\ I_n \leqslant I \leqslant I_{max}$ $0.05\ I_n \leqslant I \leqslant I_{max}$	1 0.5 感性	0.1 0.1	0.2 0.2	0.5 0.7	0.8 1.0
辅助电源频率改变量±10%	50%	—	—	—	—	—	—
逆相序	—	$0.1\ I_n$	1	0.05	0.1	1.5	1.5
辅助电源电压±20%	50%	—	—	—	—	—	—
电压不平衡	—	I_n	1	0.5	1.0	2.0	4.0
电流线路和电压线路中谐波分量	—	$0.5\ I_{max}$	1	0.5	0.5	0.8	1.0
交流电路中的奇次谐波	—	$0.5\ I_n$	1	1.0	1.0	3.0	6.0
交流电路中的次谐波	—	$0.5\ I_n$	1	1.0	1.0	2.0	6.0
外部恒定磁感应	—	I_n	1	2.0	2.0	2.0	3.0
外磁感应强 0.5 mT	100%	I_n	1	0.5	1.0	2.0	3.0
高频电磁场	—	I_n	1	1.0	2.0	2.0	3.0

6.2.4.4　由环境温度改变引起的误差极限

电能计量平均温度系数不应超过表 12 规定的极限。应在 20 K 温度范围内测定给定温度的平均温度系数，即比该温度高出 10 K 和低于 10 K，但不应使该温度在规定的工作温度范围之外。

表 12　电能计量温度系数

电流值	功率因数	各等级监控器的平均温度系数%/K			
		0.2	0.5	1	2
$0.05\ I_n \leqslant I \leqslant I_{max}$	1	0.01	0.03	0.05	0.10
$0.1\ I_n \leqslant I \leqslant I_{max}$	0.5 感性	0.02	0.05	0.07	0.15

对其他计量值，当环境温度在正常工作温度范围变化时所引起的误差改变量见表 13。

表 13　环境温度变化引起的误差改变量

除电能以外的其他量		
使用组别	正常工作温度范围	以等级指数的百分数表示的改变量
Ⅱ	0℃～+45℃	100%
注：使用组别Ⅱ，指用在对极端条件有防护的环境中，并且介于室内使用和户外使用之间的条件中。		

7　试验

7.1　一般试验条件

除非另有规定，所有的试验应在 5.2 的参比条件下进行。被试监控器应按正常使用条件安装和接线。

7.2 结构性能试验

7.2.1 冲击试验

监控器按 GB/T 2423.5—1995 在下列条件下进行试验：

——脉冲波形为半波正弦脉冲；

——峰值加速度：300 m/s^2；

——脉冲宽度：18 ms。

试验后监控器不应出现损坏或信息改变，并应按本标准要求正确工作。

注：按本标准要求能正确工作，表示监控器能按本标准规定的基本功能和扩展功能(适用时)正常工作和显示。

7.2.2 振动试验

监控器按 GB/T 2423.10—1995 进行试验：

——试验程序：A；

——频率范围：10 Hz～150 Hz；

——高交越频率：60 Hz（f<60 Hz 时，恒定的位移，振幅 0.075 mm，而 f>60 Hz 时，恒定的加速度 9.8 m/s^2）；

——1 点控制；

——每一轴向扫频周期数：10 次。

注：10 个扫频周期约需 75 min。

试验后监控器不应出现损坏或信息改变，并应按本标准要求正确工作。

7.3 气候影响试验

在每一项气候试验后，监控器不应出现损坏和信息改变，并应按本标准要求正确工作。

7.3.1 高温试验

本试验应按照 GB/T 2423.2—2001 执行，并在下列条件下进行：

——监控器为非工作状态；

——温度：+70℃±2℃；

——试验时间：72 h。

7.3.2 低温试验

本试验应按照 GB/T 2423.1—2001 执行，并在下列条件下进行：

——监控器为非工作状态；

——温度：−25℃±2℃；

——试验时间：72 h。

7.3.3 交变湿热试验

本试验应按照 GB/T 2423.4—1993 执行，并在下列条件下进行：

——电压线路和辅助线路接参比电压；

——电流线路无电流；

——变化型式 1；

——上限温度：+40±2℃；

——不采取特殊措施来排除表面的潮气；

——试验时间：6 周期。

此项试验终止后 24 h，监控器应能承受下列试验：

a) 按照 7.5.5 进行绝缘性能试验，其中脉冲电压应乘以因数 0.8。

b) 功能试验。监控器不应出现损坏或信息变化，并能准确工作。

交变湿热试验也可作为腐蚀试验。目测试验结果，不应出现能影响监控器性能的腐蚀痕迹。

7.4 功能检查

监控器在进行准确度等试验前，应检查其基本功能是否符合要求。

7.4.1 基本功能

7.4.1.1 检查测量和计量功能

按6.2.1.1.1和6.2.1.1.2的要求检查监控器实时量测量和电能计量功能。

7.4.1.2 检查通信功能

按6.2.1.1.3的要求检查监控器的通信功能。监控器按制造厂规定的方式与相应的现场总线系统连接，检查监控器的通信功能，应符合规定的要求。

7.4.1.2.1 通信接口试验

监控器按制造厂规定的方式与相应的现场总线系统连接进行I/O通信，连接线长度不超过2 m，并且系统应运行在监控器所支持的最高波特率之下。

7.4.1.2.2 在正常使用的温度下验证通信功能

监控器分别放置在0℃±2℃和+45℃±2℃的环境温度下至温度稳定。监控器处于典型应用条件下，陪试品可处于常温条件下。然后进行通信试验，测试其I/O报文和参数配置功能，应能达到预定要求。

7.4.1.2.3 在常温下验证通信功能

监控器在常温下测试其I/O报文和参数配置功能，所有通信功能应能达到预定要求。

每个监控器在出厂前均应在常温下验证通信功能。

7.4.2 扩展功能

如果监控器具有扩展功能时，应按制造厂规定的功能及6.2.1.2的要求验证其扩展功能。

7.5 电气性能试验

7.5.1 功率消耗试验

应在7.1和7.7.1的试验条件下，测定电压线路和电流线路的功率消耗。功率消耗测量的综合最大误差不应超过5%。

7.5.1.1 电压线路的功率消耗

在参比条件下，通电达到热稳定，测量每个电压线路流过的电流和电压线路上的电压降，计算电压线路的视在功率，应符合6.2.2.1.1的要求。

7.5.1.2 电流线路的功率消耗

在参比条件下，每个电流线路通以额定电流，达到热稳定后，测量每个电流线路上的电压降，计算电流线路的视在功率，应符合6.2.2.1.2的要求。

7.5.2 电压影响试验

7.5.2.1 电压降落和短时中断影响试验

7.5.2.1.1 试验条件

a) 电压线路和辅助线路接入参比电压；

b) 电流线路无电流。

7.5.2.1.2 试验方法

a) 电压中断为 $\Delta U=100\%$

——中断时间：1 s；

——中断次数：3；

——中断之间的恢复时间：50 ms。见GB/T 17215—2002附录C，图C.1。

b) 电压中断 $\Delta U=100\%$

——中断时间：20 ms；

——中断次数：1。见GB/T 17215—2002附录C，图C.2。

c) 电压降落 ΔU=50%

——降落时间:1 min;

——降落次数:1。见 GB/T 17215—2002 附录 C,图 C.3。

电压降落和短时中断时,计度器不应产生大于 x(kW·h)的变化,输出不应产生大于 x(kW·h)的信号。

7.5.3 自热影响试验

7.5.3.1 自热对电流、电压、功率和频率等测量的影响

监控器在环境温度下不通电至少 4 h。然后在参比条件下预热。通电后连续工作大约相同的被测量值。在 1 min 和 3 min 之间,30 min 和 35 min 之间测定输出信号值,两个输出的差相对于基准值的百分误差不应超过表 6 规定的改变量。

7.5.3.2 自热对电能计量的影响

对于电能计量应如下进行试验:电流线路无电流,电压线路接参比电压至少 2 h 后,在电流线路中施加最大电流 I_{max}。在功率因数为 1 时,施加电流后立刻测量监控器误差,接着以足够短的间隔时间准确地画出作为时间函数的误差变化曲线。此项试验至少应进行 1 h,直至在 20 min 内误差变化不应大于 0.05%(对 0.2 级和 0.5 级)或 0.2%(对 1 级和 2 级)为止。

功率因数为 0.5(感性)时重复上述试验。

按规定测得的误差改变量不应超过表 6 给出的值。

7.5.4 温升影响试验

每一电流线路通最大电流 I_{max},每一电压线路(以及通电持续时间比它们的热时间常数长的那些辅助电压线路)施加 1.15 倍的参比电压,在环境温度为 +40℃时监控器各部件的温升应符合 6.2.2.4 的要求。

在 2 h 的试验期间,监控器不应位于通风或阳光辐射处。

试验后监控器不应出现损坏,并应满足 7.5.5 的绝缘性能试验。

7.5.5 绝缘性能试验

7.5.5.1 一般试验条件

绝缘试验的正常条件为:

——环境温度:+15℃~+25℃;

——相对湿度:45%~75%;

——大气压力:86 kPa~106 kPa。

绝缘性能试验时,应对完整的监控器进行试验,监控器带有表盖和端子盖,接线螺钉应拧到固定最粗导线位置。先进行冲击耐受电压试验,再进行工频耐受电压试验。试验时,非被试线路应与下文指明的"地"连接。

标准中"地"的含义:

a) 如外壳是用金属制造的,"地"是指安装在导电平面上的外壳自身;

b) 如外壳或其一部分是用绝缘材料制造的,"地"是指覆盖在监控器外壳并与所有可触及导电件接触、与安装表底的导电平面连接的导电箔。在端子盖处,应使导电箔尽可能地接近端子和接线孔,距离不大于 2 cm。

7.5.5.2 冲击耐受电压试验

7.5.5.2.1 试验条件

——脉冲波形:标准的 1.2/50 μs 脉冲;

——电压上升时间:±30%;

——电压下降时间:±20%;

——电源阻抗:500 Ω±50 Ω;

——电源能量:0.5 J±0.05 J;

——试验电压:6 kV;

——试验电压允差:+0%

　　　　　　　　　　−10%。

每次试验应分别在不同极性下施加10次脉冲电压,各脉冲之间最小间隔时间为3 s。

7.5.5.2.2 **试验方法**

a) 线路和线路之间的冲击耐受电压试验

应对监控器在正常使用中每一相互隔离的线路(或组合线路)单独地进行试验,不经受脉冲电压试验的线路端应接地。

在正常使用中,测量元件的电压线路和电流线路连接在一起时,应对整体进行试验。电压线路的另一端接地,脉冲电压施加于电流线路端和地之间,当监控器的几个电压线路有公共点时,此公共点应接地,脉冲电压依次施加于未连接的(或与其连接的电流线路的)每一端和地之间。

在正常使用中,如同一测量元件的电压线路和电流线路是分离的并且是相互绝缘的(例如与仪用互感器连接的各线路),则应分别对每一线路进行试验。

直接同电网连接或者与/和监控器线路相同的电压互感器连接、参比电压超过40 V的辅助线路应按照与电压线路试验的相同条件进行冲击耐受电压试验。其他辅助线路不进行试验。

b) 线路对地的冲击耐受电压试验

监控器所有的线路端,包括参比电压超过40 V的辅助线路端均相互连接在一起。

参比电压低于或等于40 V的辅助线路应接地,冲击耐受电压施加于所有线路和地之间。

7.5.5.3 **工频耐受电压试验**

7.5.5.3.1 **试验条件**

——电压波形:实际上的正弦波;

——幅值:2 kV;

——频率:45 Hz~65 Hz;

——施加时间:1 min;

——电源容量:≥500 VA。

7.5.5.3.2 **试验方法**

a) 线路相对于地的工频耐受电压试验

试验电压施加于线路与地两点之间,具体是:所有电流、电压线路及参比电压超过40 V的辅助电源线路端均相互连接在一起为一点,另一点是地。

b) 线路和线路之间的工频耐受电压试验

试验电压施加在正常工作中不连接的各线路之间。

7.5.6 **接地故障抑制试验**

应检验是否符合6.2.2.6规定的接地故障抑制要求。试验线路图见图1。

试验后,误差的改变量不应超过表7的规定。

7.6 **电磁兼容试验**

7.6.1 **一般试验条件**

在下列所有试验中,监控器处于正常工作位置,装上盖板和端子盖,并按制造厂规定的要求与通信系统连接,所有需接地的部件应接地。

试验后,监控器不应出现损坏,并能准确正常地工作。

7.6.2 **静电放电抗扰度试验**

7.6.2.1 **试验条件**

按照GB/T 17626.2—2006中规定,并在下述条件下进行:

——接触放电；
——严酷等级：4；
——试验电压：8 kV；
——放电次数：10；
——对监控器在正常操作时，人易触及的部分(例如控制按键、面板等)进行放电。

7.6.2.2 **试验方法**

a) 监控器为非工作条件：
——电压线路、电流线路和辅助线路不通电；
——所有电压线路端及辅助线路端连接在一起，电流端应开路。
静电放电作用后，监控器不应出现损坏或信息的改变，并能准确正常地工作。

b) 监控器在工作条件下：
——电压和辅助线路加参比电压；
——电流线路中无电流，电流端应开路。
静电放电作用后，监控器不应出现损坏或信息的改变，并能正常地工作，电能计度器不应产生大于 x(kW·h) 的变化，测试输出也不应产生大于 x(kW·h) 的变化。x 的计算公式见 6.2.2.2.2。

7.6.3 **高频电磁场抗扰度试验**

按照 GB/T 17626.3—2006 中规定，并在下述条件下进行：
——电流线路无电流，电流端开路；
——电压和辅助线路加参比电压；
——频率范围：80 MHz～1 000 MHz；
——严酷等级：3；
——试验场强：10 V/m。

在高频电磁场的作用下，监控器不应出现损坏或信息的改变，并能正常地工作，电能计度器不应产生大于 x(kW·h) 的变化，测试输出也不应产生大于 x(kW·h) 的脉冲信号量。x 的计算公式见 6.2.2.2.2。

在额定电流 I_n，功率因数为 1、敏感频率或主振频率上，误差改变量应在表 11 规定的范围内。

7.6.4 **电快速瞬变脉冲群抗扰度试验**

7.6.4.1 **试验条件**

按照 GB/T 17626.4—1998 中规定，并在下述条件下进行。
试验电压应以共模方式施加于地与下列线路间：
——电压线路；
——止常工作时与电压线路分离的电流线路；
——正常工作时与电压线路分离的辅助线路；
——输入/输出电路和数据通信线路。

7.6.4.2 **试验方法**

a) 在额定电流 I_n、功率因数为 1 条件下：
——电压和辅助线路加参比电压；
——严酷等级：3；
——电流和电压线路的试验电压：2 kV；
——参比电压超过 40 V 的辅助线路：1 kV；
——试验时间：在 10 min 内等间隔地作用 3 次，每次作用 1 s。
试验时，监控器不应损坏并能正常工作，监控器的记录值相对于同一负载下无脉冲群作用时记录值的改变,对 1 级及以上等级表和 2 级及以下等级表分别不应大于 4% 或 6%。

b) 电流线路中无电流,电流端开路:

——电压线路和辅助线路加参比电压;

——严酷等级:4;

——电流和电压线路的试验电压:4 kV;

——试验时间:60 s。

在脉冲群的作用下,监控器不应出现损坏或信息的改变,并能正常地工作。电能计度器不应产生大于 x(kW·h) 的变化,测试输出也不应产生大于 x(kW·h) 的脉冲信号量。x 的计算公式见 6.2.2.2.2。

c) 电流线路中无电流,电流端开路,使用电容耦合夹将试验电压耦合至线路上:

——电压线路和辅助线路加参比电压;

——严酷等级:3;

——通过电容耦合夹施加在输入/输出信号、数据、控制及通信线路的试验电压:1 kV;

——试验时间:60 s。

在脉冲群的作用下,监控器不应出现损坏或信息的改变,并能正常地工作。电能计度器不应产生大于 x(kW·h) 的变化,测试输出也不应产生大于 x(kW·h) 的脉冲信号量。x 的计算公式见 6.2.2.2.2。

7.6.5 浪涌试验

按照 GB/T 17626.5—1999 中规定,并在下述条件下进行。

试验电压应施加于下列线路(端)间:

——电压线路端之间;

——正常工作时与电压线路分离的辅助线路端之间;

——电压线路各端与地之间;

——正常工作时与电压线路分离的辅助线路各端与地之间;

——正常工作时与电压线路分离的电流线路与地之间。

电流线路无电流,电流端开路:

——电压线路和辅助线路加参比电压;

——严酷等级:4;

——试验电压:4 kV;

——波形:1.2/50 μs;

——极性:正、负;

——试验次数:正负极性各 5 次;

——重复率:1 min 一次。

在电浪涌的作用下,监控器不应出现损坏或信息的改变,并能正常地工作。电能计度器不应产生大于 x(kW·h) 的变化,测试输出也不应产生大于 x(kW·h) 的脉冲信号量。x 的计算公式见 6.2.2.2.2。

注:此项试验不考核通信接口。

7.6.6 无线电干扰试验

无线电干扰试验应按 GB 9254—1998 中 B 级设备的规定,并在下述条件下进行:

——电压和辅助线路加参比电压;

——电流线路中无电流,电流端开路;

——1 m 长未屏蔽的电缆应用于连接电压电路。

注:通信接口可不参与此项试验。

7.6.7 射频场感应的传导骚扰抗扰度试验

本试验应按 GB/T 17626.6—1998 中的规定,并在下述条件下进行:

——电压和辅助线路加参比电压；

——频率范围：150 kHz～80 MHz；

——电压：10 V rms. 调幅波；

——电流线路中无电流，电流端开路。

在射频场的作用下，监控器不应出现损坏或信息的改变，并能正常地工作。计度器不应产生大于 x(kW·h)的变化，测试输出也不应产生大于 x(kW·h) 的脉冲信号量。x 的计算公式见 6.2.2.2.2。

7.7 准确度试验

7.7.1 试验条件

为检验 6.2.4 规定的准确度要求，应保持下列条件：

a) 监控器应装在外壳内；

b) 进行试验之前，各线路应通电并达到热稳定；

c) 此外，监控器应该：

——符合接线图所示的相序；

——电压和电流应基本平衡（见表 14）。

表 14 电压和电流平衡

监控器	
每一相对中性线间的电压和任二相间的电压与对应的电压平均值之差不大于	±1%
每一导体中的电流与平均电流之差不应大于	±2%
这些电流的每一电流与对应的相对中性线的电压的相位，它们相互间的差不应大于（不考虑相位角）	2°

参比条件应符合 5.2 的要求。

试验装置要求见 IEC 60736:1982。

7.7.2 影响量试验

应检验是否满足 6.2.4.1～6.2.4.4 规定的影响量要求。

其中 6.2.4.2、6.2.4.3 中，电压改变量、频率改变量的电能计量试验点推荐为 I_n。

宜单独地对某个影响量引起的改变量进行测试，所有其他影响量保持为参比条件（见表 4）。

7.7.2.1 在有谐波情况下的准确度试验

试验条件：

——基波电流：$I_0=0.5I_{max}$；

——基波电压：$U_0=U_n$；

——基波的功率因数：1；

——5 次谐波电压含量：$U_5=10\%U_n$；

——5 次谐波电流含量：$I_5=40\%I_n$；

——谐波功率因数：1；

——基波和谐波（在原点）同相。

由 5 次谐波产生的谐波功率为 $P_5=0.1U_0\times0.4I_0=0.04P_0$，或总功率为 $1.04P_0$，等于真值功率（基波＋谐波）。

7.7.2.2 奇次和次谐波影响试验

奇次和次谐波影响试验应按 GB/T 17215—2002 中图 B.4 线路进行或采用可产生所要求波形的其他试验设备进行，电流波形分别为 GB/T 17215—2002 中的图 B.5 和图 B.7 所示。

在 GB/T 17215—2002 图 B.5 和图 B.7 所示的试验波形和标准波形下测得的误差改变不应超过表 11规定的改变量极限。

注：图中仅给出了 50 Hz 的参数，对其他频率的参数可按此推算。

7.7.2.3 外部恒定磁感应

恒定磁场可采用直流电磁铁获得,见 GB/T 17215—2002 附录 D。该磁场应作用于按正常使用时安装的监控器的所有可触及表面。其磁势值应为 1 000 At(安匝)。

7.7.2.4 外磁场影响

可使用中心能放置监控器的环形电流线圈产生该磁感应强度场。环形线圈的平均直径为 1 m,截面为矩形,并且相对直径具有较小的径向宽度。磁场强度为 400 At(安匝)。

7.7.3 环境温度影响试验

应检验是否满足 6.2.4.4 规定的环境温度影响要求。

8 试验规则

试验的目的是证明监控器符合本标准规定的有关要求,本标准规定监控器的试验分为型式试验和常规试验。型式试验项目和常规试验项目见表 15。

表 15 型式检验和常规检验项目

序号	试验项目	本标准条款		试验类别	
		技术要求	试验方法	型式试验	常规试验
1	冲击试验	6.1.4	7.2.1	△	
2	振动试验	6.1.5	7.2.2	△	
3	高温试验	5.1.2	7.3.1	△	
4	低温试验	5.1.2	7.3.2	△	
5	交变湿热试验	5.1.4	7.3.3	△	
6	基本功能检查	6.2.1.1	7.4.1	△	△[a]
7	扩展功能检查	6.2.1.2	7.4.2	△	△
8	功率消耗试验	6.2.2.1	7.5.1	△	
9	电压影响试验	6.2.2.2	7.5.2	△	
10	自热影响试验	6.2.2.3	7.5.3	△	
11	温升影响试验	6.2.2.4	7.5.4	△	
12	绝缘性能试验	6.2.2.5	7.5.5	△	△
13	接地故障抑制试验	6.2.2.6	7.5.6	△	
14	电磁兼容试验	6.2.3	7.6	△	
15	准确度试验	6.2.4	7.7	△	△[b]
16	标志	9	目测检查	△	△

a 常规试验时,基本功能检查(包括通信检查)仅在常温下进行。

b 常规试验时,仅在参比条件及常温下检查准确度要求。

8.1 型式试验

型式试验旨在验证监控器的设计是否符合本标准的有关要求。

在下列情况均应进行型式试验:

a) 新产品设计定型鉴定;

b) 当监控器的结构、工艺或主要材料有所改变,可能影响其符合本标准及产品技术条件要求时;

c) 批量生产的监控器生产间断一年后,又重新投入生产时。

型式试验项目按表 15 中第 5 栏规定的项目进行。

推荐按表16的试验顺序进行型式试验，每个试验顺序用2台试品进行试验，所有的试验顺序和所有试验均通过试验，则型式试验合格。只要有1台试品有任何一个试验顺序或任何一项试验没有通过试验，则应对工艺或设计改进以后，对相关的试验顺序重新进行试验直至全部试验合格，才能通过型式试验。

表16　推荐的试验顺序

试验顺序	试　验	条款号
A	标志	9
	冲击试验	7.2.1
	振动试验	7.2.2
	高温试验	7.3.1
	低温试验	7.3.2
	功能检查(在常温下检查)	7.4.1、7.4.2
B	绝缘性能试验	7.5.5
	交变湿热试验	7.3.3
	验证绝缘性能	7.5.5
C	基本功能检查	7.4.1
	扩展功能检查	7.4.2
	功率消耗试验	7.5.1
	电压影响试验	7.5.2
	自热影响试验	7.5.3
	温升影响试验	7.5.4
	接地故障抑制试验	7.5.6
D	电磁兼容试验	7.6
E	准确度试验	7.7

8.2　常规试验

对正常生产的每个监控器均应进行常规试验，以检验制造和装配中的缺陷。试验合格后的监控器应加封印，并给出检验合格证。常规试验项目按表15中第6栏规定的项目进行。

常规试验一般可在常温下进行。如有1台试品1项常规试验不合格，则应对该批产品进行分析，找出不合格的原因，进行返修后重新进行常规试验。

制造厂根据质量状态以及生产批量，也可采用抽样试验的方法，具体抽样方法、样本数量及试验项目由制造厂根据有关标准在相关的技术文件中规定。

9　标志

在每只监控器上应有下列标志：

a) 制造厂名称或商标；

b) 产品型号；

c) 产品编号(以顺序号表示编号，并应置入内存)；

d) 制造日期；

e) 监控器适用的相数和线数(例如单相二线、三相三线或三相四线，可与标称电压一起标志，见表17)；

f) 标称电压(标志见表17)；

g) 直接接入式：基本电流和额定电流[例如：10(40)A]，互感器接入式：额定电流和最大电流[例如：/5A(6A)]；

h) 准确度等级(各种测量功能如准确度等级不同时应分别标志);

i) 参比频率(Hz);

j) 正常工作温度范围;

k) 监控器常数为 x,单位是 r/kW·h(r/kvarh)或 W·h/r(varh/r),脉冲常数为 x,单位是 imp/kW·h(imp/kvarh)或 W·h/imp(varh/imp);

l) 标明有关功能的识别符号或文字;

m) 相应的接线端子标志。

表 17 电压标志

监控器	电压线路端电压 V	额定电源系统电压 V
单相二线	220	220
三相三线 2 元件[相间电压 220 V(230 V)]	2×220(230)	3×220(230)
三相三线 3 元件[相对中性点电压 220 V(230 V)]	3×220(380) 3×230(400)	3×220/380 3×230/400

参 考 文 献

[1] GB/T 2423.24—1995 电工电子产品环境试验 第二部分:试验方法 试验 Sa:模拟地面上的太阳辐射(idt IEC 60068-2-5:1975)

[2] GB/T 7676.7—1998 直接作用模拟指示电测量仪表及其附件 第7部分:多功能仪表的特殊要求(idt IEC 60051-7:1998)

[3] GB/T 15282—1994 无功电度表(eqv IEC 60145:1963)

[4] GB/T 17882—1999 2级和3级静止式交流无功电度表(idt IEC 61268:1995)

[5] GB/T 17883—1999 0.2S级和0.5S级静止式交流有功电度表(idt IEC 60687:1992)

[6] GB/T 18858.1—2002 低压开关设备和控制设备 控制器-设备接口(CDI) 第1部分:总则(idt IEC 62026-1:2000)

[7] GB/T 18858.3—2002 低压开关设备和控制设备 控制器-设备接口(CDI) 第3部分:DeviceNet(idt IEC 62026-3:2000)

[8] IEC 61038:1990 费率和负载控制时间开关

[9] IEC 61158-3:2003 用于测量和控制的数字数据通信—用于工业控制系统的现场总线—第3部分:数据链路服务定义

ICS 29.120.01
K 31

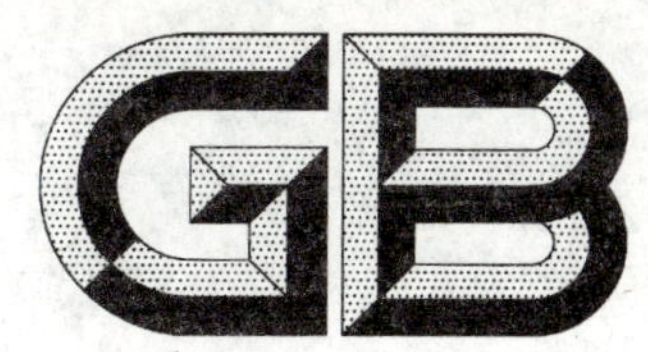

中华人民共和国国家标准

GB/T 21706—2008

模数化终端组合电器

Modular terminal combination electrical equipment

2008-04-24 发布　　　　2008-12-01 实施

中华人民共和国国家质量监督检验检疫总局
中国国家标准化管理委员会　发布

前　言

本标准的附录 A 是资料性附录。

本标准由中国电器工业协会提出。

本标准由全国低压电器标准化技术委员会(SAC/TC 189)归口。

本标准负责起草单位:上海电器科学研究所(集团)有限公司。

本标准参加起草单位:施耐德电气(中国)投资有限公司、北京 ABB 低压电器有限公司、浙江正泰电器股份有限公司、杭州之江开关股份有限公司、裕德电气(厦门)有限公司、海格公司、上海河村电器有限公司、金钟默勒电气(苏州)有限公司、南京秦淮东风电气有限公司、上海环奇电工设备有限公司、上海电器陶瓷有限公司、上海华一电气(集团)有限公司、上海士林电器有限公司、苏州倍尔特电器有限公司。

本标准主要起草人:尹天文、刘明东、王碧云、蒋容兴。

本标准参加起草人:何才夫、包章尧、王先锋、吴玲娟、蒋小波、王殿光、郭久御、刘斌、侯敖根、蔡志祥、林海鸥、孙旭强、林章孟、徐根龙。

模数化终端组合电器

1 适用范围

本标准适用于交流 50 Hz 或 60 Hz,额定电压至 400 V 各种预定用途的组合电器,其进线开关的额定电流不超过 125 A。

本标准的目的是规定最常用的模数化终端组合电器(以下简称组合电器)的使用条件,结构和性能要求,试验方法和检验规则、产品标志等内容。该组合电器可作用户配电及线路的过载、短路、剩余电流和过压保护。

用于配电的组合电器适用于非专业人员使用,非专业人员不能对其进行维护。

对某些特殊用途的组合电器,除应符合本标准有关要求外,其特殊要求应满足相关的标准或由用户与制造厂协商。

2 规范性引用文件

下列文件中的条款通过本标准的引用而成为本标准的条款。凡是注日期的引用文件,其随后所有的修改单(不包括勘误的内容)或修订版均不适用于本标准,然而,鼓励根据本标准达成协议的各方研究是否可使用这些文件的最新版本。凡是不注日期的引用文件,其最新版本适用于本标准。

GB/T 1804—2000 一般公差 未注公差的线性和角度尺寸的公差(eqv ISO 2768-1:1989)

GB 2423.4—1993 电工电子产品基本环境试验规程:试验 Db:交变湿热试验方法(eqv IEC 60068-2-30:1980)

GB/T 2900.18—2008 电工术语 低压电器

GB/T 4207—2003 固体绝缘材料在潮湿条件下相比电痕化指数和耐漏电起痕指数的测定方法(idt IEC 60112:1979)

GB 4208—1993 外壳防护等级(IP 代码)(eqv IEC 60529:1989)

GB/T 5169.10—2006 电工电子产品着火危险试验 第 10 部分:灼热丝/热丝基本试验方法 灼热丝装置和通用试验方法(idt IEC 60695-2-10:2000)

GB/T 5169.11—2006 电工电子产品着火危险试验 第 11 部分:灼热丝/热丝基本试验方法 成品的灼热丝可燃性试验方法(idt IEC 60695-2-11:2000)

GB 14048.1—2006 低压开关设备和控制设备 第 1 部分:总则(IEC 60947-1:2001,MOD)

GB/T 19334—2003 低压开关设备和控制设备的尺寸 在成套开关设备和控制设备中作电器机械支承的标准安装轨(idt IEC 60715:1981)

3 定义

本标准涉及到的大部分定义、符号、代号见 GB/T 2900.18—2008、GB 14048.1—2006,并补充规定下列定义。

3.1

模数化 modular

使卡装式电器的外形、安装和联结尺寸全部或部分符合规定的尺寸系列。

3.2

模数化终端组合电器 modular terminal combination electrical equipment

主要用于电力线路末端,由模数化电器(以下简称电器)以及它们之间的电气,机械联结和外壳等构成的组合体。

4 分类

4.1 按安装形式分

——悬挂式；

——嵌入式；

——通用式(悬挂式和嵌入式都适用)。

4.2 按外壳材料分

——塑面钢底壳；

——塑料外壳；

——金属外壳。

4.3 按外壳防护等级分

按 GB 14048.1—2006 中 7.1.11 规定，但至少不低于 IP30。

4.4 按最大安装单元数(总回路数)分

6、9、12、15、18、24、30、36、45、54、60。

注：以 18 mm 为一单元；单元数为 3 的倍数。

4.5 对配电用的组合电器可按进线开关的元件种类、额定电流以及和出线开关的组合分

如表 1 典型方案。

表 1 典型方案

类　别	进线开关	出线开关
a	隔离开关	熔断器隔离器
b	剩余电流动作断路器	断路器
c	断路器	带过电流保护剩余电流动作断路器
注：进出线开关宜采用家用及类似场所用器件。		

5 特性(基本参数)

5.1 额定电压

5.1.1 额定绝缘电压(U_i)

组合电器的额定绝缘电压不应低于交流 400 V。

5.1.2 额定工作电压(U_e)

组合电器的额定工作电压为交流 230(220)V、230(220)/400(380)V、400(380)V。

5.2 额定电流(I_e)

组合电器的额定电流为进线开关的总电流。

组合电器的额定电流推荐优选值：20 A、25 A、32 A、40 A、50 A、63 A、80 A、100 A、125 A(单相电流)。

5.3 约定自由空气发热电流(I_{th})

对于给定外壳，以预定的电路组合中可能产生最高温升的电路组合，在 9.2.2 试验条件下，通以可能承受的输出负载电流之和(对于三相电路，应折算为单相电流之和)，此时，各部件温升不超过 8.3.2 表 5 所规定的值。

5.4 额定频率

组合电器的频率为交流 50 Hz 或 60 Hz。

5.5 短路特性

额定短路分断能力(I_{cn})

组合电器的额定短路分断能力是产品标准规定的、在8.2.4.2试验条件下能分断的短路电流，其值用预期分断电流的交流对称分量有效值表示。

组合电器的额定短路分断能力推荐优选值：3.0 kA、4.5 kA、6.0 kA、10 kA、20 kA。

6 产品数据和资料

6.1 资料种类

GB 14048.1—2006 中 5.1 适用。

6.2 标志

标志必须字迹清晰、耐久而不易磨损。标志内容包括：

a) 制造厂名称或商标；

b) 产品名称、型号；

c) 产品符合的标准号和出厂年月(或编号)；

d) 额定工作电压；

e) 额定电流；

f) 外壳防护等级；

g) 短路性能；

h) 正常工作条件和安装条件；

i) 组合电器适用的接地系统；

j) 其他，如组合电器的线路图等。

上述标志中至少a)和b)项必须标志在电器上，a)和b)项应设置在组合电器的明显易见部位；其余各项内容可以在铭牌、箱体或使用说明书给出。

7 正常工作条件和安装条件

除下列规定外，GB 14048.1—2006 中第6章规定适用。

7.1 污染等级

——工业用：3级；

——家用和类似用途：2级。

7.2 安装类别(过电压类别)

安装类别为Ⅱ类、Ⅲ类。

8 结构和性能要求

8.1 一般要求

由于给定型式组合电器有多种电路组合，应选择最严酷的一种进行结构和性能考核。

8.2 结构要求

8.2.1 一般要求

组合电器的外观应美观无划痕，黑色金属零件有可靠的防腐层。金属零件不得有裂纹、气泡及镀层脱落等现象，塑料零件表面应光滑，不得有夹生、开裂、气泡、麻点及严重划伤等现象。开关电器操作灵活，剩余电流动作保护应可靠动作。

组合电器的连接螺钉应紧固、无松动现象；导轨安装的模数化电器应牢固可靠、装卸方便。

注：塑料材料宜采用可回收的环保绿色材料。

8.2.2 材料

8.2.2.1 耐湿性能

组合电器应能承受最高温度40℃，周期数为6昼夜的交变湿热试验。

8.2.2.2 耐热性能

8.2.2.2.1 组合电器的耐热性能

组合电器应能承受温度为(80±3)℃，时间为1 h的耐热试验。

8.2.2.2.2 部件的耐热性能

a) 支持或固定载流部件和接地部件的绝缘材料制成之部件，应能承受在温度(125±2)℃下的球面压力试验；

b) 不支持载流部件和接地部件的绝缘材料制成之部件，应能承受在温度为(70±2)℃或(40±2)℃加最高温升(取其大者)下进行球面压力试验。

8.2.2.3 抗非正常热和着火试验

a) 支持或固定载流接地部件的绝缘材料制成的部件，应能承受(960±15)℃，时间为(30±1)s的着火危险试验；

b) 不支持载流部件和接地部件的绝缘材料制成之部件和保护接地导体的绝缘体，应承受在温度为(650±10)℃，时间为(30±1)s的着火危险试验。

8.2.2.4 抗锈性能

组合电器黑色金属件应具有防锈保护。

黑色金属部件应能承受10%氯化铵溶液的水中历时10 min，再放入(20±5)℃，相对湿度为100%的箱中10 min，接着放在(100±5)℃温度中10 min应无锈迹。允许有可擦去的黄色锈斑和尖端上锈点。

8.2.2.5 绝缘材料相比电痕化指数

绝缘材料的相比电痕化指数应满足CTI≥175。

8.2.3 外壳

GB 14048.1—2006中7.1.10适用，并补充以下规定。

8.2.3.1 外壳及安装结构和电器的尺寸配合

8.2.3.1.1 电器安装轨

本标准推荐采用符合GB/T 19334—2003中的TH35—7.5型安装轨。

对于较重的电器，可选用刚度较好的TH35—15型安装轨。

8.2.3.1.2 电器的宽度尺寸

本标准推荐采用模数化卡装式电器。

模数化卡装式电器的宽度尺寸(B)应以9 mm为模数的尺寸系列。模数尺寸公差为(—0.25)mm，即：

$$B = n \times 9_{-0.25}^{\ 0}\ \text{mm}$$

式中：

n——正整数。

8.2.3.1.3 尺寸配合

外壳及安装结构和电器尺寸配合关系见图1。

尺寸配合一般须遵循下列关系：

$$Q_1 + \delta \leqslant P_{1\min}$$

a) 对于有挡板的结构：

$$P_{2\max} \leqslant Q_2 \leqslant Q_3 < P_{3\min}$$

b) 对于无挡板的结构：

$$Q_2 \leqslant Q_3 < P_{3\min}$$

结构尺寸的选择，应保证即使在最不利的安装和使用条件下，仍满足对电气间隙和爬电距离的要求，并考虑电器集中安装对温升和保护特性等性能的影响。

推荐尺寸见附录 A。

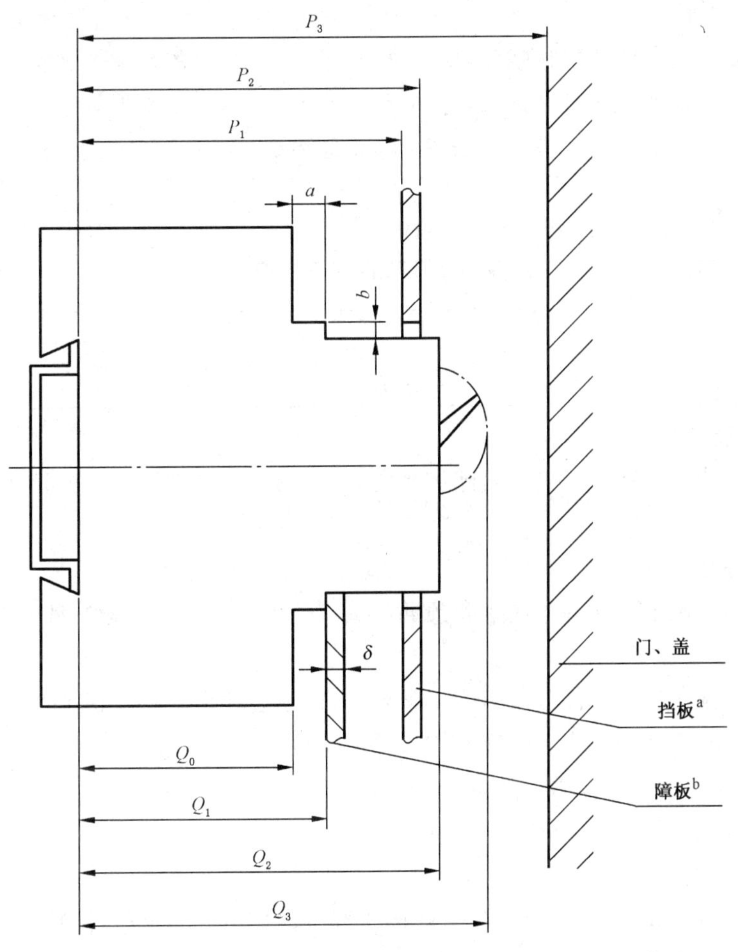

注 1：对 P_2 的要求仅限于沿窗口周边 5 mm 范围内。

注 2：电器元件是作为障板辅助支撑的凸肩，其结构尺寸 a、b 由设计者决定。当无凸肩时，尺寸 Q_0 与 Q_1 重合。

注 3：仅当操作手柄或按钮等超出 Q_2 时，才出现 Q_3 尺寸。

[a] 挡板用来对各易接近方向的直接接触和对电器元件的电弧起防护作用。

[b] 障板用来防止无意识的直接接触，但不防止有意识的直接接触。

图 1 外壳及安装结构和电器的尺寸配合关系

8.2.3.1.4 导线通孔

外壳上导线通孔应设计成当按要求敷设导线后，外壳防护等级仍能符合规定。

外壳上应有足够数量的孔以备电源进线和不同电路的出线。孔的大小应足够容纳预定要通过的电路的全部导线(包括中性线和保护导线)。

允许在外壳背部(安装面)设置进出线公用孔以备背部进出线。

8.2.3.1.5 活动部件

除了仅作为装饰用的零部件外，不用工具可以开启的门、盖和罩等零部件的联结方式应保证联结零部件不会失落。

铰链门的开启角度对于左右开启的门应不小于 120°，对于上下开启的应不小于 90°。

8.2.3.1.6 隔板

组合电器内应装设隔板用来防止无意识的直接接触，但不防止有意识的直接接触。隔板用绝缘材料制成，除使用工具外不能移动。

8.2.3.2 外壳防护等级

组合电器的外壳防护等级按 GB 4208—1993 规定，应不低于 IP30。

8.2.3.3 外壳机械强度

组合电器的外壳应有足够的机械强度，应能通过 9.1.6.2 规定的耐撞击试验。

耐撞击试验的撞击能等级按表 2 选取，产品标准应规定适用的撞击能等级。

表 2 撞击能等级

撞击能等级	撞击能量 J
3	0.5
5	2.0
7	6.0

8.2.4 电气间隙和爬电距离

组合电器内裸露的带电部件的电气间隙和爬电距离应符合 GB 14048.1—2006 中 7.1.3 的规定。

8.2.5 接线端子

8.2.5.1 接线端子的结构

接线端子的结构应保证良好的电接触和预期的载流能力。其所有接触和载流部件都应用导电金属组成，并应有足够的机械强度。

接线端子的结构应在适当的接触面间能压紧导线，而不会损伤导线和端子。

接线端子在安装连接外部导线时应容易进入并便于接线。

8.2.5.2 接线端子连接导线的能力

GB 14048.1—2006 中 7.1.7.2 适用。

8.2.5.3 中性线接线端子

应配置用于连接中性线的多路接线端子，其接线端子数量不宜小于出线回路数。此外，还应有供中性总导线连接用的接线端子。

注：具有中性线接线输出端子的电器，组合电器可减少其相应数量的中性线接端子。

8.2.5.4 保护导线接线端子

GB 14048.1—2006 中的 7.1.9.2 适用，并补充下列规定。

应配置于连接保护导线的多路接线端子。保护导线的接线端子不应与中性线接线端子有电的连接。

螺钉接线端子的螺钉最小尺寸应不小于表 3 中的规定。

表 3 螺钉最小尺寸

电器的约定发热电流 A	接地螺钉最小尺寸 mm
$I_{th} \leqslant 20$	M4
$20 < I_{th} \leqslant 125$	M6

8.2.5.5 接线端子的机械强度

接线端子的机械强度应符合表 4 的规定。

表 4 接线端子机械强度

螺纹直径 mm	连接最大允许截面导线 mm^2	拧紧力矩 N·m
4	10	1.2
6	25	2.5

8.2.5.6 接线端子的识别和标志

GB 14048.1—2006 的 7.1.7.4 和 7.1.9.3 适用,并补充下列规定。

区分电源进线和出线,进线用大写的英文字母,中性线的接线端子标明字母 N,保护线的接线端子标明字母 PE 或 PEN,出线应有相应的编号标志。

中性线接线端子、保护导线接线端子的排列,应能保证按相应输出电路相导线同样的顺序方便地识别和接线。

8.2.6 保护电路连续性

组合电器中的外露导电部件和保护电路之间的电气连接应接触可靠,其接触电阻值不大于 0.1 Ω。

8.2.7 载流部件及其连接

8.2.7.1 母线的连接导体

母线的布置应保证在正常工作条件下不会发生内部短路,一般应能承受组合电器内短路保护电器或指定的外部短路保护电器限定的短路电流。可采用绝缘母线,增大电气间隙或配置隔板等方法防止发生内部短路,对于三相电路,采用绝缘措施以防止内部短路。

8.2.7.2 载流部件的连接

正常的温升、绝缘材料的老化和正常工作时所产生的振动不应造成载流部件的连接有异常变化。

载流部件之间应保持有足够的和持久的接触压力。

8.2.7.3 电路导体的识别

电路导体的布置应使各相导体、中性导体和保护导体易于鉴别,必要时应利用序号、符号或颜色标志进行识别,建议淡蓝色用于中性导体,黄绿色用于保护导体。

8.3 性能

8.3.1 一般要求

组合电器中电器元件的额定电压、额定电流、保护特性、短路性能等方面应适合组合电器指定的用途,并符合电器元件各自的有关标准。

8.3.2 温升

组合电器各部件的温升应不大于表 5 的规定。

表 5 温升极限

部　件	温升极限 K
手操作部件	25
连接外部导线的端子	65
连接内部的母线和导体	受下述条件限制: 与导线接触的绝缘材料的允许温度极限; 与导体温度对与其相连的电器元件的影响。
可触及的塑料外壳	40
可触及的金属外壳	30

8.3.3 介电性能

组合电器应能承受 2 500 V(交流有效值),历时 5 s 的工频耐压试验。常规试验时试验电压为

1 000 V,历时 1 s。

组合电器应能承受 4.0 kV 额定冲击耐受电压试验,试验电压应与 GB 14048.1—2006 中表 12 海拔相对应。

常规试验时试验电压应不小于 1.2 kV(不需海拔系数修正)。

注:对于装有电涌保护器的组合电器,在冲击耐受电压试验前必须断开电涌保护器。

8.3.4 额定短路分断能力

组合电器必须在本标准规定的条件下,能承受短路电流所引起的热效应、电动力效应和电场强度效应。组合电器承载和分断短路电流的能力用额定短路分断能力的值来表示。

当需要采用组合电器外部的短路保护电器时,制造厂应指明短路保护电器的种类型号及有关特性,例如额定电流、分断能力、截断电流特性、I^2t 值等。

8.3.5 上下级保护电器的协调性

上下级均采用保护电器时,制造厂应尽量提供资料,说明其协调性。

9 试验

9.1 验证结构要求

9.1.1 耐湿热性能试验

本标准采用 GB 2423.4—1993 中的试验 Db:交变湿热试验。严酷度等级为最高温度 40℃,周期数为 6 昼夜。

试前应将外壳上至少一个进线或出线导线通孔打开,不借助工具能拆卸的部件应拆卸并与主部件一起承受试验。试品在放入湿热试验室(箱)以前应放在室温条件下不少于 4 h。

交变湿热试验中降温时相对湿度应不低于 95%,在条件试验结束前(低温高湿阶段)1 h 或 2 h 中验证试品的工频耐压。工频耐压的试验电压(交流有效值)为 1 000 V,历时 1 min。同时还应测量试品的绝缘电阻,用 500 V 兆欧表,绝缘电阻最小值为 1 MΩ。

9.1.2 耐热性能试验

9.1.2.1 一般要求

耐热性能应在整个组合电器上和组合电器的部件上进行验证。如果验证部件有困难时则可在绝缘材料制成的试样上进行。

9.1.2.2 组合电器的耐热试验

试品在放入加热试验室(箱)进行试验前,应存放在室温下不少于 4 h。试品应放置在温度为(80±3)℃的加热室(箱)中足够时间使其达到热平衡,但不少于 1 h,然后从试验室(箱)中取出试品,使其冷却到接近室温。

检查试品,应无损害其进一步使用的任何变化。对于具有外壳防护要求的试品还要用验证外壳防护等级的标准试指,施加一不超过 5 N 的力作用于试品在正常使用时容易进入的外表面。试品按正常使用条件下安装,试指不应进入至接近带电部件和触及运动部件。最后还要检查标志,仍应清楚。

9.1.2.3 部件的耐热试验

a) 支持或固定载流部件和接地部件的绝缘材料制成之部件,应在温度为(125±2)℃下承受球面压力试验。球面压力试验时,被试部件的平面放置在由钢性平板支持的水平位置,钢板的厚度至少为 5 mm。钢球之直径为 5 mm,球上垂直施加在被试部件表面上之力为 20 N。球面压力试验在温度为(125±2)℃的加热试验室(箱)中进行,持续时间为 1 h。

   试后移去钢球,把试品立即浸入冷水中,在 10 s 内应冷却至接近室温。然后测量钢球沉入试品所形成的直径,应不超过 2 mm。

   当完整的部件不能进行试验时,应取其厚度至少 2 mm 的合适部分进行高温下的球面压力实验,厚度不足 2 mm 部件也可用数层叠加而成。

b) 不支持载流部件和接地部件的绝缘材料制成之部件，应承受球面压力试验。试验在温度等于(70±2)℃或等于(40±2)℃加最高温升(取其大者)下进行。

球面压力试验方法与合格判定同上述 a)。

9.1.2.4 材料的耐热试验

绝缘材料的试样厚度至少为 2 mm，应承受 9.1.2.3 中 a)和(或)b)项要求的耐热试验。

如果制造厂从绝缘材料制造厂或其他可靠方面获得数据，确实证明绝缘材料符合以上要求的耐热性能，也可取代材料耐热验证试验。

9.1.3 抗非正常热和着火危险试验

组合电器中绝缘材料制成的零件应按 GB 14048.1—2006 中的 8.2.1.1.1 进行灼热丝试验。对于固定载流部件所使用的绝缘材料零部件试验应在(960±15)℃下进行；绝缘材料制成的其他零部件试验应在(650±10)℃下进行，试验持续时间为(30±1)s。灼热丝试验设备、试验程序和试验结果的评定均按 GB/T 5169.10—2006、GB/T 5169.11—2006 的规定。

9.1.4 抗锈性能试验

抗锈试验采用以下试验方法。

在抗锈试验前，被试黑色金属部件应去除所有油污，可以浸入化学去油剂(如纯汽油等)中，并不断搅动历时 10 min。

接着将被试部件浸入含 10%氯化铵溶液的水中历时 10 min，水温控制在(20±5)℃。在甩掉部件上的水滴后(不必干燥)，把部件放入温度为(20±5)℃并充满了饱和水蒸气(相对湿度 100%)的箱中存放 10 min。

接着将被试部件放在温度为(100±5)℃的加热室(箱)中放置 10 min，然后检查被试部件应无锈迹，但如有可擦去的黄色锈斑和尖端上锈点可允许不计。对于小弹簧及类似部件和难以擦到(包括难以接近)的部件，可采用涂上油脂层足以保护部件防止锈蚀。仅在对所涂油膜之防护效果发生怀疑时，这些部件才进行抗锈试验，而试验前被试部件清洗油脂的试验程序应不进行。

9.1.5 绝缘材料相比电痕化指数(CTI)值规定

绝缘材料的相比电痕化指数(CTI)值是确定爬电距离所必须的数据。本试验采用 GB/T 4207—2003 规定的试验方法、试验设备、试验程序等来测定绝缘材料的 CTI 值及绝缘材料组别。

如果制造厂从绝缘材料制造厂或其他可靠方面获得数据，确实证明绝缘材料符合电器要求的 CTI 值，也可取代绝缘 CTI 测定。

9.1.6 外壳试验

9.1.6.1 外壳防护等级试验

按 GB 4208—1993 试验。

9.1.6.2 外壳机械强度试验

9.1.6.2.1 试品试前布置

组合电器(包括外壳和罩盖)应如同正常使用情况一样进行安装，并放置在紧靠钢性支持之处，电缆进口应将其打开，如果电缆进口采用导线通孔，则打开它们中的二个。撞击设备的摆锤应作用在试品罩盖的中部。

在撞击作用前，基座、罩盖及类似物的紧固螺钉应用 GB 14048.1—2006 中表 4 规定的拧紧力矩的三分之二予以拧紧，撞击不应打击在导线通孔区域或观察窗上。

9.1.6.2.2 试验设备

a) 摆锤试验设备

摆锤试验设备推荐用于撞击能量 0.5 J 的试验。如被试电器尺寸允许，应采用图 2a 所示机械撞击试验设备。

撞击元件的质量为 0.25 kg，应从规定验证撞击点上方垂直距离高度为 0.2 m 处落下，试品的撞击点和摆锤的轴在垂直平面上，落下的垂直高度应是摆释放时摆锤上撞击点和试品撞击点之间的垂直距离。

撞击元件的头部为一半径 10 mm 的半圆球形面，由聚酰胺、硬木或类似材料制成，被刚性地固定在外径 9 mm 壁厚 0.5 mm 的钢管的末端，钢管上端装在摆轴上，以至于摆锤只能在垂直平面内摆动，摆轴在撞击元件轴线上方 1 000 mm 处。

试品应安装在 8 mm 厚和 175 mm 见方的层压板上，层压板的上边和下边固定在刚性托架上，托架应是安装支架一部分，安装支架应具有质量为(10±1)kg，并安装在底架上。

设备设计应考虑试品能作水平移动，并能绕垂直层压板表面的轴线转动，层压板能绕垂直轴线转动。

b） 球体试验设备

球体撞击试验设备推荐用于撞击能量 2 J 和 6 J 的试验。撞击是由钢球的跌落和摆动产生，钢球的直径为 50 mm，其质量为 0.5 kg。对撞击能量为 2 J 等级，应从 0.4 m 高度释放；对 6 J 等级，则从 1.2 m高度释放。球体撞击试验设备见图 2b 和图 2c。

高度 H 应指出是垂直距离，钢球运动产生要求的撞击。钢球接触试品时摆动球上的线应处于垂直位置，线的质量与钢球比较应是可忽略的。支持面应由一层橡木企口地板铺在二层 19 mm 层压板上组成，橡木板厚约 19 mm，此组合板放置在混凝土地板上组成等值无弹性的支持面可用于撞击试验，后背支持应由 19 mm 层压板放在混凝土的表面上组成等值无弹性的支持背面。

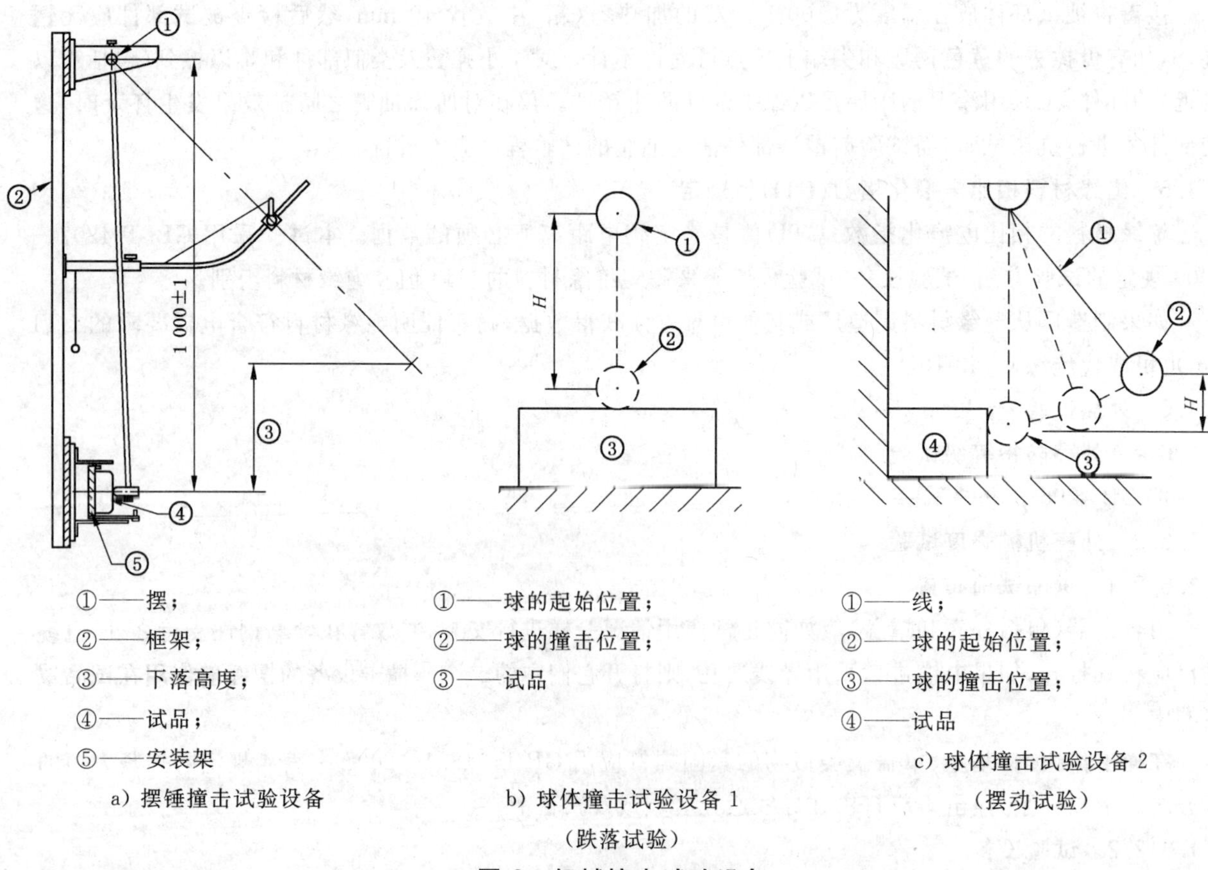

①——摆；
②——框架；
③——下落高度；
④——试品；
⑤——安装架

a）摆锤撞击试验设备

①——球的起始位置；
②——球的撞击位置；
③——试品

b）球体撞击试验设备 1

（跌落试验）

①——线；
②——球的起始位置；
③——球的撞击位置；
④——试品

c）球体撞击试验设备 2

（摆动试验）

图 2 机械撞击试验设备

9.1.6.2.3 试验结果的评定

试后，试品应无影响其继续使用的损坏，如罩盖损坏会使带电部件易于接近，以及绝缘材料的操作件、衬垫、隔栏等的损坏。如有怀疑，应将外壳或罩盖等外部部件拆卸和移去检查，但不减小爬电距离或电器间隙到规定值以下的表面裂痕和凹痕以及无害于抗电击保护的碎裂应可忽略不计。

9.1.7 电气间隙和爬电距离的测量

按 GB 14048.1—2006 附录 G 测量，应符合 8.1.3 的规定。

9.1.8 接线端子的机械强度试验

按 GB 14048.1—2006 中的 8.2.4.2 进行试验。

9.1.9 保护电路连续性试验

组合电器中的外露导电部件和保护电路之间的电气连续性可以用直观检查的方法，观察接触的可靠程度。若有怀疑，应测量进线保护导线的接线端子和外露导电部件之间的电阻。除非另有规定，测量的电阻值应不大于 0.1 Ω。

9.1.10 外形尺寸和安装尺寸检查

外形尺寸和安装尺寸检查用游标卡尺或钢直尺进行。未注公差按 GB/T 1804—2000 中的规定。

9.2 验证性能要求

9.2.1 试验的一般要求

9.2.1.1 一般要求

试品应与所有经规定程序批准的图样和技术文件一致，并符合该组合电器的设计。

试验应在典型规格的组合电器并在指定的最严酷的一种组合电路上进行。推荐的试验方案见表 1。

试品的安装接线，每项试验电流的频率和相数应尽可能与组合电器正常使用的情况一致。

9.2.1.2 试验参数

GB 14048.1—2006 中的 8.3.2.2 适用。

9.2.2 温升试验

GB 14048.1—2006 中的 8.3.3.3 适用，并补充下列规定。

温升试验时通以给定型式组合电器的约定发热电流。

对于用于同一外壳中的不同电路组合，应选择仅可能产生最大耗散功率的一种进行温升试验。熔断器和熔断器组合电器中的熔断体的耗散功率不得超过有关产品标准或制造厂的规定值。

试验用熔断体的额定电流、耗散功率、分断能力及制造厂名称、产品型号都应记录在试验报告中。

9.2.3 介电性能试验

9.2.3.1 工频耐受电压试验

组合电器中的安装轨、底板、外壳等金属部件应连接一起，绝缘材料外壳表面应覆盖金属箔并与金属安装件相连。

如果组合电器中装有仪表、半导体器件等影响耐压试验正常进行，则应将这些部件拆开。试验电压的波形应为正弦波，频率在 45 Hz～65 Hz 之间，试验电源高压输出端短路电流应不小于 200 mA，试验电压施加时间为 5 s，试验电压应施加的部位：

a) 主电路触头闭合，连接在一起的主电路各极的带电部件与外壳等金属结构之间；

b) 主电路触头闭合，主电器的每一极与接至金属外壳等金属构件的所有其他各极之间；

c) 主电路触头断开，连在一起的进线端子与连在一起的负载出线端子之间；

d) 主电路触头断开，连在一起的主电路各极与壳架或金属板之间；

e) 连在一起的控制电路、辅助电路与连在一起的主电路和外壳等金属构件之间。

以上的试验绝缘的中性极应作为电器的一极。

试验中若无击穿或闪络等破坏性放电现象，泄漏电流小于100 mA，则认为试验合格。对于工频耐压的常规试验，试验电压为1 000 V，历时1 s。绝缘外壳覆盖金属箔并与金属安装件相连的手续可免除，且仅进行a)、c)两项试验，但试验设备的过电流继电器整定值为25 mA。

9.2.3.2 冲击耐受电压试验

组合电器中的安装轨、底板、外壳等金属部件应连接一起，绝缘材料外壳表面应覆盖金属箔并与金属安装件相连。

如果组合电器中装有过电压抑制装置的电器，试验电流的能量应不超过过电压抑制装置的能量规定值。过电压抑制装置的额定值必须适合于使用。

注：这一额定值正在考虑中。

1.2/50 μs的冲击电压应每一极性各施加5次，最小时间间隔为1 s。试验电压施加的部位9.2.3.1适用。

试验结果的判别，GB 14048.1—2006中的8.3.3.4.1适用。

9.2.4 额定短路分断能力试验

9.2.4.1 短路分断能力试验和一般条件

GB 14048.1—2006中的8.3.4.1适用，并补充以下规定：

a) 短路连接点应尽量靠近试品的负载端接线端子；

b) 金属外壳以及与保护电路导体连接的结构部件应与地绝缘并通过熔断元件与电源中性点或人工中性点连接。

9.2.4.2 试验电路

GB 14048.1—2006中的8.3.4.1.2适用。

9.2.4.3 试验过程

GB 14048.1—2006中的8.3.4.1.6适用，并规定进行两次分断试验。

9.2.4.4 试验结果判定

试后触头不发生熔焊，母排不应有过大的变形，母排的微小变形是允许的，但电气间隙和爬电距离仍应符合8.1.3的规定。绝缘支持件和导线的绝缘不应有损伤；试品能承受1 000 V，历时5 s的工频耐压试验；接线零件无松动，外壳虽有变形但不损害防护等；箱内元件无损伤，接地熔断元件仍然完好，则认为本项试验合格。

10 检验规则

10.1 检验和试验的分类

验证组合电器的试验分：

a) 型式试验；

b) 常规试验；

c) 出厂抽样试验。

10.2 型式试验

型式试验的目的是验证已定型的组合电器的设计和性能是否符合标准要求。

型式试验是组合电器新产品的研制投产前进行的试验。通常型式试验仅需进行一次，在正式生产后因设计、结构、材料和工艺的变更可能影响产品性能时，则应重新进行有关项目的试验。

型式试验试品一般每个程序1台，如制造厂同意，试品可以用于其他程序。对于零部件材料试验每个项目1件，如有怀疑，应重复在2件样品上进行试验。只有全部试验项目合格，才认为型式试验合格。

型式试验项目和程序见表6。型式试验可分为三个独立的程序：A、B、C。

表 6 型式试验项目和程序

序号	验证性能	条款	项目和程序			备注
			A	B	C	
1	一般检查、标志、外形和安装尺寸检查	8.2.1、8.2.3.1.2、8.2.5.3、8.2.5.6、8.2.7.3;9.1.10	√	√	√	
2	温升试验	8.3.2;9.2.2	√			
3	介电性能试验	8.3.3;9.2.3	√		√	
4	额定短路分断能力试验	8.3.4;9.2.4			√	
5	保护电路连续性试验	8.2.6;9.1.9			√	
6	外壳防护等级试验	8.2.3.2;9.1.6.1	√			
7	外壳机械强度试验	8.2.3.3;9.1.6.2	√			
8	抗锈性能试验	8.2.2.4;9.1.4			√	
9	耐热性能试验	8.2.2.2;9.1.2		√		
10	抗非正常热和着火试验	8.2.2.3;9.1.3		√		
11	绝缘材料相比电痕化指数(CTI)的测定	8.2.2.5;9.1.5				零部件材料制成的样条
12	接线端子的机械强度试验	8.2.5.5;9.1.8		√		
13	电气间隙和爬电距离	8.2.4;9.1.7		√		
14	耐湿热性能试验	8.2.2.1;9.1.1		√		

10.3 常规试验

常规试验是产品正式出厂前,制造厂每台产品上进行的试验,其目的是检验材料、工艺和装配上的缺陷。常规试验可以在型式试验相同的条件或经过验证认为等同的条件下进行。常规试验不合格的产品必须逐台返修直至合格;若无法修复则应报废。

常规试验项目包括:

a) 外观检查,包括外观和装配质量、铭牌、标志、涂镀质量、保护接地等;

b) 一般检查,包括开关电器的操作检查;

c) 介电性能试验。

10.4 出厂抽样试验

抽样试验是产品出厂前必须进行的抽样检查和试验。出厂试验项目包括:

a) 电气间隙和爬电距离的检查(8.2.4 及 9.1.7);

b) 外形尺寸和安装尺寸的检查(8.2.3.1 及 9.1.10);

c) 保护电路连续性试验(8.2.6 及 9.1.9);

d) 各路断路器通电操作试验和剩余电流动作断路器的按钮动作试验及复位按钮的操作试验。

附 录 A
（资料性附录）
组合电器结构尺寸和电器元件尺寸

组合电器结构和电器元件尺寸关系见图 A.1，尺寸推荐值见表 A.1。

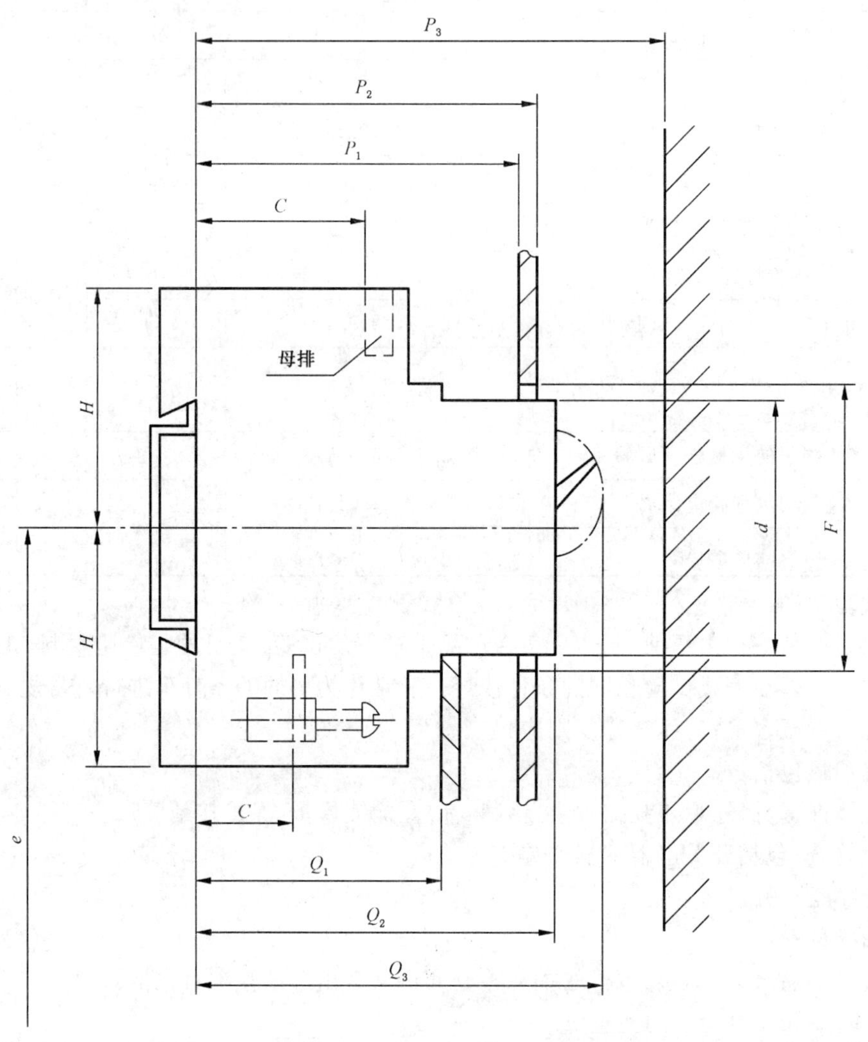

图 A.1 组合电器结构和电器元件尺寸关系

表 A.1　组合电器结构尺寸和电器元件尺寸

单位为毫米

结构尺寸	P_1	25、35、40、45、50、55
	P_1 的极限偏差	+1
	P_{2max}	P_1+4
	P_{3min}	55、70、92.5
	F_{max}	$d+2$
	e	$125+25m$(m=0、1、2……)
电器元件尺寸	Q_{1max}	23、34、38*、44*、49、55、59
	Q_2	51、57、61
	Q_{3max}	55、70、92.5
	H_{max}	40、45、55
	d	30、45*
	c	16、21、30
注1：在电器元件内部结构设计可能的情况下，统一接线端子的导电接触面尺寸 c 有利于母线设计和连接。 注2：尺寸 e 为安装轨多排并列布置时的间距。 注3：上表中数后有“*”者为建议优先采用的尺寸。		

ICS 29.160.30
K 22

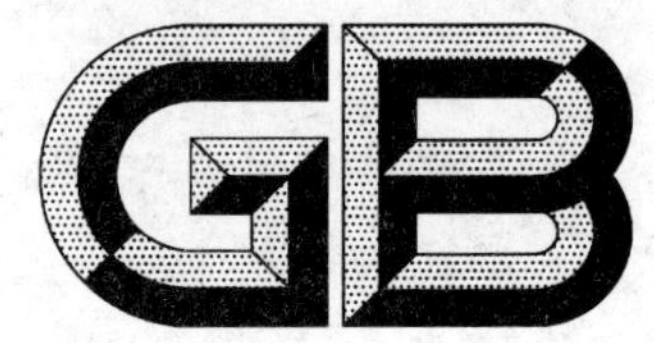

中华人民共和国国家标准

GB/T 21707—2008

变频调速专用三相异步电动机绝缘规范

Insulation specification for variable frequency adjustable speed definite purpose converter-fed three-phase induction motors

2008-04-24 发布　　2008-12-01 实施

中华人民共和国国家质量监督检验检疫总局
中国国家标准化管理委员会　发布

前　言

本标准的制定参照了 IEC 62068-1. Ed. 1、IEC 60034-25 和 IEC 60034-18-41。

本标准的附录 A 和附录 B 为资料性附录。

本标准由中国电器工业协会提出。

本标准由全国旋转电机标准化技术委员会(SAC/TC 26)归口。

本标准负责起草单位：上海电器科学研究所(集团)有限公司、北京毕捷电机股份有限公司、福州大通机电有限公司、山东华力电机集团股份有限公司、江门市江晟电机厂有限公司、浙江金龙电机股份有限公司、上海 ABB 电机有限公司、苏州巨峰绝缘材料有限公司、佛山市威奇电工材料有限公司、山东蓬泰特种漆包线有限公司、山东齐鲁电机制造有限公司、上海申发检测仪器厂、杜邦中国集团有限公司、国家绝缘材料工程技术研究中心、浙江先登电工器材股份有限公司。

本标准参加起草单位：佳木斯电机股份有限公司、宁波金田电工材料有限公司、桂林电器科学研究所、上海电缆研究所。

本标准主要起草人：张生德、李锦梁、张妃、刘立明、林年福、刘权、叶锦武、王庆东、张犇、李学敏、王新营、王慧峰、王延民、巩运许、魏景生、徐保弟、黄双意、柯清泉、许立、马庆柯、孟祥富、董千里。

本标准为首次制订。

变频调速专用三相异步电动机绝缘规范

1 范围

本标准规定了由变频电源供电的三相异步电动机的绝缘结构规范。

本标准适用于电压等级为 1 140 V 及以下采用散绕组的变频调速专用三相异步电动机。

2 规范性引用文件

下列文件中的条款通过本标准的引用而成为本标准的条款。凡是注日期的引用文件，其随后所有的修改单(不包括勘误的内容)或修订版均不适用于本标准，然而，鼓励根据本标准达成协议的各方研究是否可使用这些文件的最新版本。凡是不注日期的引用文件，其最新版本适用于本标准。

GB/T 4074.5—1999　绕组线试验方法　第 5 部分：电性能(idt IEC 60851-5:1996，Amendment No. 1-1997)

GB/T 6109.11—1990　漆包圆绕组线　第 11 部分：200 级聚酯亚胺/聚酰胺酰亚胺复合漆包铜圆线

GB/T 11026.4—1999　确定电气绝缘材料耐热性导则　第 4 部分：老化烘箱　单室烘箱(idt IEC 60216-4-1:1990)

GB/T 17948.1—2000　旋转电机绝缘结构功能性评定　散绕绕组试验规程　热评定与分级(idt IEC 60034-18-21:1992)

JB/T 4061.1—1995　柔软复合材料　聚酯薄膜聚芳酰胺纤维纸柔软复合材料

JB/T 5658—1991　电气用压敏粘带　聚酯薄膜热固性胶粘带

JB/T 5659—1991　电气用压敏粘带　聚酰亚胺薄膜热固性胶粘带

JB/T 8151.1—1999　绝缘软管规范　各种型号软管的规范要求　硅橡胶玻璃纤维软管(eqv IEC 60684-3-400 TO 402:1991)

JB/T 8151.3—1999　丙烯酸酯玻璃纤维软管(eqv IEC 60684-3-403:1988)

JB/T 10508—2005　中小电机用槽楔技术条件

IEC 60034-18-41:2006　旋转电机　第 18-41 部分　电压源变频器供电的旋转电机 Ⅰ 类绝缘结构的评定和验收试验

IEC 60034-25:2004　旋转电机　第 25 部分　变频器供电的笼型感应电动机设计和性能导则

IEC 62068-1:2003　电气绝缘结构　重复脉冲产生的电应力　第一部分：电老化评定的通用方法

3 技术要求

3.1 对组成变频调速三相异步电动机绝缘结构的单一材料的要求

3.1.1 电磁线

3.1.1.1 对电磁线的耐高频脉冲特性的要求

电磁线漆膜涂层的化学结构及涂敷工艺，应能使电磁线有效抗御高频电脉冲的长期冲击。电磁线应有良好延伸柔软性，能适应高速绕线而不显著降低抗脉冲特性。无论何种结构的导线，其抗高频脉冲电压的能力在下述规定参数测试条件下的寿命应不小于表 1 的规定：

脉冲频率：20 kHz；

脉冲占空比：50%；

脉冲波形：方波；

脉冲极性:双极;

电压(V_{p-p}):3 kV;

温度:155℃±2℃。

表 1 不同脉冲上升时间下的电磁线寿命

脉冲上升时间/ns	400	200	100
电磁线寿命/h	50	20	12

3.1.1.2 对电磁线的通用要求

电磁线的常规性能应满足 GB/T 6109.11—1990 中第 5 章的全部技术要求。

3.1.2 浸渍树脂

为保证电动机的整体绝缘结构中不含空气气隙,浸渍树脂用耐温等级不低于 155 级的无溶剂浸渍树脂,除与电磁线有良好的化学相容性外,其挥发份应小于 10%(参见附录 B)。

3.1.3 槽绝缘

槽绝缘优先采用聚芳酰胺纤维纸与聚酯薄膜复合的柔软复合材料,也可采用经过评定的 155 级聚酯薄膜与聚酯纤维无纺布复合的柔软复合材料,其常规性能应满足 JB/T 4061.1—1995 中第 4 章的技术要求。

3.1.4 相间绝缘与层间绝缘

相间绝缘与层间绝缘可采用与槽绝缘相同的复合材料。

3.1.5 槽楔

槽楔采用 3240 环氧酚醛层压玻璃布板,亦可采用耐温等级大于 155 级的聚酯玻璃纤维引拔槽楔或耐温等级大于 155 级的环氧玻璃纤维引拔槽楔,其常规性能应满足 JB/T 10508—2005 中第 5 章的技术要求。

3.1.6 引接线

引接线采用铜芯交联聚烯烃绝缘电机绕组引接电缆(电线),连续运行导体最高温度为 125℃。引接线与绕组线连接处采用 6230 聚酯薄膜热固性胶粘带(应按 JB/T 5658—1991 的规定),也可采用 6240 聚酰亚胺薄膜热固性胶粘带(按 JB/T 5659—1991 的规定)。

3.1.7 套管

套管采用 2740 丙烯酸酯玻璃纤维软管,其常规性能应满足 JB/T 8151.3—1999 中第 4 章的要求。也可采用 2752 硅橡胶玻璃纤维软管,其常规性能应满足 JB/T 8151.1—1999 中第 4 章的要求。

3.1.8 绑扎带

绑扎带采用聚酯纤维绑扎带。

3.2 对电动机绝缘结构的要求

用符合 3.1 要求的材料制成的绝缘结构应满足以下要求。

3.2.1 绝缘结构的耐热性要求

按 GB/T 17948.1—2000 的要求,绝缘结构(用模型线圈法)的耐热等级应达到 F 级。

3.2.2 绝缘结构的耐高频脉冲性能

按 3.1.1.1 规定的参数测试,不同脉冲上升时间下绝缘结构模型线圈的匝间绝缘寿命应不低于表 1 规定。

4 试验方法与试验设备

4.1 电磁线的耐高频脉冲性能评定

主要试验设备的技术参数应在 3.1.1.1 规定的参数范围之内,优先选用脉冲上升时间小的设备。电磁线线径为 1.0 mm,2 级漆膜厚度,试样采用绞线对(按 GB/T 4074.5—1999 的规定),取 5 个试样试验结果的中值为评定结果。

4.2 绝缘结构的耐热性评定

对电动机的绝缘结构的耐热性评定，应采用 GB/T 17948.1—2000 规定的方法，其主要试验设备应满足 GB/T 11026.4—1999 的技术要求。

4.3 绝缘结构的耐高频脉冲性能评定

对电动机的绝缘结构的耐高频脉冲电老化的评定，应参照 IEC 62068-1：2003 的方法，其主要试验设备的技术参数应在 3.1.1.1 规定的参数范围之内。优先选用脉冲上升时间小的设备，取 5 个模型线圈试样试验结果的中值为评定结果。

5 检验规则

5.1 对单一绝缘材料和电磁线的检验

对电磁线耐高频脉冲特性的检验，在首批进货确认和每年抽检时进行。对其他绝缘材料，按常规进货检验方法进行。

5.2 对整体绝缘结构的检验

对电动机整体绝缘结构的检验在电动机产品鉴定和绝缘结构变动时进行。

附　录　A
（资料性附录）
IEC 62068-1 关于脉冲电压特性

表 A.1　脉冲电压特性

特　　性	范　　围
上升时间	(0.04～1)μs
频率	(1～20) kHz
脉冲时间	(0.08～25) μs
波形	方波或三角波
极性	双极(建议)或单极

附　录　B
（资料性附录）
测试浸渍树脂的挥发份

B.1　仪器和材料

a)　平整铝箔，厚 0.1 mm，约 95 mm×95 mm；

b)　自动控温实验室烘箱；

c)　天平，感量 1 mg。

B.2　试验步骤

a)　用正方形铝箔弯折成三个底面积 45 mm×45 mm，高 25 mm 的同样铝皿，铝箔在使用前用二甲苯和无水乙醇的混合物擦净；

b)　铝皿预先在 135℃±1℃烘箱中加热 30 min，在干燥器中冷却后称量；

c)　在皿中加入 10 g±0.5 g 被试树脂，使其均匀分布在皿底。在空气中放置 30 min 后，将铝皿水平放置于烘箱中，加热温度和时间由产品标准规定；

d)　试样取出，放入干燥器内冷却到室温，再称量；

e)　挥发份 X 按下式计算：

$$X=\frac{m_1-m_2}{m_1-m}\times 100\%$$

式中：

m——铝皿质量，单位为克(g)；

m_1——加热前试样与皿的质量，单位为克(g)；

m_2——加热后试样与皿的质量，单位为克(g)。

以三个试样测定值的中间值作为结果，取两位有效数字。

ICS 19.040
A 21

中华人民共和国国家标准

GB/T 21708—2008

干热沙漠环境条件 电工电子设备通用技术要求

Environmental condition for dry heat-desert—General technical requirements of electric and electronic equipments

2008-04-24 发布　　2008-12-01 实施

中华人民共和国国家质量监督检验检疫总局
中国国家标准化管理委员会　发布

前　言

本标准的附录A和附录B为资料性附录。

本标准由中国电器工业协会提出并归口。

本标准由广州电器科学研究院负责起草，机械工业北京电工技术经济研究所参加起草。

本标准主要起草人：陆颂梅、陈灵、刘奎芳、彭坚、方晓燕。

本标准首次发布。

引　言

《干热沙漠环境条件　电工电子设备通用技术要求》是在国家科技部社会公益研究专项“干热沙漠机电环境技术标准及测试方法研究”支持下研究制定的。

沙漠、干热沙漠是我国西部地区最主要的地理自然特点之一，高温干热、强烈的太阳辐射、沙尘是沙漠环境的最主要特征。沙漠地区最高气温可达43℃，最大日温差达30℃，最高地表温度60℃～80℃，极值风速可达25 m/s，地理气候环境条件特别恶劣。沙漠、特别是干热沙漠最主要的特点是沙尘大、高温、太阳辐射和温差大，对在这些地区使用的机电设备、工程机械设备有较大影响。因此在沙漠、干热沙漠特殊环境条件下使用的机电产品必须有良好的环境适应性。

“干热沙漠机电环境技术标准及测试方法研究”项目，通过对沙漠、干热沙漠特殊环境因素、主要工程基础材料、机电设备的研究，拟制定若干项国家标准。它们是：

（1）《干热沙漠环境条件　电工电子设备通用技术要求》

（2）《特殊环境条件　沙漠机械　第1部分　干热沙漠对内燃动力机械的要求》

（3）《特殊环境条件　沙漠机械　第2部分　干热沙漠对工程机械的要求》

（4）《特殊环境条件　干热沙漠对内燃机电站系统的技术要求及试验方法》

（5）《干热沙漠环境条件　房间空气调节器技术要求》

除了上述标准外，我国已发布或正在报批的、与沙漠、干热沙漠机电设备环境适应性相关的标准还有：

（1）GB/T 19607—2004　特殊环境条件防护类型及代号

（2）GB/T 19608.1—2004　特殊环境条件分级　第1部分：干热

（3）GB/T 19608.2—2004　特殊环境条件分级　第2部分：干热沙漠

（4）《特殊环境条件　术语》(已报批)

（5）《特殊环境条件　环境试验方法　第1部分：总则》(已报批)

（6）《特殊环境条件　环境试验方法　第2部分：人工模拟试验方法及导则电工电子产品(含通信产品)》(已报批)

（7）《特殊环境条件　环境试验方法　第3部分：人工模拟试验方法及导则高分子材料》(已报批)

（8）《特殊环境条件　选用导则　第1部分：金属表面防护》(已报批)

（9）《特殊环境条件　选用导则　第2部分：高分子材料》(已报批)

干热沙漠环境条件
电工电子设备通用技术要求

1 范围

本标准规定了电工电子设备在干热沙漠地区使用的环境条件、通用技术要求及验收检验、标识、运输、储存的要求。

本标准适用于在干热沙漠环境中使用的电工电子设备。

干热沙漠地区完全气候防护场所中使用的电工电子设备，无须考虑本标准条款的要求。

2 规范性引用文件

下列文件中的条款通过本标准的引用而成为本标准的条款。凡是注日期的引用文件，其随后所有的修改单(不包括勘误的内容)或修订版均不适用于本标准，然而，鼓励根据本标准达成协议的各方研究是否可使用这些文件的最新版本。凡是不注日期的引用文件，其最新版本适用于本标准。

GB 3836.1 爆炸性气体环境用电器设备 第1部分:通用要求

GB 4208 外壳防护等级(IP代码)

GB/T 11804 电工电子产品环境条件 术语

GB 12351 热带型旋转电机环境技术要求

GB/T 17626.2 电磁兼容 试验和测量技术 静电放电抗扰度试验(GB/T 17626.2—1998, idt IEC 6100-4-2:1995)

GB/T 19607 特殊环境条件防护类型及代号

GB/T 19608.2 特殊环境条件分级 第2部分:干热沙漠

GB/T 20625 特殊环境条件 术语

GB/T 20643.1 特殊环境条件 环境试验方法 第1部分:总则

GB/T 20643.2 特殊环境条件 环境试验方法 第2部分:人工模拟试验方法及导则 电工电子产品(含通信产品)

GB/T 20644.1 特殊环境条件 选用导则 第1部分:金属表面防护

GB/T 20644.2 特殊环境条件 选用导则 第2部分:高分子材料

3 术语和定义

GB/T 11804、GB/T 20625 确立的及下列术语适用于本标准。

3.1

一般环境条件 environment condition for general

指通常的，不包括高原、干热、沙漠等特殊环境条件在内的环境条件。

3.2

普通型电工电子产品 products of electric and electronic for general

以一般环境条件为依据设计制造的电工电子产品。

4 干热沙漠环境条件及参数

4.1 干热沙漠环境条件及参数见 GB/T 19608.2。

4.2 干热沙漠地区对电工电子设备有特殊影响的环境条件主要有：高温、低温、温差、太阳辐射、干燥、凝露、风沙、振动及有爆炸危险场所。

4.3 在干热沙漠环境条件下使用的电工电子设备主要考虑以下环境条件：

a) 最高气温：50℃；

b) 最低气温：－30℃；

c) 最大日温差：40℃；

d) 低相对湿度：户外5%，户内10%；

e) 太阳辐射强度：1 120 W/m²；

f) 凝露；

g) 地表最高沙土温度：80℃；

h) 最大风速：30 m/s；

i) 最大沙尘浓度：4 000 mg/m³；

j) 飘尘浓度：20 mg/m³；

k) 尘的沉积密度：80 mg/(m² · h)。

注：干热沙漠特殊环境条件对电工电子产品的主要影响见附录A(资料性附录)。

5 使用场所及防护类型

干热沙漠环境条件下电工电子设备使用场所及防护类型见表1：

表1 使用场所及防护类型

使用场所	代号	防护类型
干热沙漠有气候防护场所及部分气候防护场所	TS	干热沙漠户内型
干热沙漠无气候防护场所	TSW	干热沙漠户外型
干热沙漠有爆炸危险场所	TS(i、d、p、e)；TSW(i、d、p、e)	干热沙漠防爆型
注：特殊环境条件防护类型及代号参见GB/T 19607。		

6 通用技术要求

6.1 基本要求

干热沙漠地区使用的电工电子设备首先要满足普通型电工电子设备的技术要求，然后根据干热沙漠中不同使用场所，达到本标准的技术要求。

a) 干热沙漠有气候防护场所或有部分气候防护场所使用的产品，可根据具体受特殊环境的影响程度，适当增加本章中有关的技术要求；

b) 干热沙漠无气候防护场所使用的产品，需增加本章中有关的技术要求；

c) 干热沙漠有爆炸危险场所使用的产品，需满足6.7中有关的技术要求。

6.2 抵抗高低温的要求

6.2.1 干热沙漠地区使用的电工电子设备，对其运行时发热的绕组部分，在设计选型时应根据各类产品的结构特点、受高温、太阳辐射影响以及为防沙尘增加了防护等级而影响散热的不同程度，提高温升极限的要求。具体温升的限值可参考附录B(资料性附录)。

6.2.2 干热沙漠地区使用的电工电子设备所选择的绝缘等级应比一般环境条件下同等状况使用的产品高一个级别。推荐无气候防护场所使用的设备可提高到F级甚至H级绝缘。

6.2.3 干热沙漠地区使用的热保护装置建议增加温度补偿设施，扩大高温范围，如没有温度补偿机构，整定时的环境温度应考虑高温为50℃，以保证在高温季节能正常工作。

6.2.4 干热沙漠地区使用的电工电子设备应有良好的通风散热的能力。选择通风型的设计，增加散热降温措施,可采用风冷、水冷、扩大散热面积等方式降温。如采用各种途径仍不能达到设备限定的运行温度要求,则应降低容量使用或选择较高一级容量的产品。

6.2.5 干热沙漠地区使用的电工电子设备应适当的加大容量,如加大使用功率、增大导电截面积;半导体大功率管、整流二极管、集成电路等电子元器件的温度要求应提高、容量的选择应加大裕度。

6.2.6 干热沙漠地区使用的电机类产品应符合 GB 12351 中干热型电机的技术要求。

6.2.7 干热沙漠地区使用的电线电缆,设计选型时电流容量的计算应留有足够的温度裕度,线径应适当加粗;电缆应安装在防护性能较好的电缆桥架上,与地面隔离。电缆应选用耐候、耐油、柔软且可承受较大机械外力的重型橡胶套电缆,满足高温及低温环境条件下的使用要求。钻井油田等需经常移动场所使用的电线电缆应满足低温条件下最小弯曲半径不大于电缆外径 6 倍的折叠搬迁要求。

6.2.8 干热沙漠地区使用的房间空气调节设备应符合干热沙漠环境条件下房间空气调节器技术要求的相关要求。

6.2.9 干热沙漠地区使用的照明灯具要求能在沙漠环境高低温极值环境条件下正常工作。

6.2.10 轴承、活动部件等的润滑油应选择耐低温型号。

6.2.11 大型或有外壳封装的设备应考虑因大温差而产生的凝露的影响,设备底部应设置凝露水的出水孔或排水阀。应装置防潮加热器,加热器应使设备内部空气温度高于周围环境温度 5K 左右,用于设备运行前加热,防止凝露产生。

6.3 抗沙尘的要求

6.3.1 使用于干热沙漠地区的单独安装的电工电子设备、接线盒、电缆接线插头、导电接插件、开关电器触头的部位、照明器具等应采取良好的密封防沙尘措施,如无条件密封,外壳防护等级应不低于 GB 4208 中 IP 54 的要求。成套装置中使用的电器部件,可不单独考虑防尘要求,其防尘性能由成套装置来考虑。

6.3.2 使用于干热沙漠地区的发电机、电动机的轴承及接线盒处应有良好的密封、异步电机应选取全密封型的、直流电动机一般较难做到全密封结构,应选用增压通风型的。

6.3.3 采用空气冷却的机组、设备等,其进风口应有良好的滤尘措施,必要时应安装空气滤清器,以保证电机轴承、运转部件、电气触点等不会被沙尘磨损以及润滑油不被污染。有条件时设备也可采用密封式水冷降温方式,可更好的防止沙尘的侵入。

6.3.4 室外设备及其进风口,条件许可时应有一定的安装高度要求,以减少沙尘的进入。

6.4 抗太阳辐射的要求

6.4.1 应根据不同设备、产品的要求采取防晒措施,如利用简易房屋、防晒棚、防晒漆等方式,遮挡太阳的直接辐射。

6.4.2 无法遮盖直接暴露于阳光下的户外设备,外壳应选择白色的或浅色调的保护层,并选择抗辐射材料。

6.5 抗静电的要求

6.5.1 使用于干热沙漠地区的电子设备、元器件在线路结构及设计上应防止因气候干燥而产生的静电干扰。应满足 GB/T 17626.2 的 4 级抗静电要求。

6.5.2 使用于干热沙漠地区的电子产品、元器件应采取良好的接地措施,以防静电干扰。

6.5.3 使用于干热沙漠地区装有电子设备的车辆、移动式工作房等应安装拖地铁链以消除静电对车内电器设备的干扰。

6.5.4 使用于干热沙漠地区的微电子产品的外壳或易接触部位,应选用抗静电材料。

6.6 材料的要求

6.6.1 使用于干热沙漠地区的电工电子设备中金属表面防护的选用,应符合 GB/T 20644.1 中干热、干热沙漠环境下的要求。

6.6.2 使用于干热沙漠地区的电工电子设备中所使用的高分子材料,包括塑料、橡胶、涂料的选用,应符合 GB/T 20644.2 中干热、干热沙漠环境下的要求。

6.7 防爆要求

6.7.1 干热沙漠地区的油田、气田、钻井场地等有可能接触到爆炸性介质环境下使用的电器设备，包括旋转电机、开关、控制器、接线盒、报警装置、照明灯具等尚需满足各危险场所规定的防爆形式类别和级别的防爆要求。

6.7.2 电器设备的外壳、外接线和电缆应为阻燃型的。

6.7.3 防爆型电器设备外壳的明显处，应设置清晰的永久性凸纹标志“E_X”；并应在产品名牌上标明防爆形式类别、温度组别等。

6.7.4 爆炸危险场所使用的各类电器应符合 GB 3836.1 的规定。

6.8 防振要求

应有防振措施防止运输颠簸和沙漠地区地面松不易固定的缺陷，对于控制设备的各种接插件应设计成机械锁紧结构，电源插座应具有弹簧自动压紧的密封罩，当插头插入时自动盖紧可防沙防震。

6.9 技术资料

使用于干热沙漠地区的电工电子产品应在技术资料中增加有关干热沙漠环境的技术指标、使用维护方法和注意事项等特殊资料。

7 试验方法

考核干热沙漠环境条件下电工电子产品的环境适应性和可靠性，应在满足了一般环境条件普通型产品标准的要求后，根据其实际使用情况选用下述特殊环境试验方法：

a) 自然暴露试验：按照 GB/T 20643.1 中 4 .2 的规定；

b) 人工模拟试验：按照 GB/T 20643.2 中干热沙漠的规定；

c) 防爆试验：按照 GB 3836.1 中的规定。

8 检验规则

8.1 环境试验应在下述情况之一时进行：

a) 新产品试制定型时；

b) 正式生产后，当产品结构、工艺、材料的更改影响到产品的气候防护性能时；

c) 停产后再恢复生产时；

d) 生产过程中定期规定进行的检验。

8.2 抽样要求：

a) 抽样规则与普通型电工电子产品标准规定相同；

b) 同结构、同工艺、同材料的同系列产品可选取有代表性的产品进行试验；

c) 对于大中型产品允许以零部件、模拟件或材料进行试验。

8.3 验收要求：

产品在经受特殊环境试验过程中及试验后的验收检验与普通型电工电子产品标准规定相同。

8.4 合格的判定：

试验结果的评判与普通型产品标准规定相同。

9 标识、运输、贮存

标识、运输、贮存除满足普通型电工电子产品的要求外还应满足以下要求：

a) 标识的型号后应注明 TS、TSW、TS(i)等干热沙漠型的标志。

b) 运输和贮存不应满载，应留有适当的空间，以保证通风散热等沙漠环境的特殊要求。一般需留有 1/4 的空间用于散热。

附 录 A
(资料性附录)
干热沙漠环境条件对电工电子产品的主要影响

我国干热沙漠主要分布在西北地区,那里远离海洋,周围环绕着山脉和高原,形成内陆盆地,气候极端干燥炎热,太阳辐射强烈,沙漠边缘地区夏季最高气温接近或超过40℃,沙漠中央气温高至50℃,地表最高温度可达80℃,由于地处内陆冬天气温又比较低,可降至-20℃甚至更低,日夜温差大,最大日夜温差可达40℃,沙漠地区雨水稀少,年降水量仅有10 mm~40 mm,相对湿度常在20%以下,由于沙质疏松,加上大风和干燥,常常造成沙尘悬浮空中,形成沙尘暴气候,另外沙漠中开发的大批油井有易燃易爆物质。以上这些气候环境特点均对电工电子产品有一定的危害。具体如下:

A.1 高温

较高的气温会使电工电子产品因环境温度较高而温升提高,超出普通型产品所能承受的温度范围,从而降低产品的绝缘能力甚至使绝缘击穿,不能正常运行。较高的温度会使负载内阻加大,降低使用容量。电子元器件会因高温缩短使用寿命甚至损坏。较高的沙土温度对靠近地面的设备构成威胁,如地面铺设的电线电缆受地表高温和太阳的强烈照射会龟裂、裸露出现短路故障。制冷设备效率降低。橡胶件会发粘,润滑油脂易流失。

A.2 低温

在低温环境下,柴油机启动困难,蓄电池内阻增加,容量下降。润滑油脂在气温-20℃以下时润滑性能改变黏度增加或凝固,造成摩擦力加大,使零部件磨损加快。低温对材料有一定的影响,金属材料会出现冷脆现象而断裂,非金属件工程塑料和橡胶材料会变硬、脆化、开裂,造成电路开路或短路。密封圈会硬化、无弹性、变形起不到应有的密封作用。

A.3 大温差

大温差会加速材料的变形和断裂。大温差还会产生凝露,使设备受潮影响绝缘,尤其是大型封装设备和井下环境。

A.4 沙尘

大的风沙造成设备表面磨损抛光。沙尘进入设备内部动作部分,如电机轴承等时,会加速磨损,降低使用寿命,甚至将运动部件卡死,损坏整台设备。沙尘进入电机电器的绕组时,会降低其散热性能,使绕组过热,寿命缩短。电器触头,接插件等会因进入沙尘,造成接触不良,增加局部电流过载而使触头烧毁。沙尘进入微电子线路的接插件会增加接触电阻改变线路参数,造成误动作。沙尘黏附在元器件表面会影响散热效果。沙尘进入设备通道或通风口会造成堵塞,影响运行和散热。若堵塞空调通风道会导致冷却效果降低。

A.5 太阳辐射

太阳辐射对户外设备有很大影响,在强太阳辐射下,给设备带来很高的附加温升,电机电器会因温升过高,导致绝缘击穿而不能正常运行。材料会变形,电线电缆护层龟裂老化,油漆和镀层很快退色粉化。有机材料表面迅速劣化。

A.6 干燥

干燥的气候会使材料龟裂。还会产生较高的静电电压,静电荷的产生以及随后的放电会对电子设备造成干扰,运行失灵,甚至会造成损坏。

A.7 易燃易爆介质

由于沙漠地区许多设备需用于油田、钻井队,工作时会遇到易燃易爆性介质,在那里使用的电工电子产品有燃烧、爆炸的危险。

A.8 运输与贮存

沙漠地区沙质疏松道路颠簸,运输过程中易摇摆震动甚至翻倒,导致设备损坏。

高温、大温差、高太阳辐射造成储存温度过高而导致设备损坏。

附 录 B
（资料性附录）
干热沙漠环境条件下电工电子产品绕组温升限值

B.1 干热沙漠环境条件下电工电子产品绕组温升限值见表 B.1。

表 B.1 绕组温升限值

部 件	温升/K
如果绕组绝缘是：	
——A 级	55(45)
——E 级	70(60)
——B 级	75(65)
——F 级	95
——H 级	120
注 1：括号外为电阻法括号内为热电偶法。 注 2：表中规定的温升值是以 25℃为基础的。	

ICS 11.020
C 05

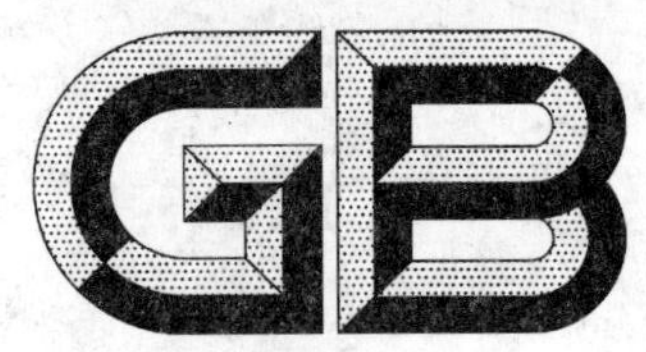

中华人民共和国国家标准

GB/T 21709.1—2008

针灸技术操作规范　第1部分：艾灸

Standardized manipulations of acupuncture and moxibustion—Part 1: Moxibustion

2008-04-23 发布　　2008-07-01 实施

中华人民共和国国家质量监督检验检疫总局
中国国家标准化管理委员会　发布

前　　言

GB/T 21709《针灸技术操作规范》按部分发布，拟分为 21 个部分：

——第 1 部分：艾灸；

——第 2 部分：头针；

——第 3 部分：耳针；

——第 4 部分：三棱针；

——第 5 部分：拔罐；

——第 6 部分：穴位注射；

——第 7 部分：皮肤针；

——第 8 部分：皮内针；

——第 9 部分：穴位贴敷；

——第 10 部分：穴位埋线；

——第 11 部分：电针；

——第 12 部分：火针；

——第 13 部分：芒针；

——第 14 部分：鍉体；

——第 15 部分：眼针；

——第 16 部分：鼻针；

——第 17 部分：口唇针；

——第 18 部分：腹针；

——第 19 部分：腕踝针；

——第 20 部分：毫针基本刺法；

——第 21 部分：毫针针刺手法。

本部分为 GB/T 21709 的第 1 部分。

本部分的附录 A、附录 B、附录 C、附录 D 为资料性附录。

本部分由国家中医药管理局提出。

本部分由中国针灸学会归口。

本部分起草单位：安徽中医学院。

本部分主要起草人：杨骏。

本部分参加起草人：张庆萍、刘广霞、黄学勇、储浩然、韩为、柳刚。

针灸技术操作规范　第1部分：艾灸

1　范围

GB/T 21709的本部分规定了常用艾灸的术语和定义、操作步骤与要求、操作方法、注意事项与禁忌。

本部分适用于常用艾灸技术操作。

2　规范性引用文件

下列文件中的条款通过GB/T 21709的本部分的引用而成为本部分的条款。凡是注日期的引用文件，其随后所有的修改单（不包括勘误的内容）或修订版均不适用于本部分，然而，鼓励根据本部分达成协议的各方研究是否可使用这些文件的最新版本。凡是不注日期的引用文件，其最新版本适用于本部分。

GB/T 12346　腧穴名称与定位

GB/T 13734　耳穴名称与定位

3　术语和定义

下列术语和定义适用于GB/T 21709的本部分。

3.1

艾灸　moxibustion

用艾绒或以艾绒为主要成分制成的灸材，点燃后悬置或放置在穴位或病变部位，进行烧灼、温熨，借灸火的热力以及药物的作用，达到治病、防病和保健目的的一种外治方法。

3.2

艾绒　moxa-wool

艾叶经加工制成的淡黄色细软绒状物。

3.3

艾条　moxa-stick

用艾绒为主要成分卷成的圆柱形长条。根据内含药物的有无，分为药艾条和清艾条。

3.4

艾炷　moxa-cone

用手工或器具将艾绒制作成小圆锥形，称作艾炷。每燃1个艾炷，称灸1壮。

3.5

温针灸　moxibustion with needle

毫针留针时在针柄上置以艾绒（艾团或艾条段）施灸，是针刺与艾灸结合应用的方法。

3.6

直接灸　direct moxibustion

将艾炷直接置放在穴位皮肤上施灸的一种方法。根据对皮肤刺激程度不同，又分为化脓灸法和非化脓灸法。

3.7

间接灸　indirect moxibustion

在艾炷与皮肤之间垫隔适当的中药材后施灸的一种方法。根据选用中药材的不同又分为不同的间接灸，如隔姜灸、隔蒜灸等。

3.8

温灸器 moxibustion instrument

温灸器是指专门用于施灸的器具。目前临床常用的温灸器有灸架、灸筒和灸盒等。

3.9

晕灸 fainting during moxibustion

患者在接受艾灸治疗过程中发生晕厥的现象。表现为突然出现头晕目眩、面色苍白、恶心呕吐、汗出、心慌、四肢发凉、血压下降等症状。重者出现神志昏迷、跌仆、唇甲青紫、二便失禁、大汗、四肢厥逆、脉微欲绝。

4 操作步骤与要求

4.1 施术前准备

4.1.1 灸材选择

艾条灸应选择合适的清艾条或药艾条，检查艾条有无霉变、潮湿，包装有无破损。

艾炷灸应选择合适的清艾绒，检查艾绒有无霉变、潮湿。

间接灸应准备好所选用的药材，检查药材有无变质、发霉、潮湿，并适当处理成合适的大小、形状、平整度、气孔等。

温灸器灸应选择合适的温灸器，如灸架、灸筒、灸盒等。

准备好火柴或打火机、线香、纸捻等点火工具，以及治疗盘、弯盘、镊子、灭火管等辅助用具。

4.1.2 穴位选择及定位

穴位的选择依据各疾病的诊疗标准，根据病症选取适当的穴位或治疗部位。

穴位的定位应符合 GB/T 12346 及 GB/T 13734 的规定。

4.1.3 体位选择

选择患者舒适、医者便于操作的治疗体位。

4.1.4 环境要求

应注意环境清洁卫生，避免污染。

4.1.5 消毒

4.1.5.1 针具消毒：应用温针灸时所使用的针具可选择高压消毒法。可选择一次性针具。

4.1.5.2 部位消毒：应用温针灸时所采用的针刺部位可用含 75%乙醇或 0.5%～1%碘伏的棉球在施术部位由中心向外做环形擦拭。强刺激部位宜用含 0.5%～1%碘伏棉球消毒。

4.1.5.3 术者消毒：术者双手应用肥皂水清洗干净，再用含 75 %乙醇棉球擦拭。

4.2 施术方法

4.2.1 艾条灸法

4.2.1.1 悬起灸法

分温和灸、回旋灸、雀啄灸。

术者手持艾条，将艾条的一端点燃，直接悬于施灸部位之上，与之保持一定距离，使热力较为温和地作用于施灸部位。其中将艾条燃着端悬于施灸部位上距皮肤 2 cm～3 cm 处，灸至病人有温热舒适无灼痛的感觉、皮肤稍有红晕者为温和灸；将艾条燃着端悬于施灸部位上距皮肤 2 cm～3 cm 处，平行往复回旋熏灸，使皮肤有温热感而不至于灼痛者为回旋灸；将艾条燃着端悬于施灸部位上距皮肤 2 cm～3 cm 处，对准穴位，上下移动，使之像鸟雀啄食样，一起一落，忽近忽远的施灸为雀啄灸。

4.2.1.2 实按灸法

艾条的选用参见附录 A。

在施灸部位上铺设 6 层～8 层绵纸、纱布、绸布或棉布；术者手持艾条，将艾条的一端点燃，艾条燃着端对准施灸部位直按其上，停 1 s～2 s，使热力透达深部。待病人感到按灸局部灼烫、疼痛即拿开艾条。每次每穴可按 3 次～7 次，移去艾条和铺设的纸或布，见皮肤红晕为度。

4.2.2 温针灸法

首先在选定的腧穴上针刺，毫针刺入穴位得气并施行适当的补泻手法后，在留针时将 2 g～3 g 艾绒包裹于毫针针柄顶端捏紧成团状，或将 1 cm～3 cm 长短的艾条段直接插在针柄上，点燃施灸，待艾绒或艾条燃尽无热度后除去灰烬。艾灸结束，将针取出。

4.2.3 艾炷灸法

4.2.3.1 直接灸法

首先在穴位皮肤局部可以先涂增加粘附或刺激作用的液汁，如大蒜汁、凡士林、甘油等，然后将艾炷粘贴其上，自艾炷尖端点燃艾炷。

在艾炷燃烧过半，局部皮肤潮红、灼痛时术者即用镊子移去艾炷，更换另一艾炷，连续灸足应灸的壮数。因此法刺激量轻且灸后不引起化脓、不留瘢痕，故称为非化脓灸法(无瘢痕灸)。

在艾炷燃烧过半，局部皮肤潮红、灼痛时术者用手在施灸穴位的周围轻轻拍打或抓挠，以分散患者注意力，减轻施灸时的痛苦。待艾炷燃毕，即可以另一艾炷粘上，继续燃烧，直至灸足应灸的壮数。因此法刺激量重，局部组织经灸灼后产生无菌性化脓现象(灸疮)并留有瘢痕，故称为化脓灸法(瘢痕灸)。

4.2.3.2 间接灸法

将选定备好的中药材置放灸处，再把艾炷放在药物上，自艾炷尖端点燃艾炷；艾炷燃烧至局部皮肤潮红，病人有痛觉时，可将间隔药材稍许上提，使之离开皮肤片刻，旋即放下，再行灸治，反复进行。需刺激量轻者，在艾炷燃至 2/3 时即移去艾炷，或更换另一艾炷续灸，直至灸足应灸的壮数；需刺激量重者，在艾炷燃至 2/3 时术者可用手在施灸穴位的周围轻轻拍打或抓挠，以分散患者注意力，减轻施灸时的痛苦，待艾炷燃毕，再更换另一艾炷续灸，直至灸足应灸的壮数。常用间接灸参见附录 B。

4.2.4 温灸器灸法

4.2.4.1 灸架灸法

将艾条点燃后插入灸架顶孔，对准穴位固定好灸架；医者或患者可通过上下调节插入艾条的高度以调节艾灸温度，以患者感到温热略烫可耐受为宜；灸毕移去灸架，取出艾条并熄灭。灸架参见附录 C。

4.2.4.2 灸筒灸法

首先取出灸筒的内筒，装入艾绒后安上外筒，点燃内筒中央部的艾绒，放置室外，待灸筒外面热烫而艾烟较少时，盖上顶盖取回。医生在施灸部位上隔 8 层～10 层棉布或纱布，将灸筒放置其上，以患者感到舒适，热力足而不烫伤皮肤为宜；灸毕移去灸筒，取出灸艾并熄灭灰烬。灸筒参见附录 C。

4.2.4.3 灸盒灸法

将灸盒安放于施灸部位的中央，点燃艾条段或艾绒后，置放于灸盒内中下部的铁纱上，盖上盒盖。灸至病人有温热舒适无灼痛的感觉、皮肤稍有红晕为度。如病人感到灼烫，可略掀开盒盖或抬起灸盒，使之离开皮肤片刻，旋即放下，再行灸治，反复进行，直至灸足应灸量；灸毕移去灸盒，取出灸艾并熄灭灰烬。灸盒参见附录 C。

4.3 施术后处理

施灸后，皮肤多有红晕灼热感，不需处理，可自行消失。

灸后如对表皮基底层以上的皮肤组织造成灼伤可发生水肿或水泡。如水泡直径在 1 cm 左右，一般不需任何处理，待其自行吸收即可；如水泡较大，可用消毒针剪刺破或剪开泡皮放出水泡内容物，并剪去泡皮，暴露被破坏的基底层，涂搽消炎膏药以防止感染，创面的无菌脓液不必清理，直至结痂自愈。灸泡皮肤可以在 5 d～8 d 内结痂并自动脱落，愈后一般不留瘢痕。

灸后有时会破坏皮肤基底层或真皮组织，发生水肿、溃烂、体液渗出，甚至形成无菌性化脓。轻者仅破坏皮肤基底层，受损伤的皮肤在 7 d～20 d 内结痂并自动脱落，留有永久性浅在瘢痕；重者真皮组织被破坏，创面在 20 d～50 d 结厚痂自动脱落，愈后留有永久性瘢痕，即古代医著所记载的灸疮。在灸疮化脓期间，不宜从事体力劳动，要注意休息，严防感染。若感染发生，轻度发红或红肿，可在局部作消炎处理，一般短时间内可消失；如出现红肿热痛且范围较大，在上述处理的同时口服或外用消炎药物；化脓部位较深，则应请外科医生协助处理。

5 注意事项

5.1 艾灸火力应先小后大，灸量先少后多，程度先轻后重，以使病人逐渐适应。艾灸具体灸量、艾灸治疗时间及疗程参见附录D。

5.2 需采用瘢痕灸时，应先征得患者同意。

5.3 直接灸操作部位应注意预防感染。

5.4 注意晕灸的发生。如发生晕灸现象，处理办法参见附录D。

5.5 患者在精神紧张、大汗后、劳累后或饥饿时不适宜应用本疗法。

5.6 注意防止艾灰脱落或艾炷倾倒而烫伤皮肤或烧坏衣被。尤其幼儿患者更应认真守护观察，以免发生烫伤。艾条灸毕后，应将剩下的艾条套入灭火管内或将燃头浸入水中，以彻底熄灭，防止再燃。如有绒灰脱落床上，应清扫干净，以免复燃烧坏被褥等物品。

6 禁忌

6.1 颜面、心前区、大血管部和关节、肌腱处不可用瘢痕灸；乳头、外生殖器官不宜直接灸。

6.2 中暑、高血压危象、肺结核晚期大量咯血等不宜使用艾灸疗法。

6.3 妊娠期妇女腰骶部和少腹部不宜用瘢痕灸。

附　录　A
（资料性附录）
常用艾条

A.1　清艾条

取纯净艾绒 20 g～30 g，用棉皮纸等包裹卷成圆柱形长条。

A.2　普通药艾条

取肉桂、干姜、木香、独活、细辛、白芷、雄黄、苍术、没药、乳香、川椒各等份，研成细末。将药末混入艾绒中，每支艾条加药末 6 g。

A.3　太乙神针

其药物配方历代医家记载各异。近代处方为：人参 250 g，参三七 250 g，山羊血 62.5 g，千年健 500 g，钻地风 500 g，肉桂 500 g，川椒 500 g，乳香 500 g，没药 500 g，炮甲 250 g，小茴香 500 g，蕲艾 2 000 g，甘草 1 000 g，防风 2 000 g，人工麝香少许，经加工炮制后共研为末，将药末混入艾绒中，每支艾条加药末 25 g。

A.4　雷火神针

其药物配方历代医家记载各异。近代处方为：沉香、木香、乳香、茵陈、羌活、干姜、炮甲各 9 g，人工麝香少许，经加工炮制后共研为末，将药末混入 94 g 艾绒，用棉皮纸卷成圆柱形长条，外涂鸡蛋清，以桑皮纸厚糊 6 层～7 层，阴干勿令泄气，待用。

附 录 B
（资料性附录）
常用间接灸

B.1 隔姜灸

用鲜姜切成直径大约 2 cm～3 cm、厚约 0.4 cm～0.6 cm 的薄片，中间以针刺数孔，然后置于应灸的腧穴部位或患处，再将艾炷放在姜片上点燃施灸。当艾炷燃尽，易炷再灸，直至灸完应灸的壮数。常用于因寒而导致的呕吐、腹痛、腹泻及风寒痹痛等。

B.2 隔蒜灸

用鲜大蒜头，切成厚 0.3 cm～0.5 cm 的薄片，中间以针刺数孔，然后置于应灸腧穴部位或患处，再将艾炷放在蒜片上点燃施灸。当艾炷燃尽，易炷再灸，直至灸完应灸的壮数。此法多用于治疗瘰疬、肺结核及初起的肿疡等。

B.3 隔盐灸

用纯净的食盐填敷于脐部，或于盐上再置一薄姜片，上置大艾炷施灸。当艾炷燃尽，易炷再灸，直至灸完应灸的壮数。此法多用于治疗伤寒阴证或吐泻并作、中风脱证等。

B.4 隔附子饼灸

将附子研成粉末，用酒调和做成直径 0.2 cm～0.3 cm、厚 0.5 cm～0.8 cm 的薄饼，中间以针刺数孔，然后置于应灸的腧穴部位或患处，再将艾炷放在附子饼上点燃施灸。当艾炷燃尽，易炷再灸，直至灸完应灸的壮数。多用于治疗命门火衰而致的阳痿、早泄或疮疡久溃不敛等。

B.5 隔椒饼灸

用白胡椒末加面粉和水，制成直径 0.2 cm～0.3 cm、厚 0.5 cm～0.8 cm 薄饼。饼的中心放置药末（丁香、肉桂、人工麝香等）少许，然后置于应灸的腧穴部位或患处，再将艾炷放在椒饼上点燃施灸。当艾炷燃尽，易炷再灸，直至灸完应灸的壮数。多用于风湿痹痛及局部麻木不仁。

B.6 隔豉饼灸

用黄酒将淡豆豉末调和，制成直径 0.2 cm～0.3 cm、厚 0.5 cm～0.8 cm 薄饼，中间以针刺数孔，然后置于应灸的腧穴部位或患处，再将艾炷放在豉饼上点燃施灸。当艾炷燃尽，易炷再灸，直至灸完应灸的壮数。多用于痈疽发背初起，或溃后久不收口。

B.7 隔黄土灸

用水调黄土，制成直径 0.2 cm～0.3 cm、厚 0.5 cm～0.8 cm 薄饼，贴在应灸腧穴或患处，再将艾炷放在黄土饼上点燃施灸。当艾炷燃尽，易炷再灸，直至灸完应灸的壮数。用于发背疔疮初起、白癣、湿疹等。

附　录　C
（资料性附录）
常用温灸器

C.1　灸架

一种特制的圆桶形塑料制灸具，四面镂空，顶部中间有一置放和固定艾条的圆孔，灸架内中下部距底边 3 cm～4 cm 安装铁窗纱一块。灸架两边有一底袢，另有一根橡皮带和一灭火管。施灸时将艾条点燃后插入孔中，以可上下自由移动为度，再将灸架固定在某一穴位上，用橡皮带套在灸架两边的底袢上，即可固定而不脱落；升降艾条调节距离，以微烫而不疼痛为适中。灸治完毕后，将剩余艾条插入灭火管中。

C.2　灸筒

由内筒和外筒两部分相套而成，均用 2 cm～5cm 厚的铁片或铜片制成。内筒和外筒的底、壁均有孔，外筒上用一活动顶盖扣住，内筒安置一定的架位，使内筒与外筒的间距固定。外筒上安置有一手柄便于把持。点燃放入内筒的艾绒，将内筒放回外筒，盖上顶盖，即可使用。

C.3　灸盒

一种特制的木制长方形的盒形灸具。灸盒下面无底，上面有一可随时取下的与灸盒外径大小相同的盒盖，灸盒内中下部距底边 4 cm～6 cm 安装铁窗纱一块。施灸时把灸盒安放于施灸部位，将点燃的艾绒或艾条置于铁纱上，盖上盒盖即可。

附 录 D
（资料性附录）
艾灸量、治疗时间及疗程、晕灸的处理办法

D.1 艾灸量

艾灸量是运用艾灸治疗时所用艾量以及局部达到的温热程度，不同的灸量产生不同的治疗效果。艾炷灸的灸量一般以艾炷的大小和壮数的多少计算，炷小、壮数少则量小，炷大、壮数多则量大；艾条温和灸、温灸器灸则以时间计算；艾条实按灸是以熨灸的次数计算。

艾灸部位如在头面胸部、四肢末端皮薄而多筋骨处，灸量宜小；在腰腹部、肩及两股等皮厚而肌肉丰满处，灸量可大。

病情如属沉寒痼冷、阳气欲脱者，灸量宜大；若属外感、痈疽痹痛，则应掌握适度，以灸量小为宜。

凡体质强壮者，可灸量大；久病、体质虚弱、老年和小儿患者，灸量宜小。

D.2 艾灸治疗时间及疗程

每次施灸时间 10 min～ 40 min，依病症辨证确定。5 次～15 次可为一个疗程。瘢痕灸一次间隔 6 d～10 d。

D.3 晕灸的处理办法

若发生晕灸后应立即停止艾灸，使患者头低位平卧，注意保暖，轻者一般休息片刻，或饮温开水后即可恢复；重者可掐按人中、内关、足三里即可恢复；严重时按晕厥处理。

ICS 11.020
C 05

中华人民共和国国家标准

GB/T 21709.2—2008

针灸技术操作规范　第2部分：头针

Standardized manipulations of acupuncture and moxibustion—Part 2：Scalp acupuncture

2008-04-23 发布　　　　2008-07-01 实施

中华人民共和国国家质量监督检验检疫总局
中国国家标准化管理委员会　发布

前　言

GB/T 21709《针灸技术操作规范》分为21个部分：
——第1部分：艾灸；
——第2部分：头针；
——第3部分：耳针；
——第4部分：三棱针；
——第5部分：拔罐；
——第6部分：穴位注射；
——第7部分：皮肤针；
——第8部分：皮内针；
——第9部分：穴位贴敷；
——第10部分：穴位埋线；
——第11部分：电针；
——第12部分：火针；
——第13部分：芒针；
——第14部分：鍉体；
——第15部分：眼针；
——第16部分：鼻针；
——第17部分：口唇针；
——第18部分：腹针；
——第19部分：腕踝针；
——第20部分：毫针基本刺法；
——第21部分：毫针针刺手法。

本部分为GB/T 21709的第2部分。

本部分的附录B为规范性附录，附录A为资料性附录。

本部分由国家中医药管理局提出。

本部分由中国针灸学会归口。

本部分负责起草单位：长春中医药大学。

本部分参加起草单位：北京中医药大学、辽宁中医药大学、山东中医药大学。

本部分起草人：王富春、刘清国、严兴科、裴景春、高树中、王洪峰、高颖。

引　言

一般标准中所涉及的长度、宽度的计量都要求采用国际单位制，但是人体高矮胖瘦的差异很大，无法采用绝对的标准值描述针灸腧穴部位，只有通过等分折量的方法——骨度折量法描述腧穴部位，才能适用于所有人群和所有个体。1987 年世界卫生组织在韩国汉城召开的国际会议上被确定采用“寸”作为针灸经穴标准计量单位。因此，本部分的腧穴定位采用这种计量单位。

针灸技术操作规范　第2部分：头针

1　范围

GB/T 21709 的本部分规定了头针的术语和定义、操作步骤与要求、操作方法、注意事项与禁忌。

本部分适用于头针技术操作。

2　术语和定义

下列术语和定义适用于 GB/T 21709 的本部分。

2.1

头针　scalp acupuncture

在头皮特定部位针刺的治疗方法，又称头皮针。

2.2

平刺法　transverse needling

进针时，针体和头皮穴线皮肤呈 15°角左右刺入的刺法，又称沿皮刺或横刺法。

3　操作步骤与要求

3.1　施术前准备

3.1.1　针具选择

应根据病情和操作部位选择不同型号的毫针。应选择针身光滑、无锈蚀和折痕，针柄牢固，针尖锐利、无倒钩的针具。

3.1.2　穴线选择

应根据疾病选用不同头针穴线治疗，头针穴线定位、主治参见附录 A。

3.1.3　体位选择

应选择患者舒适、医者便于操作的治疗体位为宜。

3.1.4　环境要求

应注意环境清洁卫生，避免污染。

3.1.5　消毒

3.1.5.1　针具消毒

应选择高压消毒法。宜选择一次性毫针。

3.1.5.2　部位消毒

应选用 75％乙醇的棉球或棉签在施术部位由中心向外环行擦拭。

3.1.5.3　术者消毒

医者双手应用肥皂水清洗干净，再用 75％乙醇消毒棉球擦拭。

3.2　施术方法

3.2.1　进针角度

一般宜在针体与皮肤成 30°角左右进针，然后平刺进入穴线内。

3.2.2　快速进针

将针迅速刺入皮下，当针尖达到帽状腱膜下层时，指下感到阻力减小，然后使针与头皮平行，根据不同穴线刺入不同深度。

3.2.3 进针深度

进针深度宜根据患者具体情况和处方要求决定。一般情况下，针刺入帽状腱膜下层后，使针体平卧，进针 3 cm 左右为宜。

3.2.4 行针

3.2.4.1 捻转

在针体进入帽状腱膜下层后，术者肩、肘、腕关节和拇指固定不动，以保持毫针相对固定。食指第一、二节呈半屈曲状，用食指第一节的桡侧面与拇指第一节的掌侧面持住针柄，然后食指掌指关节作伸屈运动，使针体快速旋转，要求捻转频率在 200 次/min 左右，持续 2 min～3 min。

3.2.4.2 提插

手持毫针沿皮刺入帽状腱膜下层，将针向内推进 3 cm 左右，保持针体平卧，用拇、食指紧捏针柄，进行提插，指力应均匀一致，幅度不宜过大，如此反复操作，持续 3 min～5 min 左右。提插的幅度与频率视患者的病情而定。

3.2.4.3 弹拨针柄

在头针留针期间，可用手指弹拨针柄，用力宜适度，速度不宜过快。一般可用于不宜过强刺激之患者。

3.2.5 留针

3.2.5.1 静留针

在留针期间不再施行任何针刺手法，让针体安静而自然地留置在头皮内。一般情况下，头针留针时间宜在 15 min～30 min。如症状严重、病情复杂，病程较长者，可留针 2h 以上。

3.2.5.2 动留针

在留针期间内，间歇重复施行相应手法，以加强刺激，在较短时间内获得即时疗效。一般情况下，在 15 min～30 min 内，宜间歇行针 2 次～3 次，每次 2 min 左右。

3.2.6 出针

先缓慢出针至皮下，然后迅速拔出，拔针后必须用消毒干棉球按压针孔，以防出血。

3.2.7 施术异常情况的处理

头针施术过程或施术后，如出现晕针、滞针、弯针、断针或血肿时，附录 B 给出了具体的处理方法。

4 注意事项

4.1 留针应注意安全，针体应稍露出头皮，不宜碰触留置在头皮下的毫针，以免折针、弯针。如局部不适，可稍稍退出 0.1 寸～0.2 寸左右。对有严重心脑血管疾病而需要长期留针者，应加强监护，以免发生意外。

4.2 对精神紧张、过饱、过饥者应慎用，不宜采取强刺激手法。

4.3 头发较密部位常易遗忘所刺入的毫针，起针时需反复检查。

4.4 头针长时间留针，并不影响肢体活动，在留针期间可嘱患者配合运动，有提高临床疗效的作用。

5 禁忌

5.1 囟门和骨缝尚未骨化的婴儿。

5.2 头部颅骨缺损处或开放性脑损伤部位，头部严重感染、溃疡、瘢痕者。

5.3 患有严重心脏病，重度糖尿病，重度贫血、急性炎症和心力衰竭者。

5.4 中风患者，急性期如因脑血管意外引起有昏迷、血压过高时，暂不宜用头针治疗，须待血压和病情稳定后方可做头针治疗。

附 录 A
（资料性附录）
头针穴名国际标准化方案

A.1 头针穴名国际标准化方案

A.1.1 MS1 Ezhongxian 额中线

Middle Line Of Forehead,1 cun long from Shenting (DU24) straight downward along the meridian

A.1.2 MS2 Epangxian Ⅰ 额旁1线

Line 1 Lateral to Forehead,1 cun long from Meichong(BL3)straight downward along the meridian

A.1.3 MS3 Epangxian Ⅱ 额旁2线

Ling 2 lateral to Forehead,1 cun long from TouLinQi(GB15)straight downward along the meridian

A.1.4 MS4 Epangxian Ⅲ 额旁3线

Line 3 Lateral to Forehead, 1 cun long from the point 0.75 cun medial toTouwei (ST8) straight downward

A.1.5 MS5 Dingzhongxian 顶中线

Middle line of Vertex,From Baihui (DU20) to Qianding (DU21) along the midline of head

A.1.6 MS6 Dingnie Qianxiexian 顶颞前斜线

Anterior Oblique Line of Vertex-Temporal,From Qianding (DU21) oblique to Xuanli(GB6)

A.1.7 MS7 Dingnie Houxiexian 顶颞后斜线

Posterior Oblique Line of Vertex-Temporal,From Baihui (DU20) obliquely to Qubin (GB7)

A.1.8 MS8 Dingpangxian Ⅰ 顶旁1线

line 1 Lateral to Vertex,1.5 cun long lateral to Middle line of vertex,1.5cun long from Chenguang(BL6) backward along the meridan

A.1.9 MS9 Dingpangxian Ⅱ 顶旁2线

Line 2 Lateral to Vertex,2.25 cun lateral to middle line of vertex,1.5 cun long from Zhengying (GB17) backward along the meridian

A.1.10 MS10 Nieqianxian 颞前线

Anterior Temporal Line,From Hanyan(GB4) to XuanLi (GB6)

A.1.11 MS11 Niehouxian 颞后线

Posterior Temporal Line,From Shuaigu(GB8) to Qubin (GB7)

A.1.12 MS12 Zhengshang Zhengzhong xian 枕上正中线

Upper-Middle Line of Occiput,From Qianjian(DU18) to Naohu(DU17)

A.1.13 MS13 Zhengshang Pangxian 枕上旁线

Upper-Middle Line of Occiput,0.5 cun Lateral and parallel to Upper-Middle Line of Occiput

A.1.14 MS14 Zhengxia Pangxian 枕下旁线

Lower-Lateral Line of Occiput,2 cun long from Yuzhen(BL9) straight downward

A.2 定位与主治

A.2.1 额区(参见图 A.1)

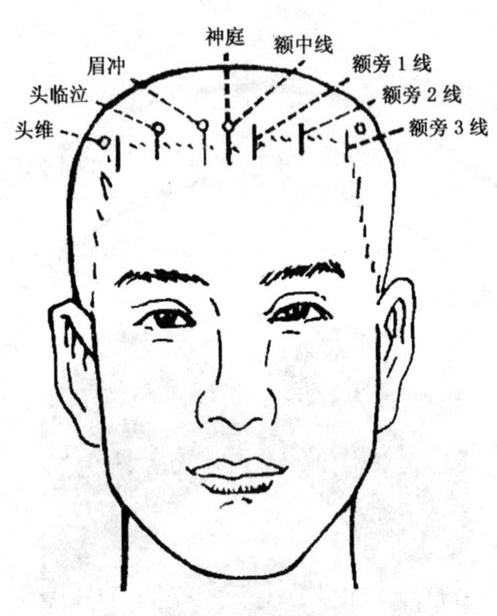

图 A.1 头正面头针穴线图示

A.2.1.1 额中线

A.2.1.1.1 定位:在额部正中,前发际上下各0.5寸,即自神庭穴(DU24)向下针1寸,属督脉。

A.2.1.1.2 主治:头痛、强笑、自哭、失眠、健忘、多梦、癫狂痫、鼻病等。

A.2.1.2 额旁1线

A.2.1.2.1 定位:在额部,额中线外侧直对目内眦角,发际上下各半寸,即自眉冲穴(BL2)沿经向下刺1寸,属足太阳膀胱经。

A.2.1.2.2 主治:冠心病、心绞痛、支气管哮喘、支气管炎、失眠等上焦病证。

A.2.1.3 额旁2线

A.2.1.3.1 定位:在额部,额旁1线的外侧,直对瞳孔,发际上下各半寸,即自头临泣(GB15)向下针1寸,属足少阳胆经。

A.2.1.3.2 主治:急慢性胃炎、胃十二指肠溃疡、肝胆疾病等中焦病证。

A.2.1.4 额旁3线

A.2.1.4.1 定位:在额部,额旁2线的外侧,自头维穴(ST8)的内侧0.75寸处,发际上下各0.5寸,共1寸,属足少阳胆经与足阳明胃经之间。

A.2.1.4.2 主治:功能性子宫出血、阳痿、遗精、子宫脱垂、尿频、尿急等下焦病证。

A.2.2 顶区(参见图A.2、图A.3、图A.4)

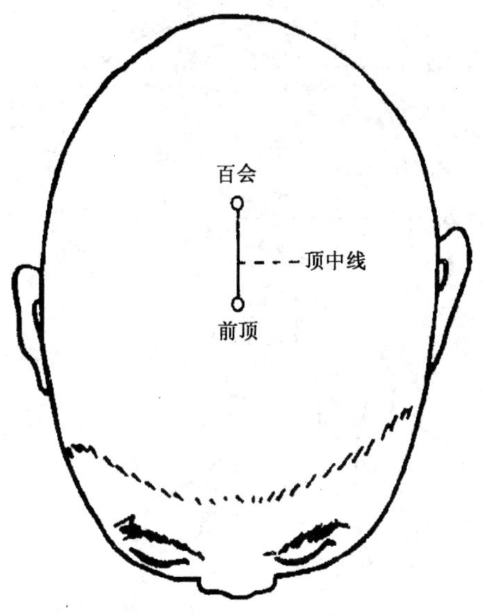

图A.2 头顶头针穴线图示

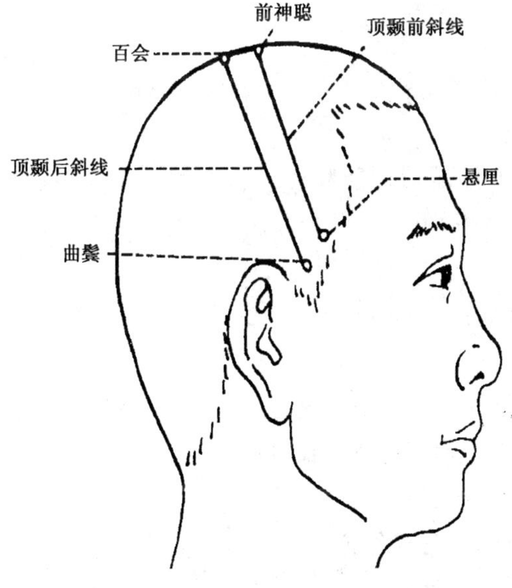

图A.3 头侧面头针穴线图示(一)

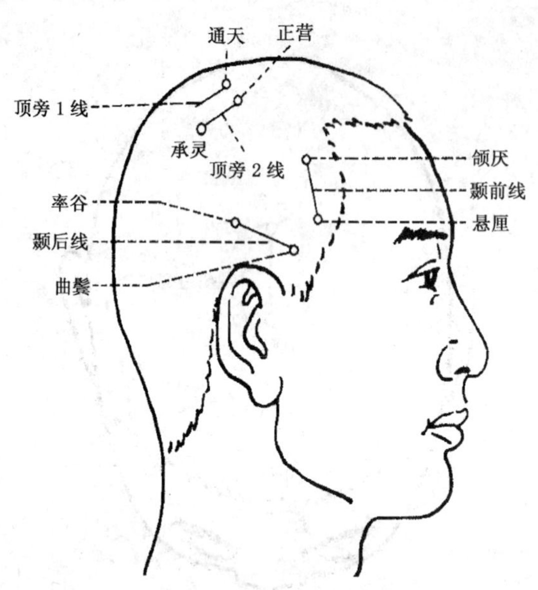

图 A.4 头侧面头针穴线图示(二)

A.2.2.1 顶中线

A.2.2.1.1 定位:在头顶正中线上,自百会穴(DU20)向前1.5寸至前顶穴(DU21),属督脉。

A.2.2.1.2 主治:腰腿足病证,如瘫痪、麻木、疼痛、皮层性多尿、小儿夜尿、脱肛、胃下垂、子宫脱垂、高血压、头顶痛等。

A.2.2.2 顶颞前斜线

A.2.2.2.1 定位:在头部侧面,从前顶穴(DU21)至悬厘穴(GB6)的连线,此线斜穿足太阳膀胱经、足少阳胆经。

A.2.2.2.2 主治:对侧肢体中枢性运动功能障碍。将全线分5等分,上1/5治疗对侧下肢中枢性瘫痪;中2/5治疗对侧上肢中枢性瘫痪;下2/5治疗对侧中枢性面瘫、运动性失语、流涎、脑动脉硬化等。

A.2.2.3 顶颞后斜线

A.2.2.3.1 定位:在头部侧面,从百会穴(DU20)至曲鬓穴(GB7)的连线。此线斜穿督脉、足太阳膀胱经和足少阳胆经。

A.2.2.3.2 主治:对侧肢体中枢性感觉障碍。将全线分成5等分,上1/5治疗对侧下肢感觉异常;中2/5治疗对侧上肢感觉异常;下2/5治疗对侧头面部感觉异常。

A.2.2.4 顶旁1线

A.2.2.4.1 定位:在头顶部,顶中线左右各旁开1.5寸的两条平行线,自承光穴 (BL6)起向后针1.5寸,属足太阳膀胱经。

A.2.2.4.2 主治:腰腿足病证,如瘫痪、麻木、疼痛等。

A.2.2.5 顶旁2线

A.2.2.5.1 定位:在头顶部,顶旁1线的外侧,两线相距0.75寸,距正中线2.25寸,自正营穴(GB17)起沿经线向后针1.5寸,属足少阳胆经。

A.2.2.5.2 主治:肩、臂、手病证,如瘫痪、麻木、疼痛等。

A.2.3 颞区(参见图 A.4、图 A.5)

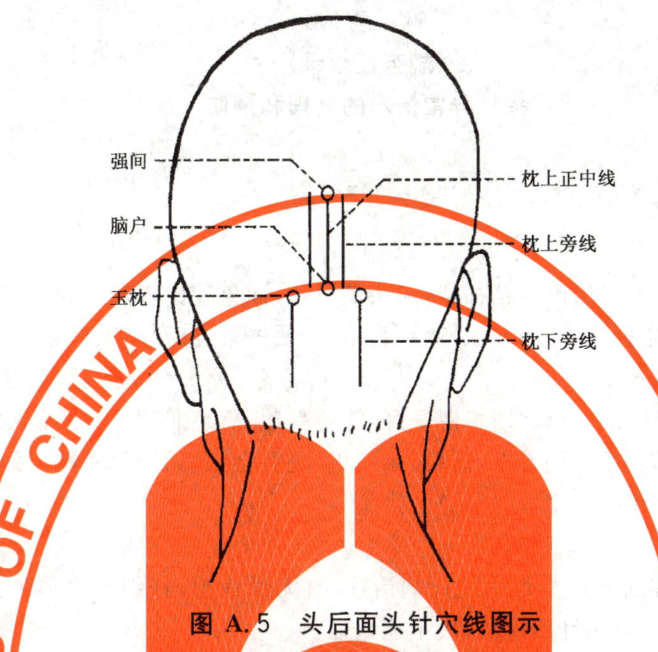

图 A.5 头后面头针穴线图示

A.2.3.1 颞前线

A.2.3.1.1 定位:在头部侧面,颞部两鬓内,从额角下部向前发际处颔厌穴(GB4)到悬厘穴(GB7),属足少阳胆经。

A.2.3.1.2 主治:偏头痛、运动性失语、周围性面神经麻痹及口腔疾病等。

A.2.3.2 颞后线

A.2.3.2.1 定位:在头部侧面,颞部耳上方,耳尖直上自率谷穴(GB8)到曲鬓穴(GB7),属足少阳胆经。

A.2.3.2.2 主治:偏头痛、眩晕、耳聋、耳鸣等。

A.2.4 枕区

A.2.4.1 枕上正中线

A.2.4.1.1 定位:在枕部,枕外粗隆上方正中的垂直线。自强间穴(DU18)至脑户穴(DU17),属督脉。

A.2.4.1.2 主治:眼病。

A.2.4.2 枕上旁线

A.2.4.2.1 定位:在枕部,枕上正中线平行向外 0.5 寸。

A.2.4.2.2 主治:皮层性视力障碍、白内障、近视眼、目赤肿痛等眼病。

A.2.4.3 枕下旁线

A.2.4.3.1 定位:在枕部,从膀胱经玉枕穴(BL9),向下引一直线,长 2 寸,属足太阳膀胱经。

A.2.4.3.2 主治:小脑疾病引起的平衡障碍、后头痛、腰背两侧痛。

附 录 B
（规范性附录）
头针异常情况的处理和预防

B.1 晕针

B.1.1 临床表现

在头针操作过程中，患者突然出现精神疲倦，头晕目眩，面色苍白，恶心欲吐，多汗、心慌，四肢发冷，血压下降，脉象沉细，或神志昏迷，扑倒在地，唇甲青紫，二便失禁，脉微细欲绝。

B.1.2 处理方法

应立即停止针刺，将针全部起出。使患者平卧，注意保暖，轻者仰卧片刻，给饮温开水或糖水，即可恢复。重者在上述处理基础上，可刺人中、内关、足三里、灸百会、关元、气海等穴，即可恢复，若仍不省人事，呼吸微弱者，可考虑配合其他治疗，采用急救措施。

B.1.3 预防措施

B.1.3.1 对初诊患者要详细询问是否作过针刺治疗，有无晕针史，仔细审察体质强弱，预先做好有关治疗的解释工作。对不愿进行头针治疗者，决不能勉强。

B.1.3.2 有晕针史者，应选择舒适持久的体位，最好采用卧位，选穴宜少，一般不作强刺激手法，可沿皮浅刺而不留针，即便必须用强刺激手法，其频率、幅度、用力程度宜适当，要在患者能耐受的情况下，逐步使其有一个适应过程。

B.1.3.3 饥饿、劳累、过饱、醉酒时，不应采用头针治疗。

B.1.3.4 医者在针刺治疗过程中，要精神集中，随时注意观察患者的神色，询问患者的感觉，一旦有不适等晕针先兆，可及早采取处理措施，防患于未然。

B.2 滞针

B.2.1 临床表现

滞针在头针治疗中常易发生。针刺入头皮以后，医者感觉针下涩滞，捻转、提插、出针均感困难而患者则感觉痛剧。

B.2.2 处理方法

发生滞针后，应适当延长留针时间，嘱患者身心放松，并在针体周围轻柔按摩。

B.2.3 预防措施

滞针主要发生于单向快速捻转的情况下。临床上，要注意手法用力均匀和适当，避免用蛮力，避免单向捻转。

B.3 弯针和断针

B.3.1 临床表现

针体在头穴内、外发生弯曲或折断。

B.3.2 处理方法

出现弯针和断针后，不能再行提插、捻转等手法。如针柄轻微弯曲，应慢慢将针起出，若弯曲角度过大时，应顺着弯曲方向将针起出。切忌强行拔针，以免将针体折断，留在体内。如果已经发生断针，若尚有残端显露于体表外，可用手或镊子将针起出。若断端与皮肤相平或稍凹陷于体内者，可用左手拇、食二指垂直向下挤压针孔两旁，使断针暴露体外，右手持镊子将针取出，若断针完全深入皮下，应在X线下定位，手术取出。

B.3.3 预防措施

应认真检查针具质量，凡有折痕，锈蚀的毫针绝不能使用。另外，在留针和行针过程中，应嘱咐患者避免针柄被外力碰触，以防发生弯针和断针。

B.4 血肿

B.4.1 临床表现

由于头皮部血管丰富，常易发生进针、留针时局部疼痛和出针后皮下出血，而引起的肿痛，称为血肿。

B.4.2 处理方法

若微量的皮下出血而局部小块青紫时，一般不必处理，可以自行消退。若局部肿胀疼痛较剧，青紫面积大，应先作冷敷止血后，再做热敷或在局部轻轻揉按，以促使局部瘀血消散吸收。

B.4.3 预防措施

仔细检查针具，熟悉人体头部的解剖学位置关系，避开血管针刺，出针时立即用消毒干棉球揉按压迫针孔。对于容易出血的患者，出针宜轻快，并马上按压针孔，少留针或不留针。

ICS 11.020
C 05

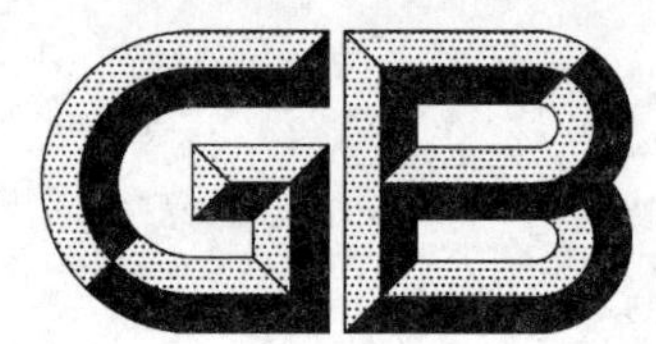

中华人民共和国国家标准

GB/T 21709.3—2008

针灸技术操作规范 第3部分:耳针

Standardized manipulations of acupuncture and moxibustion—Part 3:Ear acupuncture

2008-04-23 发布 2008-07-01 实施

中华人民共和国国家质量监督检验检疫总局
中国国家标准化管理委员会 发布

前　　言

GB/T 21709《针灸技术操作规范》分为21个部分：

——第1部分：艾灸；
——第2部分：头针；
——第3部分：耳针；
——第4部分：三棱针；
——第5部分：拔罐；
——第6部分：穴位注射；
——第7部分：皮肤针；
——第8部分：皮内针；
——第9部分：穴位贴敷；
——第10部分：穴位埋线；
——第11部分：电针；
——第12部分：火针；
——第13部分：芒针；
——第14部分：鍉体；
——第15部分：眼针；
——第16部分：鼻针；
——第17部分：口唇针；
——第18部分：腹针；
——第19部分：腕踝针；
——第20部分：毫针基本刺法；
——第21部分：毫针针刺手法。

本部分为GB/T 21709的第3部分。

本部分的附录A为资料性附录。

本部分由国家中医药管理局提出。

本部分由中国针灸学会归口。

本部分负责起草单位：天津中医药大学。

本部分参加起草单位：河北医科大学中医学院、北京中医药大学。

本部分主要起草人：李桂兰、郭义、陈泽林、贾春生、刘清国、李庆雯、陈爽白。

本部分参加起草人：李桂华、王红、潘兴芳、高旸、曹世强、刘学芬、尚秀葵、魏连海、董洪英、付均茹、李欣明、闫丽娟。

针灸技术操作规范 第3部分:耳针

1 范围

GB/T 21709的本部分规定了耳针的术语和定义、操作步骤与要求、注意事项与禁忌。

本部分适用于耳针技术操作。

2 术语和定义

下列术语和定义适用于GB/T 21709的本部分。

2.1

耳针 ear acupuncture

使用一定方法刺激耳穴以防治疾病的一类方法。

2.2

耳穴毫针法 ear acupuncture therapy

使用毫针刺入耳穴以防治疾病的一种方法。

2.3

耳穴压丸法 ear plaster therapy

使用一定丸状物贴压耳穴以防治疾病的一种方法。

2.4

耳穴埋针法 ear needle-embedding therapy

使用揿针埋入耳穴以防治疾病的一种方法。

2.5

耳穴刺血法 ear bloodletting pricking therapy

使用一定针具点刺耳穴出血以防治疾病的一种方法。

3 操作步骤与要求

3.1 施术前准备

3.1.1 针具及压丸选择

针具针身应光滑、无锈蚀,针尖应锐利、无倒钩。压丸应大小适宜、不易碎、无毒。

3.1.2 耳穴选择

根据病情选择耳穴。

3.1.3 体位选择

选择患者舒适、医者便于操作的体位。

3.1.4 环境要求

应注意环境清洁卫生,避免污染。

3.1.5 消毒

3.1.5.1 针具消毒:应选择高压消毒法。宜选择一次性针具。

3.1.5.2 部位消毒:应用75%乙醇或碘伏在施术部位擦拭。

3.1.5.3 医者消毒:医者双手应用肥皂水清洗干净,再用75%乙醇擦拭。

3.2 施术方法

3.2.1 耳穴毫针法

医者一手固定耳郭，另一手拇、食、中指持针刺入耳穴。针刺方向视耳穴所在部位灵活掌握，针刺深度宜0.1 cm～0.3 cm，以不穿透对侧皮肤为度。针刺手法与留针时间应视患者的病情、体质及耐受度综合考虑。宜留针15 min～30 min，留针期间宜间断行针1次～2次。出针时一手固定耳郭，另一手将针拔出，应用无菌干棉球或棉签按压针孔。

3.2.2 耳穴压丸法

医者一手固定耳郭，另一手用镊子夹取耳穴压丸贴片贴压耳穴并适度按揉，根据病情嘱患者定时按揉。宜留置2 d～4 d。耳穴压丸贴片制备参见附录A。

3.2.3 耳穴埋针法

医者一手固定耳郭，另一手用镊子或止血钳夹住揿针针柄刺入耳穴，用医用胶布固定并适度按压，根据病情嘱患者定时按压。宜留置1 d～3 d后取出揿针，应消毒埋针部位。

3.2.4 耳穴刺血法

刺血前宜按摩耳郭使所刺部位充血。医者一手固定耳郭，另一手持针点刺耳穴，挤压使之适量出血。施术后以无菌干棉球或棉签压迫止血并消毒刺血部位。

4 注意事项

4.1 施术部位应防止感染。

4.2 紧张、疲劳、虚弱患者宜卧位针刺以防晕针。

4.3 湿热天气，耳穴压丸、耳穴埋针留置时间不宜过长，耳穴压丸宜2 d～3 d，耳穴埋针宜1 d～2 d。

4.4 耳穴压丸、耳穴埋针留置期间应防止胶布脱落或污染。对普通胶布过敏者宜改用脱敏胶布。

4.5 耳穴刺血施术时，医者避免接触患者血液。

4.6 妊娠期间慎用耳针。

5 禁忌

5.1 脓肿、溃破、冻疮局部的耳穴禁用耳针。

5.2 凝血机制障碍患者禁用耳穴刺血法。

附　录　A
（资料性附录）
耳穴压丸贴片的制备

将医用胶布剪成约0.6 cm×0.6 cm大小，上置压丸制成耳穴压丸贴片。压丸直径约0.2 cm，应清洗消毒，宜选用植物种籽，如王不留行、白芥子、急性子、莱菔子、油菜籽等；或选用聚苯珠、磁珠等。目前，临床上广泛使用的是王不留行和磁珠。

ICS 11.020
C 05

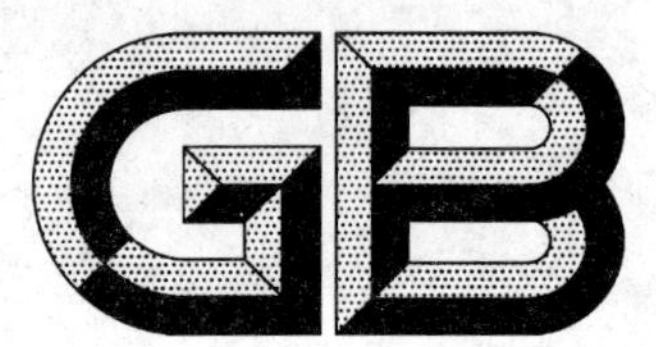

中华人民共和国国家标准

GB/T 21709.4—2008

针灸技术操作规范 第4部分:三棱针

Standardized manipulations of acupuncture and moxibustion—
Part 4:Three-edged needle

2008-04-23 发布 2008-07-01 实施

中华人民共和国国家质量监督检验检疫总局
中国国家标准化管理委员会 发布

前　言

GB/T 21709《针灸技术操作规范》分为 21 个部分：

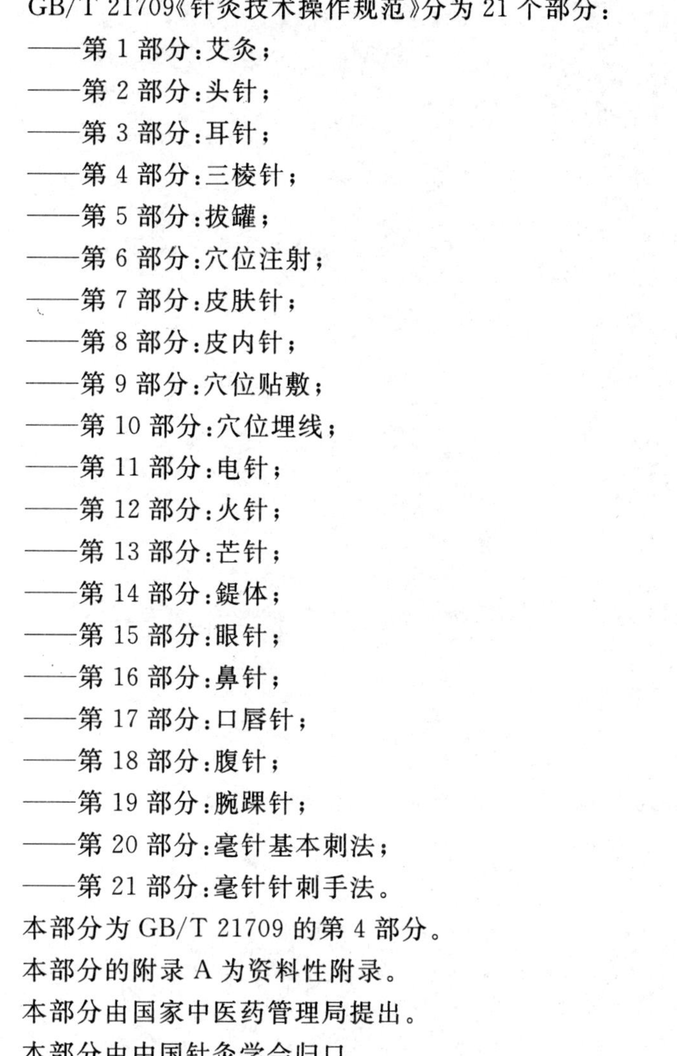

——第 1 部分：艾灸；

——第 2 部分：头针；

——第 3 部分：耳针；

——第 4 部分：三棱针；

——第 5 部分：拔罐；

——第 6 部分：穴位注射；

——第 7 部分：皮肤针；

——第 8 部分：皮内针；

——第 9 部分：穴位贴敷；

——第 10 部分：穴位埋线；

——第 11 部分：电针；

——第 12 部分：火针；

——第 13 部分：芒针；

——第 14 部分：鍉体；

——第 15 部分：眼针；

——第 16 部分：鼻针；

——第 17 部分：口唇针；

——第 18 部分：腹针；

——第 19 部分：腕踝针；

——第 20 部分：毫针基本刺法；

——第 21 部分：毫针针刺手法。

本部分为 GB/T 21709 的第 4 部分。

本部分的附录 A 为资料性附录。

本部分由国家中医药管理局提出。

本部分由中国针灸学会归口。

本部分负责起草单位：天津中医药大学。

本部分参加起草单位：辽宁中医药大学、北京中医药大学。

本部分主要起草人：郭义、陈泽林、李桂兰、裴景春、刘清国。

本部分参加起草人：孟向文、王卫、郭永明、陆彤、王立存、任秀君、卞景芝、王秀云、周志良、图娅、车永哲、丁晶、陈爽白。

针灸技术操作规范　第4部分:三棱针

1　范围

GB/T 21709的本部分规定了三棱针的术语和定义、操作步骤与要求、注意事项与禁忌。

本部分适用于三棱针技术操作。

2　规范性引用文件

下列文件中的条款通过GB/T 21709的本部分的引用而成为本部分的条款。凡是注日期的引用文件,其随后所有的修改单(不包括勘误的内容)或修订版均不适用于本部分,然而,鼓励根据本部分达成协议的各方研究是否可使用这些文件的最新版本。凡是不注日期的引用文件,其最新版本适用于本部分。

GB/T 21709.5　针灸技术操作规范　第5部分:拔罐

3　术语和定义

下列术语和定义适用于GB/T 21709的本部分。

3.1

三棱针点刺法　three-edged needle pricking

用三棱针快速刺入人体特定浅表部位后快速出针的方法。

3.2

三棱针刺络法　collateral puncturing with a three-edged needle

用三棱针刺破人体特定部位的血络,放出适量血液的方法。

3.3

三棱针散刺法　scattered needling with a three-edged needle

用三棱针在人体特定部位施行多点点刺的方法。

3.4

三棱针挑治法　piercing with a three-edged needle

用三棱针刺入人体特定部位,挑破皮肤或皮下组织的方法。

4　操作步骤与要求

4.1　施术前准备

4.1.1　针具选择

根据病情需要和操作部位选择不同型号的三棱针。针身应光滑、无锈蚀,针尖应锐利、无倒钩。

4.1.2　部位选择

根据病情选取适当的施术部位。

4.1.3　体位选择

选择患者舒适、医者便于操作的施术体位。

4.1.4　环境要求

应注意环境清洁卫生,避免污染。

4.1.5　消毒

4.1.5.1　针具消毒:应选择高压消毒法。宜选择一次性三棱针。

4.1.5.2 部位消毒：可用75%乙醇或碘伏在施术部位消毒。

4.1.5.3 医者消毒：医者双手应用肥皂水清洗干净，再用75%乙醇擦拭。

4.2 施术方法

4.2.1 三棱针点刺法：点刺前，可在被刺部位或其周围用推、揉、挤、捋等方法，使局部充血。点刺时，用一手固定被刺部位，另一手持针，露出针尖3 mm～5 mm，对准所刺部位快速刺入并迅速出针，进出针时针体应保持在同一轴线上。点刺后可放出适量血液或黏液，也可辅以推挤方法增加出血量或出液量。

4.2.2 三棱针刺络法：刺络前，可在被刺部位或其周围用推、揉、挤、捋等方法，四肢部位可在被刺部位的近心端以止血带结扎，使局部充血。刺络时，用一手固定被刺部位，另一手持针，露出针尖3 mm～5 mm，对准所刺部位快速刺入后出针，放出适量血液，松开止血带。

4.2.3 三棱针散刺法：用一手固定被刺部位，另一手持针在施术部位点刺多点。

4.2.4 三棱针挑治法：用一手固定被刺部位，另一手持针以15°～30°角刺入一定深度后，上挑针尖，挑破皮肤或皮下组织。

注：三棱针施术后，可配合拔罐。拔罐见GB/T 21709.5。

4.3 施术后处理

施术后，宜用无菌干棉球或棉签擦拭或按压。中等量或大量出血时，可用敞口器皿承接，所出血液应作无害化处理。三棱针治疗出血量参见附录A。

5 注意事项

5.1 操作部位应防止感染。

5.2 孕妇及新产后慎用，患者精神紧张、大汗、饥饿时不宜刺。

5.3 注意血压、心率变化，注意晕针或晕血的发生。

5.4 勿伤及大动脉。

5.5 出血较多时，患者宜适当休息后离开。医者避免接触患者所出血液。

6 禁忌

6.1 凝血机制障碍的患者禁用。

6.2 血管瘤部位、不明原因的肿块部位禁刺。

附　录　A
（资料性附录）
三棱针治疗出血量计量

A.1　微量：出血量在1.0 mL以下（含1.0 mL）。

A.2　少量：出血量在1.1 mL～5.0 mL（含5.0 mL）。

A.3　中等量：出血量在5.1 mL～10.0 mL（含10.0mL）。

A.4　大量：出血量在10.0 mL以上。

ICS 11.020
C 05

中华人民共和国国家标准

GB/T 21709.5—2008

针灸技术操作规范　第5部分:拔罐

**Standardized manipulations of acupuncture and moxibustion—
Part 5:Cupping therapy**

2008-04-23 发布　　　　2008-07-01 实施

中华人民共和国国家质量监督检验检疫总局
中国国家标准化管理委员会　发布

前　言

GB/T 21709《针灸技术操作规范》分为21个部分：

——第1部分：艾灸；

——第2部分：头针；

——第3部分：耳针；

——第4部分：三棱针；

——第5部分：拔罐；

——第6部分：穴位注射；

——第7部分：皮肤针；

——第8部分：皮内针；

——第9部分：穴位贴敷；

——第10部分：穴位埋线；

——第11部分：电针；

——第12部分：火针；

——第13部分：芒针；

——第14部分：鍉针；

——第15部分：眼针；

——第16部分：鼻针；

——第17部分：口唇针；

——第18部分：腹针；

——第19部分：腕踝针；

——第20部分：毫针基本刺法；

——第21部分：毫针针刺手法。

本部分为GB/T 21709的第5部分。

本部分的附录A、附录B均为资料性附录。

本部分由国家中医药管理局提出。

本部分由中国针灸学会归口。

本部分负责起草单位：山东中医药大学。

本部分参加起草单位：北京中医药大学、长春中医药大学、山东省中医药研究院。

本部分主要起草人：高树中、刘清国、张晓莲、王富春、刘兵、谭奇纹、陈少宗。

本部分参加起草人：葛宝和、刘一凡、杨佃会、田丽莉、李艳梅、马玉侠、孟宪忠、张彤、刘晶。

针灸技术操作规范　第5部分:拔罐

1　范围

GB/T 21709的本部分规定了拔罐的术语和定义、操作步骤与要求、注意事项与禁忌。

本标准适用于拔罐技术操作。

2　规范性引用文件

下列文件中的条款通过GB/T 21709的本部分的引用而成为本部分的条款。凡是注日期的引用文件,其随后所有的修改单(不包括勘误的内容)或修订版均不适用于本部分,然而,鼓励根据本部分达成协议的各方研究是否可使用这些文件的最新版本。凡是不注日期的引用文件,其最新版本适用于本部分。

GB/T 21709.4　针灸技术操作规范　第4部分:三棱针

GB/T 21709.7　针灸技术操作规范　第7部分:皮肤针

3　术语和定义

下列术语和定义适用于GB/T 21709的本部分。

3.1

拔罐　cupping

拔罐是以罐为工具,利用燃烧、抽吸、蒸汽等方法造成罐内负压,使罐吸附于腧穴或体表的一定部位,以产生良性刺激,达到调整机体功能、防治疾病目的的外治方法。

3.2

火罐　utensil for fire cupping

火罐是指通过燃烧罐内空气的方法用来拔罐的器具。

3.3

水罐　utensil for liquid cupping

水罐是利用空气热膨胀原理,通过蒸汽、水煮等方法用来拔罐的器具。

3.4

抽气罐　utensil for air-extracting cupping

用一种特制的罐具和一个抽气装置构成并通过抽吸方法用来拔罐的器具。

3.5

针罐法　needle-cupping

针罐法是指针刺与拔罐相配合的治疗方法。

4　操作步骤与要求

4.1　施术前准备

4.1.1　罐具

根据病症、操作部位的不同可选择不同的罐具,罐体应完整无碎裂,罐口内外应光滑无毛糙,罐的内壁应擦拭干净。常用罐的种类参见附录A。

4.1.2　部位

应根据病症选取适当的治疗部位。以肌肉丰厚处为宜,常用肩、背、腰、臀、四肢近端以及腹部等。

4.1.3 体位

应选择患者舒适、医者便于操作的治疗体位。

4.1.4 环境

应注意环境清洁卫生，避免污染，环境温度应适宜。

4.1.5 消毒

4.1.5.1 罐具：对不同材质、用途的罐具可用不同的消毒方法。玻璃罐用 2 000 mg/L 的 84 消毒药液浸泡（消毒液每周更换 2 次）或 75％乙醇棉球反复擦拭；对用于刺络拔罐或污染有血液、脓液的玻璃罐应一罐一用，并用 2 000 mg/L 的 84 消毒药液浸泡 2 h（疑有乙肝病毒者浸泡 10 h）。塑料罐具，可用 75％乙醇棉球反复擦拭；竹制罐具可用煮沸消毒。

4.1.5.2 部位：一般拔罐的部位不需要消毒。应用针罐法时用 75％乙醇或 0.5％～1％碘伏棉球在针刺部位消毒。

4.1.5.3 医者：医者双手可用肥皂水清洗干净。应用针罐法时应再用 75％乙醇棉球擦拭。

4.2 施术方法

4.2.1 吸拔方法

4.2.1.1 火罐

4.2.1.1.1 闪火法

用止血钳或镊子等夹住 95％乙醇棉球，一手握罐体，罐口朝下，将棉球点燃后立即伸入罐内摇晃数圈随即退出，速将罐扣于应拔部位。

4.2.1.1.2 投火法

将易燃软质纸片（卷）或 95％乙醇棉球点燃后投入罐内，迅速将罐扣于应拔部位。

4.2.1.1.3 贴棉法

将直径 1 cm～2 cm 的 95％乙醇棉片贴于罐内壁，点燃后迅速将罐扣于应拔部位。

4.2.1.2 水罐

4.2.1.2.1 水煮法

将竹罐放入水中或药液中煮沸 2 min～3 min，然后用镊子将罐倒置（罐口朝下）夹起，迅速用多层干毛巾捂住罐口片刻，以吸去罐内的水液，降低罐口温度（但保持罐内热气），趁热将罐拔于应拔部位，然后轻按罐具 30 s 左右，令其吸牢。

4.2.1.2.2 蒸汽法

将水或药液（勿超过壶嘴）在小水壶内煮沸，至水蒸汽从壶嘴或套于壶嘴的皮管内大量喷出时，将壶嘴或皮管插入罐内 2 min～3 min 后取出，速将罐扣于应拔部位。

4.2.1.3 抽气罐

先将抽气罐紧扣在应拔部位，用抽气筒将罐内的部分空气抽出，使其吸拔于皮肤上。

4.2.1.4 其他罐

如拔挤气罐、电磁罐、远红外罐、药物多功能罐等，可根据其说明书操作。

4.2.2 应用方法

4.2.2.1 单纯拔罐法

4.2.2.1.1 闪罐

用闪火法将罐吸拔于应拔部位，随即取下，再吸拔、再取下，反复吸拔至局部皮肤潮红，或罐体底部发热为度。动作要迅速而准确。必要时也可在闪罐后留罐。

4.2.2.1.2 留罐

将吸拔在皮肤上的罐具留置一定时间，使局部皮肤潮红，甚或皮下瘀血呈紫黑色后再将罐具取下。留罐时间可参见附录 B。

4.2.2.1.3 **走罐**

先于施罐部位涂上润滑剂(常用凡士林、医用甘油、液体石蜡或润肤霜等),也可用温水或药液,同时还可将罐口涂上油脂。用罐吸拔后,一手握住罐体,略用力将罐沿着一定路线反复推拉,至走罐部位皮肤紫红为度,推罐时应用力均匀,以防止火罐漏气脱落。

4.2.2.1.4 **排罐**

沿某一经脉或某一肌束的体表位置顺序成行排列吸拔多个罐具。

4.2.2.2 **针罐法**

4.2.2.2.1 **留针拔罐**

在毫针针刺留针时,以针为中心拔罐,留置后起罐、起针。留置时间可参见附录B。

4.2.2.2.2 **出针拔罐**

在出针后,立即于该部位拔罐,留置后起罐,起罐后再用消毒棉球将拔罐处擦净。

4.2.2.2.3 **刺络拔罐**

在用皮肤针或三棱针、粗毫针等点刺出血,或三棱针挑治后,再行拔罐、留罐。起罐后用消毒棉球擦净血迹。挑刺部位用消毒敷料或创可贴贴护。三棱针的技术操作规范见GB/T 21709.4的规定,皮肤针的技术操作规范见GB/T 21709.7的规定。

4.2.3 **起罐方法**

4.2.3.1 **一般罐**

一手握住罐体腰底部稍倾斜,另一手拇指或食指按压罐口边缘的皮肤,使罐口与皮肤之间产生空隙,空气进入罐内,即可将罐取下。

4.2.3.2 **抽气罐**

提起抽气罐上方的塞帽使空气注入罐内,罐具即可脱落。也可用一般罐的起罐方法起罐。

4.2.3.3 **水(药)罐**

为防止罐内有残留水(药)液漏出,若吸拔部位呈水平面,应先将拔罐部位调整为侧面后再起罐。

4.3 **施术后处理**

4.3.1 **拔罐的正常反应**

在拔罐处若出现点片状紫红色瘀点、瘀斑,或兼微热痛感,或局部发红,片刻后消失,恢复正常皮色,皆是拔罐的正常反应,一般不予处理。

4.3.2 **拔罐的善后处理**

起罐后应用消毒棉球轻轻拭去拔罐部位紫红色罐斑上的小水珠,若罐斑处微觉痛痒,不可搔抓,数日内自可消退。起罐后如果出现水泡,只要不擦破,可任其自然吸收。若水泡过大,可用一次性消毒针从泡底刺破,放出水液后,再用消毒敷料覆盖。若出血应用消毒棉球拭净。若皮肤破损,应常规消毒,并用无菌敷料覆盖其上。若用拔罐治疗疮痈,起罐后应拭净脓血,并常规处理疮口。

5 注意事项

5.1 拔罐前应充分暴露应拔部位,有毛发者宜剃去,操作部位应注意防止感染。

5.2 选好体位,嘱患者体位应舒适,局部宜舒展、松弛,勿移动体位,以防罐具脱落。

5.3 老年、儿童、体质虚弱及初次接受拔罐者,拔罐数量宜少,留罐时间宜短。妊娠妇女及婴幼儿慎用拔罐方法。

5.4 若留针拔罐,选择罐具宜大,毫针针柄宜短,以免吸拔时罐具碰触针柄而造成损伤。

5.5 使用电罐、磁罐时,应注意询问病人是否带有心脏起搏器等金属物体,有佩带者应禁用。

5.6 起罐操作时不可硬拉或旋转罐具,否则会引起疼痛,甚至损伤皮肤。

5.7 拔罐手法要熟练,动作要轻、快、稳、准。用于燃火的乙醇棉球,不可吸含乙醇过多,以免拔罐时滴落到患者皮肤上而造成烧烫伤。若不慎出现烧烫伤,按外科烧烫伤常规处理。

5.8 燃火伸入罐内的位置，以罐口与罐底的外1/3与内2/3处为宜。

5.9 拔罐过程中如果出现拔罐局部疼痛，处理方法有减压放气、立即起罐等。

5.10 拔罐过程中若出现头晕、胸闷、恶心欲呕，肢体发软，冷汗淋漓，甚者瞬间意识丧失等晕罐现象，处理方法是立即起罐，使患者呈头低脚高卧位，必要时可饮用温开水或温糖水，或掐水沟穴等。密切注意血压、心率变化，严重时按晕厥处理。

5.11 拔罐的留罐时间及治疗间隔与疗程参见附录B。

6 禁忌

6.1 急性严重疾病、接触性传染病、严重心脏病、心力衰竭。

6.2 皮肤高度过敏、传染性皮肤病，以及皮肤肿瘤(肿块)部、皮肤溃烂部。

6.3 血小板减少性紫癜、白血病及血友病等出血性疾病。

6.4 心尖区体表大动脉搏动处及静脉曲张处。

6.5 精神分裂症、抽搐、高度神经质及不合作者。

6.6 急性外伤性骨折、中度和重度水肿部位。

6.7 瘰疬、疝气处及活动性肺结核。

6.8 眼、耳、口、鼻等五官孔窍部。

附 录 A
（资料性附录）
常用罐的种类

A.1 按材质分类

A.1.1 角罐

用牛角或羊角加工制成。

A.1.2 竹罐

用坚固的细毛竹制成，一端留节为底、一端为罐口，中间略粗，形同腰鼓。

A.1.3 陶瓷罐

由陶土烧制而成，罐的两端较小，中间外展，形同腰鼓。

A.1.4 玻璃罐

由玻璃加工制成。其形如球状，下端开口，口小肚大，口边微厚而略向外翻而平滑。

A.1.5 金属罐

分铜罐、铁罐，用铜或铁皮为原料制成。形状如竹罐，口径大小不一。

A.1.6 橡胶罐

依照玻璃罐的形状以橡胶为原料制作而成的一种罐具。

A.1.7 生物陶瓷火罐

是选用多种氧化聚合物，配合其他辅助材料烧制成。

A.1.8 塑料罐

是用塑料或以塑料为主的原料制成。

A.2 按排气方法分类

A.2.1 抽气罐

用一种特制的罐具和一个抽气装置构成。分为连体式和分体式两种。

A.2.2 注射器抽气罐

用青、链霉素瓶或类似的小药瓶制成。

A.2.3 空气唧筒抽气罐

A.2.3.1 皮排气球抽气罐

用橡皮排气球连接罐具而成。分成简装式（排气球与罐具制成一体，不可拆开）、精装式（罐具与排气球可以拆开，可根据需要临时选用适当的罐具）、组合式（排气球只在排气时连接罐具，罐具拔住之后，可以随时取下排气球，并可装在其他罐具上继续应用）。

A.2.3.2 电动抽气罐

通过电动抽气吸附，经穴电动拔罐治疗仪属此种。

A.2.4 挤气罐

常见的有组合式和组装式两种。组合式是由玻璃嗽叭筒的细头端套一橡皮球囊构成；组装式是装有开关的橡皮囊和橡皮管与玻璃或透明工程塑料罐连接而成。

A.2.5 双孔玻璃抽吸罐

外形和玻璃罐大致相同，成椭圆球形。在罐之顶部两侧设有圆柱形的两个孔，一为注入孔，一为排气孔。

A.3 按功能分类

A.3.1 电罐

电罐是在传统火罐的基础上发展起来的。随着现代科学技术的发展电罐已从单纯的产生负压到集负压、温热、磁疗、电针等综合治疗方法为一体。负压以及温度均可通过电流来控制，而且还可以连接测压仪器，可随时观测负压情况。

A.3.2 磁罐

磁罐是磁疗与罐疗相结合的一种磁疗器械。用优质塑料制成罐筒，形状为圆形，一面开口，另一部分为抽气装置，使用时连接罐筒。

A.3.3 药物多功能罐

罐内凹斗可放入药液或药末、药片。

A.3.4 远红外真空罐

真空拔罐结合稀土元素制成的发热体进行拔罐。

A.3.5 HZ-Ⅲ型红外线真空治疗机

该仪器具有真空拔火罐及红外线的两种协调作用，可用于多种疾病的治疗。

A.3.6 复合罐具

罐具配用其他治疗仪而成。

附　录　B
（资料性附录）
拔罐的留罐时间及治疗间隔与疗程

B.1　拔罐的留罐时间

留罐时间可根据年龄、病情、体质等情况而定。一般留罐时间为 5 min～20 min，若肌肤反应明显、皮肤薄弱、年老与儿童则留罐时间不宜过长。

B.2　拔罐治疗间隔与疗程

治疗的间隔时间，按局部皮肤颜色和病情变化决定。同一部位拔罐一般隔日 1 次。急性病痊愈为止，一般慢性病以 7 次～10 次为一疗程。两个疗程之间应间隔 3 d～5 d（或等罐斑痕迹消失）。

ICS 11.020
C 05

中华人民共和国国家标准

GB/T 21709.6—2008

针灸技术操作规范
第6部分：穴位注射

Standardized manipulations of acupuncture and moxibustion—Part 6: Point injection

2008-04-23 发布 2008-07-01 实施

中华人民共和国国家质量监督检验检疫总局
中国国家标准化管理委员会 发布

前　　言

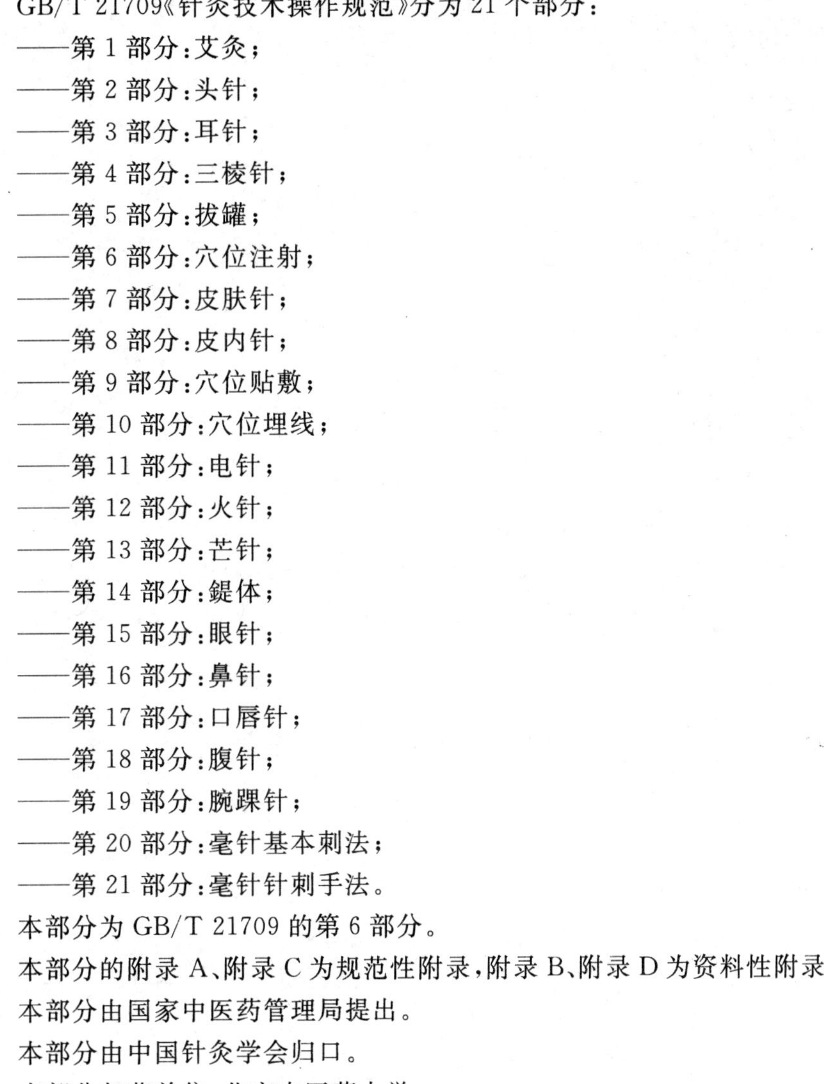

GB/T 21709《针灸技术操作规范》分为21个部分：

——第1部分：艾灸；

——第2部分：头针；

——第3部分：耳针；

——第4部分：三棱针；

——第5部分：拔罐；

——第6部分：穴位注射；

——第7部分：皮肤针；

——第8部分：皮内针；

——第9部分：穴位贴敷；

——第10部分：穴位埋线；

——第11部分：电针；

——第12部分：火针；

——第13部分：芒针；

——第14部分：鍉针；

——第15部分：眼针；

——第16部分：鼻针；

——第17部分：口唇针；

——第18部分：腹针；

——第19部分：腕踝针；

——第20部分：毫针基本刺法；

——第21部分：毫针针刺手法。

本部分为GB/T 21709的第6部分。

本部分的附录A、附录C为规范性附录，附录B、附录D为资料性附录。

本部分由国家中医药管理局提出。

本部分由中国针灸学会归口。

本部分起草单位：北京中医药大学。

本部分主要起草人：郭长青、刘清国、陈幼楠、武晓冬。

针灸技术操作规范
第6部分：穴位注射

1 范围

GB/T 21709的本部分规定了穴位注射的术语和定义、操作步骤与要求、操作方法、注意事项与禁忌。

本部分适用于穴位注射技术操作。

2 规范性引用文件

下列文件中的条款通过GB/T 21709的本部分的引用而成为本部分的条款。凡是注日期的引用文件，其随后所有的修改单(不包括勘误的内容)或修订版均不适用于本部分，然而，鼓励根据本部分达成协议的各方研究是否可使用这些文件的最新版本。凡是不注日期的引用文件，其最新版本适用于本部分。

GB/T 12346 腧穴名称与定位

GB/T 13734 耳穴名称与定位

GB 15810 一次性使用无菌注射器

GB 15811 一次性使用无菌注射针

中华人民共和国药典

3 术语和定义

下列术语和定义适用于GB/T 21709的本部分。

3.1

穴位注射 point injection

以中西医理论为指导，依据穴位作用和药物性能，在穴位内注入药物以防治疾病的方法。

3.2

揣穴 feeling points

用手指以按压、揣摸或循切的方式探索穴位。

3.3

爪切定位 nail-pressing location

以指甲在穴位上按掐一"十"字痕，便于取穴准确。

4 操作步骤与要求

4.1 施术前准备

4.1.1 针具

根据病情和操作部位的需要选择不同型号的一次性使用无菌注射器和一次性使用无菌注射针。一次性使用无菌注射器和一次性使用无菌注射针应分别符合GB 15810和GB 15811的要求。

4.1.2 药物

4.1.2.1 药物种类

穴位注射疗法常用药物包括中药及西药肌肉注射剂，注射剂应符合《中华人民共和国药典》的规定。

4.1.2.2 药物剂量

一次穴位注射的用药总量须小于该药一次的常规肌肉注射用量，具体用量因注入的部位和药物的种类不同而各异。肌肉丰厚处用量可较大；关节腔、神经根等处用量宜小；刺激性较小的药物如葡萄糖液、生理盐水等用量可较大；刺激性较大的药物如乙醇，特异性药物如阿托品、抗生素等用量宜小。

在一次穴位注射中各部位的每穴注射量宜控制在：耳穴 0.1 mL～0.2 mL，头面部穴位 0.1 mL～0.5 mL，腹背及四肢部穴位 1 mL～2 mL，腰臀部穴位 2 mL～5 mL。

4.1.2.3 药物浓度

穴位注射用药浓度为该药肌肉注射的常规浓度。

4.1.2.4 药物质量

药物的包装应无破损，安瓿瓶身应无裂缝，药液应无浑浊变色且无霉菌。

4.1.3 体位

选择患者舒适、术者便于操作的治疗体位。

4.1.4 穴位

根据病症选取相应的穴位，穴位的定位应符合 GB/T 12346 及 GB/T 13734 的规定。

揣穴并爪切定位。当穴位位于关节四周时，牵拉运摇或上下屈伸肢体，活动关节，使穴位开放。

注：操作时用力要柔和，以免皮肤破损。确定穴位后，患者肢体姿势不可随意变换，以防穴位移位或消失。

4.1.5 环境

应注意环境清洁卫生，避免污染。

4.1.6 消毒

术者应用肥皂水清洗双手，继以清水冲净后用75%乙醇棉签或棉球擦拭。亦可直接用消毒啫喱干洗双手。

患者注射区域局部用止血钳夹无菌棉球或用无菌棉签蘸取安尔碘，按无菌原则自中心向外旋转涂擦 5 cm×5 cm 的区域，不留空隙。

4.2 施术方法

4.2.1 取药及穿刺进针

按注射卡或医嘱本仔细核对科别、患者姓名、年龄、药名、浓度、剂量、时间、用法及用药禁忌。从包装中取出注射器，将针头斜面与注射器刻度调到一个水平面旋紧，检查注射器是否漏气。遵医嘱取药，药液吸入针筒后再次核对。将注射器内空气排尽，依据穴位所在的部位、注射器的规格等因素选择不同的持针方式、进针方式及进针角度。

附录 A 给出了各种持针方式、进针方式及进针角度。

术者用前臂带动腕部的力量，将针头迅速刺入患者穴位处皮肤。进针后要通过针头获得各种不同感觉、握持注射器的手指感应及患者的反应，细心分辨出针头在不同组织中的进程情况，从而调整进针的方向、角度。

各种针下感觉与操作参见附录 B。

4.2.2 调整得气

针头刺入穴位后细心体察针下是否得气。针尖到达所定深度后若得气感尚不明显，可将针退至浅层，调整针刺方向再次深入，直至患者出现酸、胀的得气反应。

4.2.3 注入药物

患者产生得气反应后回抽针芯，无回血、无回液时即可注入药物。在注射过程中随时观察患者的反应。

宜根据治疗的需要选择不同的注射方法，附录 C 给出了各种注射方法。

4.2.4 出针

根据针刺的深浅选择不同的出针方式。浅刺的穴位出针时用左手持无菌棉签或无菌棉球压于穴位旁，右手快速拔针而出。深刺的穴位出针时先将针退至浅层，稍待后缓慢退出。针下沉紧或滞针时，不应用力猛拔，宜循经按压或拍打穴位外周以宣散气血，待针下感觉轻滑后方可出针。出针后如发现针孔溢液或出血，可用无菌棉签或无菌棉球压迫 0.5 min～2 min。

最后整理用物，嘱患者保持舒适的体位休息 5 min～10 min，以便观察是否出现不良反应。

注射的间隔时间及疗程参见附录 D。

5 注意事项

5.1 治疗前应对患者说明治疗的特点和治疗时会出现的正常反应。

5.2 药物应在有效期内使用。

5.3 注意药物的性能、药理作用、剂量及配伍禁忌、不良反应及过敏反应。注射操作均应在药敏试验结束并合格的前提下进行。

5.4 回抽针芯见血或积液时应立即出针，用无菌棉签或无菌棉球压迫针孔 0.5 min～2 min。更换注射器及药液后进行再次注射。

5.5 初次治疗及年老体弱者注射点不应过多，药量亦应酌情减少。

5.6 酒后、饭后及强体力劳动后不应穴位注射。

5.7 体质过分虚弱或有晕针史的患者不应穴位注射。

5.8 孕妇的下腹、腰骶部不应穴位注射。

5.9 耳穴注射应选用易于吸收、无刺激性的药物。注射不应过深，以免注入骨膜内，同时也不应过浅而注入皮内。

5.10 眼区穴位要注意进针角度和深度，不应做提、插、捻、转。

5.11 胸背部穴位注射，应平刺进针，针尖斜向脊柱。

5.12 下腹部穴位注射前应先令患者排尿，以免刺伤膀胱。

6 禁忌

6.1 禁止将药物注射在血管内。

6.2 禁针的穴位及部位禁止穴位注射。

6.3 表皮破损的部位禁止穴位注射。

附 录 A
（规范性附录）
持针方式、进针方式及针刺方向

A.1 持针

A.1.1 执笔式

如手持钢笔的姿势，以拇指和食指在注射器前夹持，以中指在后顶托扶。适用于各种注射器的操作。

A.1.2 五指握持式

以拇指与其他四指对掌握持注射器。适用于短小或粗径注射器的操作。

A.1.3 掌握式

用拇指、中指、无名指握住注射器，将食指前伸抵按针头，小鱼际抵住活塞；或用同样的方法握持长穿刺针头。主要适用于穿刺、平刺。

A.1.4 三指握持式

拇指在内，食指、中指在外的方法握持注射器，主要适用于进针后的提插操作。

A.2 进针

A.2.1 单手进针法

以执笔式或五指握持式握持注射器，针尖离穴位 0.5 cm，瞬间发力刺入，多用于短针。

A.2.2 舒张进针法

对于皮肤松弛或有皱纹的部位，可将穴位两侧皮肤用左手拇、食指向两侧用力绷紧，以便进针。操作时注意两指相对用力时要均衡固定皮肤，不能使锁定准的注射点移动位置。然后右手持针从两指之间刺入穴位。多用于腹部和颜面部的穴位进针。

A.2.3 夹持进针法

戴无菌手套或用左手拇、食二指持捏无菌棉球，夹住针身下端，露出针尖，右手握注射器，将针尖对准穴位，在接近皮肤时，双手配合用力，迅速刺入皮肤内。主要用于长针或皮肤致密的部位。

A.2.4 提捏进针法

左手拇食指按着所要刺入的穴位两旁皮肤，将皮肤轻轻提起，右手持针从捏起部位的前端刺入。多用于皮肉浅薄的部位。

注：各种进针法均要求速刺，手法需熟练。

A.3 针刺方向

A.3.1 直刺法

将针体垂直刺入皮肤，使针体与皮肤成 90°角。适用于人体大多数穴位，浅刺和深刺都可应用。

A.3.2 斜刺法

将针倾斜刺入皮肤，使针体与皮肤成 45°角。适用于骨骼边缘和不宜深刺的穴位，为避开血管、肌腱以及瘢痕组织也宜倾斜进针。

A.3.3 横刺法

又称沿皮刺，是沿皮下进针横刺穴位的方法，针体与皮肤成 15°角。适用于头面、胸背、腹部穴位以及皮肉浅薄处的穴位。在施行透穴注药法时常用。

附 录 B
（资料性附录）
针下感觉与操作

B.1 患者感觉

麻木感、触电感及放射感，表示刺中神经，术者应退针少许。

B.2 术者感受

B.2.1 弹性阻抗感，表示刺中肌鞘、筋膜层。

B.2.2 硬性阻力感，表示刺中骨膜。

B.2.3 落空感，表示针尖通过组织进入某种空隙或腔隙。在危险区域注射时，该感觉往往提示下面可能有重要脏器，继续进针时应小心谨慎。

B.2.4 致密感，表示刺中韧带。

B.2.5 突破感，表示针尖穿过筋膜、韧带、囊壁或病灶部位。此处上下往往是推注药物治疗的重点部位。

B.2.6 搏动感，表示针尖位于大动脉近旁，当回抽有血时表明刺中血管，应退针调整。

附 录 C
（规范性附录）
注 射 方 法

C.1 探寻注药法

用于针下有危险或空隙的区域。进针到一定的预警深度，接近危险部位时，暂停进针，改为间断式进针，即停针后推注少许药物试探阻力，如果有阻力，则可再进针少许，再停针推药少许试压，如此数次，如果阻力变小或突然消失，则表明已抵达注射部位或已绝对靠近危险部位。注意间断式进针的距离不宜过大，防止直接刺入危险部位。进到预定注射部位后，可用止血钳紧贴表皮夹持固定针身，防止注药时针身滑动刺中危险部位。同时嘱患者固定身体姿势。

注：当针刺危险或重要部位时，为避免造成不必要的损伤和危险，可先进针到与穴位相邻的组织，如骨骼、韧带、神经等处，并以此为参照物测定进针深度、方向和探索周围情况，然后在周围反复试探进针，或根据参照物退针到浅层改变针尖方向再进针，直至所需部位。临床上用于危险和重要部位及穴位的准确注射，有校正进针方向的作用。

C.2 分层注药法

将针刺入穴位深部或病灶反应部位，待得气后推注入大部分药液，然后退针少许，将剩余药液推入以扩大药物的渗透作用层面。注意分清主次层面，主要部位用药较多，次要层面则用药量较少。

C.3 快推刺激法

将针刺入穴位深部或病灶反应部位，待得气后加大压力快速推进药液，加大刺激量。分离粘连一般选用较粗的针径，以便药液快速进入组织，增加内压。如果单纯为了分离粘连，药液剂量可以酌情加大。

C.4 柔和慢注法

将针刺入穴位深部或病灶反应部位，待得气后缓慢柔和的推进药液。

C.5 退针匀注法

针刺到穴位一定的深度或病灶部位，在得气后推注一定量的药物，然后在匀速缓慢退针的同时，均匀地推注药物直至浅部。退针与推药要同步协调，行走成一条直线，保持平稳，推药要有连贯性，不可时断时续。

C.6 透穴注药法

先将针刺入某穴，再将针尖刺抵相邻的另一穴位，推注部分药物，然后在匀速缓慢退针的同时，均匀地推注药物直至浅部。在头面、背部、腹部操作时，多用横刺沿皮透穴，在四肢内外侧或前后侧相对穴位间，可沿组织间隙直透。

附 录 D
（资料性附录）
注射的间隔时间及疗程

D.1 同一组穴位两次注射间宜相隔 1 d～3 d。

D.2 穴位注射两个疗程间宜相隔 5 d～7 d。

D.3 穴位注射疗法一个疗程的治疗次数取决于疾病的性质及特点，以 3 次～10 次为宜。

ICS 11.020
C 05

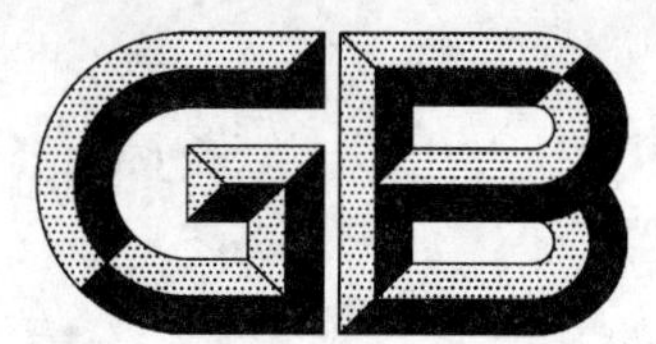

中华人民共和国国家标准

GB/T 21709.7—2008

针灸技术操作规范
第7部分：皮肤针

Standardized manipulations of acupuncture and moxibustion—
Part 7: Skin needle

2008-04-23 发布 2008-07-01 实施

中华人民共和国国家质量监督检验检疫总局
中国国家标准化管理委员会 发布

前　言

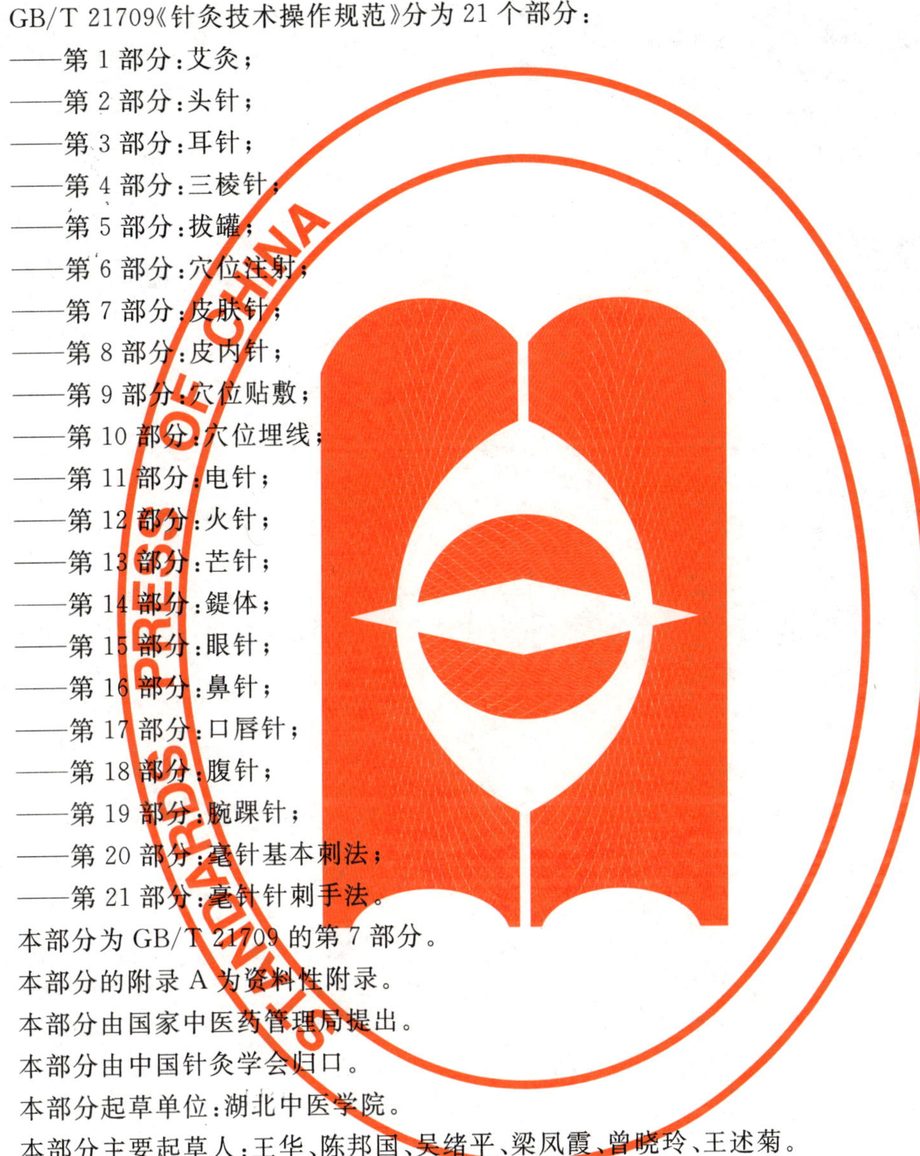

GB/T 21709《针灸技术操作规范》分为21个部分：

——第1部分：艾灸；

——第2部分：头针；

——第3部分：耳针；

——第4部分：三棱针；

——第5部分：拔罐；

——第6部分：穴位注射；

——第7部分：皮肤针；

——第8部分：皮内针；

——第9部分：穴位贴敷；

——第10部分：穴位埋线；

——第11部分：电针；

——第12部分：火针；

——第13部分：芒针；

——第14部分：鍉体；

——第15部分：眼针；

——第16部分：鼻针；

——第17部分：口唇针；

——第18部分：腹针；

——第19部分：腕踝针；

——第20部分：毫针基本刺法；

——第21部分：毫针针刺手法。

本部分为GB/T 21709的第7部分。

本部分的附录A为资料性附录。

本部分由国家中医药管理局提出。

本部分由中国针灸学会归口。

本部分起草单位：湖北中医学院。

本部分主要起草人：王华、陈邦国、吴绪平、梁凤霞、曾晓玲、王述菊。

针灸技术操作规范
第7部分:皮肤针

1 范围

GB/T 21709的本部分规定了皮肤针的术语和定义、操作步骤与要求、操作方法、注意事项与禁忌。

本部分适用于皮肤针技术操作。

2 规范性引用文件

下列文件中的条款通过GB/T 21709的本部分的引用而成为本部分的条款。凡是注日期的引用文件,其随后所有的修改单(不包括勘误的内容)或修订版均不适用于本部分,然而,鼓励根据本部分达成协议的各方研究是否可使用这些文件的最新版本。凡是不注日期的引用文件,其最新版本适用于本部分。

GB/T 21709.5 针灸技术操作规范 第5部分:拔罐

3 术语和定义

下列术语和定义适用于GB/T 21709的本部分。

3.1

皮肤针 skin needle

由多支不锈钢短针集成一束,或均匀镶嵌在如莲蓬形的针盘上,固定在针柄的一端而成的针具。

4 操作步骤与要求

4.1 施术前准备

4.1.1 针具选择

根据病情需要和操作部位的不同,选择不同类型的皮肤针。应选择针身光滑、无锈蚀,针尖锐利、无倒钩,针柄牢固、无松动的皮肤针。

4.1.2 施术部位选择

应根据病症选取适当的部位。

4.1.3 患者体位选择

应选择患者舒适、医者便于操作的治疗体位。

4.1.4 环境要求

应注意环境清洁卫生,避免污染。

4.1.5 消毒

4.1.5.1 针具消毒

应选择高压消毒法。宜选择一次性皮肤针。

4.1.5.2 部位消毒

用75%乙醇或0.5%碘伏棉球在施术部位消毒。强刺激部位宜用0.5%碘伏棉球消毒。

4.1.5.3 术者消毒

医者双手应用肥皂水清洗干净,再用75%乙醇棉球擦拭。

4.2 施术方法

4.2.1 持针姿势

4.2.1.1 软柄皮肤针

将针柄末端置于掌心，拇指居上，食指在下，其余手指呈握拳状握住针柄末端。

4.2.1.2 硬柄皮肤针

用拇指和中指夹持针柄两侧，食指置于针柄中段的上面，无名指和小指将针柄末端固定于大小鱼际之间。

4.2.2 叩刺方法

针尖对准叩刺部位，运用灵活的腕力垂直叩刺，即将针尖垂直叩击在皮肤上，并立即弹起，如此反复进行。

4.2.3 刺激强度

4.2.3.1 弱刺激

用较轻的腕力叩刺，局部皮肤略见潮红，患者稍有疼痛感觉。

4.2.3.2 中等刺激

叩刺的腕力介于弱、强刺激之间，局部皮肤明显潮红，微渗血，患者有疼痛感。

4.2.3.3 强刺激

用较重的腕力叩刺，局部皮肤明显潮红，可见出血，患者有明显疼痛感觉。

4.2.4 叩刺部位

4.2.4.1 穴位叩刺

选取与疾病相关的穴位叩刺。主要用于背俞穴、夹脊穴、某些特定穴和阳性反应点。

4.2.4.2 局部叩刺

在病变局部叩刺。主要用于病变局部。

4.2.4.3 循经叩刺

沿着与疾病有关的经脉循行路线叩刺。主要用于项、背、腰、骶部的督脉和足太阳膀胱经，其次是四肢肘、膝以下的三阴经、三阳经。

4.3 施术后处理

叩刺后皮肤如有出血，须用消毒干棉球擦拭干净，保持清洁，以防感染。

5 注意事项

5.1 叩刺时针尖与皮肤应垂直，用力均匀，避免斜刺或钩挑，以减轻疼痛。

5.2 皮肤针治疗后，可配合拔罐疗法，拔罐的技术操作规范见 GB/T 21709.5。

5.3 皮肤针治疗间隔时间，参见第 A.1 章。

5.4 注意晕针的预防和处理。患者采取卧位可预防晕针；如发生晕针现象，处理办法参见第 A.2 章。

5.5 患者精神紧张、大汗后、劳累后或饥饿时不宜运用本疗法。

5.6 皮肤局部有感染、溃疡、创伤、瘢痕时不宜运用本疗法。

5.7 医者勿接触患者所出血液。治疗过程中出血较多时，患者要适当休息后才能离开。

6 禁忌

6.1 急性传染性疾病患者。

6.2 凝血功能障碍性疾病患者。

附 录 A
（资料性附录）
皮肤针治疗间隔时间、操作意外的处理方法

A.1 皮肤针治疗间隔时间

皮肤针治疗间隔时间根据病情需要而定，弱刺激和中等刺激治疗时，可 1 次/d 或 2 次/d；强刺激治疗时，可 1 次/d 或隔日 1 次。

A.2 皮肤针操作意外的处理方法

若发生晕针应立即停止叩刺，使患者呈头低脚高卧位，注意保暖，必要时可饮用温开水或温糖水，或掐按水沟、内关等穴，即可恢复。严重时按晕厥处理。

ICS 11.0.20
C 05

中华人民共和国国家标准

GB/T 21709.8—2008

针灸技术操作规范　第8部分:皮内针

Standardized manipulations of acupuncture and moxibustion—Part 8:Intradermal needle

2008-04-23 发布　　2008-07-01 实施

中华人民共和国国家质量监督检验检疫总局
中国国家标准化管理委员会　发布

前　　言

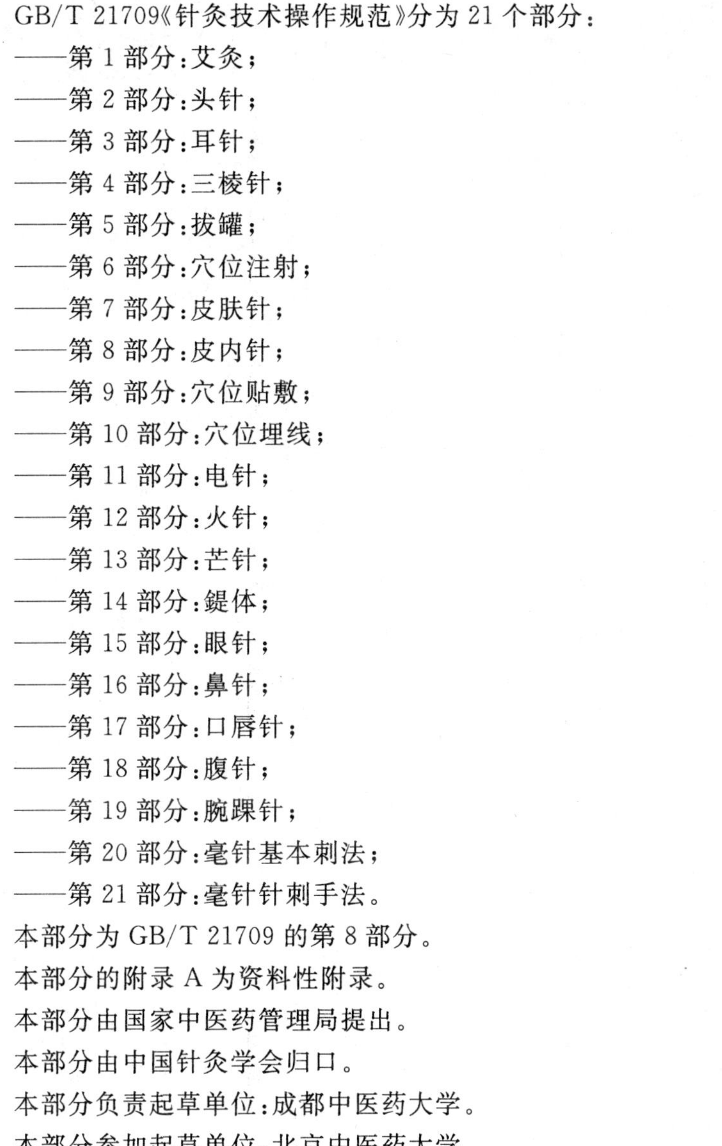

GB/T 21709《针灸技术操作规范》分为21个部分：

——第1部分:艾灸；

——第2部分:头针；

——第3部分:耳针；

——第4部分:三棱针；

——第5部分:拔罐；

——第6部分:穴位注射；

——第7部分:皮肤针；

——第8部分:皮内针；

——第9部分:穴位贴敷；

——第10部分:穴位埋线；

——第11部分:电针；

——第12部分:火针；

——第13部分:芒针；

——第14部分:鍉体；

——第15部分:眼针；

——第16部分:鼻针；

——第17部分:口唇针；

——第18部分:腹针；

——第19部分:腕踝针；

——第20部分:毫针基本刺法；

——第21部分:毫针针刺手法。

本部分为GB/T 21709的第8部分。

本部分的附录A为资料性附录。

本部分由国家中医药管理局提出。

本部分由中国针灸学会归口。

本部分负责起草单位:成都中医药大学。

本部分参加起草单位:北京中医药大学。

本部分主要起草人:余曙光、唐勇、刘清国、罗玲、袁成凯、曾芳。

针灸技术操作规范　第8部分：皮内针

1　范围

GB/T 21709的本部分规定了皮内针的术语和定义、操作步骤与要求、注意事项和禁忌。

本部分适用于皮内针技术操作。

2　术语和定义

下列术语和定义适用于GB/T 21709的本部分。

2.1

皮内针　intradermal needle

用于皮内埋藏的针具。

2.2

颗粒型皮内针　grain-like intradermal needle

针尾呈椭圆颗粒状的皮内针，又称麦粒型皮内针。

2.3

揿钉型皮内针　thumbtak intradermal needle

针尾呈环形并垂直于针身的皮内针，又称图钉型皮内针。

3　操作步骤与要求

3.1　施术前准备

3.1.1　针具选择

根据疾病和操作部位的不同选择相应的皮内针。

3.1.2　部位选择

宜选择易于固定且不妨碍活动的腧穴。

3.1.3　体位选择

宜选择患者舒适、医者便于操作的治疗体位。

3.1.4　环境要求

应注意环境清洁卫生，避免污染。

3.1.5　消毒

3.1.5.1　针具消毒

应选择高压蒸汽消毒法。宜使用一次性皮内针。

3.1.5.2　部位消毒

宜用75%乙醇或1%～2%碘伏在施术部位消毒。

3.1.5.3　医者消毒

医者双手应先用肥皂水清洗，再用75%乙醇棉球擦拭。

3.2　施术方法

3.2.1　进针

3.2.1.1　颗粒型皮内针

一手将腧穴部皮肤向两侧舒张，另一手持镊子夹持针尾平刺入腧穴皮内。

3.2.1.2 揿钉型皮内针

一手固定腧穴部皮肤，另一手持镊子夹持针尾直刺入腧穴皮内。

3.2.2 固定

3.2.2.1 颗粒型皮内针

宜先在针尾下垫一橡皮膏，然后用脱敏胶布从针尾沿针身向刺入的方向覆盖、粘贴固定。

3.2.2.2 揿钉型皮内针

宜用脱敏胶布覆盖针尾、粘贴固定。

3.2.3 固定后刺激

宜每日按压胶布3次～4次，每次约1 min，以患者耐受为度，两次间隔约4 h。埋针时间参见附录A。

3.2.4 出针

一手固定埋针部位两侧皮肤，另一手取下胶布，然后持镊子夹持针尾，将针取出。

3.3 施术后处理

应用消毒干棉签按压针孔，局部常规消毒。

4 注意事项

4.1 初次接受治疗的患者，应首先消除其紧张情绪。

4.2 老人、儿童、孕妇、体弱者宜选取卧位。

4.3 埋针部位持续疼痛时，应调整针的深度、方向，调整后仍疼痛应出针。

4.4 埋针期间局部发生感染应立即出针，并进行相应处理。

4.5 关节和颜面部慎用。

5 禁忌

5.1 红肿、皮损局部及皮肤病患部。

5.2 紫癜和瘢痕部。

5.3 体表大血管部。

5.4 孕妇下腹、腰骶部。

5.5 金属过敏者。

附 录 A
（资料性附录）
埋 针 时 间

A.1 宜 2 d～3 d,可根据气候、温度、湿度不同,适当调整。

A.2 同一埋针部位出针 3 d 后可再次埋针。

ICS 11.020
C 05

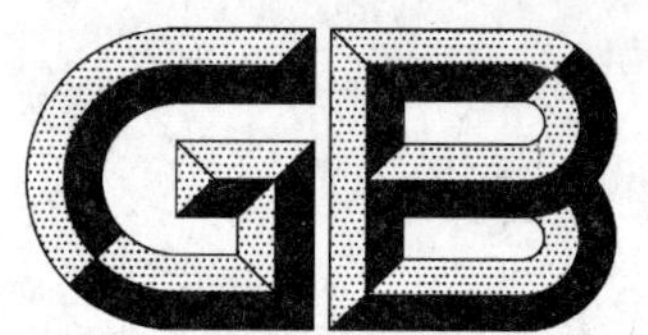

中华人民共和国国家标准

GB/T 21709.9—2008

针灸技术操作规范 第9部分：穴位贴敷

Standardized manipulations of acupuncture and moxibustion—Part 9: Acupoint paste

2008-04-23 发布 2008-07-01 实施

中华人民共和国国家质量监督检验检疫总局
中国国家标准化管理委员会 发布

前　　言

GB/T 21709《针灸技术操作规范》分为 21 个部分：

——第 1 部分：艾灸；

——第 2 部分：头针；

——第 3 部分：耳针；

——第 4 部分：三棱针；

——第 5 部分：拔罐；

——第 6 部分：穴位注射；

——第 7 部分：皮肤针；

——第 8 部分：皮内针；

——第 9 部分：穴位贴敷；

——第 10 部分：穴位埋线；

——第 11 部分：电针；

——第 12 部分：火针；

——第 13 部分：芒针；

——第 14 部分：鍉体；

——第 15 部分：眼针；

——第 16 部分：鼻针；

——第 17 部分：口唇针；

——第 18 部分：腹针；

——第 19 部分：腕踝针；

——第 20 部分：毫针基本刺法；

——第 21 部分：毫针针刺手法。

本部分为 GB/T 21709 的第 9 部分。

本部分的附录 A、附录 B 为资料性附录。

本部分由国家中医药管理局提出。

本部分由中国针灸学会归口。

本部分负责起草单位：中国中医科学院广安门医院。

本部分参加起草单位：天津中医药大学、河北医科大学、北京中医药大学附属宣武中医院、北京中医药大学附属护国寺中医院。

本部分主要起草人：刘志顺。

本部分参加起草人：赵杰、王寅、曹于、郭义、贾春生、杨光、周炜。

针灸技术操作规范
第9部分:穴位贴敷

1 范围

GB/T 21709 的本部分规定了穴位贴敷的术语和定义、操作步骤与要求、注意事项、禁忌。

本部分适用于穴位贴敷技术操作。

2 规范性引用文件

下列文件中的条款通过 GB/T 21709 的本部分的引用而成为本部分的条款。凡是注日期的引用文件,其随后所有的修改单(不包括勘误的内容)或修订版均不适用于本部分,然而,鼓励根据本部分达成协议的各方研究是否可使用这些文件的最新版本。凡是不注日期的引用文件,其最新版本适用于本部分。

GB/T 12346 腧穴名称与定位

3 术语和定义

下列术语和定义适用于 GB/T 21709 的本部分。

3.1

穴位贴敷 medicated plaster applied to a point

在穴位上贴敷某种药物的治疗方法。

3.2

敷脐疗法 medicated plaster applied to the navel

将药物贴于脐部的治疗方法。

3.3

助透剂 penetration enhancers

能够增加药物透皮速度或增加药物透皮量的物质。

3.4

巴布剂 cataplasm

以水溶性高分子材料或亲水性物质为基质与药物制成的外用贴敷剂。

3.5

赋形剂 excipients

赋予药物以适当的形态和体积的物质。

4 操作步骤与要求

4.1 施术前准备

4.1.1 药物

药物常用剂型参见附录 A。

4.1.2 部位

根据患者病情,按 GB/T 12346 的规定选择相应的穴位。

4.1.3 体位

以患者舒适、医者便于操作的治疗体位为宜。

4.1.4 环境

应选择清洁卫生的环境。

4.1.5 消毒

4.1.5.1 部位

用75%乙醇或0.5%～1%碘伏棉球或棉签在施术部位消毒。

4.1.5.2 术者

医者双手应用肥皂水清洗干净。

4.2 施术方法

4.2.1 贴法

将已制备好的药物直接贴压于穴位上，然后外覆医用胶布固定；或先将药物置于医用胶布粘面正中，再对准穴位粘贴。

硬膏剂可直接或温化后将硬膏剂中心对准穴位贴牢。

4.2.2 敷法

将已制备好的药物直接涂搽于穴位上，外覆医用防渗水敷料贴，再以医用胶布固定。

使用膜剂者可将膜剂固定于穴位上或直接涂于穴位上成膜。

使用水(酒)浸渍剂时，可用棉垫或纱布浸蘸，然后敷于穴位上，外覆医用防渗水敷料贴，再以医用胶布固定。

4.2.3 填法

将药膏或药粉填于脐中，外覆纱布，再以医用胶布固定。

4.2.4 熨贴法

将熨贴剂加热，趁热外敷于穴位。或先将熨贴剂贴敷穴位上，再用艾火或其他热源在药物上温熨。

4.3 施术后处理

4.3.1 换药

贴敷部位无水泡、破溃者，可用消毒干棉球或棉签蘸温水、植物油或石蜡油清洁皮肤上的药物，擦干并消毒后再贴敷。

贴敷部位起水泡或破溃者，应待皮肤愈后再贴敷。

4.3.2 水泡处理

小的水泡一般不必特殊处理，让其自然吸收。大的水泡应以消毒针具挑破其底部，排尽液体，消毒以防感染。破溃的水泡应做消毒处理后，外用无菌纱布包扎，以防感染。

5 注意事项

5.1 久病、体弱、消瘦以及有严重心肝肾功能障碍者慎用。

5.2 孕妇、幼儿慎用。

5.3 颜面部慎用。

5.4 糖尿病患者慎用。

5.5 对于所贴敷之药，应将其固定牢稳，以免移位或脱落。

5.6 凡用溶剂调敷药物时，需随调配随敷用，以防挥发。

5.7 若用膏剂贴敷，膏剂温度不应超过45℃，以免烫伤。

5.8 对胶布过敏者，可选用低过敏胶布或用绷带固定贴敷药物。

5.9 对于残留在皮肤上的药膏，不宜用刺激性物质擦洗。

5.10 贴敷药物后注意局部防水。

5.11 贴敷时间和皮肤反应参见附录B。

5.12 贴敷后若出现范围较大、程度较重的皮肤红斑、水泡、瘙痒现象，应立即停药，进行对症处理。出现全身性皮肤过敏症状者，应及时到医院就诊。

6 禁忌

6.1 贴敷部位有创伤、溃疡者禁用。

6.2 对药物或敷料成分过敏者禁用。

附 录 A
（资料性附录）
常用剂型

A.1 膏剂

A.1.1 软膏剂

将药物加入适宜基质中，制成容易涂布于皮肤、粘膜或创面的半固体外用制剂。

A.1.2 硬膏剂

A.1.2.1 铅硬膏

A.1.2.1.1 黑膏药

以食用植物油炸取药料，去渣后在高热下与红丹反应而成的铅硬膏。

A.1.2.1.2 白膏药

以食用植物油与宫粉为基质，油炸药料，去渣后与宫粉反应而成的一种铅硬膏。

A.1.2.1.3 松香膏药

用松香为基质制成的膏药。

A.1.2.2 橡胶硬膏

以橡胶为主要基质，与树脂、脂肪或类脂性物质（辅料）和药物混匀后，摊涂于布或其他裱背材料上而制成的一种外用制剂。

A.1.2.3 中药巴布剂

以水溶性高分子化合物或亲水性物质为基质，与中药提取物制成的中药贴敷剂。

A.2 丸剂

药物细粉或药物提取物加适宜的粘合剂或辅料制成的球形制剂。

A.3 散剂

又称粉剂，是指一种或数种药物经粉碎、混匀而制成的粉状药剂。

A.4 糊剂

将药物粉碎成细粉，或将药物按所含有效成分以渗漉法或其他方法制得浸膏，再粉碎成细粉，加入适量粘合剂或湿润剂，搅拌均匀，调成糊状。

A.5 泥剂

将中药捣碎或碾成泥状物，可添加蜜、面粉、乙醇等物增加其粘湿度。

A.6 熨贴剂

以中药研细末装布袋中贴敷穴位，或直接将药粉或湿药饼敷于穴位上，再用艾火或其他热源在所敷药物上温熨。

A.7 浸膏剂

将中药粉碎后用水煎熬浓缩成膏状，用时可直接将浸膏剂敷于穴位上。

A.8 膜剂

将中药成分分散于成膜材料中制成膜剂或涂膜剂，用时将膜剂固定于穴位上或直接涂于穴位上成膜即可。

A.9 饼剂

将药粉制成圆饼形进行贴敷的一种剂型。其制作方法有两种：一种是将配好的各种药物粉碎、过筛混合，加入适量面粉和水搅拌后，捏成小饼形状，置于蒸笼上蒸熟，然后趁热贴敷穴位；另一种是加入适量蛋清或蜂蜜等有粘腻性的赋形剂，捏成饼状进行敷贴。前者可用于贴敷时间较长者，并能起到药物和温热的双重刺激作用；后者制作较为简单。药饼与皮肤接触面积较大，故多用于脐部及阿是穴（多为病灶或其反应区域）。

A.10 锭剂

将药物研极细末，并经细筛筛后，加水或面糊适量，制成锭形，烘干或晾干备用。用时加冷开水磨成糊状，以此涂布穴位。锭剂多用于需长期应用同一方药的慢性病症，可以减少配药制作的麻烦，便于随时应用。锭剂药量较少，故常用对皮肤有一定刺激作用的药物。

A.11 水（酒）渍剂

用水、酒或乙醇等溶剂浸泡中药，使用时用棉垫或纱布浸蘸。

A.12 鲜药剂

采用新鲜中草药捣碎或揉搓成团块状，或将药物切成片状，再将其敷于穴位上。

附 录 B
（资料性附录）
贴敷时间和皮肤反应

B.1 贴敷时间

B.1.1 刺激性小的药物，可每隔 1 d～3 d 换药 1 次；不需溶剂调和的药物，还可适当延长至 5 d～7 d 换药 1 次。

B.1.2 刺激性大的药物，应视患者的反应和发泡程度确定贴敷时间，数分钟至数小时不等；如需再贴敷，应待局部皮肤愈后再贴敷，或改用其他有效穴位交替贴敷。

B.1.3 敷脐疗法每次贴敷 3 h～24 h，隔日 1 次，所选药物不应为刺激性大及发泡之品。

B.1.4 冬病夏治穴位贴敷从每年入伏到末伏，每 7 d～10 d 贴 1 次，每次贴 3 h～6 h，连续 3 年为一疗程。

B.2 皮肤反应

色素沉着、潮红、微痒、烧灼感、疼痛、轻微红肿、轻度出水泡属于穴位贴敷的正常皮肤反应。

ICS 11.020
C 05

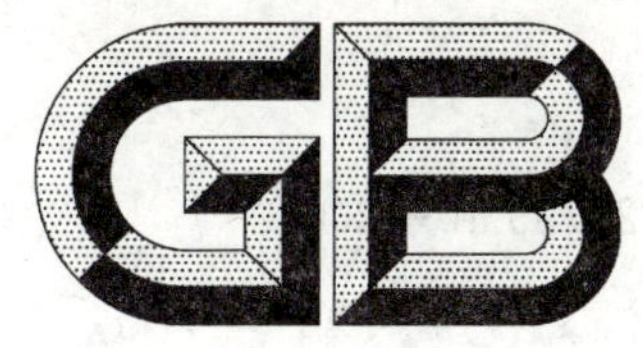

中华人民共和国国家标准

GB/T 21709.10—2008

针灸技术操作规范 第10部分:穴位埋线

Standardized manipulations of acupuncture and moxibustion—Part 10:Thread-embedding therapy

2008-04-23 发布 2008-07-01 实施

中华人民共和国国家质量监督检验检疫总局
中国国家标准化管理委员会 发布

前 言

GB/T 21709《针灸技术操作规范》分为21个部分：

——第1部分：艾灸；

——第2部分：头针；

——第3部分：耳针；

——第4部分：三棱针；

——第5部分：拔罐；

——第6部分：穴位注射；

——第7部分：皮肤针；

——第8部分：皮内针；

——第9部分：穴位贴敷；

——第10部分：穴位埋线；

——第11部分：电针；

——第12部分：火针；

——第13部分：芒针；

——第14部分：鍉体；

——第15部分：眼针；

——第16部分：鼻针；

——第17部分：口唇针；

——第18部分：腹针；

——第19部分：腕踝针；

——第20部分：毫针基本刺法；

——第21部分：毫针针刺手法。

本部分为GB/T 21709的第10部分。

本部分的附录A、附录B、附录C、附录D均为资料性附录。

本部分由国家中医药管理局提出。

本部分由中国针灸学会归口。

本部分负责起草单位：解放军总医院针灸科。

本部分参加起草单位：北京中医药大学。

本部分主要起草人：石现、关玲。

本部分参加起草人：刘清国。

针灸技术操作规范
第10部分:穴位埋线

1 范围

GB/T 21709的本部分规定了穴位埋线的术语和定义、操作步骤与要求、注意事项和禁忌。

本部分适用于穴位埋线技术操作。

2 规范性引用文件

下列文件中的条款通过GB/T 21709的本部分的引用而成为本部分的条款。凡是注日期的引用文件，其随后所有的修改单(不包括勘误的内容)或修订版均不适用于本部分，然而，鼓励根据本标准达成协议的各方研究是否可使用这些文件的最新版本。凡是不注日期的引用文件，其最新版本适用于本部分。

GB 2024 针灸针

GB 15811 一次性使用无菌注射针

GB 15980 一次性使用医疗用品卫生标准

GB 15981 消毒与灭菌效果的评价方法与标准

YY 0043 医用缝合针

YY 1116 可吸收性外科缝线

YY/T 91148 腰椎穿刺针

3 术语和定义

下列术语和定义适用于GB/T 21709的本部分。

3.1

穴位 acupoint

人体脏腑经络之气输注于体表的特殊部位。

3.2

穴位埋线 thread-embedding applied to a point

将可吸收性外科缝线置入穴位内，利用线对穴位产生的持续刺激作用以防治疾病的方法。

3.3

线 thread

各种型号的可吸收性外科缝线。

3.4

套管针 trocar

内有针芯的管形针具。

3.5

埋线针 thread-embedding needle

一种针尖底部有一小缺口的专用埋线针具。

4 操作步骤与要求

4.1 施术前准备

4.1.1 工具选择

根据病情需要和操作部位选择不同种类和型号的埋线工具和医用线。其中套管针一般可由一次性使用无菌注射针配适当粗细的磨平针尖的针灸针改造而成。或用适当型号的腰椎穿刺针代替。也可以选用一次性成品注射埋线针，或其他合适的替代物。一次性使用无菌注射针应符合 GB 15811 的要求；针灸针应符合 GB 2024 的要求；腰椎穿刺针应符合 YY/T 91148 的要求；医用缝合针应符合 YY 0043 的要求；可吸收性外科缝线应符合 YY 1116 的要求。

4.1.2 穴位选择

根据患者病情选取适当的穴位。

4.1.3 体位选择

选择患者舒适、医者便于操作的治疗体位。

4.1.4 环境要求

应注意环境清洁卫生，避免污染。

4.1.5 消毒

4.1.5.1 器械消毒

根据材料选择适当的消毒或灭菌方法，应达到国家规定的医疗用品卫生标准以及消毒与灭菌标准，参见 GB 15981。一次性使用的医疗用品还应符合 GB 15980 的有关规定。

4.1.5.2 部位消毒

用 0.5%的碘伏在施术部位由中心向外环形消毒。也可采用 2%碘酒擦拭，再用 75%乙醇脱碘的方法。

4.1.5.3 术者消毒

医生双手应用肥皂水清洗、流水冲净，再用 75%乙醇或 0.5%碘伏擦拭，然后戴无菌手套。

4.2 施术方法

4.2.1 套管针埋线法

对拟操作的穴位以及穴周皮肤消毒后，取一段适当长度的可吸收性外科缝线，放入套管针的前端，后接针芯，用一手拇指和食指固定拟进针穴位，另一只手持针刺入穴位，达到所需的深度，施以适当的提插捻转手法，当出现针感后，边推针芯，边退针管，将可吸收性外科缝线埋植在穴位的肌层或皮下组织内。拔针后用无菌干棉球(签)按压针孔止血。

4.2.2 埋线针埋线法

在穴位旁开一定距离处选择进针点，局部皮肤消毒后施行局部麻醉，局部麻醉方法参见附录 A。取适当长度的可吸收性外科缝线，一手持镊将线中央置于麻醉点上，另一手持埋线针，缺口向下压线，以 15°～45°角刺入，将线推入皮内(或将线套在埋线针尖后的缺口上，两端用血管钳夹住。一手持针，另一手持钳，针尖缺口向下以 15°～45°角刺入皮内)。当针头的缺口进入皮内后，持续进针直至线头完全埋入穴位的皮下，再适当进针后，把针退出，用无菌干棉球(签)按压针孔止血。宜用无菌敷料包扎，保护创口 3 d～5 d。

4.2.3 医用缝合针埋线法

在拟埋线穴位的两侧 1 cm～2 cm 处，皮肤消毒后，施行局部麻醉，局部麻醉方法参见附录 A。一手用持针器夹住穿有可吸收性外科缝线的皮肤缝合针，另一手捏起两局麻点之间的皮肤，将针从一侧局麻点刺入，穿过肌层或皮下组织，从对侧局麻点穿出，紧贴皮肤剪断两端线头，放松皮肤，轻揉局部，使线头完全进入皮下。用无菌干棉球(签)按压针孔止血。宜用无菌敷料包扎保护创口 3 d～5 d。

5 注意事项

5.1 线在使用前可用适当的药液、生理盐水或 75%乙醇浸泡一定时间，应保证溶液的安全无毒和清洁无菌。

5.2 操作过程应保持无菌操作，埋线后创面应保持干燥、清洁、防止感染。

5.3 若发生晕针应立即停止治疗，按照晕针处理。

5.4　穴位埋线后，拟留置体内的可吸收性外科缝线线头不应露出体外，如果暴露体外，应给予相应处理，处理方法参见附录B。

5.5　本法的适应症以及疗程参见附录C。

5.6　埋线后应该进行定期随访，并及时处理术后反应。术后反应的处理方法参见附录D。

5.7　孕妇的小腹部和腰骶部，以及其他一些慎用针灸的穴位慎用埋线疗法。

5.8　患者精神紧张、大汗、劳累后或饥饿时慎用埋线疗法。

5.9　有出血倾向的患者慎用埋线疗法。

6　禁忌

6.1　埋线时应根据不同穴位选择适当的深度和角度，埋线的部位不应妨碍机体的正常功能和活动。应避免伤及内脏、脊髓、大血管和神经干，不应埋入关节腔内。

6.2　不应在皮肤局部有皮肤病、有炎症或溃疡、破损处埋线。

6.3　由糖尿病及其他各种疾病导致皮肤和皮下组织吸收和修复功能障碍者不应使用埋线疗法。

附　录　A
（资料性附录）
穴位埋线常用麻醉方法——局部浸润麻醉

常用药物：0.25%～0.5%盐酸利多卡因注射液，50 mg～300 mg。

方法：在拟操作的部位皮内注药形成一皮丘。如需扩大范围，则再从皮丘边缘进针注药形成第二个皮丘，最终形成一连串皮丘带。故局麻药只有第一针刺入时才有痛感，此即为“一针技术”。必要时作分层注射，即由皮丘按解剖层次向四周及深部扩大浸润范围。每次注药前应回抽注射器，以免注入血管内。

附 录 B
（资料性附录）
穴位埋线后线头暴露体外的处理

B.1 如果采用的是套管针埋线，可将线头抽出重新操作。

B.2 如果采用的是缝合针埋线，有一端线头暴露，可用持针器将暴露的线头适度向外牵拉，用剪刀紧贴皮肤剪断暴露的部分，再用一手手指按住未暴露一端的线头部位，另一手提起剪断线头处的皮肤，可使线头置于皮下。如果两端线头均暴露在外，可先用持针器将一端暴露的线头适度向外牵拉，使另一端线头进入皮下后，再按照上述方法操作，使两端线头均进入皮下。

附　录　C
（资料性附录）
穴位埋线的适应症和疗程

应该根据疾病的特点、病人的病情选择适当的针灸方法。埋线疗法多用于治疗慢性疾病。

治疗间隔及疗程根据病情以及所选部位对线的吸收程度而定，间隔时间可为1个星期至1个月；疗程可为1次～5次。

附　录　D
（资料性附录）
穴位埋线术后反应的处理

D.1　在术后 1 d～5 d 内，由于损伤及线的刺激，埋线局部出现红、肿、热、痛等无菌性炎症反应，少数病人反应较重，伤口处有少量渗出液，此为正常现象，一般不需要处理。若渗液较多，可按疖肿化脓处理，进行局部的排脓、消毒、换药，直至愈合。

D.2　局部出现血肿一般先予以冷敷止血，再行热敷消瘀。

D.3　少数病人可有全身反应，表现为埋线后 4 h～24 h 内体温上升，一般约在 38℃左右，局部无感染现象，持续 2 d～4 d 后体温可恢复正常。如出现高热不退，应酌情给予消炎、退热药物治疗。

D.4　由于埋线疗法间隔较长，宜对埋线患者进行不定期随访，了解患者埋线后的反应，及时给出处理方案。

D.5　如病人对线过敏，治疗后出现局部红肿、瘙痒、发热等反应较为严重，甚至切口处脂肪液化，线体溢出，应适当作抗过敏处理，必要时切开取线。

ICS 67.020
C 53

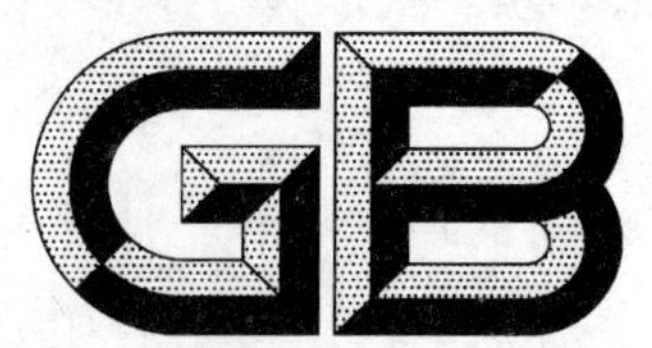

中华人民共和国国家标准

GB/T 21710—2008

蛋制品卫生操作规范

Hygienic practice for egg products

[CAC/RCP 15—1976(Amd.1978,1985),IDT]

2008-04-10 发布　　2008-11-01 实施

中华人民共和国国家质量监督检验检疫总局
中国国家标准化管理委员会　发布

前　言

本标准等同采用食品法典委员会(CAC)发布的CAC/RCP 15—1976(Amd. 1978,1985)《蛋制品卫生操作规范》(Hygienic practice for egg products),在技术内容上完全相同,仅作以下少量编辑性修改:

——删除了原国际标准的引言;

——按GB/T 1.1—2000的要求增加了规范性引用文件;

——对原国际标准的范围进行了精减,保留了核心内容;

——将原国际标准中的英制单位转化为法定计量单位;

——将原国际标准中的"世界卫生组织的《饮用水国际标准》"改为"GB 5749";

——按GB/T 1.1—2000的要求,对原国际标准的两个附录的章条进行编号。

本标准的附录A、附录B为资料性附录。

本标准由中国标准化研究院提出。

本标准由全国食品工业标准化技术委员会肉禽蛋制品分技术委员会(TC 64/SC 9)归口。

本标准由中国标准化研究院、全国食品工业标准化技术委员会肉禽蛋制品分技术委员会、国家肉类食品质量监督检验中心负责起草。

本标准主要起草人:刘俊华、刘文、赵榕、曹德胜、李气清、张瑶。

蛋制品卫生操作规范

1 范围

本标准规定了可食用的鸡蛋的一种或者多种组成的整蛋、蛋白、蛋黄和其他产品的生产、存储、包装和运输以及用于生产这些产品的厂房、设备和人员等操作指南。

本标准适用于饲养的鸡产的蛋，也适用于其他饲养禽类的蛋。

2 规范性引用文件

下列文件中的条款通过本标准的引用而成为本标准的条款。凡是注日期的引用文件，其随后所有的修改单(不包括勘误的内容)或修订版均不适用于本标准，然而，鼓励根据本标准达成协议的各方研究是否可使用这些文件的最新版本。凡是不注日期的引用文件，其最新版本适用于本标准。

GB 5749 生活饮用水卫生标准

3 术语和定义

下列术语和定义适用于本标准。

3.1

被认可 approved

被官方机构认可。

3.2

蛋 egg

饲养鸡(母鸡)的蛋(有壳)。

3.3

蛋制品 egg products

鸡蛋的内含物(全蛋或者只是蛋黄或者蛋白或者是液体的蛋白蛋黄混合物)单独或者与其他食品或者饮料混合并经过冷冻或者烘干所制成的产品。其中蛋的含量不低于50%。

4 原料要求

4.1 产地的环境卫生

4.1.1 人类和动物所产废物的卫生处理

要采取足够的预防措施来确保人类和动物所产废物的处理不构成对公众健康或者卫生危害，尤其要保证蛋未受这些废物的污染，其中未经加工或食用前可能不经热处理的蛋更需要注意。

4.1.2 动植物害虫和疾病的控制

只能根据权威机构建议使用化学的、生物的或者物理的试剂进行处理，或者由特定的人员进行治疗或者在其监督下进行治疗，这些人员完全了解相关危害，包括有毒物质在相关产品中残留的可能性。

4.2 农场中蛋的生产、保存和收集

4.2.1 健康家禽产的蛋

健康禽类所产的蛋及能用于生产供人类食用的蛋制品。

4.2.2 设备和产品容器

设备和盛蛋的容器不能对公众健康构成危害。重复使用的容器的构造应便于彻底清洗，不能对产品构成污染。

4.2.3 卫生要求

4.2.3.1 应根据气候的需要选择合适的拣蛋间隔。每天捡两次比较合适。应尽量减少搬运，尤其不应进行大规模的搬运。

4.2.3.2 搬运和存储过程中应避免如下情况：

a) 蛋壳受到灰土、草垫或者动物、昆虫、害虫、禽类、化学物、微生物或者其他物质等的污染。

b) 放置于不合适温度下。

4.2.3.3 清洗

不应在农场对蛋进行清洗。如果特殊情况下需要在农场对蛋进行清洗，应要得到权威机构认可，而权威机构只有在对所用清洗方法满意的情况下才能进行认可，包括所有清洗过程的时间(温度)条件以及所用的清洁剂(消毒剂)。

4.2.4 除去明显的不合格鸡蛋

拣蛋时应尽最大可能地分离不合格的蛋。处理方法和地点的选择应以避免来自其他蛋或者水源的污染为原则。

4.2.5 在农场的储存

拣蛋后应立即将蛋放入冷藏室储存。冷却后才能堆放或者装箱，冷藏室不应散发气味物质和浓厚的气味。考虑到当地气候，蛋应被存储在能最大程度延缓腐败作用的温度和相对湿度下。8℃～15℃(46℉～59℉)和70%～85%的相对湿度是比较合适的。

4.3 在农场处置破裂的带壳鸡蛋

4.3.1 应小心搬运薄壳蛋或者有裂纹蛋或者壳膜完整的破碎蛋，并且装入单独的容器以避免送到破壳车间前的破损。

4.3.2 如此类蛋在被送入破壳车间的运输中有破裂的危险，应遵从以下步骤。

4.3.3 只有干净的蛋(未经清洗)或者干净并有完整壳膜的破碎蛋(未经清洗)才能在农场进行破壳处理。

4.3.4 此步骤要根据5.4.4.1。

4.3.5 不能在农场过滤此类蛋，也不能将其分离为蛋白和蛋黄。

4.3.6 应将蛋制品收集在干净的消毒容器(需要时带上合适的盖)中，并根据5.4.4.4进行冷却。最好在单独的房间完成此冷却操作步骤。操作房间应符合5.1.1中提出的要求。

4.3.7 应采取所有的措施来保护产品免受污染。

4.3.8 应尽快将蛋制品从生产农场收集并运输到蛋制品工厂，运输应在0℃～5℃下进行。

4.4 在包装地处置破裂的带壳鸡蛋

遵循4.3.2到4.3.8描述的相同步骤。

4.5 运输

4.5.1 设备

运蛋工具要能达到预期目的，应进行彻底清洗，且应保持足够清洁，不能构成蛋的污染。

4.5.2 处理步骤

所有处理步骤应防止蛋受到污染。

应按加工者的情况进行收集蛋并尽快送入加工厂，另外考虑到当地气候条件下运输温度要能最大程度地减缓腐败。

5 工厂、设备和操作要求

5.1 工厂结构和布局

5.1.1 位置、大小和卫生设计

应适当地保持建筑物和周围环境无不良气味、烟雾、灰尘或者其他污染，其大小要保证设备的摆放和操作人员的使用有足够的空间且不会拥挤，建筑应完好且得到良好的维修，其构造应能防止昆虫、鸟类及害虫的进入和栖息，其设计应能够进行简便彻底的清洗。

加工厂房的构造和设计应能保证从蛋被送至厂房到制成产品的整个过程的有序进行，为过程中的所有阶段应提供恰当的温度条件。

5.1.2 卫生设备和管理

5.1.2.1 过程的分隔

接收及存储蛋和其他生原料的区域应同终产品的制备以及包装区域相分离，目的是排除对终产品的污染。用于存储、生产或者处理可食产品的区域和分隔间应同用于不可食物质的区域明确分开。食品处理区域应与生活区完全分离。蛋的拆包和洗涤以及存储终产品需要使用独立的房间。对光检查、破壳、巴氏杀菌以及灌装应分开进行以防止交叉感染。

5.1.2.2 水供应

如有需要，应供应足够的冷水以及适当的热水。所供水应符合 GB 5749 的规定。

5.1.2.3 冰

应使用可饮用水制造冰。冰的生产、搬运、存储以及使用过程应避免污染。

5.1.2.4 辅助的水供应

在使用非食用水的地方(比如为了控制火候)，应使用完全独立的管道运输，最好可以按照颜色识别运输管道，并且此运输管道同运送可食用水的管道不能有交叉连接或者虹吸现象。

5.1.2.5 管道设备和污水处理

所有的管道设备和污水处理线路(包括下水系统)应能承受运送最大量时的负担。所有线路应是不透水且有足够的汽水泄闸和排泄口。废物处理应能有效避免可饮用水供应的污染。管道设备和废水处理的方式应得到权威机构的认可。

带有固体物质汽水泄闸的排水系统的设计应考虑到系统空置的情况。当将排水系统安装在工厂内或者附近时，固体物质汽水阀应是空的且干净的，并且符合权威机构的要求。

5.1.2.6 照明

厂房应有良好的照明。所有的制作步骤中应使用安全型的灯泡和固定装置或者有保护措施以避免它们万一破裂对食品造成的污染。工作间任一部分的照明都不应少于 325 lx(30 呎烛光)，在需要仔细检查产品的时候，照明强度应不低于 540 lx(50 呎烛光)。反射体光源的设计应允许对其进行分解、清洗和重装。

5.1.2.7 通风

厂房应有良好的通风。尤其应注意产生过多热量、蒸汽、不良气味或者污染性烟雾的区域和装置。良好通风可以避免在高空装置上水汽的凝结(凝结后的液体可能滴入产品)和霉菌生长(霉菌可能掉入食品)。应对通风进行设计以确保空气能够充分改善并不会从污区向清洁区流动。

5.1.2.8 厕所和设施

应提供足够且方便的厕所，并且应安装可自动关闭的门。厕所应配备良好的照明和通风，并且门不应开在食品处理区域。应始终保持厕所卫生。厕所里面应有洗手设施并张贴标识要求人员如厕后洗手。

5.1.2.9 洗手设施

无论过程中的哪一部分需要，都应为雇员提供足够方便的洗手以及烘干设施。这些应考虑到加工地面的要求。如果可行的话，建议使用个人毛巾，但是烘干法也应得到权威机构的认可，应始终保持设施的卫生状况。

5.2 设备与器皿

5.2.1 材料

所有的食物接触性表面都应是光滑的，没有凹陷、裂缝和疏松，无毒的，不能对产品产生影响，能够经受住重复的正常的清洗，并且是无吸收性的，除非是在一个特定的、容许的过程中应使用吸收性材料，例如木质物。

5.2.2 卫生的设计、构建以及安装

装置和器具的设计和构建应考虑到防止卫生方面的危害以及能够进行简便彻底的清洗。

木质设备不宜用于破壳、巴氏杀菌或者灌装房间。

所有的泵、管道、容器以及接触表面都应由不锈钢或者其他允许的材料制成。

宜用不锈钢、铝、经认可的塑料容器或者专用的盘子将带壳蛋送往破壳室。破壳工作台应由不锈钢、铝或者塑料制成。只要可行，用于此处的塑料材料应无裂纹和划伤，应能经受日常清洗和消毒过程。

用于液体蛋的机器和容器宜由不锈钢或其他合适的材料制成，其构造应能够迅速除去液体蛋源中不合适进一步加工的蛋成分。

任何用于分离蛋白和蛋黄的设备应具有卫生的设计和构造。

用于不可食用或者受到污染的原料的设备和器具应作出标志，它们不能用于处理可食用产品。

5.3 卫生操作要求

5.3.1 车间、设备和厂房的卫生保持

5.3.1.1 车间的建筑、设备、器具和所有其他实体设备应得到良好维护并保持清洁和整洁的卫生条件。车间加工过程中，应经常地从工作区域移除废弃的原料，应具备足够的废物容器。使用的清洁剂和消毒剂应适用于目的并且其使用应对公众健康无危害。

5.3.1.2 应在工作期间的所有主要间歇、所有需要除去污染的时候以及每天工作结束时对所有设备进行清洗并消毒。每天工作开始时也应进行消毒。任何设备中均不应允许蒸汽凝结滞留。在消毒和工作时段之间的时间内应尽量少用设备。

5.3.1.3 无论何时，只要加工停止接近 30 min 或者更多，所有手动停止的装置和破壳机器上易于拆除的部分就应被清洗并消毒。同时破壳操作台应被清洗并用干净的热水进行充分清洗。

5.3.1.4 即使进行了“整机”清洗，如果每天结束的检测显示了“整机”清洗有缺陷，仍然应拆卸并清洗设备。

5.3.1.5 清洗和操作的最后阶段应是用热水进行彻底的冲洗。

5.3.2 废物处理

包括空蛋壳和不合格蛋在内的废物的储存应避免来自不良气味、昆虫、鸟类以及害虫的不良损害。应经常有规律地通过合适的容器、传送带或者水槽清除废物，至少要在每天结束时清除一次。另外每天要从厂房移走一次。用于存储和凝固废物的容器和装置清空后要马上进行清洗和消毒，放置这些废物容器的区域也应进行清洗和消毒。

5.3.3 害虫控制

应采取有效措施以防止害虫进入厂房，避免昆虫、啮齿类动物、鸟类以及其他害虫在厂房栖息。

5.3.4 避免家畜进入

应避免狗、猫和其他家畜进入食品加工以及储藏区域。

5.3.5 人员健康

工厂管理人员应告知工作人员，任何有被感染的伤口、疼痛或任何疾病(尤其是腹泻)的人员应立即向管理人员报告。管理人员应注意确保当工作人员感染了能通过食品传播的疾病、携带此疾病致病微生物或有被感染了的伤口、疼痛或病痛时不能在食品工厂的任何区域工作，否则这些人员可能会导致致病微生物污染食品或者接触食品的表面。

5.3.6 有毒物质

所有的灭鼠剂、薰剂、杀虫剂或其他有毒物质应被锁于独立的房间或者小室，只有经过适当训练的人员才能取得。只能由完全懂得所涉及的风险(包括污染产品的可能性)的人员或者在其直接监督下才能使用它们。

5.3.7 人员卫生和食品加工操作准则

5.3.7.1 上班期间所有在食品工厂工作的人员应保持高度的个人清洁。包括配套的帽子在内的衣物应适于其职责且要保持干净。

5.3.7.2 应遵守卫生操作准则，按照要求经常洗手。

5.3.7.3 食品加工区域应禁止吐痰、吃饭、咀嚼及吸烟。

5.3.7.4 应采取所有的预防措施以防止食品产品或成分受到外来物质的污染。

5.3.7.5 应适当处理小伤口和擦伤并带上合适的防水套。为了处理这些意外事故而不对食品造成污染，应配备足够的紧急救助设备。

5.3.7.6 用于加工食品的手套应保持干净、卫生和良好状况；手套的材料应是非渗透性的，除非它们的使用与涉及的工作是不合适或者不协调的。

5.4 操作准则和生产要求

5.4.1 蛋和其他原料

接收标准：工厂应拒收已知含有毒物质的蛋和其他原料。如通过正常挑选和制作无法将蛋或其他原料中分解或者附带的物质除去或者减少到可接受水平，则这样的蛋或其他原料应被拒收。

5.4.2 储藏和带壳蛋的处理

一旦被接收，应尽快对蛋进行加工。加工前蛋应被放于箱中，存于凉爽的且干净的房间中。在4.2.5中提到的温度和相对湿度是合适的。箱子的存放方式应能够允许清洁底部。开箱的房间应完全独立于加工室。蛋的外包装箱不应被带入破壳室。

5.4.3 检查和挑选

破壳前应在权威机构的认可的时间内并于工厂或者其他适宜的地点对蛋对光检查。破壳前要用经权威机构认可的方法将脏蛋清洗干净，方法中包括时间(温度)条件以及所使用的任何清洁剂(消毒杀菌剂)。

壳膜完好的裂纹蛋应被独立盛装于合适材料制成的浅容器中，并且加工前应由有经验的破壳人员进行仔细检查。

应废弃壳膜破裂的裂纹蛋。但是如果破裂发生于工厂内的对光检查或搬运过程中，应将蛋单独放于合适的专门容器中。此类蛋应马上进行加工。

送往破壳区域前应进行对光检查。如果使用压碎法，对光检查应要特别注意去除缺陷蛋。

为了避免交叉污染，应分开除鸡蛋以外的蛋并在鸡蛋加工日的末尾进行处理和加工。再次开始加工鸡蛋前应对设备进行清洗和消毒。

5.4.4 制作和加工

5.4.4.1 逐个破壳

应用手或者机器将蛋打碎到杯子或者盘子里面，每个蛋都应进行外观检查，可能的话还要进行气味检查。

应拒收和清除有反常气味或者反常外观的蛋内物质且不能使用受到污染的破壳设备。再次使用前应对破壳设备进行清洗并消毒。破壳人员接触到该废弃的蛋后应立即用无味香皂(清洁剂)在热水中洗手。应使用卫生的方法将蛋白和蛋黄分离。卫生操作要能够去除蛋壳碎片，通常情况下还要去除血点和肉点。破壳后可能会用到离心分离机来除去蛋壳中的最后一点蛋白，但是只有应用5.4.4.2中描述的洗涤方法洗干净后的蛋才能进行离心。

5.4.4.2 挤压破壳法

使用权威机构认可的挤压破壳法时至少要满足以下要求：

用于破壳后制备全蛋制品的蛋的批量破壳机的型号应合适并且其构造和操作能够避免不合格的蛋进入液体蛋制品。不应直接使用在搬运到破壳车间前就洗涤的蛋。蛋宜在对光检查后24 h内加工。如果为了延缓腐败和微生物的生长将蛋放于可控温度下，蛋可在对光检查后72 h内加工而不必再次光检。

应在不锈钢或其他合适的材料制成的滚筒上传送蛋，滚筒要通过最低温度保持在60℃(140℉)的热水浴，在最低温度为80℃(177℉)的热水喷雾下洗涤，进入传送带之前要进行空气烘干，传送带位于破壳工段且由合适材料制成。

挤压蛋以取出它们的内含物。挤压过后应将蛋壳从传送带上移走。每个工作日结束时都应清洗机器，并用适当的消毒剂擦洗并用干净的热水冲洗。

5.4.4.3 **过滤和收集**

应用适当的过滤器、离心机或其他合适的设备过滤液体蛋。如果使用过滤器，应配备干净且经过消毒的不锈钢、合金钢(镍、铜、铁和镁合金)或者其他合适的过滤器以进行频繁的更换。如果必要的话，更换过滤器时应使用干净且消过毒的不锈钢或者其他合适的容器来收集液体蛋。此液体蛋应立即返回到设备中进行过滤。

5.4.4.4 **冷却**

如果破壳后不能马上进行巴氏杀菌，应迅速将液体蛋制品放于能将产品温度降到7℃(45℉)的设备中进行冷却。如果在巴氏杀菌前需要储存，储存应在合适的绝缘容器中，时间最好不超过24 h且绝对不能超过48 h。如果存储不超过8 h，液体蛋黄的存储温度不应超过10℃(50℉)。

如果液体蛋制品的存储预期要超过48 h，存储温度应低于0℃(32℉)。

5.4.4.5 **巴氏杀菌**

5.4.4.5.1 液体蛋制品的巴氏杀菌最好连续进行，来自农场或者包装站的蛋制品应在工厂进行巴氏杀菌。

5.4.4.5.2 应按照权威机构认可的方法对所有的蛋制品进行处理，此处理会消灭沙门氏菌。

5.4.4.5.3 应使用被认可的程序对生的液体全蛋进行巴氏杀菌，在足够高的温度下进行加热，加热时间要足以杀死沙门氏菌体，例如在64℃(148℉)杀菌至少2.5 min，或者使用其他被认可并可得到相同效果的处理方法。

液体蛋白和液体蛋黄的巴氏杀菌需要不同的时间(温度)组合。

5.4.4.5.4 巴氏杀菌结束时所有的液体产品应立即冷却到7℃(45℉)以下。

5.4.4.5.5 板式巴氏杀菌设备包括如下设备：确保液体蛋流速恒定的设备、液体蛋加热温度调节控制仪和分流任何加热不足的液体蛋流的装置。巴氏杀菌的配套装置应有温度调节装置和搅拌装置以确保要进行巴氏杀菌的液体蛋的温度均匀。

5.4.4.5.6 每次巴氏杀菌操作都要有连续的记录，应按照日期记录巴氏杀菌的温度和时间的图表并保留一年的时间以备检查。

5.4.4.5.7 由未经巴氏杀菌的液体蛋加工成的干制蛋制品的消毒应遵从经过认可的加热处理过程，处于烘干的形式且最好放于容器中以消灭沙门氏菌，例如烘胶室法。

5.4.4.5.8 巴氏杀菌后的每个阶段都应保护各类产品以防止污染。

5.4.4.6 **存储**

5.4.4.6.1 如果保持期间蛋的温度不超过5℃(41℉)，巴氏杀菌液体蛋可被存放于消过毒的绝热带盖容器中(安装低速搅拌器和温度计)或者搅乳器中。

5.4.4.6.2 采取了充分的防腐措施的产品，例如盐渍和糖渍，就不必进行冷冻。

5.4.4.7 **干燥**

5.4.4.7.1 可行时巴氏杀菌前应按照被认可了的方法除去葡萄糖。

5.4.4.7.2 干燥的方法需要经过认可。可行时产品干燥车间应优先选择漩涡分离系统而不是袋式分离系统。

5.4.4.7.3 应不断地从干燥室内移出成品，冷却并尽快装入合适的容器。如果没有除去葡萄糖，产品应在不高于10℃(50℉)的温度下储存。

5.4.5 包装、冷却和冷冻

5.4.5.1 应将空的容器存储于干净且干燥的地方并避免灰尘、害虫和任何外来物质的污染。容器不应带给产品超过权威机构的可接受限量的不良物质，并且应避免污染。使用前应进行检查以保证容器清洁。必要时，灌装前应使用蒸汽、热水、消毒剂或者任何它们的混合物对容器进行消毒，但是灌装前应沥干容器。只有马上使用的容器可放于灌装室里。

5.4.5.2 容器的灌装应是连续的过程。灌完的容器应立即封口并不被耽搁地移入冷却室或冷冻室中。灌装中应考虑避免溢出并清除任何超量的蛋。

5.4.5.3 容器应被堆叠于这些房间以允许容器周围的空气自由流通。

5.4.5.4 冷冻速度应足以避免产品腐败且要在灌装后 24 h 内完成。冷却后的产品存储温度不应超过 5℃(41℉)。冷冻后产品应存储于足以保护产品的温度下。

5.4.6 液体蛋制品的批量运输

5.4.6.1 用于运输液体蛋制品的桶或箱应由不锈钢或其他合适的材料制成，其设计应便于清洗和充分排水。它们应被冷藏或者充分绝热以确保蛋制品的温度不超过 5℃(41℉)，此类设备最好不用于其他用途。

5.4.6.2 用于灌装和卸下液体蛋制品的管道的设计和材料应是合适的，使用前要清洗和消毒，重复使用前要消毒。

5.4.6.3 不应将液体蛋制品从运输容器或可移动的容器中卸入盛有前次交货液体蛋制品的容器中。

5.4.6.4 运输容器或可移动的容器应在倒空后尽快清洗并消毒，再次填充前也要进行消毒。清洗和消毒的最后步骤应使用热水进行彻底的冲洗。从罐车中倒出液体蛋制品时只能往一处倒。

5.4.7 冻结蛋制品的解冻

5.4.7.1 当对冻结蛋制品进行解冻时，应尽快地将其变成液体状态而不引起腐败，但是还要尽量保证产品温度不高于 0℃(32℉)。

5.4.7.2 蛋解冻后应立即使用。

5.4.8 容器标识

应标记所有的外包装，这样可以确定产品生产日期和地点。

5.5 卫生控制程序

每个车间按照自己的利害关系指派一个职员，其职责是负责车间的清洗工作且最好脱产专职。此职员应永久是组织的一部分，并被培训使用专门的清洁工具、为了清洗进行设备拆卸的方法以及所涉及的污染和危害的重要性。应指出需要特别注意的关键区域、设备和原料，并将其作为永久卫生程序的一部分。

5.6 实验室管理程序

可以采用适当的取样和微生物检验方法以确保产品无沙门氏菌并检查时间(温度)配合条件或其他巴氏杀毒方式的有效性或巴氏杀菌后污染发生的可能性。

研究发现 α 淀粉酶试验对于具体时间(温度)关系的结果的即时指示很有意义。它可作为此结果的指标。

除了权威机构的所有控制之外，每个车间按照自己的利害关系使用成品卫生质量实验室控制是可取的。此控制应除去所有不适于人类食用的食品。

6 终产品要求

用作具体时间(温度)关系的指示时，α 淀粉酶试验结果应是阴性，产品应满足微生物方面的标准(见附录 A)。

按照产品的特性来决定是否需要规定微生物的、化学的、物理的以及外来原料要求，具体产品的要求，内容应包括取样程序、分析方法等(见附录 B)。

附 录 A
（资料性附录）
α淀粉酶试验

A.1 原理

用于全蛋热处理的α淀粉酶试验同用于检验牛奶的巴氏杀菌效果的磷酸酶试验类似。其原理是加热能破坏全蛋中的α淀粉酶的活性且破坏程度与加热处理程度成比例。

批量液体蛋的巴氏杀菌温度与保持时间不少于64℃(148℉)下保持2.5 min,这个时间和温度的结合对于沙门氏菌体是致命的。

当把未经处理的全蛋同淀粉溶液混合后,α淀粉酶对淀粉有降解作用,因此以碘为指示剂的此种淀粉溶液呈现的蓝紫色会消失。蓝紫色的强度同α淀粉酶含量成反比。因此α淀粉酶试验可以测得巴氏杀菌对全蛋的热处理程度,提供时间(温度)结合条件是否令人满意的证明。

本附录的目的是帮助需要进行液体全蛋检验的人员。

A.2 样品测试

检验室收到液体蛋样品后应尽快进行检验,但是即将检验前要使其达到室温。

如果检验前液体蛋应经过储存,那么储存温度要低于4.5℃(40℉),然后检验前要使其达到室温。

不应检验任何有腐败迹象或出现腐坏的样品。

包含任何糖、柠檬酸或柠檬酸盐或任何含有糖、柠檬酸或柠檬酸盐类的物质不应被送往检验,因为这些物质干扰反应。

A.3 注意事项

应注意如下事项：

a) 应使用蒸馏水或去离子水制备试剂或稀释反应物；

b) 应避免唾液对液体蛋或试剂的污染；

c) 用前所有的玻璃器皿应清洗干净并烘干；

d) 每个液体蛋样品需要用一个新的吸液管；

e) 吸液管不能被唾液污染；

f) 如果一个样品没有通过检验,应按照A.6中规定的那样对任何接触此液体蛋的玻璃器皿消毒并清洗干净。

A.4 试剂

a) 淀粉溶液

不同淀粉的性能有轻微差别,这可能影响其产生的颜色的深度和强度。无论如何,此差别不会影响检验的基本原理。应按照如下方法配制淀粉溶液：

——称量相当于0.7 g干淀粉的分析纯可溶性淀粉。水分含量的测定条件是在100℃(212℉)下烘干16 h,或者160℃(320℉)下1 h。

——将淀粉同冷水混合成稀乳液。将乳液全部转入50 mL开水中,煮沸1 min然后浸于冷水中冷却。加入3滴甲苯并在100 mL的容量瓶中用水稀释。

——两个星期前的溶液不得使用。

b) 碘溶液

——立即使用的碘溶液：此溶液应现用现配，或者由适当调整了碘化钾浓度的浓溶液稀释而来。

——浓的存储溶液：可用 12.7 g 碘溶于 25 g 碘化钾溶液，并加入 30 mL 蒸馏水所得的溶液中制备碘溶液，其浓度大概是 25.4 g/L。碘化钾溶液是由 335 g 碘化钾溶解后用蒸馏水稀释到 1 000 mL 制成。检验前用每个溶液各取 1 mL(碘和碘化钾溶液)混合后用蒸馏水稀释到 100 mL。

c) 三氯乙酸溶液

分析纯三氯乙酸：15%质量浓度。

A.5 仪器

可能用到如下仪器：

a) 2 mL、5 mL 和 10 mL 的 B 级吸液管，或者 2 mL 的 B 级吸液管和 10 mL 的 A 级直型吸液管。

b) 100 mL 和 1 000 mL 的 B 级容量瓶若干。

c) 一个 50 mL 量筒。

d) 直径为 7.5 cm~10 cm(3 in~4 in)的过滤漏斗。

e) 直径为 12.5 cm 的 Whatman 12 号凹槽滤纸或者其等价物。

f) 100 mL 的宽口锥形瓶和(或)通用容器若干。

g) 型号大约是 18 cm×2.5 cm(7″×1″)的试管。

h) 用于测定碘、三氯乙酸和蒸馏水的滴管和自动鸣管。

i) 保持 44℃±0.5℃(111.2℉±0.9℉)的水浴。

A.6 清洗和设备维护

清洗和设备维护极其重要。

a) 用后应使用热水冲洗所有的玻璃器皿并洗掉附着的蛋，必要时应使用 4 g/L 氢氧化钠溶液。然后应使用铬酸或稀盐酸溶液冲洗，然后是用水和蒸馏水冲洗。

b) 用于失败试验的样品的设备应在次氯酸盐或苯酚溶液中消毒后再清洗。

c) 应将新的玻璃器皿浸于铬酸或稀盐酸溶液中清洗，然后依次在温水和蒸馏水中冲洗，最后进行烘干。

d) 试验使用过的玻璃器皿不应用于任何其他目的，且应同实验室中所有其他设备分开放置。

e) 蛋、蛋白质或清洁剂残留可能导致试验的失败。

A.7 方法

称量 15.0 g 液体蛋样品放入一个 100 mL 的锥形瓶或通用容器中，或者 18 cm×2.5 cm(7″×1″)的带塞蒸馏试管中。

加入 2.0 mL 淀粉溶液并彻底混合。

如果蛋本身是黏滞性的，就很难确保蛋和淀粉完全混合均匀。应均匀混合，在保温前、保温期间和保温后尽力将蛋和淀粉混合均匀。

将混合物放于 44℃±0.5℃的水浴中 30 min。由水浴中拿出后振荡，尽快加 5 mL 此混合物到盛有 5 mL 三氯乙酸溶液的锥形烧瓶、大试管或通用容器中。振荡以再次彻底混合。加入 15 mL 水后振荡再次混合。

通过过滤或离心除去悬浮物质。加 10 mL 澄清滤出液(弃去初始滤出液)或上清液到 2 mL 碘溶液中。

A.8 解释

标准 Lovibond 比色计对照板 Disc4/26 包括 7 个参照色阶，其设计适用于特殊用途比色计，测定色度可以使用 25 mm 比色皿。

蓝色和紫色之间有许多相互交叉的颜色梯度，在标准对照板上的颜色梯度显示了近似范围。

如果滤出液或碘溶液立即显现蓝紫色，则认为样品通过了 α 淀粉酶试验。深于标准 Lovibond 比色计对照板 Disc4/26 中的第 3 个色阶或等同于光谱光度计标准的颜色被认为是令人满意的。使用 1 cm 比色皿在 585 nm 下以水做对比的光密度值为 0.15。

对比试验应使用北向光(north light)或者荧光。

样品未通过检验时，应马上进行重复试验并检查加热控制情况。当结果一致时应检验样品中的沙门氏菌。

附　录　B
（资料性附录）
终产品要求

B.1　巴氏杀菌蛋制品的微生物要求

目前的蛋制品的微生物要求包括：

a）批产品中的实地取样数量[1)]。

b）取样方法。

c）推荐的沙门氏菌检测法以及菌落总数和大肠菌计数法。

d）微生物取样方案值。

B.2　批产品中的实地取样数量

B.2.1　全蛋粉

取10个实地样品，全部用于检测沙门氏菌。选择其中任意5个用于检查菌落总数和大肠菌群。

B.2.2　冻鸡全蛋

取10个实地样品，全部用于检测沙门氏菌。选择其中任意5个用于检查菌落总数和大肠菌群。

B.2.3　其他蛋制品（冻鸡蛋白、冻鸡蛋黄、蛋黄粉、蛋白片）

取10个实地样品，全部用于检测沙门氏菌。

B.3　取样方法

对于所有蛋制品来说，至少取200 g实地样品[2)]。

B.3.1　全蛋粉

B.3.1.1　设备

消过毒的谷物取样管的长度应足以达到待采样容器的底部。带有密封装置的消过毒的样品容器、消过毒的勺子、酒精灯或其他加热炉、酒精、棉花、抹布或清洁毛巾和水桶。

B.3.1.2　方法

对于小包装，随机从一个没有打开过的包装里取出一个实地样品。对于大包装来说，比如箱子和袋子等，用消过毒的勺子或其他消过毒的工具移除顶层，用消过毒的取样管取出至少3个样品，取样位置分别为中心和包装壁中间以及外包装壁附近。需要在无菌情况下将样品转移到样品容器中。样品应存储于冷冻或凉爽的地方，直到进行分析。

B.3.2　冻鸡全蛋[3)]

B.3.2.1　设备

a）配备40 cm×2.5 cm的消毒钻头的电动或手动的钻孔器、锤子和30 cm×5 cm×0.5 cm的钢条或其他合适的工具，用于开启罐头；消过毒的勺子；预冷的消过毒的容器（螺旋盖的罐子或摩擦顶的罐）；酒精灯或其他加热炉、酒精、棉花、抹布或清洁毛巾和水桶。

b）使用电动钻孔器抽样时，最好在钻上安装一个隔板以避免空气对产品的污染。

1）一批产品是一些产自类似条件下的食品，其包装应附上可以识别生产日期的标签，通常情况下还能识别具体生产线或其他重要的加工单元。

2）详细信息请见食品中微生物规格国际调查委员会（1974）《食品中微生物第二部分. 微生物分析采样：具体应用和原则》。多伦多，多伦多大学出版社。

3）详细信息请见《公职分析化学工作者协会的法定方法》（第12版，1975，46.003和46.004）。

B.3.2.2 方法

a) 从容器的顶部到底部共钻三个眼:第一个在中心,第二个在中心和外围的中间,第三个在容器边缘。用消过毒的勺子将所得样品从容器转移到预冷的样品容器中。

b) 如果分析被耽误或者取样地点和实验室距离很远的话,使用固体二氧化碳或其他合适的制冷剂来冷藏样品。

B.3.3 其他蛋制品

按照干燥或冻结蛋制品的方法进行,任一个都合适。

B.4 沙门氏菌检验方法

B.4.1 范围

检验蛋制品中沙门氏菌(包括亚利桑那菌和伤寒杆菌)的参考方法。

B.4.2 应用领域

可以应用于本标准中包括的蛋制品。

B.4.3 参考资料

ISO/DIS 3565 的修订版[4)]。

B.4.4 定义

B.4.4.1 沙门氏菌(*Salmonellae*):一种微生物,按照此方法进行的试验中在固体选择性培养基中形成典型菌落并具有生物化学和血清学特征。

B.4.4.2 沙门氏菌的检验(detection of *Salmonellae*):按照规定的方法进行试验,测定具体一批产品中是否含有这些微生物。

B.4.5 原理

由于通常情况下沙门氏菌的数量很小且同相当大量的肠内菌科成员同存,它的检测应包含如下四个连续步骤。

B.4.5.1 前增菌:在37℃的非选择性液体培育基中培养样品。

B.4.5.2 增菌:来自一批产品的样品在前增菌培养基上经过前增菌后,还要以10个为一组,在单个盛有两个液体选择性培养基中的一个的长颈瓶中进行培育。

B.4.5.3 分离:将两个增菌培养基上的微生物接种到固体选择性诊断培养基上,37℃下培养后进行菌落检查,根据菌落特点推断是否是沙门氏菌。

B.4.5.4 确认:再次培养推断为沙门氏菌的细菌,测定其固有的生物化学和血清学特征。

B.4.6 培养基、溶液和试剂

B.4.6.1 基本材料

B.4.6.1.1 为了保证检测结果的一致性,建议使用品质一致的脱水培养基和分析纯化学药品或者某种干制完全培养基。使用的水为蒸馏水或类似清洁的水。

B.4.6.1.2 使用干制的完全培养基时,应严格遵照生产厂家的使用说明。

注:关于亮绿色素,请参照B.4.12里的说明。

B.4.6.2 培养基

B.4.6.2.1 缓冲蛋白胨水培养基

a) 组成成分

蛋白胨 10.0 g;

氯化钠 5.0 g;

磷酸氢二钠($Na_2HPO_4 \cdot 12H_2O$)9.0 g;

---

4) ISO 3565:1975《肉和肉制品——沙门氏菌的检测》。

磷酸二氢钾(KH_2PO_4)1.5 g；

水 1 000 mL。

b) 制备方法

用沸水溶解以上固体物质，于20℃调整 pH 值至 7.0±0.1。

B.4.6.2.2 四硫磺酸钠煌绿增菌液(TTB)

B.4.6.2.2.1 (基础培养基)

a) 组成成分

牛肉膏 5.0 g；

蛋白胨 10.0 g；

氯化钠 3.0 g；

碳酸钙 45 g；

水 1 000 mL。

b) 制备方法

把干制的基础培养基或完全培养基放入水中，煮沸至全部溶解，于 20℃调整 pH 值至 7.0±0.1。加热基础培养基至 121℃±1℃，保持 20 min。

B.4.6.2.2.2 硫代硫酸钠溶液

a) 组成成分

硫代硫酸钠($Na_2S_2O_3 \cdot 5H_2O$)50.0 g；

用水定容至 100 mL。

b) 制备方法

取少许水，将硫代硫酸钠溶于其中，定容，在 121℃±1℃下加热 20 min。

B.4.6.2.2.3 碘溶液

a) 组成成分

碘 20.0 g；

碘化钾 25.0 g；

用水定容至 100 mL。

b) 制备方法

加少量水溶解碘化钾，并加入碘，振荡至完全溶解，定容并存于棕色玻璃瓶。

B.4.6.2.2.4 亮绿溶液

a) 组成成分

亮绿 0.5 g；

水 100 mL。

b) 制备方法

将亮绿加入水中，所得溶液置于暗处，至少一天后才能使用。

B.4.6.2.2.5 牛胆盐溶液

a) 组成成分

干牛胆盐 10 g；

水 100 mL。

b) 制备方法

将干牛胆盐放入水中，煮沸，再在 121℃±1℃下加热 20 min。

B.4.6.2.2.6 完全培养基

a) 组成成分

基础培养基 900 mL；

硫代硫酸钠溶液(B.4.6.2.2.2)100 mL;

碘溶液(B.4.6.2.2.3)20 mL;

亮绿溶液(B.4.6.2.2.4)2 mL;

牛胆盐溶液(B.4.6.2.2.5)50 mL。

b) 制备方法

在无菌条件下,按照上面的顺序,把上述物质加入到基础培养基中,每加一次就要充分混匀,所得的完全培养基转入1 000 mL经杀菌的玻璃瓶,4℃下于暗处存放,一周内使用。

B.4.6.2.3 亚硒酸盐胱氨酸肉汤

B.4.6.2.3.1 基础培养基

a) 组成成分

胰蛋白胨5.0 g;

乳糖4.0 g;

磷酸氢二钠($Na_2HPO_4 \cdot 12H_2O$)10 g;

亚硒酸钠4.0 g;

水1 000 mL。

b) 制备方法

先不加亚硒酸钠,在水中溶解上述物质并煮沸5 min,冷却后加入亚硒酸钠,在20℃下调整pH值至7.0±0.1,并于4℃下存放。

B.4.6.2.3.2 L-胱氨酸溶液

a) 组成成分

L-胱氨酸 0.1 g;

氢氧化钠15 mL。

b) 制备方法

用蒸馏水稀释至100 mL,不用杀菌斧杀菌。

B.4.6.2.3.3 完全培养基

把L-胱氨酸溶液1%的比例加入基础培养基中,在20℃下调整pH值到7.0±0.1。完全培养基定容至1 000 mL后转至无菌玻璃瓶中。所得培养基需当天使用。

B.4.6.2.4 亮绿酚红琼脂

B.4.6.2.4.1 基础培养基

a) 组成成分

牛肉膏4.0 g;

蛋白胨10.0 g;

氯化钠3.0g;

磷酸氢二钠($Na_2HPO_4 \cdot 12H_2O$)0.8 g;

磷酸二氢钠(NaH_2PO_4)0.6 g;

易溶琼脂12.0 g;

水900 mL。

b) 制备方法

将干制的基础培养基或完全培养基溶解于沸水中,在20℃下调整pH值到7.0±0.1,所得物移至容积小于500 mL的试管或玻璃瓶中,并在121℃±1℃下杀菌15 min。

B.4.6.2.4.2 蔗糖酚红琼脂溶液

a) 组成成分

乳糖10.0 g;

蔗糖 10.0 g;

酚红 0.09 g;

水(定容至 100 mL 需要的水)。

b) 制备方法

将上述物质溶于水,70℃水浴加热 20 min;冷却到 55℃后即用。

B.4.6.2.4.3 亮绿溶液

组成成分以及制备方法参见 B.4.6.2.2.4。

B.4.6.2.4.4 完全培养基

a) 组成成分

基础培养基(B.4.6.2.4.1)900 mL;

蔗糖酚红溶液(B.4.6.2.4.2)100 mL;

亮绿溶液(B.4.6.2.4.3)1 mL。

b) 制备方法

在无菌条件下,加亮绿溶液到蔗糖酚红溶液中,冷却至 55℃左右,控温 50℃~55℃后加入到基础培养基中并混合。

B.4.6.2.4.5 琼脂平板的制备方法

把大约 40 mL 刚制备的完全培养基加到无菌的陪替氏培养皿(见 B.4.7.2.5.1)上,控制温度在 45℃左右,使培养基固化。

若实验室没有大的陪替氏培养皿,把大约 15 mL B.4.6.2.4.4 中的培养基溶液移至较小的陪替氏培养皿(见 B.4.7.2.5.2),使之固化。

烘干平板,最好揭开培养皿盖,琼脂面朝下,放入 50℃±5℃的烘箱或保温箱 30 min。如果平板已预制好,未经干燥的平板在室温中放置的时间不得超过 4 h、在冰箱中不得超过一天。

B.4.6.2.5 亚硫酸铋培养基

a) 组成成分

牛肉膏 5.0g;

蛋白胨或多聚蛋白胨 10.0 g;

葡萄糖 5.0 g;

磷酸氢二钠($Na_2HPO_4 \cdot 12H_2O$)4.0 g;

七水硫酸亚铁($FeSO_4 \cdot 7H_2O$)0.3 g;

亚硫酸铋 8.0 g;

亮绿 0.025 g;

琼脂 20.0 g;

水 1 000 mL。

b) 制备方法

将上述物质或干完全培养基倒于水中,于沸水中不停搅拌促进溶解。冷却到 40℃~45℃,不用杀菌斧杀菌,确保最终 pH 值大约为 7.7。

琼脂平板的制备方法:取按 B.4.6.2.5 步骤新制的完全培养基 40 mL 加到大陪替氏培养皿中,等待培养基变干。若实验室没有大的陪替氏培养皿,把大约 15 mL B.4.6.2.5 中溶化了的培养基移至较小的陪替氏培养皿(见 B.4.7.2.5.2),使之固化,存于冰箱中,24 h 后使用,五天内使用。

B.4.6.2.6 营养琼脂

a) 组成成分

牛肉膏 3.0 g;

蛋白胨 5.0 g;

琼脂 12.0 g；

水 1 000 mL。

b) 制备方法

将干培养基或完全培养基放入沸水中，冷却到 20℃后调整 pH 值大约为 7.0±0.1，所得培养基移至容积不大于 500 mL 的试管或玻璃瓶，并在 121℃±1℃下杀菌 20 min。

琼脂平板的制备方法：取按 B.4.6.2.6 步骤制得的培养基溶液 15 mL 加到无菌的小陪替氏培养皿(B.4.7.2.5.2)中，继续 B.4.6.2.4.5 的步骤。

B.4.6.2.7 三糖铁培养基试验(TSI AGAR)

a) 组成成分

牛肉膏 3.0 g；

酵母提取物 3.0 g；

蛋白胨 20.0 g；

氯化钠 5.0 g；

乳糖 10.0 g；

蔗糖 10.0 g；

葡萄糖 1.0 g；

柠檬酸铁 0.3 g；

硫代硫酸钠 0.3 g；

酚红 0.024 g；

琼脂 12.0 g；

水 1 000 mL。

b) 制备方法

将干培养基或完全培养基加入沸水中，20℃时调整后的 pH 值大约为 7.4±0.1，所得培养基移至 10 mL 的试管，试管直径为 17 mm～18 mm，并在 121℃±1℃下杀菌 10 min。倾斜使得末端培养基厚度大约为 2.5 cm。

B.4.6.2.8 尿素琼脂培养基(CHRISTENSEN)

B.4.6.2.8.1 基础培养基

a) 组成成分

蛋白胨 1.0 g；

葡萄糖 1.0 g；

氯化钠 5.0 g；

磷酸二氢钠(KH_2PO_4)2.0 g；

酚红 0.012 g；

琼脂 15.0 g；

水 1 000 mL。

b) 制备方法

将干培养基或完全培养基加入沸水中，并在 121℃±1℃下杀菌 20 min。

B.4.6.2.8.2 尿素溶液

a) 组成成分

尿素 400 g；

水，定容至 1 000 mL。

b) 制备方法

用水溶解尿素，过滤杀菌并测活(关于过滤杀菌可以参见合适的微生物学书籍)。

B.4.6.2.8.3 完全培养基

a) 组成成分

基础培养基(B. 4. 6. 2. 8. 1)950 mL;

尿素溶液 50(B. 4. 6. 2. 8. 2) mL。

b) 制备方法

在无菌条件下,加尿素溶液到基础培养基中,20℃时调整 pH 值为 6. 8±0. 1,然后于无菌条件下取 10 mL 完全培养基移至无菌试管中,倾斜存放。

B. 4. 6. 2. 9 半固态营养琼脂培养基

a) 组成成分

牛肉膏 3. 0 g;

琼脂 4. 0 g~8. 0 g(依胶凝强度而定);

水 1 000 mL。

b) 制备方法

将干基础培养基加入沸水中,20℃时调整后的 pH 值为 7. 0±0. 1,所得培养基移至容积不大于 500 mL 的试管,并在 121℃±1℃下杀菌 20 min。

c) 琼脂平板的制备

取按 B. 4. 6. 2. 9 新制的完全培养基 15 mL 加到无菌的小陪替氏培养皿(B. 4. 7. 2. 5. 2)中。平板不得干燥。

B. 4. 6. 2. 10 生理食盐水

a) 组成成分

氯化钠 8. 5 g;

水 1 000 mL。

b) 制备方法

将氯化钠加入沸水中溶解,调整 pH 值 20℃时为 7. 0±0. 1,然后移至玻璃瓶或试管中,杀菌后体积要在 90 mL~100 mL 之间,杀菌在 121℃±1℃下进行 20 min。

B. 4. 6. 2. 11 赖氨酸脱羧培养基

a) 组成成分

L-赖氨酸盐酸盐 5. 0 g;

酵母提取物 3. 0 g;

葡萄糖 1. 0 g;

溴甲酚紫 0. 015 g;

水 1 000 mL。

b) 制备方法

将上述物质加入沸水中溶解,调整 pH 值 20℃时为 6. 8±0. 1,然后移 5mL 溶液至细培养试管(直径约为 8 mm,长 160 mm)中,杀菌在 121℃±1℃下进行 10 min。

B. 4. 6. 2. 12 β 半乳醣苷酶试剂(ONPG Text)

B. 4. 6. 2. 12. 1 缓冲溶液

a) 组成成分

磷酸二氢钠(NaH_2PO_4)6. 9 g;

氢氧化钠溶液,浓度约为 4 g/L,3 mL;

定容水 50 mL。

b) 制备方法

将磷酸二氢钠溶解于大约 45 mL 的水中,调整 pH 值 7. 0±0. 1,加入 3 mL 氢氧化钠溶液并加水定容至 50 mL,存放于冰箱。

B.4.6.2.12.2 ONPG 溶液

a) 组成成分

硝基苯吡喃半乳糖(ONPG)80 mg;

水 15 mL。

b) 制备方法

溶 ONPG 于 50℃的水中,冷却。

B.4.6.2.12.3 完全试剂

a) 组成成分

缓冲溶液(B.4.6.2.12.1)5 mL;

ONPG 溶液(B.4.6.2.12.2)15 mL。

b) 制备方法

把缓冲溶液加入到 ONPG 中,所得完全试剂存于 4℃环境下,但是存放时间不要超过一个月。

B.4.6.2.13 VP 反应

B.4.6.2.13.1 VP 培养基

a) 组成成分

蛋白胨 7.0 g;

葡萄糖 5.0 g;

磷酸氢二钾(K_2HPO_4)5.0 g;

水 1 000 mL。

b) 制备方法

将上述物质溶于水,调整 pH 值到 6.9,过滤,在 115℃下杀菌 20 min。

B.4.6.2.13.2 肌酸溶液

a) 组成成分

一水肌酸 0.5 g;

水 100 mL。

b) 制备方法

将一水肌酸溶于水。

B.4.6.2.13.3 α-奈酚试剂

a) 组成成分

α-奈酚 6 g;

乙醇[96%(体积分数)]100 mL。

b) 制备方法

将 α-奈酚溶于乙醇。

B.4.6.2.13.4 氢氧化钾试剂

a) 组成成分

氢氧化钾 40 g;

水 100 mL。

b) 制备方法

将氢氧化钾溶于水中。

B.4.6.2.14 吲哚反应

B.4.6.2.14.1 胰化蛋白培养基

a) 组成成分

胰蛋白胨 10 g;

氯化钠 5 g；

水 1 000 mL。

b） 制备方法

将上述物质溶于水中，在 121℃±1℃下杀菌 20 min。

B.4.6.2.14.2 柯瓦克氏试剂

a） 组成成分

二甲基胺苯甲醛 5 g；

盐酸(1.19 g/mL)25 mL；

2-甲基-2-丁醇 75 mL。

b） 制备方法

混合上述物质。

B.4.6.3 血清

抗伤寒血清可从市场上够得，比如含有一个或多个(O)的抗血清[即单价或多价(O)-抗血清]。

以及含有一个或多个(H)的抗血清[即单价或多价(H)-抗血清]，以上血清可能不一样，购买时请看清说明。血清应获得有关机构的批准，质量可靠。

B.4.7 器具和玻璃器皿

B.4.7.1 器具

B.4.7.1.1 带有玻璃或金属罐的机械混合器，转速不得少于 8 000 r/min，不得多余 45 000 r/min，有盖，能在杀菌状态下使用。

B.4.7.1.2 用于玻璃器皿、搅拌罐、培养基等器具的灭菌设备，以及过滤杀菌设备(比如石棉衬垫、滤膜、滤柱)。

B.4.7.1.3 干燥琼脂平板所需的烘箱、温箱最好调节温度至 50℃±5℃。

B.4.7.1.4 存放预防培养基液的温箱、平板和试管维持温度在 37℃±1℃。

B.4.7.1.5 存放预防培养基液的温箱或水浴锅维持温度在 42℃～43℃。

B.4.7.1.6 水浴加热、冷凝溶液和培养基时的温度应适当。

B.4.7.2 玻璃器皿

B.4.7.2.1 玻璃器皿能经受反复的高温杀菌处理。

B.4.7.2.2 杀菌处理、存放培养基所用的培养管、瓶是 B.4.6.2.11 中制备赖氨酸脱羧培养基所用的直径和长度分别为 8 mm 和 160 mm 的培养管、瓶。

B.4.7.2.3 制备完全培养基所用的量筒的最大刻度是 100 mL，最小刻度是 10 mL。

B.4.7.2.4 刻度吸(量)管最大刻度是 10 mL 和 1 mL，最小刻度分别为 1 mL、0.1 mL。

B.4.7.2.5 陪替氏培养皿

B.4.7.2.5.1 大培养皿规格

a） 培养皿

外径 140 mm±2 mm；

外高 30 mm±2 mm；

壁厚 1.5 mm±0.5 mm；

培养皿边沿应与地面平行，地面平坦平行地面。

b） 盖子

外径 150 mm±2 mm；

外径 15 mm±2 mm；

壁厚 1.5 mm±0.5 mm。

B.4.7.2.5.2 小培养皿规格

a) 培养皿

内径 90 mm±2 mm；

外高至少 18 mm；

培养皿边沿应与地面平行，地面平坦平行地面。

b) 盖子

外径最大为 102 mm。

B.4.7.2.5.3 即使尺寸和 B.4.7.2.5.1 以及 B.4.7.2.5.2 中的玻璃器皿稍微有点区别，玻璃陪替氏培养皿可以替代地使用。

B.4.7.3 玻璃器皿的杀菌

可以通过以下方式给玻璃器皿杀菌：

湿法杀菌，时间不得少于 20 min，温度不得低于 120℃；

干法杀菌，时间不得少于 1 h，温度不得低于 170℃。

B.4.8 抽样

B.4.8.1 取 200 g 现样(参见 B.2、B.3)。

B.4.8.2 使用前，冻样要冷藏。

B.4.9 程序

B.4.9.1 样品预处理

取样前无水鸡蛋应振荡混匀，冻鸡蛋在使用前应放在冷水流中解冻，时间要足够长，解冻了的鸡蛋同样需要振荡混匀。

B.4.9.2 样本单位

称取 25 g B.4.9.1 中的样品放入无菌的搅拌器。

B.4.9.3 混合

B.4.9.3.1 加 225 mL 缓冲蛋白胨水溶液(B.4.6.2.1)到搅拌器。

B.4.9.3.2 开动搅拌器，根据转速定搅拌时间，总转数为 15 000 r～20 000 r。最慢的搅拌机所用的时间也不会超过 2.5 min。

B.4.9.4 预先增菌

B.4.9.4.1 在无菌条件下，把搅拌器中的样品移至 500 mL 的无菌玻璃瓶中。

B.4.9.4.2 37℃±1℃下接种玻璃瓶，接种时间 16 h～20 h。

B.4.9.5 增菌

B.4.9.5.1 接种期间，从 B.4.9.4.2 10 个瓶中分别取 10 mL 到 1 000 mL 的四硫代硫酸盐培养基(B.4.6.2.2)，同样取 10 mL 到 1 000 mL 的沙门氏菌培养基(B.4.6.2.3)。增菌培养液，在接种前应加热到 42℃～43℃。

B.4.9.5.2 在 42℃下，继续接种已经接种了的四硫代硫酸盐培养基和沙门氏菌培养基两天，温度不得超过 43℃。

B.4.9.6 分离

B.4.9.6.1 接种 18 h～24 h 后，快速将样品用直径为 2.5 mm～3 mm 的取样环从各个瓶(B.4.9.5.2)取出粘附到亮绿酚红琼脂以及亚硫酸铋琼脂(B.4.6.2.5)表面，便得到了单独的菌落(如果没有大的陪替氏培养皿，可以从小的陪替氏培养皿中用相同的取样环取样)。

B.4.9.6.2 在 37℃±1℃下从温箱上层的陪替氏培养皿底部接种。

B.4.9.6.3 接种两天后(见 B.4.9.5.2)，按照上面步骤重复粘附增菌培养基，然后将平板放入 37℃±1℃的温箱中。

B.4.9.6.4 接种 20 h～24 h 后检查平板是否出现了沙门氏菌菌落。

B.4.9.6.5　如果沙门氏菌菌落形成缓慢，重新在37℃±1℃的温箱中培养20 h～24 h，再看沙门氏菌菌落是否出现。

注：按照B.4.9.7中的方法确认沙门氏菌菌落或其疑似菌落。因为沙门氏菌菌落的辨认基本上是靠经验，而且沙门氏菌菌落的外形也因不同类型的沙门氏菌、不同培养基而不一样。在这种全情况下，沙门氏菌抗血清的凝集有助于辨认可疑菌落。

B.4.9.7　沙门氏菌菌落确认

B.4.9.7.1　确认范围

B.4.9.7.1.1　从供选择的培养基(见B.4.9.6.1)中，挑选五个沙门氏菌菌落或其疑似菌落加以确认。

B.4.9.7.1.2　如果平板中沙门氏菌菌落或其疑似菌落不到五个，则平板中菌落全部加以确认。

B.4.9.7.1.3　快速将选好的菌落移至B.4.6.2.6中的营养培养基表面，形成隔离的菌落，让其继续生长。

B.4.9.7.1.4　将接种平板在37℃±1℃下培养20 h～24 h。

B.4.9.7.1.5　对隔离开的菌落进行生化和血清试验，加以确认。

B.4.9.7.2　生化试验诊断法

B.4.9.7.2.1　培养基接种

用接种线取选好的菌落(B.4.9.7.1.5)对下面的培养基接种。

B.4.9.7.2.1.1　三糖铁培养基

在培养基斜面上划痕，穿刺至培养基底部。37℃±1℃下接种1 d～2 d，记录培养基发生的变化。

a)　培养基底部

变黄——葡萄糖发生转化；

红色或者未变色——葡萄糖未转化；

黑色——形成了硫化氢；

有气泡——葡萄糖中有气体产生。

b)　斜面

变黄——乳糖和(或)蔗糖发生转化；

红色——乳糖和蔗糖都未发生转化。

B.4.9.7.2.1.2　尿素琼脂

在琼脂斜面上划痕。37℃下培养1 d～2 d，尿素分解释放出氨，使得酚红变成粉红色，之后又变成深樱桃色。

B.4.9.7.2.1.3　赖氨酸脱羧培养基

对培养基液面下部分进行接种，37℃±1℃下培养1 d～2 d，至紫色出现，表明发生阳性反应；黄色出现，发生阴性反应。

B.4.9.7.2.1.4　β-半乳糖苷酶试剂

把一块疑似菌落放入装有0.25 mL生理盐水的试管中，滴一滴甲苯。把试管放入水浴锅几分钟，水浴温度为37℃±1℃，然后滴加0.25 mL的β-半乳糖苷酶试剂，混匀。把试管重新放入37℃±1℃水浴中24 h(见下面注)，黄色出现则表明阳性反应发生。

注：20 min后，反应现象明显。

B.4.9.7.2.1.5　伏普反应

把疑似菌落放入两个装有0.2 mL培养基(B.4.6.2.13.1)的试管中，加以培养。一个置于室温下，一个置于37℃±1℃下，放置48 h。两试管分别加两滴肌酸溶液(B.4.6.2.13.2)、三滴乙醇奈酚溶液(B.4.6.2.13.3)以及两滴氢氧化钾试剂(B.4.6.2.13.4)，每次滴加后充分混匀，15 min内颜色由粉红变红色则表明发生了阳性反应。

B.4.9.7.2.1.6　吲哚反应

把疑似菌落放入有5 mL培养基(B.4.6.2.14.1)的试管中，在37℃±1℃下培养24 h，然后加入

1 mL吲哚试剂(B.4.6.2.14),如果出现红色的环则表明发生了阳性反应;黄色的环则意味着阴性反应。

B.4.9.7.2.2 试验结果[5)]

沙门氏菌试验表明:

三糖铁葡萄糖(产酸)(B.4.9.7.2.1.1)+100%;

三糖铁葡萄糖(产气)(B.4.9.7.2.1.1)+91.9%;

三糖铁乳糖(B.4.9.7.2.1.1)−[6)]99.2%;

三糖铁蔗糖(B.4.9.7.2.1.1)−99.5%;

三糖铁硫化氢(B.4.9.7.2.1.1)+91.6%;

尿素分解(B.4.9.7.2.1.2)−100%;

赖氨酸脱羧基(B.4.9.7.2.1.3)+94.6%;

β-半乳糖苷反应(B.4.9.7.2.1.4)−[6)]98.5%;

VP 反应(B.4.9.7.2.1.5)−100%;

吲哚反应(B.4.9.7.2.1.6)−98.9%。

B.4.9.7.3 血清诊断法

按以下步骤,通过血清平板凝集反应检查纯的非自凝菌落,看是否存在沙门氏菌或 H 抗原。

B.4.9.7.3.1 自凝菌株的排除

在清洁玻片上滴加一滴生理盐水(B.4.6.2.10),然后加培养基,得到均匀的悬浊液。轻摇切片 30 min~60 min,选择黑色背景,观察反应现象,观察时,最好使用放大镜。如果观察到微生物已凝结成团,则表明此菌株是自凝菌株。按 B.4.9.7.3.2 和 B.4.9.7.3.3 步骤是没法对自凝菌株进行血清诊断的。

B.4.9.7.3.2 检测 H-抗原

使用纯的非自凝(B.4.9.7.3.1)菌落,用抗-O 血清代替生理盐水,照 B.4.9.7.3.1 中的步骤进行试验。单价和多价血清应交替使用。

B.4.9.7.3.3 检测 O-抗原

用纯的非自凝(B.4.9.7.3.1)菌落在 37℃±1℃下培养半固体营养琼脂(B.4.6.2.9)18 h~24 h,所得培养基用来依照 B.4.9.7.3.1 中的步骤检测 H-抗原,检测过程中用的抗-H 血清,而不是生理盐水。

B.4.9.7.4 说明

B.4.9.7.4.1 生化反应现象(B.4.9.7.2)明显,血清反应呈阳性(B.4.9.7.3.2 或 B.4.9.7.3.3)的菌株是沙门氏菌。

B.4.9.7.4.2 生化反应现象(B.4.9.7.2)明显,但是血清反应不呈阳性(B.4.9.7.3.2 或 B.4.9.7.3.3)或者血清反应呈阳性(B.4.9.7.3.2 或 B.4.9.7.3.3),但生化反应现象(B.4.9.7.2)不明显以及生化反应现象(B.4.9.7.2)明显的自凝(B.4.9.7.3.1)菌落都可能是沙门氏菌。

B.4.9.7.4.3 生化反应现象(B.4.9.7.2)不明显,血清反应不呈阳性(B.4.9.7.3.2 或 B.4.9.7.3.3)的菌株不是沙门氏菌。

B.4.9.7.5 种属确定

检测所认定的沙门氏菌(B.4.9.7.4.1)或疑似菌(B.4.9.7.4.2)应送往沙门氏查询中心确定种属。

B.4.10 结果表达

沙门氏菌经粘附分离出的沙门氏菌菌落(B.4.9.6)后,没有出现在增菌培养基中,则写为:"10 个或

---

5) 其比例仍在研究中,这数据表明的并非所有的沙门氏菌发生标记所示的阳性或阴性反应,数据也因食品的种类的不同而不同。

6) 沙门氏亚属Ⅲ(亚利桑那)可发生乳糖和 β 半乳糖苷酶阳性反应;沙门氏亚属Ⅱ可发生阴性乳糖反应和阳性 β 半乳糖苷酶反应。

30个样品单元中无沙门氏菌分离出”;沙门氏菌经粘附分离出的沙门氏菌菌落(B.4.9.6)后,出现在一个或两个增菌培养基中,写为:“10个或30个样品单元中有沙门氏菌分离出”。血清型鉴定结果:“待检沙门氏菌属于×××种属”。

B.4.11 试验报告

B.4.11.1 引用参考方法来表示检验方法。

B.4.11.2 具体说明菌株检测中心名称。

B.4.12 亮绿规格

B.4.12.1 微生物报告

亮绿酚红琼脂抑制了变形杆菌的繁殖,但是沙门氏菌的生长没有受到抑制。

B.4.12.2 试验方法

B.4.12.2.1 培养基

按B.4.6.2.4准备亮绿酚红琼脂,亮绿浓度从4.5 mg/L到6 mg/L不等。

B.4.12.2.2 试验步骤

对装有变形杆菌和沙门氏菌纯培养基的平板进行培养,培养基中各添加了不同浓度的亮绿溶液。平板在37℃±1℃下培养24 h以下。合适密度的菌株将使沙门氏菌生长形成粉红的菌落,其直径为1 mm～2 mm,同时变形杆菌的生长受到抑制,即其菌落没有扩张。此试验中的亮绿的浓度将用来指导制备B.4.6.2.2.4中的亮绿溶液。

B.5 嗜温耗氧菌定性定量检验方法

B.5.1 范围

蛋制品中嗜温耗氧菌的检测方法。

B.5.2 适用范围

检测方法可用于本标准的干、冷冻蛋制品。

B.5.3 参考资料

ISO/TC 34/SC 9修订版关于嗜温耗氧菌的检测方法。

B.5.4 定义

嗜温耗氧菌(mesophilic aerobic bacteria)是指30℃下耗氧生长的微生物。其生长条件如本法所言。

B.5.5 原理

B.5.5.1 陪替氏培养皿中的精制培养基溶液培养时候,加入均质食物和溶液(1+10)。

B.5.5.2 培养基在30℃下有氧培养72 h。

B.5.5.3 每克样品嗜温耗氧菌的数目与陪替氏培养皿中稀溶液菌落数目相差显著。

B.5.6 培养基、稀释剂和试剂

B.5.6.1 基本原料

B.5.6.1.1 为了结果一致,推荐使用质量均一的脱水培养基成分和分析纯化学药品或脱水完全培养基,使用的水为蒸馏水或同纯度的水。

B.5.6.1.2 严格遵照脱水完全培养基的使用说明。

B.5.6.1.3 如果培养基没能在制备当天使用,请放在暗处于5℃下保存,保存时间不要超过一个月,谨防挥发。

B.5.6.2 培养基

B.5.6.2.1 缓冲蛋白胨水溶液

a) 组成成分

蛋白胨10.0 g;

氯化钠 5.0 g；

十二水合磷酸氢二钠($Na_2HPO_4 \cdot 12H_2O$)9.0 g；

磷酸氢二钾(K_2HPO_4)1.5 g；

水 1 000 mL。

b) 制备方法

将上述物质溶于沸水，调整 pH 值使得通过杀菌斧杀菌后在 20℃下为 7.0±0.1。然后移取 9 mL 至试管或稀释瓶，在 121℃±1℃下杀菌 20 min。

B.5.6.2.2 AGAR

a) 组成成分

脱水酵母抽出物 2.5 g；

胰消化干酪素 5.0 g；

葡萄糖 1.0 g；

琼脂：琼脂粉末或切片 12 g～18 g，根据产品胶凝强度而定；

水 1 000 mL。

b) 制备方法

将上述成分或脱水完全培养基在沸水中溶解。如有必要，20℃下调整 pH 值为 7.0±0.2 (pH 值为 45℃测得，并按温度校正)。

把培养基放入试管(如 18 mm×180 mm 的试管)，每试管 15 mL；或放入容积不超过 500 mL 的玻璃瓶，装半瓶。

用杀菌斧在 121℃±1℃下杀菌 20 min。

测试分析前，为了避免倾倒琼脂时需要的时间，可在水浴中完全融化培养基并降温到 45℃～48℃，降温时最好也在水浴中进行。

B.5.6.2.3 非营养琼脂或“白琼脂”

a) 组成成分

紫菜粉末或切片 12 g～18 g，根据胶凝强度而定；

水 1 000 mL。

b) 制备方法

有必要的话，20℃下调整 pH 值为 7.0±0.2(pH 值为 45℃测得，并按温度校正)。

把培养基放入试管(如 18 mm×180 mm 的试管)，每试管 4 mL；或放入容积不超过 150 mL 的玻璃瓶，每瓶 100 mL。

用杀菌斧在 121℃±1℃下杀菌 20 min。

测试分析前，为了避免倾倒琼脂时需要的时间，可在水浴中完全融化培养基并降温到 45℃～48℃，降温时最好也是在水浴中进行。

B.5.7 器具和玻璃器皿

需标准试验设备，特别是如下设备。

B.5.7.1 玻璃器皿、培养基等的杀菌器具。

B.5.7.2 温箱：调温至 30℃±1℃。

B.5.7.3 玻璃陪替氏培养皿或塑料盘：直径 90 mm～100 mm。

B.5.7.4 杀菌用或储存用培养管或瓶。

B.5.7.5 吸管：标称容量 1 mL，最小刻度 0.1 mL。

B.5.7.6 玻璃器皿用以下方法杀菌：

干燥状态下杀菌温度不低于 170℃，时间不短于 1 h。

湿状态下杀菌温度不低于 120℃,时间不短于 20 min。

B.5.8 取样

B.5.8.1 取 200 g 现样(参见 B.2、B.3)。

B.5.8.2 冷冻的样品在分析之前要始终保持冷冻状态。

B.5.9 试验步骤

B.5.9.1 制作样本单元、均质食物和溶液

B.5.9.1.1 现样处理,混合得到均质食物(1+10),可参考沙门氏菌参考信息(B.4.9.1,B.4.9.2 和 B.4.9.3)。

B.5.9.1.2 稀释液

B.5.9.1.2.1 摇动样品罐,用吸管(见 B.5.7.5)取 1 mL,加到 9 mL 稀释液中。

B.5.9.1.2.2 用滴管搅拌,充分混匀。

B.5.9.1.2.3 用同一滴管移取 1 mL 至有 9 mL 稀释液的试管,并用新的滴管混匀。

B.5.9.1.2.4 重复 B.5.9.1.2.2 和 B.5.9.1.2.3,直到获得所需要的稀释液,每次都将原溶液稀释 10 倍。

B.5.9.2 倒平板

B.5.9.2.1 取两个无菌陪替氏培养皿(B.5.7.3),用无菌滴管(B.5.7.5)移取 1 mL 均质食物(1+10)。

B.5.9.2.2 另取两个无菌陪替氏培养皿(B.5.7.3),用另外一支无菌滴管(B.5.7.5)从第一支试管中移取 1 mL 溶液到两培养皿中。

B.5.9.2.3 对最后一支试管进行同样操作,两陪替氏培养皿分别倒入 15 mL 培养基(B.5.6.2.2)。从开始准备稀释液到倾倒琼脂培养基的时间间隔不得超过 15 min。小心地混合稀释液和培养基,再把陪替氏培养皿放在冷平面上,让培养基凝固。在可能存在细菌,并且其菌株可在培养基表面形成菌落的培养皿上在接种琼脂表面上倒入 4 mL 培养基(B.5.6.2.3),厚度为 2 mm,并让其凝固。

B.5.9.3 接种培养

将平板倒置,放入培养箱中,在 30℃±1℃下培养(B.5.7.2)。

B.5.9.4 数菌落

在培养后检查培养皿。如果这不可能的话,可在 4℃下放置 24 h。数每个培养皿中合适菌落的个数,这是用来计算每克产品中细菌个数的,一般每个培养皿含 30 个～300 个菌落(排除例外)。

B.5.10 结果表示

B.5.10.1 计算方法

结果表示可依照每克干制或冷冻蛋制品中嗜温耗氧菌的数目的表示方法。用 1.0～9.9 乘以 10^n,n 为某一合适的幂指数。计数时,可能会遇到几种情况:

B.5.10.1.1 微生物数目相对较少的蛋制品

B.5.10.1.1.1 无微生物菌落的培养皿

结果表示为:每克产品中细菌数目少于 1×10^1 个(见表 B.1 中的例 1),10^1 表示均质食物稀释倍数的倒数。

B.5.10.1.1.2 均质食物培养皿中菌落数目不多于 30 个

结果表示为:每克蛋制品中含不到 3×10^2 个细菌(见表 B.1 中的例 2)。

B.5.10.1.2 其他产品(见表 B.2)

B.5.10.1.2.1 一般情况:至少有一个培养皿含 30 个～300 个菌落(见表 B.2 中的例 3、例 4 和例 5)。对于每个稀释液培养皿,计算平均菌落数,保留两位有效数字。对于三位数,圆整后取为 0,如果第三位数是 5,直接取底位的零。

乘以每个稀释液的稀释倍数的倒数,得到每克蛋制品中的细菌数。

如果每克蛋制品中的细菌数有两个值(如保留两个稀释液时),并且高值与较低值的比值小于2,就取平均值;反之,取较低值。

B.5.10.1.2.2 特殊情况:培养皿中菌落数不在30～300之间。如果计数结果与相邻稀释液中的计数结果相差无几(见表B.2中的例6),按B.5.10.1.2.1(适合两保留稀释液)步骤计数。

如果一稀释液的培养皿含正在生长的菌落,而且下个稀释液中的菌落数小于30(见表B.2中的例7),按B.5.10.1.2.1步骤计数。

B.5.11 检验报告

B.5.11.1 引用参考方法来表示检验方法。

B.5.11.2 检验报告应给出样品的完整鉴定所需的所有信息。

表B.1 微生物数目相对较少的蛋制品每克产品中的细菌数

编号	每克食物匀浆(1+10)产生的菌落总数	结果(每克产品中的细菌数)	计算的解释
例1	0	少于1×10个细菌	$1\times10^1=1\times10$
例2	18 17	少于3×10^2个细菌	$3\times10^2=30\times10^1$

表B.2 其他蛋制品每克产品中的细菌数

编号	菌落总数		比值	结果(每克产品中的细菌数)	计算的解释
	稀释度为1/100	稀释度为1/1 000			
例3	175 208	16 17	—	1.9×10^4	175+208=383/2=191→190→ $190\times10^2=1.9\times10^4$
例4	322 278	23 29	—	3×10^4	322+278=600/2=300→ $300\times10^2=3\times10^4$
例5	296 378	40 24	<2	3.3×10^4	296+378=674/2=337→340→ $340\times10^2=3.4\times10^4$ 40+24=64/2=32→$32\times10^3=3.2\times10^4$ $3.4\times10^4/3.2\times10^4<2$ →$10^4\times(3.4+3.2)/2=3.3\times10^4$
例6	327 330	18 25	<2	2.7×10^4	327+330=657/2=328→330→ $330\times10^2=3.3\times10^4$ 18+25=43/2=21.5→$21\times10^3=2.1\times10^4$ $3.3\times10^4/2.1\times10^4<2$ →$10^4\times(3.3+2.1)/2=2.7\times10^4$
例7	菌落长满 菌落长满	18 24	—	—	18+24=42/2=21→$21\times10^3=2.1\times10^4$

B.6 大肠菌群的计数:最近似数(MPN)的测定(参考方法)

B.6.1 范围

蛋制品中大肠菌群检测的一种参考方法。

B.6.2 应用领域

这种方法适用于本标准中所包含的干燥或冷冻过的完整蛋制品。

B.6.3 参考资料

Thatcher,F.S.Clark,D.S.,Ed.(1968):《食品中的微生物及其重要性和计数方法》。多伦多大学出版社。

B.6.4　定义

大肠菌群(Coliforms bacteria)是一类在按照所述方法进行试验时，能在下述两种培养基中产气的微生物。

B.6.5　原理

B.6.5.1　富集

在含有富集培养基、食物匀浆及其成十倍的稀释物的培养皿中接种，在37℃下培养48 h。

B.6.5.2　确认

选出产气的管，然后接种到确认培养基的管中。在37°C下培养48 h，根据一个表格计算每克蛋制品中大肠菌群的最近似数。

B.6.6　培养基、稀释剂和试剂

B.6.6.1　基础原料

为保证结果的均匀性，建议所使用的培养基的组成成分是经过脱水的、质量均一的、分析纯的化学品，或者使用经过脱水的完全培养基。所使用的水应是蒸馏水或纯度与之相当的水。

使用经过脱水的完全培养基时应严格遵循生产商的用法说明。

如果培养基在其制备的当天不使用，应在+5℃下避光保存，且不能超过一个月，同时要注意防止蒸发。

B.6.6.2　培养基

B.6.6.2.1　蛋白胨水缓冲液

a)　组成成分

蛋白胨 10.0 g；

氯化钠 5.0 g；

磷酸氢二钠($Na_2HPO_4 \cdot 12H_2O$)9.0 g；

磷酸氢二钾(K_2HPO_4)1.5 g；

水 1 000 mL。

b)　制备方法

将上述组分溶于沸水中。

调节pH值，使灭菌后、20℃下的pH值为7.0±0.1。

转移到试管或稀释瓶中，装液量为9 mL。

在121℃±1℃下灭菌20 min。

B.6.6.2.2　月桂基硫酸盐胰蛋白胨培养液

a)　组成成分

胰蛋白、胰蛋白胨或胰胨酶 20 g；

乳糖 5 g；

磷酸氢二钾(K_2HPO_4)2.75 g；

磷酸二氢钾(KH_2PO_4)2.75 g；

氯化钠 5 g；

月桂基硫酸钠 0.1 g；

水 1 000 mL。

b)　制备方法

将组分溶于水，然后分装到含有倒置的杜氏发酵管(10 mm×75 mm)(B.6.7.4)的容量为10 mL的试管(如18 mm×180 mm)(B.6.7.3)中。置于高压锅中121°C下灭菌10 min。

B.6.6.2.3　亮绿乳糖胆汁培养液

注：牛胆汁溶液和亮绿溶液的制备参照沙门氏菌的参考方法。

a）组成成分

蛋白胨 10 g；

乳糖 10 g；

牛胆汁 20 g；

亮绿 0.013 3 g；

水 1 000 mL。

b）制备方法

将蛋白胨和乳糖溶解在 500 mL 水中，牛胆汁溶解到 200 mL 水中，二者混合后用水将总体积大约添加到 975 mL，调节 pH 到 7.4。

加入 13.3 mL 1%的亮绿水溶液，将总体积添加到 1 L，搅拌，如果有必要用棉花过滤。然后分装到含有倒置的杜氏发酵瓶(10 mm×75 mm)(B.6.7.4)的容量为 10 mL 的试管(如18 mm×180 mm)(B.6.7.3)中。置于高压锅中 121℃下灭菌 10 min。

B.6.7　仪器设备和玻璃器具

标准实验室设备，尤其是：

B.6.7.1　玻璃器具和培养基的灭菌设备。

B.6.7.2　控制在 30℃±1℃的培养箱。

B.6.7.3　用来储藏培养基并进行灭菌的培养管或培养瓶。

B.6.7.4　杜氏发酵管。

B.6.7.5　移液管，标称 1 mL，精确到 0.1 mL。

B.6.7.6　用以下方法之一对玻璃器具进行灭菌：

a）干热灭菌，温度不低于 170℃，时间不少于 1 h；

b）湿热灭菌，温度不低于 120℃，时间不少于 20 min。

B.6.8　取样

B.6.8.1　用 200 g 样品进行(见 B.2、B.3)。

B.6.8.2　冷冻的样品在分析之前要始终保持冷冻状态。

B.6.9　过程

B.6.9.1　样品单位、食物匀浆及其成 10 倍的稀释物的准备

B.6.9.1.1　样品和样品单位的预制备以及混合得到食物匀浆(1+10)。参照沙门氏菌参考方法。

B.6.9.1.2　稀释

B.6.9.1.2.1　摇动匀浆使之混合，然后用移液管取 1 mL 移入含 9 mL 稀释液的试管(B.6.6.2.1)。

B.6.9.1.2.2　用移液管吸取液体 10 次使之混匀。

B.6.9.1.2.3　用同一支移液管取 1 mL 稀释物，加入到另一支含 9 mL 稀释液的试管中，然后用一支新的移液管混匀。

B.6.9.2　富集培养基的接种

B.6.9.2.1　取三支装有硫酸盐胰蛋白胨培养液(B.6.6.2.2)的试管，用灭过菌的移液管在每支试管中移入 1 mL 食物匀浆。

B.6.9.2.2　另取三支装有硫酸盐胰蛋白胨培养液(B.6.6.2.2)的试管，用一支新的灭过菌的移液管每支试管中移入 1 mL 第一次的稀释物。

B.6.9.2.3　对其余的稀释物进行同样的操作。

B.6.9.3　接种试管的培养

将已接种的试管在 37℃±1℃下，培养 24 h 和 48 h。

B.6.9.4 富集培养管的观察

培养 24 h 后，记下产气的管，然后按 B.6.9.5 进行。结果呈阴性的管要继续培养 48 h，然后观察，记下产气的管，然后按 B.6.9.5 进行。

B.6.9.5 大肠菌群的确认

将步骤 B.6.9.4 中大肠菌群呈阳性的管挑出，用接种环接种到单独的装有亮绿乳糖胆汁培养液的管中(B.6.6.2.3)。

B.6.9.6 确认试验管的培养

确认试验管在 37℃±1℃下培养 48 h，并记录产气情况。

B.6.9.7 确认试验管的观察

产气证明大肠菌群的存在。

B.6.9.8 记录呈阳性的确认试验管数目

记录每个稀释度下大肠菌群呈阳性的富集培养管(B.6.9.4)数目。

假如三个稀释度下呈阳性的管的个数分别是 3、1 和 0，那么将结果记为 1∶10 稀释度＝3，1∶100 稀释度＝1，1∶1 000 稀释度＝0。

B.6.10 结果的表示

B.6.10.1 计数方法

为了得到大肠菌群的最近似数(MPN)，采用如下方法：参考 MPN 对照表(见表 B.3)，在表 B.3 中找出与呈阳性的管数对应的 MPN 数。以步骤 B.6.9.8 的例子为例，即每个稀释度阳性管数分别为 3、1 和 0。由表 B.3 可见这个结果对应的 MPN 数是每克蛋制品 40 个。

B.6.11 检验报告

B.6.11.1 引用参考方法来表示检验方法。

B.6.11.2 检验报告应给出样品的完整鉴定所需的所有信息。

表 B.3 每克蛋制品中大肠菌群的最近似数(MPN)

结果	最近似数(MPN)	置信界限			
		99%		95%	
010	3	<1	23	<1	17
100	4	<1	28	1	21
101	7	1	35	2	27
110	7	1	36	2	28
120	11	2	44	4	35
200	9	1	50	2	38
201	14	3	62	5	48
210	15	3	65	5	50
211	20	5	77	8	61
220	21	5	80	8	63
300	23	4	177	7	129
301	40	10	230	10	180
310	40	10	290	20	210
311	70	20	370	20	280
320	90	20	520	30	390

表 B.3(续)

结果	最近似数(MPN)	置信界限			
		99%		95%	
321	150	30	660	50	510
322	210	50	820	80	640
330	200	<100	1 900	100	1 400
331	500	100	3 200	200	2 400
332	1 100	200	6 400	300	4 800
注：该表抄录在此，系根据《J. C. de Man(1975)最佳计数概率法》European J. Appl. Microbiol.，1，67-78 计算而来。					

表 B.3 显示了由五组试验得到的最近似数及其 95%的置信限。如果出现表中没有的结果，则不能接受，要重新做五组试验。

B.7 取样方案及其微生物学限定

B.7.1 干燥或冷冻过的完整蛋类

B.7.1.1 沙门氏菌

a) 用所述方法检测时，所检验的任何 10 份样品中都不能检出沙门氏菌($n=10$，$c=0$，$m=0$)。

b) 对有特殊食用目的的产品而言，所检验的任何 30 份样品中都不能检出沙门氏菌($n=30$，$c=0$，$m=0$)。

B.7.1.2 嗜温需氧菌

用所述方法检测时，所检验的任何五份样品中嗜温需氧菌的平均数目不得超过 10^6 个/g，或者所检验的任何五份样品中，不得有三份或三份以上样品所含的嗜温需氧菌的数目超过 5×10^4 个/g($n=5$，$c=2$，$m=5\times10^4$，$M=10^6$)。

B.7.1.3 大肠菌群

用所述方法检测时，所检验的任何五份样品中嗜温需氧菌的平均数目不得超过 1 000 个/g，或者所检验的任何五份样品中，不得有三份或三份以上样品所含的嗜温需氧菌的数目超过 10 个/g($n=5$，$c=2$，$m=10$，$M=10^3$)。

B.7.2 其他蛋制品

沙门氏菌：

a) 用所述方法检测时，所检验的任何 10 份样品中都不能检出沙门氏菌($n=10$，$c=0$，$m=0$)。

b) 对有特殊食用目的的产品而言，所检验的任何 30 份样品中都不能检出沙门氏菌($n=30$，$c=0$，$m=0$)。

注：n——需要检测的样品数量；

c——在 M 和 m 数值确定的范围内，规定的样品的最大数量；

m——其值是规定的；

M——不允许超过的范围。

以上适用于描述 3 级方案，2 级方案内 M 不适用。

ICS 29.120.70;31.220.99
L 25

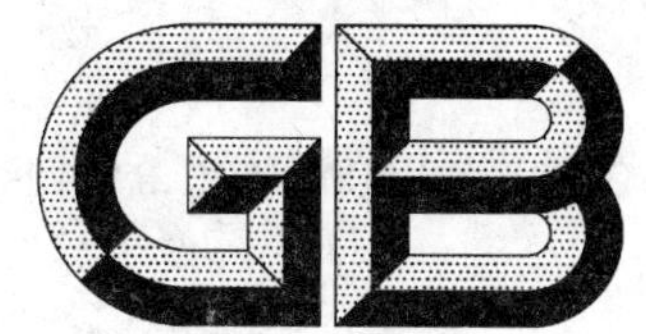

中华人民共和国国家标准

GB/T 21711.1—2008/IEC 61810-1:2003

基础机电继电器
第1部分:总则与安全要求

Electromechanical elementary relays—Part 1:General and safety requirements

(IEC 61810-1:2003,IDT)

2008-04-11 发布　　2008-09-01 实施

中华人民共和国国家质量监督检验检疫总局
中国国家标准化管理委员会　发布

前　言

GB/T 21711《基础机电继电器》目前分为以下几个部分：

——第1部分：总则与安全要求；

——第2部分：可靠性；

——第7部分：试验与测量程序。

本部分为GB/T 21711《基础机电继电器》的第1部分。

本部分等同采用IEC 61810-1:2003《基础机电继电器　第1部分：总则与安全要求》(英文版)。为便于使用，本部分做了下列编辑性修改：

a) 删除了IEC前言；

b) 表中的脚注统一符合国家标准编写要求的小写英语字母；

c) 用小数点符号“.”代替“,”；

d) 用“本部分”代替“本国际标准”。

本部分的附录A、附录B、附录D、附录E、附录F、附录H、附录I、附录J、附录K为规范性附录，附录C、附录G为资料性附录。

本部分由中华人民共和国信息产业部提出。

本部分由全国有或无电气继电器标准化技术委员会归口。

本部分起草单位：中国电子技术标准化研究所(CESI)。

本部分主要起草人：王珏、史信源。

基础机电继电器
第1部分:总则与安全要求

1 范围

本部分适用于基础机电继电器(非定时有或无继电器),规定了电气或电子工程各领域用基础机电继电器基本的安全相关要求和功能要求。这些应用领域如:

一般工业设备;

电气设施;

电气机械;

家用和类似用途电器;

信息技术和商务设备;

建筑自动化设备;

自动化设备;

电气安装设备;

医疗设备;

控制设备;

电信设备;

航空航天运载工具;

交通运输工具;

其他设备等。

本标准要求的符合性由规定的定型试验进行验证。

如果由于继电器的用途而规定了超出本标准范围的增加要求,则继电器应根据用途按相应的IEC标准(如IEC 60730-1:1999、IEC 60335-1:1991、IEC 60950-1:2001)进行评定。

2 规范性引用文件

下列文件中的条款通过GB/T 21711的本部分的引用而成为本部分的条款。凡是注日期的引用文件,其随后所有的修改单(不包括勘误的内容)或修订版均不适用于本部分,然而,鼓励根据本部分达成协议的各方研究是否可使用这些文件的最新版本。凡是不注日期的引用文件,其最新版本适用于本部分。

GB/T 16935.1—1997 低压系统内设备的绝缘配合 第1部分:原理、要求和试验(idt IEC 60664-1:1992)

修改单1(2000)

修改单2(2002)

GB 17196—1997 连接器件 连接铜导线用的扁形快速连接端头 安全要求(idt IEC 61210:1993)

GB/T 19405.1—2003 表面安装技术 第1部分:表面安装元器件规范的标准方法(idt IEC 61760-1:1998)

IEC 60038:1993 IEC标准电压

修改单1(1984)

修改单2(1997)

IEC 60050 国际电工词汇

IEC 60068-2-17:1994 基本环境试验规程 第2部分:试验方法 试验Q:密封

IEC 60068-2-20:1979 基本环境试验规程 第2部分:试验方法 试验T:焊接

修改单2(1987)

IEC 60085:1984 电气绝缘的耐热性评定和分级

IEC 60112:2003 固体绝缘材料的耐电痕化指数和相比电痕化指数测定方法

IEC 60335-1:1991 家用和类似用途电器的安全 第1部分:通用要求

IEC 60364-4-44:2001 建筑物电气设备 第4-44部分:安全防护——对电压和电磁骚扰的防护

IEC 60417-DB:2002 设备用图形符号

IEC 60695-2-2:1991 着火危险试验 第2-2部分:试验方法——针焰试验

修改单1(1994)

IEC 60695-2-10:2000 着火危险试验 第2-10部分:基于灼热/发热丝的试验方法——灼热丝设备及通用试验程序

IEC 60695-10-2:1995 着火危险试验 第10-2部分:将火中电工产品不正常热效应减至最小的导则和试验方法——采用球压试验的非金属材料耐热试验方法

修改单1(2001)

IEC 60721-3-3:1994 环境条件分类 第3-3部分:环境参数和其严酷等级的分组——有气候防护场所的固定使用

修改单1(1995)

修改单2(1996)

IEC 60730-1:1999 家用和类似用途电器的自动电气控制 第1部分:一般要求

IEC 60947-5-1:1997 低压开关设备和控制设备 第5-1部分:控制电路装置和开关元件 机电式控制电路装置

修改单1(1999)

修改单2(1999)

IEC 60950-1:2001 信息技术设备 安全 第1部分:一般要求

IEC 60999-1:1999 连接器件 铜导线 有螺纹和无螺纹夹紧装置的安全要求 第1部分:从0.2 mm^2～35 mm^2(包括35 mm^2)导线夹紧装置的一般要求和具体要求

IEC 61984:2001 连接器 安全要求和试验方法

3 术语和定义

下列术语和定义适用于本部分。

3.1 通用术语的定义

3.1.1

标志 marking

当完全按制造厂规定识别继电器时,在继电器上电气、机械、尺寸和功能参数的明确标识。

如:通过继电器上标识的商标和型号,所有规定的继电器参数可以通过型号查取。

3.1.2

预定用途 intended use

继电器按制造厂预定的方式制造和使用能实现的用途。

3.1.3

继电器制造工艺类别 relay technology categories

继电器按照其对环境防护方式的分类。

注:分为六种类别,即RT0至RTⅤ。

[IEV 444-01-11]

3.2 继电器类型的定义

3.2.1

电气继电器 electrical relay

当控制该元器件的输入电路中达到规定条件时，在其一个或多个输出电路中会产生预定跃变的元器件。

注 1：对于本标准，输出电路即为触点电路。

注 2：对于本标准，术语“线圈”用来代表“输入电路”，即使有可能是其他类型的输入电路。

[IEV 444-01-01]

3.2.2

有或无继电器 all-or-nothing relay

预定由数值在其工作值范围内或实际上为零的某一激励量激励的电气继电器。

注：有或无继电器包括“基础继电器”和“时间继电器”。

[IEV 444-01-02]

3.2.3

基础继电器 elementary relay

动作和释放无任何预定延时的有或无继电器。

[IEV 444-01-03]

3.2.4

机电继电器 electromechanical relay

主要对机械零部件的运动结果产生预定响应的电气继电器。

[IEV 444-01-04]

3.2.5

电磁继电器 electromagnetic relay

由电磁力产生预定响应的机电继电器。

[IEV 444-01-05]

3.2.6

单稳态继电器 monostable relay

对某一激励量作出了响应并已转换其状态，当去除该激励量时，又返回其原来状态的电气继电器。

[IEV 444-01-07]

3.2.7

双稳态继电器 bistable relay

对某一激励量作出了响应并已转换其状态，当去除该激励量后仍保持在此状态；要转换此状态，需另加一合适的激励量。

[IEV 444-01-08]

注：双稳态继电器又称为自保持继电器。

3.2.8

极化继电器 polarized relay

状态转换取决其直流激励量极性的电气继电器。

[IEV 444-01-09]

3.2.9

非极化继电器 non-polarized relay

状态转换不取决其激励量极性的电气继电器。

[IEV 444-01-10]

3.3 与状态和工作相关的定义

3.3.1

释放状态 release condition

对于单稳态继电器,为其去激励时的规定状态;对于双稳态继电器,为制造厂表明的规定状态之一。

[IEV 444-02-01]

注:见图 A.1。

3.3.2

动作状态 operate condition

对于单稳态继电器,为其由规定激励量激励并作出响应的规定状态;对于双稳态继电器,为制造厂表明的与释放状态相反的状态。

[IEV 444-02-02]

注:见图 A.1。

3.3.3

动作(动词) operate(verb)

从释放状态到动作状态的转换。

[IEV 444-02-04]

注:见图 A.1。

3.3.4

释放(动词) release(verb)

从动作状态到释放状态的转换,适用于单稳态继电器。

[IEV 444-02-05]

注:见图 A.1。

3.3.5

复归(动词) reset(verb)

从动作状态到释放状态的转换,适用于双稳态继电器。

[IEV 444-02-06]

3.3.6

循环 cycle

动作和随后的释放或复归。

[IEV 444-02-11]

3.3.7

工作频率 frequency of operation

循环次数每单位时间。

[IEV 444-02-12]

3.3.8

连续工作制 continuous duty

继电器保持激励的时间长至足以达到热平衡的工作方式。

[IEV 444-02-13]

3.3.9

断续工作制 intermittent duty

继电器完成一系列相同循环次数的工作方式,循环中处于激励和去激励状态的时间按规定,激励时间不会使继电器达到热平衡。

[IEV 444-02-14]

3.3.10

短时工作制　temporary duty

继电器保持激励的时间不足以达到热平衡的工作方式。在足以使继电器与其周围媒体之间的温度恢复到相等的时间中，由各去激励时间段分隔出各激励时间段。

[IEV 444-02-16]

3.3.11

占空比　duty factor

在断续、连续或短时工作制中，激励时间与整个周期时间之比。

[IEV 444-02-15]

注：占空比可采用对整个周期的百分比表示。

3.3.12

(线圈)热阻　thermal resistance (of the coil)

继电器线圈的温升与其输入功率之比值，在时间长至足以达到热平衡后测量。

[IEV 444-02-17]

注：通常热阻以 K/W 为单位。

3.3.13

环境温度　ambient temperature

当继电器按制造厂规定安装后，在规定条件下对继电器周围空气所规定的温度。

3.3.14

极限连续耐热功率　limiting continuous thermal withstand power

继电器在规定的条件下，满足规定的温升要求，能够连续经受的所加功率最大稳态数值。

[IEV 444-03-18]

注：包括施加在线圈和触点上的功率。

3.3.15

热平衡　thermal equilibrium

10 min 内温度变化不超过±2 K 的继电器稳态条件。

3.3.16

额定值　rated value

规范用量值，由特定工作条件所确定。

[IEV 444-02-18]

3.3.17

试验值　test value

试验过程中，继电器应符合规定工作的量值。

[IEV 444-02-20]

3.3.18

实测值　actual value

完成规定功能的过程中，对某一具体继电器测量所确定的量值。

[IEV 444-02-21]

3.3.19

机械耐久性　mechanical endurance

触点不加负载，在规定条件下的循环次数。

[IEV 444-07-10]

3.4 工作值的定义

3.4.1

激励量 energizing quantity

在规定的条件下,施加于继电器线圈,能使其满足用途的电量。

[IEV 444-03-01]

注:对于继电器,激励量通常是电压。因此,在以下给出的定义中,采用输入电压作为激励量。如果某一继电器采用电流激励,则在相关的术语和定义中,用“电流”代替“电压”。

3.4.2

动作电压 operate voltage

整定电压(只适用于双稳态继电器) set voltage (for bistable relays only)

使继电器动作的线圈电压值。

[IEV 444-03-06]

3.4.3

动作电压 operate voltage

$\boldsymbol{U}_1$

继电器动作的线圈电压值,预先以该相同的电压激励。

注:必须达到热平衡。

3.4.4

极限电压 limiting voltage

$\boldsymbol{U}_2$

考虑到由于线圈功率耗散造成的热效应的线圈电压值,当超过该电压值时有可能由于过热而造成继电器失效。

注:必须达到热平衡。

3.4.5

工作值范围 operative range

继电器能够完成其规定功能的线圈电压值范围。

[IEV 444-03-05]

3.4.6

释放电压 release voltage

单稳态继电器释放时的线圈电压值。

[IEV 444-03-08]

3.4.7

复归电压 reset voltage

双稳态继电器复归时的线圈电压值。

[IEV 444-03-10]

3.5 与触点有关的定义

除另有规定外,对于交流电压和电流,规定为有效值。

3.5.1

触点 contact

接触件与其绝缘体的组合,通过其相对运动,将触点电路闭合或断开(见图 A.2)。

[IEV 444-04-03]

3.5.2

成套触点 contact set

同一个继电器中各触点的集合。各触点之间由绝缘体分隔(见图 A.2)。

[IEV 444-04-04]

3.5.3

触点间隙　contact gap

触点电路断开时,接触点之间的间隙。

[IEV 444-04-09]

3.5.4

动合触点　make contact

在继电器的动作状态处于闭合、释放状态处于断开的触点组。

[IEV 444-04-17]

3.5.5

动断触点　break contact

在继电器的动作状态处于断开、释放状态处于闭合的触点组。

[IEV 444-04-18]

3.5.6

转换触点　change-over contact

具有三个接触件的两个触点电路的组合。其中一个接触件为两个触点电路公用,该接触件断开一个触点电路时,闭合另一个触点电路。

[IEV 444-04-19]

3.5.7

切换功率　switching power

继电器触点所闭合和(或)断开的功率。

[IEV 444-04-24]

注:切换功率通常对于直流以瓦(W)为单位,对于交流以伏安(VA)为单位。

3.5.8

切换电压　switching voltage

继电器触点在闭合前或断开后,其接触件之间的电压。

注:术语“触点电压”(见 IEV 444-04-25)已被“切换电压”替代,但定义保持不变。

3.5.9

触点电流　contact current

继电器触点在断开之前或闭合之后所承受的电流。

[IEV 444-04-26]

3.5.10

切换电流　switching current

继电器触点闭合和(或)断开的电流。

[IEV 444-04-27]

3.5.11

极限连续电流　limiting continous current

在规定的条件下,闭合的触点所能连续承受的最大电流值。

[IEV 444-04-28]

3.5.12

极限短时电流　limiting short-time current

在规定的条件下和规定的短时间内,闭合的触点所能承受的最大电流值。

[IEV 444-04-29]

3.5.13

极限接通容量　limiting making capacity

在诸如切换电压、闭合次数、功率因数、时间常数等的规定条件下，触点能够接通的最大电流值。

[IEV 444-04-30]

3.5.14

极限断开容量　limiting breaking capacity

在诸如切换电压、闭合次数、功率因数、时间常数等的规定条件下，触点能够断开的最大电流值。

[IEV 444-04-31]

3.5.15

极限循环容量　limiting cycling capacity

在诸如切换电压、闭合次数、功率因数、时间常数等的规定条件下，触点能够成功接通和断开的最大电流值。

[IEV 444-04-32]

3.5.16

微切断　micro-interruption

通过触点分离而使电路切断，但不保证完全断开或微断开。

[IEC 60730-1:1999,2.4.4]

注：该触点间隙没有介质耐电压或尺寸要求。

3.5.17

微断开　micro-disconnection

至少有一组触点已充分分离，能保证其功能。

[IEC 60730-1:1999,2.4.3]

注：该触点间隙有介质耐电压要求，但没有尺寸要求。

3.5.18

全断开　full-disconnection

使各导体断开的触点分离，能保证预定断开的那些零部件之间相应的基本绝缘。

[IEC 60730-1:1999,2.4.2]

注：有介质耐电压和尺寸要求。

3.5.19

全部组断开　all-pole disconnection

由单独一个切换动作而使所有导体全断开。

3.5.20

失效　failure

产品完成所要求功能能力的终止。

[IEV 191-04-01]

注：对于本标准，产品是指基础继电器。

3.5.21

故障　malfuntion

产品不能完成所要求功能的单一偶然事件。

3.5.22

触点失效　contact failure

被试触点发生动断和(或)动合故障的次数超过规定的次数。

3.5.23

电耐久性　eletrical endurance

在规定的条件下，触点加负载，无触点失效的循环次数。

3.6　与辅助件有关的定义

3.6.1

手动操作　manual operation

继电器启动件的手工操作活动。

3.6.2

启动件　actuating member

为启动一个动作而被推、拉、转或其他操作用的零部件。

3.6.3

切换位置指示器　switching position indicator

用于可见指示继电器切换位置的装置。

3.7　与绝缘有关的定义

3.7.1

功能绝缘　function insulation

只对于继电器正确功能所必需的各导电件之间的绝缘。

[GB/T 16935.1—1997,1.3.17.1]

3.7.2

基本绝缘　basic insulation

设置在带电零部件上，作为防电击基本保护的绝缘。

[GB/T 16935.1—1997,1.3.17.2]

注：基本绝缘不一定包括专门用作功能目的之绝缘。

3.7.3

附加绝缘　supplementary insulation

除基本绝缘外，另外再设置的独立绝缘，其目的是为了万一基本绝缘失效时可提供防电击保护。

[GB/T 16935.1—1997,1.3.17.3]

3.7.4

双重绝缘　double insulation

由基本绝缘和附加绝缘两者组成的绝缘。

[GB/T 16935.1—1997,1.3.17.4]

3.7.5

加强绝缘　reinforced insulation

设置在带电件上一种独立的绝缘结构，可提供与双重绝缘相等的防电击保护等级的绝缘。

[GB/T 16935.1—1997,1.3.17.5]

3.7.6

导电件　conductive part

用于传导电流的零件，但不一定用于此目的。

3.7.7

带电件　live part

在正常工作中通电的导体或导电件，包括中性线，但通常不包括 PEN 线。

[IEV 195-02-19]

注：PEN 线组合有保护接地线和中性线的两种功能。

3.7.8

电气间隙　clearance

两导电件之间或一个导电件与继电器可触及表面之间在空气中的最短距离。

[GB/T 16935.1—1997,1.3.2]

注：可触及表面的一个例子是用于手动操作的继电器启动件。

3.7.9

固体绝缘　solid insulation

置于两导电件之间的固体绝缘材料。

[GB/T 16935.1—1997,1.3.4]

3.7.10

支承材料　supporting material

将带电件保持在其位置的固体绝缘材料。

3.7.11

爬电距离　creepage distance

两导电件之间沿绝缘材料表面的最短距离。

[GB/T 16935.1—1997,1.3.3]

3.7.12

电痕化　tracking

因局部放电形成的导电或部分导电通道,使固体绝缘材料逐步降解的过程。

[IEV 212-01-42]

注：电痕化通常由表面污物引起的。

3.7.13

耐电痕化指数　proof tracking index

PTI

在规定的试验条件下,材料能够承受而无电痕化的耐电压数值,以伏特(V)为单位。

[IEV 212-01-45]

3.7.14

相比电痕化指数　comparative tracking index

CTI

在规定的试验条件下,材料能够承受而无电痕化的最高电压数值,以伏特(V)为单位。

[IEV 212-01-44]

3.7.15

污染　pollution

任何外来物质(固体、液体或气体)可使绝缘的介质耐电压和表面电阻率下降的现象。

[GB/T 16935.1—1997,1.3.11]

3.7.16

污染等级　pollution degree

用数字表征的微观环境受预期污染程度。

[GB/T 16935.1—1997,1.3.13]

注：用1、2和3表示污染等级,见附录J。

3.7.17

微观环境 micro-environment

特别会影响确定爬电距离尺寸的绝缘体紧密(直接)环境。

[GB/T 16935.1—1997,1.3.12.2]

4 影响量

继电器应按照基准条件给出规定的性能,例如一组全部影响量的基准值。

除制造厂另有明确规定外,采用表1中规定的基准值和公差范围。

表1 影响量的基准值

影响量	基准值	试验的条件和公差范围[a]
环境温度	23℃	±5 K
气压	96 kPa	86 kPa～106 kPa
相对湿度	50%	25%～75%
外部磁感应	0	任何方向 $0\pm5\times10^{-4}$ T
方位	按制造厂的规定	按11.2a)规定
电压/电流(指线圈和负载)	按制造厂的规定	静态条件的±5%
频率	16⅔ Hz或50 Hz或60 Hz或400 Hz	与基准值相同,公差±2%[b]
波形	正弦	正弦,最大畸变系数5%[b]
直流中的交流分量(纹波)	0	最大为6%[c]
交流中的直流分量	0	最大为峰值的2%
冲击与振动	0	最大为1 m/s^2
工业和其他气体	洁净空气	洁净空气(污染不超过IEC 60721-3-3:1994中的3C2级)

a 如果一个或多个影响量与所考虑特性值之间的量值关系已知,则可在影响量的其他数值下进行试验。

b 畸变系数:从一非正弦谐波量减去基波而获得的谐波分量与非正弦量的有效值之比。通常以百分比表示。

c 直流电源中的交流分量(纹波部分)用百分比表示,定义如下:

100×(最大值－最小值)/直流分量

5 额定值

下列推荐值不包括全部技术范围,可以按照工作和使用条件采用其他值。

5.1 线圈额定电压/线圈额定电压范围

a) 交流电压,推荐的有效值:

6 V,12 V,24 V,48 V,$100/\sqrt{3}$ V,$110/\sqrt{3}$ V,$120/\sqrt{3}$ V,100 V,110 V,115 V,120 V,127 V,200 V,230 V,277 V,400 V,480 V,500 V。

b) 直流电压,推荐值:

1.5 V,3 V,4.5 V,5 V,9 V,12 V,24 V,28 V,48 V,60 V,110 V,125 V,220 V,250 V,440 V,500 V。

c) 制造厂应规定额定电压范围(例如220 V～240 V)和相应的频率(例如50 Hz/60 Hz)。

5.2 工作值范围

继电器线圈的工作值范围应按5.2.1或5.2.2进行规定。

5.2.1 推荐的工作值范围应按两种等级之一进行规定:

- 1级:线圈额定电压(或范围)的80%～110%;
- 2级:线圈额定电压(或范围)的85%～110%。

注:如果采用线圈额定电压范围,工作值范围是从线圈额定电压范围下限值的80%(或85%)至线圈额定电压范围上限值的110%。

上述值适用于制造厂标明的整个环境温度范围。

如果制造厂偏离了推荐的等级，则应规定线圈额定电压(或范围)和相应的工作值范围，见图 A.3。

5.2.2 作为与 5.2.1 中规定的工作值范围的替代，制造厂可用图形表示工作值范围与环境温度的关系。如图 A.3 所示，采用工作值范围上限值(U_2=线圈电压极限值)和工作值范围下限值(U_1=动作电压)的曲线表示。

5.3 释放

下列释放值适用于制造厂标明的整个温度范围。

a) 直流继电器：

工作值范围按 5.2.1 规定的情况下，单稳态继电器的释放电压应不低于线圈额定电压(或线圈额定电压范围上限值)的 5%，见图 A.3。

工作值范围按 5.2.2 规定的情况下，单稳态继电器的释放电压应不低于工作值范围下限值 U_1 的 10%，见图 A.3。

b) 交流继电器：

除 5%或 10%均用 15%替代外，其他采用与直流继电器相同的条件。

5.4 复归(双稳态继电器)

除制造厂另有规定外，推荐值应与 5.2 中的规定相同。

5.5 推荐的电耐久性循环次数

5 000，10 000，20 000，30 000，50 000，100 000，200 000，300 000，500 000 等。

5.6 推荐的工作频率

360 次/h，720 次/h，900 次/h 和其倍数；

0.1 Hz，0.2 Hz，0.5 Hz 和其倍数。

5.7 触点负载

a) 推荐的阻性负载值：

电流：0.1 A，0.5 A，1 A，2 A，3 A，5 A，6 A，8 A，10 A，12 A，16 A，25 A，35 A，60 A，100 A；

电压：4.5 V，5 V，12 V，24 V，36 V，42 V，48 V，110 V，125 V，230 V，250 V，400 V(交流或直流)。

b) 推荐的感性负载，如按 IEC 60947-5-1:1997 规定 AC-15，DC-13，见附录 K。

5.8 环境温度

除另有规定外，优先的继电器工作环境温度范围为-10℃～55℃；

推荐的其他上限值为：200℃，175℃，155℃，125℃，100℃，85℃，70℃，40℃，30℃；

推荐的其他下限值为：-65℃，-55℃，-40℃，-25℃，-5℃，5℃。

5.9 环境保护类别

继电器制造工艺类别按下列表 2 规定，给出了继电器外壳或其触点单元封装的等级。

表 2 保护类别

继电器制造工艺类别	条　件
RT0：非密封继电器	继电器无保护外壳
RTⅠ：防尘继电器	继电器具有防尘的外壳
RTⅡ：防焊剂继电器	继电器能进行自动锡焊，而不会使焊剂流动超出预定部位
RTⅢ：水密封继电器	继电器能进行自动锡焊，随即经受清洗工艺处理以清除焊剂残余物，而不会使焊剂或清洗溶剂进入内部 注：实际应用中这类继电器在焊接或清洗工艺处理后有时会排出气体，这种情况下，与电气间隙和爬电距离有关的要求可能会改变。
RTⅣ：密封继电器	继电器配置外壳，该外壳不会使内部气体泄漏到外部空气中，其时间常数优于 IEC 60068-2-17:1994 中规定的 2×10^4 s
RTⅤ：气密封继电器	具有高水平密封的密封继电器，时间常数保证优于 IEC 60068-2-17:1994 规定的 2×10^6 s

5.10 占空比

推荐值:15%,25%,33%,40%,50%,60%。

注:另外,保持制造厂规定的工作频率。

6 试验通则

本标准中规定的试验为定型试验。

注:本标准中规定的试验可适用于定期试验和抽样试验。

样品应分为7个检验组,每组3只样品,相关试验项目应按表3规定。

对于每个检验批,应按给出的顺序进行试验。

如果一个检验批中有一只样品未通过某一试验,则该项试验及可能会影响该项试验结果的其他每项试验都应在追加的一组同样的样品上重新进行。如果制造厂对继电器进行了改进,则应重新进行因改进而影响的所有技术性试验。

除本标准另有规定外,应按表1中给出的影响量的基准值和公差范围进行试验与测量。

特殊情况下,偏离值的使用应证明是合理的。这些值应由制造厂标明。

表3 定型试验

检验批	试验项目	章条号	引用标准
1	文件与标志	7	IEC 60417-DB:2002
1	温升(所有线圈电压)	11	IEC 60085:1984
1	基本工作功能(所有线圈电压)	12	
2	螺纹引出端和非螺纹引出端(适用时)	8.1	IEC 60999-1:1999
2	扁平速接引出端(适用时)	8.2	GB/T 17196—1997
2	焊接式引出端(适用时)	8.3	IEC 60068-2-20:1979
2	插座(适用时)	8.4	IEC 61984:2001
2	可替代引出端类型(适用时)	8.5	
2	密封(适用时)	9	IEC 60068-2-17:1994
3	绝缘电阻和介质耐电压	10	
4	耐热和耐火	13	IEC 60695-2-10:2000
5	电耐久性(每种触点负载和触点材料)	14	
6	机械耐久性	15	
7	电气间隙、爬电距离和固体绝缘	16	GB/T 16935.1—1997

7 文件与标志

7.1 信息

制造厂应给出下列有效信息(按组别标识)。

7.2 附加信息

为便于对装有继电器的设备的试验而配有手动操作用附加装置的基础继电器制造厂,应规定这些装置的功能。

例如,当手动操作附加启动件(如按钮)时,从断开状态到接通状态(反之亦然)的动作应尽可能快地完成而无任何在中间位置的停顿。

7.3 标志

表4中1a和1b的信息应标在继电器上,且标志应清晰耐久。

下列试验仅在采用附加材料标志时才进行(例如喷墨或贴片打印)。

表 4 要求的继电器信息

编号	信息	说明	标识位置
1 识别信息			
1a	制造厂名称,识别代码或商标		继电器
1b	型号	相关文件中明确的产品标识	继电器
1c	制造厂日期	可以是代码,代码应是制造厂文件中所标明的	继电器
2 线圈参数			
2a	线圈额定电压或线圈额定电压范围或线圈电压的工作值范围	极限值或等级(见 5.2)	继电器或产品目录或说明书
2b	交流频率		继电器或产品目录或说明书
2c	线圈电阻		继电器或产品目录或说明书
2d	额定功率		继电器或产品目录或说明书
3 触点参数			
3a	触点负载	种类—电流—电压—电路图(示例见表 13)	继电器或产品目录或说明书
3b	电耐久性循环次数		产品目录或说明书
3c	工作频率		产品目录或说明书
3d	占空比		产品目录或说明书
3e	机械耐久性循环次数		产品目录或说明书
3f	触点材料		产品目录或说明书
3g	切断类型	微切断,微断开,全断开	产品目录或说明书
4 绝缘数据			
4a	绝缘类型	功能绝缘,基本绝缘,加强绝缘,双重绝缘	产品目录或说明书
4b	污染等级	继电器环境	产品目录或说明书
4c	冲击电压	所有电路	产品目录或说明书
4d	额定绝缘电压	所有电路	产品目录或说明书
5 通用信息			
5a	环境温度范围		产品目录或说明书
5b	环境保护类别		产品目录或说明书
5c	安装方位	适用时	产品目录或说明书
5d	使继电器相应连接的内容	包括极性	产品目录或说明书
5e	辅助件	如果对继电器性能有实质关系	产品目录或说明书
5f	有关接地或金属零部件接地的信息	适用时	产品目录或说明书
5g	工作制的限制	若有时	产品目录或说明书
5h	安装距离	见附录 B	产品目录或说明书
5i	允许的引出端最高稳态温度	见 11.3.2	制造厂文件
5j	耐焊接热	包括引用的试验程序	制造厂文件

标志耐久性要求的符合性按下列方法对标志进行磨擦和检查：

a) 用一块浸透蒸馏水的布在 15 s 内擦拭 15 个来回，接着；

b) 用一块浸透汽油溶剂的布在 15 s 内擦拭 15 个来回。

试验过程中，湿布应压在标志上，压力为 2 N/cm^2。

试验后标志仍应清晰。

注：使用的汽油定义为一种脂族可溶性己烷，其中芳香烃的最大含量按容积计为 0.1%，贝壳松脂丁醇值为 29，初始沸点大约为 65℃，干点大约为 69℃，密度为 0.68 g/cm^3。

7.4 符号

当使用符号时，符号应符合表 5 规定。

表 5 符号

伏特	V
安培	A
电源频率	Hz
伏-安	VA
瓦特	W
直流(IEC 60417-5031(DB:2002-10))	⎓ 或DC
交流(单相)(IEC 60417-5032(DB:2002-10))	～ 或AC
交流(两相)	2～
交流(两相，有中性线)	2N～
交流(三相)	3～
交流(三相，有中性线)	3N～
交/直流(IEC 60417-5033(DB:2002-10))	≂ 或DC/AC
保护接地(IEC 60417-5019(DB:2002-10)	⏚

切换电压和切换电流的额定值可按表 6 规定进行标志。

表 6 额定值标志示例

10 A 250 V～，或 10 A 250 V AC，或 10 A 250 V～cosϕ0.4	16 A 230 V～，或 16/230～，或$\frac{16}{230}$～

8 引出端

引出端类型的概述在附录 C 中给出。

8.1 螺纹引出端和非螺纹引出端

螺纹引出端和非螺纹引出端应符合 IEC 60999-1:1999 规定的试验与要求。试验电流应为制造厂规定的继电器(而不是指引出端，它可能有更大的电流)额定电流。

8.2 扁平速接引出端

扁平速接引出端应符合 GB 17196—1997 中有关温升和机械稳定性要求和试验。

当安装非隔离式插座连接器时，插片间应具有足够的距离以保证所需的电气间隙和爬电距离，如果这些要求仅满足隔离式插座连接器，则应在制造厂的文件中明确说明。

8.3 焊接式引出端

8.3.1 耐焊接热

焊接式引出端与其固定件应具有足够的耐焊接热能力。

耐焊接热试验后，接着冷却到室温，继电器应符合第 12 章的要求。

8.3.2 焊针

按 IEC 60068-2-20:1979 中的试验 Tb,对于方法 1A 按表 7 规定进行试验。

安装在印制电路板上的引出端应配一个(1.5±0.1) mm 厚的隔热板(模拟印制电路板)。试验过程中,只浸渍到该隔热板的下表面。

表 7 试验 Tb 的试验条件

IEC 60068-2-20:1979 的章条号	条　件
5.3	无初始测量
5.4	方法 1A:260℃的焊槽
5.4.3	浸渍持续时间:(5±1) s
5.6	方法 2:350℃的烙铁
5.6.1	规格"B"的烙铁
5.6.3	无冷却装置
5.6.3	使用烙铁的时间:(10±1) s

8.3.3 表面安装引出端(SMD)

制造厂应明确按 GB/T 19405.1—2003 中 7.2.2 规定的程序进行试验。

8.3.4 其他焊接引出端(如焊钩)

制造厂应按表 7 给出的 IEC 60068-2-20:1979 试验 Tb 规定进行试验。

应按制造厂规定的方法 1A 或 2 进行试验。

8.4 插座

插座应符合 IEC 61984:2001 中的试验与要求,引出端温升不应超过 45 K,金属零部件的腐蚀试验不是强制的。

应对制造厂规定的插座进行试验并在继电器文件中规定。

8.5 可替代的引出端类型

与本规范不矛盾并符合其相应 IEC 标准的其他引出端允许采用。

9 密封

继电器外壳或触点单元规定的密封应进行检验。

进行下列规定的相应密封试验旨在表明符合规定的继电器制造工艺类别(见 5.9),符合第 8 章中的相应试验,并与引出端的制造工艺有关。

对于 RTⅢ,除制造厂另有规定外,应按 IEC 60068-2-17:1994 试验 Qc 的方法 2 规定将继电器浸没到温度为其工作温度范围上限值(公差为 0 K/+5 K)的液体中进行密封试验。

对于 RTⅣ和 RTⅤ,由制造厂从 IEC 60068-2-17:1994 中选择适当的试验方法。

10 绝缘电阻和介质耐电压

10.1 预处理

10.2 和 10.3 的试验应在预处理完成后立即开始,而无不必要的延迟,在试验报告中应注明试验完成的时间。

预处理由干热试验和湿热试验组成。

干热试验在烘箱中进行,安装样品的区域内,空气温度保持在 55℃,准确度±2 K。样品在烘箱中保持 48 h。

湿热试验在一个相对湿度在 91%～95%的气候试验箱中进行。安装样品的区域内,空气温度保持在 25℃,准确度±2 K。样品在试验箱中保持 48 h。不应出现冷凝。

10.2 绝缘电阻

应对继电器所有相关零部件，采用大约 500 V 的直流测试电压测量绝缘电阻。施加测试试验电压 1 min 之后进行测量。

绝缘电阻不应低于表 8 中的规定。

表 8 绝缘电阻的最小值

测 试 的 绝 缘	绝 缘 电 阻/MΩ
功能绝缘	2
基本绝缘	2
附加绝缘	5
加强绝缘	7

10.3 介质耐电压

绝缘体应承受一本质上是正弦波形、频率为 50 Hz 或 60 Hz 的电压，或承受一直流电压。试验电压应在不超过 5 s 的时间内均匀地从 0 V 上升至表 9 或表 10 中规定的数值，并保持 60 s 不出现闪络。电流应不超过 3 mA。

表 9 介质耐电压——交流

试验的绝缘或断开[g]	按电路额定电压确定的试验电压(有效值)[a,b]							
	≤50 V[c]	50 V~120 V	100 V~200 V 120 V~240 V 125 V~250 V		230 V/400 V 277 V/480 V		400 V/400/$\sqrt{3}$V 480 V/480/$\sqrt{3}$V	
	L, E		d L, E, L		e L, L, L, E		f L, L, N, E	
	L-E	L-E	L-E	L-L	L-E	L-L	L-E	L-L
	V	V	V		V		V	
功能绝缘[h]	500	1 300	1 300	1 500	1 500	1 700	1 700	1 700
基本绝缘[i]	500	1 300	1 300	—	1 500	—	1 700	—
附加绝缘[i]	—	1 300	1 300	—	1 500	—	1 700	—
加强绝缘或双重绝缘[i]	500	2 600	2 600	—	3 000	—	3 400	—
微断开[j]	400	400	400	500	500	700	700	700
全断开	500	1 300	1 300	1 500	1 500	1 700	1 700	1 700

a 试验用高电压变压器应设计为，在输出电压调至试验电压后当输出端短路时，输出电流应至少为 200 mA。当输出电流小于 3 mA 时，过流继电器不应跳闸。特别注意试验电压有效值应为测量值的±3%范围内。

b 对于功能绝缘、基本绝缘、加强绝缘以及全断开，数值按公式 U_n+1 200 V(取整数)计算；对于微断开，数值按公式 U_n+250 V(取整数)计算，U_n为电源系统的额定电压。

c ≤50 V：不直接连接于电源，预计不会产生 IEC 60364-4-44:2001 中规定的瞬态过电压。

d 单相系统，中点接地。

e 三相系统，中点接地。

f 三相系统，一相接地。

g 会使试验变得不能实行的特殊元器件，如发光二极管、自激振荡二极管，压敏电阻器，在一极断开、或桥接或切除后，按适用的绝缘进行试验。

h 例如触点间的绝缘仅对正常功能是必要的。

i 对于基本绝缘、附加绝缘和加强绝缘的试验，所有的带电零部件应连接在一起，应特别注意应确保所有的可动零部件处于最严酷的位置。

j 保证触点正常功能的触点间隙(也包括微切断)。

表 10 介质耐电压——直流

试验的绝缘或断开[d]	按电路额定电压确定的试验电压(有效值)[a,b]					
	≤50 V[c]	50 V～ 120 V	120 V～250 V 125 V～250 V		240 V～480 V	
	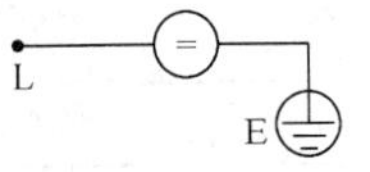 L E		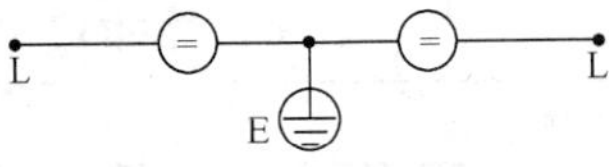 L E L		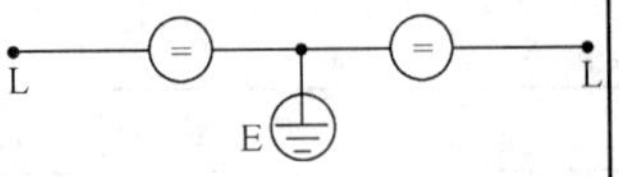 L E L	
	L-E	L-E	L-E	L-L	L-E	L-L
	V		V		V	
功能绝缘[e]	500	1 300	1 300	1 500	1 500	1 700
基本绝缘[f]	500	1 300	1 300	—	1 500	—
附加绝缘[f]	—	1 300	1 300	—	1 500	—
加强绝缘或双重绝缘[f]	500	2 600	2 600	—	3 000	—
微断开[g]	400	400	400	500	500	700
全断开	500	1 300	1 300	1 500	1 500	1 700

a 试验用高电压变压器应设计为,在输出电压调至试验电压后当输出端短路时,输出电流应至少为 200 mA。当输出电流小于 3 mA 时,过流继电器不应跳闸。特别注意试验电压有效值应为测量值的±3%范围内。

b 对于功能绝缘、基本绝缘、加强绝缘以及全断开,数值按公式 U_n+1 200 V(取整数)计算;
对于微断开,数值按公式 U_n+250 V(取整数)计算,U_n为电源系统的额定电压。

c ≤50 V:不直接连接于电源,预计不会产生 IEC 60364-4-44:2001 中规定的瞬态过电压。

d 单相系统,中点接地。

e 三相系统,中点接地。

f 三相系统,一相接地。

g 会使试验变得不能实行的特殊元器件,如发光二极管、自激振荡二极管,压敏电阻器,在一极断开、或桥接或切除后,按适用的绝缘进行试验。

h 例如触点间的绝缘仅对正常功能是必要的。

i 对于基本绝缘、附加绝缘和加强绝缘的试验,所有的带电零部件应连接在一起,应特别注意应确保所有的可动零部件处于最严酷的位置。

j 保证触点正常功能的触点间隙(也包括微切断)。

11 温升

11.1 要求

继电器的结构应使其在正常使用的情况下不会达到过高的温度。材料的耐热等级根据IEC 60085:1984 应按表 11 规定。

表 11 耐热等级

耐热等级	最高温度
Y	90℃
A	105℃
E	120℃
B	130℃
F	155℃
H	180℃
200	200℃
220	220℃
250	250℃

注:应注意标明的是 IEC 60085:1984 中给出的极限温度值,该值低于或不同于使用继电器的设备的相关标准中的数值。

正常使用中会短时触及的手动操作启动件应符合下列极限温度要求。

- 金属 60℃
- 陶瓷或玻璃材料 70℃
- 塑料、橡胶或模制材料 85℃

如果11.2的试验中温度超过了所给的极限值，则应在继电器使用文件中做相应的提示。

11.2 试验程序

a) 三只继电器按相同方向并排安装后进行试验，见附录B。除另有特殊设计外，样品处于水平位置，引出端端头朝下进行试验，安装距离由制造厂规定；

b) 用IEC 60999-1:1999中规定力矩的2/3力矩将螺纹引出端和(或)螺母拧紧；

c) 对于无螺纹式引出端，应注意按IEC 60999-1:1999规定，确保将导线准确地装配到引出端；

d) 环境温度应等于工作温度范围的上限值。达到热平衡后，应测量 t_1 和 R_1 的数值(见下列公式)；

e) 用1.1倍的线圈额定电压或1.1倍的线圈额定电压范围上限值或 U_2 对线圈进行激励；

f) 所有的触点应承受制造厂规定的极限连续电流，直至达到热平衡；

g) 继电器应安装在一个没有强制对流的足够大的加热箱内；

h) 在样品处防止空气流通，不允许受到任何人为的冷却；

i) 试验过程中，预先测定的加热箱内的环境温度不应受继电器的影响。

线圈的温度由电阻法测定，并按下列公式计算温升：

$$\Delta t = \frac{R_2 - R_1}{R_1}(234.5 + t_1) - (t_2 - t_1)$$

式中：

Δt——温升；

R_1——试验开始时的电阻值；

R_2——试验结束时的电阻值；

t_1——试验开始时的环境温度；

t_2——试验结束时的环境温度。

注：234.5适用于电解铜(EC58)，对于其他材料，必须使用的各自的值由制造厂规定并标明。

11.3 引出端

11.3.1 一般试验条件

引出端的温度采用精细线热电偶的方法测定，热电偶的位置应对要测定的温度造成的影响可以忽略。测量点应位于引出端并尽可能靠近继电器本体。如果热电偶不能直接放置在引出端上，则可以将热电偶固定在尽可能靠近继电器的导体上，见附录B。

如果表明具有相同的试验结果，则允许使用热电偶以外的温度感应器。

11.3.2 焊接引出端

继电器间的电气连接采用横截面积符合表12规定的刚性导线。继电器与电压或电流源之间的连接采用500 mm或1 400 mm长、横截面积符合表12规定的柔软导线。

允许的最高稳态温度应由制造厂规定(见表4中5i)，应采用合适的焊料。

11.3.3 扁平速接引出端

继电器之间以及电压或电流源之间的电气连接采用符合GB 17196—1997的插座连接器(由镀镍钢制成)和用柔软导线，柔软导线的横截面积和长度符合表12规定，并焊接在压接处。

注：此项规定是为了能够使对继电器扁平速接引出端的测量不受插座连接器或压接质量的重大影响。

扁平速接引出端的温升不应超过 45 K。

除制造厂规定了适用的材料组合外，测定的绝对温度不应超过 GB 17196—1997 的附录 A 中对扁平速接引出端规定的最低允许值。

表 12　由引出端承受电流确定的导线横截面积与长度

引出端承受的电流/A		刚性和柔软导线	柔软导线
最小值(不包括)	最大值(包括)	横截面积/mm^2	试验用最短导线长度/mm
—	3	0.5	500
3	6	0.75	500
6	10	1.0	500
10	16	1.5	500
16	25	2.5	500
25	32	4.0	500
32	40	6.0	1 400
40	63	10.0	1 400

11.3.4　有螺纹和无螺纹引出端

继电器间的电气连接采用横截面积符合表 12 规定的刚性导线。继电器与电压或电流源之间的连接采用横截面积与长度都符合表 12 规定的柔软导线。

引出端的温升不应超过 45 K。

11.3.5　可替代引出端类型

继电器间的电气连接采用横截面积符合表 12 规定的刚性导线。继电器与电压或电流源之间的连接采用横截面积与长度都符合表 12 规定的柔软导线。

引出端的温升不应超过 45 K。

12　基本工作功能

12.1　一般试验条件

试验前继电器必须经受规定的大气试验条件使之达到热平衡。

三只继电器按相同方向并排安装后进行试验，见附录 B。除制造厂另有规定外，样品处于水平位置引出端端头朝下进行试验，安装距离由制造厂规定。

12.2　动作(单稳态继电器)

按制造厂规定的工作值范围中的数值，选用下列两种方法之一进行试验，(方法 1 见 5.2.1 或方法 2 见 5.2.2)。

方法 1：继电器应进行预处理，在制造厂规定允许的最高环境温度下，施加由制造厂标明的线圈额定电压或线圈额定电压范围上限值(见 5.2.1 和图 A.4)，触点(成套触点)加制造厂对本试验规定的最大连续电流直至达到热平衡。在切除线圈电压并达到释放状态后，立即以工作值范围下限值激励，继电器应再次动作。

方法 2：继电器应进行预处理，在制造厂规定允许的最高环境温度下，施加由制造厂标明的线圈工作值范围下限的最大值(U_1 为该温度下的动作电压，见 5.2.2 和图 A.5)，触点(成套触点)加制造厂对本试验规定的最大连续电流直至达到热平衡。在切除线圈电压并达到释放状态后，立即以 U_1 再次激励时，继电器应再次动作。

12.3 释放(单稳态继电器)

继电器在允许的最低环境温度下达到热平衡。在短时施加动作电压达到动作状态后,应立即将线圈电压降至5.3规定的相关数值。

此时继电器应释放。

12.4 动作/复归(双稳态继电器)

继电器应进行预处理,在制造厂规定允许的最高环境温度下,触点(成套触点)施加制造厂规定的最大连续电流,直至达到热平衡。

当按5.2规定的动作电压激励时,继电器应动作。

在相同条件下对继电器进行试验以验证其能正确复归。

13 耐热与耐火

为了验证固体绝缘材料符合耐热与耐火的相关要求,继电器制造厂应进行下列试验:

- 灼热丝试验:按附录D;
- 球压试验:按附录F。

另外,建议资料性附录G中的针焰试验对一些用途的继电器是强制的,特别是家用电器、信息和办公设备用继电器。对于特殊用途,如电信设备用继电器,针焰试验可替代灼热丝试验。这些必须由制造厂规定。

作为替代,制造厂可以提供材料试验的合格证。

密封与灌封材料不考虑,除非其外表面积超过了继电器最大面的面积。

14 电耐久性

试验对制造厂规定的每种触点负载和每种触点材料均应进行。

除制造厂有明确规定外,该试验应在环境温度范围的上限值下进行,继电器线圈应以额定电压或在线圈额定电压范围或工作值范围内一个合适的电压值激励。

应对触点进行监测以检测出断开和(或)闭合失误,以及不需要的桥接。

触点与负载的连接应符合表13中的规定,并由制造厂表明。除制造厂另有规定外,任何负载对转换触点中的动合和动断触点两者均应施加。

在制造厂规定的循环次数内的试验过程中,每只继电器允许出现的瞬时故障次数不得超过5次。瞬时故障是一种偶然事件,在无任何外部影响的情况下,在一次附加的激励循环之后,在最新的一次试验过程中,必须被消除。另外,若该偶然事件已构成了一次失效,则可以在3只追加的继电器上重新进行一次试验。当出现的瞬时故障次数超过5次时,上述要求同样适用。

电耐久性试验后,继电器应立即通过10.3中规定的介质耐电压试验,试验电压值为表9中或表10规定数值的75%。

配有手动操作用附加启动件的继电器(如按钮),应单独进行相关的试验,以验证继电器能在相应的电压下,正确地接通和断开其最大触点额定电流,次数至少100次。

15 机械耐久性

机械耐久性试验是验证继电器在制造厂规定的循环次数后其功能是否正常。

试验条件如下:

a) 继电器按11.2中的a)项进行安装;

b) 线圈电压为额定值,或线圈额定电压范围或工作值范围内的一个适当值;

c) 影响量按第4章规定;

d) 工作频率按制造厂规定,然而继电器应在一个循环内达到动作和释放/复归两种状态。

表 13 触点负载试验电路图

一组单掷触点	a 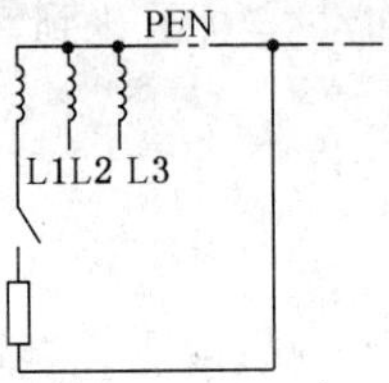 PEN L1 L2 L3	b PEN L1 L2 L3 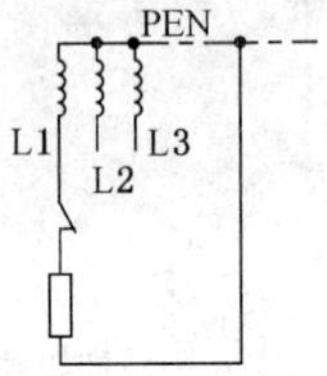	
2组单掷触点	c 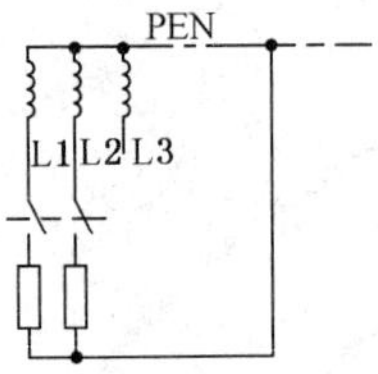 PEN L1 L2 L3	d PEN L1 L2 L3 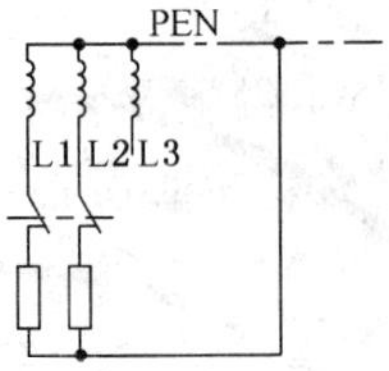	e PEN L1 L2 L3 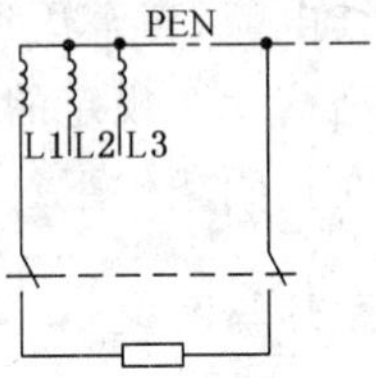
	f PEN L1 L2 L3 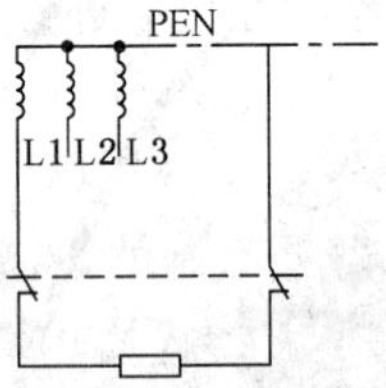	g PEN L1 L2 L3 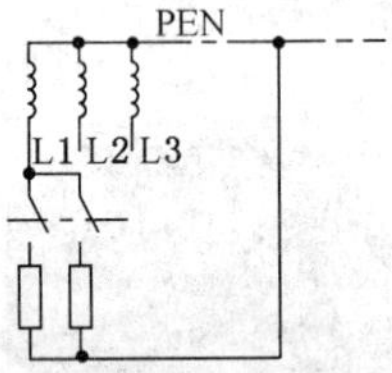	h PEN L1 L2 L3 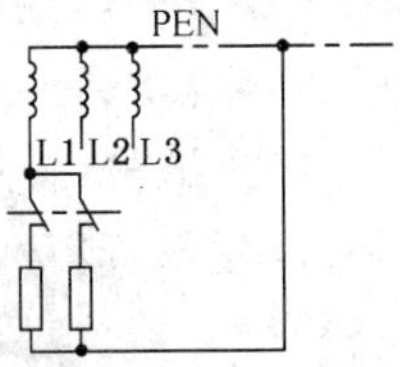
	i PEN L1 L2 L3 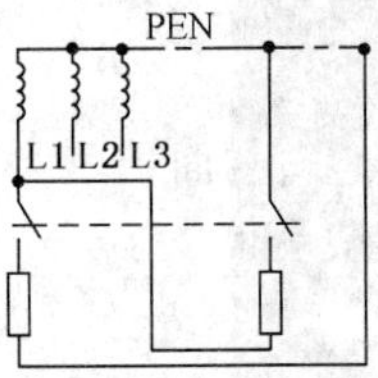	j PEN L1 L2 L3 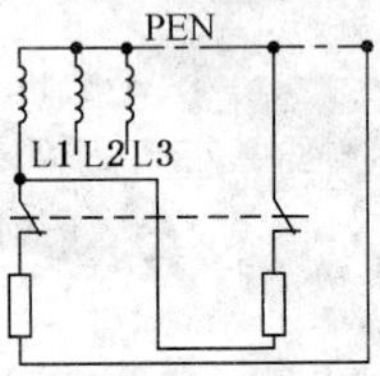	
多组单掷触点	k 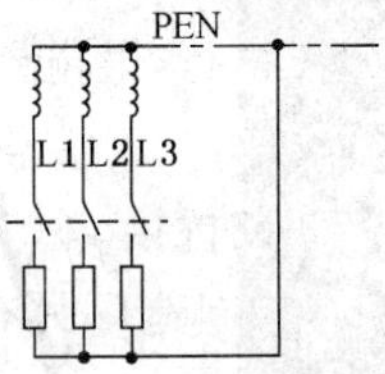 PEN L1 L2 L3	l PEN L1 L2 L3 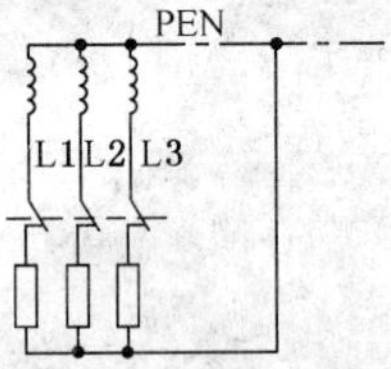	m PEN L1 L2 L3 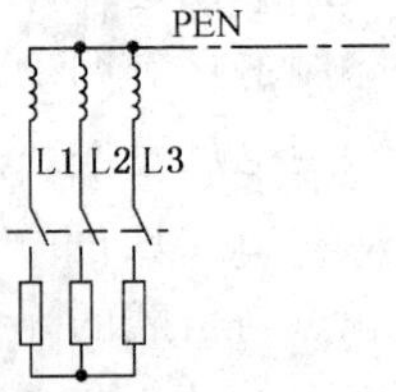
	n PEN L1 L2 L3 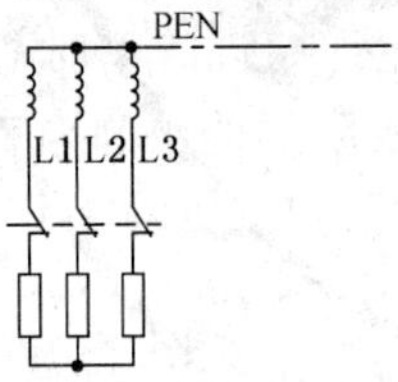		
转换触点	o 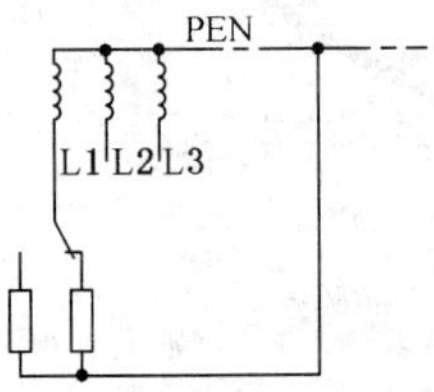 PEN L1 L2 L3	p PEN L1 L2 L3 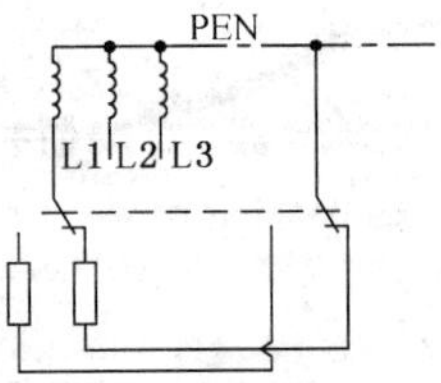	q PEN L1 L2 L3 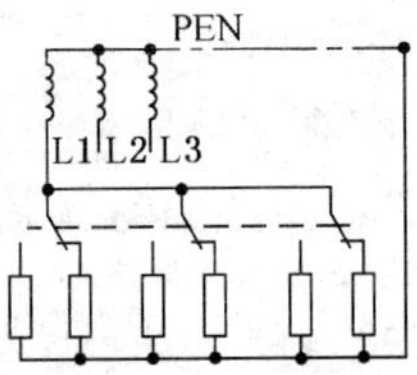
	r PEN L1 L2 L3 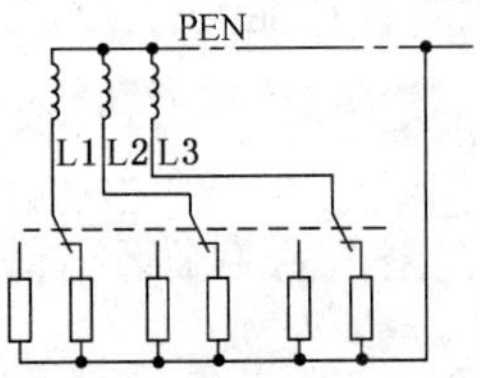	s PEN L1 L2 L3 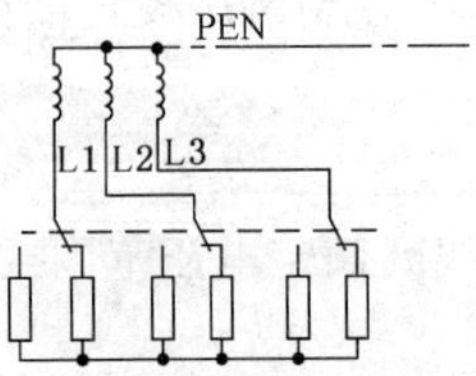	t PEN L1 L2 L3 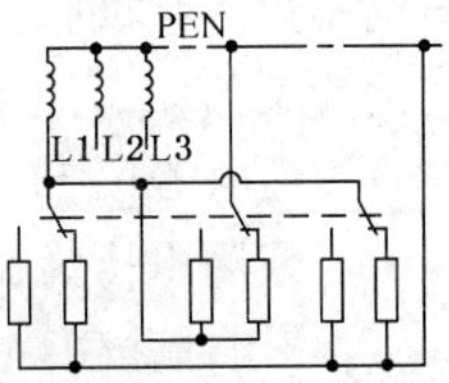

表 13（续）

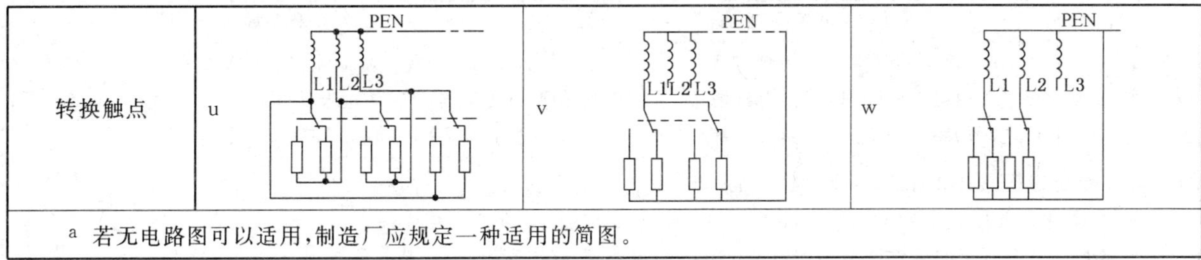

[a] 若无电路图可以适用，制造厂应规定一种适用的简图。

为监测循环，每只继电器的相同类型的所有触点并联，施加制造厂规定的触点负载。触点负载的选择应保证能够可靠地监测所有进行的循环，而不会使接触点磨损到会损害试验的程度。如试验中检测出的循环次数与激励循环次数之差超过规定机械耐久性次数的 0.1%，则相应的继电器不能通过该试验。

试验后，继电器的机械功能应保证在线圈电压工作值范围的最大值和最小值下各循环 10 次。

若一只继电器失效，则试验可在追加的 3 只样品上重新进行一次。

16 电气间隙、爬电距离和固体绝缘

本章中规定的试验和要求以 GB/T 16935.1—1997 中的规定作依据。

本标准不涉及通过液体绝缘和除空气和压缩空气之外的气体绝缘的距离。

注：在采用一些特性优于空气的其他绝缘材料的情况下，当对继电器的整个寿命期进行验证时，减小的电气间隙和爬电距离可以适用。

16.1 电气间隙与爬电距离

电气间隙与爬电距离不应小于表 14 中所规定的数值。

表 14 电气间隙与爬电距离尺寸的规定

	电气间隙	爬电距离
试验的数值	电气间隙的尺寸应这样确定，符合以制造厂规定的冲击电压为依据的表 15 中的要求。 最后考虑附录 I 中规定的过电压类别和附录 J 中规定的污染等级。 有关电气间隙测量的细节在附录 H 中规定	对于在正常使用的电路中可能会出现最高电压的爬电距离，应按表 17 规定确定尺寸。从而应考虑附录 J 规定的污染等级和取自表 16 的材料组。 爬电距离不应小于相关的电气间隙。 关于爬电距离测量的细节在附录 H 中规定
功能绝缘	表 15 中规定的额定值适用于继电器所有相关的零部件。 继电器外壳内部，无电气间隙要求	表 17 中规定的额定值适用于继电器所有相关的零部件。 继电器外壳内部，无爬电距离要求
基本绝缘	表 15 中规定的额定值适用于继电器所有相关的零部件。 继电器外壳内部的额定值应根据附录 J 中规定的污染等级进行选择	表 17 中规定的额定值适用于继电器所有相关零部件。 继电器外壳内部，额定值应根据附录 J 中规定的污染等级进行选择
附加绝缘	等于基本绝缘	等于基本绝缘
双重绝缘	包括基本绝缘和附加绝缘组成	包括基本绝缘和附加绝缘
加强绝缘	等于基本绝缘，但高于脉冲电压额定值的优先系列一个等级，或者为基本绝缘额定脉冲电压的 160%[a,b]	基本绝缘数值的 2 倍
微断开的断开触点间[c]	继电器外壳内部，无电气间隙要求。 继电器内触点处于其固定位置，接触件与其他导电件之间的距离不应小于触点间隙。 外部引出端之间，功能绝缘要求适用	继电器外壳内部，无爬电距离要求。 继电器内触点处于其固定位置，接触件与其他导电件之间的距离不应小于触点间隙。 外部引出端之间，功能绝缘要求适用

表 14（续）

	电气间隙	爬电距离
全断开的断开触点间	表 15 中规定的基本绝缘的额定值。 继电器内触点处于其固定位置，接触件与其他导电件之间的距离不应小于触点间隙	表 17 中规定的基本绝缘的额定值。 继电器内触点处于其固定位置，接触件与其他导电件之间的距离不应小于触点间隙

注：继电器线圈引出端之间，功能绝缘适用。

[a] 加强绝缘的电气间隙应采用由制造厂从表 15 中选择的额定脉冲电压的一个数值确定尺寸，如果有必要，应考虑附录 I 中规定的过电压类别和附录 J 中污染等级，但应比表 15 中对基本绝缘规定的数值优先系列高一个等级。如果基本绝缘要求的是冲击电压，则不同于优先系列中的值，加强绝缘的尺寸应按能承受基本绝缘要求的冲击电压的 160％进行确定。

[b] 如果继电器具有双重绝缘，则基本绝缘和加强绝缘不能单独进行试验，该绝缘系统认为是加强绝缘。

[c] 对微断开的要求也包括对微切断的要求。

表 15　绝缘配合在空气中的最小电气间隙

冲击电压[a]	海平面以上至 2 000 m 的最小电气间隙[c,d]		
	污染等级[e]		
	1	2	3
kV	mm	mm	mm
0.33[b]	0.01	0.2[c]	0.8
0.40	0.02	0.2[c]	0.8
0.50[b]	0.04	0.2[c]	0.8
0.60	0.06	0.2	0.8
0.80[b]	0.10	0.2	0.8
1.0	0.15	0.2	0.8
1.2	0.25		0.8
1.5[b]	0.5		0.8
2.0	1.0		
2.5[b]	1.5		
3.0	2.0		
4.0[b]	3.0		
5.0	4.0		
6.0[b]	5.5		
8.0[b]	8.0		
10.0	11.0		
12.0[b]	14.0		

[a] 该电压为

——对功能绝缘：预期在电气间隙间出现的最高脉冲电压；

——对直接暴露于或由于受低压电源瞬态过电压的足够影响的基本绝缘：设备的额定脉冲电压；

——对其他基本绝缘：电路中会出现的最高脉冲电压；

——对加强绝缘：见表 14 的脚注 a 和 b。

在特殊情况下，特别是对现有的设计，电气间隙的尺寸可以采用由插值法导出的中间值。

[b] 与过电压类别对应的优先值（见附录 I）。

[c] 对印制电路材料，污染等级 1 的数值适用，但表 17 中规定的数值，不小于 0.04 mm 除外。

[d] 由于表 15 中的尺寸对海拔高度由海平面至 2 000 m（包括 2 000 m）有效，则对于海拔高度 2 000 m 以上的电气间隙应乘以 GB/T 16935.1—1997 的表 A.2 中规定的高度修正系数。

[e] 关于污染等级的细节在附录 J 中规定。

材料组与耐电痕化指数(PTI)的关系按表16规定。

表16 材料组

材料组	PTI
材料组Ⅰ	600≤PTI
材料组Ⅱ	400≤PTI<600
材料组Ⅲa	175≤PTI<400
材料组Ⅲb	100≤PTI<175

PTI值按附录E规定由电痕化试验得出。

表17 承受长期应力设备的最小爬电距离

电压/V r.m.s.[a,e]	爬电距离								
	污染等级[d]								
	印制电路材料(PCB)		其他材料						
	1	2	1	2			3		
				材料组			材料组		
	[b] mm	[c] mm	[b] mm	Ⅰ mm	Ⅱ mm	Ⅲ mm	Ⅰ mm	Ⅱ mm	Ⅲ mm
10	0.025	0.040	0.080		0.400			1.000	
12.5	0.025	0.040	0.090		0.420			1.050	
16	0.025	0.040	0.100		0.450			1.100	
20	0.025	0.040	0.110		0.480			1.200	
25	0.025	0.040	0.125		0.500			1.250	
32	0.025	0.040	0.140		0.530			1.300	
40	0.025	0.040	0.160	0.560	0.800	1.100	1.400	1.600	1.800
50	0.025	0.040	0.180	0.600	0.850	1.200	1.500	1.700	1.900
63	0.040	0.063	0.200	0.630	0.900	1.250	1.600	1.800	2.000
80	0.063	0.100	0.220	0.670	0.950	1.300	1.700	1.900	2.100
100	0.100	0.160	0.250	0.710	1.000	1.400	1.800	2.000	2.200
125	0.160	0.250	0.280	0.750	1.050	1.500	1.900	2.100	2.400
160	0.250	0.400	0.320	0.800	1.100	1.600	2.000	2.200	2.500
200	0.400	0.630	0.420	1.000	1.400	2.000	2.500	2.800	3.200
250	0.560	1.000	0.560	1.250	1.800	2.500	3.200	3.600	4.000
320	0.750	1.600	0.750	1.600	2.200	3.200	4.000	4.500	5.000
400	1.000	2.000	1.000	2.000	2.800	4.000	5.000	5.600	6.300
500	1.300	2.500	1.300	2.500	3.600	5.000	6.300	7.100	8.000

a 该电压为

——功能绝缘:工作电压;

——直接由低压电源激励的电路的基本绝缘和附加绝缘:额定电压或额定绝缘电压;

——不直接由低压电源激励的电路的基本绝缘和附加绝缘:设备或内部电路施加额定电压并在设备额定条件内最严酷的工作条件组合下会出现的最高电压有效值。

b 材料组Ⅰ、Ⅱ、Ⅲa和Ⅲb(见表16)。

c 材料组Ⅰ、Ⅱ和Ⅲa(见表16)。

d 污染等级的细节在附录J中规定。

e 特殊情况下,爬电距离尺寸的确定可以采用由插值法得出的中间值。

额定绝缘电压与电源系统电压的关系按表 18 规定。

表 18 依据电源系统电压规定的额定绝缘电压

电源系统额定电压[a] A. C. r. m. s. 或 D. C.	12.5	24 25	30	42 48 50	60	100 110 120 125 127	150	208	220 230 240 250	277 300	380 400	440 480 500	575 600
额定绝缘电压/V A. C. r. m. s. 或 D. C.	12.5	25	32	50	63	125	160	200	250	320	400	500	630
[a] 额定电压可以是线电压(L-L)或相电压(L-E)。													

16.2 固体绝缘

固体绝缘应能够持久地承受在继电器预期寿命中可能出现的电应力和机械应力以及热和环境的影响。

固体绝缘的鉴定应在 10.1 规定的预处理后立即按 10.3 规定进行介质耐电压试验来验证。

对功能绝缘和基本绝缘的厚度无尺寸要求。

基本绝缘总是直接接近危险的电位。

绝缘距离不应小于：

- 附加绝缘：1.0 mm；
- 加强绝缘：2.0 mm。

注 1：装入继电器的具体设备的相关 IEC 标准允许时，可以减小绝缘距离。

上述要求并不意味着规定的绝缘距离必须只采用固体绝缘达到。绝缘可能包括固体材料和一个或多个空气间隙。

本要求不适用于由薄层组成的绝缘，但云母和类似分层材料除外。如果：

- 对附加绝缘，只要每层能承受 10.3 中对附加绝缘的介质耐电压试验，绝缘至少由两层组成；
- 对加强绝缘，只要任何两层能承受 10.3 中对加强绝缘的介质耐电压试验，绝缘至少由三层组成。

注 2：附加绝缘和加强绝缘采用灌封材料在考虑中。

16.3 可触及表面

正常使用中可以触摸到的继电器表面(如手动操作装置)应符合双重绝缘或加强绝缘。

绝缘距离不应小于：

- 附加绝缘：1.0 mm；
- 加强绝缘：2.0 mm。

此要求并不意味着规定的绝缘距离必须只采用固体绝缘达到。绝缘可以包括固体材料和一个或多个空气间隙。

附 录 A
（规范性附录）
继电器的相关解释

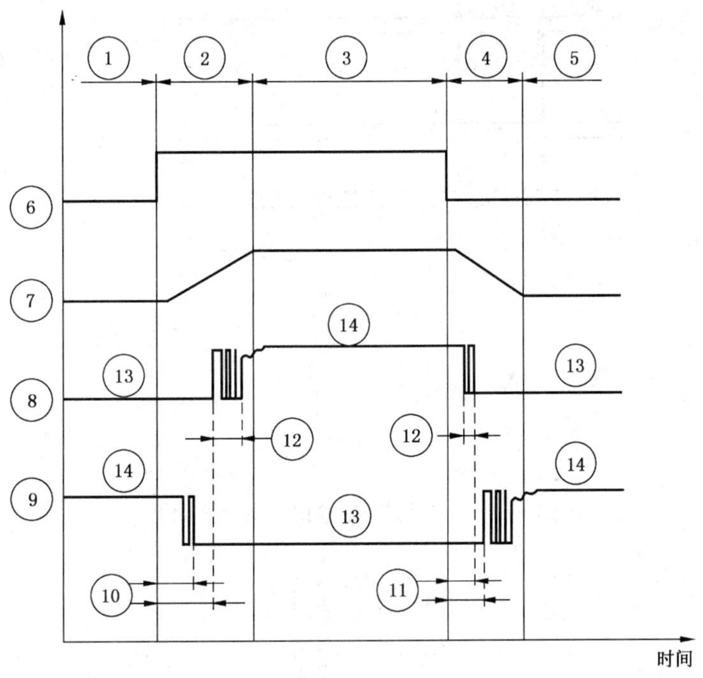

说明：

① 释放状态；

② 动作；

③ 动作状态；

④ 释放；

⑤ 释放状态；

⑥ 线圈电压；

⑦ 运动零件位置变化；

⑧ 动合触点间电压；

⑨ 动断触点间电压；

⑩ 动作时间；

⑪ 释放时间；

⑫ 回跳时间；

⑬ 断开；

⑭ 闭合。

图 A.1 单稳态继电器术语解释图

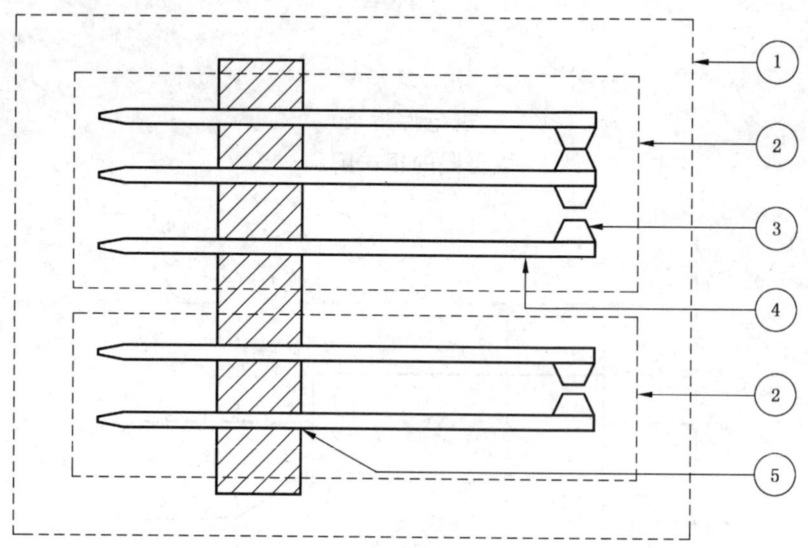

说明：

① 成套触点；

② 触点；

③ 接触点；

④ 接触件；

⑤ 固定件。

图 A.2 触点相关术语的解释示例

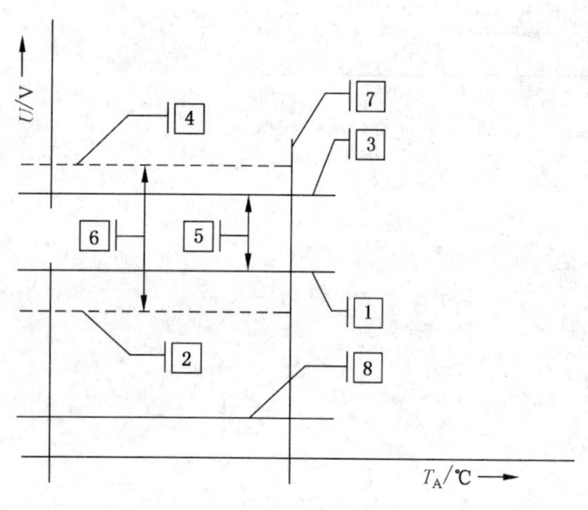

5.2.1 中规定的工作值范围

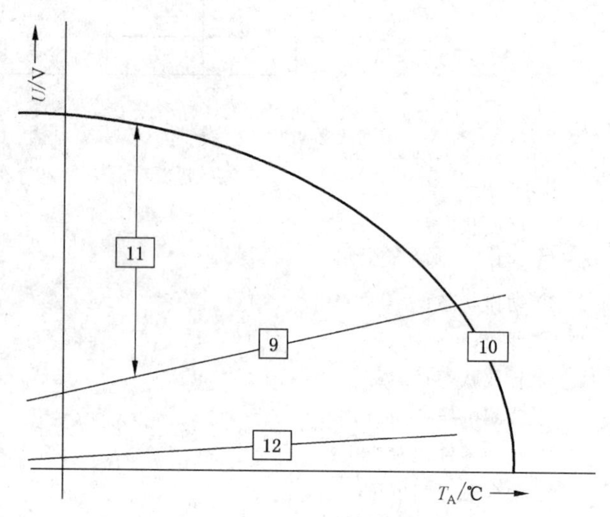

5.2.2 中规定的工作值范围

说明：

U 线圈电压；

T_A 环境温度；

1 线圈额定电压或线圈额定电压范围下限值；

2 线圈电压工作值范围下限值，例如1的 80%(1 级)；

3 线圈额定电压或线圈额定电压范围的上限值；

4 线圈电压工作值范围上限值，例如1的 110%(1 级)；

5 额定线圈电压范围；

6 线圈电压工作值范围；

7 线圈额定电压或线圈额定电压范围允许的最高环境温度；

8 释放电压，≥3的 5%；

9 线圈电压工作值范围下限值 U_1；

10 线圈电压工作值范围上限值 U_2(极限电压)；

11 线圈电压工作值范围；

12 释放电压，≥9的 10%。

图 A.3 线圈电压工作值范围的相关说明

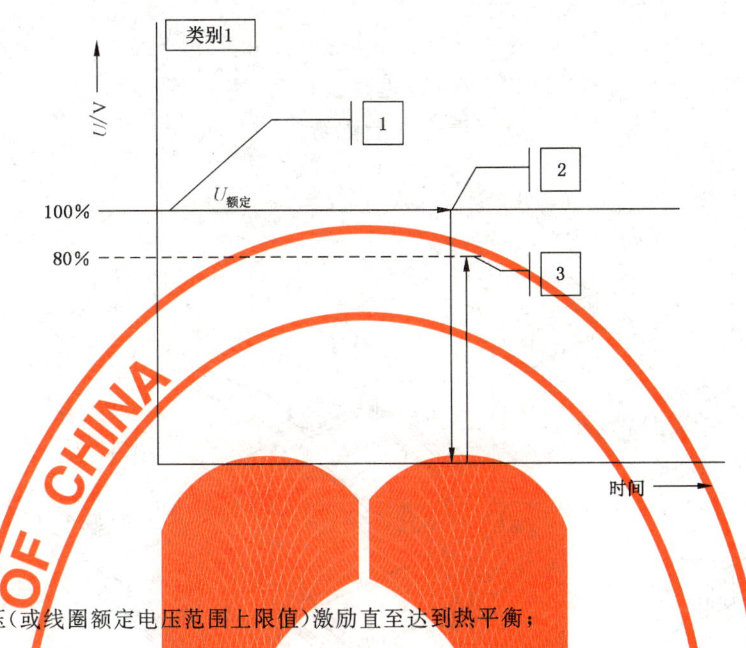

说明：

1 线圈额定电压(或线圈额定电压范围上限值)激励直至达到热平衡；

2 去除电压；

3 线圈电压切除后，立即用线圈额定电压的80%(或线圈额定电压范围的下限值)激励，继电器应动作。

图 A.4 5.2.1(1级)和12.2规定的动作电压预处理和测试的相关说明

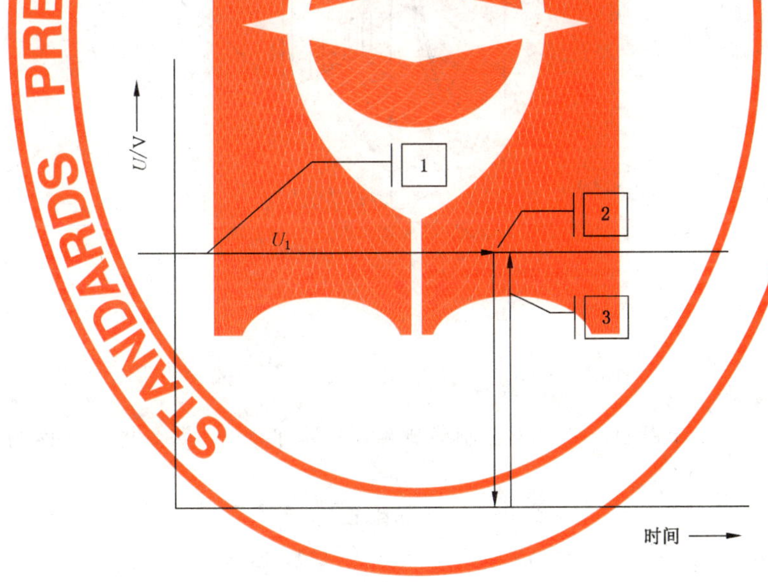

说明：

1 线圈电压工作值范围下限值 U_1 的最大值激励直至达到热平衡；

2 去除电压；

3 去除线圈电压后立即用 U_1 再激励，继电器应动作。

图 A.5 按5.2.2和12.2规定的动作电压预处理和测试的相关说明

附 录 B
（规范性附录）
温升试验配置

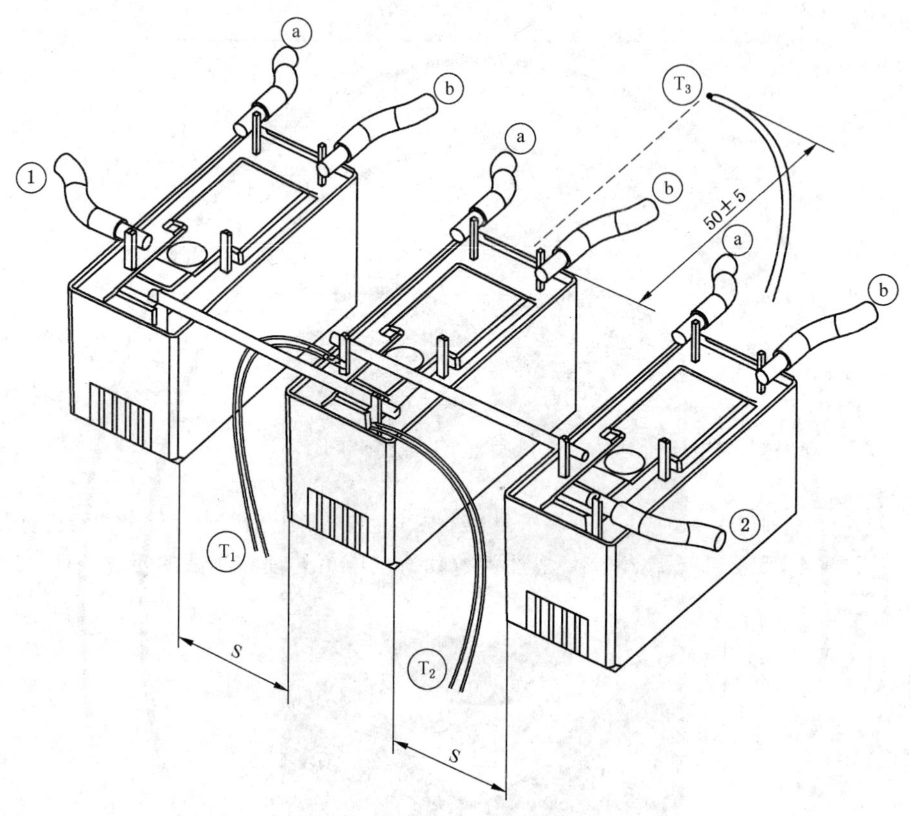

说明：

①,②为触点引出端；

ⓐ,ⓑ为线圈引出端；

S 为安装距离；

T_i 为热电偶。

测量环境温度的测试点应处于由中间的继电器轴线所确定的水平面上。与继电器线圈侧面的距离应为(50±5) mm。

图 B.1　试验配置

试验应按图 B.1 所示进行，引出端端头朝下，并位丁一绝缘板上。

特殊情况下，制造厂可以提交按照实际使用安装在印制电路板上的继电器。所有试验配置的相关细节，如印制电路板的材料和厚度、印制电路板上导电带的宽度和厚度，外部导电带的镀涂层(如适用)、长度和横截面积，均应在试验报告中表明。

注：应采用满足要求的工具并仔细进行焊接。

附　录　C

（资料性附录）

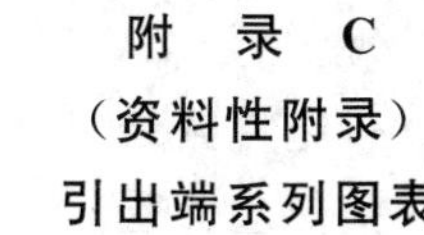

引出端系列图表

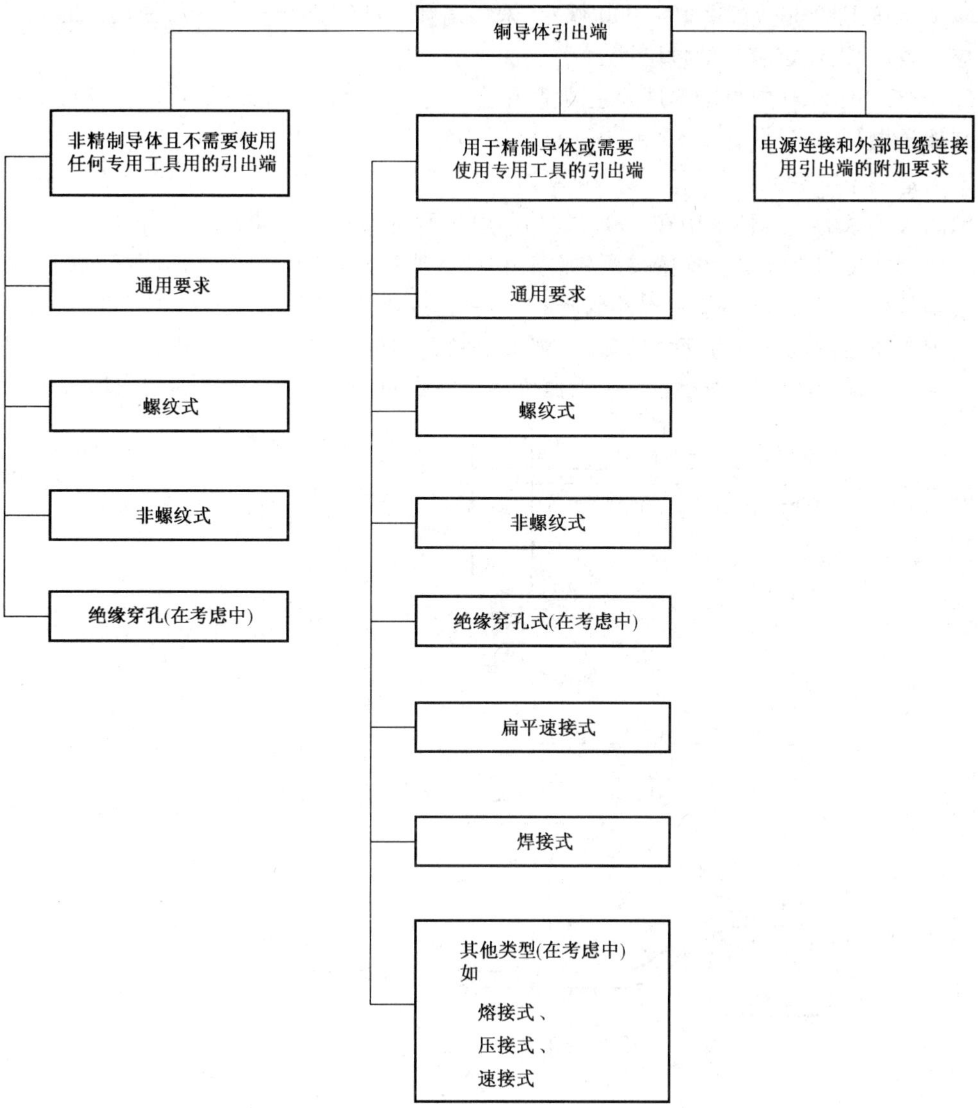

- 铜导体引出端
  - 非精制导体且不需要使用任何专用工具用的引出端
    - 通用要求
    - 螺纹式
    - 非螺纹式
    - 绝缘穿孔(在考虑中)
  - 用于精制导体或需要使用专用工具的引出端
    - 通用要求
    - 螺纹式
    - 非螺纹式
    - 绝缘穿孔式(在考虑中)
    - 扁平速接式
    - 焊接式
    - 其他类型(在考虑中)如 熔接式、压接式、速接式
  - 电源连接和外部电缆连接用引出端的附加要求

图 C.1　引出端系列图表

附 录 D
（规范性附录）
灼热丝试验

灼热丝试验按 IEC 600695-2-10:2000 规定，采用诸如灼热零件和过负载元件这样的热源所能产生的模拟热应力效应，以评定着火的危险性。

IEC 60695-2-10:2000 中规定的试验主要适用于电气设备及其组件和元器件，但也可适用于固体绝缘材料和其他易燃材料。

下列要求适用于本标准：

耐热和耐火要求的符合性采用在 650℃的灼热丝试验进行验证（见图 D.1 和图 D.2）。

如果继电器的使用需要更严格的要求（如家用电器、消费类电子产品），则对于接触到或支撑载流零部件或电气连接件，特别是当这些零部件变质时，会引起过热，灼热丝的温度应该是 750℃或是 850℃。

当继电器太小或作试验不方便的情况时，则采用制造继电器相应材料制成的样品进行试验。此样品应具有合适的形状，面积至少为 500 mm²，厚度不大于 3 mm。样品尺寸应在试验报告中标明。

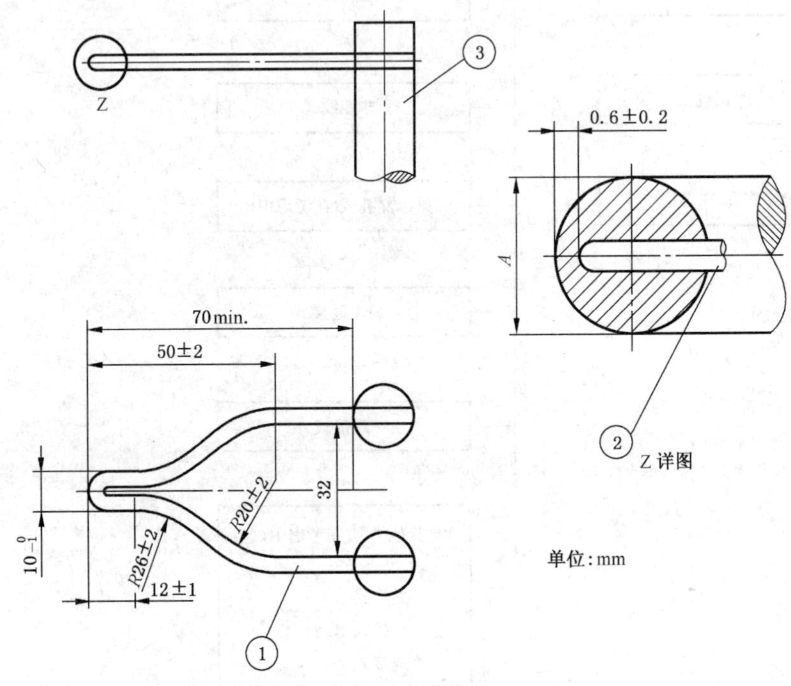

说明：

① 灼热丝；

② 热电偶；

③ 螺栓。

灼热丝材料：镍/铬(80/20)。

直径：4.0 mm±0.04 mm(弯曲前)。

直径 A：(弯曲后)见 IEC 60695-2-10:2000 的 6.1。

当形成灼热丝环时，应注意避免其顶尖部位的细小裂缝。

注意：退火是一种避免顶尖部位细小裂缝的合适处理方法。

图 D.1 灼热丝和热电偶的位置

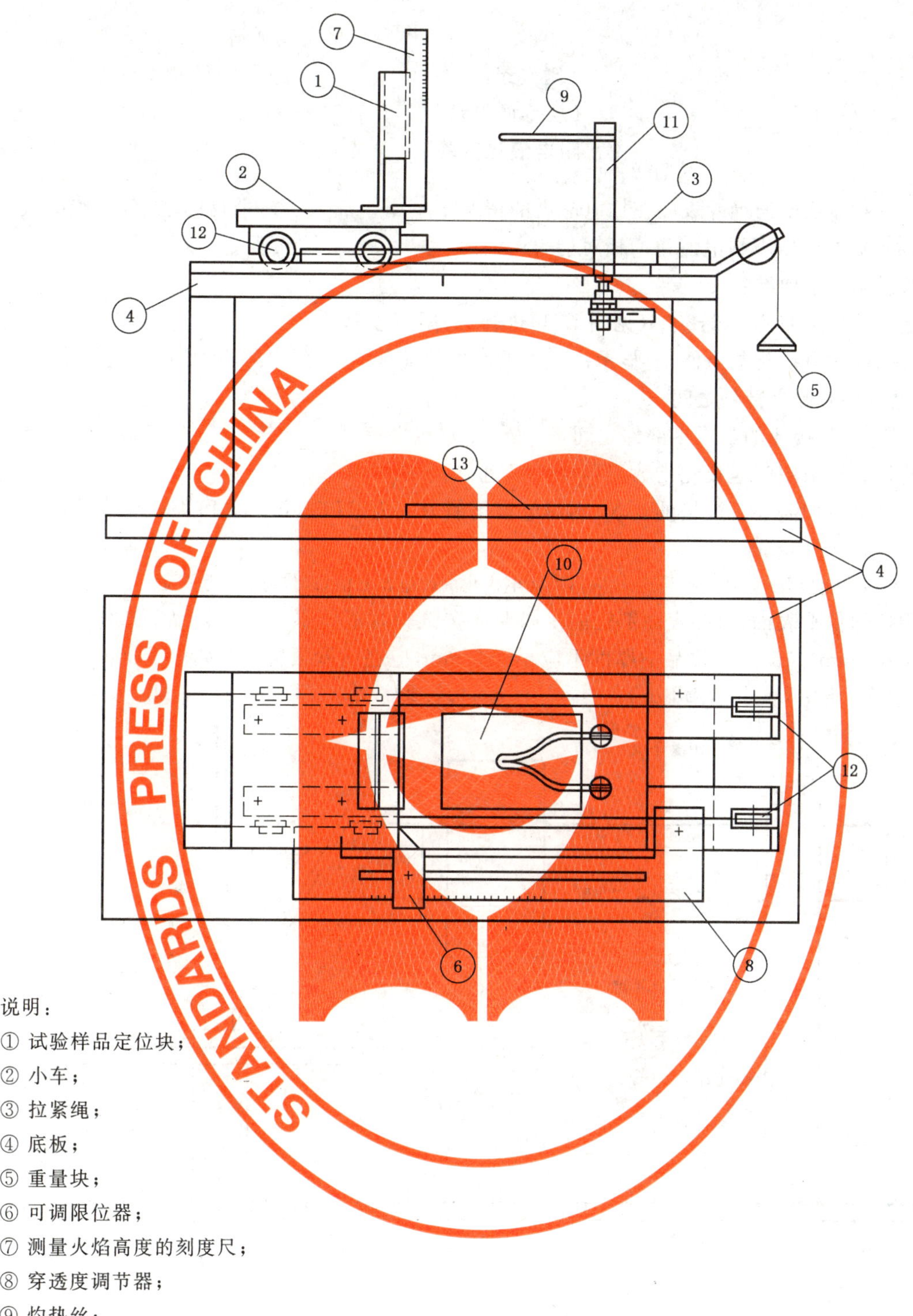

说明：

① 试验样品定位块；

② 小车；

③ 拉紧绳；

④ 底板；

⑤ 重量块；

⑥ 可调限位器；

⑦ 测量火焰高度的刻度尺；

⑧ 穿透度调节器；

⑨ 灼热丝；

⑩ 底板上的颗粒散落孔；

⑪ 灼热丝安装螺栓；

⑫ 小阻力滚轮；

⑬ 规定的垫片。

图 D.2 灼热丝试验装置(示例)

附 录 E
（规范性附录）
耐电痕化试验

耐电痕化试验显示了当绝缘表面在加电应力的情况下暴露于加入了污染物的水中，固体电气绝缘材料在高达 600 V 的电压下耐电痕化的相对能力。

下列要求适用于本标准：

耐电痕化试验按 IEC 60112:2003（见图 E.1）进行，采用溶液 A。

绝缘材料暴露于电痕化的条件，应显示出足够的耐电痕化能力。下列零部件之间可能会电痕化：

- 不同电位的有源零部件之间；
- 有源零部件与接地的金属零部件之间。

此要求的符合性采用耐电痕化指数 PTI 175 V 进行验证。

如果继电器的应用需要更严格的要求，则耐电痕化能力应为 PTI 250 V、PTI 400 V 或 PTI 600 V，见表 16。

注 1：PTI(耐电痕化指数)是材料承受 50 次滴落而无电痕化的耐电压数值，以伏特(V)为单位。

可以采用任何偏平表面，只要表面部位能足以保证在试验时液体不会流出样品的边缘。推荐的偏平表面不小于 15 mm×15 mm，样品的厚度不应小于 3 mm，应在试验报告中标明。

注 2：如果因为继电器尺寸小，而无不小于 15 mm×15 mm 的表面时，可以采用相同的制造程序制作特殊样品。

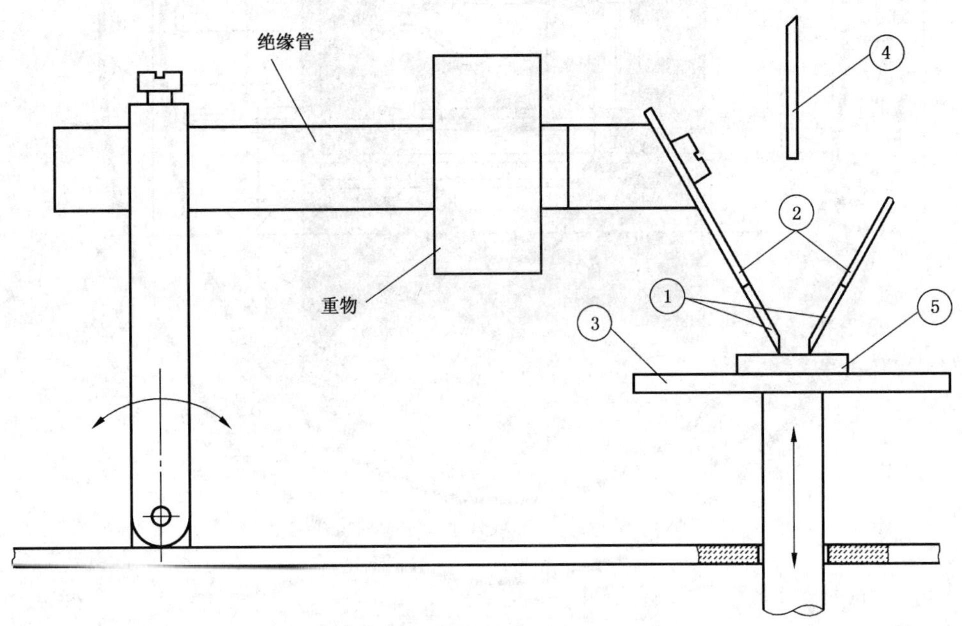

说明：

① 铂金电极；

② 黄铜扩展板；

③ 支撑托板；

④ 滴落装置的顶端；

⑤ 样品。

图 E.1 耐电痕化试验装置

附　录　F
（规范性附录）
球压试验

球压试验是评定材料在升高的温度下承受机械压力而不会产生过度变形的能力。

下列要求适用于本标准(见 IEC 60695-10-2:1995)：

试验装置见图 F.1。

试验开始前，被试的零部件应在温度为 15℃～35℃、相对湿度为 45%～75%的环境中存放 24 h。

试验在加热箱中进行，加热箱内的温度为 40℃±2 K 加由第 11 章温升试验中测定的最大温升，或者为：

- 外部零部件：75℃±2 K；
- 支撑有源零部件的零部件：125℃±2 K。

以高者为准。

支撑与试验装置应处于试验开始前规定的试验温度。

被试零部件的表面处于其水平位置支撑在一块 3 mm 厚的钢板上。样品的厚度不应小于 2.5 mm，如果有必要，应使用受试零部件的两层或更多层。

采用 20 N±2 N 的力将一直径为 5 mm 的钢球压向样品的表面。应注意在试验过程中球不得移动。

1 h 后，将球从样品上移出，然后将样品浸入冷水 10 s，使其大约冷却到室温。

在样品从水中移出后的 3 min 内，以 0.1 mm 的准确度测量由球造成的压痕的直径，不应超过 2 mm。除了由球造成的压痕外，样品周围不应有其他变形。

注：陶瓷材料零部件上不进行此项试验。

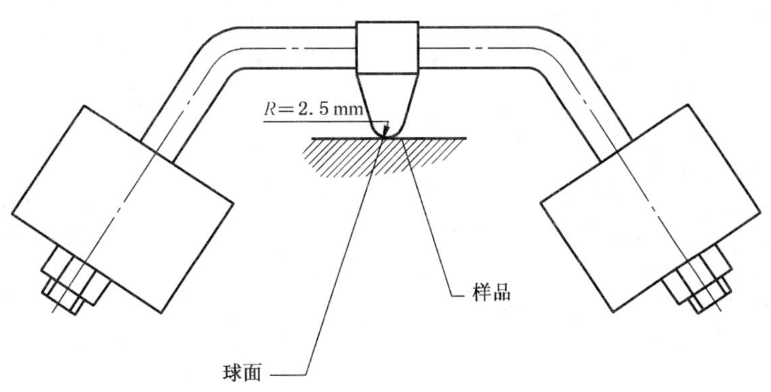

图 F.1　球压试验装置

附 录 G
（资料性附录）
针焰试验

针焰试验的目的是通过模拟可以由设备内部故障条件造成的小火焰的影响，评定电气设备及其组件和元器件、固体绝缘材料和其他易燃材料的着火危险性。

针焰试验按 IEC 60695-2-2:1991 规定进行试验。

下列要求适用于本标准：

试验装置见图 G.1。

试验开始前样品在温度为 15℃～35℃、相对湿度为 45％～75％的大气环境下存放 24 h。

试验火焰对样品的施加时间为(30＋1) s。但对于体积大至 1 000 mm^3 的继电器可以选择将时间减少至(10＋1) s，但是：

试验开始时，应调整试验火焰的位置至少使火焰的顶部接触到样品的表面。试验过程中，燃烧器不得移动。在规定的时间后立即移开火焰。

试验在一只样品上进行。如果样品未通过试验，再在 2 只追加的样品上重新进行试验，并且都应通过试验。

绢纸不应起燃，白松木板不应显示出炭化痕迹，白松木板的颜色变化可以忽略。

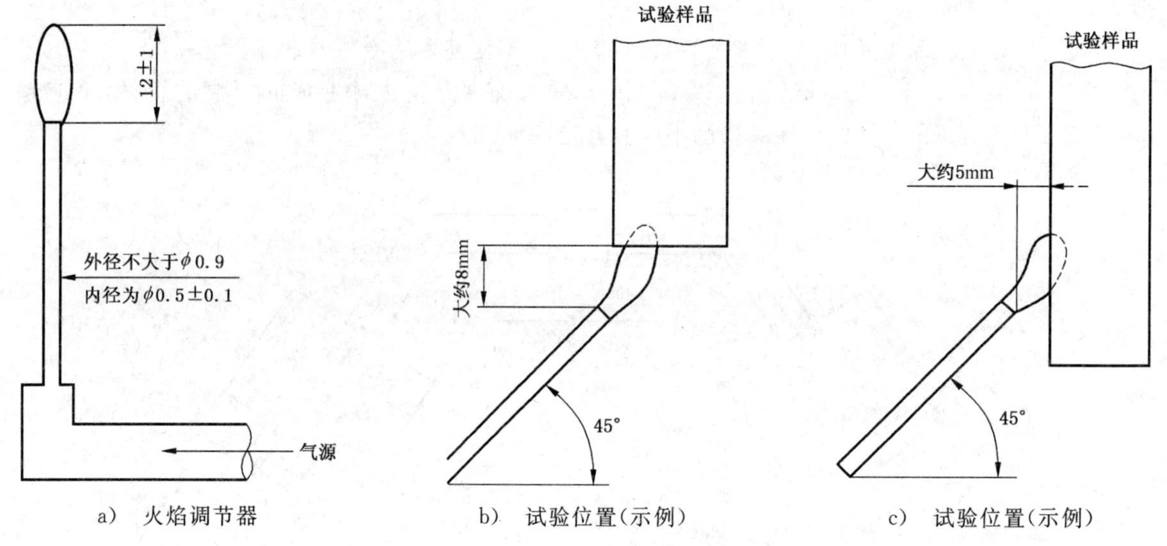

a） 火焰调节器　　b） 试验位置(示例)　　c） 试验位置(示例)

图 G.1 针焰试验细节

附 录 H
（规范性附录）
电气间隙与爬电距离的测量

示例1至示例11中的宽度 X 适用于所有示例，该宽度随污染等级的变化关系如下：

污染等级	宽度 X
1	≥0.25 mm
2	≥1.0 mm
3	≥1.5 mm

如果相关的电气间隙小于3 mm，宽度 X 的最小值可减小至该间隙的三分之一。

测量爬电距离和电气间隙的方法在下列示例1至示例11中给出。这些情况下对间隙与凹槽之间或对各类型绝缘之间不作区分。

作下列假设：

——假设任何凹槽均桥接一绝缘带，绝缘带长度等于规定的宽度 X 并位于最不利的位置（见示例3）；

——当跨接凹槽的距离等于或大于规定的宽度 X 时，则沿凹槽的轮廓线测量爬电距离（见示例2）；

——爬电距离和电气间隙假设在相互之间位置不同的零部件之间测量，则在这些零部件处于其最不利的位置时进行测量。

—— 电气间隙

▒▒ 爬电距离

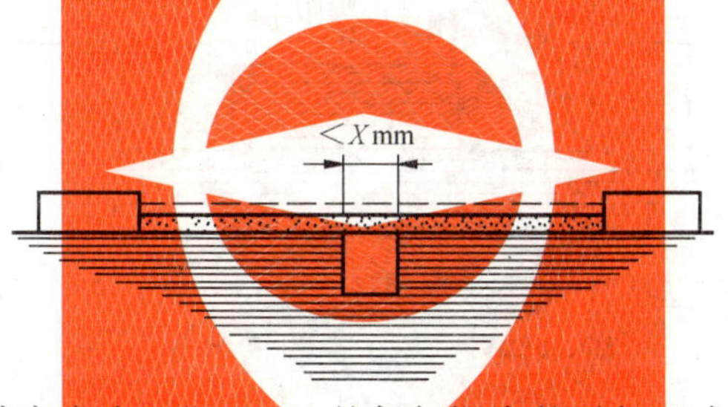

条件：考虑的路径包括一其宽度小于"X"mm的任何深度的平行面或渐缩面凹槽；

规则：按图所示直接通过凹槽测量爬电距离和电气间隙。

示例1

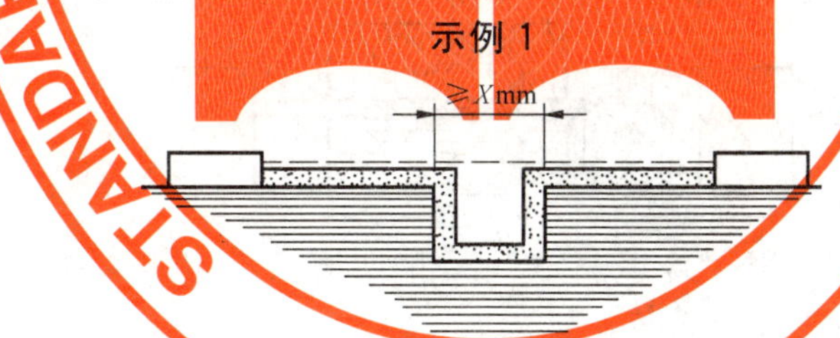

条件：考虑的路径包括一其宽度不小于"X"mm的任何深度的平行面凹槽；

规则：电气间隙为"可视直线"距离。爬电距离沿着按照凹槽的轮廓线。

示例2

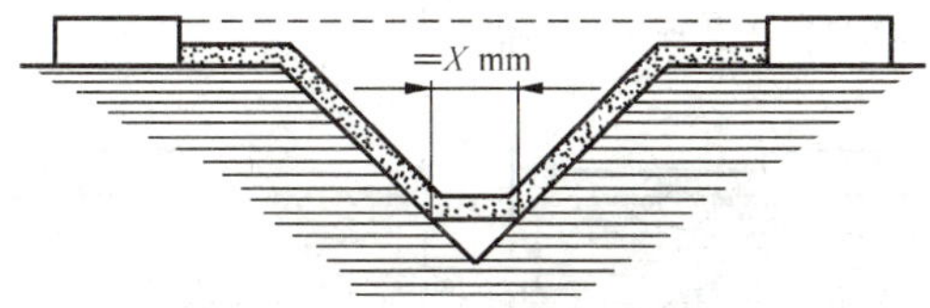

条件：考虑的路径包括一宽度大于"X"mm的V形凹槽；

规则：电气间隙为"可视直线"距离。爬电距离路径沿着凹槽的轮廓线，但凹槽底部由一"X"mm的连接线"短路"。

示例3

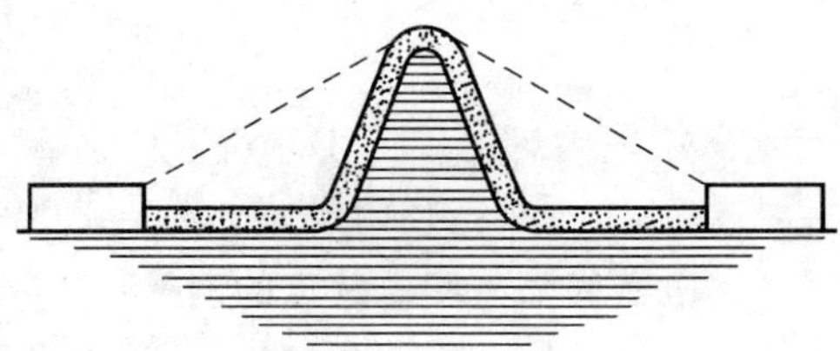

条件:考虑的路径包括一凸缘;
规则:电气间隙是越过凸缘顶部空气中的最短直接路径。爬电距离沿着凸缘的轮廓线。

示例 4

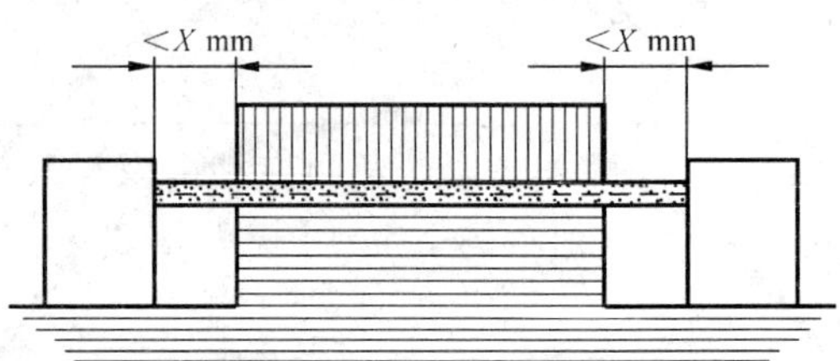

条件:考虑的路径是在每一边具有一宽度小于“X”mm 的凹槽的未胶结的接缝;
规则:爬电距离和电气间隙路径是图中所示的“可视直线”距离。

示例 5

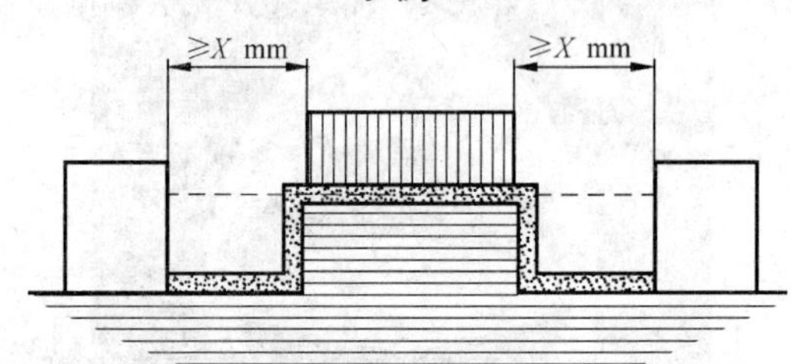

条件:考虑的路径是在每一边具有一宽度不小于“X”mm 的凹槽的未胶结的接缝;
规则:电气间隙是“可视直线”距离,爬电距离沿着凹槽的轮廓线。

示例 6

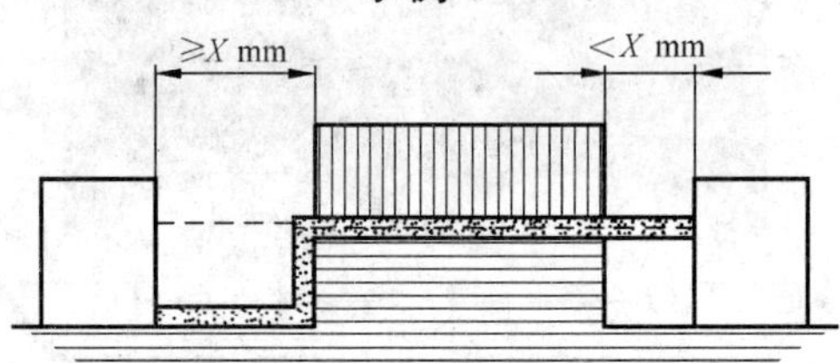

条件:考虑的路径是一边有一个宽度小于“X”mm 的凹槽、另一边有一个宽度不小于“X”mm 的凹槽的未胶结的接缝;
规则:电气间隙和爬电距离如图所示。

示例 7

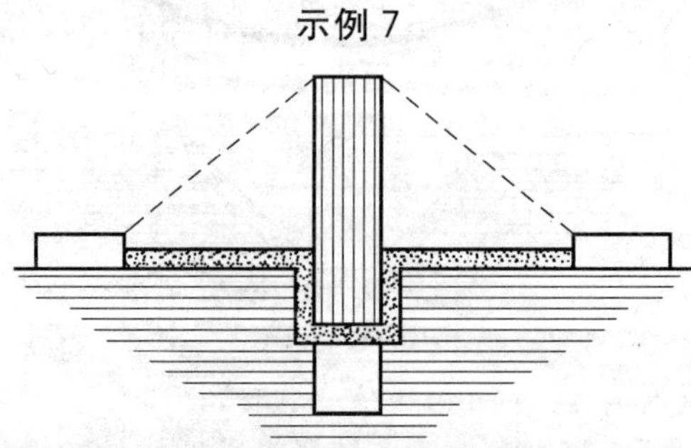

条件:通过一未胶结的接缝的爬电距离小于越过一阻挡层的爬电距离;
规则:电气间隙是越过阻挡层顶部最短的直接空气路径。

示例 8

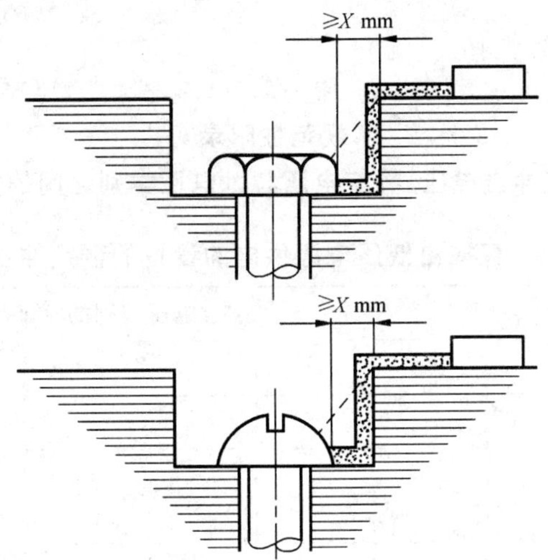

应注意螺栓头顶部与凹座壁之间的间隙足够宽。

示例 9

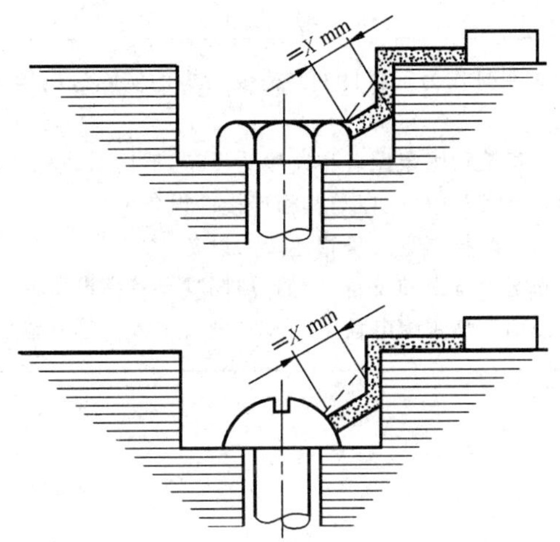

螺栓头部与凹座壁之间的间隙认为太窄；

当距离等于“X”mm 时，从螺栓到凹座壁之间测量爬电距离。

示例 10

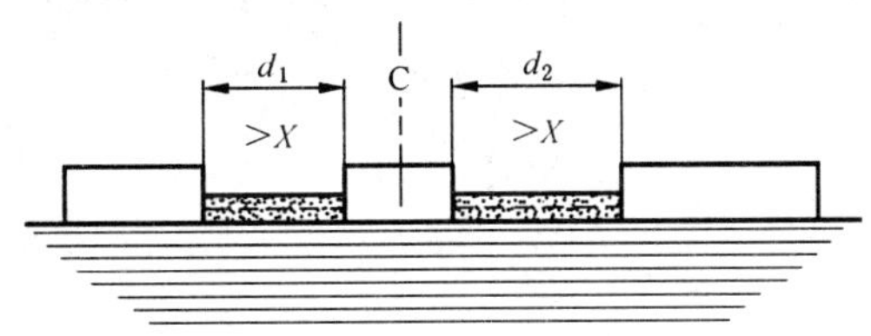

说明：

C 活动零件；

电气间隙为 d_1+d_2；

爬电距离也为 d_1+d_2。

示例 11

附 录 I
（规范性附录）
额定冲击电压、额定电压与过电压类别之间的关系

表 I.1 直接由低压电源供电的设备的额定冲击电压

电源系统额定电压[a]/V		过电压类别的额定脉冲电压/kV			
三相系统	单相系统	Ⅰ	Ⅱ	Ⅲ	Ⅳ
	120 至 240	0.8	1.5	2.5	4
230/400 277/480		1.5	2.5	4.0	6
400/690		2.5	4.0	6.0	8
1 000		对每一种应用确定数值。如果未给出数值，则采用上一行的数值			

[a] 按 IEC 60038:1993 规定。

注意：下列关于过电压类别的说明是作为资料性的。需要考虑的实际过电压类别必须从确定继电器应用的产品标准中规定。

过电压类别Ⅰ：适用于与建筑物固定设备相连接的设备，但已对所标明的极限瞬态过电压进行了测量（在建筑物固定设备中，或在与其相连接的设备中）；

过电压类别Ⅱ：适用于与建筑物固定设备相连接的设备；

过电压类别Ⅲ：适用于固定设备中的设备，例如，预期具有较高设备使用率等级的设备；

过电压类别Ⅳ：适用于预期在从主配电盘至电源的设备中或靠近其输出端使用的设备。

附 录 J
(规范性附录)
污染等级

对于继电器的直接外部环境,规定了下列三个污染等级,用以评定其电气间隙和爬电距离。

污染等级1:无污染或只出现干燥的非导电污染物。无污染的影响。

污染等级2:只出现非导电污染物,但由可预期的冷凝作用所引起的偶然性瞬间导电除外。

污染等级3:出现导电污染物或干燥的非导电污染物。这些污染物在可预期的冷凝作用下会导电。

继电器内部会出现由电离气体或金属沉积物形成的导电污染物。对于这类污染物,未规定污染等级。

继电器直接环境中的污染物对继电器内部的影响,由封装质量确定:

RT0:继电器内部受继电器直接环境的影响;

RTⅠ和RTⅡ:继电器内部部分受继电器直接环境的影响;

RTⅢ和RTⅣ:继电器内部不受继电器直接环境的影响。

对于继电器内部最小电气间隙和爬电距离的评定,污染等级2中规定的数值适用。但对于规定为RT0至RTⅡ的继电器,此内部污染等级不应低于继电器直接环境中的污染等级。对于无飞弧出现的小负载所规定的RTⅣ和RTⅤ继电器,污染等级1中规定的数值适用。

说明:装入继电器的具体设备的相关IEC标准允许时,污染等级1的数值可以适用。

附 录 K
(规范性附录)
触点感性负载
(符合 IEC 60947-5-1:1997)

表 K.1 AC-15/DC-13 的接通容量和断开容量验证(正常条件)

使用类别	接通			断开			循环次数和频率		
	I/I_e	U/U_e	cos φ	I/I_e	U/U_e	cosφ	循环次数	频率/(循环次数/min)	激励时间/s
AC-15	10	[c]	0.3	1	[c]	0.3	50	6	0.05
	10	1	0.3	1	1	0.3	10	>60[b]	0.05
	10	1	0.3	1	1	0.3	999	60	0.05
	10	1	0.3	1	1	0.3	5 000	6	0.05
	总循环次数						6 050		
	I/I_e	U/U_e	cos φ	I/I_e	U/U_e	cosφ	循环次数	频率/(循环次数/min)	激励时间/s
DC-13	1	[c]	$6\times P$[a]	1	[c]	$6\times P$[a]	50	6	$T_{0.95}$
	1	1	$6\times P$[a]	1	1	$6\times P$[a]	10	>60[b]	$T_{0.95}$
	1	1	$6\times P$[a]	1	1	$6\times P$[a]	990	60	$T_{0.95}$
	1	1	$6\times P$[a]	1	1	$6\times P$[a]	5 000	6	$T_{0.95}$
	总循环次数						6 050		

I_e:额定工作电流;　　I:切换电流;

U_e:额定工作电压;　　U:切换电压;

$P= I_e\times U_e$:稳态功率,单位 W;　　$T_{0.95}$:达到稳态电流的 95%的时间,单位 ms。

a 数值"$6\times P$"是由适用于直流感性负载最大至 $P=50$ W 的经验关系式得出的,此处 $6\times P=300$ ms。额定功率大于 50 W 的负载由小负载并联组成。因此,300 ms 是一个上限值,与功率数值无关。

b 最大允许频率(保证触点可靠地接通和断开)。

c 以 $U_e\times1.1$ 的电压和在 U_e 下调整的试验电流 I_e 进行试验。

表 K.2 电耐久性试验的接通和断开容量

电　流	使用类别	接　通			断　开		
交流	AC-15	I	U	$\cos\varphi$	I	U	$\cos\varphi$
		$10I_e$	U_e	0.7[a]	I_e	U_e	0.4[a]
直流[b]	DC-13	I	U	$T_{0.95}$	I	U	$T_{0.95}$
		I_e	U_e	$6\times P$[c]	I_e	U_e	$6\times P$[c]

I_e:额定工作电流;
U_e:额定工作电压;
$P=I_e\times U_e$:稳态功率,单位 W;
I:切换电流;
U:切换电压;
$T_{0.95}$:达到稳态电流的 95%的时间,单位 ms。

a 标明的功率因数是通用值,并且只出现在模拟线圈电性能试验电路中。此指这一实际情况,即对于功率因数为 0.4 的电路中,通常采用并联电阻器模拟由涡流损耗引起的阻尼效应。

b 对于直流感性负载,只要切换装置操作一经济型电阻器,则额定工作电流应至少为最大接通电流。

c 数 $6\times P$ 是由适用于大多数直流感性负载最大至 $P=50$ W 的经验关系式得出的,此处 $6\times P=300$ ms。额定功率大于 50 W 的负载由小负载并联组成。因此,300 ms 是一个上限值,与功率数值无关。

其他负载可由制造厂规定。

ICS 01.140.20
A 14

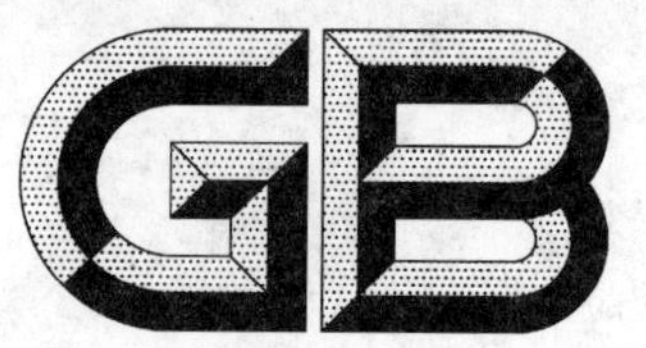

中华人民共和国国家标准

GB/T 21712—2008

古籍修复技术规范与质量要求

The standard for the restoration and control of ancient books

2008-04-23 发布　　2008-07-01 实施

中华人民共和国国家质量监督检验检疫总局
中国国家标准化管理委员会　发布

前　言

本标准由中华人民共和国文化部提出。

本标准由国家图书馆起草。

本标准主要起草人:杜伟生、张平。

古籍修复技术规范与质量要求

1 范围

本标准规定了古籍修复基本术语及其定义、技术规范及质量要求。

本标准适用于古籍修复行业并供出版、教学、科研及国内外相关技术业务交往使用。

2 术语和定义

下列术语和定义适用于本标准。

2.1

古籍 ancient books

指书写或印刷于1912年以前具有中国古典装帧形式的书籍，中国古代书籍的简称。

2.2

卷轴装 scrolls

按顺序将书叶粘接后，末端粘接木制或其他材料制成的圆轴，首端粘接细木杆，然后以尾轴为轴心向前卷收，成为一束的装帧形式。

2.3

梵夹装 Buddhist-classic binding

按顺序将写好文字内容的贝叶或长方形纸叶摞好，上下各用一块板夹住，再打洞系绳。这是我国古代对从西域、印度引进的梵文贝叶经特有的装帧形式的称谓。

2.4

经折装 sutra binding

按顺序将书叶粘接后，按一定的尺寸左右反复折叠，再粘贴封面、封底的装帧形式，这种装帧源于折叠佛教经卷，故名经折装。

2.5

蝴蝶装 butterfly binding

将写、印好的书叶有字的叶面对折，折边朝右，形成书背，然后把折边逐叶粘连在一起，再用一张书皮包裹书背。翻阅时版心居中，书叶形同蝶翅，故名。

2.6

包背装 wrapped-back binding

将写、印好的书叶以无字的一面对折，折边朝左，余幅朝右形成书脊。再打眼，用纸捻把书叶装订成册，然后用一张书皮包裹书背的装订方式。

2.7

线装 thread-stitching

将写、印好的书叶以无字的一面对折，折边朝左，余幅朝右形成书脊，加装书皮，然后用线把书叶连书皮一起装订成册，订线露在外面。

2.8

毛装 rough/edged binding

用纸捻把书叶连同书皮一起装订，天头、地脚及书背处的毛茬任其自然。

2.9

书叶 page

按文稿顺序排列的书写、印制的单张纸叶。

2.10

版框 a rectangular frame into which pages engraving

书叶正面图文四边的围栏，一般指印刷的书。

2.11

版心 middle of page

书叶左右对折的正中、在折叶时取作中缝标准的条状行格。雕版印刷的书籍版心通常印有书名、卷次、叶码，有的还印有一版文字总数、刊刻机构以及刻工姓氏等。

2.12

字迹 word

用墨汁、油墨、颜色写、印在书叶上文字。

2.13

跑墨 ink diffusing

墨迹遇水后或在外力作用下使墨洇染出字迹以外。

2.14

烘色 pigment or dye diffusing

颜色遇水后洇染出原有区域。

2.15

褪色 fading

颜色因水和光的作用消褪或变浅。

2.16

天头 upside of the page layout

图文或板框上方余幅。

2.17

地脚（下脚） underside of the page layout

图文或板框下方余幅。

2.18

封面 title page

位于护叶之后、所有书叶之前。常镌刻书名、作者、刊刻时间及地点等项内容。

2.19

护叶 the page under book cover for protecting first page

也称副叶，用以连接书衣和保护首叶。

2.20

书芯 bookblock

指书皮以内或未上书皮以前已订在一起的书册。

2.21

书头 book head

书籍上端切口处。

2.22

书脚 book feet

书籍下端切口处，亦称书根。

2.23

书口 book mouth

与书背相对，可翻叶展阅的开口。

2.24

书脑 book brain

书芯装订捻、线以右的部分。

2.25

书背 book back

与书口相对，上下封皮相隔或连接的部分，相当于书籍的厚度。又称书脊。

2.26

书眼 book eye

贯穿全部书叶用以穿线的洞眼。

2.27

书角 book corner

天头和书脚右端。

2.28

书衣 book cover

俗称书皮，也称封皮。

2.29

书签 bookmark

一般贴在书衣或书套正面左上方用以题写书名的签条。

2.30

标序签 sequence bookmark

贴在书签右侧标明某册书或某几册书在整部书中次序的签条。

2.31

补纸 paper for repair

补书用纸。

3 工艺流程

3.1 脱酸

用碱性物质经过脱酸处理后的书叶 pH 值应在 7.5～10 之间。

3.2 补书叶

补纸要与书叶质地、厚薄及颜色相近。

3.3 溜口

用厚度为 0.02 mm～0.04 mm 的薄皮纸裁成 1 cm～1.5 cm 宽的长条修补书口。溜口时不可使用含有木浆成分的纸，以避免书口出现波浪形状。

3.4 托

即在整张书叶的背面贴纸加固，一般用于纸张强度很差、老化糟朽书叶。若只是局部纸张强度丧失，就应局部托纸加固。

3.5 裱

在已经托好的书叶背面再用纸粘贴加固，仅用于加固书皮和装裱册页。

3.6 机械补书

使用纸浆补书机时，要注意纸浆量的控制，防止纸浆使用量过大、纸浆厚于书叶的情况。

3.7　喷水压平

根据书叶修补情况在背面适量喷水，补丁较多的书叶可适当增加用水量。注意将书叶按顺序铺在吸水纸上，一定要展平，再盖上吸水纸和纸板，用重物压平。

3.8　单叶衬

衬纸面积为书叶的一半，刚好放在折好的书叶中间。

3.9　双叶衬

衬纸面积与书叶相同，对折后刚好放在折好的书叶中间。

3.10　错口衬

用于溜口后书口部位较厚的书籍。衬纸高度同书叶，长度为书叶横长减去 0.5 cm，按书叶的尺寸对折，衬在对折后的书叶中间。衬纸折口处与书背齐，纸边错开的一端要紧贴书叶中缝。

3.11　接书脑

俗称接背，即衬纸比书叶宽些，对折以后夹进书叶，再将余出部分折回与书叶边缘碰齐，注意衬纸接出部分要和书籍厚度基本一致。

3.12　惜古衬

俗称穿袍套、金镶玉。以白色较宽大的衬纸，衬入对折后的书叶中间，超出书叶天、地及书背部分折回与书叶平，以使厚薄均匀，再用纸捻将衬纸与书叶订在一起。注意衬纸接出部分要和书籍厚度基本一致。

3.13　镶衬

这种方法适用于书脑特窄，使用金镶玉方法尚不能完全解决问题的古籍。即在书叶四周粘接宽度在 3 cm～5 cm 的宣纸条，将书叶加长加宽，然后再衬纸。操作时要注意粘接处宽度控制在 1 mm 左右。

3.14　挖衬

用于规格不一的小幅拓片或信札类文献的装订。将拓片或信札展平贴在用宣纸制作的书叶中间位置，加衬纸，然后将文献压住的衬纸部分挖去。操作时注意衬纸的薄厚要和粘在书叶上的文献薄厚一致。

3.15　折叶

将书叶对折，折好的书叶通常称为筒子叶。蝴蝶装书籍书叶有字的一面即正面相对对折，包背装、线装书籍书叶无字的一面即背面相对对折，经折装书叶左右均匀折叠。

3.16　剪齐

用剪刀沿书叶边缘将书叶四周多余的补纸剪去、剪齐书叶四边，注意不要将书叶剪伤。

3.17　锤平

用锤顶边长 3 cm～4 cm、锤高 5 cm～6 cm 的铁锤在书叶上修补过的地方轻轻锤打，将书叶锤平。锤书时用力要轻，平稳落下。注意不要将书叶锤伤。

3.18　齐栏

适用于书脚残破和使用金镶玉方法修复的书籍，即对齐书口下方的栏线。

3.19　齐下脚

适用于书脚残破程度有限的书籍，即对齐书叶下脚。

3.20　压平

用书芯压平机将书叶中的空气挤净，压实。注意书芯在放入压平机时要平正，防止因压力不匀而将书芯压歪。

3.21　订纸捻

在书脑靠近书背的 1/3 处打眼、穿入纸捻，将所有书叶固定在一起。纸捻的粗细应和打眼用的锥子粗细相仿。

3.22 包书角

用丝织品包裹书背上下的两个书角。使用衬纸接背、金镶玉方法修复的古籍一般都要使用丝织品(最好用绢)将书角包好。

3.23 扣皮

书皮的长、宽都超出书芯 3.0 cm 左右,超出部分折回与书芯齐。这种方法使用较为广泛,蝴蝶装、包背装、线装古籍都可使用。

3.24 上皮

书皮的一边折回对齐书口,其余三边以书芯为准剪齐或裁齐。这种方法多用于线装、毛装书籍。

3.25 筒子皮

书皮与书叶规格相同,对折后与书叶同时装订。这种方法多用于线装、毛装书籍。

3.26 包背

书皮长度为书芯宽度的 2 倍加书背的高度、再加 3.0 cm,书皮宽度为书芯长度加 3.0 cm。书皮正中与书背粘贴,超出部分折回与书芯齐。这种方法多用于蝴蝶装、包背装书籍。

3.27 打书眼

分为打纸捻用眼和订线用眼。装订时应尽量使用原来的书眼。原来的书眼确实不可再用,方可另打书眼。用锥子在书皮右侧适当位置打眼。

3.28 订线

仅用于线装书籍。用针引导丝线依次穿过书眼使书衣和书芯连在一起。丝线最好选择纯蚕丝线。

3.29 贴签

把修补好的书名签、标序签粘贴在书衣适当位置。

4 工艺要求

4.1 书叶修补

叶面平整,栏线正直,无死折。修补过的地方不缩不皱,平整洁净。

4.2 字迹

字迹完整,不跑墨、不褪色。

4.3 折口

位置准确,折缝平直。

4.4 补纸

补纸颜色、质地、厚度及帘纹与书叶相仿,边缘必须有毛茬,补纸与书叶粘连处控制在 2.0 mm 以下。

4.5 霉变、老化书叶的处理

霉变面积≤60%、强度损失≤80%的书叶,一般只做修补,不可托裱。

4.6 纸浆修补

使用纸浆修补的书叶,纸浆投放适量并与书叶结合紧密。书叶正面干净,无多余的纸浆残留。

4.7 天地两端

天、地两端整齐(毛装除外)。

4.8 书口与书背

书口、书背平、直,厚度一致,允许误差±2.0 mm。

4.9 包角

包角严紧,边缘垂直,不松、不皱,平齐。

4.10 书皮

书皮平整,无皱折、无浆糊痕,无指甲划痕,把书芯四周盖严,不露白边,误差±0.1 mm。

4.11 书眼位置

书眼位置、距离适当，订线后各线段连在一起成为一条直线，不歪斜，误差±1.0 mm，两股线互不缠绕，不露线头。

4.12 书口

书籍平放时书口呈90°直角，不歪不斜。书叶折口垂直码放允许误差±0.1 mm。若有衬纸，折口（或边缘）与书口紧贴。

4.13 叶码

无颠倒书叶，页码顺序正确。

4.14 栏线

书口处栏线整齐划一（或下脚齐）。

4.15 纸捻

纸捻粗细、松紧适度，位置恰当。

4.16 金镶玉天地镶料的比例

在书叶天地两端以外衬纸镶出部分的长度之和不得超过原书的五分之一，天地的比例为3∶2。

5 检验

5.1 检验条件

室内，室温22℃±2℃，相对湿度55%±5%，自然光或灯光条件下。

5.2 检验形式

逐册、逐叶检查。

5.3 检验工具

直尺、直角尺。

5.4 检验方法

5.4.1 目测法

通过直接观察，确认书籍经过修复后各方面符合修复质量标准。

5.4.2 专家鉴定法

若修复质量存在严重问题，其质量等级的认定须经过具有高级职称的专业人员鉴定。

6 质量等级

6.1 优秀

完全达到第4章要求的，修复质量为优秀。

6.2 良好

80%以上修复指标达到第4章要求的，修复质量为良好。

6.3 合格

60%以上修复指标达到第4章要求的，修复质量为合格。

6.4 不合格

40%以上修复指标达不到第4章要求的，修复质量为不合格。

ICS 29.120.01
K 30

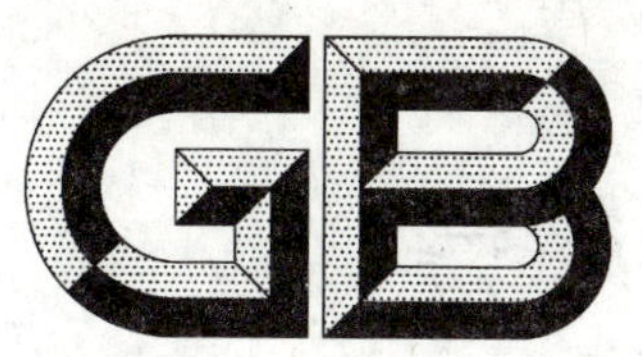

中华人民共和国国家标准化指导性技术文件

GB/Z 21713—2008

低压交流电源(不高于1 000 V)中的浪涌特性

Characteristics of surges in low-voltage(1 000 V and less)AC power circuits

2008-04-24 发布

中华人民共和国国家质量监督检验检疫总局
中国国家标准化管理委员会 发布

前　言

本指导性技术文件由全国雷电防护标准化技术委员会提出并归口。

本指导性技术文件负责起草的单位:清华大学电机工程与应用电子技术系。

本指导性技术文件主要起草人:陈水明、何金良。

本指导性技术文件为首次发布。

引 言

本指导性技术文件由六部分构成，第一部分规定了本指导性技术文件的范围，第二部分列出了与本指导性技术文件相关的参考文献，第三部分概要介绍了浪涌环境，第四部分介绍如何从复杂的测量数据中选择一些代表性的波形作为推荐波形，第五部分介绍了两个能包括各种测量数据的标准波形，第六部分介绍适用特别场合的几个附加测试波形，包括很少发生的直击雷情况。

没有特定的波形能代表所有的浪涌环境，因此需要把复杂的真实世界简化为一些易于处理的标准测试波形。为了达到这个目的，将浪涌环境进行分类，提供了浪涌电压和电流的波形和幅值选择，以便适用于评估连接于低压交流电源中的设备的不同耐受能力，而设备耐受能力与浪涌环境之间需要进行适当配合。

本指导性技术文件的目的是给设备设计者和用户提供标准和附加的浪涌测试波形以及相应的浪涌环境等级。标准波形和环境等级的选取需要考虑设备设计者和用户自由选择的权利，本指导性技术文件的推荐值是从大量的测量数据分析得到的简化结果，这样的简化将使连接到低压交流电源设备的耐受浪涌的性能有一个可重复的、有效的规范。

在本指导性技术文件中没有指定一个特定的要求，它所推荐的只是一个合理的、深思熟虑的方法来认可需求的多样性。对于一个特定的场合，设备设计者需要考虑的不仅是本指导性技术文件所描述的波形和发生率，而且还要考察特定的电源环境以及需要被保护的设备特性。因此，无法将不同设备的特定的性能要求包括在本指导性技术文件中，然而通过考虑下述的一些因素可以达到一个实用的浪涌耐受能力。这些因素包括：

预期的防护措施；最严重或最典型的情况；硬件的完整性(没有损坏)；设备运行过程的抗扰性(没有干扰)；特定设备的敏感性；电源环境(浪涌特性、其他的电力系统参数)；与通讯系统或其他系统的交互影响；SPD 的性能(保护性能、耐久性以及损坏模式)；测试环境；总的和相对的费用。

上述问题的答案并不一定都存在。特别是有关设备的敏感度，设备设计者可能很难获得。下文的信息指导读者进行参数确定、进一步寻求与实际状况更为接近或量化确定一个测试方案。

预期的防护措施。预期的防护措施因应用场所和应用目的不同而不同。例如，在不涉及设备实时性能的情况下，预期的保护措施只要求将硬件损坏的风险降低到某一水平。在另外的情况下，如数据处理，重要的医疗过程或制造过程，任何的中断和过程的干扰都是不可接受的。因此设计者必须区分硬件损坏和过程干扰的情况来考虑预期的保护措施。另外是否需要考虑在直击雷情况下 SPD 能提供相应的保护并保证本身不损坏。

设备的敏感性。特定设备的敏感性必须与上述目标相对应。设备硬件损坏和过程扰动的敏感度是不一样的，这些敏感度包括最大冲击残压幅度、持续时间、波形和能量敏感度等。

电源环境——浪涌。本指导性技术文件推荐的测试波形必须根据位置类别和暴露等级，以及直击雷的情况来选取。

电源环境——电气系统。电源电压的均方根幅度，以及任何预期的波动都需要量化。在合理选取 SPD 时需要考虑偶尔发生的电源异常现象。根据这些情况来合理地选取限制电压、动作电压和最大连续工作电压等参数。

SPD 的性能。SPD 必须在浪涌和正常工作电压下具有长期的寿命。同时，SPD 的残压与被保护设备的耐受值之间必须有一定的裕度。这些参数需要同时考虑，例如，一个额定参数很接近系统额定电压的 SPD 的残压很低可以提供很好的保护效果，但在出现异常电压时由于低残压从而牺牲 SPD 的耐久性或总体性能，这是不可接受的。

测试环境。浪涌测试环境必须根据上述因素以及用户认为重要的参数来确定。典型的测试环境包括电压和电流以及短路电流的定义。只规定开路电压而不规定短路电流是没有意义的。为了避免这个缺陷,本指导性技术文件同时规定了电压和电流。

费用。浪涌保护的费用与整个系统的费用和采用保护后得到的利益相比是比较少的。因此,可采用性能更好的浪涌保护器作为保守的办法以补偿一些未知的参数变化。采用这种办法可以在花费增加不多的情况下为用户获得较好的利益。

本指导性技术文件中列出的测试波形帮助设计师,制造厂定义使用低压交流电源的设备将来遇到的浪涌环境。需要再次强调的是,这些环境的描述和波形的建议应作为实际成功应用的基础,包含适当的风险分析,不应盲目的当作规格使用。

本指导性技术文件中定义的情况 1——沿线侵入室内和室内产生的浪涌情况,自从 1991 年 IEEE 发布 Std 587—1980 作为推荐的操作指导以来,20 多年成功的经验证实了其可靠性。这个情况包含应用于三种位置类别的两种标准波(100 kHz 振铃波和组合波),以及两种附加波(EFT 脉冲群及 10/1 000 μs 长波)。

情况 2 考虑了很少发生的雷直击建筑物情况。如果这种建筑有适当的防雷设计,或者雷电流有通道流入接地系统,雷电会以雷电流形式影响电源进线侧的 SPD。

防雷系统中的雷电流也会在室内线路中的感应暂态电压。对一个没有防雷系统的建筑物,或者一个闪电击中无意成为建筑物事实上的接闪器的情况,这很难估计。但是可认为它们沿着不受控制的雷电流路径引起了绝缘击穿,也可能导致室内线路中的暂态电压。雷击紧邻建筑物的大地也会导致一部分雷电流进入接地系统,雷电流的散流类似于所有电流直接注入防雷系统(情况 2 特有)。但其幅值随着雷击点与接地系统间距离的增加而减小。因为这种幅值减小效应源于传播路径的延伸,与当地大地电导率及地电极状况有关,很难精确确定其值。

情况 2 的有关能量和 SPD 出口的机械应力与情况 1 相比有明显的增加。但是,成功的现场经验证明情况 1 中基于标准波的定义是有效的。应用一些换算系数时,可以使用标准的 8/20 μs 或 4/10 μs 电流试验。

如果考虑到情况 2 可能发生的情况,为此情况进行 SPD 设计前,必须进行适当的风险分析。应该考虑下列因素(但不限于):当地的雷电密度,建筑物的特征和方位,雷电流幅值统计,电流变化率,设施的用途,SPD 失效后断电的后果,对其他仪器可能造成的损坏等。

由于远距离、附近或者直击雷造成的室内电路暂态电压感应现象是不可避免的。不管出于能量的考虑还是引入线 SPD 的选择,都必须进行处理。出于实用目的,100 kHz 振铃波表现出了这种效应,可用来表征这种现象。

本指导性技术文件仅供参考,有关对本指导性技术文件的建议和意见,向国务院标准化行政主管部门反映。

低压交流电源(不高于1 000 V)中的浪涌特性

1 范围

本指导性技术文件描述低压交流电源(≤1 000 V)中的浪涌电压、浪涌电流环境,不包括其他的电能质量问题,如电压跌落、电噪声等。标准中所考虑的浪涌持续时间不超过半个工频周期,这些浪涌可以是周期性的,也可以是随机事件,可以出现在火线、零线以及地线之间。一般通过浪涌保护器(SPD)限制电压和电流的幅值来分流危险的浪涌能量,对于只会对设备造成干扰的浪涌一般采用其他方法消除。

2 规范性引用文件

下列文件中的条款通过本指导性技术文件的引用而成为本指导性技术文件的条款。凡是注日期的引用文件,其随后所有的修改单(不包括勘误的内容)或修订版均不适用于本指导性技术文件,然而,鼓励根据本指导性技术文件达成协议的各方研究是否可使用这些文件的最新版本。凡是不注日期的引用文件,其最新版本适用于本指导性技术文件。

IEEE C62.41.1:2002 低压交流电源(不高于1 000 V)中的电涌环境指南

IEEE C62.41.2:2002 低压交流电源(不高于1 000 V)中的电涌特性推荐准则

IEEE C62.45:2002 连接到流电源(不高于1 000 V)中的设备电涌测试推荐准则

IEEE Std 4:1995 高压测试技术标准

IEC 61312-3:2000 防雷击电磁脉冲 第三部分:对SPD的要求

IEC 60060-2:1994 高电压测试技术 第二部分:测试系统

IEC 61000-4-4:1995 电快速瞬变脉冲群抗扰度试验

IEC 61643-1:1998 连接低压配电系统的电涌保护器——性能要求和试验方法

3 浪涌环境概要描述

3.1 总则

发生在低压交流电源系统中的浪涌电压和浪涌电流有两个来源:雷电和操作。第三种来源是系统间的交互作用而引起的,如电力系统和通讯系统的交互作用。

3.2 雷电浪涌

雷电浪涌是由于雷直击电力系统、建筑物、建筑物紧邻的大地等而引起的。远方的雷击可能在装置回路中感应浪涌电压。

雷电浪涌是直接雷击、近区雷击或远区雷击引起的。浪涌可以用电流源(直接雷击或近区雷击的某些效应)或电压源(近区雷击的某些效应和远区雷击)描述,这样的双重性将在测试波形的选择过程中体现,推荐的波形同时考虑了电压和电流波形。

为浪涌抗扰度评估而进行的有意义的和有效的代表性波形选择涉及到风险评估,这超出了本指导性技术文件所涉及的范畴,事实上是设备制造商的特权和职责。本指导性技术文件通过考虑两种情况(本指导性技术文件中称为情况)来简化这个问题。

情况1是雷电不直接击在所考虑的建筑物上,有两种耦合机理:

浪涌直接或间接耦合到电力系统,沿用户进线侵入建筑物。如雷直击电力系统或雷击共享一台变压器的另外一幢建筑物。

电场和磁场穿透建筑物通过感性耦合到建筑物的管线上。

情况2属于很少发生的情况,雷直击建筑物或雷击紧邻建筑物的大地,存在以下三种耦合机理:

通过直接耦合在电源系统中产生的浪涌;

通过感性耦合在电源系统中产生的浪涌；

由于地电位升导致进线侧 SPD 动作引起的浪涌。

由于操作引起的浪涌一般在室外产生然后沿管线侵入室内，这种情况也包括在情况 1 中。

3.3 操作浪涌

操作浪涌是电力系统各种有意操作引起的，如开关、负载和电容器组的投切。也可能是一些无意事件引起的，如系统故障和清除。操作浪涌一般都被看作电压源来测量的，并不关注源的内阻抗。本指导性技术文件试图改进这种情况，对标准和附加的波形定义了源阻抗。

在多数情况下，最大的过电压一般小于两倍系统电压峰值，但也有更高的情况，特别在投切感性负载(电动机，变压器)或容性负载时。短路故障时也会产生很高的过电压。一旦发生截流或重燃，更多的能量贮存在感性负载中，从而在开断的负载侧发生振荡。

本指导性技术文件所推荐的一个标准波形就代表了本地电网操作引起的浪涌，但不包括主电网的操作。在电容器组经常投切的场合会频繁发生电容器操作浪涌，但这不能认为是普遍现象，而且这种浪涌的幅值一般小于两倍系统电压。因此这种浪涌对电气设备来说不构成危害，但电子电力转换设备会受其干扰，低限制电压的 SPD 会过载，因为这些浪涌的能量是比较大的。对这类有关电容器操作引起的浪涌有必要逐个分析。

3.4 系统交互作用引起的过电压

越来越多的电子设备进入家庭和商业场合，这些设备一般同时具有一个通讯端口和电源端口。虽然各个端口一般都各自有相应的浪涌保护措施，但浪涌电流的流动会在公共参考点上引起电位偏移，而没有浪涌的回路电位保持不变。这两个参考点的电位差将作用在设备的不同端口上引起设备损坏或干扰。

一个系统中的浪涌会在不同系统中引起过电压。根据定义，这类过电压超出了交流电源的范畴，但这类浪涌会作用到多端口设备，因此在本指导性技术文件中要提到。有必要考虑这类由于系统交互作用引起的浪涌，因为现场经验表明多端口设备由于浪涌引起的损坏一般错误地归因于电源线中的冲击。事实上，引起设备损坏的浪涌(低的浪涌会引起设备干扰)可能是由于其他系统中的浪涌通过 SPD 的分流而引起的。

3.5 位置类别——情况 1

作为对情况 1 得到的复杂数据进行简化的第一步，提出了位置类别的概念。图 1 给出了图示性说明，图中包括由电源系统元件和特性决定的过渡点说明。

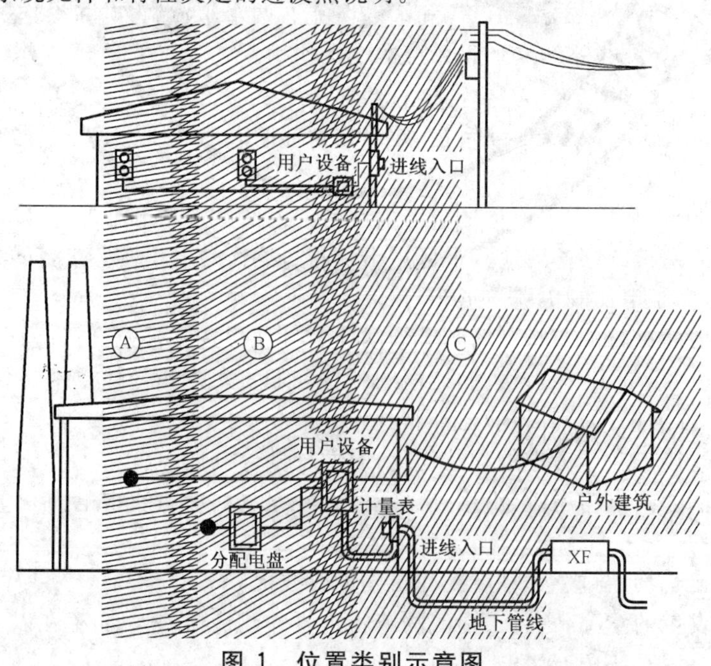

图 1 位置类别示意图

按照这一概念,位置类别A适用于室内离管线入口有一定距离的设备,位置类别C适用于建筑物外部,并延伸到室内的一定范围内。位置类别B介于类别C和A之间。因为实际上的浪涌传输是一个连续的过程,通过引入明显的边界来划分类别具有一定的随意性和争议性。位置类别的概念承认过渡点的存在,不同位置类别的过渡点有相互重叠的部分。这些过渡点上一般存在一个确定的装置或元件:间隙可以提供一个放电电压限制;浪涌电流可以通过SPD分流或导线的阻抗限流。

表1推荐了可适用的代表性波形,表2至表6给出了各类别对应的强度值。

表1 位置A、B、C(情况1)适用的标准和附加冲击试验波形和情况2参数汇总

<table>
<tr><th colspan="6">情况1</th><th colspan="2">情况2</th></tr>
<tr><th>位置类别</th><th>100 kHz 振铃波</th><th>组合波</th><th>单独的电压/电流</th><th>EFT脉冲群 5/50 ns</th><th>10/1 000 μs 长波</th><th>电感耦合</th><th>直接耦合</th></tr>
<tr><td>A</td><td>标准</td><td>标准</td><td>—</td><td>附加</td><td>附加</td><td rowspan="4">类型B的振铃波</td><td rowspan="4">个案逐个评估</td></tr>
<tr><td>B</td><td>标准</td><td>标准</td><td>—</td><td>附加</td><td>附加</td></tr>
<tr><td>C低</td><td>可选</td><td>标准</td><td>—</td><td>可选</td><td>附加</td></tr>
<tr><td>C高</td><td>可选</td><td>—</td><td>标准</td><td>可选</td><td>—</td></tr>
</table>

表2 位于出口处的SPD情况2测试内容[a,b]

暴露等级	适用于各种类型SPD的10/350 μs	对含非线性限压元件类(MOV)SPD可选择的8/20 μs[c]
1	2 kA	20 kA
2	5 kA	50 kA
3	10 kA	100 kA
X	双方协商选用更低或更高的参数	

a 该测试只限于对安装在出口处的SPD,这与本推荐准则提到的标准与附加波形适用于除了SPD以外的其他设备不同;

b 上述数值适用于多相SPD的每一相测试;

c 比暴露等级1还低的SPD的成功现场运行经验说明可以选择更低的参数。

表3 0.5 μs-100 kHz振铃波在位置A、B[a]的浪涌电压与电流最大值

(单相模式:L-N,L-G,[L&N-G] 多相模式:L-L,L-G,[L'S]-G)

位置类别	峰值[b]		有效阻抗/Ω[c]
	电压/kV	电流/kA	
A	6	0.2	30
B	6	0.5	12

a 当位置C处存在对浪涌变化率敏感的设备时也可以考虑进行该振铃波测试;

b 表中给出的数值是根据多数人的意见为了测试和SPD选择提供指导,其他等级可以通过有关方面协商确定;

c 冲击源的有效阻抗定义为电压峰值与电流峰值之比,具有电阻的量纲,但不是一个纯粹的电阻。

表 4 1.2/50-8/20 μs 组合波在位置 A、B 的冲击电压与电流预期最大值
（单相模式：L-N，L-G，[L&N -G] 多相模式：L-L，L-G，[L'S]-G）

位置类别	峰值[a]		有效阻抗/Ω[b]
	电压/kV	电流/kA	
A	6	0.5	12[c]
B	6	3	2

[a] 表中给出的数值是根据多数人的意见为了测试和 SPD 选择提供指导，其他等级可以通过有关方面协商确定；
[b] 冲击源的有效阻抗定义为电压峰值与电流峰值之比，具有电阻的量纲，但不是一个纯粹的电阻；
[c] 对于位置 A 的测试，允许内阻为 2 Ω 的冲击发生器串联一个 10 Ω 的无感电阻来实现，这样波形会有轻微的变化。

表 5 位于位置 C 的 SPD 情况 1 测试[a]

暴露程度	标准测试		可选测试
	1.2/50 μs 电压发生器	8/20 μs 电流发生器	波前响应评估用的振铃波测试
	最小开路电压	通过 SPD 的电流[b]	
低	6 kV	3 kA[c]	6 k
高	10 kV	10 kA	6 kV

[a] 该测试只限于对 SPD，这与本推荐准则提到的标准与附加波形适用于除了 SPD 以外的其他设备不同；
[b] 表中的冲击电流值适用于 SPD 的每一相，这与测试设备的耐冲击性能测试不同；对于低暴露程度的测试，可用一个组合波形发生器产生，对于高暴露程度的测试，用两个单独的发生器进行测试；
[c] 对于低暴露程度的测试，如果用一个组合波形发生器来代替两个独立的发生器，冲击电压由表中的冲击电流幅值来确定。

表 6 N-G 模式下标准波形等级[a,b,c]

中性点接地方式	冲击源离公益设施入口处的距离	系统暴露程度	适用的冲击类型			
			0.5 μs-100 kHz 振铃波		1.2/50-8/20 μs 组合波	
			电压峰值 kV	有效阻抗 Ω	电压峰值 kV	有效阻抗 Ω[d]
中性点在公益设施入口处接地	很近	所有等级	没有	没有	没有	没有
	附近	所有等级	1	30	没有	没有
	远离	所有等级	3	30	没有	没有
中性点在公益设施入口处没有接地	不论远近	低	2	12	2	2
	不论远近	中等	4	12	4	2
	不论远近	高	6	12	6	2

[a] 表中的数值没有得到足够现场数据支持。这些数值是各方协商确定的，不作为强制要求；
[b] 当中性点搭接到设备接地端和在公共设施入口处的建筑物接地处时，N-G 之间的冲击可在内部负载操作时产生，也可能在冲击电流流过中性线和接地导体时由模式转换产生。振铃波是导线中感应电压波形的很好代表；
[c] 当中性点没有搭接到设备接地端，也没有在公益设施入口处的建筑物接地处时，N-G 之间的冲击可与 L-L、L-N 或 L-G 出现的一样（参照表 3、表 4）；
[d] 冲击源的有效阻抗定义为电压峰值与电流峰值之比，具有电阻的量纲，但不是一个纯粹的电阻。

对于建筑物入口处的浪涌电流，不管在入口处是否有间隙闪络的限压效果，线路阻抗将阻止电流流向建筑物内部，从而减小线路上的浪涌电流。相反，对于建筑物入口处的浪涌电压在线路末端没有低阻抗的负载(设备或末端的 SPD)时可以无衰减地传到室内线路末端。

在图 2 中，位置类别 A、B 和 C 对应沿线侵入室内和室内产生的浪涌情况。当雷直击建筑物时会在室内电路中感应电压和电流浪涌，这些浪涌一般是在雷电流的初始上升阶段感应产生，因此一般用相对短持续时间和较少能量的浪涌来表示，如 100 kHz 振铃波。由于直击雷通过阻性耦合(情况 2)的浪涌包括一个长的波尾，这样的浪涌不受回路电感的影响。

3.6 位置类别——情况 2

情况 2 用来描述雷直击建筑物或紧邻建筑物大地的特殊情况。重要因素包括对应区域的地面落雷密度、建筑物的有效引雷面积、电流幅值的统计分布、首次回击与后续回击的关系、雷电流的散流路径等。直击雷有两个相关的效应，一个是由于大电流产生的电磁场在周围回路上感应产生的浪涌，这种浪涌可以用一个振铃波描述，另一个效应是雷电流注入接地系统。情况 2 一个重要的方面是对某一具体建筑物而言发生的概率很低，尽管雷电是一个全球性的经常发生的事件。在雷击紧邻建筑物的大地时，大部分的电流直接流入土壤中，剩余部分流入建筑物的接地系统，好像雷直击建筑物，但雷电流有一定衰减一样。因此对一确定设备考虑是否需要进行保护之前需要进行一个考虑建筑物功能的风险评估。

在 IEC 出版物中定义的雷电流参数是基于 CIGRE 第 33 委员会的研究结果，注意这些研究着眼于雷电本身，而不是着眼于雷击建筑物后在交流电源系统中的雷电浪涌。

闪电的首次回击可以用电流幅值、回击包含的电荷量、比能等参数表示。

自然雷闪参数已在 IEC 61312-3:2000 中作了说明。雷电流在不同路径中的散流比例反映了这些路径的相对阻抗大小，可在很大的范围变化。数值仿真表明，当模型假定为接地电阻的相对数值时，流过 SPD 的电流波形与雷击点的波形没有明显差异。在具有多点接地中性线的电源系统中，多个接地点提供的低接地电阻减少了入口处 SPD 中的电流。因此在进行风险评估时，必须考虑电源系统的中性线接地情况。

闪电中的后续回击具有低的幅值，但波头较陡。因此它的效应主要是在回路中的感应。出于实用角度，考虑回路的振荡效应，用 100 kHz 振铃波来表征暴露在情况 2 中的内部回路的环境。

3.7 暴露等级

最好用表征浪涌电流幅值与发生频度关系的图表来描述某一特定环境和位置类别的雷电电磁环境参数。但目前还没有足够的这方面的信息，暴露等级的概念仍旧停留在定性的层面。根据多数人的意见，采用表格形式对三类位置类别按照数值划分为三个子类别，但种类细分导致选择时比较麻烦，许多用户一般采用最大值。因此，在本指导性技术文件中出现的表格给出了类别 A 和 B 的相应推荐值。由于位置类别 B 与 C 之间的过渡带比较宽，因此对位置类别 C 保留两个子类别。

4 代表性浪涌的选择过程

4.1 方法

对设备耐受低压交流电源系统中的浪涌能力以及 SPD 抑制性能的评估，可以采用将大量的测量数据用几个代表性的波形进行简化，没有必要要求设备能耐受与现场测量到的完全相同的浪涌，因为这些测量到浪涌与地点有关，而且会随着时间而变。本指导性技术文件的方法是基于暂态控制水平的概念而进行的，可以用公理的形式陈述如下：

判断一个环境标准的有效性不是看它跟真实世界有多接近，而是看按照该标准设计的设备的实际运行状况。如果按照该标准设计的设备工作状况良好，而同时不按标准设计的设备不能很好工作，那该标准成为一个好标准的可能性就很大。

简化的过程就是选择一些能在实验室测试中保持统一的、有意义的和可重复的代表性浪涌。浪涌环境是千差万别的，可以是很好的情况，也可以是很坏的情况，因此在采用这些代表性浪涌作为浪涌环境基准时要谨慎。然而，这样的简化并不妨碍用户在已较好掌握某一特定环境时(比较长的一个时期，如一年或一年以上)采用与本指导性技术文件不同的浪涌。位置类别和暴露等级的组合选择将提供介于保守和冒险之间的一个妥协办法。

4.2 最坏情况设计与经济上的权衡

想要得到设备最大的可靠性从而对浪涌抗扰度过于保守的设计就会要求指定大量的浪涌波形和最高的浪涌强度。一般基于风险分析的妥协是设备设计和规格中一个必不可少的环节。而且在某一设计下(分类号和批次)特定设备的浪涌抗扰度不是一个单值参数,而是用统计参数来表示。另外,电源中浪涌的幅值也是随机分布的。因此,兼顾浪涌环境和设备抗扰度涉及两个概率的交叉部分。本指导性技术文件提供了一个可供选择的表格,作为某一类设备性能的一个共同参考。注意这些特定设备的要求规格已超出了本指导性技术文件的范围。然而,在设计设备时涉及到浪涌时首先必须确定设备对侵入的浪涌的耐受水平。

简化复杂环境的过程包括三个步骤:

1) 确定环境(室内的或室外的)以及无保护措施下的工作条件;
2) 根据假定环境选择尽可能少的代表性波形。本指导性技术文件提供了选择的基础;
3) 最后的步骤将根据设计者或设备用户的观点确定,分两种不同参数的情况。

情况 1:当设备对电压、电流的幅值和持续时间敏感时,涉及的主要参数是浪涌的幅值和持续时间。

情况 2:当设备对电压变化率敏感时,涉及的主要参数是变化率,电压变化引起设备干扰的幅值比硬件损坏的幅值要低得多,甚至不会超过工频正弦波的幅值。

设备的电磁环境范围变化很大。某一特定设备的环境是确定的,而其他设备的环境是可变的。另外,特定环境的情况也会随时间变化,是某些因素的一个函数,包括地理、季节、雷电活动每年变化等。另外一个与时间相关的是附近电气和电子设备产生的干扰。

对某类特定设备,相应的业界和各种标准化组织一般会对电磁干扰的程度提出指导性意见。对商用和消费类商品,制造商一般会根据自己的情况确定。一种处理方法是在产品设计时选择低的或中等的等级,作为一个选择,对更严酷的环境,可以采用更高的等级,或采用额外的保护措施。

不论设备抗扰度如何,一般应采取一些措施防止浪涌引起后续的危害,如火灾或爆炸。

为设备提供抗扰度水平或 SPD 保护能力不是本指导性技术文件的目的。但必须区分一般设备(可能在电源口含有 SPD 元件)和专门用于分流目的的 SPD 之间的差别。一般设备浪涌测试的目的是评估设备对浪涌环境的响应,为达到这个目的,代表性波形的概念就适用了,用这些浪涌测试设备样品,并观察设备的反应(没有明显的干扰,失常或损坏)。而 SPD 浪涌测试的目的是确定 SPD 的特性(保护水平和浪涌耐受能力),最终比较不同 SPD 的性能差异。为了达到这一目的,要求采用一些电压和电流测试 SPD 样品。但需要注意的是本指导性技术文件表征浪涌环境的推荐值不能用作此类产品的规格。

因此,在第 5 章和第 6 章中的推荐值包括两类:

出现在各种环境和位置类别中侵入到设备的浪涌;

适用于测试 SPD 性能的浪涌。

4.3 浪涌效应

设备的种类和功能会影响对浪涌效应的判断。当设备损坏的后果与安全无关,只有经济损失时,可以考虑不必为了防护很少会发生的高能浪涌而付出高额费用。这类很少会发生的情况分两个方面:"什么时候"或"在哪里"。

在大多数设备运行期间,会在某些情况下出现相对高幅值的电压和电流,如闪电或切除电容器组时发生多次重燃;

对各处运行的所有设备而言,一些场合的设备会经常遭受由于本地操作引起的浪涌,如功率因数补偿电容器组的操作。

浪涌作用到电源系统引起的后果可分为以下四类:

1) 无觉察得到的变化。没有可观测到的变化说明被试设备可以耐受相应的浪涌测试,但外观有时是具有欺骗性的。设备在特定的限值下可以正常运行,满足"无功能或性能损耗"的标准,可能推论这样一个结果:性能的退化还在限值之内,但可能预示更严重的退化、某一元件的潜在损坏、或是无法预见的后果。

2) 扰动:这一后果可以是通过软件设计而自恢复的,因此不是很直观的,或者需要人工干预、可编程控制器的延时动作,可以分为以下三种程度:

轻微的:功能暂时性的丧失(可接受的),但没有错误操作。

严重的:暂时的故障运行(可自恢复的)。

相当严重的:暂时的故障运行(需要人工干预或系统复位)。间隙闪络但没有引起相邻固体绝缘损坏的情况也可以归入此类。

3) 损坏:

损坏包括轻微的和明显的。除非对设备状态进行特别评估,可以发生没有被检测到的损坏。在绝缘测试中可能会因浪涌测试导致绝缘初始缺陷。

4) 间接损害:

间接损害包括设备在浪涌作用下会对周围物体造成损害的可能性,可能发生火灾或爆炸。间接损害可能源于不可见的硬件扰动,导致数据被破坏但用户并不知情。

接受或拒绝的标准必须考虑这些不同的后果。例如,当扰动可以接受的情况下,如果发生更严重的后果,就必须抛开扰动的等级;假如安全方面不会带来危害,不会发生间接的损害时,就可以认为损坏的后果可以接受。但不论什么类型的后果,都必须用下述的测试来验证。

扰动和损坏的后果程度根据设备的任务来确定。基于此,不能对所有设备都提出一个普遍的耐受水平。因此,本指导性技术文件提出的环境水平数值不能盲目地解释为对所有设备的普遍要求。

为简化可选性,本指导性技术文件提出了两类浪涌测试波形。在第 5 章中定义为标准波形的第一类波形在工业界有悠久的成功应用历史,因此可以认为采用这些标准波形对设备电源端口的浪涌测试是足够的。然而对一些特殊的环境,在第 6 章中定义为附加波形的第二类波形提供了一些适用于特殊环境的推荐波形。表 1 给出了这些波形的概要介绍,包括适合于不同场合的位置类别说明。

5 标准浪涌测试波形的定义

5.1 总则

所推荐的这两个标准波形是 0.5 μs-100 kHz 振铃波和 1.2/50 μs-8/20 μs 组合波。这两个标准波形的参数在 5.3.1 和 5.3.2 中描述。图 2 至图 4 表示的是三个标准波形的定义(一个是振铃波,另两个是组合波)。

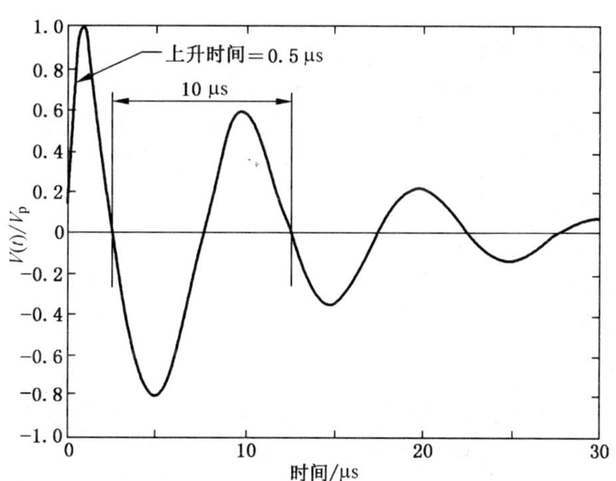

图 2 0.5 μs-100 kHz 振铃波

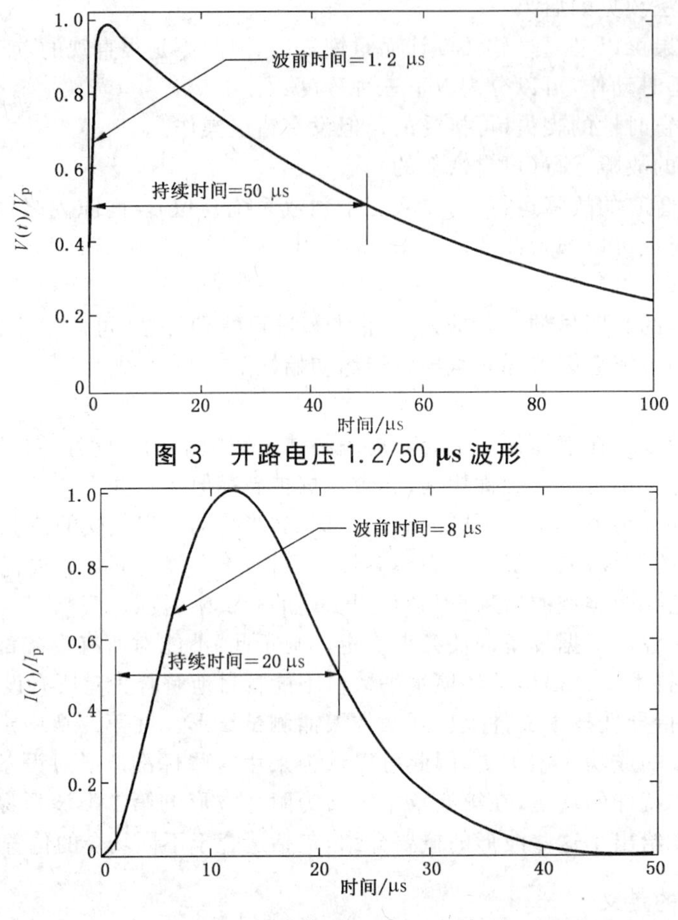

图 3　开路电压 1.2/50 μs 波形

图 4　短路电流 8/20 μs 波形

峰值电压和电流选取的标准与各种暴露等级有关，这在表 3 至表 6 中给出。有关这两个标准波形的详细描述在第 5 章中给出。描述波形的方程和对应的测试误差在相关文献中给出(IEEE Std C62.45:2002)。对应适用于 SPD 测试的类别 C 环境，则用两个独立的浪涌电压和浪涌电流发生器来实现。

1)　100 kHz 振铃波

图 2 所示为振铃波，更详细的定义在 5.3.1 中给出。对 100 kHz 的振铃波对短路电流没有作出规定。但在 5.2 中根据位置类别给出了短路电流的要求。对位置类别 A，开路电压和短路电流的比值(有效阻抗)规定为 30 Ω，而对位置类别 B 则为 12 Ω。一般规定的是第 1 个峰值。

2)　组合波

组合波涉及两个波形，一个是开路电压波形，另一个是短路电流波形，分别如图 3 和图 4 所示，更详细的定义在 5.3.2 中给出。组合波由同一个发生器产生，对开路施加一个 1.2/50 μs 的电压波形，而对短路则施加一个 8/20 μs 的电流波形，实际作用的波形由发生器和被试品的阻抗共同决定。一般根据严重程度选择开路电压和短路电流的峰值。

5.2　标准波形峰值的选择

表 3 至表 6 包括了位置类别、浪涌类型、峰值电压及峰值电流，作为设计或测试时的一种选择，需要强调的是，这些参数只是提供一种示例，不是作为一种强制性的要求。

标准中的推荐值需要深思熟虑地进行选取，但也留给了用户在充分了解的情况下自由选择其他数值的权利。因为系统暴露等级会因浪涌源的不同而不同，因此对振铃波和组合波分别给出了各自的表格。例如，一个设施可能处于雷电多发地区，但操作引起的浪涌不太严重，反之亦然。

作这样的选择可能是一件很难的事。一方面，设备的性能和功能严重影响这种选择，一些设备的工作环境可能符合定义中的某一环境，另一些可能处于一个很广泛的环境。进一步地，损坏的后果和裕值的选取与设备的功能有关。另一方面，对批量生产的设备，为某一特定环境定制一个耐受水平，这是不现实的。在这种情况下，选取参数时只有考虑典型的情况，而不是个别情况——除非像生命维持系统类要求特别保守的设计。

5.3 波形的详细说明

5.3.1 0.5 μs-100 kHz 振铃波

一个标准的 100 kHz 振铃波如图 2 所示。

开路电压波形定义如下：

上升时间：0.5 μs±0.15 μs；

振铃频率：100 kHz±20 kHz。

波的振幅减小使得相反极性的相邻波峰值之比如下：

——第二个波峰值是第一个波峰值的 40%～90%。

——第三个波峰值和第四个波峰值分别占第二个和第三个的 40%～80%。

——第四个波峰值后得幅度不作要求。

——第五个波峰及后续波的振幅远远小于初始波，使得它们对于最容易受攻击和影响的仪器也几乎没有任何作用。

——上升时间的定义：波形上升沿上达到峰值的 10%和 90%所用的时间差，频率由初始波头之后的第一个和第三个过零点计算而得。

——一般根据严重程度选择开路电压和短路电流的峰值。

——V_p/I_p 的值在位置类别 A 中取 12 Ω，位置类别 B 中取 30 Ω；当波峰的开路电压严格调节到 6 kV时，规定短路电流在位置类别 B 中为 500 A；在位置类别 A 中为 200 A；对于峰值更低的电压，短路电流将随其成比例地减小，使得 V_p/I_p 值保持在 12 Ω 或 30 Ω。

——对于 100 kHz 振铃波的短路电流波形不做定义，但表 3 中依据位置类别建议了短路电流的一个波峰。由于这种振铃波并不是用来给被试品提供高能量的考验，因而没有必要对电流波形进行详细的描述。

波形上升沿短的 0.5 μs 上升时间及很高的电流峰值对应了 di/dt 很大的值，它将对实验中仪器的接线产生强烈的电感效应。浪涌波形发生器的分压作用及被试品的阻抗可能会比较重要，它由列出的短路电流峰值进行要求。

本指导性技术文件推荐 100 kHz 振铃波采用衰减的余弦波形，其函数表达式由下式给出：

$$V(t) = AV_p\left(1 - \exp\frac{-t}{\tau_1}\right)\exp\left(\frac{-t}{\tau_2}\right)\cos(\omega t)$$

$$\tau_1 = 0.533\ \mu s;\tau_2 = 9.788\ \mu s;\omega = 2^{1/4}\cdot 10^5\ rad/s;A = 1.590 \qquad \cdots\cdots(1)$$

这种波形的振动频率可能会引起被试品中的共振。但是，这种效应从振铃波的固有频率无法确定，必须进行扫频实验。

5.3.2 1.2/50 μs-8/20 μs 组合波

组合波由同一个发生器产生，对开路施加一个 1.2/50 μs 的电压波形，而对短路则施加一个 8/20 μs的电流波形，实际作用的波形由发生器和被试品及连接被试品和浪涌部件部分的阻抗共同决定。一般根据严重程度来选择开路电压和短路电流的峰值。图 3 表示了定义的开路电压，图 4 为定义的短路电流。

开路电压波形参数：

——波前时间：1.2 μs；

——持续时间：50 μs。

依据 IEC 60060-2:1994，IEEE Std 4—1995，电压波形的波前时间定义如下：

1.67×($t_{90}-t_{30}$)，其中，t_{90} 和 t_{30} 分别指波形上升沿达到峰值的 90%和 30%所用的时间。

持续时间的定义：从虚拟原点到波形曲线尾部上达到振幅的50%所用的时间。波形上升沿上连接振幅30%点和90%点的直线与电压零值线的交点即为虚拟原点。

其函数表达式推荐如下：

$$V(t) = AV_{\mathrm{p}}\left(1 - \exp\frac{-t}{\tau_1}\right)\exp\left(\frac{-t}{\tau_2}\right)$$

$$\tau_1 = 0.4074\ \mu\mathrm{s};\tau_2 = 68.22\ \mu\mathrm{s};A = 1.037 \qquad (2)$$

短路电流波形参数：

——波前时间：8 μs；

——持续时间：20 μs。

依据 IEC 60060-2：1994，IEEE Std 4—1995 短路电流波形的波前时间定义式 $1.25\times(t_{90}-t_{10})$，其中，$t_{90}$ 和 t_{10} 分别为波形上升沿上达到振幅的90%和10%所用的时间。

持续时间的定义如下：从虚拟原点到波形曲线尾部上达到振幅的50%所用的时间。波形上升沿上连接振幅10%点和90%点的直线与电流零值线的交点即为虚拟原点。一般根据严重程度选择开路电压和短路电流的峰值。

其函数表达式推荐如下：

$$I(t) = AI_{\mathrm{p}}t_3\exp\left(\frac{-t}{\tau}\right) \qquad (3)$$

$$\tau = 3.911\ \mu\mathrm{s};A = 0.01243(\mu\mathrm{s})^{-3}$$

根据组合波电压电流的峰值，有效阻值 $V_{\mathrm{p}}/I_{\mathrm{p}}$ 为 2.0 Ω。这个比值决定了发生器带各种负载（诸如SPD）时的波形状况。

依照传统，1.2/50 μs电压波用于绝缘基本冲击水平的测试。在绝缘闪络前近似于开路。8/20 μs电流波用于向SPD注入大量电流。就像闪电引起的过应力，开路电压和短路电流是同一现象的不同方面，从而当预先不了解负载状况或者浪涌期间负载可变时，将二者合成一个单一的波形是很有必要的。当一般的负载特性可知时（例如一个SPD），可以用单独的发生器做电压电流的独立测试。

6 附加浪涌测试波形的定义

情况1的两个附加波形是EFT脉冲群和单极性的10/1 000 μs长波。情况2（直接雷击）附加的是IEC 61643-1：1998定义为Ⅰ级的一种特殊测试波形，它在附录A中提议用于对入口处备选SPD进行评价。每一种波形都有其特定的适用范围（接触器干扰，保险丝动作，电容器投切以及直击雷）。因此，在以下篇章中对每一种波的波形定义和振幅选择分别进行了定义。图5～图7表示定义的波形图。表7、表8列出适用于不同环境的电压电流峰值及电源阻抗。

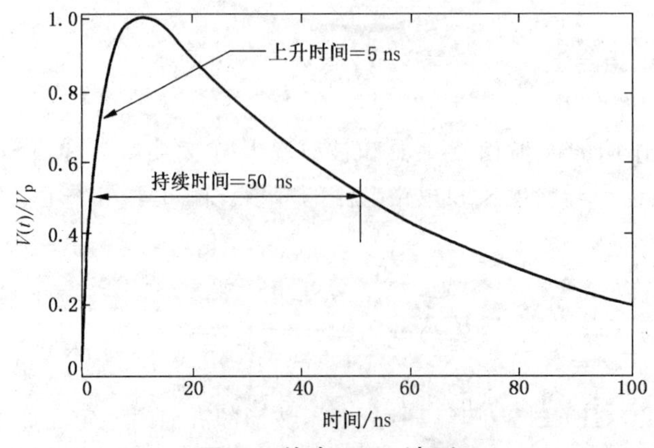

图5 单个EFT波形

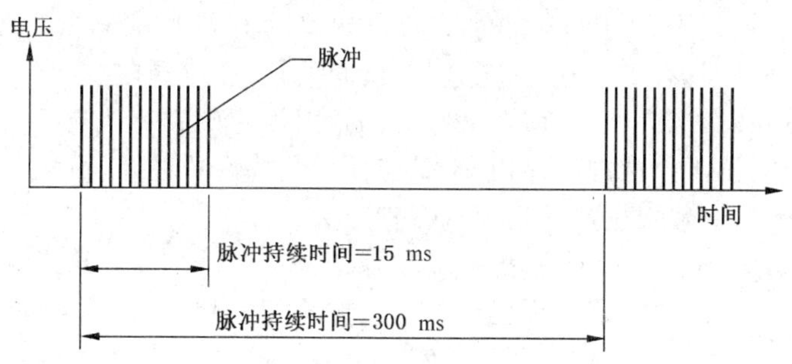

图 6 EFT 脉冲群波形

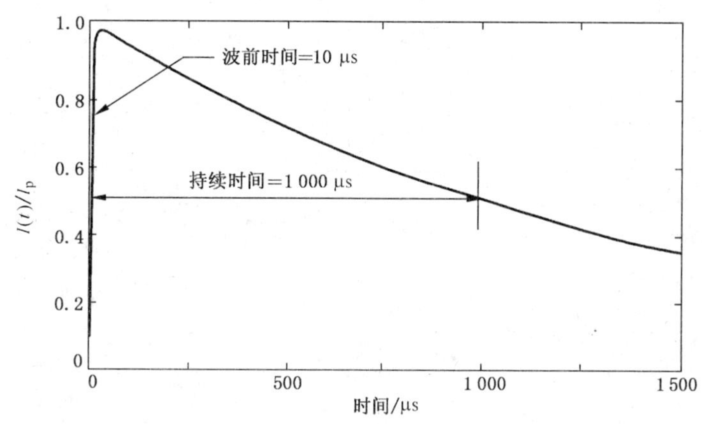

图 7 10/1 000 μs 长波波形

6.1 EFT 脉冲群

EFT 脉冲群波形由若干个重复脉冲组成,每个脉冲包含单独的单向脉冲。IEC 最初提议使用这种波形对仪器的抗扰性进行评估,它并不是浪涌环境的代表性波形。根据不同严重度而定的幅值级别已经被一致规定为设备便于测试的典型实际抗扰强度的表现。值得注意的是,它们不能理解为发生在实际电源中的真实干扰电压水平进行分析。

基于 IEC 61000-4-4:1995 规范的 6.1.1~6.1.2 概述了这种波形的特征。但必须注意的是,IEC 的文献是定期修订的。因此,明确要求每个 IEC 周期的 EFT 波形测试详细计划必须基于 IEC 文献的最新版,而不是本指导性技术文件中的相关说明。

6.1.1 波形定义

一个脉冲群中的单个 EFT 脉冲定义如下:

——上升时间:5 ns;

——持续时间:50 ns。

上升时间定义为波形上升沿上达到幅值的 10%和 90%所用的时间差。

持续时间定义为一半最大值的完整宽度,即:波形上升沿和下降沿上 50%幅值点对应的时间差。

脉冲群中的单个脉冲持续时间为 15 ms。在每个脉冲群内,单个脉冲的重复率由开路电压的峰值指定,具体如下:

——当峰值≤2 kV 时:5 kHz;

——当峰值>2 kV 时:2.5 kHz。

(IEC 61000-4-4:1995 制定的这两个值仅反映了脉冲发生器的固有属性,不表示环境特征。)

脉冲群的重复周期为 300 ms。图 5 表示了单个脉冲,图 6 为脉冲群。

6.1.2 幅值

在 IEC 61000-4-4:1995 中,EFT 脉冲群的振幅被定义为开路测试电压。波形是在发生器带 50 Ω 负载时定义的。定义发生器具有 1 MHz 和 100 MHz 间的 50 Ω 电源阻抗。

当脉冲施加于被试品时,产生的电流是不做定义的,因为它的频率决定于被试品全阻抗及 EFT 波形。由于测试的目的是对抗干扰性进行评估,不是能量耐受特性的估计,因此电流的幅值不是主要测试内容。鉴于这种测试标准,一般根据严重程度选择特定值。

IEC 61000-4-4:1995 给出了 5 个严重度测试级别:从 0.5 kV～4 kV 开路电压,有额外的规定,特殊的级别标准尚未商议决定。为了与目前规程中的简化方法相一致,表 7 只给出了三个级别。由于目前文献中的附加波形描述只是提议,其他级别的规定也可能被通过,表 7 中第四行用 X 表示。

表 7 EFT 脉冲群幅值选择

测试严厉度	开路峰值电压
低	1 kV
中等	2 kV
高	3 kV
X	协商确定

6.2 10/1 000 μs 长波

6.2.1 波形定义

波前时间和持续时间定义如下:

——开路电压:波前时间:10 μs;持续时间:1 000 μs;

——短路电流:波前时间:10 μs;持续时间:1 000 μs。

由于本文中此波形的主要目的是提供能量,上升时间,达到峰值的时间,波前时间之间的区别与 1 000 μs持续时间相比可以忽略。图 7 所示为浪涌电流定义。

6.2.2 幅值

使用此波形时,与两个标准波存在以下主要区别:应用于标准波的位置类别的概念不适用(那个概念基于分支电路电感在两个标准脉冲所在频率上起限制作用,假定随着引线距离的增加而衰减。)

10/1 000 μs 波形的长持续时间减弱了引线电感的全部作用。但是,依据场所的环境方位,仍然要考虑一系列的标准。因此,表 8 所示的三个规定程度适用于所有的位置类别。

一般依据严重程度选择开路电压振幅。相应的开路电压与短路电流之比 V_p/I_p 如表 8 所示。

表 8 10/1 000 μs 长波幅值选择

暴露程度	浪涌电压峰值	冲击源阻抗
低(居民)	无	
中等(商业)	1.0 U_{pk}	1.0 Ω
高(工业)	1.3 U_{pk}	0.25 Ω

注 1:冲击电压峰值正比于系统电压峰值 U_{pk},标准数值只是冲击本身的大小,要叠加到电源电压上(考虑相角)。

注 2:没有足够的现场数据支持如何确定冲击电源的阻抗,表中的数值是根据多数人的意见为了在测试和选择 SPD 的额定值提供指导和一致性而提出的。

注 3:冲击源的有效阻抗定义为电压峰值与电流峰值之比,具有电阻的量纲,但不是一个纯粹的电阻。

注 4:这个长波测试主要为了评估设备通过高能量冲击的能力。

6.3 电容器投切引起的振铃波

如 IEEE Std C62.41.1—2002 所述,投切电容器浪涌的发生应归于配电系统(一般安装在中压侧)中投切电容器组,如果在用户的低压电网中(工业系统而不是商用和住宅)存在功率因数补偿电容器,就可能会有浪涌放大的可能。尽管在频率范围上(几百 Hz 至几 kHz)达成了共识,但是对于特定的情况,规定全面的波形比较困难且易产生误解。

不考虑浪涌放大情况时,这些浪涌的幅值一般略低于系统电压的 2 p.u.。鉴于这种过电压对操作有影响及多半能量转换设备能抵抗,一般不需用 SPD 提供较低的限制电压。一些能量转换设备在过电压时可能吸收过多的冲击电流,会触发过流保护装置。如果系统结构可能引起电压放大的发生,这会牵涉到 SPD 的浪涌能力及是否能成功投切电容器。

因此,为电容投切产生的浪涌提供电源阻抗是很困难的。这种浪涌可能性的估计须针对每一种特定的情形,或者至少针对每一类型的特定情形。这超出一般环境描述类规范的工作范围。

对备选 SPD 能量处理能力或功率转换设备不受干扰的评估测试可以在实验室中借助实际电容器,或者产生一种由工频电压外加操作浪涌产生的任意波形进行。虽然受实验室条件限制,又存在重复的困难,但是仍可获得一些有意义的结果。使用波形发生器和功率放大设备,在很大范围内的强度等级重复将是有可能的。

6.4 情况 2 的参数

IEC 出版物提供的雷电防护中的雷电流参量源于 CIGRE 学术委员会的报告及其他论文。IEEE Std C62.41.1—2002 中引用了这些数据和书目。对于直击雷浪涌,最关心的是首次回击,因为它具有很强的峰值电流、电荷转移以及比能。对于电感性浪涌,传输雷电流得导体和主电路的互感系数最重要。这种行为和关注事务间的区别导致了参数的两种设置,在 6.4.1 及 6.4.2 中给出了定义。

6.4.1 情况 2 直接耦合雷电浪涌

雷电直接耦合的效应主要关注的是安装在电源线上 SPD 的能量耐受能力,IEC 61643-1:1998 针对 SPD 的能量耐受能力规定了“Ⅰ类测试”。

6.4.2 情况 2 感应耦合雷电浪涌

对感应耦合雷电浪涌,最关注的是雷电中的后续回击。这是由于后续回击的变化率很大,会在附近电路上感应耦合过电压。对自然雷电的测量数据有限,但对触发雷电的测量证明了后续回击的陡度很高。IEC 61312-3:2000 认为代表性的波前时间为 0.25 μs,感应电压的第 1 个峰值就是在波前时间达到的,衰减部分由于其频率低相对不太重要。当考虑回路自振与阻尼振荡的复合效应时,表 1 中的 100 kHz 标准振铃波可用作这些感应效应的代表波形。